해산식물학

오윤식 역

경상대학교 자연과학대학
생명과학부 교수

월드사이언스

MARINE BOTANY, 2/Edition- 0-471-19208-2
by Clinton J. Dawes

해산식물학

2006년 2월 20일 인쇄
2006년 3월 2일 발행

역 자/오윤식
발행인/박선진
발행처/도서출판 월드사이언스

주소/서울특별시 동작구 사당5동 240-15
등록일자/1987년 12월 14일
등록번호/제 3-136 호
대표전화/(02) 581-5811~3
팩스/(02) 521-6418

E-mail/worldscience@hanmail.net
URL/http://www.worldscience.co.kr
http://월드사이언스.com

정가/ 30,000원
ISBN/89-87201-99-6

*이 도서의 국립중앙도서관 출판시도서목록(CIP)은 e-CIP 홈페이지 (http://www.nl.go.kr/cip.php)에서 이용하실 수 있습니다.(CIP제어번호: CIP2006000338)

머리말

해산식물은 단세포조류, 해조류, 해초류, 염습지 및 맹그로브 숲을 포괄하는 다양한 식물 무리를 일컫는다. 이들은 연안 습지와 원양에서 다양한 생태적 기능을 수행하고 일차생산자로서 역할을 한다. 이와 같이 다양한 무리의 식물과 관련된 주제는 생태학적 특성으로서 1981년판에서는 이점을 강조하였다. 개정판에서는 해산식물의 분류학적, 생리학적, 화학적, 생태학적 특징과 이들의 적응을 기술하였으며 아울러 비생물적, 생물적 요소들이 군집과 어떻게 상호작용하는지를 설명하였다. 염습지와 맹그로브 또는 조하대 해조류와 해초류 간의 비슷한 점과 다른 점을 구별하기 위하여 관련된 자료들을 상세하게 비교하여 제시하였다. 이 교재는 앞의 5장에서는 해산식물의 생육지 특성을 소개하고 비생물적, 생물적 요소들과 군집에 미치는 인간의 영향에 대해서 고찰하였으며 나머지 7장에서는 미세조류, 해조류, 염습지, 맹그로브, 해초류 및 산호초에 대해서 다루었다. 부록에는 간단한 야외 조사 기법과 해조류의 이용에 대해서 요약을 하였다.

해산식물학은 매우 다양한 식물을 포괄하여 식물학적 관점에서 기술하였으며 이들의 적응과 생태적 기능을 강조하였다. 이 교재는 1965년에 학부 상급 과정과 대학원 초급 과정을 대상으로 하여 출판되었다. 교과 과정에는 염습지, 해초류 군집, 맹그로브 습지, 해조류 생육지, 플로리다 남부의 산호초에 대한 연구도 포함되어 있었다. 당시에는 단행본으로 출판된 교재를 구할 수가 없었으므로 결국 1981년에 해산식물학을 출간하게 되었다. 현재로서도 다양한 해산식물 그룹을 비교한 단행본 교재는 드문 실정이지만 각각의 식물 군집을 다룬 포괄적인 교재들은 많이 나와 있다: 맹그로브(Tomlinson 1986; Robertson and Alongi 1992), 염습지(Adam 1990; Mitsch and Gosselink 1993), 해초류(Larkum et al. 1989a; Kuo et al. 1996), 해조류(Round 1981; Lüning 1990; Lobban and Harrison 1994; Little and Kitching 1996), 산호초(Dubinsky 1990; Sorokin 1993). 이후에 나온 다른 교재로는 해산식물 군집의 생태적 가치를 강조한 것으로서 복원과 관리에 대해서 포괄적이면서도 상세하게 고찰한 것이 있다(예, Daiber 1986). 따라서 이 교재의 개정판에서는 연구 논문, 여러 가지 교재, 해산식물 군집의 생태적 가치를 제시한 정부 간행물을 인용하였다.

해산식물학 개정판을 준비하면서 부딪친 주요한 문제는 각각의 해산식물 군집을 다룰 완전한 교재를 만들 때 어떤 내용을 포함시키고 어떤 부분은 제외시킬 것인가를 결정하는 일이었다. 내용을 구성할 때는 군집과 식물을 잘 비교할 수 있는 자료, 군집에서 일을 했던 개인적인 경험, 해산식물학을 수강하거나 군집에서 연구를 수행했던 학생들의 견해들을 이용하여 지침으로 삼았다. 개정판에서는 초판의 생태학적 내용은 그대로 두었지만 군집 부분(7-12장)에서는 식물의 적응, 생태학, 자원의 관리 등을 보강하였다. 아울러 해산식물 군집에 대한 인간의 영향(2장)과 외래 해산식물에 의해 일어날 수 있는 영향, 자외선, 지구 온난화, 해수면 변동에 대해서도 설명하였다. 해조류 분류학적 특징에 대한 설명은 축소되었지만 군집에 미치는 중요한 비생물적(2장), 생물적 요인(3-4장)에 대한 내용은 모든 유형의 식물 군집을 예로 들면서 중점적으로 논의하였다. 이 교재는 학부 상급 과정과 대학원생을 위하여 마련된 것이며 해양생물학, 조류학, 야외실습의 보조 교재로도 이용할 수 있다. 아울러 이 교재는 고등학교와 전문대학 과정뿐만 아니라 특정한 해산식물 군집에 관심이 있는 연구자들과 관련 분야 종사자들에게도 참고 도서가 될 것이다.

초판과 마찬가지로 해산식물학의 개정판을 낼 때에도 많은 학자들의 도움을 받았다. Arther Mathieson 박사(뉴햄프셔 대학교)는 12장을, Gabe Vargo 박사(사우스플로리다 대학교)는 7장의 미세조류, David Burdick 박사(뉴햄프셔 대학교)는 9장의 염습지, Aaron Ellison 박사(마운트홀리오크 대학)는 10장의 맹그로브, David Tomasko 박사(사우스플로리다 수질관리 지구)는 11장의 해초류, Pamela Hallock Muller 박사(사우스플로리다 대학교)는 12장의 산호초에 대해서 각각 검토하였다. 그림 설명에 나와 있는 것과 같이 많은 사람들이 그림을 제공해 주었다. Betty Loraamm 부인(사우스플로리다 대학교)은 현미경 사진을 담당하였으며 도표와 식물의 그림은 Linda Leatherwood(LB) 부인, Ana-Lisa P. King(Als) 박사, Robin Holbrook(Rrh) 양, Carol Torres(C. Torres) 부인이 그렸다. 아울러 John Andorfer(ja)씨는 많은 그림을 컴퓨터를 이용하여 그렸다.

마지막으로 이 교재와 내용에 대한 책임은 전적으로 저자에게 있음을 밝힌다. 해산식물 군집에 대해서 비교 연구함으로서 우리들의 이해의 폭을 넓히고 관련 연구에 도움이 되길 바란다. 초판과 마찬가지로 연구와 교육을 통하여 영역을 넓혀온 모든 해산식물학자, 특히 나의 은사인 고 George J. Hollenberg 박사와 고 E. Yale Dawson 박사, 친구인 Arthur Mathieson 박사와 고 Michael Neushul 박사에게 이 교재를 바친다. 끝으로 해산식물학을 가르치는 기쁨을 나에게 준 학생들에게 이 교재를 바치며 특히 학문적인 삶을 내내 지지해준 아내 Kathleen에게 감사한다.

플로리다 탬파에서

클린튼 J. 도오스

역자의 글

해산식물학의 원저서 Marine Botany는 방대한 내용을 효율적으로 압축하여 대학과 대학원 과정에 맞게 저술된 교과서이다. 역자는 대학의 해산식물학 강의를 담당해오면서 최근 동향에 부합하는 적절한 교재가 필요하다는 것을 실감하던 차에 원저서를 접하게 되었고 감히 번역을 시도하게 되었다. 해산식물학에 대한 번역서는 여러 가지가 나와 있으나 이들 대부분이 특정한 분야에 내용이 편중되어 있어서 입문서 또는 교과서로 이용하기에는 알맞지 않다는 생각도 아울러 가지게 되었다. 저자가 밝힌 바와 같이 해산식물은 단세포조류, 해조류, 해초류, 염습지 식물, 맹그로브를 포괄하는 다양한 식물 무리이며 연안역과 원양역에서 중요한 생태적인 기능을 수행한다. 해산식물이 지닌 이와 같은 다양성과 생태적인 기능에 비추어 볼 때 이들의 중요성이 우리에게 인식되는 정도는 훨씬 못 미친다고 해도 과언이 아닐 것이다. 최근 우리 바다 연안은 극심한 환경 변화를 겪으면서 생물 환경을 구성하는 군집들도 점차 변하고 있다. 이러한 환경 변화에 대응하는 다양한 방안들은 끊임없이 제시되고 있지만 해산식물 군집의 생태적 기능과 특징을 이해하고 보존하는 데에는 여전히 인색함을 보이고 있는 실정에서 이 교재는 용도 면에서 적절하다고 본다.

해산식물학에서 단세포조류와 해조류는 조류학 강좌에서 익히 접할 수 있었으나 관속식물인 해초류와 염습지 식물은 최근까지도 큰 관심을 끌지 못하는 식물 무리였다. 그러나 우리의 관심과는 다르게 맹그로브를 포함한 이들 관속식물 군집은 연성저질 해안에서 대규모 군집을 형성하여 해안 지형을 유지시킬 뿐만 아니라 기본적인 생태적 기능과 더불어 다양한 생물들의 서식처와 양육장 역할을 하므로 이들에 대한 이해의 폭을 넓힐 필요가 있다. 이 교재에서는 초판에 비해 해산식물의 분류학 부분은 축소시키고 대신 생태학 부분은 많은 자료를 인용하고 내용을 보강하여 그 중요성을 강조하였다. 교재의 내용 중에 인용된 분류 체계와 식물명은 원저서에 따라 그대로 썼으므로 최근의 체계에는 맞지 않을 수 있으며 특히 해조류에 대해서는 우리 바다에 나오는 것들에 한해서 국명을 붙였다. 아울러 과학용어의 번역에는 생물학사전(아카데미서적, 1998)과 과학기술용어집(도서출판 아카데미아, 1998)에 따랐다.

해산식물학을 번역할 때 여러 분의 도움과 자문을 받으면서 원저서의 내용을 충실히 전달하려고 했으나 의욕만 가지고 감히 실행한 터라 오류가 많을 것으로 보며 이는 독자들의 지적을 통해서 고쳐질 것이라 기대한다. 해산식물학의 번역된 내용을 검토하고 교정하며 마무리까지 함께 해준 해조 연구실의 동지 옥정현 박사, 금연심 박사에게 감사드린다. 아울러 아주 많은 시간이 지났음에도 기다리며 편집에 수고해 주신 이은경씨, 정진열씨와 더불어 월드사이언스 출판사에게 깊은 감사를 드린다.

2006년 2월 1일

역자　오 윤 식

목차

1장

해산식물과 생육지

지구는 태양계 내에서 독특한 특징을 지니고 있는 많은 근거가 있는데 그중 적지 않은 부분이 물이 많다는 것이다. 해양은 지구 생물권의 상당 부분을 덮어 지구 표면의 71%(3억6천만 km^2)를 차지하며 평균 수심은 거의 4 km나 된다. 지구 표면의 물 대부분이(98%) 해양이거나 얼음이며 0.4%만이 담수이다.

이와 마찬가지로 인상적인 것은 바이러스와 박테리아에서부터 균류, 식물과 동물에 이르기까지 다양한 생명체가 살아가고 있으며 이들 중 많은 구성원들이 지구의 생물지화학환에서 중요한 역할을 한다. 해양생물의 종 다양성은 어업, 오염, 서식지 변경, 외래종 도입과 같은 인간의 활동과 지구의 기후변화 등으로 인하여 위험에 처해 있다(Committee on Biological Diversity 1995). 이러한 인간 활동은 에너지 흐름의 유형을 바꿀 수 있으며, 이들 각각이 단독으로 혹은 복합적으로 작용하여 해양생물 군집을 변동시키고 결국에는 지구의 해양 생물을 절멸시키게 된다. 몇 가지 예를 들면 쇄방사늑조개*Potamocorbula amurensis*의 캘리포니아 연안 침입, 카리브 해Caribbean Sea의 산호초 손상, 발트 해Baltic Sea에서 갈조식물 *Fucus vesiculosus*의 감소, 체사피이크 만Chesapeake Bay에서 굴 해안의 감소 등이다.

바다에 살아가는 해산식물은 단세포 조류에서부터 대형 조류와 현화식물에 이르기까지 다양하며, 해초류와 염생식물 및 맹그로브도 이에 포함된다. 현화식물을 포함하여 모든 해산식물이 원시 해양으로부터 기원된 것으로 보인다. 해산식물은 유기물을 생산할 뿐만 아니라 양어장이나 서식처를 제공하거나 직접 식량으로 이용하는 것과 같이 생태학적으로 다양한 역할을 하므로 매우 중요하다. 해산식물 군집에 대한 연구, 관리 및 생육지 확장이 이미 국제적인 관심사가 되었다는 것은 놀랄 일이 아니다. 이 교재에서는 해산식물의 여러 가지 유형과 그 군집에 대하여 구조와 기능 측면에서 다루어 질 것이다. 해산식물 군집에 대한 인간의 이용과 오용에 대해서도 언급이 될 것이며(5장) 각각의 해산식물 군집의 특징에 대해서 설명될 것이다(8장에서 12장).

해산식물과 분류

현재의 많은 분류 체계는 Whittaker(1969)가 처음 제안하여 Margulis and Schwartz(1988)가 개념을 확장한 것과 같이 생물군을 5계kingdoms; 모네라계, 원생생물, 식물계, 균계 및 동물계로 분류하고 있다. 이 교재에서 다루어지는 해양 생물은 광합성을 하고, 산소를 물로 내보내며 주요 색소로 엽록소 *a*를 가지는 무리들이다. 이러한 생물들은 모네라계(남세균과 원녹조식물문), 원생생물계(조류)와 식물계(고사리식물과 현화식물)에서 볼 수 있다.

모네라계

대략 10만 종의 세균 가운데에서 해양환경에서 나오는 것들은 2천 종이 안 된다. 그러나 이 계의 생물들은 에너지 전이, 미량원소의 순환, 유기물의 전환 등 여러 가지 중요한 역할을 한다. 나머지 4계와는 달리 모네라계에 속하는 무리들은 엽록체, 미토콘드리아, 핵과 같은 막 구조의 소기관과 복잡한 편모 구조가 없는 원핵세포의 특징을 지니고 있다. 유전물질인 DNA는 진핵 세포처럼 크고 복잡한 염색체에 조직화되어 있지 않다. 더구나 세균의 세포벽은 펩티도글리칸으로 이루어져 있는데 이는 탄수화물 중합체가 짧은 아미노산 사슬과 서로 연결되어 있다.

세균은 두 개의 그룹 또는 아계, 진정세균과 조금 더 원시적인 원시세균으로 구분 된다. 진정세균은 엽록소 *a*를 가지는 세균만으로 구성되며 남세균식물문 혹은 원녹조식물문Chloroxybacteria에 소속된다. 남세균은 해양 환경에서 일차생산 뿐만 아니라 질소고정에서도 중요한 역할을 하므로 특별하게 주목을 받는다. 남세균에 대해서는 7장의 미세 조류에서 언급될 것이다.

원생생물계

현재의 체계와 같이 원생생물계는 매우 광범위하게 다양한 "동물"(원생동물), "식물"(조류)과 "균류"(점균류)를 포함하고 있다. 이들은 구조가 간단하다는 이유로 한데 묶여 있으며 대부분 단세포 종들이다. 이전의 분류체계에서 조류는 모양이 식물과 비슷하며 광합성을 하고, 엽록소 *a*를 가지므로 식물계에 소속시켰다. 오늘날에는 대부분의 분류 체계에서 조류를 식물계로부터 제외시키고 있는데(예, Raven et al. 1992), 구조가 단순하고(대부분이 단세포성), 광합성 보조색소가 매우 다양하며, 배우자 세포 주변에 보호 조직이 없고, 생활사가 매우 다양하다는 이유 때문이다. 그러나 rRNA와 유전자 DNA 염기서열을 분석해 본 결과 홍조류와 녹조류가 서로 매우 밀접하게 관련되어 있다는 것이 밝혀졌다(Ragan and Butell 1995). 원생동물과 유사한 문들(유글레나식물문, 황적조식물문, 은편모조식물문)과 황갈조식물문의 몇몇 강을 제외하고, 대형조류와 근연종들은 식물계에 두는 것이 더 나을 것이다.

해양 환경에서는 대형조류와 미세조류가 우점적인 광합성 생물이다. 이들 조류는 구조와 생식이 단순하기 때문에 "원시적"인 광합성 생물로 취급된다. 그러나 조류 화석은 대형조류(13억 년 전)와 미세조류(19억 년 전; van den Hoek et al. 1995)가 선캄브리아기인 5억9천만 년 이후로 알려져 왔다(원생대; 표 2-1참조). 최근에 이용되는 조류학 교재를 비교해 보면 조류의 분류 체계가 매우 다양함을 알 수 있다(Bold and Wynne 1985; South and Whittick 1987; Lee 1989; Sze 1986; van den Hoek et al. 1995). 그 이유는 저자들이 조류의 각기 다른 특징을 강조하였고 아울러 조류의 다양성이 매우 방대하기 때문이다(Norton et al. 1996). 조류의 다양성을 개관하면서 Norton et al.(1996)은 기록되지 않은 조류의 종수가 알려진 종수(약 41,431종)의 4-8곱으로 초과할지 모른다고 지적하고 있다.

조류는 광합성 색소의 종류, 저장 산물, 엽록체 구조, 세포내 봉입구조(예, 피레노이드와 섬모포), 세포벽의 화학성분과 구조, 편모의 구조, 세포 분열의 유형과 생활사에 근거하여 구분할 수 있다. 조류의 상세한 구조에 대해서는 Oltmanns(1922a, 1922b, 1923), Fritsch(1935, 1945)와 Bourrelly(1966, 1968, 1970)에 나와 있다. 이 교재에서는 약간의 예외는 있지만 Bold and Wynne(1985)의 분류체계를 따랐으며 일곱 개의 조류 문에 대해 설명하였다. 독자들은 세포학적 정보(편모 구조와 유사분열)와 분자생물학적 정보(DNA와 RNA서열)를 근거로 설명된 van den Hoek et al.(1995)의 분류체계를 참고하기 바란다. 여기서는 대형조류 또는 해조류의 3문에 대해서 상세히 정의하였으며(녹조식물문, 갈조식물문, 홍조식물문; 7장), 해양에 우점 하는 대표적인 미세조류 4문을 다루었다(황갈조식물문, 황적조식물문, 유글레나식물문과 은편모조식물문; 6장). 표 1-1에서 보는 바와 같이 해산 조류 종의 비율은 문division 간에 변동이 심하다.

식물계

식물계를 구성하는 다양한 문들 중에서 추산되는 속씨식물 30만종의 0.085%만이 해양 환경에서 발견된다(표 1-1). 여기에는 몇몇 해산 이끼류와 하등 관다발식물(고사리)들이 있으며 해산 나자식물은 없다(표 1-1). 해초류(11장), 맹그로브(10장), 염생식물(9장)이 해안 지역에서 볼 수 있는 세 가지 주요한 피자식물 군집이다. 더구나 종수는 육상 현화식물에 비교하면 얼마 되지 않는다. 이 식물 군집 전체가 인간의 활동 때문에 심각한 스트레스를 받고 있다.

해초류는 해양 환경에서 물속에 잠겨서 자라는 유일한 피자식물이다. 해양에서 최근에 기원되었음에도(약 6천5백만 년 전에서 4천만 년 전) 해초류는 해안 생물군집에서 중요한 일차 생산자로 알려져 있으며 해안과 하구 생태계에서 환경의 "건강" 정도를 측정하는데 이용된다. 두 가지 유형의 갯벌 조간대 식물 군집인 "초지형" 염습지와 조밀하게 형성된 해안 맹그로브 군집은 첫눈에 보기에는 공통점이 적어 보인다. 그러나 두 군집은 생태적인 역할과 이들의 생장을 조절하는 비생물적인 요소들에서 뚜렷한 동질성을 보인다.

표 1-1. 녹색 식물

문 / 강	보통명(엽록소)	해산 비율	알려진 종수
	남세균		
남조식물문	남조류(*a*)	8	2,000
원녹조식물문	(*a*, *b*)	75	4
	조류[a]		
홍조식물문	홍조류(*a*)	98	4,000
녹조식물문	녹조류(*a*, *b*)	13	14,720
유글레나식물문	유글레나류(*a*, *b*)	3	900
갈조식물문	갈조류(*a*, *c*)	99	1,500
황갈조식물문	(*a*, *c*)		
황갈조강	황갈조류	20	1,000
황녹조강	황녹조류	15	600
규조강	규조류	50	10,000
후각편모조강	착편모조류	50	300
진안점조강		8	12
침편모조강	침편모조류	50	15
황적조식물문	와편모조류(*a*, *c*)	90	2,000
은편모조식물문	은편모조류(*a*, *c*)	50	200
	선태식물문		
	선류, 태류(*a*, *b*)	0	25,000
	관속식물문[b](*a*, *b*)		
송엽란문	송엽란류	0	3
속새식물문	속새류	0	15
석송식물문	석송류	0	1,000
양치식물문	양치류	0.1	12,000
나자식물문	송백류	0	722
피자식물문	현화식물	0.09	285,000

[a]조류의 종수; Norton et al.(1996)
[b]종수; Raven et al.(1992)

식물의 명명

식물은 계kingdom에서 동물계의 문phylum과 유사한 개념인 문division으로 분류된다(표 1-1). 각 문은 하나 또는 그 이상의 강class으로 나뉘며, 강은 하나 또는 그 이상의 목order을 포함한다. 과family는 다음 하위 그룹을 구성하며, 각 과 안에는 다양한 속genus과 종species이 위치한다. 종은 Linnaeus가 1753년에 출판한 *Species Plantarum*에서 제창한 이명법 체계에 따라 명명된다. 학명은 라틴어화 된 이명 체계로 쓴다. 속과 종뿐만 아니라 그 식물을 처음 기재한 사람의 이름이 포함된다. 전형적으로 종명은 한 생물의 특징을 기재한 용어이다.

참갈파래*Ulva lactuca*의 분류

흔한 녹조식물인 바다상추sea lettuce는 속명이 *Ulva*로서 습지 식물을 의미하며, 종소명 *lactuca*는 상추를 뜻하는 기재적인 용어이다. 이 식물은 다음과 같이 분류된다.

<분류 단위>	<분류군 명>	<어미>
문Division	녹조식물문Chlorophyta	-phyta
강Class	갈파래강Ulvophyceae	-phyceae
아강Subclass	갈파래아강Ulvoideae	-oideae
목Order	갈파래목Ulvales	-ales
과Family	갈파래과Ulvaceae	-aceae
학명Genus, Species	참갈파래*Ulva lactuca* Linnaeus	

식물명은 라틴어로 되어 있기 때문에 이탤릭체로 써야하며 종의 명명자가 포함되어야 한다. 만일 한 종이 다른 속으로 옮겨질 때에는 그 종에 대한 원래의 명명자는 보존되며 종을 옮긴 사람의 이름도 마찬가지로 인용된다. 예를 들면, 열대 녹조식물 *Caulerpa prolifera*(Forsskål) Lamouroux인 경우 Forsskål은 *prolifera*라는 종을 처음 명명하였으며 이후 Lamouroux가 이 종을 다른 속인 *Fucus*로부터 *Caulerpa*로 옮겼다.

종의 기재

모든 신종 식물 또는 새로운 분류 단위(문, 강, 목, 과)에 대한 기재는 국제식물명명규약ICBN에 따라야 하며 이 규약은 매 5년마다 국제식물학회의IBC에서 수정과 검토가 이루어진다. 새로이 밝혀지는 모든 속, 종과 하위 분류군은 특징들이 기재된 라틴어 기재문이 있어야 그 이름이 정당한 것으로 인정된다. 예를 들면 석회 녹조식물인 바다선인장의 일종 *Halimeda lacrimosa* Howe의 새로운 변종 var. *globosa* Dawes et Humm을 기재하면 다음과 같다.

Plantae usque ad 10 cm altae, densae, plus minusve globosae; segmenta pro parte majore globosa, rare obovoidea vel pyroformia, 5-10 mm diam., cava. utriculi peripherales 35-40 μm diam., 80-100 mm longi; membrane utriculares apicales 7-9 μm crassae, post calcificatae remanentes cohaerentes. Utriculi subcorticlales 100-130 μm diam., omnes ferentes 16-17 utriculi peripherales. Fila littos centrales conjugentes in 3s ve. 4s, rare 2s vel 6s ad nodia. Sporangia ignota.

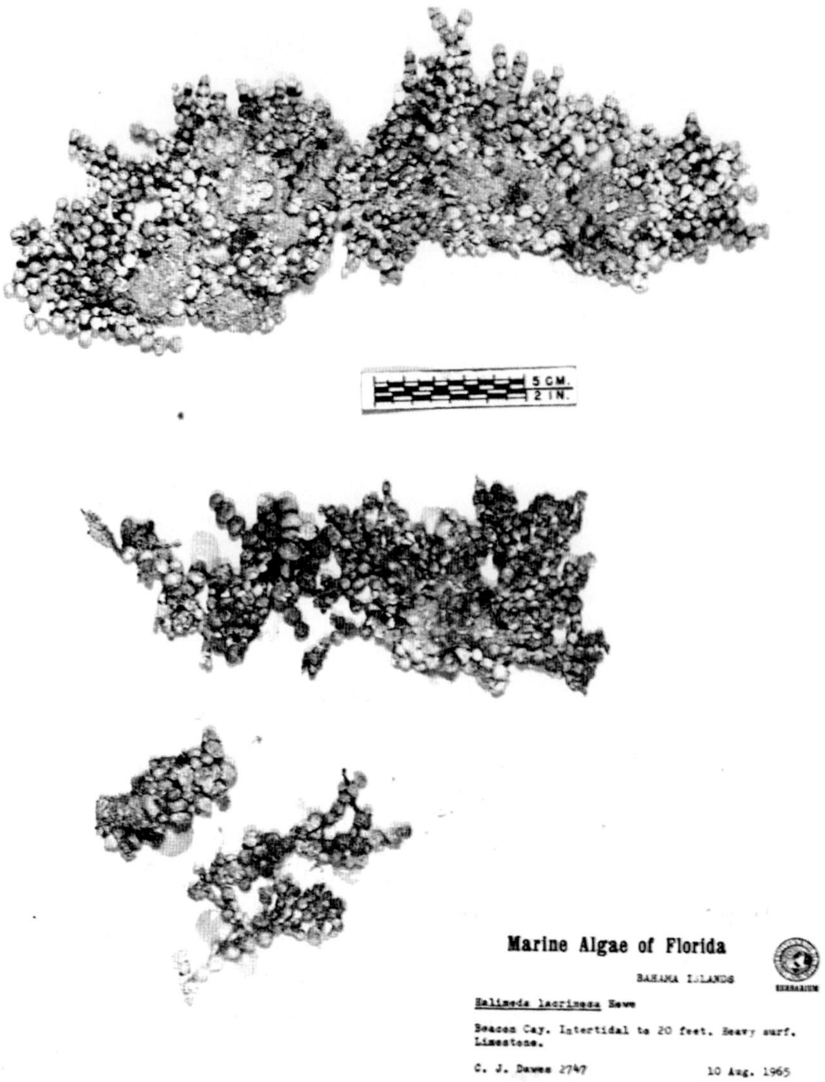

그림 1-1. 건조 표본의 예. 녹조 석회조 바다선인장의 일종 *Halimeda lacrimosa* Howe는 건조되어 표본 대지에 붙여지고 오른쪽 하단에 분류표가 붙는다.

Halimeda lacrimosa Howe의 새로운 변종 var. *globosa* Dawes et Humm을 기재한 라틴어 기재문을 영어로 옮기면

Plants forming dense masses to a height of 10 cm; the segments mostly spherical in shape, rarely obovoid or pyriform, 5-10 mm in diameter, hollow, the peripheral utricles 35-45 μm in diameter, 80-100 μm long, the apical walls 7-9 μm thick remaining coherent after decalcification. Subcortical utricles 100-300 μm in diameter, each bearing 16-17 peripheral utricles. Filaments of the central strand fusing at the nodes in threes and fours, rarely in twos and sixes. Sporangia unknown.

Marine Algae of Florida

HERBARIUM

Bostrychia binderi Harvey

Collected in Cockroach Bay, Tampa Bay, West coast.
27°41'N, 82°30'W.

26 July 1996.

Growing on black mangrove pneumatophores by boat ramp.

Collector: C.J.Dawes.
Identified: C.J. Dawes.

Collection Number: 27102.

그림 1-2. *Bostrychia binderi*의 건조표본 분류표. 분류표에는 채집 장소, 채집 일자, 생태적 특징, 채집자 이름과 표본 번호가 기록된다.

기준표본

기준표본type은 그 표본으로부터 종의 특징이 기재된 것으로서 표본관(압착된 식물의 보존 장소)에 보존되어야 하며 그 장소도 표기되어야 한다(그림 1-1). 더욱이 모든 영구한 정보(종명, 채집 장소, 채집일자, 생육지, 채집자와 동정자)가 모두 들어 있는 분류표가 압착 표본에 붙여져야 한다.

해산식물이 사는 환경

해산식물은 물속으로 투과되는 빛이 광합성하기에 충분한 해양의 상층부인 진광대euphotic zone에 한하여 분포한다. 이는 저서성(붙어사는) 또는 부유성(떠사는) 종에서도 마찬가지이다(그림 1-3).

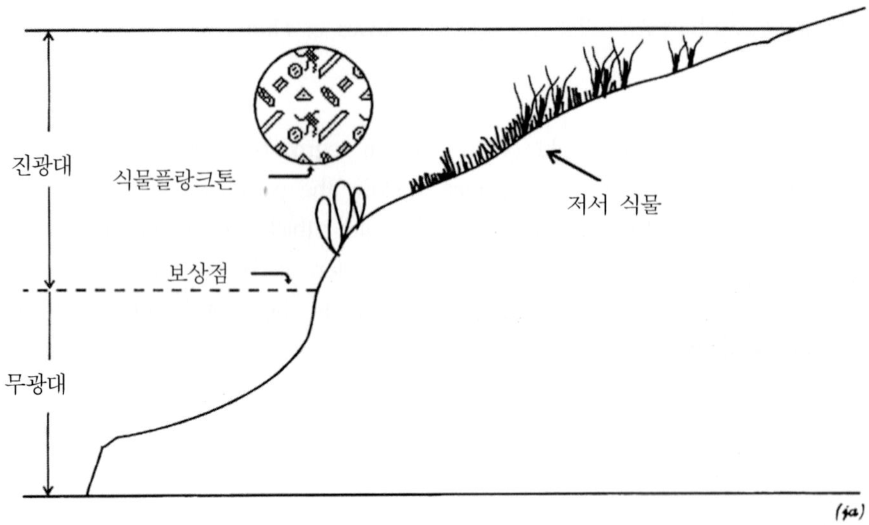

그림 1-3. 빛의 투과와 관련된 해산식물의 분포. 식물플랑크톤과 저서식물은 진광대에 제한되어 있다.

어떤 종이 빛에 제한받는 수심을 보상점compensation point이라하며 광합성률과 호흡률이 균형을 이루는 투과되는 빛의 강도이다. 따라서 바닥에 붙어사는 종류들은 대륙붕의 얕은 수역(약 150 m)에 제한되어 분포한다. 식물플랑크톤 혹은 부유성 광합성 생물은 해양의 상부인 유광층(약 200 m)에 한하여 분포한다. 부유성 식물들은 일반적으로 해안을 따라서 대륙붕의 얕은 수역과 영양염이 풍부한 해역에 풍부하게 분포한다. 연근 해역에 식물플랑크톤이 증가하는 것은 영양염이 대륙으로부터 유입되어 오거나, 연안 저층에서 다시 떠오르거나, 심해로부터 영양염이 풍부한 해수가 순환되므로(용승) 영양염의 수준이 높아진다는 것을 보여주는 것이다.

노출된 해안

암반 해안 환경은 빛이 투과되는 깊이에 근거하여 수직적으로 구분할 수 있는데, 빛이 투과 되어 식물 생장을 유지시키는 진광대 구역과 빛이 투과되지 않는 무광대로 나뉜다. 이 교재에 나오는 분포대zone라는 용어는 수직적인 부분을 나타내며 지역region은 생물지리학적인 분포에서 사용되는 용어라는 Lüning(1990)의 제안에 따랐다. 수직 분포대는 수위에 따른 생물학적 분포 혹은 물리적인 구역을 이르는 말로 쓸 수 있다. 가장 흔하게 이용되는 생물학적 분포대(표 1-2)에는 "고전" 체계(Lüning 1990), "만국" 체계(Stephenson and Stephenson 1972)와 암반 체계(Lewis 1964) 등이 있다. Stephenson의 만국 체계는 조간대 상부의 비말대supralittoral fringe(총알고둥*Littorina*의 서식 상한선이며 사리 때만 잠기는 부분), 따개비 서식대와 다시마*Laminaria*의 생육대 사이에 위치한 조간

표 1-2. 조간대 구분의 비교

조간대[a] / 체계	생물학적	고전개념	만국개념	Lewis
비말대 상부	육상 지의류 및 식물 생육대	-	조상대	해변
비말대	해산 지의류 생육대	조상대	조상대 가장자리	조간대 가장자리
조간대	따개비 생육대	조간대	조간대 중부	조간대
조간대 가장자리	대형 갈조류 생육대	조하대 가장자리	조하대 가장자리	조하대

출처: Lüning(1990)에서 수정 인용.
[a]조위는 파도와 기후 요소로 인하여 생물학적 또는 다른 체계에 정확히 들어맞지 않는다.

대 중부midlittoral zone, 조간대 중부로부터 사리 때의 최저 조선까지인 조하대 상부infralittoral fringe로 구분하고 있다(그림 8-3 참조). Stephenson의 조간대 중부는 다시 상부, 중부, 하부로 나뉜다. Lewis(1964)는 만국 체계를 변형하여 상부 조간대littoral fringe, 중부 조간대eulittoral, 조하대sublittoral 등 세 구역으로 나누었다(표 1-2; 그림 8-4). 이 변형된 체계는 Morton(1991)이 캐나다 노바스코시아Nova Scotia의 펀디 만Fundy Bay에서 분포대를 연구하면서 사용했다. Lüning(1990)은 고전 체계를 변형하여 진광대를 세 구역으로 나누어 상부 비말대supralittoral, 조간대eulittoral(주기적 혹은 비주기적으로 노출되는 구역), 조하대sublittoral(전혀 노출되지 않거나 간헐적으로 드러나지만 파도에 의해 적셔지는 구역)로 구분하였다. 이 구분은 주요 생물의 분포에 근거한 것이기 때문에 한 서식처에 대한 생물학적 구분을 다른 서식처에 결부시키기는 어렵다. 이 교재에서는 진광대를 다섯 개의 물리적인 구역으로 나누었다; 해안대maritime, 비말대spray, 조간대intertidal, 조하대 상부subtidal fringe, 조하대subtidal zone(그림 1-4). 조하대에 자라는 해산식물은 진광대에 제한된다. 식물이 자라는 않는 무광대에는 대륙 사면, 대륙대, 심해저 및 초심해저대가 포함된다(2장). 연안 진광대의 각

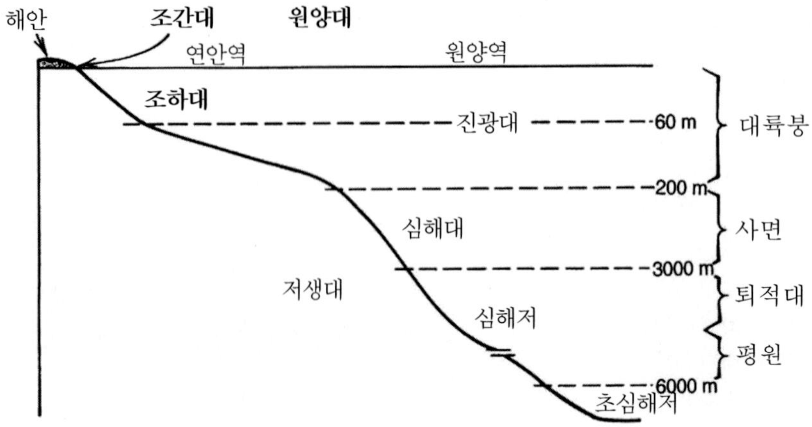

그림 1-4. 해양을 외양역과 저서계로 구분한 그림. 외양역은 근해역 혹은 대륙붕 위에 놓여 있는 해수역과 원양역을 포함한다. 저서계는 해안, 조간대, 대륙붕(조하대), 대륙 사면, 심해저대와 초심해저대를 포함한다.

구역은 식물 군집에 영향을 주는 독특한 비생물적 또는 생물적 특징을 가지고 있다. 해안대는 고조위보다 위에 위치하며 본래는 육지이지만 비말, 안개, 바람에 의해 날려 오는 염분 등 해양으로부터의 영향에 다양하게 노출될 수밖에 없는 곳이다. 해안 식생은 염생식물halophytes(염분이나 수분 결핍에 내성이 있는)에 의해 우점된다. 해안대의 식물 군집은 사구지 위에 해안 초지, 덤불, 숲 등으로 이루어진다. 해안 식생은 염분으로 인하여 가지치기 효과를 보이는데 바다 쪽 가지들이 죽고 식물이 해안으로부터 육지 쪽으로 비스듬하게 자란다(그림 1-5). 비말대의 폭과 길이는 파도의 영향에 따라 다르다. 파도의 영향이 크면(예, 그림 1-6과 같이 남부 캘리포니아의 노출된 절벽) 비말대의 상부가 빈번하게 포말에 의해 적셔지므로 소산대의 최상부를 넘어서 확장된다. 조간대 최상부에 자라는 식물들은 장기간의 건조와 극심한 기후 조건에 내성을 가지고 있어야 한다. 비말대에 자라는 전형적인 식물은(그림 1-6, 분포대 1) 지의류와 남조류이다. 냉수역에서는 홍조류(김 *Porphyra*, 보라털*Bangia*). 소형 녹조류(*Codiolum*, 애기파래*Blidingia*, 초록털말*Urospora*), 대형 갈조류(뜸부기*Pelvetia*, *Fucus*) 등이 파도의 영향을 크게 받는 비말대에 출현한다. 열대 해안에서는 비말대가 파도의 영향을 받아 적셔지더라도 햇빛이 강하고 대기 온도 또는 수온이 높기 때문에 기본적으로 남조류가 나타난다.

조간대는 조석에 의해 주기적으로 덮이거나 노출되므로 수직 높이로 수 cm로부터(유럽의 발트해, 브라질의 파토스라군Patos Lagoon) 15 m(노바스코시아Nova Scotia의 펀디 만Fundy Bay) 범위에 이른다. 조간대가 제한된 지역에서는 바람의 유형에 따른 비주기적인 변동이 불규칙적이지만 더 중요하다. 조간대 상부에 자라는 식물의 상한선은 대개 고온, 강한 햇빛과 제한된 습기 때문에

그림 1-5. 해안대의 식생은 파도와 바람의 영향에 적응되어 있다. 플로리다 서해안의 파도를 적게 받는 사구지에는 바다귀리*Uniola paniculata*와 여러 가지 염생 쌍자엽식물들이 안정되게 자라고 있다.

일어나는 건조 등 비생물적 요인에 의해 조절된다. 반면에 조간대 식물의 하한선은 경쟁과 피식 등 생물적 요인의 영향을 훨씬 더 받는다. 북아메리카의 온대 수역에서는 조간대의 상한선은 보통 따개비에 의해 경계 지어지며(그림 1-6, 분포대 2), 그 아래로는 *Fucus*와 뜸부기*Pelvetia*와 같은 대형 갈조류와 함께 김*Porphyra*이 자라며(그림1-6, 분포대 3), *Ascophyllum*도 나타난다. 이러한 식물 군집의 하한선은 단주름다시마*Laminaria saccharina*와 갈래잎다시마*L. digitata*와 같은 대형 갈조류의 상한 구역에 의해 표시된다(그림 1-6, 분포대 4). 아열대와 열대 해역의 조하대 상부 구역은 각상 조류와 바위 속에 사는 조류(석회석을 파고들어 사는) 때문에 다양한 색깔을 나타낸다(Stephenson and Stephenson 1972). 열대 조간대에 우점 하는 해산식물은 미소 남조류, 녹조류, 바위 턱 아래나 바위 기질의 웅덩이에서 흔히 볼 수 있는 홍조류 등이다.

온대 암반 해안의 조간대에서는 매우 다양한 종류의 대형 해조류가 출현하며(그림 1-6, 분포대 2-3), 열대 해안의 단단한 기질에는 미세조류, 특히 남조류가 우점한다. 조간대 구역의 아래쪽은 조하대 상부라고 부르는데(그림 1-6, 분포대 4), 약한 파도의 영향으로 공기 중에 빈번하게 노출된다. 이 구역에서 자라는 해조류는 조간대 종보다 아래쪽에서 발견되는 종들과 공통점을 보인다. 이런 종들은 노출이 되었을 때 짧은 시간만 견딜 수 있으며 높은 파도의 힘에 적응되어 있는 것을 볼 수 있다.

그림 1-6. 캘리포니아 남부 해안에서 적당한 파도에 노출된 절벽에서 볼 수 있는 조간대의 해조류 분포대. 대조 시에 노출된 네 구역의 분포대는 (1) 남조류와 미세한 사상 녹조류가 분포하는 비말대, (2) 상하로 따개비와 홍조류 김*Porphyra*에 의해 경계 지어진 조간대 상부, (3) 엽상 홍조류와 뜸부기류의 갈조류가 자라는 조간대 하부, (4) 대형 갈조류와 홍조류가 무리를 형성하는 조하대 상부로 구성된다.

온대(냉수역) 식물 군집에서 우점적인 대형 해조류는 갈조류 *Alaria*, 다시마*Laminaria*와 홍조류의 팔손이풀*Palmaria*, 혹돌가사리*Mastocarpus*들이다. 열대 해역에 출현하는 대형 해조류는 갈조류의 부챗말*Padina*과 모자반*Sargassum*, 홍조류의 서실*Laurencia*과 개우무*Pterocladiella* 등이 대표적이다.

조간대 지역에서 해산식물의 분포에 영향을 미치는 중요한 비생물적 요인은 조석 범위, 조석 주기, 기질, 파도, 그리고 대기 온도 및 강우와 같은 기후 요소들이다. 이 가운데에서 기질이 가장 예민한 요소로서, 모래 해안(굳지 않은 모래)과 바위 해안(굳었거나 단단한 기질)을 비교해보면 바로 알 수 있을 것이다. 2장은 해산식물에 미치는 중요한 비생물적 요인에 대하여 다루었으며 8장-10장에서는 해산식물 군집에 미치는 다양한 영향을 재검토하였다.

조석에 의해 노출되지 않는 대륙붕의 진광대를 조하대라고 부른다(그림 1-4). 조하대 식물은 저조선으로부터 충분한 빛이 있기만 한다면 대륙붕 끝까지 생육 범위를 넓힐 수 있다. 얕은 수심의 조하대(50 m까지)에는 단단한 기질이 있기만 하면 북아메리카 서해안의 대형 갈조류 해중림과 같이 광범위한 군집이 형성될 수 있다. 수심이 깊어지면서 빛이 제한되므로 조류들은 다양성과 풍부함이 떨어지고 그늘에 잘 견디는 종류들만 살게 된다.

침수 수생식물의 식생은 대형 해조류뿐만 아니라 해초류로도 구성되어 있다. 조하대 식물 군집은 중요한 서식처를 만들어주며 많은 생물들에게 일차적인 먹이원이 된다. 따라서 포식(조식) 및 경쟁과 같은 생물학적 요인은 침수 식생의 분포에 주요한 역할을 담당한다. 대형 해조류(8장)와 해초류(11장)에 대한 내용에서는 조하대에 자라는 식물의 적응과 생태학적인 역할에 대해 설명될 것이다.

SCUBA와 같은 현대적인 잠수 기구와 연구 선박이나 잠수정(그림 1-7)을 이용할 수 있는 기회가 늘어나면서 해산식물학자들이 버뮤다와 같은 세계 심해 지역의 해조상을 연구할 수 있게 되었다(Searles and Schneider 1987). 이와 같은 연구를 통하여 갈조류, 녹조류, 홍조류들이 광도가 0.009 μmol photons $m^{-2}s^{-1}$밖에 안 되는 88-268 m의 수심까지도 자랄 수 있다는 것이 밝혀졌다(Littler and Littler 1984).

염하구

담수와 외양 해수가 섞이는 염하구estuary의 식물 군집은 가장 생산적이고 다양한 해안 군집이다. 염하구는 바다가 강이나 하천 내만으로 뻗어 들어간 입구이므로(그림 1-8, 3-3) 담수역과 해수역 사이의 전이 구역이다. 강물이 염하구를 통하여 바다로 흘러들면 수심, 에너지(조류와 교란), 물의 투명도, 염도, 퇴적물(유기물, 산화 환원 잠재물질)과 생물상에 변화를 가져다준다. 염하구에서 비생물적 요인은 물의 운동(파도, 조류)으로부터 보호되는 정도, 담수의 유입량, 물의 체류 시간을 포함한 순환 유형, 수심 및 염도 구배 등에 따라 변동이 심하다. 더욱이 비생물적 요인은 시간적, 공간적으로 변하기 때문에 염하구에는 매우 다양한 서식지가 형성된다. 지형적 특징은 염하구의 비생물적 요인에 영향을 미치며 지형에 따라 침수하구, 방해사주염하구, 피요르드, 삼각주 등 네 가지 유형으로 구분할 수 있다(Ketchum 1983). 넓은 유역과 좁은 출구를 지닌 염하구에서 일어나는 극적인 현상 중의 하나는 심한 조석 여울로 인하여 강한 조류가 생긴 결과 식물과 동물들이 살 수 있는 독특한 서식처가 만들어진다. 조석 여울의 한 예를 뉴햄프셔의 그레이트 만Great Bay 염하구에서 볼 수 있다.

몇몇 생물들은 염하구에서 한살이를 마치며(조개, 굴, 가리비), 어떤 종들은 염하구를 이동 통로로 이용한다(소하성 연어, 강하성 뱀장어). 염하구의 먹이 그물은 복잡하고 역동적이며 초식과 유기물 퇴적이 지배적으로 나타난다. 염하구는 염습지, 맹그로브숲과 해초류 군집으로 구성되어 있어서 굴, 조개, 새우, 게, 어류 등이 서식하는 세계에서 가장 규모가 큰 어장을 부양하는 곳이다(Committee on Biological Diversity 1995). 염하구의 단위 면적당 생산량은 아주 높아서 아마 "세계에서 가장 생산성이 큰 자연 생태계"일 것이다(Day et al. 1989). 세계적으로 사람들이 거주하는 지역은 만과 염하구의 100 km 안쪽에 위치해 있으므로, 염하구의 식물 군집은 인위적인 영향을

그림 1-7. Johnson-Sea Link II 잠수정. 이 잠수정은 직접 관찰하고 SCUBA 채집(50 m까지)을 하기 위해 대륙붕 끝까지 내려간다(Harbor Branch Foundation, Fort Pierce, Florida 제공).

그림 1-8. 호주 퀸슬랜드Queensland의 염하구. 열대의 작은 염하구 생태계에 형성된 맹그로브숲(f), 조하대 해초류(s), 갯벌(m) 사이에서 복잡한 상호 작용이 일어난다(사우스플로리다대학University of South Florida, Tampa의 R.A. Davis 제공).

심하게 받게 된다. 준설 작업, 조간대와 저서 생물군집의 훼손, 오염과 같이 인간 활동에 따른 영향으로 염하구는 막대하게 희생당하고 있다. 염하구는 생물학적으로 매우 중요하기 때문에 세계적으로 정밀조사가 이루어지고(Ketchum 1983) 그 기능에 대하여 상세하게 연구되고 있다(Day et al. 1989). 2장에서는 해산식물 군집을 유지시키는 기능과 관련하여 비생물적 요인에 대하여 다루어질 것이다. 9장과 10장에서는 염하구에 우점 하는 식물군집인 염습지와 맹그로브숲에 대해서 논의될 것이다.

해양

대륙사면, 대륙대, 대양저는 광합성 식물이 살지 않는 깊은 수심인데도 영양염이 풍부하다. 깊은 곳에 있는 차가운 대양 해수는 영양염을 용승upwelling과 수직 해류를 통하여 영양염이 빈약한 상층 해수로 순환시켜준다. 연안neritic 해수는 대체로 영양염이 풍부하며 물의 색깔은 연한 노란색에서 갈색을 띤다. 물 색깔은 노란 물질 때문에 나타나는 것인데, 이 물질은 대륙에서 흘러오는 빗물과 저층 퇴적물로부터 유래된 유기물과 부식물질로 이루어져 있다(Lüning 1990). 대륙사면과 대양저 위에 위치한 원양oceanic수는 대체로 영양염이 빈약하고 투명한 푸른 색깔을 띤다. 영양염이 부족하기 때문에 원양수는 전형적으로 생산력이 낮아 "바다 사막"이라고도 부른다.

원양수는 빛이 투과되는 깊이에 따라 진광대photic zone와 무광대aphotic zone로 구분된다(그림 1-3). 미세조류와 식물플랑크톤은 원양수에 우점 하는 생물들인데 이들은 7장에서 재검토될 것이다. 미세조류는 빛의 필요에 따라 제한된 수심에 분포한다. 만일 미세조류가 진광대 아래로 가라앉게 된다면 광합성을 하기에 불충분한 광도에 놓일 것이며 저장물질을 소모하고는 죽게 될 것이다. 예상되는 바와 같이 미세조류 종들은 낮은 광도를 이용하는 능력이 각기 다르다. 대형조류와 마찬가지로 식물플랑크톤의 광보상점은 종에 따라 다르다. 원양수는 영양염, 플랑크톤, 부유 물질 등이 일반적으로 적기 때문에 투명하며 연안수(약 80-100 m)보다 진광대가 깊다(약 150 m).

2장

비생물적 요인

해산식물에 영향을 미치는 비생물적 요인은 이들의 사는 곳이 염분 매질이라는 것 이외에는 육지의 환경 요인과 비슷하다. 물은 공기보다 밀도가 높지만 물 분자는 빠른 속도로 움직이며(실온에서 약 580 km h^{-1}), 용해 물질(산소, 이산화탄소, 영양염류, 미량원소)은 물을 통하여 느리게 식물세포로 확산된다. 더욱이 해수는 담수보다 더 해양생물에게 좋은 조건을 만들어주는데 비슷한 삼투성을 지니고 있어서 생명활동에 필요한 다양한 원소를 전달해준다. 이러한 특징은 선박의 금속부분에 미치는 영향에서 보는 바와 같이 해수가 지닌 부식성인 측면과는 대조적이다.

Dawson(1966)은 해산식물에 대한 교재를 처음 쓰면서 해산식물 군집을 연구하는데 고려해야 할 비생물적 요인의 목록을 제시하였다. 비생물적 요인들을 물리적(빛, 기질, 온도, 상대습도, 강우, 압력), 화학적(염도, 산소, 영양염류, 이산화탄소, pH, 오염) 및 역학적(파도, 조류, 조석)요인 등으로 분류하였다. 해조류에 대한 비생물적 요인의 영향에 대한 내용은 Lüning(1990), Lobban and Harrison(1994)의 저서에서, 염습지와 맹그로브 식물에 대한 것은 Day et al.(1989), Adam(1990), Robertson and Alongi(1992), 해초류에 대해서는 McRoy and McMillan(1977), Phillips and McRoy(1980) Larkum et al.(1989a)의 연구에서 볼 수 있다. 이 장에서는 세 가지 주요한 비생물적 요인들에 대하여 설명하였으며(지질학적, 물리적, 화학적), 이를 뒷받침하는 정보들은 식물플랑크톤(6장)과 대형조류의 군집을 다룬 장에 나와 있다.

지질학적 요인

해양

지구 표면은 약 71%가 해수로 덮여 있으며 이 해역은 5개의 주요 해양과 20개의 소해양으로 구분된다(Sverdrup et al. 1964; Davis 1986; 그림 2-1). 태평양, 대서양, 인도양이 가장 큰 대양저로서 지구의 321.1×10^6 km^2를 덮는다. 세 해양은 전 해양의 89%를 차지하며 평균 수심이 4,057 m나 된다. 각 해양의 가장자리는 대륙붕에 해당하며 대양저의 주요 부분은 평균 수심이 약 3,700 m인 고유한 해양이다.

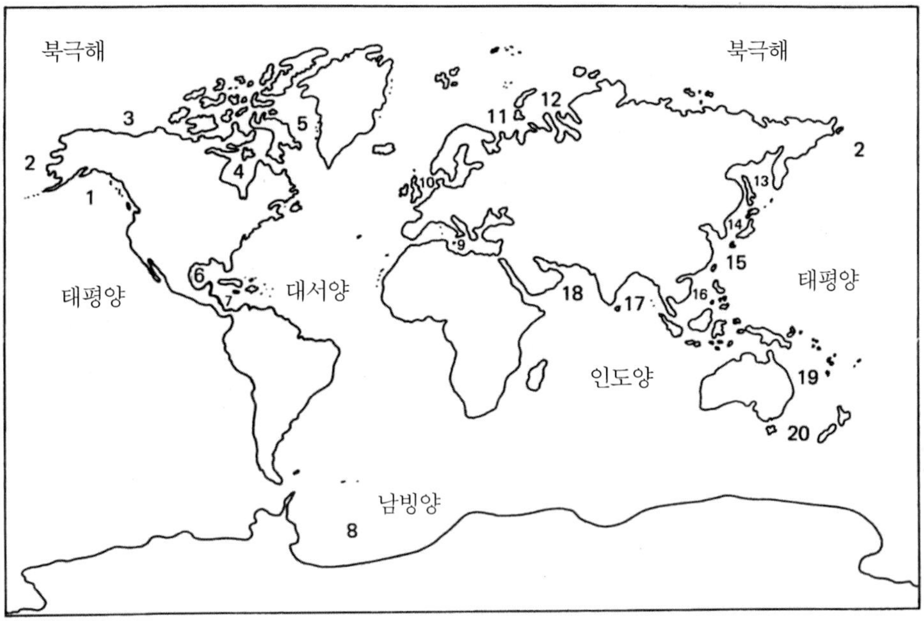

그림 2-1. 5개(명칭)의 주요 해양과 20개(숫자)의 소 해양을 나타낸 세계 지도. 소 해양은 (1) 알라스카만, (2) 베링 해, (3) 뷰포트 해, (4) 허드슨 만, (5) 배핀 만, (6) 멕시코 만, (7) 카리브 해, (8) 웨델 해, (9) 지중해, (10) 북해, (11) 바렌츠 해, (12) 카라 해, (13) 오호츠크 해, (14) 일본해, (15) 황해, (16) 남중국해, (17) 뱅골 만, (18) 아라비아 해, (19) 코랄 해, (20) 타스만 해.

일반적으로 해양은 지구의 직경과 비교할 때 극히 얕으며, 평균 깊이는 지구 위에 25 cm 두께의 페인트를 씌워 놓은 것과 대등하다.

해양 아래의 지구 표면 대부분이 600 m와 3,500 m사이에 놓여 있음을 나타내는 측고곡선(그림 2-2)에서 보는 바와 같이 육지와 지형이 비슷하다. 대륙판의 잠긴 부분인 해양에는 대륙붕continental shelf(200 m까지), 대륙사면slope과 대륙대rise(200 m에서 3,000 m까지; 그림 1-4)가 위치해 있다. 대륙대를 넘어 심해저평원abyssal plain(3,000 m에서 6,000 m까지)이라고 부르는 해저는 33-75%를 차지하며 심해 구릉, 해령, 해구가 포함되어 있다. 저서 식물의 수심 분포는 빛의 투과에 의해 제한받기 때문에 수직 한계를 유광대라고 부르며(그림 1-4), 이 범위는 독일의 헬골란트Helgoland와 같이 탁한 해수에서는 5 m 미만이며 바하마의 원양수에서는 280 m에 이른다(Lüning 1990).

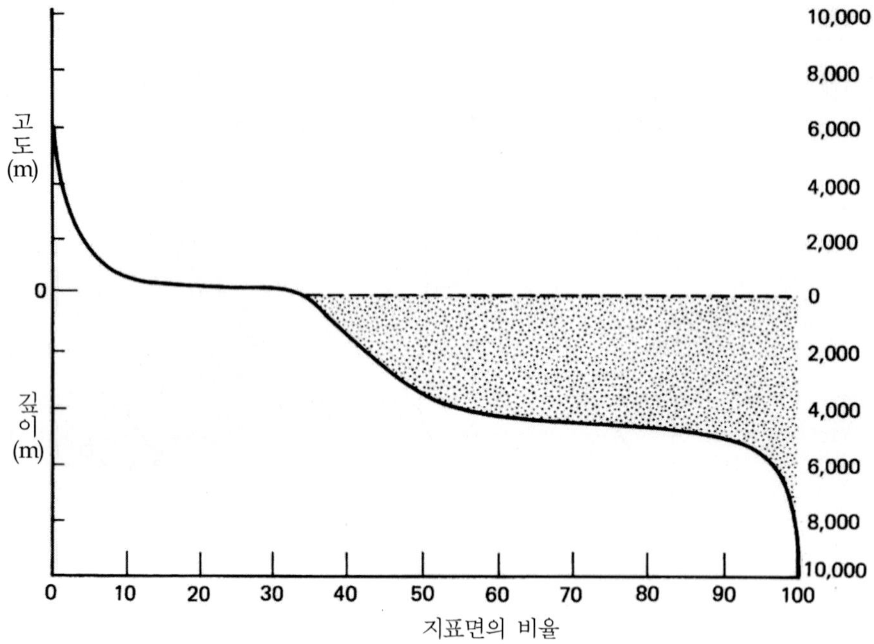

그림 2-2. 고도와 깊이 위 또는 아래에 위치한 지구 표면을 백 퍼센트로 하였을 때의 측고 곡선. 육지의 평균 고도는 해면(0 m)이며 바다의 평균 깊이는 3,729 m이다.

위치

지구 표면에 대한 수평(위도와 경도), 수직(고도와 깊이) 위치를 정의하기 위해서는 좌표 체계를 이용한다. 위도와 경도는 지구 표면을 수평선과 각도로 나누어 놓은 좌표이다. 위도latitude는 적도(남, 북)로부터 도(°) 단위로 나누어서 적도와 평행으로 선을 그은 것이다. 경도longitude는 영국의 그리니지Greenwich관측소를(동, 서) 관통하여 지나는 자오선으로부터 그은 각도 거리로서 적도에 대해서 직각으로 선을 그어 나타낸 것이다. 예를 들면 필리핀대학교의 해양연구소는 루손Luson섬 팡가시난Pangasinan의 볼리나오Bolinao에 위치해 있으며 좌표는 북위 16°24.08′ 동경 119°54.28′ 이며 플로리다 서해안 앵클로트키Anklote Key의 남단에 위치한 등대는 북위 28°10′10″과 서경 82°50′42″에 위치해 있다. 두 가지 예에서 보는 바와 같이 도, 분, 초(분의 10분의 일) 등이 적도로부터의 거리(북위 혹은 남위)와 그리니지관측소(서경, 동경)로부터의 거리를 나타낸다. 어떤 지점의 위치는 GPS, LORAN, 측지도를 이용하여 알아낼 수 있다.

지질사와 판구조론

지구의 나이는 4연대로 구분되며 각 연대는 기peroid로, 이는 다시 세epoch로 나뉜다(표 2-1). 단세

표 2-1. 현재부터 백만 년 전의 지구 연대표

기period	세epoch	지사학적 주요 사건
	신생대(65)	
제4기(2)	홍적세	빙하 발생, 인류 진화
제3기(65)	선신세(5)	사막의 형성, 서늘함
		중미 융기
	중신세(25)	초원, 기후 온화
	점신세(38)	현대 현화식물
		남미와 남극
	에오세(55)	초원 생김, 열대
		호주와 남극
	팔레오세(65)	초기 영장류, 기후 서늘함
		대규모 내해 소멸됨
	중생대(248)	
백악기(144)		피자식물 출현, 공룡 멸종
		열대; 아프리카와 남미 분리
쥐라기(213)		나자식물(소철류) 출현,
		기후 온화
		대륙과 대규모 내해 형성
		나자식물, 양치식물 숲,
		최초의 공룡
		건조한 환경의 초대륙
	고생대(590)	소철류, 송백류 기원.
이첩기(286)		빙하 작용, 건조
		양서류 다양, 숲의 출현
석탄기(360)		온난한 기후, 소택지 저지대
		어류 출현, 육상식물 다양
데본기(408)		대규모 해양, 지역적 산악화
		대멸종 발생, 최초의 양치식물
실루리아기(438)		온화한 기후, 평평한 대륙
		대멸종발생, 최초의육상식물과 균류
오르도비스기(505)		온화한 기후, 얕은 바다
		동물상 다양화
캄브리아기(590)		온화한 기후, 대규모 바다
	선캄브리아기(4500)	
생명의 기원(35억년), 진핵생물(15억년), 다세포동물(700)		
지각이 형성되고 대륙이동이 시작됨		

출처: Raven et al.(1992)에서 수정 인용

포성 해양생물은 아마 선캄브리아기 약 30억 년 전, 캄브리아 혹은 오르도비스기에 출현한 것으로 보이며, 해양은 오늘날과 비슷한 화학적 조성이었을 것이다.

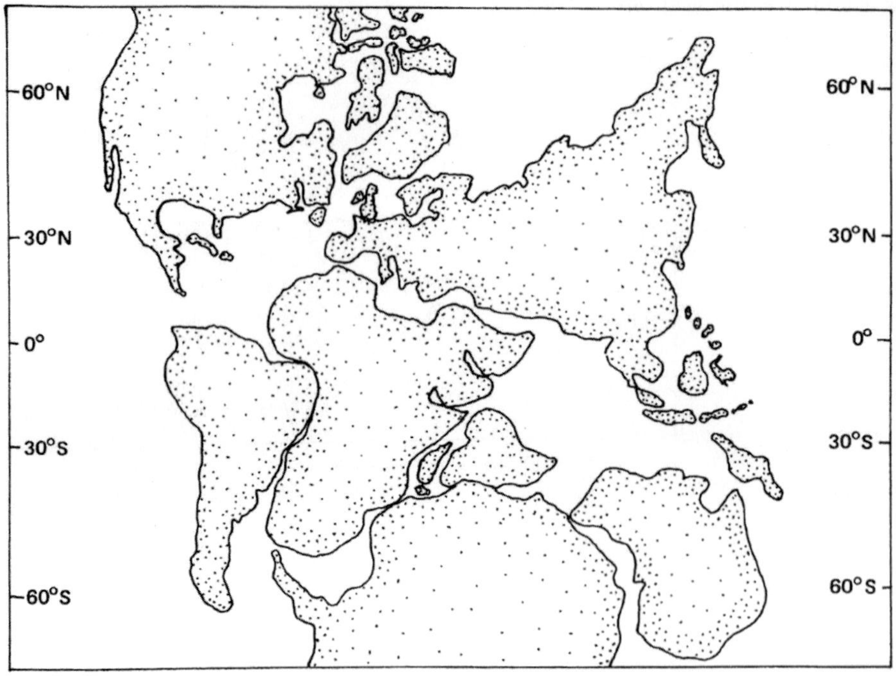

그림 2-3. 백악기 중기(1억 천만년) 경의 단일 초대륙 판게아Pangaea. 곤드와나Gondwana 대륙은 여전히 남반구에 그대로 있는 반면 북반구에 위치한 대륙들은 여러 단계로 분리되고 대서양이 형성되기 시작하였다.

반면에 지구의 지형과 기후는 여러 차례 중요한 변동을 겪었는데, 선캄브리아기, 페름기, 제4기에는 빙하가 확장되었으며 현재의 대륙은 가장 최근인 1억 8천만년에서 2억 년 전경에 분리되었다.

Davis(1986)가 지적한 바와 같이 20세기 후반의 괄목할만한 지구과학의 발전으로 판구조론이 정립되었다. 수년 동안 무시되었음에도 불구하고 1912년 Alfred Wegener에 의해 제안된 대륙이동 개념은 현재 지구과학의 기본 원리가 되어 있다. 대륙 이동은 지각의 큰 단편이 움직이면서 일어났는데, 대륙의 형성, 분리, 재결합과 더불어 대양저의 변형을 일으켰다(Davis 1986). 중생대 초기(약 2억 년 전)에 판게아Pangaea라고 부르는 하나의 초대륙이 있었다(그림 2-3). 판게아의 분열은 북미 대륙과 유럽-아프리카 대륙 사이, 아프리카-인도와 호주-남극 대륙 사이에서 두 개의 큰 틈을 따라 일어났다. 약 1억 9천만년 경에 유럽과 북미 대륙이 분리되어 북대서양이 형성되었다. 남대서양은 약 1억 2천 5백만 년에 남미 대륙과 아프리카 대륙이 분리되면서 형성되었다. 태평양은 대륙 이동전에 남아 있었던 것이다(판게아Pangaea해).

해산 식물의 진화에서 대륙 이동의 중요성은 생물지리적인 분포를 해석하기 위하여 이용되는 두 가지 이론에 그 근거가 있다. 한 이론은 대륙 이동의 효과에 따르는 것이고 다른 이론은 온도의 중요성을 강조하고 있다(Lüning 1990). 해양을 가로질러서 일어났거나 생물지리적 식물구계 안에서 일어난 종 분화는 위의 두 가지 과정에서 비롯된 결과이다. 분단가설은 생물 개체군이 대륙 이동으로 인하여 격리되어 결국에는 새로운 종으로 분화된다는 이론이다. 예를 들면 McCoy and Heck(1976)는 카리브 해와 태평양에서 일어난 산호, 해초류, 맹그로브의 종 분화는 대륙의 이동과 격리가 조합되었기 때문이라고 분단 가설을 이용하여 주장하고 있다. 종의 진화와 지리적 분포에 대한 또 다른 이론은 분산가설로서 기원중심의 개념을 내포하고 있다. 이 가설에 따르면 종은 최초 또는 중심 개체군으로부터 분산을 통하여 진화하며 격리되기 때문에 새로운 종으로 분화된다고 제안하고 있다. 일반적으로 분산 가설에서 주장하는 격리 요인은 온도로서 그 결과 생물지리적인 구계로 나타나는 반면, 분단 가설은 대부분 해양의 분리에 따른 영향으로 격리가 일어난다고 보고 있다.

해안의 분류

대륙의 해안선은 기질이 단단한지, 성긴 퇴적물로 이루어 졌는지, 최근에 형성되었는지 아니면 오래 되었는지에 따라 식별된다. 게다가 해안의 에너지 수준도 중요하다(파도의 활동). 암반과 같이 단단한 해안은 대체로 최근에 형성된 지형이며 파도의 에너지를 크게 받을 수밖에 없으므로 결국에는 침식된다. 암반 해안은 해안 단애(그림 8-1), 해안 대지(수평 또는 완경사면; 그림 2-4), 석회석 해안(다공질이며 불규칙 함;그림 2-4)등의 지리적 지형으로 구분된다. 암반 해안의 유형이나 파도 에너지의 정도 차이가 암반 해안 식물 군집에 큰 영향을 미친다. 파도 에너지가 증가함에 따라 암반 식물군집은 비말 효과로 인하여 고조선보다 위쪽으로 생육대를 확장한다(그림 8-4 참조).

사주 또는 모래 해안처럼 부드러운 기질로 이루어진 해안에는 암반 해안에서 볼 수 있는 해산 대형식물 군집은 널리 형성되지 않는다. 파도는 해안에 작용하면서 일차(최근에 형성된) 및 이차(오래된) 해안에 형성된 지형을 매우 다양하게 변형시키는 근본적인 힘이다. 해빈beach은 후방, 전방, 근접 해빈의 세 가지로 구분 된다(그림 2-6). 후방 해빈은 고조선으로부터 사구나 절벽까지 육지 쪽으로 뻗어 있고, 전방 해빈은 해변의 조간대이며, 근접 해빈은 저조선으로부터 외해 쪽 방향을 말한다. 해빈은 높은 파도 에너지에 노출되므로 전방 해빈의 경사가 급하게 되고 기질은 성기거나 낱알 크기의 입자들로 구성되는 경향이 있다(표 2-2).

모래 퇴적이 암반 노두에 가해지는 곳에서는 조간대와 조하대 생물의 풍부도와 분포가 급격하게 감소될 수 있다. 예를 들면, Daly and Mathieson(1977)은 뉴햄프셔New Hampshire에 있는 이러한 생육지가 기회종(예, 창자파래*Enteromorpha intestinalis*)에 의해 우점된다는 것을 알았다.

그림 2-4. 호주 빅토리아Victoria 캥거루 섬Kangaroo Island의 암반 대지. 화강암 기질에 공극이 생기지 않았기 때문에 해조류는 강한 파도에 노출된다(Dawes 1995).

모래 기질에 사는psammophytic 식물들은 실 다발처럼 엉켜나는 홍조 싹새기*Ahnfeltia plicata*와 같이 일반적으로 대부분 다년생이다. 모래에 사는 해조류는 특별하게 적응하여 빠른 생활사를 가지며 계절에 따라 모래 속에 묻히거나 침식을 견딜 수 있는 모래 내성의 각상 세대를 보인다.

염하구

Ketchum(1983), Knox(1986), Day et al.(1989)이 염하구에 대하여 중점적으로 연구하였다. 염하구estuaries는 외해역과 자유롭게 연결된 반폐쇄 연안 수체로서 육지로부터 방류되는 담수에 의해 희석되는 곳이다(그림 1-8). 이러한 생육지는 외해와 직접 연결된 해양 수역, 해수와 담수가 섞이는 중간 수역, 담수가 우세하지만 조석의 운동에 노출되는 하천 수역 등으로 나눌 수 있다(Ketchum 1983; Day et al. 1989). 염하구의 두 가지 특징은 최근에 형성되었으며 수명이 짧다는 것이다.

그림 2-5. 플로리다 웨스트섬멀랜드West Summerland의 석회 암반에 형성된 조간대. (1) 흑백 비말대, (2) 상부 노란색의 조간대, (3) 하부의 금색 또는 갈색의 조간대, (4) 파도에 의해 부분적으로 노출되는 조간대 상부(Dawes 1995).

염하구는 약 5,000년 전에 바다가 현재 위치에 이르렀을 때 형성되었기 때문에 지질학적으로 젊다(Day et al. 1989). 염하구는 평균 수명이 수백만 년이 아니라 수백에서 수천 년으로 짧기 때문에 지질학적으로 단명하다. 염하구는 지형, 염도, 밀도, 순환 유형에 따라 분류되는데(Ketchum 1983), 각 유형은 염습지, 맹그로브 숲, 해초류 밭의 분포와 대형조류의 다양성에 큰 영향을 미친다.

지형에 따른 염하구의 유형에는 침수 하곡, 사주 염하구, 피요르드, 삼각주 등이 있다. 빙하기 동안에 해수면이 상승하였기 때문에 많은 염하구가 침수하곡(뉴햄프셔New Hampshire의 그레이트 만 염하구Great Bay Estuary)으로 되었다. 편편한 하구 연안 평지에 위치한 다른 유형의 염하구는 퇴적물의 해안 수송에 의해서 형성되며 강 입구를 가로질러 길게 모래톱이 만들어진다(그림 1-8). 사주 염하구는 수심이 얕고 좁은 입구가 외해와 통해 있다(플로리다의 사라소타 만Sarasota Bay). 피요르드는 해수면이 상승하면서 잠긴 결과 빙하가 골짜기를 깊게 깎아 내린 산악 지역에 나타난다. 삼각주 염하구는 강이 거대한 양의 퇴적물을 수송하여 넓은 삼각주를 형성하는 곳에 만들어진다(미시시피 강, 루이지애나).

표 2-2. 웬트워어드 입자 크기Wentworth Grain-Size와 해안 경사

입자 크기	명 칭	평균 경사도
	자갈	
64-256 mm	둥근돌	<24°
4-64 mm	자갈	24°
2-4 mm	조약돌	17°
1-2 mm	돌부스러기	11°
	모래	
0.5- 1 mm	아주 굵음	9°
250-500 µm	굵음	7°
125-250 µm	중간 정도 굵음	5°
62-125 µm	가늠	3°
2-62 µm	아주 가늠	1°
	진흙	
>2-2 µm	침니 / 점토	0°

그림 2-6. 버지니아Virginia의 해안 사주에 형성된 해빈의 대상 분포. 4가지 유형의 조간대; (1) 해안 사구 지역, (2) 배후 해빈, (3) 파도의 영향을 받는 전방 해빈, (4) 거의 노출되지 않는 근접 해빈이 있다(Dawes 1995).

염하구는 염도의 성층 구조에 따라서 분류되는데, 잘 섞이지만 성층화가 약한 유형, 잘 섞이면서 성층화가 강한 유형, 피요르드 유형, 정체된 염분 쐐기 유형 등이 있다. 앞의 세 가지 유형은 침수하곡에서 나타나며 강물의 흐름 정도에 따라 유형이 달라진다. 염분 성층화에서 나타나는 특징은 상층부의 담수층은 하층부의 해수에서보다 산소 함량이 높다. 따라서 염하구 수계에서 성층화가 심할수록 하층부에 위치한 해수의 용존 산소 수준은 더 낮아진다. 잘 섞이는 염하구에서는 표층수와 저층수 사이에 염도 차이가 적다(뉴욕의 롱아일랜드 하구Long Island Sound). 성층화가 약한 염하구에서는 희석되지 않은 해수층이 바닥 가까이에 제한적으로 분포되어 있다. 물의 순 흐름은 표층의 담수는 바다 쪽으로, 저층의 해수는 육지 쪽으로 일어나며 양끝 사이에 기울기가 형성된다(잉글랜드의 사우스햄튼 강Southhampton River). 성층화가 강하게 일어나는 염하구에서는 육지 쪽으로 흐르는 해수와 바다 쪽으로 흐르는 담수의 순 흐름에서 표층과 저층수 사이의 염도는 2-10‰ 차이를 보인다(워싱턴의 콜럼비아 강Columbia River). 피요르드 염하구는 상부의 기수층, 염도가 증가하는 중간층, 안정된 고염도를 지닌 저층 등 세 가지 뚜렷한 수층을 형성한다. 큰 강이 흘러드는 염하구에는 표층에 희석되지 않은 담수층과 저층에 염분 쐐기가 형성되는데, 이를 정체된 염분 쐐기 염하구이라 부른다(이시까리 강, 일본).

조석류tidal currents에 의해 분류되는 염하구는 조석의 영향으로 알아볼 수 있는데 이는 염하구(*aestus*=tide)이라는 말에 근거한 것이다. 입구가 넓은 염하구에서는 조석 폭이 염하구 전역에 걸쳐 동시에 일어나므로 정상파 조석standing-wave tides이라고 부른다. 그레이트 만Great Bay 염하구와 같이 입구가 좁지만 유역이 큰 곳에서는 염하구로 흘러드는 조류가 지체되어 점진파 조석progressive wave tides을 보인다. 염하구가 긴 곳에서는 입구 부근에는 정상파 조석이, 위쪽에는 연속파 조석이 강해지는 혼합 조석파가 나타난다.

염하구와 그 수계에 나타나는 중요한 특징은 계절, 조석파, 주기 등과 같은 비생물적 요인들의 변동이다. 염하구 생태계에 영향을 미치는 주요소들은 온도의 계절 변동, 파도 에너지로부터 보호되는 정도, 퇴적의 유형과 속도, 담수 유입의 양과 특징 등이다. 염하구는 일반적으로 염도와 온도의 변동 폭이 크고, 육지로부터 유입되는 영양염과 퇴적물의 영향을 강하게 받으므로 환경 조건이 매우 다양하다. 온대 염하구(그레이트 만)에서 온도는 -2℃에서 27℃의 범위를 나타내고 아열대 염하구(탬파 만)에서는 12℃에서 33℃범위를 보인다. 이들 두 염하구의 염도는 5-35‰의 범위를 보인다. 게다가 용해된 영양염과 퇴적물의 양은 그 주변의 외양역과 비교할 때 염하구가 훨씬 높다. 이와 같은 비생물적 요인의 변동 범위는 조석 변동이 일어나는 도중에 염하구의 외양수와 담수 사이에서 일어난다. 바하캘리포니아Baja California(멕시코 태평양 연안)와 같이 건조한 지역에서 볼 수 있는 것처럼, 증발이 담수 유입과 같거나 클 때에는 순 염분 함량이 외해안보다 높아지므로 해수는 고염hypersaline 상태가 된다.

염하구에서는 두 가지 중요한 해산 속씨식물 군집, 즉 염습지(9장)와 맹그로브(10장)가 조간대 군집을 형성한다. 이들 두 군집은 강한 물 운동으로부터 보호되는 염하구에 잘 발달되는데, 퇴적물과 담수 유입에 의해 군집이 유지된다. 염하구는 유기물 함량이 매우 높아서 박테리아 군집이 크게 형성된다. 박테리아의 활동으로 인하여 염하구의 산소 수준이 낮아지므로 조간대와 조하대 군집을 형성하는 저서 생물(표재동물, 내재동물, 저서 식물)의 유형에 큰 영향을 끼친다. 아마도 기질 속에 사는 동물(내재동물)의 다양성이 가장 큰 곳은 부드러운 기질로 된 염하구일 것이다. 염하구의 퇴적물로 인하여 물의 투명도가 낮아지기 때문에 저서 식물은 대체로 얕은 수심(0.5-3 m)에 제한적으로 분포한다. 저서 식물이 살지 않거나, 박테리아의 활동이 활발하고, 용존 산소 수준이 낮아지면 염하구에 사는 동물들은 특수하게 적응한다. 모든 생물상은 염도 변동에 적응한다(Adam 1990).

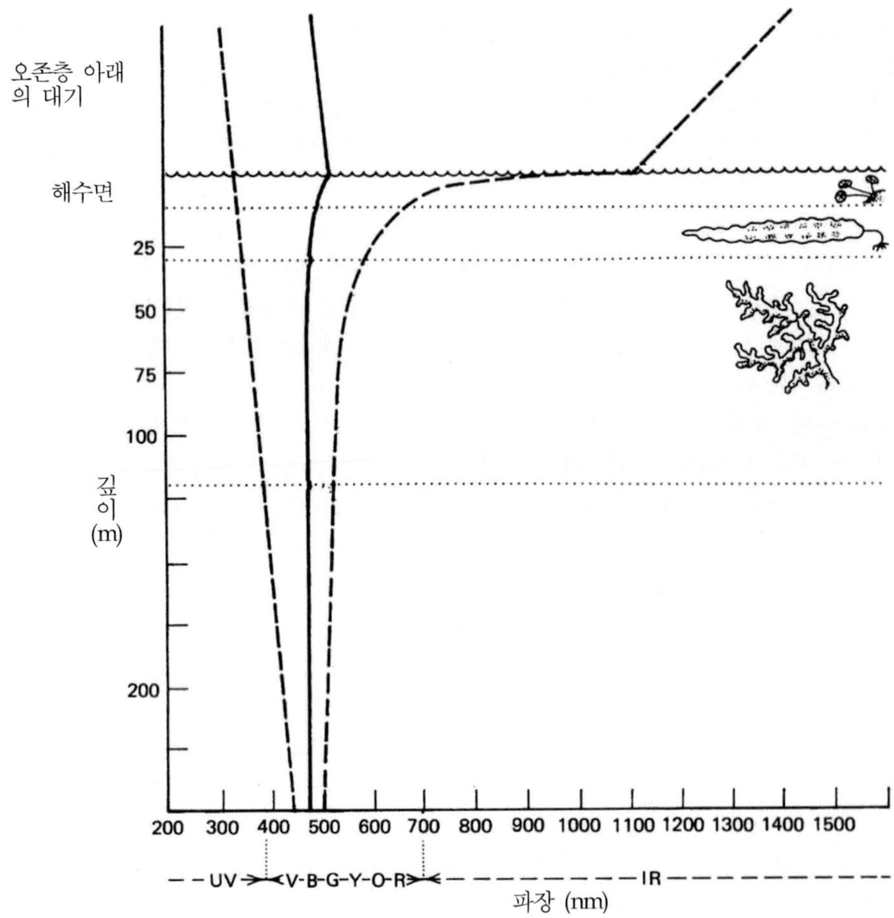

그림 2-7. 지구의 대기와 해양을 통과한 태양광의 투과. 상당 부분의 자외선은 오존층에 의해 차단되며 적외선 광의 대부분은 해수면에서 차단된다. 굵은 실선은 수심에 따른 최대 강도의 파장을, 끊긴 선은 유효 태양 에너지의 95%에 대한 한계를 나타낸다.

물리적 요인: 빛

투과와 흡수

수중 생태계에서 빛의 상호작용에 대해서는 Kirk(1994)가 연구하였다. 해수면에 도달하는 태양의 전자기장 스펙트럼 중(그림 2-7)에서 절반이 가시광선(390-760 nm)과 자외선(UV; 290-390 nm)이며 나머지 절반은 적외선(IR; 760~3,000 nm)이다. 에너지 측면에서 보면, 충돌하는 파장 에너지(λ)의 3%는 자외선(UV)이며 52%는 가시광선, 45%는 적외선(IR)이다. 파장은 수면에서 반사되고, 흡수

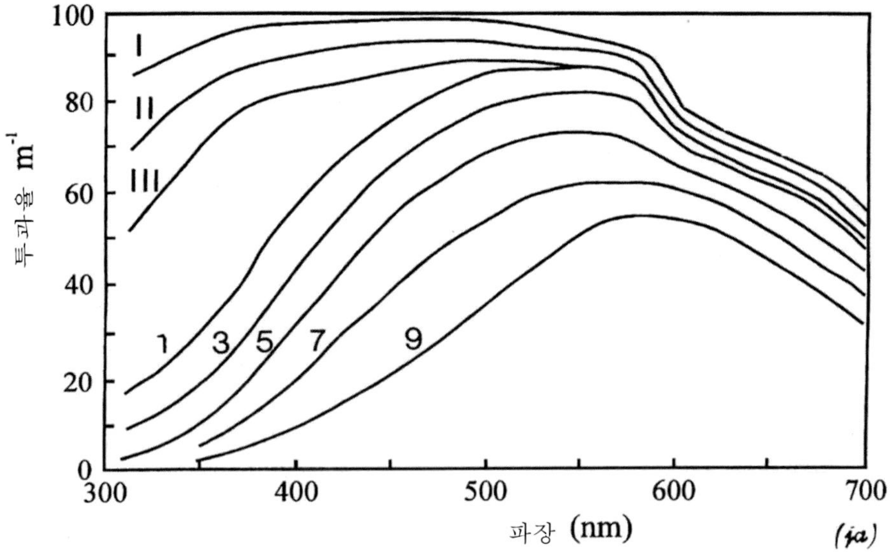

그림 2-8. 광학적인 해수 유형을 분류해 놓은 것에서 광 스펙트럼이 외양수(I, II, III)와 연안수(1, 3, 7, 9)의 유형에 따라 변하는 것을 보여주고 있다(Jerlov 1976).

되며(복사 에너지의 전환), 산란된다(편향). 물은 자외선, 가시광선, 적외선 스펙트럼을 수직으로 감소시키는 효과가 있는데, 2-1에서와 같이 투과율(T)은:

$$T = I_2 \ / \ I_1 \qquad (2\text{-}1)$$

여기서 I_1 = 수심 1 m에서 광도, I_2 = 수심 1 m 이하에서 광도이다.

적도 근해에서 맑은 날인 경우 조간대 생물 군집은 2,500 μM photons $m^{-2}s^{-1}$의 광합성 활성 복사 에너지(PAR; 400-700 nm)를 받으며, 열대 녹조 *Halimeda incrassata*의 심해(140 m) 개체군은 최대 25 μM photons $m^{-2}s^{-1}$의 빛에너지를 받는다. 투과율이 0.01%가 되는 매우 투명한 외양에서 해조류가 분포하는 정상적인 깊이는 200 m 안팎이다. 더구나 대형 조류가 분포하는 최대 수심은 광도가 0.009 μM photons $m^{-2}s^{-1}$인 바하마 군도 해역의 268 m로 기록되었다(Littler and Littler 1984).

그림 2-8에서 개괄한 바와 같이, 해수를 두 종류의 광학적인 계급으로 나눌 수 있는데, I에서 III형으로 특징 지워지는 외양수와 1에서 9형으로 특징 지워지는 연안수이다(Jerlov 1976). 물은 빛깔이 없으므로 물로부터 투과되고 반사되는 유효 파장에 따라 빛깔이 생긴다. 외양수에서 최대의 투과율을 보이는 파장은 스펙트럼의 청색광이다. 연안수는 노란색 물질gelbstoff에 의해 빛이 산란되거

나 선택적으로 흡수되기 때문에 갈색과 노란색을 약간 반사시키는데, 이 물질은 대륙으로부터 흘러 내려오거나 저층의 퇴적물에서 유래된 용해 유기물과 부식 물질로 이루어져 있다(Lüning 1990). 따라서 원양수는 표면에서 보면 청색이지만 수심이 깊어짐에 따라 녹색이 증가하며, 연안수는 표면에서 볼 때 훨씬 더 갈색과 노란 빛깔로 보인다.

빛의 측정

빛은 유효 에너지 혹은 단위 표면적에 충돌하는 양자의 수(가시광선과 자외선 λ)로 측정된다. 조도(Wm^{-2})는 에너지의 측정 단위이며 광자 흐름(μM photons $m^{-2}s^{-1}$)은 단위 면적을 치는 양자의 비율을 측정하는 단위이다. 광자 흐름 단위는 문헌에서는 아인슈타인einstein(1 E = 광자 1 몰 = 6.02 x 10^{23} 광자)으로 바뀌었다. 광자 흐름은 보통 광합성이 활성화되는 복사에너지(PAR = 400-700 nm)의 총량을 μmole photon으로 측정하는 양자 미터를 이용하여 측정한다. 복사에너지(μW cm^{-2})는 방사에너지 측정기나 양자 미터를 이용하여 측정할 수 있다. Lüning(1990)은 아래의 2-2와 Li-Cor Inc.(1985)의 2-3과 같은 관계식을 제시하였다:

$$1\ Wm^{-2} \approx 2.50 \times 10^{18}\ \text{phot.}\ m^{-2}s^{-1}$$

$$\approx 4.2\ \mu\text{mol phot.}\ m^{-2}s^{-1} \quad (2\text{-}2)$$

$$\text{klux} \times A = \mu\text{mol phot.}\ m^{-2}s^{-1} \quad (2\text{-}3)$$

여기서 klux=92.9 fc, A=광원 (주광=18, 금속 할로겐등=14, 나트륨 또는 수은등=14, 백색 형광등 =12, 백열등=20)이다.

물리적 요인: 온도

생물에게 온도는 가장 기본적인 비생물 요인으로서 분자, 세포, 조직으로부터 군집에 이르기까지 생명체의 모든 수준에 영향을 미친다. 고온은 단백질을 변성시켜 효소와 생체막에 손상을 준다. 저온은 생체막에서 지질과 단백질을 파손시키며 얼음 결정을 형성하여 세포에 기계적인 손상을 준다. 온도의 중요성에 대한 가장 뚜렷한 예는 해산 식물의 지리적인 분포에서 볼 수 있다. 맹그로브 군집은 일상적인 결빙에도 견디지 못하므로 온대에서 열대 위도로 가면서 염습지로 대체된다. 해조류 식생이 위도에 따라 차이를 보이는 것은 매우 흥미 있는 일로서 Lüning(1990)에 의해 상세하게 검토되었을 뿐만 아니라 4장에서도 다루어진다.

열은 분자 운동에 의해 생기는 에너지이다. 열은 칼로리(1 cal=물 1 g을 1℃ 올리는데 필요한 열량)로 나타내며 복사, 대류, 전도를 통하여 전달된다. 온도는 열의 측정 단위이며 섭씨(℃) 혹은 켈빈(K) 단위로 나타낸다. -273.15℃ 혹은 0 K에서 모든 분자 운동은 정지한다. 온도는 액체의 팽창을 재어 측정하거나(예, 유리 온도계의 수은), 전기 저항의 정도를 측정하여 잴 수 있다(전도계).

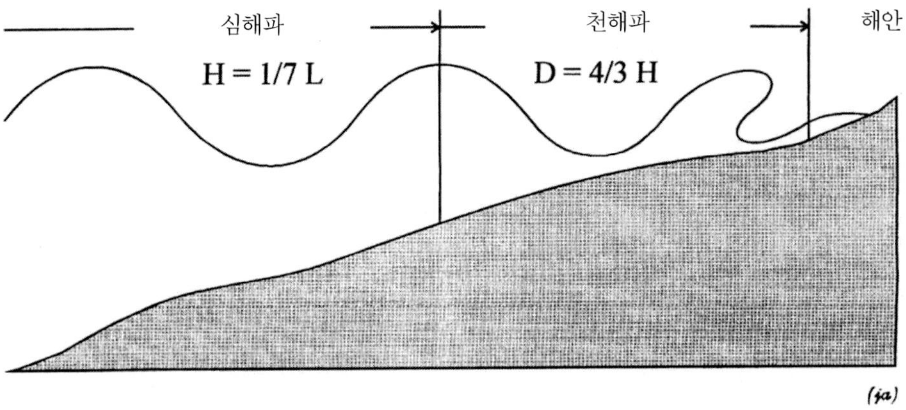

그림 2-9. 얕은 물을 만나는 파도. 파도는 수심이 파고의 4/3과 같아지면 바닥 근처의 물 분자의 궤도 속도가 느려지기 때문에 부서진다.

물리적 요인: 물의 운동

물 운동의 효과는 파도, 해류, 조석 등에 대한 해산 식물의 적응 양상에서 볼 수 있다. 파도와 해류는 기계적 또는 화학적인 스트레스를 가져다주는 결정적인 요소이다. 식물은 파도와 해류가 주는 손상과 함께 물속에서는 영양염과 가스가 느리게 확산되는 것에 적응해야만 한다.

경계층

가스와 이온은 확산 속도가 공기 중보다 물속에서 10,000배 정도 느리다. 물속에서 확산 속도가 느리다는 것은 생장 실험을 할 때나 용존 산소를 측정할 때에 물을 저어줄 필요가 있다는 것에서 알 수 있다. 따라서 물의 운동(교란, 파도, 해류)은 식물이 용해 물질과 접촉할 수 있는 기회를 높여주는 중요한 요인이 된다. 더구나 수중 식물 주변에는 해수가 매우 느리게 움직이는 경계층 boundary layer이 있다. 영양염, 산소, 이산화탄소 등 모두가 수중 식물에 이용되기 위해서는 이 층을 통과하여 확산되어야 한다. 수중 식물은 형태적, 구조적인 적응을 통하여 경계층에 반응하는데, 대형 조류(8장)와 해초류(11장)에서 다시 설명될 것이다.

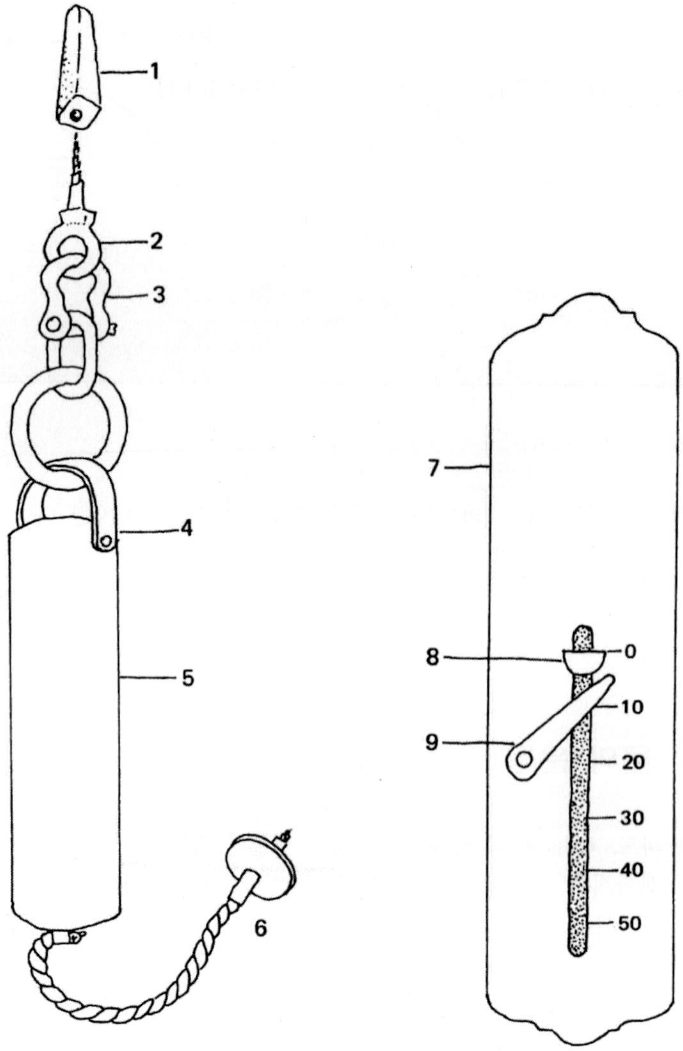

그림 2-10. 파도의 힘을 측정하는 용수철 동력계. 단단한 나무 마개(1)를 바위에 박아 놓고 고리 나사(2)가 부착된 동력계(5)를 연결 쇠(3)로 이은 다음에 분리용 핀(4)을 꽂는다. 동력계는 파도가 부표(6)를 당긴 다음에 지시 침(9)이 눈금 0으로 되돌아올 때 정지시켜주는 장치(8)가 달려 있는 눈금 용수철 저울(7)이다(Jones and Demetropolus 1968).

파도

파도는 바람(기상학적), 인력 작용(조석), 지진과 산사태(지질학적)로 인하여 발생한다. 파도는 바람이 수면 위에서 비껴 불면서 일어나는데, 대기압이 변하면 공기의 이동을 일으키는 에너지가 공급

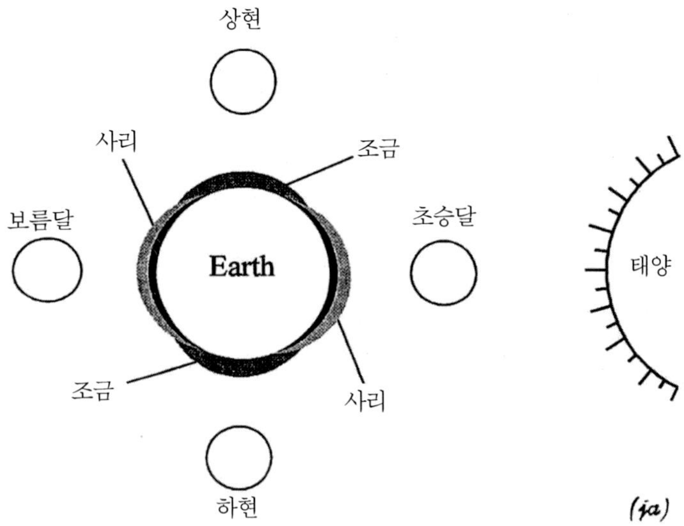

그림 2-11. 태양과 달의 조석 조절. 태양과 달이 수평으로 배열되면 매 28일마다 사리가 생긴다. 조금은 태양과 달이 서로 직각으로 위치하였을 때에 일어난다.

된다. 파도의 파고(*H*), 주기(*T*), 파장(*L*)은 바람의 속도와 시간, 파도가 이동하는 거리, 수심(*D*)에 따라 좌우된다. 이론적으로 심해파($D>1/2L$)는 수심이 얕은 곳으로 진행하면서 바닥의 저항을 받으므로 변하게 된다(그림 2-9). 수심이 얕은 곳에서는 파도는 바닥의 저항을 받기 때문에 파도 위쪽에서 물 분자의 궤도는 파도의 속도보다 빠르게 움직인다. 궤도 속도에서 차이가 나면 파도는 가파르게 되어 부서진다. 파도는 $D=(4/3)H$일 때나 $H=1/7(L)$일 때에 부서진다.

파도 에너지는 동력계(kg cm^{-2})로 측정할 수 있으며, 이것은 파도에 의해 이끌리는 부표에 부착된 눈금 용수철로 되어 있다(그림 2-10). 동력계를 바닥에 고정시켜 놓으면 파도가 지날 때마다 끌어 당겨진다(Jones and Demetropolus 1968). 파도가 부서질 때의 유효 에너지는 힘(newtons; N=kg ms^{-1}, m은 질량), 단위 면적 당 압력 혹은 힘(pascals; Pa=N m^{-2}), 기계 에너지(joules; J=$N_{\cdot m}$)로 나타낼 수 있다. 파도의 높이와 빈도는 관측 레벨을 이용하거나 막대기를 파도 속에 세워 측정할 수 있다.

조석

태양과 달의 인력 때문에 생기는 해수면의 주기적인 상승과 하강을 중력파 혹은 조석tides이라고 한다. 달은 지구에 더 가까이 있기 때문에 태양보다 약 두 배 이상의 인력을 미치므로(달의 인력 효과의 46%) 대양에서는 조석 유형이 24시간 50분 주기로 반복된다. 인력은 달과 마주하는 지구

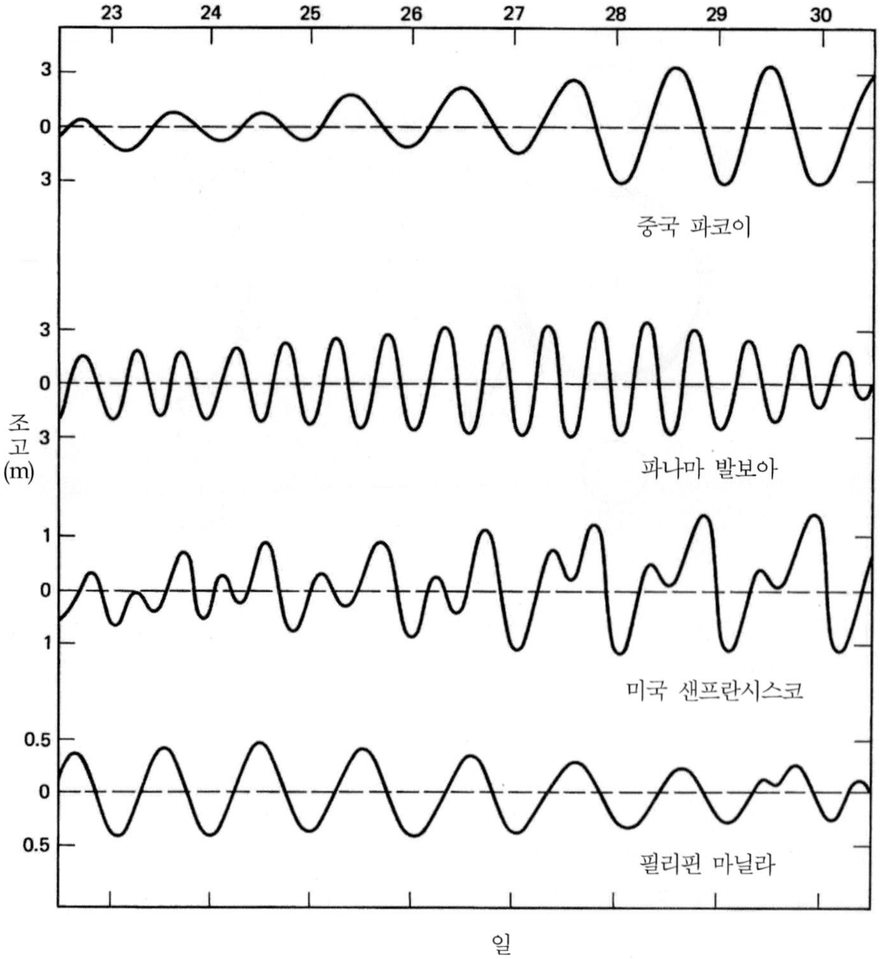

그림 2-12. 4지점에서 8일간 관측한 조석 주기. 조석의 폭(범위)과 빈도(주기)는 대양저의 크기, 탁월풍, 해류 등에 따라 변화가 있다.

면에서 일어나며 반대편에서는 지구의 자전으로 인하여 원심력이 생긴다(그림 2-11).

대양저의 형태는 태양과 달의 중력 효과를 증가 혹은 감소시키며 조석의 형태와 폭에도 영향을 준다(그림 2-12). 조석의 규칙성은 사발 속에서 물이 출렁이는 것과 비슷하여 밀려오는 파도를 증폭시키거나 혹은 되돌아오는 파도를 소멸시킨다. 많은 해안이 반일주조semidiurnal 조석(매 24시간 50분마다 두 번의 고조와 저조가 생김)을 나타내는데 크기에서는 같거나(발보아Balboa) 차이가 있는 반면에(샌프란시스코San Francisco), 어떤 해안은 매일 한 번의 고조와 저조가 일어나는 일일주조 diurnal 조석을 보인다(중국의 파코이Pakhoi). 다른 지역에서는 조석이 24시간 50분 주기로(필리핀의 마닐라Manila) 반일주조에서부터 일일주조까지 다양하게 일어나는 혼합 주조를 보인다. 지구, 태양,

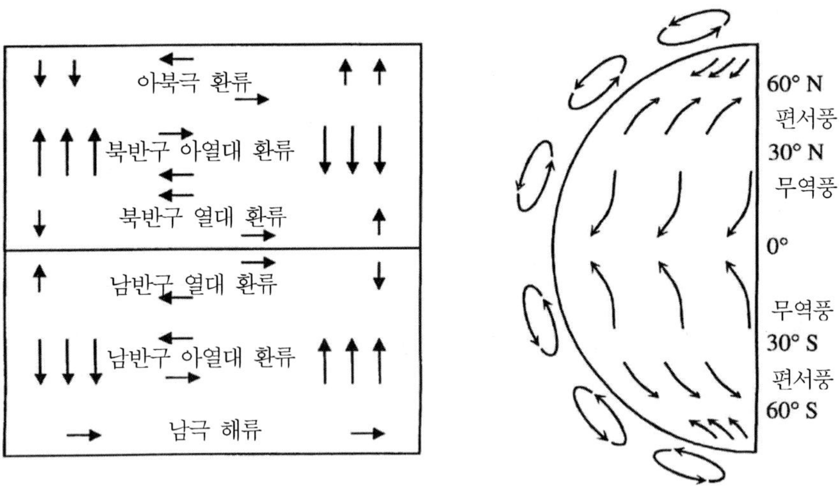

그림 2-13. 세계의 바람 유형과 대기 순환류. 두 반구는 대륙의 위치로 인하여 변형되어 서로 유사한 바람 유형을 지닌다.

달이 일직선상에 위치해 있을 때(그림 2-11), 인력 효과가 합해져서 매우 높은 고조와 저조(사리spring tide)가 생긴다(초승과 보름). 지구, 태양, 달이 직각으로 위치해 있으면 조석이 가장 약한 조금neap tide이 형성된다. 평균 해면(MSL)은 사리와 조금의 평균 수면을 말한다.

해류

지구의 자전과 대기의 순환이 조합되어 대양의 표층수에 바람이 일으키는 수평 해류가 생긴다. 해양의 심층(대륙 사면과 대륙대, 심해저 평원)에도 염도와 온도 차이로 인하여 해류가 생긴다. 수평 해류는 탁월풍(예, 편서풍, 무역풍, 극풍)에 의해서 발생하며 일련의 환류gyres를 형성한다(그림 2-13).

적도와 온대 위도에서는 공기가 가열되어 팽창한 후 상승한다. 공기가 팽창하여 상승한 다음에는 그곳으로 찬 공기가 이동하여 저기압 지역이 생기게 된다.

상승한 공기는 적도로부터 남과 북으로 수송되어 그곳에서 냉각, 응축되어 비로 내리고 고기압 지역이 형성된다. 이 공기 덩어리는 지구가 자전하면서 발생하는 코리올리Coriolis 힘 때문에 북반구에서는 오른쪽으로, 남반구에서는 왼쪽으로 편향된다. 공기 덩어리가 편향하여 이동하면 양 반구에서 편서풍과 무역풍(탁월풍)이 되며 탁월풍이 없는 지역(무풍대)으로 나뉜다.

동쪽으로 부는 무역풍은 모든 해양에서 적도 해류를 만든다. 대륙이 북반구에 위치해 있기 때문에 적도 해류는 북쪽으로 꺾여서 서안 경계 해류가 되는데 이 해류는 대체로 순환류 중에서 가장 강력하다. 북위 약 40°에서 50°까지는 해류는 서무역풍을 형성하면서 동쪽으로 굽어 흐르며, 대륙의 동쪽과 부딪친 다음에는 남쪽으로 흐른다(그림 2-14). 사가소해Sargasso Sea를 예로 들 수 있다.

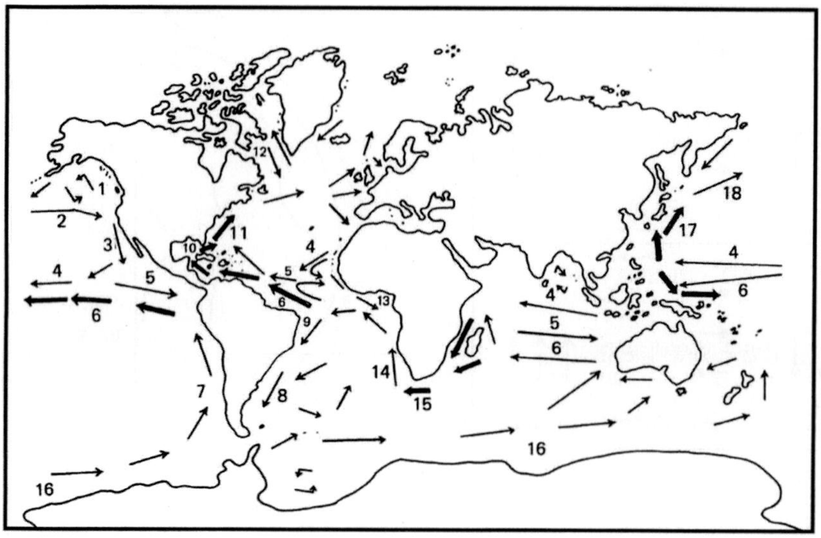

그림 2-14. 세계의 해류. 가장 강한 해류는 굵은 화살표로 나타내었으며 적도와 서안 경계해류는 동일하게 표시하였다. 주요 해류는 (1) 알래스카 해류, (2) 북태평양 해류, (3) 캘리포니아 해류, (4) 북적도 해류, (5) 동안 해류, (6) 남적도 해류, (7) 페루 해류, (8) 포클랜드 해류, (9) 브라질 해류, (10) 플로리다 해류, (11) 걸프 해류, (12) 래브라도 해류, (13) 가이아나 해류, (14) 벵겔라 해류, (15) 아귤라스 해류, (16) 서풍 표층해류, (17) 구로시오 해류, (18) 오야시오 해류.

이 바다는 원래 다음과 같은 해류들에 의해 갇혀 있는 큰 와동eddy이다. 북적도 해류(서쪽과 북쪽으로 흘러 카리브 해와 멕시코 만으로 유입되는 해류), 걸프 해류(북미 대륙의 동쪽을 따라 흐르는 해류), 북대서양 해류(북대서양을 넘어 동쪽으로 흐르는 해류), 카나리 해류(유럽 연안의 서쪽을 따라 남쪽으로 흐르는 해류). 두 종의 원양성 모자반 *Sargassum fluitans*과 *S. natans*를 포함한 사가소해의 생물상은 오랜 지질학적 역사를 가지고 있다. 사가소해의 역사는 1억 7천만 년 전 초대륙 판게아의 가장자리에 위치해있던 테티스해Tethys sea의 카파티아 해역Carpathian section까지 거슬러 올라간다(Lüning 1990).

수직 해류(용승upwellings, 침강downwellings)는 여러 가지 요인에 의해 생긴다. 온도염분구배thermohaloclines는 두 개의 수괴가 만나는 곳에서 염도와 온도의 차이가 생기면 해수 밀도가 변하여 형성되는 것이다. 연안풍은 표층수를 해안으로부터 밀어내어 심층수가 표층으로 솟아오르게 한다. 심층수는 서로 가까이 흐르는 해류 사이에서 일어나는 상호작용에 의해 표층으로 끌어 올려지는데, 근처에 있는 표층수가 강한 해류에 끌려가거나, 조석 여울에서 볼 수 있는 것과 같이 조류가 얕거나 거친 바닥 위를 흐를 때 일어난다. 이 모든 경우에 차갑고 영양염이 풍부한 저층수가 진광대로 이동한다면 식물플랑크톤의 생산성을 증가시키게 될 것이며, 이어서 이들은 동물플랑크톤과 어류의 먹이가 될 것이다. 따라서 용승 지역은 일차와 이차 생산력이 높은 곳이다.

화학적 요인

해수

단순한 화합물인 순수한 물은 지구상에서 세 가지 상태(고체, 액체, 기체)로 존재하며 매우 복잡한 성질을 지니고 있다. 물 분자의 극성 때문에 작은 자석과 같이 행동하여 강하게 수소 결합을 한다(109-111 kcal mol^{-1}의 결합 에너지). 그 결과 순수한 물은 -150℃가 아닌 0℃에서 얼며 -100℃가 아닌 100℃에서 끓는다. 물에 염이 가해지면 그 물리적 성질이 바뀌는데, 얼거나 끓기 위해서는 용해된 염과 물 분자 사이의 이온 결합이 깨어져야 한다. 염이 부가되면 삼투압, 비등점, 밀도, 전도도는 올라가고 증기압과 빙점은 내려간다(Sverdrup et al. 1964; Davis 1986).

원양해수의 조성은 전 세계 해양이 균일하게 나타나는데 이는 용해 물질의 99.9%를 이루는 12 종류의 주요 원소가 존재하기 때문이다(표 2-3). 자연 원소 거의 대부분(73/89)이 1 ppm의 농도로 해수 속에 들어 있다. 해수 중에 녹아 있는 주요 가스는 질소, 산소, 이산화탄소이며 이 중 산소와 이산화탄소는 호흡과 광합성의 생물학적 과정에서 매우 중요하다.

염도

평균 해수 1 kg에는 34.7 g의 염이 들어 있으며, 34.7 ppt(gm kg^{-1}, ‰) 염도로 나타낼 수 있다. 따라서 염도salinity를 정의하면 표준 상태에서 1 kg의 해수를 건조시켜 얻어진 고형물질의 무게이다. 최근에는 해양학자들이 해수 시료의 전도도를 KCl 표준 용액과 비교한 결과에 근거하여 이 정의를 바꾸었는데, 이때 KCl의 질량은 32.4356×10^{-3}, 온도는 15℃, 기압은 1이다(Parsons 1982). 그러나 전도도를 이용하는 것은 해양에서만 유효하며 염하구의 해수는 화학적 조성 비율이 변하기 때문에 유효하지 않다. 염도와 표준 해수를 개발하게 된 배경은 Culkin and Smed(1979)에 나와 있다.

해수는 염도가 32-38 ppt이면 외양oceanic, 38 ppt 이상이면 고염hypersaline, 1에서 32 ppt 사이에 변동이 있으면 염하구estuarine 해수로 간주한다. Redeke(1933)의 염도 분류에 따르면, 해조류는 해수에 대한 내성에 따라 광염성euryhaline(30-40 ppt), 다염성polyhaline(18-30 ppt), 중염성mesohaline(3-18 ppt), 혹은 빈염성oligohaline(0.5-3 ppt) 등으로 분류할 수 있다. 기수brackish라는 용어는 여러 가지로 사용되고 있지만(Remane and Schlieper 1971 참조), 일반적으로 육수학자들은 저염도(0.5-5 ppt)를, 해양학자들은 안정된 염도를 말할 때 쓴다. 그러나 많은 학자들은 빈염도부터 다염성까지 범위의 염도를 나타내는 물을 기수라고 한다(Remane and Schlieper 1971). 이 교재에서는 기수를 발트 해를 설명할 때에 사용될 것이다(Wallentinus 1991). Wallentinus는 발트 해를 바다 대부분 지역에서 안정된 저염분(중염도=5-10 ppt)을 나타내는 "세계에서 가장 큰 기수 지역 중의 하나"라고 부른다.

염도는 밀도로 측정하거나(액체비중계hydrometer와 비중병pycnometer), 전류에 대한 저항(전도계 conductivity meter 또는 염분계salinometer), 빛이 공기로부터 해수로 굽는 정도(굴절계refractometer)에 의

표 2-3. 해수의 주요 원소

원소	기호	농도 (ppt 또는 g kg^{-1})	함량(%)
Chloride	Cl^-	19.000	55.01
Sodium	Na^+	10.500	30.40
Sulfate	SO_4^{-2}	2.650	7.67
Magnesium	Mg^{+2}	1.350	3.91
Calcium	Ca^{+2}	0.400	1.61
Potassium	K^+	0.380	1.10
Bicarbonate	HCO_3^-	0.140	0.41
Bromide	Br^-	0.065	0.19
Boric acid	H_3BO_3	0.026	0.08
Carbonate	CO_3^{-2}	0.018	0.01
Strontium	Sr^{+2}	0.008	—
Fluoride	F^-	0.001	—
Total		34.538	99.94

출처: Davis(1986), Milne(1995)

해 측정할 수 있으며, 염소를 $AgNO_3$(염소량)로 적정하여 농도를 측정할 수도 있다. 액체비중계는 비중을 측정하는 기기이고 비중병은 표준 용적 내에 들어 있는 염의 무게를 측정하는 플라스크이며, 두 경우 모두 측정 시에 표준 상태의 온도와 기압 상태를 요한다. 굴절계는 용액의 굴절률을 측정하는 휴대용 기구이다. 빛이 공기에서 물로 통과하면 굴절률이 1.3330이며 35 ppt인 해수를 통과하면 굴절률은 1.3394이다. 온도와 압력을 알면 전도계로 전기저항측정기Whearstone bridge를 통과하는 전류를 측정할 수 있는데, 이온이 많을수록 전기 전도는 높아진다. 해수에서 전도도-염소량의 관계는 2-4에서 보는 바와 같다:

$$Cl\ (ppt) = -0.7324R_{15} \quad (2\text{-}4)$$

여기서 R_{15}는 1 기압, 15℃ 상태의 두 시료에서 한 시료의 전기 전도도가 35 ppt인 시료로 전도되는 비율을 말한다.

염소량chlorinity은 2-5를 이용하여 염도를 측정하는 국제적인 방법Knudsen Procedure이다. 염도를 측정하기 위해서는, 20℃에서 일정량 물속의 염화물 함량을 질산은을 써서 백색침전의 염화은이 형성하도록 적정하여 측정한다(2-6).

$$\text{염도} = 0.03 + (1.805 \times \text{염소량}) \quad (2\text{-}5)$$

$$AgNO_3 + NaCl \leftrightarrow AgCl + NaNO_3 \quad (2\text{-}6)$$

염도를 측정하는 표준 방법(2-5)에는 특수한 유리 기구와 표준Copenhagen 해수가 필요하며 보통 해산식물을 연구하는 데에 요구되는 것보다 훨씬 더 정확하다. 염소량을 야외에서 측정할 수 있는 간단한 적정 방법은 부록 A에 실려 있다.

해수 중의 산소

진광대에서 해수 중의 산소 농도는 대기 중의 21%에 대해 약 0.9%(온도, 가스의 부분압, 염도, 생물의 활동에 따라 다름)이다. 해수의 두 가지 산소 공급원은 대기와 식물이다. 식물은 광합성과 호흡을 통하여 산소 순환에 기여한다(2-7).

$$\begin{array}{l} \text{광합성} \rightarrow \\ 6CO_2 + 6CO_2 \leftrightarrow C_6H_{12}O_6 + 6O_2 \\ \qquad\qquad\qquad\qquad \leftarrow \text{호흡} \end{array} \qquad (2\text{-}7)$$

산소의 수준은 해양 전체에 걸쳐서 다양하게 변한다. 남북극해는 수온과 염도가 낮기 때문에 산소의 양이 열대 바다에 비해 약 두 배 많다. 진광대 아래의 저서생물 군집은 표층의 군집보다 낮은 산소 농도(0.2-0.3%)에 놓이게 된다. 따라서 내재 동물들은 산소 공급을 제한 받게 되므로 이러한 조건에 적응을 한다. 산소를 측정하는 일은 조간대 군집과 염하구 연구에서 매우 중요하며, 이 지역은 육지로부터 퇴적과 유입이 계속되어 비옥하기 때문에 생물 활동이 왕성하다.

해수의 산소 수준은 보통 윙클러 적정기법Winkler technique에 의하거나 산소 확산을 측정하여 알아낸다. 이들 두 가지 기법에 대한 상세한 내용은 광합성과 호흡이 일어나는 동안에 압력 변화를 측정하는 세 번째 방법과 함께 부록 A에 실려 있다. 윙클러 기법은 세 단계의 과정을 거치는데, 물 속에 존재하는 용존 산소의 양에 따라 $2MnO(OH)_2$의 4가 화합물이 생성된다. 이 화합물은 요오드화 칼륨이 있으면 산성화되며 유리 요오드화물의 양은 결합된 산소의 양과 같다. 유리 요오드화물은 티오황산나트륨을 요오드화나트륨으로 적정하여 측정되고 용존 산소의 양이 계산된다.

윙클러 기법을 이용하려면, 표준 BOD병(300 mL)에 물을 흔들리지 않게 가득 채운다. ($MnSO_4$; 480 g L^{-1}) 1 mL과 (KI + KOH; NaOH, 500 g, 500 mL^{-1}; KI, 300 g, 450 mL^{-1}) 1 mL을 가한다(Dawes 1988). 이들 두 가지의 1 mL 용액을 표층 밑에 가하고 BOD병 입구를 막은 다음 조용히 뒤집는다. 2-8과 2-9에서 보는 바와 같이 용존 산소가 있으면 같은 양의 2가 망간을 높은 원자가 상태의 염기성 수산화물로 빠르게 산화시킨다.

$$MnSO_4 + 2KOH \rightarrow K_2SO_4 + Mn(OH)_2 \qquad (2\text{-}8)$$

$$2Mn(OH_2) + O_2 \rightarrow 2MnO(OH)_2 \qquad \text{(갈색 침전물)} \qquad (2\text{-}9)$$

노란색 망간 화합물$MnO(OH)_2$을 바닥에 가라앉히고 두 번 흔들어준 다음 다시 가라앉힌다. 이 화합물은 차고 어두운 곳에 보관하면 여러 날 동안 안정된 상태를 유지한다. 침전물이 가라앉은 다음 농축된 황산을 가하면 황산망간이 생성되고 2-10, 2-11과 같이 요오드화칼륨(KI)과 반응한다.

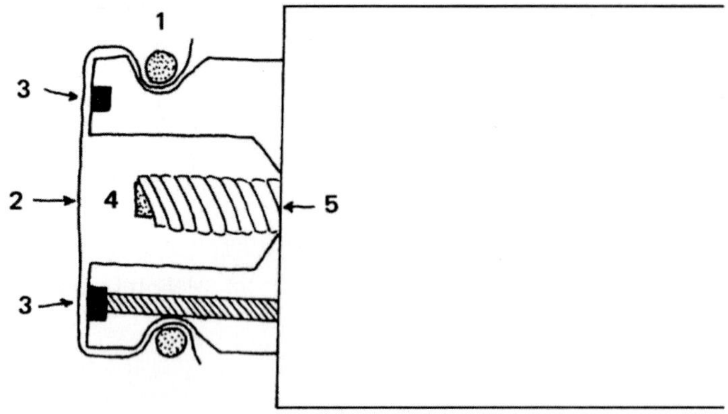

그림 2-15. 산소 탐침. 프로브probe는 반투성 막으로 씌워져 있고(2) 고무 또는 금속 O링(1)이 끼워져 있으며 농축된 KCl용액이 들어 있다(4). 약한 전류가 로듐(Rh)이나 금 음극의 바깥쪽 고리(3)와 은 양극(5)에 흐르면 음극 쪽에 산소가 축적되어 전류가 바뀐다.

$$MnO(OH)_2 + 2H_2SO_4 \rightarrow 3H_2O + Mn(SO_4)_2 \qquad (2\text{-}10)$$

$$Mn(SO_4)_2 + 2KI \rightarrow MnSO_4 + K_2SO_4 + I_2 \qquad (2\text{-}11)$$

유리된 요오드화물은 화학적으로 시료에 들어있는 용존 산소의 양과 같으며 표준화된 티오황산나트륨 용액($Na_2S_2O_3$)으로 적정된다. 이 용액은 테트라티오네이트tetrathionate로 산화되고 2-12와 같이 요오드 분자를 제거하여 용액을 맑게 한다.

$$2Na_2S_2O_3 + I_2 \rightarrow Na_2S_4O_6 + 2NaI$$

전분 지시 용액(약 4%, 액상)을 모든 요오드화물이 결합되기 전에 가하면(약 1 mL), 유리 요오드와 전분 사이에서 반응이 일어나므로 용액이 푸른색으로 변한다. 티오황산나트륨으로 적정하여 요오드를 계속 제거하면 푸른색은 없어지고 용액이 맑아지는 것을 볼 수 있다.

산소는 용존 산소 분석기(Thomas 1988)를 이용하여 측정할 수 있으며 이 분석기는 막으로 둘러싸여 있고 폴라로그라피 전극(Clark-type)이 붙어 있는 프로브가 달려 있다(그림 1-9; 부록 A 참조). 프로브는 금 또는 로듐 음극과 은 양극을 지니고 있는데 염화칼륨으로 중화된 용액 속에 들어있다(그림 2-15). 프로브는 능동형(예, Yellow Spring Instrument Co., Ohio)인 것과 수동형(예, Orbisphere Laboratory, Geneva)인 것이 있다. 능동형은 꺼져 있을 때에도 프로브에 전압을 가하며, 그 자체만으로도 매우 안정성을 가진다. 수동형은 스위치를 켰을 때만 프로브에 전력을 공급하므로 자주 보정을 해주어야 한다. 프로브의 말단은 해수와 격리되도록 얇은 테프론 막으로 씌워져 있다. 산소는 막을 통하여 확산되며 시료에 있는 산소의 포화율에 비례하여 양극과 음극 사이에 전류가 흐른다. 음극과 양극 사이에 흐르는 전류는 온도와 압력을 보정한 후에 산소측정기에 의해 증폭된다. 산소는 센서 끝에서 소모되기 때문에 BOD 병에 교반 자석을 넣은 자력 교반기나 교반 막대가 내장된 프로브로 계속하여 섞어주어야 한다.

해수 중의 이산화탄소

이산화탄소는 호흡 과정에서 생성 되어 광합성의 기질이 되며(2-7 참조), 해수의 pH를 조절하는 중요한 요인이다. CO_2와 해수와의 상호작용은 2-13과 2-14와 같다.

$$CO_2 + H_2O \leftrightarrow \underset{\text{탄산}}{H_2CO_3} \leftrightarrow H^+ + \underset{\text{중탄산염}}{HCO_3^-} \leftrightarrow 2H^+ + \underset{\text{탄산염}}{CO_3^{-2}} \qquad (2\text{-}13)$$

$$CO_2 + H_2O + CO_3^{-2} \leftrightarrow \underset{\text{중탄산염}}{2HCO_3^-} \qquad (2\text{-}14)$$

CO_2의 약 99%가 대기로부터 흡수되며 중탄산염이나 탄산염 형태로 전환되어 저장된다. 따라서 해수 중의 CO_2는 공기 중에서보다 50-60배가 많다. 광합성에서 CO_2는 소모되고 HCO_3^-이온은 H_2CO_3를 거쳐 결국에는 CO_2로 전환된다(2-13). H^+이온도 이용되어 대체되므로 광합성에서 CO_2는 약하게 환원되고, 중탄산염 이온은 급격히 줄어들며, H^+이온은 적게 감소되고 탄산 이온은 약간 증가한다. 호흡은 이와 같은 변화의 역 과정으로 일어난다.

해수 중의 이온 농도

수소 이온(H^+) 농도가 해수의 산도에 영향을 미침에도 불구하고 해수의 pH는 탄산염의 완충 작용으로 인하여 7.4에서 8.4(평균 7.8) 범위의 염기성을 유지한다(2-13, 2-14). 광합성을 통하여 CO_2가 소모되면 해수의 pH는 올라가고 호흡을 통하여 CO_2가 증가하면 pH는 내려간다. 따라서 산소 수준의 변동을 측정하는 것이 더 흔하게 이용되지만 pH 변동도 광합성률을 측정하는데 이용될 수 있다. 아울러 CO_2가 소모되면서 석회화 과정을 통하여 탄산석회도 동반하여 생성된다(2-15).

$$Ca^{+2} + \underset{\text{중탄산염}}{2HCO_3^-} \leftrightarrow \underset{\text{중탄산석회}}{Ca(HCO_3)_2} \leftrightarrow \underset{\text{탄산석회}}{CaCO_3} + \underset{\text{탄산}}{H_2CO_3} \qquad (2\text{-}15)$$

탄산석회는 H^+ 농도가 높거나(산성) CO_3^{-2} 농도가 낮을 때 해리 된다. 진광대에서는 광합성을 통하여 CO_2가 제거되면서 pH가 높게 유지되므로 비생물적, 생물적 석회화가 일어날 수 있도록 한다.

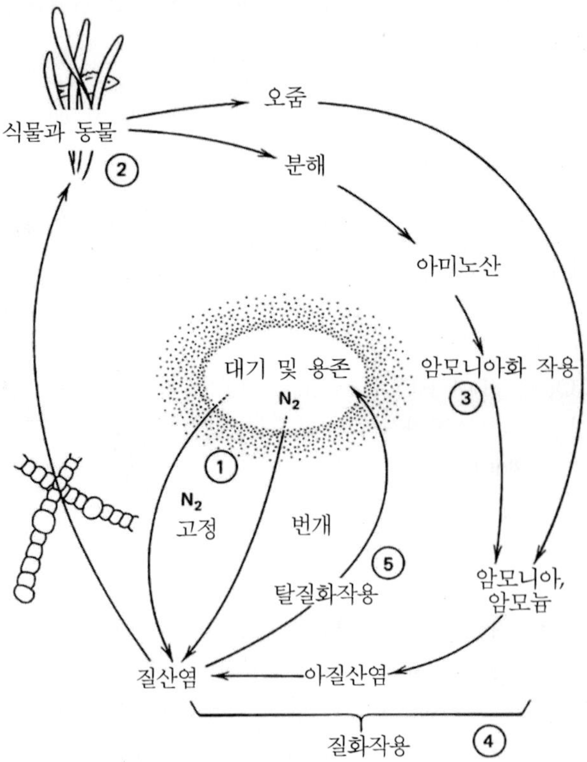

그림 2-16. 질소 순환. 질소 순환의 다섯 가지 요소는 (1) 질소 고정을 통하여 암모니아를 생성하고 아질산염(질화)으로 전환되고, (2) 암모니아와 아질산염은 식물과 동물에 의해 재결합되며, (3) 분해와 분비를 통하여 질소화합물이 유리되어 암모니아와 암모늄 이온으로 전환되며, (4) 암모니아가 아질산염과 질산염으로 산화되고, (5) 탈질화되어 질소 분자로 유리된다. 질소 고정과 질산염 및 암모니아의 이용에는 에너지가 요구되는 반면, 나머지 단계(3에서 5)는 에너지를 방출한다.

영양염

21가지 필수 원소가 모든 식물에게 요구된다(DeBoer 1981). 이 가운데서 네 가지가 식물 생장에 필요한 일차 원소, 즉, 산소, 탄소, 질소, 인이며 해수에 녹아 있는 농도는 각각 857,000 mg L^{-1}, 28 mg L^{-1}, 0.5 mg L^{-1}, 0.07 mg L^{-1}이다(Davis 1986). 게다가 규소(해수 중의 농도 3 mg L^{-1})는 규조류 배양 시에 절대적으로 필요한 원소인데 SiO_2 형태로 규조류의 세포벽을 형성하기 때문이다. 자체 내에서 비타민을 만드는 현화 식물과는 달리 대부분 해조류는 일부 유기화합물을 필요로 하는 영양 요구성이다. 예를 들면, 홍조 *Eucheuma*를 포함한 많은 종류의 해조류를 배양할 때는 세 가지 비타민(B_{12}, 티아민, 비오틴)이 미량으로 요구된다(Dawes and Koch 1991).

질소와 인은 해산식물에게 일차 원소이기도 하면서 제한 영양소가 되기도 한다. 원양수에 질소, 인, 규소 농도가 저하되면 식물플랑크톤의 생장에 영향을 준다. 연안수에서는 육지로부터 유입과 저층의 혼합으로 인하여 이들 영양염의 농도가 높아진다. 표준 실험분석법과 함께(Strickland and Parsons 1986; Parsons et al. 1989), 야외용 기구로 해수 중의 이들 영양염의 수준을 측정할 수 있다.

해수 중에서 보통 발견되는 질소 화합물은 질산염(NO_3; 원양: 0.1-43; 연안: 1-600 μg atoms L^{-1}), 아질산염(NO_2; 원양 0.01-3.5, 연안 0.1-50 μg atoms L^{-1}), 암모니아(NH_3; 원양 0.35-3.5, 연안 5-50 μg atoms L^{-1}) 형태로 용해되어 있다. 이들 화합물의 근원은 해양 환경에서 출현하는 모든 성분(질소고정, 탈질화, 암모니아화, 질화)들과 더불어 질소 순환에서 찾아 볼 수 있다(그림 2-16)(Milne 1995). 질소의 이용에 대한 연구에서 대형 조류와 미세 조류가 암모니아와 질산염을 흡수하는데 효과적이라는 것을 밝혀졌다.

질산염과 암모니아의 흡수와 이용은 4장에 간략히 소개되었다. 질산염의 측정은 질산염이 아질산염으로 카드뮴 환원과 디아조화에 의해 알 수 있는데, 이때 설파닐아마이드sulfanilamide와 결합하여 진한 아조 색으로 염색된다. 아질산염은 우선 카드뮴 환원을 통하지 않고 측정할 수 있으며 그 다음은 최종 분석을 생략할 수 있다. 보다 직접적인 방법은 자외선 분광광도계 스크린법(A.P.H.A. 1989)이다. 암모늄은 2M KCl을 이용하여 퇴적물로부터 추출한 다음(Bremmer 1965), 네슬러Nessler 시약(요오드화수은)을 이용하여 아질산염으로 산화시킬 수 있으며, 그 다음 설파닐아마이드로 디아조화 시킨다. 다른 방법으로는 암모늄을 비색 정량하여 분석할 수 있다(Kempers and Zweers 1986).

인phosphorus은 해수 중에 $H_2PO_4^-$와 $H_2PO_4^{-2}$ 형태로 들어 있으며 평균 농도는 0.07 ppm이지만 표층수에는 0-0.003 mg atoms L^{-1}, 심층수에는 0.09 mg atoms L^{-1} 범위이다. 질소 순환(그림 2-17)은 부가, 제거, 흡수(농도) 상태로 구분할 수 있다. 해산 식물에 의한 유기 인산염의 흡수와 이용은 4장에 간략히 기술되어 있다. 해양에서 인산염의 수준은 열대 해역에서는 겨울에 농도가 가장 높고, 식물이 광합성을 하지 않는 밤에 농도가 가장 높게 나타나는 일시적인(계절, 일주) 변동을 보인다. 질소의 약 1,400만 톤이 매년 침식과 유거수runoff를 통하여 바다로 흘러들고 있다(Davis 1986). 가장 일반적으로 관찰되는 형태는 정질산염인데, 식물이 흡수하여 이러한 형태로 결합하고 다른 생물이 이용할 수 있는 인으로 만든다. 수괴와 기질의 공극 내에 용해된 인산염과 더불어 퇴적물에 결합된 인산염은 중탄산나트륨을 이용하여 추출해낼 수 있다(Olsen and Sommers 1982). 용존 정질산염은 산성화된 몰리브덴산염 용액과 반응하여 포스포몰리브덴산염-이종다중산을 형성하고, 진한 푸른색을 띠는 포스포몰리브덴산염으로 환원되므로 이를 분광광도계로 측정할 수 있다.

규소silicon는 규조류의 세포벽 형성에 절대적으로 필요하며, 규조류는 원양수에서 일차 생산자의 가장 중요한 단일 무리이다. 규소의 농도는 투명한 원양수에서는 0-0.5 mg L^{-1}에서 연안수에서는 8.4 mg L^{-1}까지 넓은 범위를 나타낸다. 연안 해역의 저층은 점토로 이루어져 있으며 여기에 용해되지 않은 SiO_2와 용해된 $Si(OH)_4$로 존재한다. 규소 순환은 활성과 비활성 풀로 구분되며(그림 2-18), 용해 화합물은 화성암의 풍화와 점토의 부식으로부터 기원된 것이다. 용해 규소는 H_4SiO_4를 몰리브덴산염으로 반응시켜 측정하며 이때 1:12 실리코몰리브덴산염산 분자가 형성된다. 노란색 물질의 흡광도는 분광광도계를 이용하여 측정할 수 있다. 푸른색 물질의 흡광도는 메톨로 환원시킨 후에 측정 할 수 있으며 두 가지 기법이 설명되어 있다.

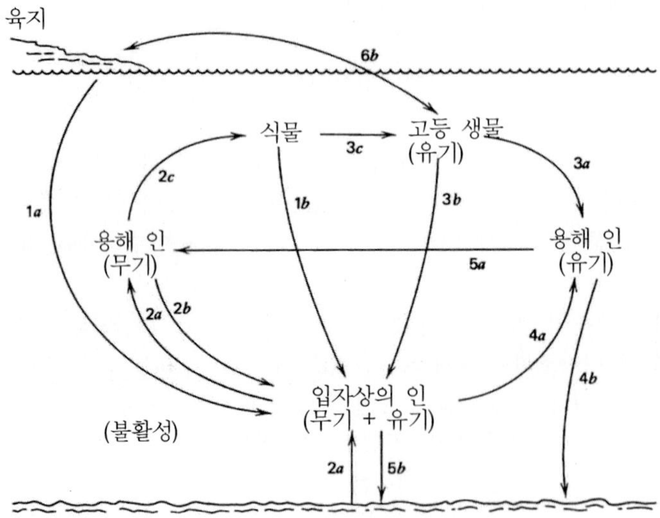

그림 2-17. 인의 순환. 세 가지 주요 요소가 인 순환을 구성 한다: (a) 부가, (b) 제거, (c) 흡수. 인은 육지의 퇴적물(1a) 또는 생물(6b), 유기물(6b) 혹은 무기물(2a)에서부터 공급된다. 인은 유기물에서 무기물(5a)로 전환되어 식물에 의해 흡수되고 동물(3c)에 의해 소비된다. 식물(1b)과 동물(3a, 3b)이 분해되면 용해 또는 입자상의 인으로 방출되고 침전(4b, 5b)을 통하여 퇴적층으로 되돌아간다. 바다로부터 인이 제거되는 것은 육상 동물(6b)의 섭식 활동에 의해 이루어진다.

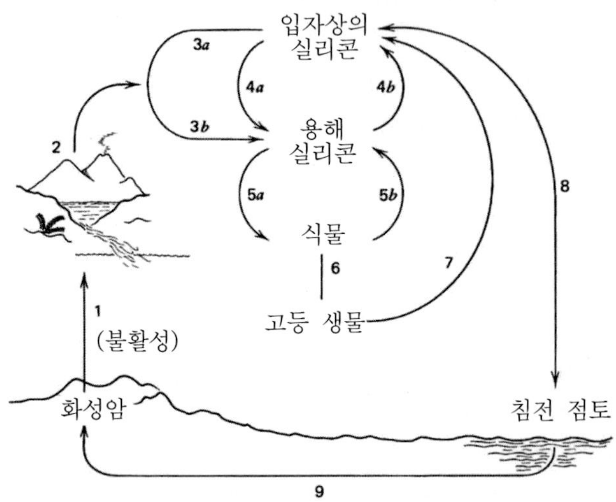

그림 2-18. 규소의 순환. 규소는 육지와 해양 퇴적물(2, 8)로부터 유리되어 묻히거나(9) 지질학적 과정(1)에 의해 제거된다. 해수 중의 입자상(3a)과 용해(3b) 규소는 왕복하여(4a, 4b) 전환된다. 식물은 규소를 이용하거나(5a) 용해 규소(5b)를 방출한다. 동물은 초식(b)과 분해과정(7)을 통하여 방출되는 규소를 섭취한다.

3장

생물적 요인

이 장에서는 해산 식물과 환경과의 관계를 개관하고자 한다. 이와 같은 개관을 하기 위해서는 해산 식물이 고립된 단위로는 살아갈 수 없기 때문에 이들의 생물학적 특성을 이해해야 한다. 해양 생태학의 기본 원리인 체제의 수준(개체군에서 생태계), 군집의 형성 과정(천이, 에너지 전이), 전략(진화, 식물의 반응), 생물학적 상호작용(공생, 경쟁, 포식), 생장(생장률과 반응) 등이 고찰될 것이다.

해양 생태학

생태적 단위

광합성을 하는 해양 생물은 단세포성 진핵 조류 및 남세균으로부터 대형 해조류와 현화 식물까지 포함된다. 해산 식물은 개체군에서 군집, 더 나아가 생태계에 이르는 생태적인 단위로 분류할 수 있다. 개체군은 특정한 장소를 차지하고 있는 어떤 종 개체들의 모임으로 이루어져 있으며, 연령 구조, 생존, 발아, 사멸 등으로 평가될 수 있다. Chapman(1969)은 개체군을 연구 할 때에 세 가지 유형의 모수를 측정하여야 한다고 제안했다: 크기와 밀도(단위 면적 당 개체의 수), 연령 분포(어린 개체 대 성숙한 개체), 개체군의 공간적인 유형. 대형 갈조류 *Macrocystis pyrifera*에 대한 생존 연구에서 387개체 중에서 9개월 후에는 5개체만이 살아남은 생존율을 보여 주었다(그림 3-1; Rosenthal et al. 1974). 일반적으로 개체군 연구에서는 생리적인 자료와 생활사 자료를 분석하고, 광범위한 야외 조사가 이루어진다.

현존하는 해조 군집의 크기 계급 분포를 연구하면 Knight and Parke(1931)가 기술한 바와 같이 수명의 유형을 결정하는 데에 도움이 된다. 일년생annual 개체군 내의 모든 개체들은 1년 미만의 생활사를 가지며 북대서양에 생육하는 갈조 바위두둑*Leathesia difformis*을 한 예로 들 수 있다. 위다년생pseudoperennial 종은 열대 모자반 *Sargassum filipendula*와 같이 축소된 다년생 형태로서 1년의 일부를 지내는 종들이다. 이년생biannual은 갈조 *Fucus distichus*처럼 이년 주기로 나오며, 다년생perennial은 *Macrocystis pyrifera*와 같이 2년 이상 생존하는 종이다. 개체군의 크기 계급을 연구한 예는 홍조 *Eucheuma isiforme*에 대한 2년간의 연구에서 볼 수 있다(Dawes et al. 1974). 이 연구에서 플로리다키Florida Key의 깊은 수심(앵클로트키Anklote Key)과 얕은 수심(바히아혼다Bahia Honda)에

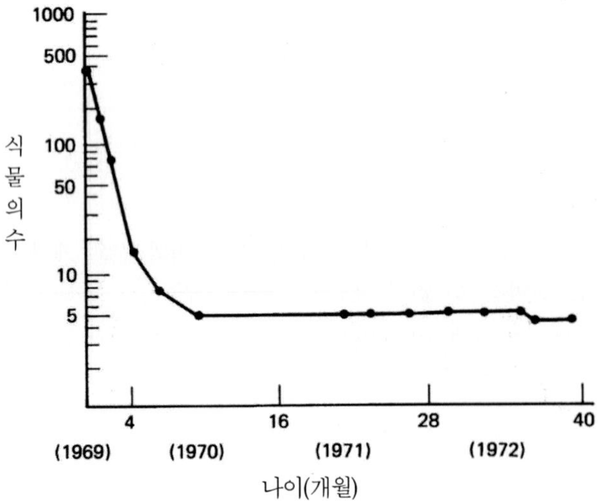

그림 3-1. 어린 *Macrocystis pyrifera* 포자체의 생존 곡선. 5.7년의 연구 결과에 따르면 모든 포자체의 95% 이상이 나이가 1년을 넘지 않았으며 이후의 생존율은 100%였다.

생육하는 개체군은 뚜렷하게 1년 생장 유형을 보인 반면, 다른 지역(몰라사스키Molassa Key)의 개체군은 다년 생장을 나타내었다.

군집communities은 공존하면서 상호 작용하며 어떤 특정한 곳에 살아가는 종의 개체군이다. 따라서 군집은 자연계에서 생물적 요소이며 그 안에서 종간에 상호작용이 일어난다. 군집 구조는 우점종, 수적인 관계, 식물상 특징, 독특한 비생물적 요인 등을 통하여 연구할 수 있다. 어떤 군집을 정량적으로 연구할 때 기본적으로 요구되는 것은 적절한 표본추출 과정을 통하여 군집 내의 모든 개체군을 대표할 수 있도록 하는 것이다. 몇 가지 일반적인 표본추출 과정인 선상법과 방형구법을 부록 A에 수록하였다.

Dayton(1975a)은 알래스카의 암치카Amchitka섬에서 수심에 따라 차이를 보이는 대형 갈조류 우점 군집에 대해서 기술하였다(그림 3-2). 대형 갈조류에 의해 조관이 세 층으로 형성되어 있었다. *Alaria fistulosa*(최대 길이 22 m)는 가장 상층을 형성하였다. 이 조관층 아래로는 다시마*Laminaria*에 의하여 두 번째 층이 형성된 다음, *Agarum clathratum*(=*A. cribrosum*)의 아조관이 세 번째 층을 이루었으며 마지막으로는 소형 홍조류와 녹조류가 기질 위에 붙어서 밀집된 내음성 군집을 형성하였다.

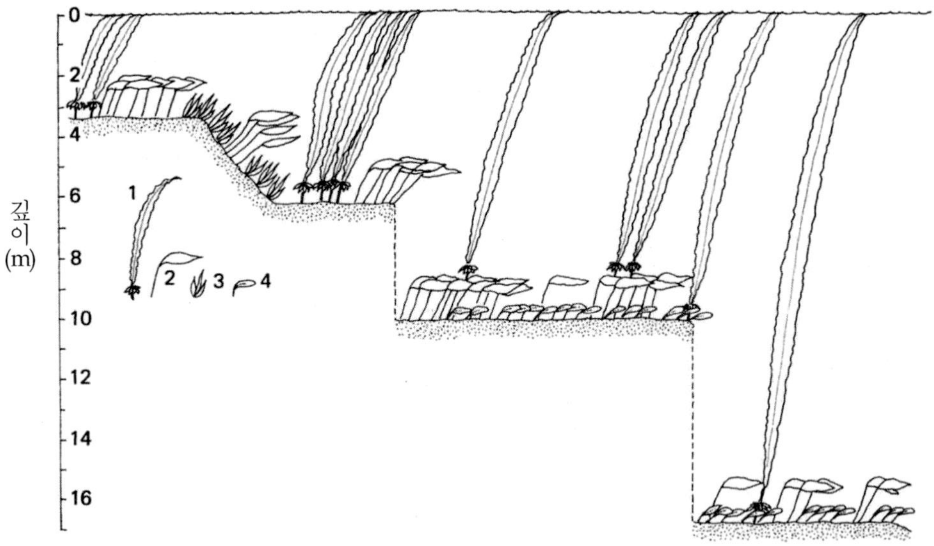

그림 3-2. 알래스카 암치카 섬 해안에서 수심이 다른 세 곳에 형성된 대형 갈조류의 조관 측면도. *Alaria fistulosa*(1)는 가장 큰 종으로서 일차 조관을 형성한다. 두 번째 층은 *Laminaria longipes*(2)이고 *Agarum clathratum*이 세 번째 조관(3)을 형성한다. 소형 홍조류와 녹조류(4) 군집이 내음성 저서층을 형성한다(Dayton 1975a).

단일종 대형 갈조 *Macrocystis pyrifera* 개체군이나 종의 무리(맹그로브 군집)가 우점 하여 군집을 특징 지워준다. 그러나 우점성인 해산 식물은 모여 나는 특성을 보이기 때문에 경계를 짓는 것은 어렵다. 따라서 많은 군집 연구에서 종 다양성에 대한 통계 분석(예, Sokal and Rohlf 1981)을 이용하였으며 현존량 혹은 방형구나 선상법을 이용하여 상대 우점도 등을 알아내었다(부록 A). 예를 들면 Hoffman and Dawes(1997)는 통계 분석을 이용하여 종의 분포를 분석하고 갯벌은 염습지(9장)와 맹그로브 군집(10장)의 일부이며 이들과 뚜렷하게 다른 것은 없다고 보고하였다. 이 연구의 두드러진 점은 갯벌은 조간대 군집의 연속으로서 보호되어져야 하며 파괴되거나 변경되어서는 안 된다고 결론지은 것이다.

식물상 분류를 이용한 식물사회학적 방법은 조간대 해조류 개체군과 같은 식생 단위를 구분하는데 효과적인 수단이 된다. 식물사회학적 방법은 식생(종과 형태)의 우점 유형을 이용하여 군집을 동정해낸다. 이 방법은 일차적으로 두 가지의 정량적인 측정법(각 종의 피도-풍부도와 군도 sociability)으로 구성되어 있다(부록 A 참조).

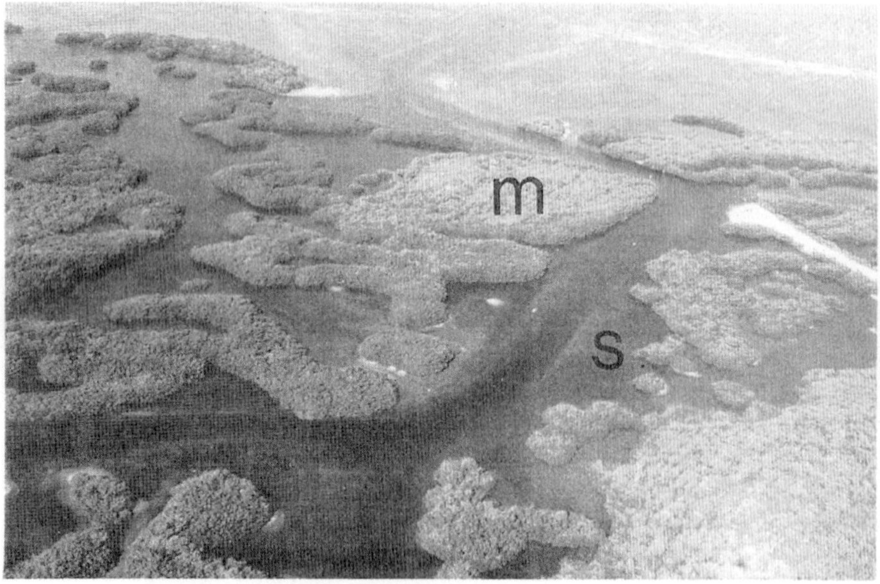

그림 3-3. 플로리다 탬파 만Tampa Bay에 형성된 맹그로브-해초 생태계 원경. 물에 잠긴 맹그로브 숲과 해초 밭이 조석 수로에 의해 분리되어 있다.

군집 내에 생육하는 각 종은 독특한 서식처 또는 생태적 지위niche를 가지는데, 이는 생물이 환경과 상호관계를 주고 받는 모든 환경과 생리적 측면을 포괄하는 개념이다. Grinnell(1917)은 종 혹은 아종의 최종 분포 단위로서 생태적 혹은 환경적 지위에 대하여 기술하였다. Vandermeer(1972)는 세 가지 유형의 생태적 지위에 대하여 기술하고 있다. 기본 지위fundamental niche(경쟁이 없는 이상적 지위), 부분 지위partial niche(부분적인 경쟁이 있는 지위), 현실 지위realized niche(실제로 점유된 장소와 넓이). 이 세 가지의 생태적 지위 유형을 해양 환경에서 볼 수 있다. 기본 지위는 거북말*Thalassia testudinum*의 개체군에서 볼 수 있으며 그 안에 다른 종은 없다. 부분 지위는 *Halodule wrightii*가 서로 영향을 미치며 사는 곳의 가장자리가 해당될 수 있으며, 현실 지위는 이들 두 종이 안정적으로 섞여서 살아가는 경우이다.

생태계ecosystems는 가장 큰 생태적 단위이며 관련된 비생물적 특징과 함께 한 지역 내에 서식하는 모든 생물군집을 포함한다. Tansley는 1930년에 한 지역 내에서 생물과 비생물적 요인 사이에 주고받는 상호관계를 역설하면서 이 용어를 처음 소개하였다. 비정상적인 상황(운석, 지진, 화산활동)이 없다고 한다면, 생태계는 독립적인 단위로 생각될 수 있다. 이러한 독립적인 계에 살아가는 생물들은 대부분이 생태계 외부의 상황에 의존하지 않는다. 에너지 흐름(고정된 탄소와 다른 종류의 유기화합물)과 다양한 미량원소의 순환(질소, 인, 규소, 황)은 생태계 수준 안에서 일어난다.

플로리다의 탬파 만Tampa Bay은 광범위한 염하구 생태계의 한 가지 예를 보여준다. 이 만은 염습지, 맹그로브숲, 하안, 해초, 경성 및 연성 저질에 서식하는 생물 군집으로 구성되어 있다. 탬파

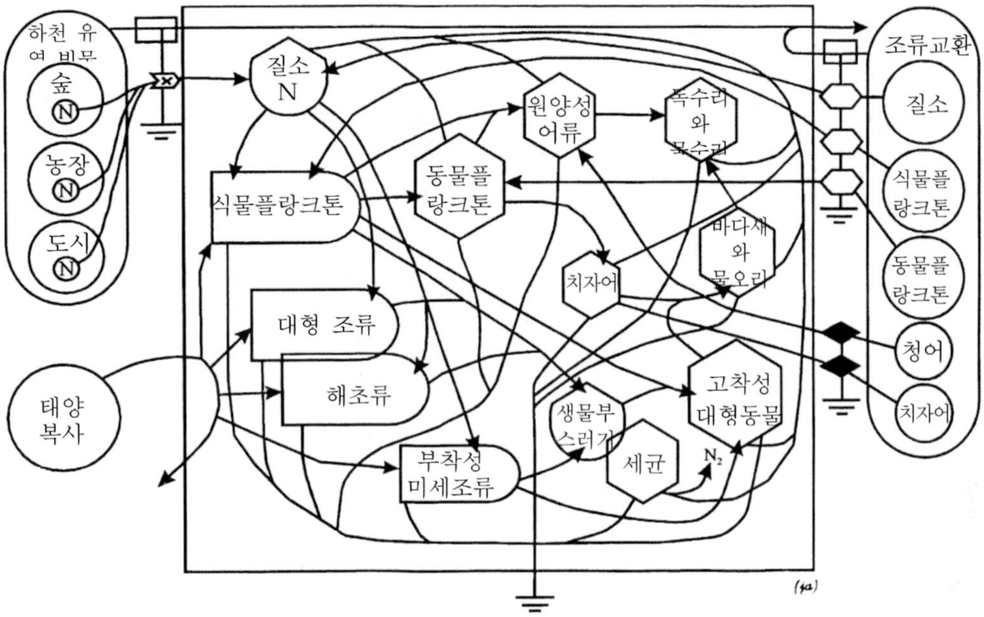

그림 3-4. 메인 주 콥스콕 만Cobscook Bay의 에너지 흐름 모형도. 유입, 전환, 유출은 각 서식처에서 먹이 그물 구성원의 중요도를 측정하기 위하여 모식화 하였다(Kidman 1995; 아틀란타 미국 환경오염국의 D. Campbell 제공).

만의 부속지인 코크로치 만Cockroach Bay의 사진에서 우점 군집의 일부를 보여주고 있다(그림 3-3). 육상 생태학에서 생겨난 생태계의 개념은 개방 수계에서는 유용하지 않지만 산호초와 연안 군집을 연구하는 데는 아주 실용적이다. 연안과 염하구 생태계에서는 영향을 줄 수 있는 육지의 비생물 요소(지표수, 토양 염류)와 생물적 요소 사이가 매우 근접하여 있다. 예를 들면, 탬파 만의 생태계에 미치는 육지와 해양의 영향을 완전하게 나누기는 것은 어렵다. 주변의 유역(강과 습지)과 육지로부터 흘러드는 물 모두가 탬파 만에 영향을 준다. 더구나 해양생태계는 물질들이 들어오고 나갈 수 있기 때문에 경계를 짓기가 어렵다. 침수 환경의 해초와 연안 조간대 습지 군집은 생물량의 대부분을 대륙붕으로 흘려보낸다.

먹이 그물과 사슬

영양 단계 혹은 에너지 전이 수준은 콥스콧 만Cobscott Bay(메인 만)(그림 3-4)과 같은 생태계 내에서 볼 수 있다(9장 참조). 에너지 흐름을 잘 이해하기 위해서 가상모델을 개발하는 것이 일반적이며 대부분 해산식물의 생태계에 대해서도 적용시킬 수 있다. 에너지 전이 수준은 직선인 경우(한 방향과 수준으로)에는 먹이 사슬food chains로, 복합적인 경우(다른 수준에서 생물들이 상호작용함)에는 먹이 그물food web을 형성하는 먹이 관계로 구성되어 있다. 독립영양생물 혹은 일차생산자

표 3-1. 대형 조류의 형태와 기능적 관계

형태	구조	예
엽상	얇음, 한 개 또는 몇 세포 두께, 부드러움	*Ulva, Dickyota*
사상체	사상형, 몇 세포 두께, 섬세함, 두꺼움	*Ceramium, Codium*
엉성한 분지	직립성, 여러 세포 두께, 다육질에서 노끈 모양	*Gracilaria, Codium, Gelidium*
두껍거나 혁질	분지형 혹은 두꺼운 엽상, 피층 발달, 탄력성	*Laminaria, Fucus*
유연하고 석회질	석회질화되었으나 마디가 있음, 단단한 표면	*Corallina, Halimeda*
각상	석회질화되거나 안됨, 각상, 포복성	*Petrocelis, Clathromorphum*

는 먹이 그물과 사슬의 생물학적 에너지를 생산해내는(예, *Spartina*, 조류; 그림 3-4) 자기 부양적이며 광합성(식물, 세균)을 하거나 화학합성(세균)을 하는 생물이다. 광합성 독립영양생물은 태양 에너지, 이산화탄소, 물을 광합성을 통하여 유기화합물로 전환시킨다. 이와 비슷한 방법으로 화학독립영양생물은 무기화학결합 에너지를 이용한 화학합성을 통하여 유기화합물을 합성한다. 독립영양생물은 그들을 먹는 생물들과 상호작용을 하거나 적응을 해야 한다. 종속영양생물은 일차(초식동물)와 이차(육식동물)형으로 구성되어 있으며 생물의 유기물 생산에 의존하여 살아간다. 일차 소비자는 플랑크톤을 먹는 단세포성 와편모조류로부터 체형이 큰 성게와 해초를 먹는 해우, 맹그로브 잎을 먹는 곤충들이다. 이차소비자는 초식동물을 먹고사는 육식동물, 예를 들면 성게와 어류를 먹는 바다수달과 곤충을 먹는 바다 새들이다.

두 가지 무리의 종속영양생물은 영양단계가 확장되는 데에 중요한 역할을 한다. 분해자(부생 균류와 세균)는 유기화합물을 독립영양생물과 유기물섭식자detritivores가 이용할 수 있는 더 단순한 형태로 분해하여 영양분을 유리시킨다. 유기물섭식자에는 불가사리, 숭어, 달팽이 등이 포함되며 부패한 식물과 동물을 먹고 살아간다. 염하구에서는 이들 두 가지 영양 무리들이 소비자에 필요한 유기물과 식물에 필요한 영양분을 형성하는데 매우 중요하다.

생물량과 생산력

해산식물 군집에서 측정 가능한 두 가지 중요한 특성은 생물량과 생산력이다. 생물량biomass은 "현존량" 혹은 종 혹은 군집의 크기를 말하며 보통 단위 면적(gm^{-2}) 당 무게(생체량 혹은 건조 중량)로 나타낸다. 예를 들면, 온대 조하대에 자라는 대형 갈조류의 생물량은 약 400-1,600 g dry wt m^{-2}(Mann and Chapman 1975)인 반면 해초 밭의 생물량은 100-1,200 g dry wt m^{-2}이다. 무회 건조 중량으로 생물량을 나타내는 것이 유용하다. 무회 건조 중량은 생물량을 머플muffle 오븐에서 500℃로 4시간 동안 태워서 구하는데 탄산석회는 제거되지 않지만 유기물은 소실된다. 재의 중량을 총 건조 중량에서 뺀 다음 유기물량을 구한다. 생산력productivity은 생산이 일어난 비율이며, 보통 단위 시간당 고정된 산소와 탄소의 양을 mg으로 나타낸다. 열대 우림 지역의 순일차생산력(500-1,800 g C $m^{-2}y^{-1}$)은 조하대의 모자반*Sargassum* 숲(2,500 g C $m^{-2}y^{-1}$) 혹은 해초 거북말*Thalassia testudinum* (330 g C $m^{-2}y^{-1}$)의 생산력과 견주어 볼 수 있다.

해조류의 형태는 산호초에 분포하는 대형 해조류의 생산력을 예측하는데 이용되어 왔다(표 3-1)(Littler et al. 1983). 따라서 기능형 모델functional form model(Littler and Littler 1980)은 광합성, 영양염 흡수, 초식동물의 피식 방지와 관련된 해조류의 구조적 특징을 평가하는데 이용되었다. 해조류의 내부 및 외부 구조는 광합성 효율, 영양염 흡수 능력 및 피식 저항 등에 영향을 미치게 된다. 예를 들면 갈조류 *Fucus*와 같이 질기고 점액성이 있는 해조는 덜 먹힐 것이다. 그러나 단단한 형태 때문에 *Fucus*는 얇은 엽상 녹조 갈파래*Ulva* 보다도 광합성과 영양염 흡수 효율이 낮게 난다. 유사한 특징들을 이용하여 해조류의 천이 단계를 평가해 왔는데(표 3-2), *Fucus*는 후기 천이형으로, 갈파래*Ulva*는 군집 발달에서 기회 단계에 있는 것으로 볼 수 있다.

생태적 전략

천이

대부분의 군집은 정체되어 있지 않으며 지속적으로 변한다. 따라서 천이succession 혹은 군집 내에서 우점종의 변동은 시간을 두고 일어난다. 육상 생태학에서 제창된 천이 개념은 일련의 진행 단계로 구분되는데, 개척자단계(초기단계, 기회적), 중간단계, 극상단계(성숙, 최종 단계) 군집을 이루는 안정단계(성숙, 후기 단계)형으로 이루어져 있다. 세 가지 유형의 천이 모델이 제안되었다(Connell and Slatyer 1977). 촉진모델facilitation model은 개척자 종이 나중 단계에 더 적합하게 서식처를 변형시키는 것을 말하며, 내성모델tolerance model은 후기 단계에 있는 종이 웃자라서 초기 종을 대체시키는 것이며 억제모델inhibition model은 초기 단계가 후기 단계 발달을 방해하는 경우를 말하는 것이다. 군집 내의 비생물적 조건에 따라 세 가지 천이 유형 모두가 나타날 수 있다.

초기 단계에 있는 개척자 식물은 보통 일년생으로서 생장이 빠르고 생식율이 높다. 개척자 종은 빠른 속도로 재정착하여 식물체 구조에 분배를 적게 하고 형태가 단순하며 얇고 섬세한 체형을 가진다. 녹조류 갈파래가 개척자 종의 좋은 예가 되는데 해양 환경에서 "잡초"로 취급되고 있다. 천이 연속의 반대 쪽 끝에는 극상 혹은 성숙 종이 있다. 안정된 환경 조건은 극상종이 정착하는데 필수 조건이며, 극상종은 보통 다년생으로 이루어진다. 극상 군집의 공통적인 특징은 종 다양성이 높게 유지되며 종 당 개체수가 비교적 적다.

군집의 동요를 일으키는 교란disturbances은 두 가지 형태로 구성된다(Rykiel 1985). 재해disasters는 단일 종류의 생물에게 높은 빈도로 가해지는 것이며(예, 폭풍), 돌발적으로 일어나는 큰 규모의 재

표 3-2. 개척자와 후기 천이 해조류의 특징, 손실, 이득

초기 단계(개척자) 종	후기단계(성숙) 종
	특 징
1. 계절적 생식 조절 없음	계절적 생식 조절 있음
2. 교란된 지역에 밀생	초기 단계를 대체시킴
3. 일년생, 생활사 짧음	복합적, 생활사 김
4. 단순한 구조, 생산력 높음 표면적과 부피의 비 큼	복잡한 구조, 생산력 낮음 표면적과 부피의 비 적음
5. 빠른 생장을 통하여 피식 회피	느린 생장, 화학적, 구조적 피식 방어
	손 실
1. 높은 사망률, 제한된 생식 시기	느린 생장, 생식 지연
2. 빛에 대한 과도한 경쟁, 기질에 과밀	낮은 SA:V 비율로 인하여 영양염 흡수 저하
3. 쉽게 손상되고 먹힘	에너지는 구조 형성으로 전환됨
4. 비생물요인에 민감함: 파도와 건조	특수한 생태적 지위가 요구됨
	이 익
1. 높은 생식력	장기간의 생식주기
2. 새로운 서식처로 빠른 침입	공간과 빛에 대한 경쟁
3. 영양염의 빠른 흡수	초식에 대한 저항성
4. 특화되지 않으며, 각각 다른 서식처에 군집 형성	복잡한 생활사, 다양한 서식처에 생존

출처: Littler and Littler(1980)

해인 대사멸catastrophes은 일시적인 발생에 직면하여 일어나는 것이다. 다년생 해조에게 재해인 것이 일년생에 대해서는 대사멸이 될 수도 있다. 교란으로 인하여 천이 과정이 중단되거나 극상 군집이 손상을 입게 되면 천이는 어느 정도의 초기 단계에서 다시 시작된다. 앞에서 언급한 천이의 세 단계는 교란 후에 해산식물 군집이 회복되는 과정에서 볼 수 있다. 개척자 해조가 천이를 방해하는 억제모델은 Sousa(1979)가 제안하였다. 캘리포니아 해안 조간대에 우점하는 홍조 *Gigartina canaliculata*는 회복되는데 3년이 걸렸으며 개척자인 녹조 참갈파래*Ulva lactuca*에 의해 정착되는 것이 저지당하였다. 다른 억제 모델의 예는 Kennelly(1987)가 기술하였으며 대형 갈조류 감태*Ecklonia*가 제거되었을 때 그물바탕말류*Dictyota* 해조류가 극상 형성을 방해한다는 것을 발견하였다. 촉진 모델은 개척자가 기질을 바꾸어 환경이 더 적합하도록 만드는 것으로서 Williams(1990)가 제안하였다. 열대 해역의 석회 녹조류 *Halimeda*와 *Udotea*는 상크르와St. Croix의 조하대에서 연성인 기질을 변형시킨 결과 처음에는 해우말*Syringodium filiforme*이, 나중에는 거북말*Thalassia testidinum*이 들어오게 되었다. 내성 모델은 천이의 후기 단계에 있는 종이 이주하여 초기 단계의 종보다 더 자라게 되는 것으로서 대체 실험을 통하여 잘 볼 수 있다. 맹그로브 묘목은 염습지 군집을 형성하여 원래의 습지를 덮어버린다. 또한 대형 갈조류는 재정착하여 천이의 이전 단계를 거치지 않고 다른 해조류를 덮어버린다.

해산식물 군집의 천이

물리적 교란에 대해 연구한 결과를 보면 해조류, 염습지, 맹그로브, 해초류 및 산호초 군집에서 천이가 일어난다는 것을 알 수 있다(8-12장 참조). 해조 천이의 초기 연구에서 Doty(1957)는 하와이 섬에서 용암이 흐른 다음에 해조 군집이 다시 형성되는 것을 추적하였다. 불모지에 새로이 형성된 바위에서 미세 조류 및 대형 조류가 일련의 천이 단계를 거쳐 극상 군집에 이르렀는데 이는 용암이 흐른 뒤 100년이 지난 곳에서 발견된 것과 유사한 군집이 10년 이내에 형성된 것이다.

해조 천이에 대한 다른 예는 알래스카의 토오치 만Torch Bay에서 보고되었다(Duggins 1980). 대형 갈조류 숲과 조식동물을 지속적으로 제거한 1년 후, 혼생 대형 갈조류 조관(*Neroecystis luetkeana*와 *Alaria fistulosa*)이 형성되었으며 *Costaria costata*와 *Laminaria dentigera* 하층에 소형 해조 식생이 발달하였다. 대형 갈조류 숲이 제거된 2년에서 3년 후에는 *Laminaria setchelli*와 *L. groenlandica*로 구성된 연속적인 숲이 발달하였으며 군집은 원래의 조성으로 회복되었다. 성게의 의한 섭식이 대형 갈조류의 자연 천이를 저해하는 주요 요인인 것으로 추정되었다.

조간대 맹그로브와 염습지 군집 내에서 현화식물이 규칙적으로 분포대를 형성하는 것은 해양에서 육지 서식처(혹은 반대 방향으로)로 천이되는 한 예로 볼 수 있는데(9, 10장), 종과 분포대가 독특하게 형성된 군집은 교란 후에 회복이 되기 때문이다. 해초 군집의 천이는 호주와(Shepherd and Womersley 1981; Birch and Birch 1984) 카리브 해에서(Williams 1990) 관찰되었다. 예를 들면 미국의 버진아일랜드Virgin Island에서는 가근성 녹조류 *Halimeda, Penicillus, Udotea, Caulerpa*가 초기에 군집을 형성하여 안정시키고 저층에 유기물을 퇴적시킨다. 해우말*Syringodium filiforme*과 거북말*Thalassia testudinum* 등의 해초류가 이 지역에 들어와 자란다.

산호초 군집에서는 조식 어류와 성게에 의해 중개되는 해조 천이를 볼 수 있다(Berner 1990; Glynn 1990; Hixon and Brostoff 1996; 12장). 조식 어류를 제거했을 때(우리 안에 가두어서), 하와이 산호초의 해조 천이는 1년 내에 세 단계를 거치는 빠른 진행을 보였다. 초기 우점 종은 소형 사상 녹조류 파래*Enteromorpha*와 갈조류 솜털*Ectocarpus*이 나타났으며 이어서 얇고 섬세하게 분지하는 홍조류 가시풀*Centroceras*과 *Taenioma*가 따르고, 그 다음에는 엽상 및 성기게 분지하는 해조류가 우점 하였다. 우리 안에서 조식 어류인 자리돔류가 해조류를 먹도록 놓아두면 천이는 느리게 진행되고, 우리 밖에서 먹도록 하면 조식이 집중적으로 일어나 직립성 해조류는 모두 없어진다.

해산식물 전략의 모델링

천이, *r-K* 군집 연속(Pianka 1970), CSR 모델(Grime 1977) 및 서식지 모형(Taylor et al. 1990) 등 환경에 대한 해조류의 반응을 밝히기 위하여 다양한 모델들이 제안되었다. 이 모델들은 해조 군집의 연속성과 복합성을 설명하는 데는 도움이 되지만 패턴을 너무 단순화시켰기 때문에 생물 및

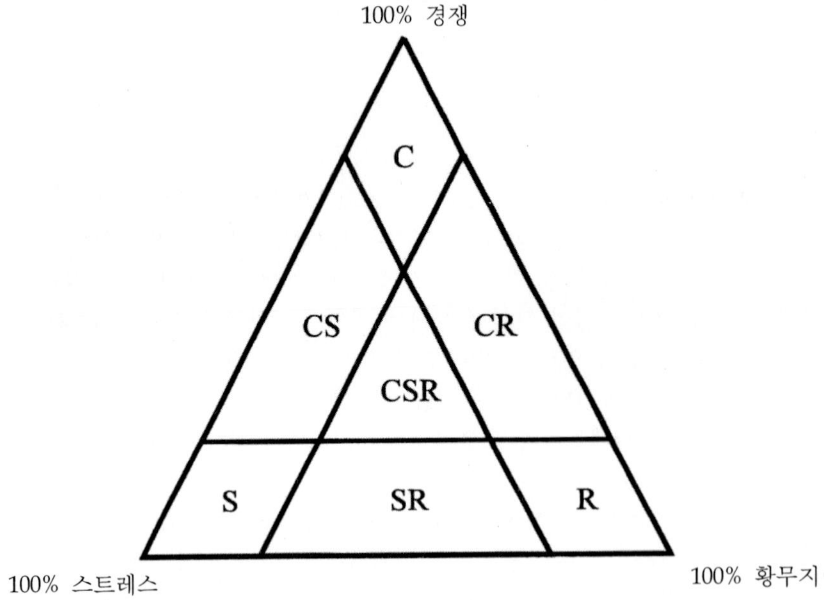

그림 3-5. 식물 전략의 경쟁-스트레스-황무지 삼각형 모델. 이 모델은 식물의 전략 세 가지, 즉, 경쟁(C), 스트레스 내성(S), 황무지 내성(R) 등을 다루고 있다. 전략의 조합은 다음과 같다. 스트레스 내성 경쟁자(CS), 황무지 경쟁자(CR), 스트레스 내성 황무지(SR), 경쟁적 스트레스 내성 황무지(CRS) (Grime 1977; University of Chicago 출판부 제공)

비생물 요인들 중 일부가 무시될 수도 있다. *r-K* 모델은 식물 천이를 도식화한 것에서 인용된 것으로서, 여기에서 *r* 상태는 개체군이 급속하게 생장하고 서식지 자원 이용률이 매우 높은 상태이다. *K* 상태는 개체군 생장이 중단되고 모든 이용 가능한 물질들이 다 소모되었을 때이다. 따라서 이 모델은 초기 단계(*r*-전략 식물 또는 개척자)와 후기 단계(*K*-전략 식물 또는 성숙단계) 식물들의 특징을 강조하고 있다(표 3-1). *r*-전략 식물은 주변 자원을 모두 써버리지 않는 반면, *K*-전략 식물은 수용 능력에 도달하거나 이용 가능한 모든 자원을 소모해버린다. 표 3-1에 나타낸 바와 같이 다년생 해조류는 *K*-전략 식물로 간주되는데, 이들은 주변 자원을 최대로 이용하여 생산되는 상당 부분의 탄소를 식물체에 축적시키기 때문이다.

CSR 모델은(그림 3-5; Grime 1977) 식물이 경쟁(C), 스트레스(S), 교란(R) 등에 의해 진화한다는 것을 보여준다. 고염분, 적정 이하의 온도 또는 차광과 같은 스트레스 조건이 최대 생물량 생산을 제한할 수 있다. 스트레스 조건은 외적인 억제, 자원 획득, 개체의 생장과 생식의 제한 등으로 볼 수 있다(Grime 1977). 다른 경우에는 스트레스를 "생존의 이상적인 조건과 극단적 제한 조건 사이에 존재하는 기울기"라고 보고 있다(Grigg and Dollar 1990). 스트레스에 적응된 식물은 다년생으

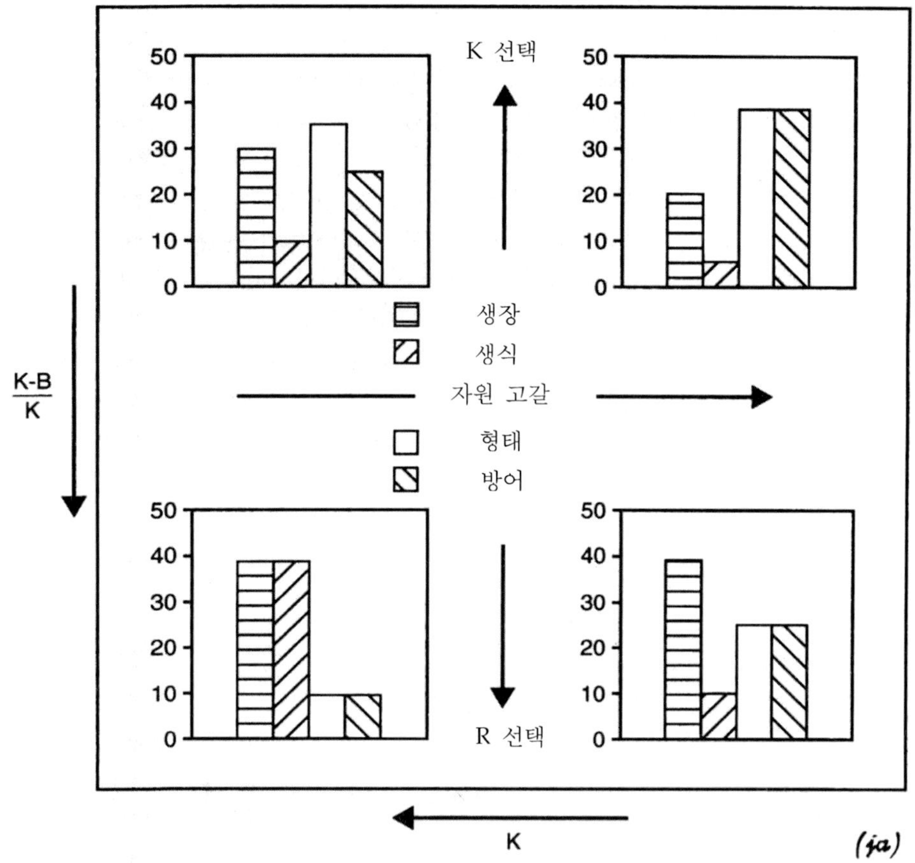

그림 3-6. 식물 전략의 네 가지 서식처 주형 모델. 식물의 네 가지 전략(*r*, *K*, *r*-l, *K*-l)은 생장, 생식, 형태적 발달, 피식 방지에 대한 에너지의 상대적 분배로 나타내었다. *x*축은 서식처(*K*)의 수용능력을 나타내며, *y*축은 식생이 어떤 스트레스를 받은 후 *K* 이하에서 평균 일 년 거리를 나타낸다(Taylor et al. 1990).

로 되는 경향이 있다. Davison and Pearson(1996)은 두 가지 형태의 스트레스를 기술하면서 Grime의 개념은 너무 제한적이라고 강조하였다. 제한적 스트레스limitation stress는 빛과 영양염과 같이 불충분한 자원 때문에 생장을 감소시킬 수 있다. 파괴적 스트레스disruptive stress는 세포에 손상을 입히며 이러한 손상(예, 얾과 건조)을 막거나 회복시키기 위하여 자원 분배를 필요로 한다.

교란(폭풍, 파도 에너지, 피식)에 적응된 식물들은 종종 부분적으로 또는 전체적으로 생물량 손실에 직면한다. Grime(1977)은 교란 내성 식물을 *r*-전략 식물과 유사한 잡초 또는 기회종 식물로 보았다. 해조류의 예는 녹조류 갈파래*Ulva*와 파래*Enteromorpha*에서 볼 수 있으며, 기름 유출이나 하수 배출 후에 자라난다. 그러나 홍조 *Mastocarpus stellatus*와 갈조 *Fucus vesiculosus*와 같이 바위에 붙어 자라는 해조류는 스트레스에 내성을 보이며, 뉴잉글랜드 해안에서는 모래에 덮여도 몇 달 동안을 견디기도 한다. 스트레스와 교란이 적은 곳에 사는 식물들은 생존하기 위해 더 치열하게 경쟁을 해야 한다. 이와 같이 경쟁적인 식물들은 *K*-전략 식물과 견줄 만하다. 공간과 빛에 대하여 높은 수준의 경쟁이 일어나는 한 가지 예는 대형 갈조류가 우점 하는 해중림에서 볼 수 있다. 이러한 군집에서는 순수한 C, S, 혹은 R 식물은 볼 수 없지만 어떤 종은 세 가지 특징이 혼합되어 나타나기도 한다.

서식지 모형habitat template 모델(Taylor et al. 1990)은 천이의 초기 및 후기 단계와 자원 활용 종을 식별하는데 *r*-*K* 선택을 이용한 것이며, 자원 고갈(I) 혹은 서식처의 환경 수용 능력에 이 개념을 부과시킨 것이다(그림 3-6). 한 종의 *r* 또는 *K* 특징(표 3-1)은 *I* 를 따라 환경 수용 능력이 높은 곳에서부터 낮은 곳으로 이동할 수 있으며 그 결과 네 가지의 극단적인 유형의 전략(CSR 모델의 세 가지 이상)이 형성된다. CSR 모델과는 달리 사막의 건조 내성 종자식물처럼 스트레스를 받거나 황무지 군집에서도 경쟁의 강도가 높아질 수 있다. 해양 환경에서 이와 같은 예는 산호초 지역의 침수 지대와 같이 강한 파도에 노출되거나 낮은 영양염 환경에 자라는 해초 군집에서 볼 수 있다. 자원 고갈이 증가함에 따라(그림 3-6의 오른 쪽, 낮은 환경 수용능력, *K*) 생물량은 감소한다. 10장에 언급된 바와 같이 맹그로브 생육대는 삼각 CRS 모델보다도 주형 모델로 더 잘 설명될 수 있다.

생물학적 상호작용

생물학적 상호작용은 조하대와 조간대의 식물-식물, 식물-동물, 식물-미생물 사이에서 다양하게 일어난다. 공생 관계(예, 기생, 상리공생, 착생, 의태, 편리공생)는 포식 및 경쟁과 같은 뚜렷한 생물학적 상호 관계에서 볼 수 있는 것처럼 해산식물 군집에서도 일어난다. 아마 가장 잘 알려져 있는 예가 식물과 동물의 상호 관계인데(John et al. 1992), 이는 조간대 군집에 대한 동물학적 연구가 훨씬 많이 이루어졌기 때문이다.

공생

생물의 공생 관계 범위는 기생으로부터 상리공생까지이다(Goff 1983). 기생parasitic은 한 생물이 다른 생물을 손상시켜 영양 물질을 얻는 것으로서, 특히 홍조류 내에서 흔한 반면 녹조류에서는 드물다(6장). 양쪽 생물이 모두 이득을 보는 상리공생mutualism의 예는 해양 환경에서 흔하게 볼 수 있다. 해산식물의 예는 미세조류(산호와 유공충류의 동물공생체, 해산 지의류의 조류와 균류의 복합체), 대형조류(뜸부기목 조류의 내생 균류, 다핵 녹조류의 내생 세균류), 고등식물(맹그로브에 살면서 보호해주는 개미류) 등이다. 편리공생commensalism은 한 생물이 다른 생물에 영향을 주지 않고 이득을 보는 관계로서 해산식물에서는 흔하지 않지만 의태mimicry(다른 생물을 모방함)와 착생epiphytism(다른 식물 위에 붙어 자람) 등이 있다. 해산식물의 의태의 예는 홍조 *Eucheuma arnoldii*에서 볼 수 있는데 조초산호 사이에 자라면서 산호 가지와 유사하게 형태가 변한다.

착생 조류가 보이는 폭 넓은 다양성은 "입석 외 만원"상태인 열대 우림에서 관속 및 비관속 식물 위에 풍부하게 붙어 자라는 착생식물과 가장 잘 비교된다(Ducker and Knox 1984). 조류의 착생은 매우 흔하며(생물오손biofouling 참조), 조간대와 조하대에서 공간 문제를 해결하는 방식을 보여준다. 착생은 매우 흔하게 나타나기 때문에 해산 식물의 편리공생은 가장 광범위하게 연구된 공생 형태이다(Ducker and Knox 1984). Linskens(1963)는 숙주식물basiphyte과의 공간 및 기능적 관계에 따라 착생식물을 구분하였다. 착생의 구조적인 형태를 보면 완전착생holoepiphytes은 숙주식물(예, 해초 착생식물)의 바깥층에 붙어사는 것이며, 부분착생amphiepiphytes은 조직에 침투하여(*Ascophyllum nodosum*에 붙어사는 *Polysiphonia lanosa*) 사는 것이다. 이러한 예를 반기생hemiparasites이라 부르기도 한다. 기능적으로 대부분의 착생식물들은 양쪽 모두 서로에게 영향을 끼치지 않으면서 붙어사는 중립적인 유형을 보인다. 드문 경우이지만 상리공생 관계에서 착생식물과 숙주식물 사이에 양분을 교환하기도 한다(Ducker and Knox 1984). 착생식물은 해초, 대형 조류, 맹그로브 및 염습지 식물 위에 붙어산다.

대부분의 해조류 착생식물은 특정한 숙주식물(예, 솜털과에 속하는 해조류)을 갖지 않지만 착생식물과 숙주식물 사이에는 여러 가지 특이성이 생기는 예를 볼 수 있다. 남반구에 생육하는 갈조류 *Hormosira banksia*위에 착생하는 *Notheia anomala*와 북반구에 생육하는 갈조류 *Ascophyllum nodosum*위에 착생하는 성게모자반털*Elachista fucicola* 등에서 그 예를 찾아볼 수 있다. 해조 착생의 특이성은 해초류에까지 확장되는데 홍조 *Smithora naiadum*은 거머리말*Zostera marina*과 새우말의 일종 *Phyllospadix scouteri* 위에만 붙어 자란다(Harlin 1980). 더구나 *Smithora naiadum*과 해초 숙주식물은 ^{32}P와 광합성 산물인 탄수화물을 능동적으로 이동시킨다.

착생의 많은 경우가 편리공생으로 보이지만 조금 더 관찰해보면 숙주식물이 해를 입는 것이 분명하다. 따라서 해초와 대형 조류의 건강한 부분에 붙어 자라는 착생 조류가 빛을 가리거나 양분을 흡수하여 숙주식물의 광합성을 감소시킬 수 있다. 이러한 경우, 착생은 숙주에 손상을 줄 수 있으므로 기생의 범주에 두기도 한다. 그러나 숙주식물은 8장의 대형조류 착생식물에 대해서 언급된 바와 같이 착생을 방어해낼 수도 있다(Ducker and Knox 1984). 염생식물(9장)과 맹그로브(10장)의 착생식물은 해초류의 착생식물(12장; Borowitzka and Lethbridge 1989)에 대한 연구 결과에 비할 때 연구가 훨씬 덜 되어 있다.

경쟁

두 종류 이상의 생물이 생존하는데 실제로 요구되는 공통의 자원이 잠재적으로 제한되면 경쟁competition이 일어난다. Denley and Dayton(1985)은 두 가지 형태의 경쟁: 개발 경쟁과 간섭 경쟁에 대해 기술하였다. 개발 경쟁exploitative competition은 생물들끼리 제한된 자원에 대해 경쟁하지만 서로에게 직접적인 적대 관계를 보이지 않는다. 한 가지 예를 보면 사상체인 착생조류는 체형이 큰 다육질 해조류보다도 물에서의 영양염을 훨씬 효율적으로 흡수한다. 간섭 경쟁interference competition은 자원 제한과 직접적인 관련이 없다. 따라서 한 조류는 다른 조류보다 웃자라거나 유독성 화학물질을 분비 한다. 유독성 화학물질을 분비하는 예를 타감작용allelopathy이라고 한다. 경쟁은 모든 해산식물 군집에서 일어난다.

조간대(경성 저질) 군집의 대상 분포는 다양한 생물적, 비생물적 요인에 의해 조절되는 것이 일반적이다. 상부 쪽으로 확장되는 것은 온도와 건조 등 비생물적 요인에 의해 제한되는 반면, 경쟁과 포식의 생물적 요인들은 하부 쪽으로 확장하는 것을 제한한다. 조하대에서는 공간과 빛 조절에 대한 경쟁으로 종이 성기게 무리지어 분포하게 된다. 예를 들면 캘리포니아 남부의 조간대 하부에는 새우말의 일종인 *Phyllospadix torreyi*가 우점 하는데 건조가 이들이 조간대 상부로 확장되는 것을 막는다(Stewart 1989). 이와는 대조적으로 산호말 *Corallina pinnatifida*가 우점 하는 건조 내성 산호말류 무리가 해초류보다 상부에 생육한다. *Phyllospadix torreyi*를 제거하게 되면 더디게 자라는 해초류의 지하경에 의해 점령당할 때까지 해조 무리는 조간대 하부의 드러난 쪽으로 확장되어 갈 것이다. 이러한 상호작용은 간섭 경쟁의 한 예이다. 간섭 경쟁의 두 번째 예는 카리브 해 조하대의 해초 숲에서 볼 수 있다(Williams 1987). 즉, 거북말*Thalassia testudinum*은 빛을 가리고 저질로부터 영양염을 빼앗음으로써 해우말*Syringodium filiforme*과 경쟁하여 이긴다. 세 번째 예는 외래종인 녹조 *Caulerpa taxifolia*에서 볼 수 있는데 이 종은 지중해에 침투하여 해초 *Posidonia oceanica*와 경쟁에서 이겼다(Villele and Verlaque 1995).

연성 저질 조간대 군집(맹그로브, 염습지)은 경성 저질 조간대 해조 군집과 비교할 때 식물의 대상 분포가 거꾸로 조절되는 것을 볼 수 있는데, 경성 저질 군집은 생물적 요인(경쟁, 포식)이 하부 분포 경계를 결정하며 비생물 요인(건조, 염도)은 상부 분포 경계를 결정짓는다. 연성 저질 생육지에서는 파도의 운동과 침수 정도가 맹그로브와 염습지 식물이 하부 쪽으로 확장되는 것을 제한하는 반면, 혐염식물과 경쟁하는 생물 요인은 상부 쪽으로 확장되는 것을 제한한다(Ball 1980; Bertness and Ellison 1987). 대상 분포의 조절에서 차이를 보이는 것은 해산 종자식물이 해수에 대한 내성뿐만 아니라 침수 환경에 분포하는 것 역시 제한받고 있음을 말해준다.

남부 캘리포니아 해안의 대형 갈조류 *Macrocystis pyrifera* 숲에서 빛 경쟁은 대형 조류와 낮은 광도에 적응되어 있는 조관 하층 조류 사이에서 일어난다. 조관을 제거하면 하층 해조 군집이 바뀔 수 있다. 두 층으로 형성된 대형 갈조류 조관(상층은 거대 갈조류, 하층은 *Pterygophora californica*)을 제거하면 새로운 대형 갈조류가 빠른 속도로 보충되는데 하층의 홍조상은 적당한 정도로만 바뀐다(Reed 1990). 빛 가림 효과는 대형 갈조류의 어린 포자체가 상층 갈조류가 제거되었을 때만 자랄 수 있었다는 사실이 간섭 경쟁임을 증명해준다.

포식

조식 형태는 중형 초식동물, 부유물 섭식자, 연체동물, 갑각류, 성게류, 초식 어류(John and Lawson 1990; John et al. 1992)뿐만 아니라 거북과 해우에 대해서까지 기술되었다. 식물과 조식동물 사이에 공진화가 일어났다고 추정되지만(John et al. 1992), 이는 사실과 다르다(Hay and Fenical 1988). 이와는 반대로 대부분의 식물군집은 조식동물을 가진다는 것이 사실에 가깝다. Carpenter(1986)는 세 가지 유형의 조식동물을 기술하였다. 조식 범위가 크지만 밀도가 낮은 어류, 적정한 조식 범위에 밀도가 높은 성게, 조식 범위가 작으며 고밀도를 나타내는 요각류 및 등각류와 같은 중형 조식동물 등이다. 중형 조식동물은 전 해양에 걸쳐서 해조 천이, 생존, 과도한 초식 행동과 유기 퇴적물의 섭식 등에 막대한 영향을 미친다. 그럼에도 불구하고 조식동물 무리에 대해서는 잘 알려져 있지 않다(Brawley 1992). 난대와 열대 바다, 특히 산호초 주변(Horn 1989)에 다양한 종류의 조식 어류가 서식하고 있어서 해조와 해초는 피식에 대한 방어에 잘 적응될 수밖에 없다(12장 참조). 반대로 온대와 냉대 바다에서는 조식 어류의 종 다양성이 낮다.

조식동물 포식자(이차 소비자)의 변동은 군집으로부터 상위 소비자가 제거되면 연쇄적으로 일어날 수 있다. 예를 들면, 열대 해역에서 이차 소비자인 바라쿠다를 과도하게 포획하게 되면 조식어류들은 해조류와 석회조류를 과도하게 먹어치운다. 포식 조류인 갈매기 *Larus glaucescens*와 검은머리물떼새*Haematopus bachmani*는 밀도가 높아지면 보라성게*Strongylocentrotus purpuratus* 군집을 현저히(45-59%) 저하시킨다. 워싱턴 주 타투쉬 섬Tatoosh Island의 조간대 하부에서 보라성게를 제거하자 해조 다양성은 여섯 배, 해조 피도는 24배나 증가했다(Wootton 1995).

조식은 초기 혹은 후기 천이종을 차별적으로 손상 혹은 제거시킬 수 있다(Farrel 1991). 천이의 억제 모델(Connell and Slatyer 1977)에서 개척자 종은 조식동물에 의해 강하게 손상되어 천이가 증대될 수도 있다. 초기 천이종을 선택적으로 먹는 조식동물의 예를 들어보면, 경단고둥*Littorina littorea*을 뉴잉글랜드 조간대의 웅덩이에 넣어주자 녹조 파래*Enteromorpha*를 먹어치웠지만 체형이 큰 개체인 홍조 주름진두발*Chondrus crispus*에는 영향을 미치지 않아 조간대를 우점하게 되었다(Lubchenco 1978). 촉진 모델에서는 조식 효과로 인하여 초기 단계의 천이율이 떨어질 수도 있다. 예를 들면, 조간대 군집에서 보라성게*Strongylocentrosus purpuratus*를 제거하면 다른 이유로는 나타날 수 없는 조류 종의 혼합이 일어난다. 내성 모델에서 조식 효과 혹은 초기 단계 식물에 의한 경쟁은 후기 단계의 천이율에 큰 역할을 하지 않는다.

해조(Elner and Vadas 1990)와 해초(Camp et al. 1973)에 대한 과도한 섭식은 흔하게 일어나지 않는 상황이다. 대부분의 조하대 군집에서 조식동물들은 식물과 공존한다. 적당한 조식압이 종 다양성을 높일지도 모르지만 이는 조류의 과도한 생장을 유발시키게 된다. 조식이 집중적으로 일어나면 종 다양성이 떨어지고 쉽게 먹히지 않는 각상 조류들이 우점하게 된다(Hackney et al. 1989). 산호와 같은 고착성 생물들 다수가 사상체 및 육질성 조류가 과도하게 자라는 것을 막아주는 조식동물에 대해 의존하여 살아가며 이와 같은 예는 산호초에서 뚜렷하게 볼 수 있다(12장).

노바스코시아에서 성게 *Strongylocentrotus droebachiensis*가 대형갈조류 및 대형조류 숲을 황폐화시키는 일이 반복되는 것을 연구한 결과에서 보더라도 조식 효과는 해석하기가 어렵다(Elner and Vadas 1990). 아울러 이 연구를 통하여 성게에 의해 가해지는 과도한 조식은 15-29년 주기로 일어나는 수온의 상승(성게 감소)과 하강(성게 증가)에 원인이 있다는 것을 알았다. 이전의 연구에서는 성게의 포식자인 닭새우를 과도하게 포획하였기 때문에 대형 조류에 대한 조식압이 증가하였다고 보았다. 성게가 대형 해조류를 과도하게 먹어치운다는 사실에 대한 예로는 보라성게 *Strongylocentrotus purpuratus*와 붉은성게*S. franciscanus*가 대형 갈조류 *Macrocystis pyrifera*를 아주 잘 먹는 다는 것으로 설명이 된다. 초기 연구에서(Wilson et al. 1977) 성게의 포식자인 바다수달을 포획하고 생활하수에 오염으로 발생한 부영양화가 조합되어 성게의 수를 증가시키게 되었다고 밝히고 있다. 수달이 성게를 포식함으로써 대형 갈조류에 대한 과도한 섭식을 막는다고 생각되어왔다. 바다수달이 모피를 얻기 위해 포획됨으로써 전복 개체군에 대한 이들의 영향이 줄어들었다. 하수 오염에 의해 연안수의 유기물 함량이 높아지면 성게 유생의 생존율도 높아진다고 알려져 있다. Schiel and Foster(1986)는 바다수달이 성게를 제거하는 데는 별로 중요한 역할을 하지 않는다고 하였으며, Tegner(1980)는 전복이 표류 해조류의 경쟁적인 조식동물이라고 밝혔다. 전복은 성게의 포식자 중에 하나인 돔과의 어류와 함께 과도하게 포획되어오고 있다. 경쟁과 포식이 없었다면 성게는 과밀해져서 기질로부터 해조류를 벗겨먹은 후에 대형 갈조류의 기부까지 먹었을 것이다.

식물은 피식에 대한 방어기작을 발달시켜왔으며(Hay 1981a; Littler and Litter 1988; Duffy and Hay 1990), 각상 조류와 산호는 착생 조류의 과도한 생장을 조식동물에 의존하여 해결하고 있다(Slocum 1980). 조식으로부터 회피하는 방법은 일시적, 공간적, 구조적, 및 화학적 범주로 묶을 수 있다. 일시적 회피는 생장과 가입의 속도가 빠르며, 육안적 크기의 식물체 모양을 감추거나 쉽게 포식할 수 없도록 일년생 또는 각상인 이형세대 생활사를 가진다. 공간적 회피로는 은신처(조간대, 바위틈) 형성을 들 수 있으며 독성을 가지고 쏘거나, 육식성이며 세력권을 형성하는 동물들과 관련하여 일어난다. 구조적 회피는 단단하고 촘촘한 가지를 내거나 다른 생물의 접근을 최소화할 수 있도록 크기가 작지만 빽빽하게 무리를 이루는 형태적 적응을 보인다. 단단하거나 가죽질이거나 석회화된 가지를 내어 몸의 결을 달리하는 것도 피식을 막는 방법이기도 하다. 한 종이 다른 종과 유사한 모양을 지니는 의태와 영양가가 적은(예, 석회화) 성분을 가지는 것도 구조적 방어에 포함된다(Berner 1990). 화학적 방어는 피식을 막는데 가장 흔하게 이용되는 적응으로서(Hay and Fenical 1988), 특히 열대 녹조류 *Caulerpa*, *Halimeda*와 갈조류 *Dictyota*, *Lobophora*(Hay and Fenical 1988; 12장), 온대 대형 갈조류 *Lessonia*(Martinez 1996)에서 볼 수 있다. 그러나 해조류에서 발견되는 이차 대사산물에서 극히 일부만이 효과적인 항 조식 물질로 나타났기 때문에 조식 행동에 대한 면밀한 연구가 필요하다. 한 가지 예는 녹조 *Neomeris annulata*가 성게 *Diadema savignyi*에 대하여 화학적 방어를 하는 것이다(Lumbang and Paul 1996). 범 열대종은 적어도 세 가지의 브롬화삼이테르펜을 만들어내며 이들 각각은 자연 농도보다도 낮게 존재하더라도 성게의 섭식을 막는다. 다른 예는 *Lessonia migrescens* 조하대 개체군에서 페놀 함량이 높게 나타나 조간대 해조보다도 피식에 더 강한 저항을 보였다(Martinez 1996).

생물오손

착생은 생물학적 함축을 가지고 있지만, 생물오손biofouling은 보통 인공 구조물에 붙어 자라는 해양생물에 적용 시킨다. 따라서 생물오손은 인위적인 측면을 강조한 개념이다(Evans and Hoagland 1986). 전 세계의 해상 유전 시설에서 볼 수 있는 바와 같이 생물오손으로 새롭고 생산력이 있는 군집이 형성될 수 있다. 이러한 인공 구조물은 무척추동물과 해조류의 오손 군집이 형성되는 기반이 되고 이들 주변으로 연안 및 심해어류가 증가하는 것으로 보아 중요한 역할을 한다는 것은 분명하다. 북해 유전의 오손 군집 천이에서 녹조류 파래*Enteromorpha* 종이 새로운 구조물 표면에 빠른 속도로 무리를 이루고 이어서 대형 갈조류 *Alaria esculenta*가 다시마*Laminaria*와 함께 군집을 형성하였다.

생물오손은 상업적으로 중요하기 때문에 해조류의 점착 물질(Falkner 1977)과 이들의 미생물학적 효과(Henriquez et al. 1979)를 측정하는 연구가 많이 이루어졌다. 생물오손을 제어하는 연구는 해조 양식, 특히 수조, 관, 펌프를 깨끗하게 유지하는 분야에 이르기까지 확장되었다. 예를 들면, 홍조 *Gracilaria conferta*의 수조 배양 연구에서(Friedlander 1992) 비생물적 요인을 제어하면 녹조 참갈파래*Ulva lactuca*와 갈조 납작솜털*Ectocarpus confervoides*의 착생을 줄일 수 있다고 하였다. 이 방법은 광질(녹색 파장으로)과 광도(낮은 광도: 172 mmol photons $m^{-2}s^{-1}$)를 변화시키고, 염도를 20 ppt 이상, pH는 정상 해수(7.0, CO_2유지 위함)보다 낮게 유지시키는 것이다. 해조류에 의한 생물오손의 다른 연구로는 파래*Enteromorpha*(Evans and Christie 1970)와 갈파래*Ulva*(Braten 1975)의 기질 부착 방식에 초점을 맞춘 것들이 있다.

4장

생리생태적 특성

생리생태학은 생물이 환경에 반응하는 기작을 연구하는 분야이다. 해산식물에서 이와 같은 기작을 이해하는 것은 변화하는 환경에서 해산식물의 생존을 예측하는데 도움이 될 것이다. 생리적인 반응을 조사해보면 해산식물이 새로운 환경 조건에 대해 표현형적인 반응을 통해 순화될 수 있는지, 어떤 특징이 적응하는지, 즉, 내성과 유전적 한계를 알아낼 수 있다.

생리생태학은 분자생물학과 개체생물학 간의 틈새를 연결해준다. 염하구에 생육하는 조류가 염분 변화에 대하여 삼투조절을 하는 것과 같은 준개체생물학적 과정은 적응이라고 볼 수 있으며 조류의 생리적 특징을 연구하여 밝혀낼 수 있다. 아마 생리생태학적 연구의 가장 보편적인 형태가 시간 경과 실험일 것이며 이를 통하여 비생물적 조건이 변화하는 데에 따른 생리적 반응을 일일이 알아낼 수 있는데, 예를 들자면 염도, 온도, 조도, 물의 운동 등의 변화에 대한 광합성과 호흡의 측정이다. 탄소의 획득(손실)을 연결시켜보면 식물의 전략적인 요구가 어떻게 이루어지는지를 설명할 수 있다(Mooney 1976).

이 장에서는 2장에 소개된 여러 가지 비생물 요인들에 대하여 해산식물의 생리적, 형태적 반응을 다루었다. 해조류의 생리생태(Lüning 1990; Lobban and Harrison 1994), 맹그로브(Tomlinson 1986), 해초류(Larkum et al. 1989a), 염습지 식물(Long and Mason 1983; Adam 1990) 등에 대한 설명이 들어 있으며 해양생물의 생리적인 적응에 대한 고전적인 출처도 Kinne(1970, 1971, 1976)의 총서에 나와 있다.

빛의 조사와 광합성

생명은 알려진 바와 같이 광합성 생물과 빛 사이의 상호작용으로 지구상에 처음 출현하였다. 화학합성 세균은 이러한 생명 출현 양식에서 기본적으로 예외에 해당한다. 빛이 없으면 광합성은 일어나지 않고 분자상의 산소는 이용될 수 없으며 에너지를 가진 모든 분자의 90%가 사라질 것이다. 현재 해산식물과 빛 사이의 상호작용에 대한 연구가 활발히 이루어지고 있다.

빛과 해산 식물

가시광선의 질과 양은 모두 광합성에 중요하며 해수를 통과하면서 변한다. 따라서 해산 식물은 광도와 스펙트럼 질의 변화에 반응해야만 한다. 물에 잠겨서 살아가는 해조류, 해초류, 습지 조간대의 조류들은 일정 범위의 광자 영향 범위를 견딜 수 있지만 높은 광도에서는 색깔이 바래고 낮은 광도에서는 생장이 멈추게 된다.

Hellebust(1970)는 침수 식물의 빛에 대한 기능적, 구조적 반응을 연구하였다. 기능적 반응에는 색소 생성을 통한 광 순화, 노광과 차광에서 나타나는 광합성률의 변동, 엽록체의 방향 이동, 주광성 및 굴광성 반응, 단일 및 장일 식물의 광주기 신호에 따른 생식의 개시 등이 있다. 해조류에서 기능적 반응을 보이는 예는 갈파래*Ulva*와 같은 막상 녹조에서 볼 수 있다(Titlyanov et al. 1987). 조도가 낮아지면 식물들은 색소 함량, 광합성 효소 및 전자전달계를 증가시켜 반응한다. 해조류 역시 광질의 변화에 따라 반응한다. 적색 광에서는 탄수화물이 축적되고, 청색광에서는 단백질 합성, 호흡, 효소 활성이 증가한다(Dring 1988).

구조적 반응에는 형태 및 세포학적 구조 변화가 수반된다. 녹조류 옥덩굴*Caulerpa*의 종은 광도가 낮은 곳에서 자라면 잎이 백화되며 가지 모양이 길쭉하게 좁아진다. 녹조류 깃털말*Bryopsis*은 약한 빛에서 자라면 포복 사상지만 내는 반면, 강한 빛에서 자라면 전형적인 털 모양의 직립 가지를 낸다(Hellebust 1970). 조간대 갈조류 *Fucus*의 엽상체는 강한 빛에 노출되면 잎이 좁아진다. 녹조류 *Tydemania*와 같이 점심대에 자라는 종은 빛에 대한 세포학적인 반응이 뚜렷하여서 엽록체를 다핵체인 몸 전체로 퍼뜨려 "어둠 상자"역할을 한다(Gilmartin 1996). 갈조류에서는 강한 조도의 영향을 감소시키기 위해 들어오는 빛에 대해 엽록체가 수직으로 세포벽을 향하여 이동한다(Nultsch et al. 1981).

내부구조가 덜 복잡한 해조류와는 반대로 현화식물의 잎은 관다발, 유조직 및 표피조직으로 구성되어 있다(그림 11-6). 따라서 해산 관속식물의 잎은 빛에 대한 적응을 나타내는 뛰어난 기관이다. 예를 들면, 해초류의 잎은 해조류의 피층 세포와 유사한 표피 세포에 엽록체 대부분을 가지고 있어서 조하대의 빛을 더 효율적으로 이용할 수 있도록 해준다(그림 11-7). 이와는 대조적으로 맹그로브와 염습지 식물의 잎은 강한 태양 빛을 줄이거나 반사시키기 위해 다수의 아표피 세포층을 가지고 있다(그림 9-7, 10-7, 10-8). 빛을 강하게 받는 맹그로브의 상부 잎은 같은 개체의 수관 내에 있는 잎보다도 두 세배 두껍다. 염습지 조간대의 관속식물의 잎은 빛에 대한 적응과 더불어 건생형태xeromorphy, 즉 물과 영양염의 결핍에 따른 적응 형태를 보인다(9, 10장 참조).

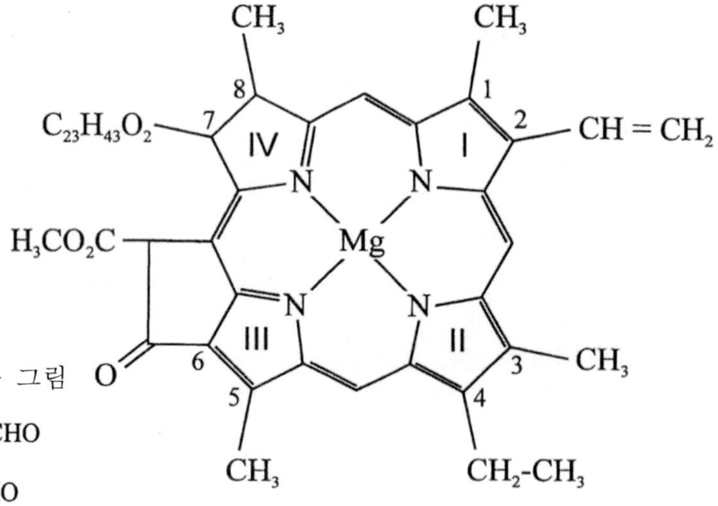

Chl*a* : 오른쪽 그림

Chl*b* : II - 3 CHO

Chl*d* : I-2 CHO

Chl*c* : IV - 7 CH = CHCOOH;
IV - 7, 8에서 이중결합.
II - 4 = CH = CH_2

그림 4-1. 엽록소 *a*와 *b*의 분자 구조. 엽록소 *a*는 환 II에 -CHO 대신에 CH_2-CH_3를 갖는 점이 다르다. 엽록소 c_1은 R(4-2b)에 C_2H_5를 가지며 c_2는 -CH=CH_2를 가진다(Dawes 1981).

광합성 색소와 광수확 안테나

녹조식물문과 종자식물문의 광수용 색소(엽록소 *a*와 *b*)는 원시 녹조류로부터 현화 식물로 일방적인 방향으로 진화했음을 암시해주고 있으며 rRNA 서열이 이 가설을 지지해주고 있다(van den Hoek et al. 1995). 반면 대형 조류(6장)와 미세 조류(7장)의 다른 문에서는 적어도 두 방향(엽록소 *a*, *c*와 퓨코크산틴; 엽록소 *a*와 피코빌린; 표 4-1)의 진화 경로를 나타내주고 있다. 조류에서는 광합성 색소가 다양하기 때문에 Harvey(1841)는 색소를 이용하여 문을 구별하였다. 광합성 색소는 엽록소, 카로티노이드(카로틴, 크산토필), 피코빌린(빌리프로틴)으로 구분 지을 수 있다. 광합성 색소들은 독특한 흡수 및 형광 스펙트럼을 가지기 때문에 추출한 다음에 동정을 할 수 있다.

엽록소 *a*를 포함하는 모든 산소 발생 광합성 식물들은 녹조류, 유글레나식물문, 윈녹조식물문, 현화식물에 나타나는 엽록소 *b*, 갈색을 나타내는 갈조류의 엽록소 *c*와 함께 엽록소 *a*를 지닌다(표 4-1). 엽록소는 마그네슘 원자와 피톨 꼬리를 지닌 테트라피롤환 구조이다(그림4-1). 엽록소 *a*, *b*, *c*

표 4-1 조류의 문Division과 강Class에 공통적인 광합성 색소[a]

문 / 강	엽록소			카로틴		크산토필								피코빌린		
	a	*b*	*c*	α	β	Z	N	L	V	F	D^1	D^2	S	PC	PE	AP
남조식물문	+				+	+								+	+	+
원녹조식물문	+	+			+	+										
홍조식물문	+			+	+	+		+						+	+	+
황갈조식물문																
황갈조강	+		+	+	+	+	+	+	+	+	+	+				
황녹조강	+		+		+		+				+	+				
진안점조강	+		+		+		+		+							
규조강	+		+		+		+			+	+	+				
침편모조강	+		+		+	+	+		+	+		+				
후각편모조강	+		+	+	+					+	+	+				
갈조식물문	+		+		+		+		+	+	+	+				
은편모조식물문	+		+	+		+								+	+	
황적조식물문	+		+	+	+					+	+	+				
유글레나식물문	+	+			+		+					+				
녹조식물문	+	+			+	+	+	+	+							

출처; Dawers(1981); Kirk(1994); van den Hoek et al.(1995)

[a]약어: Z=제아크산틴; N=네오크산틴; L=루테인, V=비올라크산틴; F=퓨코크산틴; D^1=디아토크산틴; D^2=디아디노크산틴; S=시포노크산틴; PC=피코시아닌; PE=피코에리드린; AP=알로피코시아닌

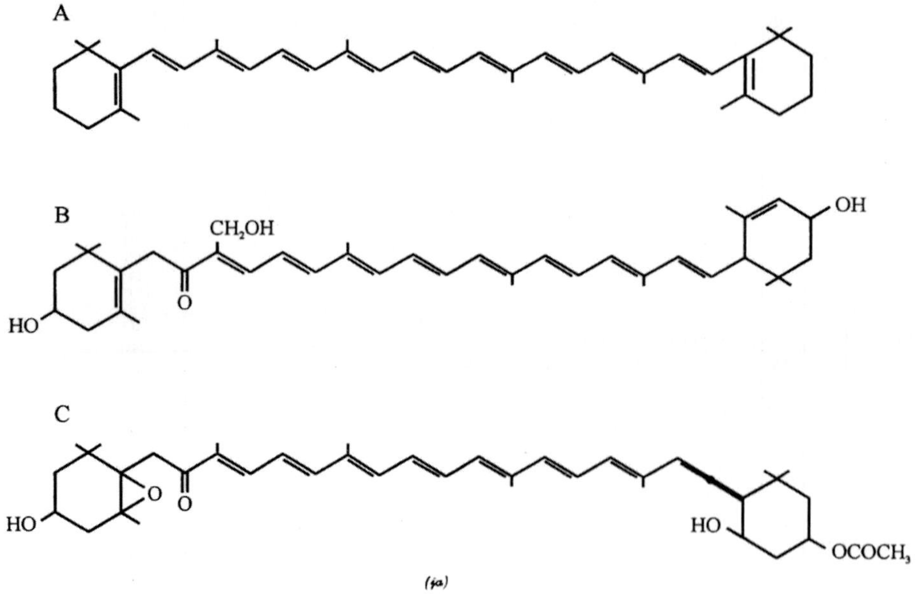

그림 4-2. 카로티노이드 색소의 세 가지 종류: 베타카로틴(A), 시포노크산틴(B), 퓨코크산틴(C)(Kirk 1994에서 인용).

사이의 흡수 차이는 분자의 측쇄와 관련이 있다. 엽록소는 클로로포름이나 아세톤과 같은 지질 용매제를 이용하여 쉽게 추출할 수 있다. 카로틴과 크산토필로 구분되는 카로티노이드는 C_{40} 이소프레노이드 탄화수소쇄이다(그림 4-2). 카로틴 색소는 포화되지 않았으며[β카로틴; 그림 4-2(A)], 크산토필은 산소[시포노크산틴, 퓨코크산틴; 그림 4-2(B)와 4-2(C)]로 어느 정도 포화 되어있다. 카로티노이드는 디에틸 및 페트롤륨 에테르, *n*-프로파놀과 같은 지질 용매를 이용하여 분리할 수 있다(Hellebust and Craigie 1978).

광수확 색소의 세 번째 무리인 피코빌린은 원핵 남조식물문, 진핵 홍조식물문 및 은편모조식물문에서 볼 수 있다[그림 4-3(A)와 4-3(B)]. 피코빌린은 적색(피코에리드린 그룹)과 청색(피코시아노빌린 그룹)을 반사하며 단백질과 공유 결합하므로 수용성이다. 따라서 피코빌린은 피코빌리솜이라고 부르는 직경 35 nm 입자이며[그림 4-3(C)], 틸라코이드막(그림 6-28과 7-1)의 내부보다는 표면에 부착한다.

광합성 색소의 유형 및 양과 더불어 엽록체의 구조와 형태가 식물의 광수확 능력에 영향을 미친다. 엽록체의 수, 크기, 분포는 광합성 조직의 구조적 적응에서 보는 바와 같이 식물의 광 흡수 효율을 결정하게 된다. 예를 들면 맹그로브의 잎은 강한 열대의 햇빛을 여과하기 위한 세포층(하피, 종유체 등)을 가지고 있다. 더구나 맹그로브의 광합성 조직인 엽육에서 엽록체는 들어오는 빛

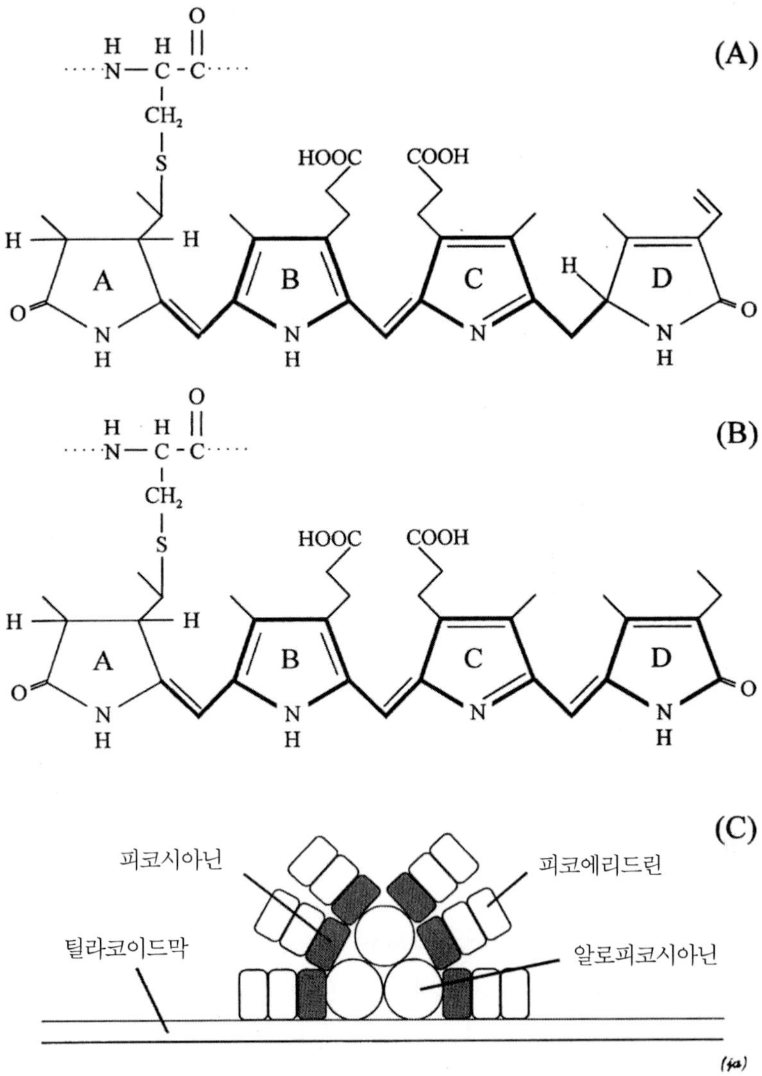

그림 4-3. 두 가지의 피코빌린인 피코에리드린(A)과 피코시아닌(B)의 구조와 반원반상의 피코빌리솜의 도해(C)(Kirk 1994에서 인용).

과 수직으로 배열하여 강한 빛을 한층 더 감소시킨다. 이에 반해 해초류의 잎은 표피 세포에 색소체를 농축시켜 수층을 뚫고 들어오는 조하대 빛을 효율적으로 포획한다.

Hay(1986)는 Littler et al.(1980)의 해조류 기능형 그룹(3장, 표 3-1) 개념을 변형하여 광 수확 능력에 따른 4가지 기본형을 제안하였다: (1) 체형이 납작하며 칙칙한 색깔의 엽상부와 각상의 식

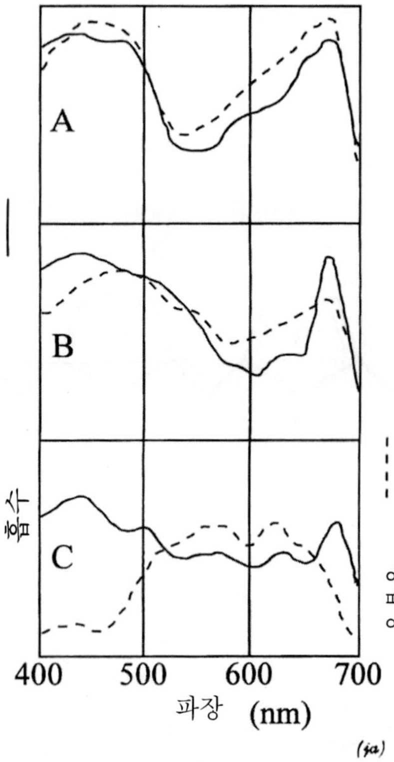

그림 4-4. 세 가지 막상 대형 조류의 작용 스펙트럼. 갈파래*Ulva*(A), 다시마*Laminaria*의 어린 잎(B), 김*Porphyra*(C)(Lüning 1990에서 수정 인용).

물체(다시마*Laminaria*, 각상석회조류); (2) 다층이며 반투명한 식물체(갈파래*Ulva*); (3) 다층이며 분지하는 형태(꼬시래기*Gracilaria*); (4) 다층이며 엽상인 종(모자반*Sargassum*)등이다. 식물체에서 다층조직의 장점은 "어둠상자"가 될 수 있다는 것이다. 따라서 세포 당 광 수확 색소가 적더라도 두껍고 다층인 식물은 조하대에서 받는 빛 대부분을 포획할 수 있다.

그러나 광 수확의 범주는 생각하는 것 만큼 쉽게 적용할 수가 없는데, 이는 영양염, 경쟁, 피식 등 다른 여러 요인들이 식물의 형태에 영향을 줄 수 있기 때문이다. 해조류의 형태는 빛뿐만 아니라 영양염 흡수와 물의 운동에 대한 내성에 적응되어 있다. Ramus(1978)는 갈파래*Ulva*와 같이 얇고 투명한 해조는 동일한 색소를 가지고 있는 녹조임에도 청각*Codium*과 같이 두껍고 다층인 해조보다 조하대에서 광흡수 효율이 떨어진다는 것을 알아내었다. 영양염 흡수로 인한 갈파래*Ulva*의 색소 증가가 광 흡수 능력을 증가시키지만 두꺼운 체형인 청각*Codium*의 수준에는 못 미친다.

광질과 광량에 대한 반응

여러 가지 색소의 작용 스펙트럼은 녹조 갈파래*Ulva*[그림 4-4(A)], 갈조 다시마*Laminaria*[그림 4-4(B)], 홍조 김*Porphyra*[그림 4-4(C)]에서 나타난 바와 같이 흡수스펙트럼과 대체로 일치한다. 조류가 상보적인 파장에 노출되면 특정한 색소의 흡수 효율이 높아진다. 녹조식물문의 체형이 얇은 종에는 "녹색 창"이 있어서 녹색광을 반사시키고 광합성에는 이용되지 않는다. 이 "창"은 체형이 두꺼워지면 없어져 조류를 어두운 색깔을 띠게 하는데(어둠상자 효과), 녹조 청각*Codium*과 같이 대부분의 파장을 흡수한다(Ramus 1978).

Engelmann(1884)은 간단하지만 훌륭한 실험 장치를 이용하여 적색 및 청색광이 해조의 광합성을 각각 다르게 촉발시킨다는 것을 밝혀내었으며 최초로 작용 스펙트럼의 예를 확실하게 제시하였다. 이 실험에서 녹조 대마디말*Cladophora*과 홍조 외깃풀*Callithamnion*의 사상체 위에 광합성을 하여 산소가 생기는 곳에 호기성 세균을 부착시켰다. Engelmann은 아울러 해조의 수직 분포와 광질에 대한 적응을 설명하기 위하여 계통적 색소 조성 개념을 제안하였다. 또한 Engelmann은 홍조류는 가시광선의 남청색광을 흡수하는 피코에리드린을 내기 때문에 깊은 수심에 생육하며, 이 남청색광은 깊은 수심에서 이용할 수 있는 우점적인 파장으로 이루어져 있다고 주장하였다.

이외의 연구 들 중에서 Oltmanns(1892)는 홍조류는 얕은 수심에서, 녹조류와 갈조류는 깊은 수심에서도 발견되는 것에 주목하였다. Oltmanns는 전체적인 색소 또는 식물체의 두께를 증가시키는 광도 적응intensity adaptation이 색소 적응보다 더 중요하다고 믿었다. 현재는 형태적 적응과 색소 농축pigment concentration이 둘 다 조하대에서 빛을 포획하는데 효과적임이 분명해지고 있다(Hay 1986; Ramus 1978). 따라서 계통적 색소 적응 개념은 폐기되었다(Saffo 1987).

그럼에도 불구하고 광량과 광질에 반응하여 색소가 변동되는 것을 보여주는 많은 예가 있다. 남조식물문의 여러 종이 각각 다른 파장에 노출되었을 때 개체발생적 색소 순화ontogenetic chromatic acclimation를 보였다(Prezelin and Boczar 1986). 아울러 남조 *Tolypothrix* 종을 적색광과 청색광 조건 아래서 각각 배양하였을 때 색깔이 남청색에서 적색으로 변하였다. 개체발생적 색소 순화는 대마디말속*Cladophora*, 공말속*Valonia*, 청각속*Codium* (Yokohama et al. 1977) 옥덩굴속*Caulerpa* (Reichert and Dawes 1986) 등 다양한 녹조류에서 입증되고 있다. 녹조류의 네 가지 목에서 보는 것처럼 점심대에 생육하는 모든 종은 깊은 수심에서 나타나는 남청색광 범위인 540 nm에서 최대 흡수를 보이는 크산토필 시포노크산틴을 가진다. 점심대(37 m)에 사는 옥덩굴 *Caulerpa racemosa*만이 1 m 수심에 사는 개체군에서 나타나는 것과 비교할 수 있는 정도의 추적 가능한 시포노크산틴을 가진다. 그러나 낮은 조도에서 배양하면 얕은 수심에 자라는 종들도 어느 정도 수준의 시포노크산틴을 만들어낸다.

광질에 대한 다른 종류의 반응은 해조류나 해초류에 자외선을 비추어보면 그 효과를 알 수 있다. 해조류는 자외선 흡수 화합물을 합성하여 자외선 증가에 대처한다. 예를 들면, 꼬시래기 *Gracilaria chilensis*의 정단 생장부는 하루 중 빛에 노출되는 시간에는 자외선 흡수가 높아진다 (Molina and Montecino 1996). 이와 반대로 녹조 갈파래*Ulva expansa*에 부가적으로 UV-B(290-320 nm)를 쬐거나 차단시키고 강한 태양 PAR에 노출시키면 생장이 뚜렷하게 감소한다. 따라서 대기 상층부에서 오존 감소가 더 진행되면 UV-B 복사가 증가하여 이 갈파래에 나쁜 영향을 주게 될 것이다(Grobe and Murphy 1994). 남극 해조류에서 홍조 *Palmaria decipiens*, 녹조 *Enteromorpha* *bulbosa*와 *Prasiola crispa* 등은 UV를 각각 다른 파장(295, 309, 322, 337 nm)에서 흡수하는 색소를 가진다. *Prasiola crispa*는 고도가 높고 노출된 바위 위에 붙어사는데 강한 UV-B와 가시광선에 노출된 후에는 광합성률이 감소하고 엽록소가 손실되었다(Post and Larkum 1993). 남극 육상 조류도 UV-B 스트레스를 받을 수 있다는 연구가 있는데, UV를 흡수하는 화합물은 특정한 파장을 흡수하는데 유효할 뿐이다. 따라서 자연 UV 스펙트럼 상당 부분이 색소에 의해 흡수되지 않을 것이기 때문에 와편모조류 *Prorocentrum micans*에서 볼 수 있는 것과 같이 광합성 기구를 손상시킬 수 있다(Lesser 1996). 청색광 역시 식물이 UV 조사를 견디는데 중요한 역할을 한다. 갈조 다시마 *Laminaria hyperborea*의 포자체는 UV에 조사된 후(253 nm) 청색광에 노출되었을 때는 회복되었지만 적색광이나 녹색광에 노출되었을 때는 회복되지 않았다(Han and Kain 1992). 갈조류가 청색광에 노출된 후에 회복되는 것은 육상 식물이 UV에 노출되었을 때 어떤 일이 일어나게 되는지를 전형적으로 보여준다. 이와 같은 전도의 근거에 대해서는 잘 알려져 있지 않다. UV에 노출된 후 광합성이 저하되는 것은 엽록소가 감소되고 RuBisCo 활성이 떨어지기 때문이라고 추측하고 있다.

양지 식물과 음지 식물

식물은 광질 뿐만 아니라 광도에 대해서도 광순화 된다(Falkowski and LaRoche 1991). 광합성(율)은 조도의 정도에 좌우되기 때문에 *P-I* 곡선 [광합성-조사도 곡선; Kirk 1994; 그림 4-5(A)]에 나타난 바와 같이 광합성(*P*)과 조사도(*I*)의 둘 사이에는 관계가 있다. 이 곡선들을 보면 식물이 순화에 대한 그 능력과 일반적인 생리적 상태뿐만 아니라 조사도에 대한 식물의 내성을 간파할 수 있다. 따라서 *P-I* 곡선은 해산 조류의 생리적 내성을 평가하는데 광범위하게 이용되어 왔다.

어두운 곳에 사는 식물은 광합성을 하지 않고 모든 호기성 생물과 같이 O_2를 소비하고 호흡 때문에 CO_2를 방출한다. 암흑 상태(0)로부터 조사도가 점점 올라가면 O_2 생성이 시작되고 O_2의 소비는 감소한다. 특정한 조사도 수준에서는 O_2의 생성과 소비가 같아져 보상 조사도(I_c)에 이른다. 보상 조사도 I_c 이상에서는 조사도가 상승하면 광합성률 혹은 광합성 능력(P_{max})이 최대에 도달할 때까지 직선상으로 O_2의 순생산이 일어난다. *P-I* 곡선의 직선 기울기는 암흑 조건에서 시작되어 P_{max}로 증가하는데 이를 알파(α)라고 부른다. 이것은 식물의 광합성 효율을 나타낸 것이다. 기울기가 급할수록 식물은 낮은 조사도의 수준이 증가하는데 대해 광합성 효율은 더 높아진다. 광합성 반응은 P_{max} 근처에서 직선을 보이지 않기 때문에 P_{max}에 도달한 포화 조사도(I_k)를 추정해 볼 수 있다. 포화 조사도(I_k)는 알파의 직선 부분을 P_{max}의 수평 범위를 통하여 연장시켜 측정할 수 있다. 포화 조사도는 이 두 선이 교차되는 곳에서 결정된다. 조사도가 더 증가하면 P_{max}는 수평을 유지하거나, 약간 떨어지거나 아니면 급격한 감소를 보인다. 과도한 조사도 증가로 인해 P_{max}가 급격하게 줄어드는 것을 광저해photoinhibition라 하며, 대부분이 광계 II에 보편적으로 들어있는 광계 성분들을 손상시킨다(Raven and Sprent 1989).

P-I 곡선에 대한 반응을 근거로 하여 한 식물이 양지 식물인지 음지 식물인지를 구분지을 수 있다. 습지 조간대에 우점하는 식물(맹그로브, 염습지)은 전형적인 양지 식물인 반면, 해초류는 음

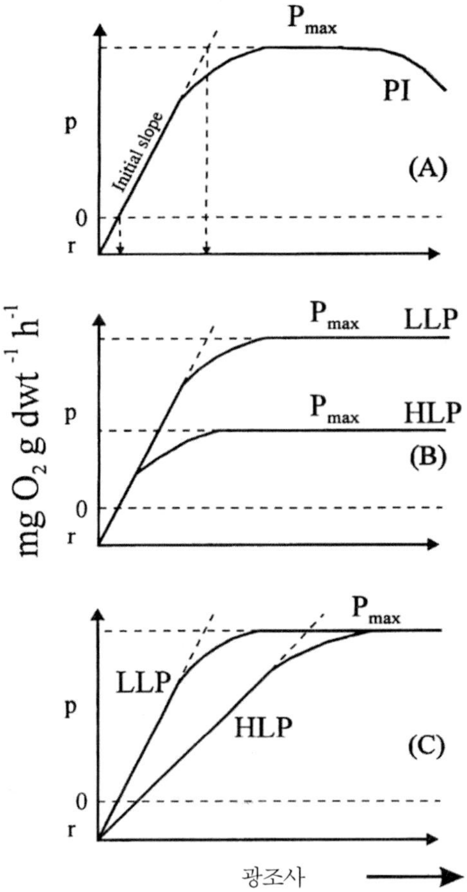

그림 4-5. 식물이 빛에 대해 순화를 보여주는 광합성-조사도(*P-I*) 곡선. *P-I* 곡선은 (A) 보상점(I_c)과 포화점(I_k) 조사도, 최대 광합성률(P_{max}), 광합성 효율(α)과 광저해(*PI*)를 보여주는데 여기서 *r*은 호흡, *p*는 광합성을 나타낸다. 높은 조사도(HLP)와 낮은 조사도(LLP)에 노출된 식물이 조도 변화에 대한 순화는 광수확 안테나의 수(B)와 크기(C)가 변하게 되면 일어나며, *P-I* 곡선의 모양을 보면 이 반응이 분명해진다(4-5B와 4-5C는 Ramus 1981에서 수정 인용).

지에 어느 정도 적응되어 있다. 해조류 역시 양지(조간대) 혹은 음지(점심대)에 적응된 식물이다. 양지 식물은 낮은 광합성 효율(α의 기울기가 완만함), 높은 I_c와 I_k를 가지며, 광저해는 조사도가 높을 때에만 일어난다. 음지 식물은 이와는 반대되는 유형을 보인다. 많은 종류의 식물들은 대체로 색소 농도를 변화시켜 조사도 변화에 대하여 광순화 한다. 높은 조사도에서 낮은 조사도로 바뀌면 에너지 손실이 일어나므로(Falkowski and LaRoche 1991), 지질은 광수확 색소를 형성하는데 쓰이는 탄수화물 혹은 단백질 등 거대분자 생합성으로 전환되고 결국 광합성 효율이 증가하게 된다. 높은 광도로 바뀌면 생장이나 이동을 통해 색소가 희미해진다. *P-I* 곡선을 보면 색소가 어떻게 광수확 안테나로 조립되었는지를 알 수 있다(Ramus 1981). 따라서 약한 빛에 순화된 어떤 조류가 강한 빛에 노출되면 광 포획 기구의 수[그림 4-5(B)] 또는 크기[그림 4-5(C)]에 변동이 일어날 수 있다. α의 변동 없이 P_{max}가 높게 변하는 것은 광수확 안테나 기구가 크기 변화 없이 수가 바뀐다는 것을 의미한다. 더 효율적인(기울기가 급함) 비율로 α가 변동하는 것은 어떤 조류에서 광수확 안테나의 수가 아니라 크기가 변했다는 것을 나타낸다.

신호로서의 빛

빛은 광합성에서 에너지원으로서 역할뿐만 아니라 식물의 생장에서 환경 신호의 역할도 한다(Lüning 1990). 이와 같은 반응들을 광주기성photoperiodic(일장에 반응하는), 광형태형성photomorphogeneic(스펙트럼 범위에 반응하는), 주광성phototropic(빛에 반응하여 운동하는)이라 한다.

식물에서 광주기성 반응에는 발아, 생장형의 변화(형태적 변화), 또는 생활사 단계 및 생식 구조의 발생 개시 등이 있다. 이러한 반응 대부분은 빛뿐만 아니라 온도 자극과 연관되어 있다. 일장과 관련하여 식물을 세 가지 형, 단일(임계 일장보다 짧은 광주기에 반응), 장일(임계 일장보다 긴 광주기에 반응하는), 중일(일장과 무관한)로 구분할 수 있다. 단일 해조류는 장일 해조류보다 훨씬 더 흔하다. 한 가지 좋은 예를 녹조 그레빌레홑파래*Monostroma grevillei*의 생활사에서 볼 수 있는데, 반수체 배우자를 내는 단층 막상부와 감수 분열하여 반수체 유주자를 형성하는 이배체 "코디올룸Codiolum"단계를 가진다. 접합자는 여름에 발아하여 이배체 식물이 되며 겨울에는 단일 조건이 신호 자극이 되어 감수분열을 한다. 감수분열하여 형성된 반수체 유주자는 봄철에 바로 자라서 막상의 식물체가 된다.

해조류의 광형태형성은 대체로 광질의 효과와 결부되어 있다. 예를 들면, 청색 또는 자외선광은 녹조 우산말속*Acetabularia*에서 생식 갓이 형성되도록 유도하는 반면 적색 또는 녹색광은 생장을 억제한다(Schmid 1984). 청색 혹은 자외선 광은 다시마목Laminariales의 사상체인 배우체 식물에서 정자와 난자 생성을 촉발시킨다(Lüning and Neushul 1978). 주광성 반응은 갈조 *Fucus*의 접합자 발아 시에 극성을 유도하고(Buggeln 1981), 녹조 옥덩굴 *Caulerpa prolifera*에서 일주 리듬을 유발시킨다(Dawes and Barilotti 1969). 일주 리듬circadian rhythms은 생장 및 활동이 24시간을 기준으로 규칙적으로 일어나는 생물학적 리듬이다. 옥덩굴 *Caulerpa prolifera*의 예에서 보면 엽록체가 밤에는 엽상부의 정단부로부터 가근 쪽으로 이동하며 아침에는 이와는 반대로 일어난다. 이러한 엽록체 이동 행태는 식물을 어두운 곳에 계속 두거나 낮은 광도에 두더라도 몇 일간 계속된다. 다른 예는 Sweeney(1977)의 연구에서 볼 수 있다.

탄소 고정

모든 식물은 광합성에서 유기 탄소 기질로 CO_2를 이용한다. 해조류 및 해초류와 같은 침수 식물에서 광합성의 주요 요소는 CO_2의 확산율인데, 공기 중에서는 빠르지만 물에서는 매우 느리다(10^4 배 느림). 침수 식물 주변에 느리게 움직이거나 움직이지 않는 경계층이 있으면 가스와 영양염 교환율이 더욱 제한 받는다. 따라서 어떤 해조류는 물 흐름이 빠른 곳에서만 발견되는 반면 다른 종류들은 물 운동이 느린 서식지에 자라도록 적응되어 있다(Neushul 1972). 긍정적인 측면에서 보면 CO_2는 탄산염 중화 장치의 일부이며 공기 중보다 해수에서 높은 농도로 나타난다(2-13과 2-14). 어떤 해조류는 탄소 탈수효소를 이용하여 해수로부터 중탄산염 이온(HCO_3^-)(36 mM CO_2 min^{-1})을 직접 흡수하여 이를 재빨리 CO_2로 전환시킨다(Surif and Raven 1989).

모든 식물은 C_4 경로가 있는 것과는 관계없이 탄소 고정에서 C_3 회로를 이용한다(Hopkins 1993). 해조류는 C_3 경로만 가지며 이 경로에서는 효소 RuBisCo가 한 분자의 CO_2를 5-탄소 리불로오스 이인산에 결합시키는 것으로 보인다. 그 결과 두 개의 3-인글리세르산이 형성되며 마지막에는 글리세르알데히드 6인산과 같은 6탄당 일부가 만들어진다(4-1).

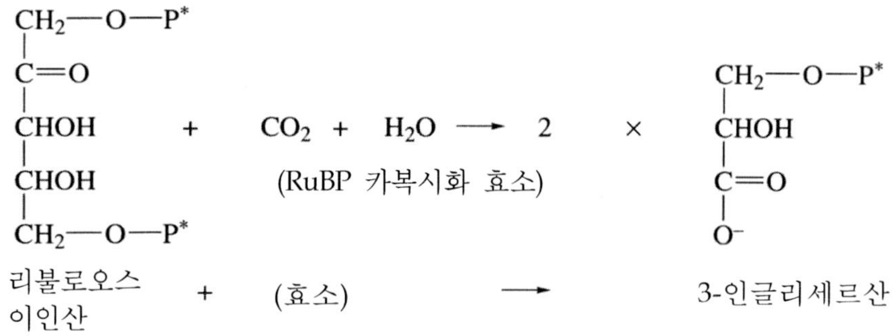

(4-1)

RuBisCo는 또한 산소화효소이기 때문에 C_3 식물에서 광합성은 항상 광호흡photorespiration, 즉, O_2를 소비하고 CO_2를 방출하는 광 의존적인 과정을 동반한다(4-2). 산소가 들어가면 한 분자의 3-인글리세르산과 RuBisCo-산소화효소를 통하여 한 분자의 인글리콜산이 형성된다. 그러면 2-탄소 인글리콜산 분자는 호흡에 흡수된다.

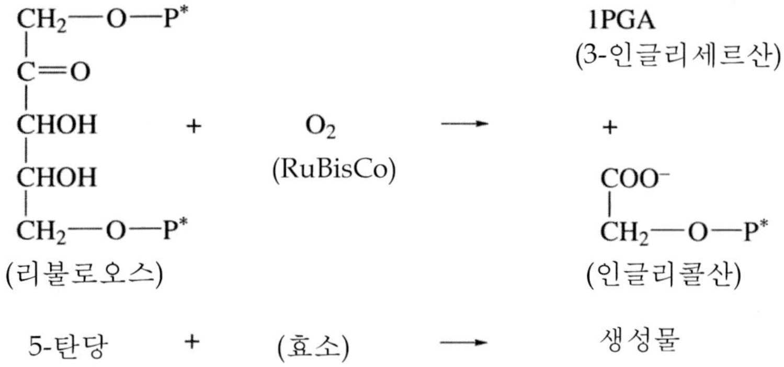

(4-2)

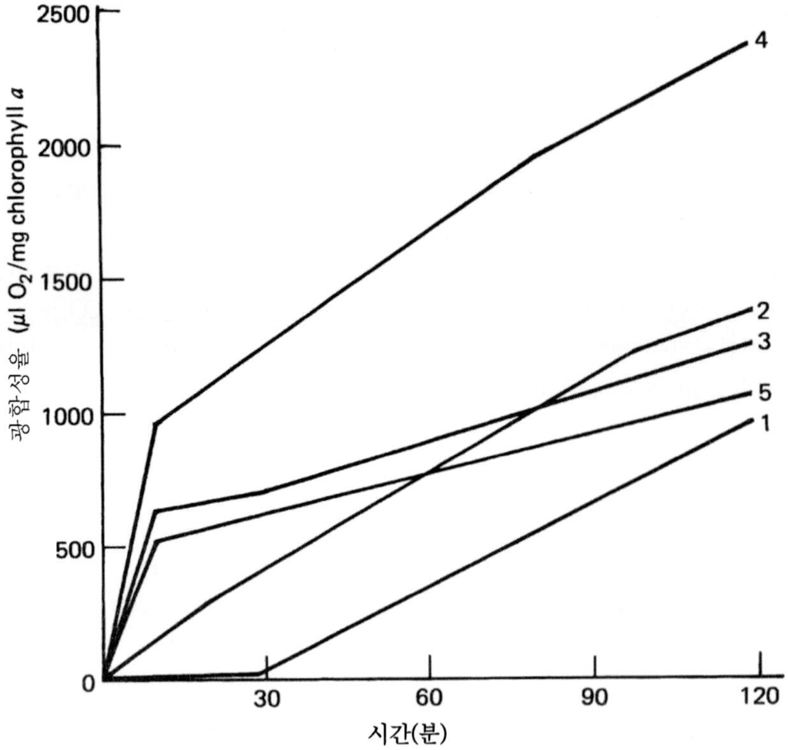

그림 4-6. 열대 홍조 가시우무*Hypnea musciformis*의 광호흡. 다섯 개의 곡선들은 홍조의 광합성 반응에서 광호흡 저해제인 포타슘글리시데이트(PG) 농도가 증가하고 있음을 보여 준다: (1) 저해제가 없는 상태, (2) 2.9 mM PG, (3) 14.3 mM PG, (4) 28.6 mM PG, (5) 57.1 mM PG. 농도가 높아져서 세포에 손상을 입힐 때까지 PG 수준이 증가함에 따라 산소 발생이 증가한다.

광호흡 결과 고정된 탄소의 순 손실이 일어나며 이때 ATP 분자에서 볼 수 있는 고에너지 결합은 일어나지 않으므로 에너지는 형성되지 않는다. 대부분 해산 식물이 C_3 식물이기 때문에 광호흡을 한다고 볼 수 있다. 세포 내에 O_2 수준이 높아지면 RubisCo는 카복시화효소로 되는 것을 산소화효소로 전환시킨다. 해조류에서는 홍조 가시우무*Hypnea musciformis*의 저해 효과에서 보는 바와 같이 광호흡이 일어난다(그림 4-6). 그러나 이러한 과정이 해조류에서는 유효 탄소 농축계의 효과로 인해 억제되어(Kerby and Raven 1985) 세포 내에 CO_2 농도를 높게 시킨다. 광호흡률은 산소, 빛, 온도 수준이 증가함에 따라 높아지는 반면 CO_2 수준이 높아지면 광호흡률을 낮춘다.

*Spartina*를 포함한 염생 식물들은 C_4 식물인 반면 맹그로브는 C_4 식물이 아니다. C_4 경로에서 포스포에놀피루브산(PEP) 카복시화 효소는 CO_2 한 분자를 3-탄소포스포에놀피루브산 분자에 결합시켜 4탄소 당인 옥살아세트산(Oxalo-A)을 형성한다. 그 다음 옥살아세트산은 아미노기(-NH_2)가 첨가되어 말산으로 환원되거나 아스파르트산으로 전환된다(4-3).

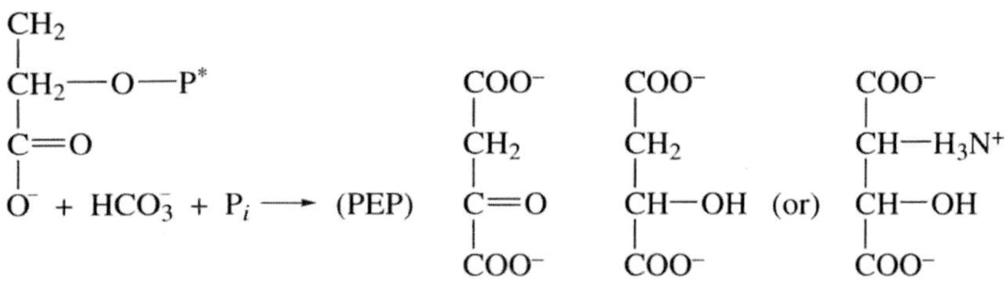

(4-3)

(포스포에놀피루브산) (효소) 옥살로-A 말산 (또는) 아스파르트산

C_4 경로는 CO_2가 효율적으로 포획되어 C_3 회로에 이용 가능하도록 만든다는 점에서 중요하다. 아스파르트산과 말산은 쪼개지면서 CO_2를 방출하는데 이는 시간을 달리하거나(다육성 쌍자엽식물 *Sesuvium*에서는 시간적 분리) 혹은 잎의 다른 부분에서(*Spartina*에서는 공간적 분리) 일어난다. PEP 카복시화효소가 RuBisCo처럼 산소화효소로서 기능을 하지 않기 때문에 광호흡은 일어나지 않는다. 더구나 CO_2에 대한 PEP 카복시화효소의 친화력은 RuBisCo보다 높기 때문에 CO_2 수준이 내려가면 O_2는 증가하고 말산과 아스파르트산은 계속하여 만들어진다.

온도

빛이 광합성과 연관되어 있다는 것을 가장 중요한 비생물적 요소라고 본다면 온도는 생물의 분포를 결정하는 데에 가장 기본적인 요소임에 틀림이 없다. 온도는 화학 반응(대사율)에 영향을 미치므로 한 생물의 모든 작용에도 영향을 미친다. 식물은 자신의 온도를 조절하지 못하는 기본적인 외온성 생물이므로 환경에 적응해야만 한다. 이와 같은 특성 때문에 온도 내성은 세포(효소), 생리적(광합성, 호흡) 및 기관(생장, 생식) 수준에서 다루어져야 한다.

온도와 해산 식물

온도의 영향에 대해서는 남조류(Oppenheimer 1970), 조류(Gessner 1970), 해조류(Lüning 1990; Lobban and Harrison 1994)에서 다루어져 왔다. 이 식물들은 광온성eurythermal이거나 협온성stenothermal이다. 북극, 남극 및 온대 조간대에 사는 대부분 식물들은 저온이나 결빙 온도에 대해 내성을 가지며 고온에 노출되었을 때에도 빠른 속도로 회복된다. 반면에 열대 해조류들은 보통 10℃ 정도에도 내성이 없다. 홍조 주름진두발*Chondrus crispus*은 조간대 하부에 자라는데 -20℃에서 세 시간 정도 내성을 보인 반면, 다른 홍조 *Mastocarpus stellatus*는 조간대 중부까지 뻗어 사는데도 -20℃에서 장시간의 내성을 보였다(Dugeon et al. 1989). 냉온대의 조간대에 생육하는 해조류가 큰

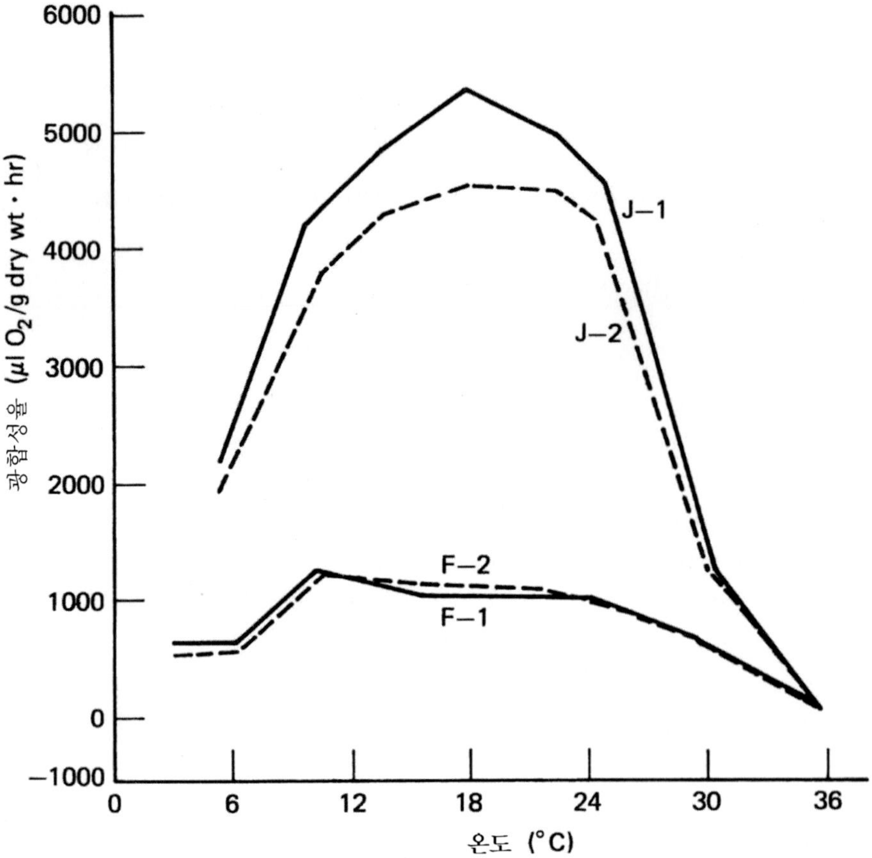

그림 4-7. 온대 갈조 *Ascophyllum nodosum*의 계절적인 광합성 온도 반응. 부착성(굵은 선)과 덩굴성 염습지 생태형 *scorpioides*(끊긴 선) 모두 7월에는(J-1, J-2) 광합성 반응이 동일하게 나타났으며 18℃에 최대를 보인 반면, 2월에는(F-1, F-2) 10℃에 최대를 보였다(Chock and Mathieson 1978).

체형을 가지는 바와 같이 온도에 대하여 해산식물이 보이는 구조적인 반응은 체형의 크기 차이로 나타난다. 반면에 강한 햇빛과 높은 온도가 일상적인 열대 생육지에서는 조간대 해조류가 드물다(예, 왕관잎모자반속*Turbinaria*, 모자반속*Sargassum*). 온도에 대한 기능적 반응은 생장과 생식의 교번뿐만 아니라 호흡과 광합성의 변화(대사 과정 참조)를 통해서 나타날 수 있다.

대사 과정

온도 효과가 중요하다는 것은 분자 수준에서 볼 수 있다. 가장 흔한 예는 Q_{10} 효과인데, 이는 주어진 온도 t에서 대사율과 $t+10$에서 대사율 사이의 비율을 말한다. 효소에 의해 조절되는 반응에서 Q_{10} 비율은 1.1과 5.3 사이에서 변동이 있으며 평균 2.0이다. 따라서 생물의 효소 내성 이내에서는 대사율은 온도가 10℃ 증가할 때마다 배로 증가한다. Michaelis-Menten 반응에서 V_{max}(촉매 활성의 최대 속도)와 K_m(Michaelis 상수)는 모두 온도의 영향을 받는다.

$$\upsilon = V_{max}[S] \ / \ (K_m + [S]) \qquad (4\text{-}4)$$

여기서 υ는 효소 활성의 개시율, $[S]$는 기질 농도이다.

Q_{10}의 효과는 강의 하구와 노출된 해안 생육지에서 겨울(그림 4-7, J)과 여름(그림 4-7, F)에 채집된 갈조 *Ascophyllum nodosum*의 광합성 반응에 나타나 있다. 식물들이 각각 다른 반응을 보임에도 불구하고 여름 식물은 내성 범위 6-18℃ 사이에서 광합성률은 온도가 10℃ 증가할 때마다 배로 증가한다. 고온은 광합성 저하를 일으킴으로서 효소가 불리한 영향을 받는 것을 보여준다.

고온 및 저온 내성

효소율은 온도 내성범위(반응 속도) 뿐만 아니라 이용 가능한 효소의 수준에 좌우된다. 온도가 올라가거나 내려가면 식물은 스트레스를 받게 될 것이다. 3장에서 언급한 바와 같이 식물은 생산력을 제한하는 적정 이하의 조건에 지속적으로 노출되면 스트레스를 받는다(Grime 1977). 스트레스를 측정하려면 효소 활성, 생리적 과정, 생장 혹은 생식 반응을 조사해보면 된다.

고온 내성은 식물이 단백질 합성을 안정시키는 능력(열충격단백질 생산과 같이)에 근거된 반면, 저온 내성은 세포 내에 효소의 수준을 높여주거나 각기 다른 온도 범위에서 기능하는 조절된 단백질(예, 동위효소)을 생성해낼 수 있다. 저온 내성인 예는 냉수역에 사는 해조류에서 볼 수 있는데, 환경 조건보다 적정 온도가 높은 것이 보통이다(Lüning 1990). 결빙 내성은 조간대 해조류에서 잘 알려져 있으며 DMSP와 같은 항결빙물질을 이용하여 세포 내에 얼음 결정이 형성되는 것을 막는다(Karsten et al. 1989). 갈조류에서 온도 변화에 대한 순화는 갈조류에서 단주름다시마*Laminaria saccharina*(Davison and Davison 1987)의 효소와 *Ascophyllum nodosum*(Chock and Mathieson 1978; 그림 4-7)의 계절적인 광합성 순화에서 잘 나타나있다. *Ascophyllum nodosum*의 호흡에서도 순화가 뚜렷하여, 고온인 여름(Q_{10}=1.5)보다도 겨울(Q_{10}=2.0; Kanwisher 1966)이 호흡이 덜 증가하였다.

광합성과 호흡 온도 반응은 단시간에 일어나며 생장과 일치하지 않으므로 주의하여 해석해야 한다. 예를 들면, 열대 홍조 *Eucheuma denticulatum*은 30-35℃에서 광합성률이 최대를 나타내었다(그림 4-8). 그러나 동일한 해조를 25℃로 되돌려 놓았을 때 광합성 반응은 적정 온도인 25℃에 계속 두었던 재료들보다 낮았다(Dawes 1979). 고온에 노출된 다음 광합성률이 감소한 것은 고온에서 효소 변성이 일어났지만 단시간 측정한 것으로는 뚜렷하게 알 수 없다는 것을 말해준다.

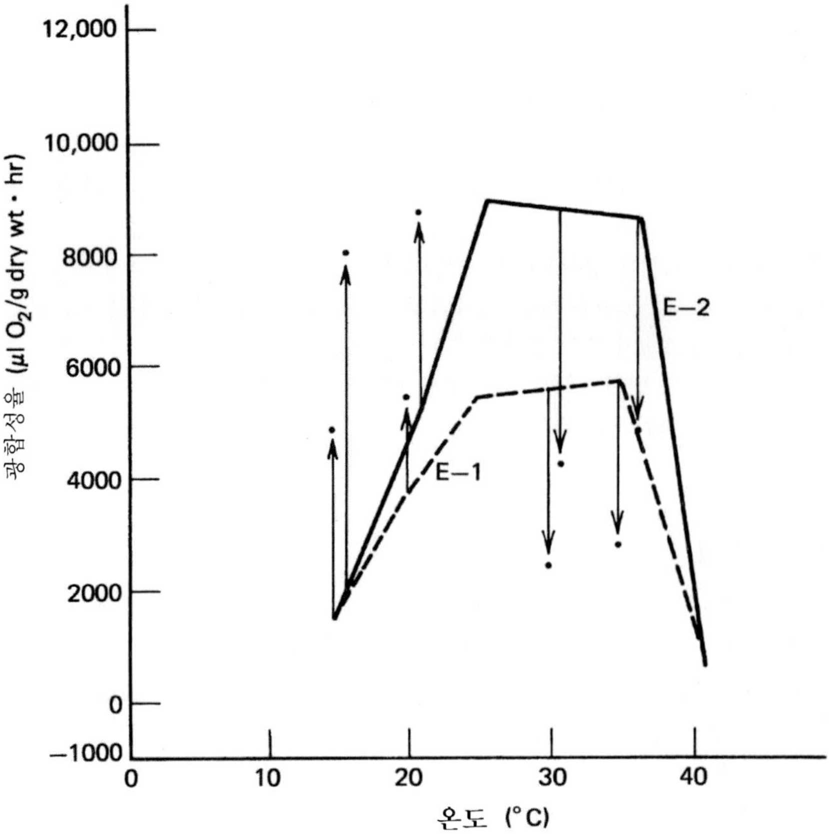

그림 4-8. 열대 홍조 *Eucheuma*에서 열에 의한 광합성 손상. 필리핀산 두 해조 *E. kappaphycus*(E-1, 끊긴 선)와 *E. denticulatum*(E-2, 굵은 선)은 온도 상승에 대해 동일한 광합성 반응을 보였다. 30-40℃에 노출시킨 후에 25℃로 되돌려 놓았을 때 광합성 반응은 감소하여 온도 손상을 입었음을 나타내었다(Dawes 1979).

생장과 생식

해조류 생장의 평균 적정 온도는 극지종이 0-10℃, 온대종이 10-15℃, 난온대종은 10-20℃, 난온대 및 열대종은 15-30℃이다(Lüning 1990). 해산 식물에서 온도 내성의 감시 장치로서 생장을 연구하는 것은 식물의 구조적, 기능적 반응을 다룬 Gessner(1970)의 결과에 따라 이루어져 왔다. Gessner(1970)와 Lüning(1990) 역시 생식이 일어나는 적정 온도범위(생식 한계reproduction limits), 생장만 일어나는 적정 이하의 온도(생장 한계growth limits), 생장이 중지되고 죽는 극단 온도(치사 한계lethal limits) 사이는 연속적이라고 주장하였다. 이러한 온도 범위는 해조류에서는 매우 좁을 수 있다. 예를 들면 홍조 주름진두발*Chondrus crispus*은 21-24℃에서 적정하게 포자가 생장하였지만 26

℃에서는 생장이 중지되었다(Prince and Kingsbury 1973). 이와는 대조적으로 노스캐롤리나와 플로리다에 사는 해초 *Ruppia maritima*는 넓은 온도 내성을 보였는데, 두 지역 개체군을 14, 22, 30℃에 노출시켰을 때 생장과 광합성 유형이 같았다(Koch and Dawes 1991).

대형 조류의 지리적 분포를 해석할 때 생장 반응을 이용하여 왔다. 예를 들면 열대 대서양 양쪽 해안에 분포하는 갈조류 *Dictyopteris delicatula, Ceratodictyon intricatum, Ernodesmis verticellata* 및 *Lophocladia trochoclados* 등을 20℃와 30℃ 사이에서 배양시켰을 때 열대(카나리 군도)와 온대산(지중해) 배양주에서는 생태형 분화가 나타나지 않았다(Pakker et al. 1996). 반면 대형 녹조류 *Microdictyon boergesenii, M. tenuis, Wurdemannia minnata* 및 *Valonia utricularis* 등은 저온에서 배양했을 때 열대와 온대 배양주 사이에 뚜렷한 차이를 보였다(Pakker and Breeman 1996). 위의 두 가지 연구 예에서 나타난 온도 내성은 처음의 네 종은 열대 개체군에서 기원된 것이고 나중의 네 종은 홍적세 빙하기 후에 지중해 동부에서 기원된 종들임을 시사해주고 있다.

얼음과 해산 식물

냉온대 조간대 해조 군집에서 물이 얼면서 생기는 기계적인 문제점은 온도의 다른 측면을 보여주는 것이다. 염습지 이탄과 조간대 식생 지역에서 "유빙"이 간석지로 밀려드는 광경은 뉴잉글랜드에서 늦은 겨울이면 흔히 볼 수 있다(그림 9-14 참조; Hardwick-Witman 1984). 큰 얼음 조각들이 염습지 일부를 떼 내어 표류시키며, 이 조각들은 나중에 염습지 식생이 재생되거나 소멸되는 곳에서 갯벌 조간대나 해안으로 된다. 수심이 얕은 조하대나 조간대에서 해조류가 받는 얼음 마찰은 물리적 손상의 또 다른 예이다. 따라서 그레이트 만Great Bay의 염하구에서 Matieson et al.(1982)은 *Ascophyllum nodosum*이 건조 중량으로 136 톤이 매년 유빙으로 인하여 유실된다고 추정하였으며 그 결과 표류 해조류에서 언급된 바와 같이(8장) 생태형 *scorpioides*가 생겨났다. 뉴펀들런드Newfoundland에서는 군빙이 극상에 도달한 대형 갈조류 *Alaria esculenta*의 수관을 제거하여 암반 기질 위의 수중 조도를 높여주었으므로 기회종 해조류의 다양성이 높아졌다(Keats et al. 1985). 조석차가 없는 발트 해 북부 해안에서는 *Fucus vesiculosus*의 분포 상한선이 얼음 마찰에 의해 조절되는 것으로 보인다(Kiirkki and Ruuskanen 1996). 남아 있는 부착기가 새로운 식물체로 자라나기도 하지만 생장 기간이 제한되기 때문에 대개는 영양체로 남아 있게 된다. 그러나 일부 대형 식물체는 군빙 아래로 가라앉아 살아남았다가 이듬해 여름 동안에 생식을 하게 된다.

생물지리

온도에 의해 조정되는 해산식물의 지리적 분포는 지역과 위도, 두 수준에서 연구해 볼 수 있다. 지역적으로 해조류가 조간대 생육지 내에 출현하는 것은 대기 온도 범위, 즉 건조에 대해 내성이 있음을 나타내주는 것이다. 반면에 조하대에 생육하는 종들은 수온의 변동 폭이 좁기 때문에 대체로 온도에 대해서도 내성 폭이 좁다. 온도에 대한 생태형 분화는 사상 갈조인 참솜털*Ectocarpus siliculosus*과 같이 분포역이 넓은 종에서 잘 나타나지만(Bolton 1983), 앞에서 언급한 바와 같이 홍조 주름진두발*Chondrus crispus*(Lüning et al. 1987)과 해초류 *Ruppia maritima*(Koch and Dawes 1991)에서는 생태형 분화가 잘 나타나지 않는다.

해조류, 해초류 및 간석지 식물의 위도와 경도에 따른 분포는 과거의 대륙 이동과 분리를 포함하여 해안선이 변동된 결과에 따른 것이다. 2장에서 언급한 바와 같이 해산식물의 분포를 설명하는데 이용되는 이론은 두 가지 범주, 즉 분단 및 분산생물지리학으로 구분되는 경향이 있다. 분단생물지리학은 대륙의 분리와 같은 역사적인 분단 지질학적 측면에서 계통 관계를 다룬다. 분산 이론은 분산에 기인하여 생기는 새로운 종과 장벽의 발달에 더 치중한다. 현재의 해산식물 군집은 분단과 분산 두 과정이 조합되어 분포된 것으로 보인다.

온도는 모든 물리적인 요소 중에서 위도에 따라 해산 식물상의 차이점을 정하는데 가장 중요한 역할을 한다. Bieb(1970), van den Hoek(1984), Lüning and Freshwater(1988), Lüning(1990), Bischoff and Wiencke(1984) 등과 같은 많은 연구 결과들이 온도에 대한 해산식물의 내성과 위도분포에 대하여 개관하였다. Bischoff and Wiencke(1984)는 적도 양안에 생육하는 녹조 초록털말 *Urospora penicilliformis* 배양주를 비교하면서 지리적 격리 기간에 근거하여 온도 내성을 설명하고 있다. Setchell(1920a; 1920b)은 평균 해수온도가 해조류와 해초류의 분포를 평가하는데 이용될 수 있음을 강조하였다. 따라서 Setchell은 5℃ 혹은 10℃ 등온선(일년 평균 수온의 경계)이 생물학적 경계를 규정하는데 이용될 수 있음을 제안하였는데, 이는 위도에 따른 해조상을 구분 지을 때 유용하다는 것이 밝혀졌다. Den Hartog(1970)와 Larkum and den Hartog(1989)는 수온이 조절 요인임을 제안하면서 해초류 12종의 위도 분포를 설명하였다. 유사한 연구로서 Chapman(1977)은 맹그로브와 염습지(그림 9-6)의 위도 분포를 연구하면서 맹그로브는 장기간 얼지 않는 지역에 제한적으로 분포한다는 점에 주목하였다.

Michanek(1979)과 van den Hoek(1984)는 세계 해양을 7개의 생물지리 구역으로 나누면서 각각이 독특한 해조상을 형성하고 있음을 설명하였다. Lüning(1990)은 세계의 해조상을 재검토하면서 위의 이론과 같이 7개 구역(예, 그림 4-9)으로 나타내었다. 이들 모든 식물상은 Briggs(1974)가 쓴 해양 동물의 생물지리학에 대한 저서에서 설정된 구역에 근거하고 있다. 7개의 주요 그룹은 다음과 같다.

1. 북극 그룹(1구역)
2. 북반구의 냉온대 그룹(3구역)
3. 북반구의 난온대 그룹(3구역)
4. 열대 그룹(4구역)
5. 남반구의 난온대 그룹(5구역)
6. 남반구의 냉온대 그룹(5구역)
7. 남극 그룹(1구역)

광주기 또는 일장은 위도에 따라 다양하며 해산식물의 생활사를 조절하는데 중요한 역할을 한다.

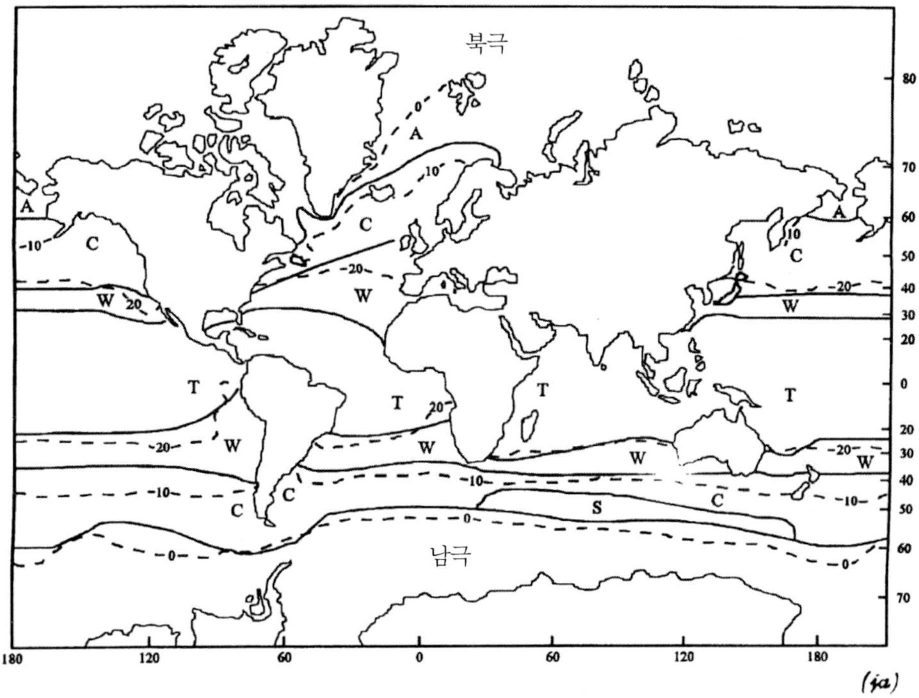

그림 4-9. 8월 등온선과 생물지리적 구역. 8월 등온선에 따른 7개의 생물학적 구역(0, 5, 10, 15, 20, 25℃)은 여름(북반구)과 겨울(남반구) 구역을 포함한다: 북극, 남극, 냉온대(C), 난온대(W), 열대(T)(Lüning 1990에서 수정 인용).

광주기는 보통 온도와 결부되어 있다(Lüning 1990 참조). 이러한 예는 홍조 *Asparagopsis armata* 사분포자체 단계(이전에는 독립된 식물인 *Falkenbergia rufolanosa*로 동정되었음)의 생식 반응에서 볼 수 있다. 호주, 이탈리아, 아일랜드에서 채집된 배양주들을 각기 다른 광주기, 온도, 영양염에서 키웠다(Guiry and Dawes 1992). 이탈리아산 배양주는 온도 17-21℃와 광주기 9-10 시간에서 100% 사분포자를 생산하였다. 반면에 단일 조건의 아일랜드산 배양주는 17℃에서 포자가 형성되었다. 따라서 이탈리아와 아일랜드산 배양주들은 원래의 생육지 조건과 비슷한 온도와 광주기 양상을 나타내었다.

염도

염도는 해조류 및 해초류, 정도는 적지만 염습지 식물이나 맹그로브 식물에게도 국지적으로 분포에 영향을 미칠 수 있다. 해조류와 해초류는 발아하고 생장할 때 해수가 필요한 절대 염생식물

obligate halophytes이다. 그러나 *Bostrychia binderi*와 같은 일부 염하구 홍조식물은 칼슘과 이산화탄소 수준이 높은 "순수한" 용천수에서도 자란다(Dawes and McIntosh 1981). 반면에 염습지 또는 맹그로브 식물들은 담수에서 발아하고 생장하기 때문에 조건 염생식물facultative halophytes인 것들이 많다. 염하구와 외해역 생육지에 사는 조간대 고등식물들은 생장 속도가 느리기 때문에 염하구 환경에서는 경쟁에서 담수종에 점유 당한다. 염습지와 맹그로브 식물이 더디게 생장하는 것은 부분적으로 수분 손실을 막고 염류 흡수를 제한하기 위해 적응한 결과이다. 이와 같은 적응은 해양생물의 생장에 매우 중요하지만, 광범위한 생리 및 구조적인 발달도 요구된다.

삼투 적응

모든 해산식물은 살아가는 환경에서 염도에 대해 적응하여야 한다(2장). 염하구에 자라는 종들은 아주 넓은 염도 변동에 순화되어 있기 때문에 광염성euryhaline이라고 부른다(예, 조석 변동 범위 내에서 5-30 ppt). 반면에 협염성stenohaline종들은 좁은 범위의 염도에만 적응할 수 있다. 염도가 35 ppt인 해수는 대략 -2.0 mPa(1 mPa 또는 megapascal = 10 bars = 10 기압; 1 bar = 760 Hg)인 삼투 잠재력을 가지고 있다. 식물은 생존하기 위하여 내부 수분 잠재력을 -2.0 mPa 이하를 유지해야 한다. 연안 또는 원양성 해조류의 삼투 잠재력은 -2.6에서 -3.0 mPa 범위로서 세포는 외부 조건과 같거나(등장) 약간 높은(고장) 상태를 유지한다. 세포의 원형질이 외부 용액(저장)보다 낮은 삼투압이면 외부 해수로 물이 빠져나간다.

식물 세포 내의 수분 잠재력(삼투압)은 염도의 변동(삼투조절)에 따라 변하며 이러한 과정은 두 가지 상으로 구성된다(Wyn Jones and Gorham 1983). 염도가 증가(감소)하는 첫 30분에는 해조류는 내부 이온 농도(K^+, Na^+, Cl^-)를 변화시켜 세포의 팽압을 신속하게 증가(감소)시킨다. 팽압은 세포벽이나 막에 대해 가해지는 내부 삼투압이다. 수분 잠재력이 변하고 이온이 증가하면 세포의 효소에 손상을 줄 수 있다. 따라서 이러한 이온 변동은 큰 액포를 가진 조류에서는 보편적으로 일어나는데(예, 홍조 비단잘록이*Griffithsia*) 잠재적으로 유독한 이온은 원형질 내 효소로부터 분리될 수 있다. 이와 같은 초기 변동 이후에 대형 조류는 호환성 용질을 생성(혹은 제거)하는데, 이들은 용해성 유기화합물로서 순 전하를 띠지 않으며 세포 활성도 보이지 않는다. 탄수화물, 아미노산(프롤린), 4원소 암모늄화합물, DMSP 등이 호환성 용질로 이용된다. 탄수화물은 갈조류(만니톨), 홍조류(예, 플로리도시드) 및 녹조류(수크로오스)에 따라 다르며 이외의 호환성 용질은 많은 해조류(프롤린)에서 발견된다.

염도 변화에 따른 세포의 수분 잠재력 변동의 두 가지 단계 중에서 첫째 과정은 *Caloglossa leprieurii*(Mostaert et al. 1995)와 17종의 해조류(Kirst and Bisson 1979)에서 볼 수 있다. 이러한 종들은 기본적으로 팽압 조절의 이온 펌프와 연관된 Cl^-과 한 가지 이상의 이온들의 농도를 변화시킴으로써 광범위한 염도(10-35 ppt)에 걸쳐 팽압을 유지한다. 두 번째 과정은 녹조 편모조류 *Platymonas subcordiformis*에 대해서 Kirst(1979)가, 홍조 *Caloglossa leprieurii*에 대하여 Mostaert et al.(1995)가 수행한 연구에 잘 나타나 있다. 처음에 일시적으로 증가한 이온 수준은 광합성 만니톨이 충분히 합성될 때까지 농도 격차를 메우는데 이용되며 이는 만니톨 화합물이 호환성 용질과 삼투물질로서 중요하다는 것을 보여준다.

해초류는 해조류와 유사한 방법으로 삼투를 조절하는 것으로 보이는데(Tyerman 1989), 엽초가 잎의 기부 근처에 위치한 가장 섬세한 유조직을 보호해준다(11장). 해초류 잎의 표피 세포는 삼투 조절이 처음 일어나는 장소로 보인다. 염분 변동은 처음에는 Na^+과 Cl^- 이온 농도의 변화(액포 내에서 일어나는 것 같음)가 일어나는데, *Halophila ovlis*와 *Zostera capricorni*에서는 K^+ 농도가 일정한 수준으로 남아있다. 프롤린, 글리신베타인과 다른 종류의 친화성 용질들은 *Halodule wrightii, Thalassia testudinum, Ruppia maritima* 등의 세포질 내에 들어 있으며, 삼투 조절의 나중 단계에 이용되는 것으로 보인다.

조간대에 생육하는 침수 고등식물들은 분비, 배제 및 탈락 등 적어도 세 가지 유형의 염분 적응을 보이는데, 종에 따른 특이성은 나타나지 않는다(Tomlinson 1986). 검은맹그로브*Avicennia germinans*와 사초과 *Spartina alterniflora*와 같은 분비형exuders 침수식물들은 어느 정도의 염분을 물관에서 잎으로 올려 보낸다. 염분은 잎에 축적되고 소금물은 배수선hydathodes과 변형된 샘인 소금샘을 통하여 분비된다(9-10장; 그림 10-12). 붉은맹그로브*Rhizophora mangle*와 같은 배제형excluders 침수식물은 이온 펌프를 통하여 뿌리로 들어오는 퇴적층 공극수 내의 염분 대부분을 차단시킨다. 대부분의 염습지 식물은 탈락형shedders 침수식물로서 염분을 잎이나 줄기의 세포벽에 농축시키는 특징이 있다. 이런 종류의 식물들은 매년 죽기 때문에 염분을 포함하고 있는 지상부는 생장기가 끝나면 탈락된다. 염분 내성에 대한 상세한 내용은 해산 고등식물을 다룬 장에서 언급될 것이다(9-11장).

광합성과 생장

광합성 및 호흡률은 염도의 영향도 받는다. 예를 들면, 맹그로브 생육지와 외해에 위치한 생육지에서 채집된 홍조 가시우무 *Hypnea musciformis*의 두 개체군은 넓은 내성 범위를 보였는데 겨울에는 서로 비슷하게 적정한 내성을 보였으나 여름에는 그렇지 않았다(Dawes et al. 1976; 그림 4-10). 여름에 뚜렷한 반응을 보인 것은 염하구의 낮은 염도(여름 강우 때문에)에 분포하는 개체군이 외해에 생육하는 식물에 비해 순화가 더 폭 넓게 일어났기 때문이다.

생장 실험을 통하여 어떤 종이 염도 변화에 순화되는지(광염성) 아니면 반응을 하지 않는지(협염성), 즉 염분생태형haloecotype이 나타나는지를 알아볼 수 있다. 갈조 참솜털*Ectocarpus siliculosus*의 배양주를 염도가 다른 세 지역의 염하구로부터 채집하였다(Russell and Bolton 1975). 3년 동안 34 ppt의 염도에서 배양한 후에 각각 다른 염도로 연속적으로 옮겨 배양시킨 결과, 원래의 생육지 염도에서 적정하게 생장하였다. 이 연구 결과는 각각 개체군이 별개의 염분생태형임을 암시해주는 것이다. 다른 연구에서 Russell(1988a)은 발트 해에 생육하는 저염도 해조류 생태형의 진화를 연구하여 염분 내성의 차이와 해부학적 특성을 밝혀내었다.

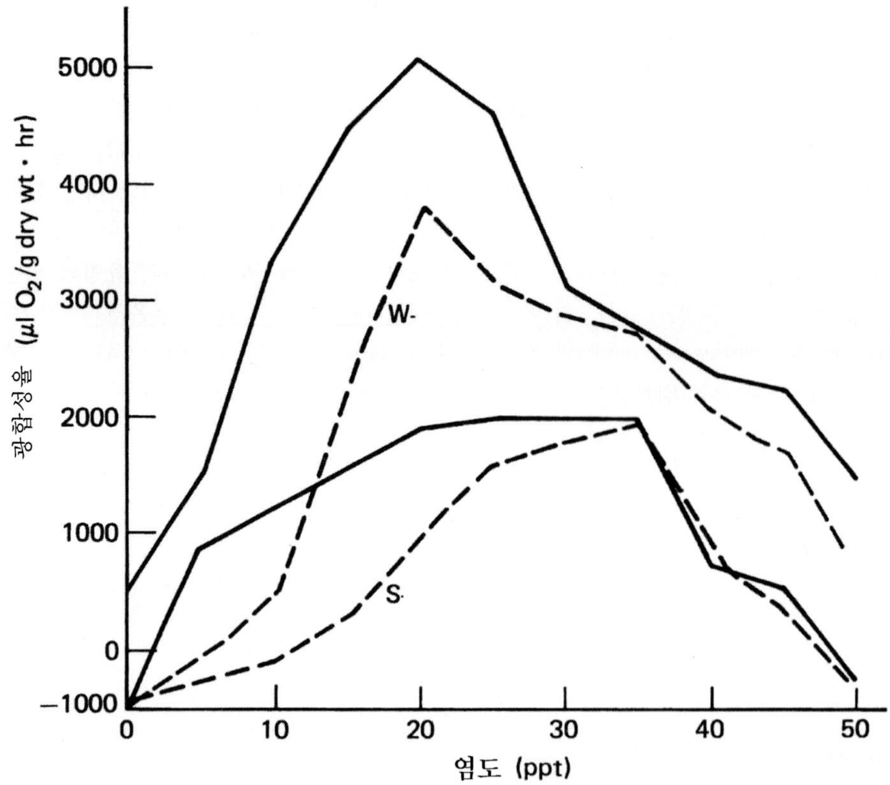

그림 4-10. 열대 홍조 *Hypnea musciformis*의 광합성에서 염도의 효과. 맹그로브 염하구(실선)와 노출된 해안(끊긴 선)에서 채집된 식물 모두 넓은 염분 내성을 보여 겨울(W)에는 20 ppt와 여름(S)에는 36 ppt에서 최대를 보였다(Dawes et al. 1976).

물의 운동

파도와 조류(조석과 바람)는 기계적 스트레스와 영양염 흡수 변화를 포함하여 특별한 방식으로 해산식물에 영향을 미친다. 해조류의 형태와 기능은 물의 운동에 적응하였음을 보여준다(예, 사상, 엽상, 괴상; 표 3-1).

경계층

물속에서 가스와 이온의 확산은 공기 중에서보다 10,000배 느리다. 물속에서 확산 속도가 느린 것은 생장 실험이나 산소를 측정할 때, 물을 저어 줄 필요가 있는 것으로도 알 수 있다. 모든 침수된 표면은 느리게 움직이는 해수의 경계층boundary layer을 가지는데 이 층을 통하여 영양염, 산소 및 이산화탄소가 확산된다. Koch(1994)는 해초류 *Thalassia testudinum*과 *Cymodocea nodosa* 생육지의 경계층에서 이산화탄소가 느리게 확산되기 때문에 광합성률이 제한될 수 있다는 것을 밝혔다. 아울러 이산화탄소가 포화된 해수에서 광합성률을 측정하여 물이 포화에 이르는 증가율에 의해 Michaelis-Menten 반응을 설명하였다. 산호초 위의 소형 해조군집은 조류가 한 방향보다도 양쪽 방향으로 흐를 때가 광합성률(20% 이상)이 더 높았는데, 이는 교란 효과로 인하여 경계층이 얇아졌기 때문이다(Carpenter and Williams 1996). 각상 조류와 현미경적 크기의 발아체를 포함한 많은 종류의 해조류들이 생활사 전반 또는 일부 동안에 이 경계층 안쪽에서 살아간다(Neushul 1972; 그림 8-9). 교란(혼합, 유동율, 통기)이 심해지면 경계층의 두께도 얇아지게 된다. 따라서 어떤 식물들은 물 운동(조류 여울, 높은 에너지를 받는 조간대)이 강한 지역에서 자랄 수 있도록 진화되어 왔다. 느리게 흐르는 물에 사는 어떤 종들은 가시모양의 돌기를 내거나(*Macrocystis*), 거대생장을 하며(*Laminaria*), 구멍을 내거나(*Agarum*), 가는 털을 냄으로서(*Codium*) 표면 구조를 발달시켜 주변의 물을 교란시킨다.

파도

식물은 파도의 영향을 다양한 방법으로 직접 받는다. 기계적인 스트레스는 물이 훑는 운동으로 식물체를 탈락시키거나 기질로부터 식물체 일부 또는 전체가 잘려나가기도 한다. 물은 저질을 이동시켜 생육지를 침식시키거나 식물체에 손상을 입힌다. 물 운동이 증가하면 침수 식물 주변의 경계층은 얇아지게 된다. 파도 에너지를 많이 받는 해안에서 식물에 미치는 물 운동의 수력학적 효과는 뚜렷하지만, 모래와 같은 침식물이 확산되어 조하대 또는 조간대 군집을 파괴시킬 수도 있다. Lewis(1964)는 암반 해안의 대상 분포에서 파도의 운동이 중요하다는 것을 강조하였으며, Seapy and Littler(1979)는 인접해 있는 노출된 지역과 만입된 지역의 군집을 비교하였다(8장). 만입되어 큰 파도의 영향으로부터 보호된 지역의 군집은 종 다양성은 낮지만(적은 종수) 생물량과 일차생산량은 높았다. 이와 같이 생산량이 높은 것은 부드러운 엽상 해조류가 우점하기 때문이며, 노출된 지역에 흔한 각상, 선상, 두꺼운(단단한) 체형인 식물체보다도 보호된 지역에 생육하는 것들이 표면적/부피의 비가 높았다. Denny(1988)는 구조-노출 지수S-E index를 창안하여 생육지의 환경이 아닌 생물체의 특성을 설명하였다. 구조-노출 지수는 섭식을 포함하여 생물체에게 영향을 미치는 모든 요소들을 포괄하고 있다. 한 종류의 해조류가 자라면서 나이에 따라 모양이 바뀌며 한 범주에서 다른 범주로 변한다.

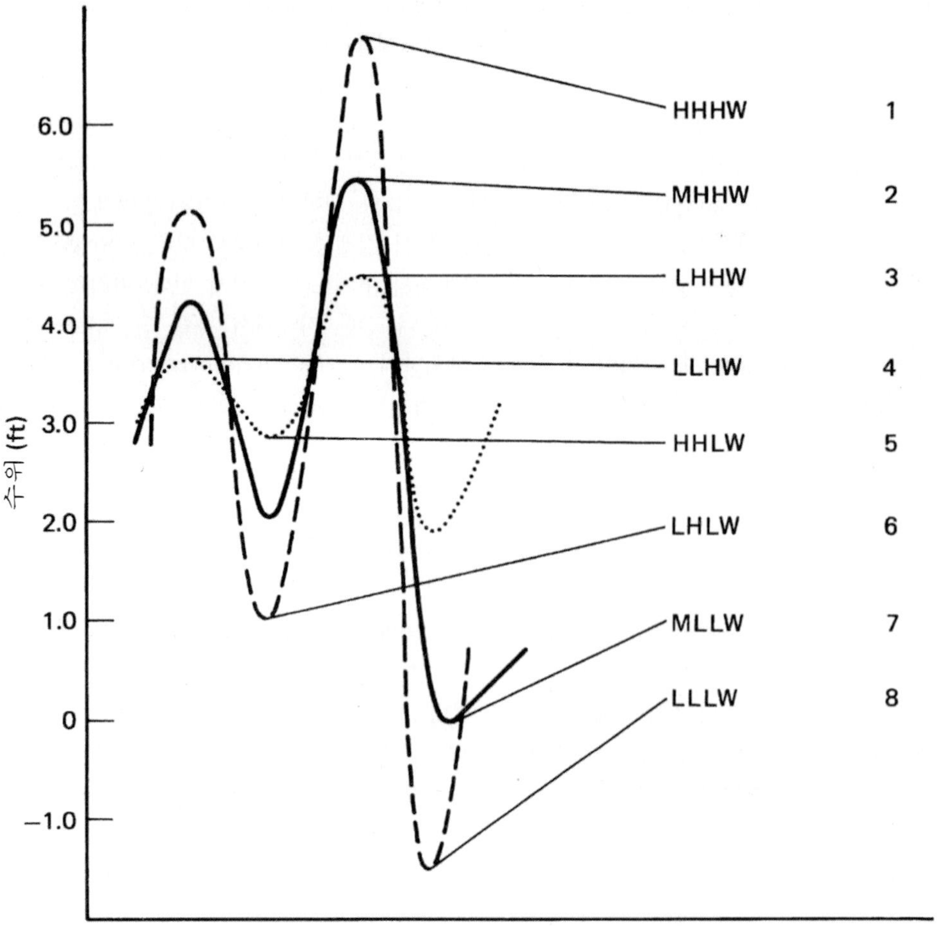

그림 4-11. 절대 조위. 조간대에서 해조류의 대상 분포는 조위에 특히 민감하며, Doty(1946)에 나타난 바와 같이 오레곤Oregon 해안은 최고조위(HHHW)가 6.5 ft(2.5 m), 최저조위(LLLW)는 -1.2 ft (-0.6 m)에 이르렀다. 비말대는 1의 위쪽까지 뻗어 있으며 조하대는 8 아래에 나타난다. 각 조위대의 월 평균 노출은 출현하는 생물과 연관되어 있었다. 예를 들면, 2의 조위에는 해양 지의류가 출현하며 평균 노출은 120 시간이고, 4와 5의 조위는 갈조 뜸부기류*Pelvetia*가 생육하며 평균 노출은 6-9 시간; 7과 8의 조위는 홍조 톱니지누아리*Prionitis*가 출현하며 항시 물에 잠겨 있다.

조석

조간대 생물의 대상 분포는 바위와 조간대 군집 모두가 기본적으로 조석의 영향을 받는다. 조간대의 대상 분포는 이차적인 비생물 요인(강우, 태양광선, 기온)과 더불어 조위의 영향을 일차적으로 받는다. 조석 환경의 빈도와 폭(Lewis 1964)은 조절 요인으로 작용하며 단단한 기질로 이루어진 해안에서는 절대적인 역할을 한다(8장). 어떤 지역의 해안에서는 절대조위critical tidal level(Doty 1946)가 해조류의 종류에 따라 특정한 분포대에 생육하도록 제한하는 것으로 보인다. 북미 서해안의 조간대 해조류를 연구하면서 Doty는 우점적인 생물 군집과 일치하는 일곱 가지의 가능한 조위를 알아내었다(그림 4-11). 그러나 특히 파도의 운동과 기온 등 그 밖의 요소들은 조간대의 대상 분포를 복잡하게 만들 수 있다.

조석류tidal currents는 조하대 식물 군집에 대해서도 영향을 미친다. 폐쇄된 수괴(워싱턴 퓨젯사운드Puget Sound, 뉴햄프셔 그레이트 만 염하구)에서는 침식과 고에너지 조석류가 침수 식생의 유형을 제한할 수 있다. Mathieson et al.(1977)은 그레이트 만의 조석류가 파괴력이 매우 강해서 해조류의 다양성이 줄어들고 크기가 작아지는 것을 관찰했다. 더구나 강한 에너지를 받으며 노출된 해안 환경에 사는 종의 특징이 뚜렷하였다.

건조

조간대 해조류는 공기 중에 노출되면 탈수, 세포 내의 용질 농도 증가, 영양염 흡수의 기능 상실 등, 건조의 여러 가지 특징으로 인하여 스트레스를 받을 수 있다. 조간대 종들이 저조시에 공기 중에 노출되면 근본적으로 고온 건조되는 육상 환경을 겪게 된다. Bell(1993)은 조간대 홍조 *Mastocarpus papillatus*가 건조됨에 따라 공기 중 광합성률이 감소하는 것을 관찰하였다. 더구나 간조 시에 30℃에 노출되어 손상된 것에 비해 15-25℃에서 건조된 것이 정단부가 자라 나오면서 광합성이 급속하게 회복되었다.

수분 손실은 식물의 표면적과 부피의 비와 직접적으로 관련되어 있다. 따라서 조간대에 사는 홍조 *Halosaccion americanum*과 같은 주머니 모양의 해조는 자체의 엽상체 주머니로부터 물을 공급받을 수 있다(Oates 1986). 바위 해안의 뜸부기류 해조와 조간대의 대형 조류에 착생하는 종들은 건조에 잘 견딜 뿐만 아니라 광합성도 높아진다. Oates and Murray(1983)는 갈조 *Hesperophycus*가 조간대 하부(공기 중에 짧게 노출되는)에 자라는 뜸부기*Pelvetia*보다도 공기 중에서 더 오래 광합성을 유지할 수 있다는 것을 알았다. Quadir et al.(1979)은 갈조 *Fucus distichus*는 물에 잠겨 있을 때보다도 노출되어 있는 동안에 광합성률이 높다는 것을 밝혔다. 이와 비슷하게 노출되었을 때 광합성 반응이 높게 나타나는 예는 사상 홍조 *Bostrichia binderi*와 같은 염습지 식물에서도 잘 알려져 있다(Dawson et al. 1978). 북대서양과 지중해 해안 조간대의 최상부에서 자라는 김의 일종 *Porphyra linearis*은 수분이 5%로 건조된 상태에서 3주 지난 후에도 광합성 활성이 회복되었다(Lipkin et al. 1993). 건조에 대한 김 *Porphyra linearis*의 내성은 해수에 잠기게 되었을 때 이어지는 대조 사이의 주기와 일치하였다. 남아프리카 조간대에 생육하는 다른 종류의 김 *P. capensis*은 잠겨 있거나 노출되었을 때에도 광합성을 할 수 있다. 이 김은 점액질 외피에 싸여 있어서 건조에 견딜 수 있다(Levitt and Bolton 1991).

표 4-2. 해조류 내의 필수 원소

원소	기능 예	이용 예
질소	단백질, 세포 구조	아미노산
인	에너지 전이, 구조	DNA, ATP
칼륨	단백질 안정, pH 조절	이온으로 존재
칼슘	효소, 구조, 이온	$CaCO_3$, 알긴산
마그네슘	효소, 이온 수송	엽록소
황	효소, 구조	카라기난
철	호흡 효소	시토크롬
망간	광계II 전자 전달	엽록체막
구리	전자 전달	플라스토시아닌
아연	효소	탄산무수화효소
몰리브덴	질산염환원	진산염환원효소
나트륨	수분 균형	이온 펌프
코발트	비타민 B_{12}	B_{12}
염소	할로겐화대사물질	항섭식물질
브롬	할로겐화대사물질	항섭식물질
요오드	할로겐화대사물질	항섭식물질

출처: DeBoer(1981), Lobban and Harrison(1994).

영양염

식물이 필요로 하는 21종의 필수 원소 중 10종인 탄소, 수소, 산소, 질소, 인, 마그네슘, 구리, 망간, 아연, 몰리브덴이 모든 해조류의 생장에 요구 된다(DeBoer 1981; 표 4-2). 실내 배양에서 어떤 비타민 종류들은(B_{12}, 티아민, 비오틴)은 해조 생장에 지속적으로 공급되어야 하지만 해조류에 반드시 필요한 것은 아니다. Lobban and Harrison(1994)은 해조류에 대한 영양염의 중요성을 상세하게 설명하였고 이에 따른 배양용 배지 조제법은 Stein(1973)에 나와 있다.

흡수의 동력학

영양염이 흡수될 때는 에너지가 소비되지 않는다. 예를 들면, 경계층을 통하여 확산된 후에는 필수 원소들은 조류 세포벽에 의해 단순한 흡착을 통해 흡수되며 CO_2, NH_3, O_2, N_2 등의 비전해질들은 수동 수송으로 흡수된다. 수동 수송은 높은 농도에서 낮은 농도로 단순하게 확산되는 것이다. 촉진 확산은 전기화학적 기울기 아래로 좀 더 빠르게 수동 수송되는 것이며, 에너지는 간접적으로 소비된다. 즉, 다른 화합물로 전도되면서 원소가 제거되고 수용 상태로 된다. 능동 수송은 이온들(NO^{-3}, PO_4^{-3}, NO_3^-, PO_4^{-3})이 전기화학적 기울기(예, 이온 펌프)에 역행하여 세포막을 통해 수송되는 것이다. 이 과정은 속도가 더 빠르고 에너지가 요구된다.

촉진 확산과 능동 수송은 Michaelis-Menton 동력학에 나타나 있다(4-4). 이 과정에서 ATP의 인산 에너지 결합은 ATPase에 의해 이용되며 양성자 펌프를 이용하여 이온들을 세포막을 가로질러 이동시킨다. 암모늄과 인산염은 이용하기 어려운 상태로 있고 생장에 중요하기 때문에 많은 종류의 해조류에서 흡수 동력학에 대하여 연구되었다(Lobban and Harrison 1994). 영양염의 흡수 동력학은 세포 내의 농도에 따라 변할 수 있다. 홍조 *Gracilaria tikvahiae*에서 NH_4^+(그림 4-12A)는 직선으로 흡수되어 능동 수송을 보여주고 있다(Friedlander and Dawes 1985). 반면에 이 홍조에서 PO_4^{3-}의 흡수(그림 4-12B)는 두 개의 포화(촉진) 상태(0, 0.2-2.0 μM)를 나타내었으며 한 개는 직선(능동) 상태(0-11 μM)를 보였다.

질소는 보통 질산염 형태로 존재하는데 세포에 의해 흡수되어 저장되거나 세포 내 아질산염으로 전환(질산염 환원효소에 의해)되며 결국에는 암모니아(아질산염 환원 효소에 의해)로 전환된다. 이러한 과정에서는 자유에너지가 감소하므로 전도에는 ATP가 필요하지 않다. 암모니아는 1.0 mM(예, 광합성 반응이 중단됨) 이상의 농도에서는 모든 생물에게 유독하다. 따라서 암모니아는 신속하게 결합되어야 하며 이 과정은 색소체와 세포질에서 글루타민합성효소에 의해서 이루어진다. 암모니아는 글루탐산의 아미드 부위(ATP를 통하여)에 흡수되어 글루타민합성효소에 의해 글루타민이 형성된다. 두 번째 단계는 아미드 질소가 2-옥소글루타르산염으로 전환되어 글루탐산이 생성된다. 암모니아의 동화는 엽록체에서 일어나는데, 이곳에는 ATP와 환원 페레독신이 들어 있다. 따라서 암모니아 동화는 광합성이 일어나는 과정 중의 실질적인 부분으로서, 호흡으로부터 나오는 암모니아를 가지고 세포 내에서 글리세린 두 분자가 세린, 암모니아, 이산화탄소 각각의 한 분자로 전환된다.

인phosphorus은 일차적으로 인산염 이온과 어느 정도의 무기다인산염 및 유기발광성 화합물 형태로 흡수된다. 세포 표면에 붙어 있는 포스포모노에스라아제는 인산 그룹이 유기 화합물에 결합되어 있는 에스테르 결합을 끊는데 필요하다. 세포 내에서 무기 인산은 액포 또는 인산염 소포에 저장되거나(Lundberg et al. 1989) 인산화된 화합물에 결합된다(Chopin et al. 1990). 관속 식물에서는 다인산염 소체에 저장이 안 되지만 조류에서는 흔하다(Lundberg et al. 1989).

조절 요인

다른 대사 과정과 같이 영양염의 흡수는 다양한 종류의 비생물적(온도, 염도, 복사 조도, 물의 운동) 또는 생물적(형태, 세포의 크기) 요인에 의해 영향을 받는다. 영양염 흡수에 관한 연구는 꼬시래기*Gracilaria*와 같이 경제적으로 중요한 해조의 양식과 관련된 실험에서 주요 연구 주제가 되어 왔다(Dawes 1987의 표 4). Hanisak(1987)는 *Gracilaria tikvahiae*의 배양 실험을 기초로

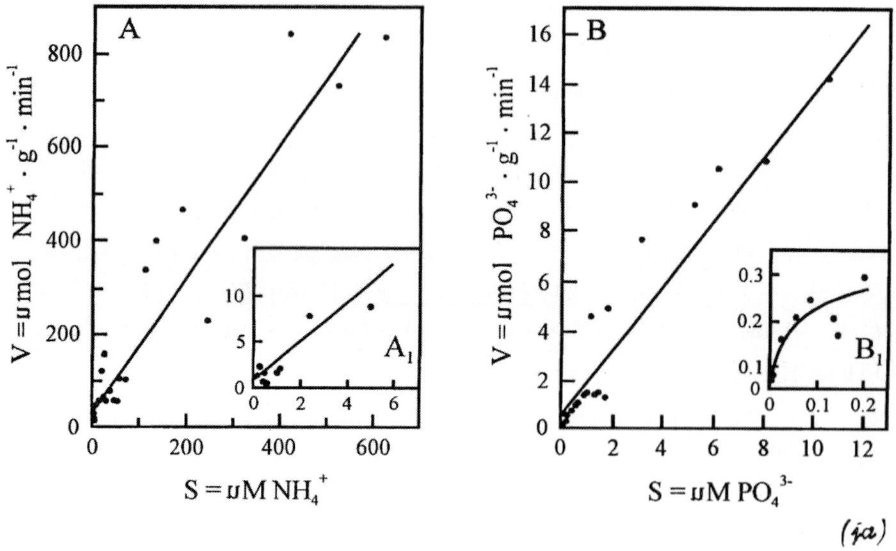

그림 4-12. 홍조 꼬시래기의 일종 *Gracilaria tikvahiae*의 암모늄과 인산염 흡수 동력학. 규칙적인 배지 공급실험을 통하여 암모늄의 세 가지 농도(A: 0.02, 0.2, 2.0 mM)와 가장 낮은 농도(A1: 0.02 mM)에서 흡수를 측정하였다. 이와 유사한 실험을 하여 PO_4의 세 가지 농도(B: 0.002, 0.02, 0.2 mM)와 가장 낮은 농도(B1: 0.002 mM)의 흡수를 측정하였다. 농도를 무시하더라도 암모늄의 흡수는 직선으로 나타나는 반면, 인산염의 흡수는 기질의 농도에 따라 다양하였다(Friedlander and Dawes 1985).

수온, 유동율, 통기, pH, 영양염, 이산화탄소 사이의 상호 관계를 연구하였다. 이산화탄소, 질산염, 인산염 등이 최대로 흡수된다면 생육지 내에는 각각 비생물 요인들의 최적 범위가 존재할 것이다.

해초류와 조류의 관계에 대한 연구에서 Koch(1993)는 조류가 임계 수준(*Thalassia testudinum*에서 0.25 cm s^{-1}, *Cymodocea nodosa*에서 0.64 cm s^{-1})까지 올라가면 이산화탄소 확산이 늘어나고 광합성도 증가한다는 것을 밝혀내었다. 임계 조류 수준이상에서는 탄소 고정은 효소 동력학에 따라 제한을 받는다. 이 두 가지 해초류 종에서 임계 수준이 차이가 나는 것은 마찰 속도와 교란에 영향을 주는 잎의 형태적인 차이 때문이다. 교란은 경계층의 두께에도 영향을 미친다. 대형 갈조류 *Macrocystis pyrifera*에서는 조사도와 조류가 증가하면 질산염 흡수가 높아질 수 있지만 암모늄에서는 그렇지 않다(Wheeler 1985).

5장

인간 활동과 해산식물

Hugo Grotius는 *Mare Libertum*(1609)이라는 저서에서 "바다는 손상되지 않으며 마음대로 이용할 수 있고 우리 모두에게 이익을 가져다준다"라고 기술하고 있다. 바다를 마음대로 이용해도 된다는 생각은 환경론자들, 수산업자들, 내만과 염하구를 관리하는 사람들이 바다 자원이 심각하게 손실되고 오염 정도가 심해지고 있다는 것을 알아채기 시작했을 때인 20세기 중엽까지 정부 당국이 가진 일반적인 방침이었다. 지구의 2/3을 덮고 있는 해양과 연안은 식량, 에너지, 폐기물 처리, 운송 자원으로 간주되어 왔다. 가장 심하게 영향을 받는 해산식물 군집은 염하구와 해안 식물군집으로서, 이들은 거주 지역과 근접해 있다. 해산식물 군집을 다룬 모든 책에서는 인간의 영향에 대한 실예를 보여주고 있다. 더구나 이들 책에서는 해조류와 이들에게 미치는 인간의 영향에 대해서 초점을 맞추고 있다(Jackson 1968; Lembi and Waaland 1989). 해산식물 군집에 가해지는 인간의 영향은 기계적 손상, 오염에 따른 직접적인 영향, 생물학적 영향, 지구 온난화, 해수면 변동과 같은 간접적인 영향으로 구분된다. 부록 B에서 나와 있는 인간의 활동에서 긍정적인 측면은 해산식물을 이용할 수 있다는 점으로서 적절하게 활용하면 농업, 식량, 산업에서 재생이 가능한 자원이 될 수 있다.

물리적인 직접 손상

해산식물 군집에 가해지는 기계적인 손상은 식물체의 구조에 따른 물리적인 영향 때문에 생기는 수가 많다. 산업화와 도시화가 해산식물 군집 지역에 미치는 장기적인 영향이 실질적인 연구의 주제가 되고 있으며 도시 건설은 현재 대부분 개발 국가에서 집중적으로 규제되고 있다. 항, 포구 건설을 위한 성토 작업, 운하 준설과 해안 군집에 대한 전반적인 개발로 인하여 조간대와 해초류 군집이 막대하게 손실되고 있다. 예를 들면, 탬파 만에서 건설 공사와 그에 따른 토사 유실로 물의 탁도가 높아지고 오염으로 인하여 해초류 81%(30,273 ha), 맹그로브와 염습지 44%(12,857 ha)가 사라졌다(Lewis and Estevez 1988). 해안 건설은 선박 운송(항구)과 해안 시설(방파제, 호안)에 더하여 관광지 개발(해변 재개발)을 목적으로 수행되어 왔다. 건설 공사는 해산식물 생육지를 직접적으로 없애버리므로 그 결과 군집 자체와 더불어 군집이 지닌 여과, 안정, 보호 기능을 사라지게 한다.

그림 5-1. 폭풍이 플로리다의 사라소타만Sarasota Bay 인근의 방파제와 목재 호안 시설에 손상을 입혔다(사우스플로리다 대학의 R.A Davis 제공).

전형적인 사구지 식생이 제거된 후 개발이 가해진 해안에 대한 폭풍의 영향은 잘 알려져 있다. 따라서 호안seawalls(해안에 대해 평행)은 주거 지역과 산업 시설을 보호하기 위한 것이며, 방파제groins(해안에 대해 수직)는 해변 침식을 방지하기 위해 설치된 것이다. 호안은 직접적인 파도의 침식으로부터 재산을 보호하기 위한 것이며 방파제는 해안을 따라 이동하는 침전물을 붙잡아 해변의 폭을 넓히기 위해 설치된 것이다. 호안과 방파제는 모두 낮은 파도 에너지를 받는 해안일지라도 간헐적으로 발생하는 폭풍 때문에 그 효과가 적다는 것이 입증 되었다(그림 5-1). 단단한 방호벽이 설치되지 않는다면, 파도의 영향과 침식으로 인하여 호안과 방파제는 지속적으로 보수하거나 노후한 것들은 교체시켜야 할 것이다. 반면에 사구지 식생(그림 1-5와 5-5A)과 해안 식물 군집은 파도와 조류의 영향을 흡수할 수 있다.

지난 40년간 미국 내의 중앙, 주, 지방 정부 차원에서 해양 개발에 대한 제한 규정이 시행되어 왔다. 이와 유사한 규제 운동은 영국에서 이미 시작되었으며 현재는 대부분의 국가에서 시행되고 있다. 그러나 이러한 개발 규제로부터 빠져나가는 일들이 흔하게 일어나고 있다. 해안과 염하구 생육지에 대한 대규모 개발 사업은 교량, 도로, 주거지 개발과 같이 규모가 작으며 점진적으로 가해지는 개발보다는 진행 사실을 비교하기가 쉽다. 장기간에 걸쳐 손실된 해안 식생을 이전의 사진과 최근의 항공사진을 비교하여 쉽게 판정할 수 있다. 예를 들면 교량, 도로의 건설과 준설 작업은 탬파 만의 국립 염하구 프로그램 보고서에 기록되어 있다. 반면에 개인 주택 혹은 소형 사업

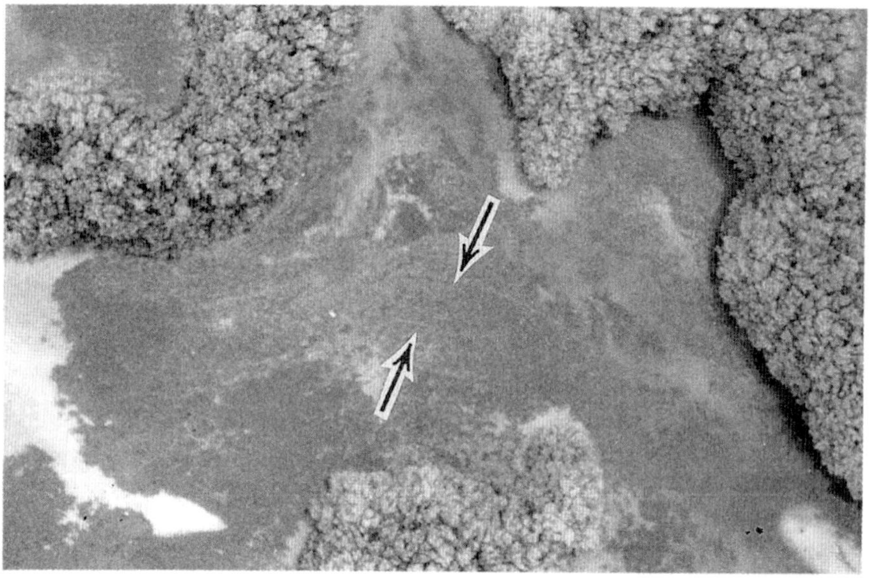

그림 5-2. 탬파 만Tampa Bay에서 수심이 얕은 해초류 밭이 프로펠러에 의해 잘려나간 자국. 맹그로브 숲 사이의 수로에서 프로펠러로 훼손된(화살표) 해초류 밭의 항공사진(Hillsborough Community College의 Dr. Nick Ehringer 제공).

(요트 계류장, 호텔, 공원)들은 정기적으로 항공 관찰이 이루어지지 않으면 눈에 띄지 않게 진행될 수 있다. 그렇게 된다면 이와 같은 작은 영향들이 시간을 두고 누적되어 내만의 생산력을 심각하게 변동시킬 수도 있다.

얕은 수심에 사는 식물과 동물 군집은 소형 선박 운항과 계류장 건설 때문에 훼손되거나 스트레스를 받을 수 있다. 모터보트 사용이 많아지면서 얕은 수심에 사는 해초류 밭이 프로펠러로 인하여 잘려 나가고 있다. 전 세계적으로 수심이 얕은 만이나 염하구의 해초류 또는 해조군집이 형성된 곳에서는 모터보트 자국들을 흔히 볼 수 있다(그림 5-2). 개인용 모터보트의 수가 늘어나면서 매우 심각한 정도로 해초류 밭이 파괴되고 있다. 플로리다 지역만 하더라도 해초류 목장 2,700,000 ha 중에서 70,040 ha 이상이 모터보트의 프로펠러로 인하여 훼손되었다(Sargent et al. 1994). 해초류 밭이 프로펠러로 절단된 다음에는 회복 속도가 매우 느리다는 것이 문제이다. 예를 들면 프로펠러로 잘려나간 거북말이 회복되는 데는 4.1-7.5 년이 걸렸다(Dawes et al. 1997). 보트에 의해 일어나는 다른 손상은 산호초나 해초류 밭에서 닻을 내리면서 가해지는 손상이다. 전 세계의 산호초 지역에서 닻을 내리는 것은 금지되어 있으며, 보트는 부표에 묶어두도록 하고 있다.

직접 손상: 오염

자연 군집에 가해지는 다른 형태의 스트레스는 영양염과 여러 가지 유독 물질이 첨가되어 일어나는 오염이다. 따라서 온배수, 유류 유출, 생활하수, 유기 화학물질, 금속 및 쓰레기와 같은 매우 다양한 오염원이 생물군집에 영향을 미친다. 이 오염원들 중에서 일부는 유독한(예, 고온, 살충제, 제초제, 화학물질, 일부 유류 성분) 반면, 어떤 종류는 자연 환경에 부영양화를 일으킨다(하수, 음식물쓰레기, 일부 유류 성분). 이와 같은 오염원들이 생물군집에 심각한 손상을 입힌다면 이를 분석하기 위해 장기적으로 비교 연구할 필요가 있지만, 오염으로 인한 영향이 물리적인 손상에 따른 영향보다 판정하기가 대체로 더 어렵다. 어떤 경우에는 해산식물상을 조사하는 것만으로는 심각한 손실을 파악할 수 없을 수도 있다. 예를 들면, Edwards(1975)는 영국 더햄 주Durham County 해안의 가장 오염된 지역 중 한 곳에서 1793년과 1971년 사이에 4회에 걸쳐 채집된 해조류를 비교한 결과 200년이 경과하는 동안에 출현종은 단지 17%만 감소하였다고 보고하였다.

열 오염

공업 단지로부터 배출되는 물은 해수 온도를 높이게 되고 이로 인해 해안 군집에 열 스트레스를 주게 된다. 온도는 모든 생물에게 가장 기본적인 비생물적 요인들 중 하나이므로 1℃ 상승하면 대형 조류 10%가 감소하게 된다는 것은 대단한 사실이 아니다(Devinny 1980). 아열대와 열대 지역의 예에서 보는 바와 같이 주변의 해수 온도가 해산식물의 생육 상한선 온도에 가까운 곳에서는 온도 스트레스가 특히 우세해지게 된다. 온배수의 영향으로 한국(Kim et al. 1992)과 영국(Schneider 1981) 해안에서 대형 조류의 다양성이 떨어지고 생물량이 감소하였다. 메인 주의 염습지가 열 부하로 인해 온배수 방출 첫해에 생물량의 48%가 감소하였고 두 번째 해에는 40%가 더 감소하였다(Vadas et al. 1976).

기름 유출

원유(석유)는 20% 파라핀(지방족화합물), 55% 나프텐(사이클로알칸), 20% 방향족화합물(벤젠)을 포함하여 약 10,000가지 유형의 탄화수소가 혼합되어 있다. 벤젠은 많은 종류의 유독성 화합물을 함유하고 있다(Preston 1988). 캘리포니아의 산타바바라Santa Barbara에서는 갈라진 지층으로부터 기름, 아스팔트, 타르 등이 자연적으로 침출되어 바다로 유입 된다. 이들 탄화수소류는 세균의 에너지원으로 이용된다. 석유가 대량으로 갑작스럽게 유출되면 중대한 문제가 야기된다. 1967년의 토리캐년Torrey Canyon(139백만 리터), 1983년의 까스띠요데벨버Castillo de Bellver(293백만 리터), 1989년의 엑손발데즈Exxon Valdez(40백만 리터) 등 초대형 유조선으로부터 유출된 원유는 1991년 이라크 군대가 페르시아 만으로 계획적으로 투기한 11억천만 리터에 비하면 약소한 정도이다. 쿠웨이트 원유는 조류를 타고 사우디아라비아의 북동쪽 해안을 따라 남쪽으로 이동하였는데 이 지역은 얕은 조하대에 해초류 군집, 조간대에 염습지 군집이 형성되어 있고 *Avicennia marina*가 제한적으로 분포하는 곳이다. 사우디아라비아 해안을 따라 형성된 해초류 군집은 어떤 손상도 입지 않은 반면(Kenworthy et al. 1993), 조간대에서는 해조류 군집이 소멸되었고(Al-Thukair and Al-Hiani 1993), 염습지와 맹그로브가 손상을 입었다(Boer 1993). 이와 같은 유류 사고는 연안 및 저서생물 군집에 단기 및 장기적으로 손상을 입힐 수 있다.

고분자 및 저분자화합물의 방출과 더불어 유류가 유출되면 식물들이 저분자 유독 물질을 흡수하거나 고분자화합물로 피복되기도 한다. 붉은맹그로브와 검은맹그로브의 유묘(Proffit et al. 1995)에서 나타난 바와 같이 기름막이 강력한 햇빛에 노출되면 상호 작용이 상승하여 일어날 수 있다. 중금속이 함유된 유독성 벤젠을 흡수하게 되면 기름으로 오염된 지역에 서식하는 표재 및 내재 동물의 세포 대사를 손상 시킬 수 있다. 해초류 잎, 염습지 식물, 맹그로브의 줄기와 뿌리가 기름으로 피복되면 가스 교환이 막힌다. 맹그로브의 뿌리와 줄기에는 피목lenticles이라고 하는 틈이 있어서 이곳을 통하여 무기성 환경에서 뿌리가 자랄 수 있도록 가스 교환을 한다. 타르나 점성 기름으로 둘러싸이면 뿌리는 죽게 된다. 예를 들면, 탬파 만 입구에 유출된 소량의 원유(벙커유 #2)가 검은맹그로브의 통기 조직을 덮어 피목이 막혀 버렸다. 초기에는 영향이 없었으나 1년 후에는 맹그로브가 죽기 시작했다. 페르시아 만의 유류 유출에서 나타난 바와 같이 어떤 지역의 맹그로브는 피목을 발달시키고, 통기 조직을 지닌 가지를 내며, 부정근을 많이 내어 산소 공급이 제한되는 것에 반응한다(Boer 1993).

연안 생물 군집의 유형에 따라 원유 유출의 영향은 달리 나타난다. 유출된 유류는 조간대 생물 군집과 해초류 밭이 형성되어 있는 연성 저질이고 보호된 연안에서는 오래 잔류(10년 이상)되지만 노출된 바위 해안에서는 영향이 훨씬 제한적이다. 경성 저질에는 유류가 침투하지 못하기 때문에 대형 조류는 보통 2-3년 이내에 회복된다. 영국의 남서부 끝에 위치한 해안에서 토리캐년Torrey Canyon호로부터 원유가 유출된 후 조간대의 대형 해조류 군집은 곧 파괴되었다. 그러나 2개월 이내에 개척자(*r*-선택) 녹조류(예, 파래*Enteromorpha*와 갈파래*Ulva*)들이 암반을 덮었다. 1년 이내에 녹조류-따개비 단일 군집은 갈조류와 홍조류로 대체되었으며, 5년 이내에 군집이 유출 이전의 상태로 되돌아 왔다. 캘리포니아 산타바바라 해안에서 대량의 유류 유출 사고가 일어난 후에 Foster et al.(1971)은 암반 조간대의 해조류들이 즉시 정단부로부터 말라죽는 것을 관찰하였다. 그러나 해조류 군집은 2년 이내에 회복되었다. 푸에르토리코 열대 연안에 유류가 유출되어 맹그로브 숲이 소멸되었으며 15년 후에도 회복되지 않았다. 이와 유사하게 홍해의 이스라엘 엘라트Eilat 인근의 산호초가 손상을 입었으며 죽은 산호 골격 위에는 대형 해조류 군집이 형성되었다. 위의 푸에르토리코 연안의 경우에는 유류 오염물이 연성 저질에 남아 있었으며, 홍해의 경우에는 생장 속도가 느린 산호가 죽게 되고 대신에 대형 해조류 군집이 우점하게 되었다.

생활 폐기물

영양화는 영양염이 증가하여 군집이 눈에 띄게 변동되는 것인 반면, 부영양화eutrophication는 용해 영양염이나 유기물이 유입됨으로써 산소가 과다하게 요구되는 현상을 말한다. 모든 종류의 오염 중에서 음식물찌꺼기와 하수는 부영양화를 일으키는 가장 흔한 원인 물질이다. 바지선이 뉴욕시로부터 배출되는 압축된 음식물찌꺼기를 항구에서 수 km 떨어진 해역에 매일 내다 버린다. 샌디에이고San Diego에서는 매일 2천 톤과 9백만 3천 리터의 분뇨를 배출하는데 일차 처리만 된 다음 연장 4 km의 하수관을 통하여 태평양으로 버려진다(Milne 1995). 제지 원료를 생산하는 제재소로부터 나오는 배출물에는 탄닌, 리그닌과 황화수소, 메틸메르캅탄, 목재 수지를 함유한 유독성 화합물과 더불어 다량의 폐유기물이 들어 있다. 농업용 폐수가 강과 하천으로 흘러들어 염하구에 영양염 수준을 높이는 역할을 한다.

벌채, 준설과 운하 건설 시에 생긴 영양염이 풍부한 침전물은 강물을 통하여 연안으로 이동한다. 많은 강이 수로화 되었기 때문에 범람지에 확산되어 있는 영양염 퇴적물이 바다로 직접 운반된다. 예를 들면 미시시피 강이 집중적으로 수로화 되었으므로 강물이 수천 톤의 영양염을 멕시코만 북부로 운반시킨다(Davis 1986). 저층이 제대로 형성되지 못한 결과 미시시피 삼각주가 침식되었고 알라버마Alabama 해안의 50 km^2가 생물이 살지 못하는 지역으로 변했다. 이 지역은 미시시피 강으로부터 배출되는 영양염이 서서히 쌓여 형성된 곳이다.

비료가 육상 작물(잡초)의 생장을 도우는 것처럼, 생활 폐기물이 대형 조류와 식물플랑크톤의 대발생을 일으켰다. 부영양화에 따른 영향은 여러 가지로 나타나며 대표적으로 (1) 용존 산소가 적어지면 혐기 상태에 도달할 수 있고, (2) 초기에는 *r* 선택자들이 우점하고 종 다양성이 감소하는 변동이 일어나며, (3) 탁도가 증가하고 플랑크톤 생장이 늘어나게 되면 광의 투과도를 떨어뜨리게 되므로 생육지가 악화된다. 해초류가 감소한 체사피크 만(Kemp et al. 1983), 탬파 만(Lewis and Estevez 1988; Johansson 1991), 네덜란드의 바덴 해(Giesen et al. 1990), 플로리다 사주(Laponte et al. 1994) 등에서 식물플랑크톤이 증가하면서 탁도가 높아진 예가 앞의 세 연구에서 밝혀졌으며, 대형 조류와 해초류에 착생하는 식물이 많아진 예는 Lapointe et al.(1994)에 나와 있다. 준설은 영양염이 풍부한 저층을 현탁시켜 영양화를 일으키거나 물속으로 입자 물질을 방출시켜 투명도를 낮춘다.

복합적인 생활 폐기물로부터 생기는 부영양화는 생물학적 산소 요구량(BOD)을 높이고, 종 다양성을 낮추며, 식물플랑크톤을 대발생시켜 물의 투명도를 감소시키거나, 개척자 대형 조류(예, 녹조류)가 빠르게 들어오도록 한다. Littler and Murray(1974)는 남부 캘리포니아의 하수 배출구 근처에 자라는 대형 조류들이 순 생산량이 증가하고 생활사가 단순하고 짧아지는 소형 생장형으로 바뀌는 것을 관찰하였다. 바꾸어 말하면 이 지역이 개척자 식물 종으로 우점된 것이다. 일반적으로는 생육지가 빈영양화 될수록 생물군집에 대한 영양염의 부가 효과는 더 커진다. 그러나 호주 서부 연안에서 보는 바와 같이 이와 같은 현상에는 예외가 있는데, 이곳에는 식물플랑크톤과 해초류 착생식물이 거의 없으며 영양염 증가로 인하여 해초류 군집이 변화되는 영양은 보이지 않았다(D.I. Walker 관찰). 하와이와 플로리다 사주(Sorokin 1993) 해안에서 산호초가 감소한 것과 유해 조류 대발생에 대한 보고들(8장; Bach and Josselyn 1978; Merrill and Fletcher 1991; Valiella et al. 1992; Maze et al. 1993)이 영양화에 따른 영향을 연구한 예들이다. 부영양화와 영양화로 인하여 메사츄세츠의 와구트 만Waguoit Bay(Valiella et al. 1992)에 *Cladophora vagabunda*와 *Gracilaria tikvahiae*가 대량으로 번무하였고, 버뮤다(Bach and Josselyn 1978; Lapointe and O'Connell 1989)에는 *Cladophora prolifera*가, 베니스라군Venice Lagoon과 프랑스 북부 해안(Merrill and Fletcher 1991;

그림 5-3. 녹조 청각의 일종 *Codium isthmocladum*이 웨스트팜비치 해안의 산호초 수심 20-30 m에 무성하게 자라고 있다(B.E. Lapointe 제공).

Maze et al. 1993)에는 *Ulva lactuca*가 대발생하였다. 녹조류의 대발생으로 인하여 프랑스와 지중해 북부 베니스 연안으로부터 이들을 제거하는 데는 매년 높은 비용(610만 달러)이 들고 있다.

사상체 갈조 가온열매실말*Pilayella littoralis*은 메사츄세츠의 나한트 만Nahant Bay(Wilce et al. 1982)에서 빈번하게 대발생하였는데 이는 인위적인 영양화 때문이 아니라 수괴 순환과 영양염이 풍부한 해수가 용승하여 생기는 것으로 보인다(Donald Cheney 관찰). 갈조류는 계절적으로 대량 발생하여 해안으로 떨어져 나와 해수욕장을 더럽힌다. 플로리다의 웨스트팜비치West Palm Beach해안에서는 산호초(*Codium isthmocladum*; 그림 5-3), 자메이카의 디스커버리 만Discovery Bay(*Chaetomorpha linum, Lobophora variegata, Sargassum polyceratium*을 포함한 다층 해조류 군집)에는 대형 해조류가 번무하였다. 두 종류의 대형 해조류가 대발생하게 된 것은 조식동물이 사라져서가 아니라 바닥에 영양염이 증가하였기 때문이다. 산호초 지역의 깊은 수심(20-30 m)에 청각 *Codium isthmocladum*이 번무한 것은 도시화, 사탕수수 재배, 운하 건설 등과 관련이 있는 것으로 보인다. 디스커버리 만에 다층 해조류가 많아진 이유는 지하의 다공성 석회암에 생긴 균열을 통하여 부영양화된 지하수가 스며 나오기 때문이기도 하다.

해조류는 오염된 조건에서 생물지표bioindicators로 이용되는데(Levine 1984; Haglund et al. 1996), 해조류는 한 지역에 붙어사는 영구적인 모니터로서 채집이 쉽고 다양한 물질을 축적하는 경향이 있기 때문이다. 자연 개체군의 해조류를 이용하여 광산으로부터 유출되는 화학 원소의 수준

(Vasquez and Guerra 1996)을 측정할 수 있는데, 꼬시래기*Gracilaria* 배양주를 생장 억제시키면서 유독성을 효과적으로 평가할 수 있다(Haglund et al. 1996). 브리티시아일스British Isles 해안에 분포하는 대형 갈조류 숲은 부영양화 조건을 예측하기 위하여 에너지 그물 모델을 이용하여 관찰되어 왔다(Bellamy et al. 1968). 갈조 *Ascophyllum nodosum*과 같은 해조류는 부가 생장을 하는데, 각각의 마디 사이는 1년 생장을 나타낸다.

합성 탄화수소

대표적인 합성 탄화수소류 물질로는 살충제, 제초제, PCB, 오손 방지용 화합물, 제지 공장 배출물을 예로 들 수 있다. 이들 물질 모두가 유독성이지만, 바닷물에는 보통 낮은 농도로 존재하기 때문에 심각한 문제를 일으키지는 않는다. 이와 같이 낮은 농도에도 불구하고 이 화합물들은 생물학적 농축을 통하여 먹이 사슬에 농축될 수 있다. 이 화합물들은 각 영양단계, 즉 식물플랑크톤으로부터 다양한 동물플랑크톤, 패류, 어류를 포함한 여과 섭식자인 무척추동물, 마지막으로는 조류, 어류 및 사람에 이르기까지 농축된다. 이 화합물들은 농도가 높아졌을 때는 조류, 어류, 사람에게 유독하다.

살충제pesticides는 파라티온과 같은 분해성 유기인산들과 DDT와 같은 지속성 염화 탄화수소류이다. DDT가 오랫동안 분해가 안 되어 체내에 농축된 결과 갈색 펠리칸의 알 껍질이 얇아져서 채 부화가 안 된 병아리가 죽거나 어미가 품고 있는 동안에 알이 부서지게 된다. DDT로 인하여 대형조류와 식물플랑크톤의 광합성률이 떨어지는 이유에 대해서는 잘 알려져 있지 않다. 제초제 herbicides(예, 파라쿼트, 다이쿼트)는 하천과 호수에서 잡초를 제거하기 위해 집중적으로 사용되었다. 따라서 제초제는 다양한 경로로 염하구와 연안 군집으로 유입되었다. 대형조류의 광합성과 함께 포자 발아와 생장은 모두 파라쿼트 페노카복실산과 같은 제초제에 의해 해로운 영향을 받는다.

PCB*p*olychlorinated *b*iphenyl *h*ydrocarbons라고 부르는 탄화수소 계열은 분해가 잘 안되고 다양한 기질 내에 장기간 잔류한다는 점에서 DDT와 유사하다. 이 화합물은 매우 안정적이고 대부분의 생물에게 유독하기 때문에 많은 나라에서 생산을 금지하고 있다. PCB가 식물플랑크톤의 광합성을 저하시키지만 해조류에 대한 영향은 잘 알려져 있지 않다. 트리페닐틴TPT과 트리부틸틴TBT과 같은 생물오손제거제는 항만 구조물이나 선체에 대한 생물 제거제로 널리 사용되어 왔다. 생물제거제인 이들 화합물은 대형 조류에 매우 유독하며, 미토콘드리아의 발생과 기능에 영향을 미친다(Evans and Hoagland 1986). 이들은 잔류 기간이 길기 때문에 여러 해 동안 항구나 만의 저층에 남아서 해산식물과 여기에 모여 사는 동물 무리에게 다양한 측면으로 영향을 미친다.

중금속과 방사성 물질

중금속은 해수의 정상적인 구성 성분으로서 낮은 농도로 존재하며 경우에 따라서는 미량이 해산식물에게 이용된다. 수은, 카드뮴, 납, 비소, 구리, 크롬 등은 산업 또는 생활 폐기물에서 발생되어 해수와 연안 지역을 오염시킨다. 수은은 다양하게 산업에 이용되므로 하수에 흔하게 들어 있다.

납은 도로로부터 유실되어 나온 물질에 많이 들어 있으며 유연 휘발유를 사용하는 연소 엔진의 배기에서 발생한다. 수은과 납은 용해도가 낮기 때문에 해수에서 높은 농도로 발견되지는 않지만, 생물농축을 통하여 생물의 높은 영양단계에 도달할 수 있다. 중금속은 대형 해조류에 의해 능동적으로 뿐만 아니라 수동적으로도 흡수된다(Fuge and James 1974). 일차 처리된 하수로부터 영양염을 제거할 때 대형 해조류를 매우 효과적으로 이용할 수 있다. 그러나 해조류가 하수로부터 중금속을 흡수한다면 이들을 사료나 비료로는 사용할 수 없게 된다.

해조류에 대한 중금속의 일반적인 유독성 순서는 Hg > Cu:Cd > Ag > Pb > Zn이다(Rai et al. 1981). 많은 종류의 중금속은 직접적인 영향에 대해서 잘 알려져 있지 않지만 수은, 납, 아연, 구리 등이 과도하게 축적이 되면(3-5 ppm) 식물플랑크톤의 세포 모양, 생장 및 대사에 손상을 줄 수 있다(Round 1981 참조). Edwards(1972)는 0.01 ppm의 구리가 해수에 들어 있어도 외깃풀속 *Callithamnion*과 같은 홍조의 생장을 저해한다고 보고하였다. 수은은 효소의 기능을 억제하여 생장을 정지시키며, 광합성을 저해하고, 색소 수준을 감소시키며, 세포의 투과성을 높인다. 이들 중금속의 유독성 정도는 물리 화학적인 상태와 관련이 있다. 중금속이 유기 입자와 결합된다면, 이들의 독성은 줄어들 수 있다. 수산화물, 산화물, 탄산염, 인산염 형태로 존재한다면 중금속은 해수의 높은 pH로 인하여 용해 상태로 남아 있지 않는다. 따라서 대부분의 중금속은 낮은 농도로 용해되어 있다.

방사성 동위원소는 대부분 핵 반응기(발전소, 원자력 선박)가 작동할 때 생기지만 의료용 물질이나 군사 무기에서도 발생한다. 해산식물은 자연적(예, ^{40}K) 또는 인위적(예, ^{90}Sr)인 방사선원으로부터 방사능에 노출될 수 있다. 방사성 물질의 안정성 혹은 반감기는 장기적(긴 반감기)일수도 제한적(짧은 반감기)일수도 있다. 해산식물에 의한 방사성 동위원소의 흡수는 김*Porphyra*의 ^{106}Ru에서 나타난 바와 같이 흡착에 의하거나, Bachman and Odum(1960)이 보여준 고착성 해조류의 ^{65}Zn 흡수처럼 능동적으로 일어난다. 그러나 해조류에 대한 방사성 동위원소의 영향에 대해서 알려진 정보는 그리 많지 않다. 이러한 사실에도 불구하고 다양한 먹이사슬 내에서 방사성 동위원소가 생물농축을 일으킨다는 문제를 입증하는 확실한 증거가 있다(Robertson 1972).

비분해성 쓰레기

맹그로브 숲, 염습지 및 해안에서 발견되는 비생분해성 쓰레기의 양을 보면 해양 환경에 대한 우리들의 관심이 얼마나 적은가를 알 수 있다(그림 5-4). 비분해성 쓰레기의 유형은 플라스틱 주머니와 병, 금속 물체, 유리, 낚시 도구와 같이 다양하다. 플라스틱은 분해가 느리며 컨테이너, 낚시줄, 폴리프로필렌 밧줄이나 피복용 등에 광범위하게 사용된다. 플라스틱 쓰레기는 북극권으로부터 열대 산호초까지 퍼지며 만 지역에 몰리는 경향이 있다. 비스케이 만Bay of Biscay과 세인 만Seine Bay에서는 대륙붕 연안 조하대로부터 헥타 당 평균 14조각이 수거되었으며(Galgani et al. 1995), 이 가운데 95%가 플라스틱 주머니였다. 그러나 대부분 비분해성 쓰레기는 플라스틱이어서 수면에 떠다닌다. 비분해성 쓰레기는 해산식물 군집에 직접적인 문제가 되지 않는 것이 보통이며 착생 조류나 대형 해조류에게 새로운 기질을 제공해 주기도 한다. 그러나 비분해성 쓰레기는 기질을 덮어서

그림 5-4. 플로리다 서해안 맹그로브 지역에서 3분 동안 수거한 다양한 종류의 비분해성 쓰레기.

조간대 생물군집에 손상을 주게 되며 대형인 경우에는 폭풍이 부는 동안에 해조를 부착 기질로부터 떨어져 나가게 한다.

생물학적 손상

지난 300년 내내 해양 동물을 다량으로 포획해버려 어류와 무척추동물(조개류, 새우, 바다가재) 생산이 심각하게 감소하게 되었다. 이는 과도한 어획 때문이며 결국 포획하는 어류와 무척추동물의 평균 크기와 양이 줄어들게 된 것이다. 이와 같이 경제적으로 중요한 동물이 감소하는 것은 연안 해산식물 군집이 없어진 것과 관련이 있는데, 해산식물 군집은 양식하는 생물들에게 양육 장소와 서식처로 이용된다. 염습지, 맹그로브 숲, 해초류 및 해조류 생육지가 파괴되면 어류와 패류의 개체군의 크기가 큰 변동을 보이며, 따라서 수확도 줄어든다. Harris(1996)는 메인 만에서 성게 *Strongylcentrotus drobachiensis*를 집중적으로 포획해서 다른 종이 침입했을 때 해조류와 동물 군집에 어떤 일이 일어 날 것인가에 대해 의문을 제기하였다. 아울러 성게가 먹어치워 생긴 불모지에는 해조류, 진주담치*Mytilus edulis*, 불가사리*Asteria* spp. 순으로 들어오고, 메인 만 남서부 지역의 조하대에 대하여 2년에 걸친 연구에서는 해조류가 들어오는 불안정한 전이를 보였다. Harris(1996)는 20년에 걸친 연구에서 복잡한 요인들은 해수 온도가 상승한 것과 외래 녹조 청각*Codium* *fragile*, 군체 피낭동물 *Botrylloides diegensis*와 *Diplosoma* spp., 태형동물 *Membraniopora membranacea* 등이 성게가 먹어치운 볼모지로 침입한 것을 관찰하였다. 지나친 포획으로 인하여 생기는 다른 문제는 먹이 사슬이 붕괴되는 것이다. 조식이 과도하게 가해지면 포식자-먹이 개체군에서 균형이 깨진다. 이러한 불균형 때문에 포식자가 제거되면 성게들이 해조 군집을 과도하게 먹어치우거나 (Tegner 1980; Schiel and Foster 1986), 조식동물이 적어지면 해조류가 산호를 우점하게 된다 (Glynn 1990). 북대서양 연안 메인 만의 여러 지역에서 조하대에 우점하는 대형 갈조류 군집이 저생산성 석회조류 "황무지"로 바뀌었다(Vadas and Steneck 1988). 이 황무지는 부분적으로 성게 개체군이 증가한 것과 관계있는 것 같으며 수온이 높은 시기에는 성게들은 질병으로 인하여 다시 죽게 될 것이다(Elner and Vadas 1990). 그러나 성게 개체군이 증가하는 것은 포식자인 어류가 남획되어 없어진 것과 관련이 있다(Vadas and Steneck 1995). Vadas and Steneck(1995)는 북대서양 서해안을 따라 과거 300년 동안 가해진 남획으로 어로 지역이 폐쇄되었을 뿐만 아니라 연안 해조 군집이 반영구적으로 변화되었다고 지적하고 있다.

해양생물 채취와 수산 양식

그물을 사용하여 얕은 연안수에 사는 새우, 숭어 등 어류들을 잡게 되면 앞에서 인용된 바와 같이 해초류 밭과 상업적인 어류의 먹이가 되는 작은 동물들을 손상시킨다. 연안에서 그물을 사용하는 것을 금지하는 법이 미국 내에서는 점차 보편화되고 있는데(예, 플로리다 그물 사용 금지법 1995), 이는 해초류와 해조류 군집에 대한 훼손을 줄이고 먹이 사슬에서 다른 생물들을 보호하고자 하는데 있다. 수산업자들은 서식처가 개선되고, 먹이 사슬 내에서 일차 소비자가 증가하기를 바라고 있으며, 조하대 군집에 대한 훼손이 줄어들면 이차 소비자의 수도 늘어날 것이라고 보고 있다. 이러한 기대는 의문의 여지가 있으며 이미 연안 습지와 조하대 서식처가 과도한 정도로 손실되어 있어서 이전의 어류와 무척추동물 생산량으로 되돌리기는 불가능하다.

수산 양식은 전 세계적으로 새우, 어류, 해조류의 생산량을 증대시킨다(6장). 그러나 과거 50년간 연안 습지 지역이 특히 열대 지역에서 새우, 어류를 잡고 해조류 양식장을 만들기 위해 훼손되어 왔다(Fortes 1988, 1991). 예를 들면 에콰도르에서 새우 양식장을 만들기 위해 벌목한 결과 맹그로브 숲의 28,500 ha로 전체 맹그로브 지역의 14%가 사라졌다(Blanchard and Prado 1995). 에콰도르에서 맹그로브 숲의 파괴 면적은 연간 3,742 ha로 나타났다(Clirsen 1992). 열대의 전 해안에 분포되어 있는 맹그로브 숲이 새우, 어류 및 해조류 양식을 위해서 파괴될 위험에 처해 있다(Linden and Jernelov 1980). 100년 전에도 이와 유사하게 미국 남동부 지역에서 광대한 면적의 염습지가 둑을 쌓고 담수를 끌어들여 논으로 전환되었다. 원래의 둑은 죠오지아나 사우스캘리포니아에서 볼 수 있지만 염습지 대부분이 복원되고 있다는 좋은 소식도 있다.

외래종과 생물학적 오염

외래종exotics 식물이 새로운 환경에 정착하는 것은 육상식물 군집에서뿐만 아니라 해조류 군집에서도 잘 볼 수 있다. 도입된 종을 동정하는 기준은 다음 중에서 한 가지 또는 그 이상에 해당한다(Ribera and Boudouresque 1995): (1) 도입종은 한 지역에 새로이 들어온 종이다. (2) 분포가 알려진 종과 새로운 개체군 사이에는 불연속적인 지리 분포를 보인다. (3) 새로이 형성된 서식처는 한 지역에 밀집된다. (4) 적당한 이동 유형이 형성된다. (5) 도입종은 이미 서식하는 종의 생태적 지위를 차지하여 새로운 서식처를 우점 한다. (6) 도입종의 서식처는 서로 가까이에 형성된다. (7) 도입종은 지리적으로 불연속적인 범위를 보이는 원종과 유전적으로 동일하다. 대부분의 예에서 보는 바와 같이 외래종은 생태적 지위를 대체하여 기존의 서식 종을 억압하고 결국에는 군집의 구조와 기능을 바꾸어 놓는다(Thomson et al. 1987). Gray(1986)는 외래종을 특징짓는 공통적인 유전적인 특성을 발견할 수 없었으며, 종이 도입된 후에 새로운 서식처가 그 유전적 특성을 깬다고 주장하였다.

외래 미세조류, 플랑크톤(Bolach 1993), 대형조류(Ribera and Boudouresque 1995) 종들이 속속 밝혀져 왔다. 외래 해조류는 지중해(60종: 홍조류 40종, 갈조류 12종, 녹조류 8종), 유럽 대서양 연안(26종: 홍조류 18종, 갈조류 4종, 녹조류 4종), 호주 남부 연안(19종: 홍조류 4종, 갈조류 8종, 녹조류 7종)에서 알려져 있으나 알려져 있지 않은 다른 지역도 있다. Ribera and Boudouresque(1995)는 외래 해조류가 도입되는 7가지 경로를 제시하고 있다: (1) 선체에 부착하거나(*Antithamnion algeriense*의 지중해 유입), (2) 선박으로부터 안정수가 가까운 지역에 버려지며(*Biddulphia sinensis*와 같은 많은 종류의 규조류가 유럽으로 유입), (3) 낚시 미끼(*Fucus spiralis*가 지중해 프랑스 연안으로 유입), (4) 과학적인 연구 활동(*Kappaphycus alvarezii*가 하와이로 유입), (5) 수산 양식(*Macrocystis pyrifera*가 중국으로 계획적으로 도입됨), (6) 수족관(*Caulerpa taxifolia*가 지중해로 유입), (7) 수에즈 운하와 같은 인공적인 지형 연결을 통하여 이동(*Solieria dura*가 지중해 동부 연안으로 유입)된다.

외래 해조류 중에서 가장 집중적으로 연구된 예(300편 이상의 연구 논문) 가운데 하나는 갈조 경단구슬모자반*Sargassum muticum*이다(Critchley et al. 1990). 이 종은 굴 유생에 붙어서 일본으로부터 북미 태평양과 유럽 대서양 연안으로 도입되었다. 현재는 북미 태평양 연안 대부분뿐만 아니라 유럽과 지중해 연안까지 확장되었다. 이 모자반은 영양체와 접합자 상태로 퍼져서 다른 해조류를 덮을 정도로 빽빽하게 조관을 형성한다. 유럽 연안에 도입된 다른 종류의 외래 해조류로는 갈조류 미역*Undaria pinnatifida*과 다시마*Laminaria japonica*이며 선박의 안정수를 통하거나(포자 상태로)(Rueness, 1989) 양식장에서 떨어져 나와 이동된 것으로 보인다(Floc'h et al. 1996). 미역 *Undaria pinnatifida*은 지금 대서양 연안에서 인공 구조물에 잘 붙어사는 영구적인 해조류가 되었다(Floc'h et al. 1996).

외래 해산 녹조류 역시 많이 알려져 있다. 다핵 조류인 청각*Codium fragile* ssp. *tomentosoides*은 1956년에 서유럽으로부터 뉴욕의 롱아일랜드Long Island로 유입되었다. 청각은 지금 롱아일랜드 해협의 암반 해안에 넓게 퍼져 굴 양식장을 덮어 굴 생산량이 줄어들고 있다. 이 종은 뉴져어지 남쪽과 노바스코시아 북쪽까지 확산되어 있다(Carlton and Scalon 1985). 최근에는 청각이 뉴질랜드 암반 해안에 정착하여(Trowbridge 1995), 최소한 4종의 복족류, 2종의 성게류, 아주 흔한 고둥류 *Turbo smaragdus*, 2종의 낭설류 *Placida dendritica*와 *Elysia maoria*가 있음에도 불구하고 토착 조식 동물들에 의한 조식압은 낮았다. 다른 종류의 다핵 녹조 옥덩굴 *Caulerpa taxifolia*가 지중해로 침입하여 해초류 군집을 바꾸어 놓은 것을 연구한 191건의 논문이 있다(Boudouresque et al. 1996). 이 옥덩굴은 1984년에 모나코 연안에서 처음 발견되었는데 모나코의 수족관으로부터 유입되었거나(Meinesz and Boudouresque 1996) 홍해로부터 침입하였다(Chisholm et al. 1995). 이 녹조는 온도에 대한 내성 범위가 넓고 부영양화 된 물에 잘 자라므로 해조류 군집뿐만 아니라 해초류 *Posidonia oceanica*밭을 점령해버렸다(Meinesz et al. 1993). 1994년까지 이 녹조는 1,000-2,000 ha의 면적을 덮었으며 연간 2-10곱으로 증가하고 있다(Boudouresque et al. 1995). 외래종이 침입했을 때 나타나는 전형적인 영향으로서, *Caulerpa taxifolia*가 *Posidonia oceanica*를 우점한 결과 고유종의 다양성이 뚜렷하게 줄어들었다(Verlaque and Fritayre 1995). 옥덩굴의 생물량은 평균 건중량이 500 g dwt m^{-2}이다. 이 종은 수심 9 m에 넓게 풀밭을 이루는 것으로 보아 빈영양 해수에 확실하게 적응한 것이 분명하다(Meinesz et al. 1995; Delgado et al. 1996).

외래 염습지 종들은 많이 알려져 있지 않다. 유럽의 염습지에 자라는 *Spartina anglica*는 *S. townsendii* 복합체(*S. anterniflora* x *S. maritima*: Guenegou et al. 1988)의 이배체로서 토착종을 대체시켜 원래는 나지였던 만 지역을 영양 번식에 의해 가득 채웠다(Gray et al. 1991). *Spartina anglica*는 번식이 왕성한 종인데 뉴질랜드와 중국에서 염습지를 피복시키기 위하여 의도적으로 도입되었다. *S. alterniflora*는 북미 동해안의 고유종인데 염습지의 생산력을 증진시키기 위해 샌프란시스코 만에 도입된 것이다(Callaway and Josselyn 1992). 염습지 외래종의 다른 예는 보라색털부처꽃*Lythrum salicarnia*에서 볼 수 있다. 다년생인 이 식물은 염습지의 저염도 지역으로 침입할 수가 있다(Thomson et al. 1987). 이 종은 북미 전역의 담수 습지에서도 심각한 외래종이 되고 있다. *Lythrum*속 식물은 교란된 지역에서 자랄 수 있을 뿐만 아니라 천적이 없어서 빠르게 확산된 전형적인 외래종이다. 보라색털부처꽃은 5 ‰ 염도까지 내성을 보이며 단일 종집단을 넓게 형성할 수 있다. 이 식물의 근원에 대한 구제 방안이 유럽에서 연구되어 세 종류의 곤충을 이용할 것을 제안하고 있는데, 뿌리를 파먹는 바구미 *Hylobius trasversovittatus*, 잎을 갉아먹는 풍뎅이들(예, *Balerucella calmariensis*) 등이 미국에서 이용되고 있다(Malecki et al. 1993).

아열대 외래종인 브라질후추*Schinus terebinthifolius*는 온대 지역의 털부처꽃과 유사한 문제점을 보여준다. 이 식물은 플로리다의 아열대와 열대 지역에서 맹그로브 숲과 육지 식생 사이에 형성되어 있는 식생 추이대를 거의 점령하였다. 낮은 염도에 적응할 수 있기 때문에 이 식물은 플로리다 서해안을 따라 분포하는 플라타너스 *Chonocarpus erecta*와 흰맹그로브*Laguncularia racemosa*를 대체하였다. 현재 이 나무를 구제할 가능한 생물학적 매개생물을 연구하는 일에 초점이 맞추어져 있다.

간접 손상

해산식물 군집에 영향을 줄 수 있는 인간에 의한 다양한 영향들 중에서 두 가지의 지구 대기 변동, 즉, 이산화탄소가 증가하고 오존층이 얇아지는 현상이 빈번해지고 있다. 이산화탄소가 증가하면 지구온난화 문제가 커지며 오존층이 얇아지면 UV-B 복사량이 늘어난다.

지구 온난화와 해수면

태양 적외선 복사(IR)가 지표면으로부터 대기로 방출되는 속도는 대기 중의 이산화탄소와 메탄을 포함한 여러 종류의 희소한 기체들에 의해 늦추어진다. 이산화탄소가 없다면 지표면은 -18℃까지 냉각될 것이다. 현재의 대기 중 이산화탄소 농도는 350 ppm으로 1850년대에 산업혁명이 시작된 이래 70 ppm이 증가했다는 것을 보여준다(Davis 1986). 이산화탄소의 농도가 높아진 것은 화석연료를 사용하고 숲을 벌채한 데에 원인이 있다. 그 결과 100년 동안에 지구의 평균 기온이 약간(+0.5℃) 상승했다(Milne 1995). 대기 중의 이산화탄소 농도가 높아지고 뒤이어서 지구 기온이 상승하는 것을 지구 온난화라고 하는 반면, 적외선이 갇히는 것을 온실효과라고 한다. 숲을 벌채하고 화석 연료를 사용하는 것이 계속된다면 대기 중의 이산화탄소 농도는 2080년까지 600 ppm에 이를 것이고 지구의 평균 기온은 1.5-4.5℃ 올라갈 것이다(Davis 1986). 대기가 온난해지면 호흡이 증가하여 세균과 곰팡이에 의해서 유기물이 분해가 늘어남에 따라 더 많은 이산화탄소가 방출될 것이다. 그러면 양성 피드백(온도 상승, 이산화탄소 방출 증가)이 일어나 온도를 더욱 상승시킬 수 있다. 해수 온도가 약간만 올라간다고 하더라도 식물플랑크톤의 다양성에 변동이 생기고 산호초가 고위도까지 확장되는 것을 포함하여 해양생물의 종 다양성에 큰 변동이 일어날 것으로 보인다. 이와 같은 변동은 캘리포니아의 몬테레이Monterey 반도에 서식하는 무척추동물의 풍부도를 장기간 연구한 결과에 나타난 바와 같이 해산식물 군집의 지리적 분포에도 큰 변동이 일어날 것이다(Barry et al. 1995). 1931-1933년과 1993-1994년 사이에 조사된 45종의 무척추동물 풍부도에서 보면 9종의 남방 종에서 8종이 증가하였고, 8종의 북방 종에서는 5종이 감소하였다.

대기 및 해수 온도가 증가하게 되면 열대 해역에 비해 남,북극의 빙관이 서로 다르게 더워진다. 빙관은 해양의 공기보다 대륙의 공기가 빠르게 데워지기 때문에 극지의 빙관은 덮혀지게 될 것이다. 따라서 해수 온도의 상승과 더불어 극지에 막대한 양으로 저장되어 있는 담수가 녹아 해수면을 상승시키게 될 것이다. 현재 해수면은 계속 상승하고 있으며 그 속도도 빨라지고 있어서 온실효과 이론을 뒷받침해주고 있다. 현재 해수면의 절대 상승은 1.2 mm/년 또는 12 cm/세기로 추정되며(Gornitz et al. 1982) 30 cm부터 100 cm까지 증가할 것으로 예측된다(Davis 1986; Milne 1995). 북미에서 눈으로 보이는(국지적) 해수면 상승은 지난 40년 동안 0.1 cm(알라메다Alameda, 캘리포니아)부터 4.0 cm(샌디후크Sandy Hook, 뉴저어지New Jersey)까지 다르게 나타났다(Stevenson et al. 1986). 해수면 변동이 외견상 차이가 나는 것은 절대 변동뿐만 아니라 육지 침강, 퇴적물 공급, 파도 에너지와 침식 및 강우 패턴에서 변동이 생기기 때문이다.

해수면 상승이 지속되면 연안 습지가 침수될 것은 확실하다. 전 세계적으로 해수면이 33 cm 상승하게 되면 해수가 육지 쪽으로 30 m 전진하게 될 것이다(Milne 1995). 그러나 기복이 심하지 않은 저지대에서는 33 cm 상승하면 해수가 해안으로부터 수 km까지 침투해 들어오게 된다. 어떤 유형의 습지가 해수면 상승에서 남아 있을 수 있을지는 예측하기 어렵다. 예를 들면, 미국 동부와 걸프 해안의 염습지 15개 중에서 4개가 현재 해수면의 국지적인 상승보다 낮은 부착성장률accretion rates을 보였다(Stevenson et al. 1986). 저지대가 부착 성장할 때 차이가 나는 것은 퇴적물의 공급, 조석 소만의 유형과 더불어 인위적인 지형변동의 영향 때문에 일어나는 자연적인 변동에 기인된 것일 수 있다. 미국 남동부의 거대한 습지는 벌채와 농경지로 조성되면서 넓어졌는데, 이는 1800년대 침식으로 인해 생긴 퇴적층에 부하를 더욱 가중시켰다(Stevenson et al. 1988). 역설적으로,

최근에는 재조림, 농경지 축소, 댐과 강의 홍수 조절을 통하여 퇴적물 부하는 낮추었으나 습지의 면적은 줄어들게 되었다.

결빙 작용과 해빙 작용은 과거 수 백 만년 동안 규칙적으로 일어나 전 세계의 해안선 지형을 변동시켰다. 현재 상태의 높은 해수면과 광범위한 염하구는 수백만 년 전의 10-20% 정도가 남아 있는 것이다. 예를 들면, 이때 해수면은 15,000년 전보다 100 m 낮았으며 35,000년 전인 오늘날의 해수면과 비슷하였다(Davis 1986). 따라서 해수면은 지사학적인 원리에 따라 빠르게 변동이 일어났으며 이로 인하여 염습지 조간대 군집이 살아남게 되었다는 것을 암시해준다. 현존하는 염습지의 지질학적인 윤곽과 육지 침강에 영향을 주는 습지를 연구한 결과에 따르면 해수면 변동 또는 육지 침강이 느려지면 조간대 군집은 살아남을 수 있다고 한다(Callaway and Josselyn 1992). 그러나 루이지애나 염습지 또는 태평양 환초의 맹그로브 숲에서 보는 바와 같이 해수면 변동이 빨라지면 영구 침수로 인해 습지를 형성하기에는 퇴적이 너무 느리게 진행되므로 식물 군집이 죽게 될 것이다. 염습지와 맹그로브 숲이 살아남을 수 있었다는 단서는 기본적으로 해수면 상승에 대한 퇴적율에 있는 것으로 보인다(Ellison and Farnsworth 1996).

해수면 상승에 더하여 지구 온난화는 대기 중에 이산화탄소 수준이 증가한다는 것을 나타내며(Davis 1986), 이에 따라 수중 식물의 이산화탄소 이용도가 높아진다. 유효 이산화탄소가 증가하면 미세조류와 대형조류들은 어떤 반응을 나타낼 것인가에 대해 많은 의견이 모아지고 있다. 해산 대형식물의 두 가지 주요 무리는 10억 년 전에 해양에서 생긴 해조류(대형조류)와 9억 년 전에 기원된 것으로 보이는 해초류이다(1장 참조). 해초류는 이산화탄소의 확산율이 공기보다 수십 배나 낮은 해수에 적응할 수밖에 없었으며 pH가 낮았고 이산화탄소와 중탄산염의 비율이 현재보다 높았던 백악기 바다에서 기원되었다(Beer and Koch 1996). 따라서 현재의 해양에서 해초류는 해수의 높은 pH와 이산화탄소/중탄산염 농도 비율의 조건에서 광합성 기질을 얻는 능력을 가진 해조류에 비교할 때 불리한 위치에 있다(Beer 1996 참조). Beer and Koch(1996)는 지구의 이산화탄소 수준이 다시 높아진다면 해안의 해초류는 급격히 번식하여 대형조류와 경쟁하여 이기게 될 것이라고 주장하였다.

오존과 UV-B

해수면에서는 태양의 전체 복사조도 900 $Jm^{-2}s^{-1}$의 50% 정도가 적외선 파장으로 이루어져 있는 반면, 5%가 자외선이며 나머지는 가시광선이다(Salisbury and Ross 1978). 자외선 스펙트럼은 전체 자외선의 4%에 해당하는 UV-A(320-400 nm)와 자외선의 0.8%인 UV-B(280-320 nm)로 이루어진 반면, UV-C(190-280 nm)는 성층권(해발 10-50 km 상공)의 오존층에서 흡수된다(Vincent and Roy 1993). UV-B는 DNA와 면역계를 손상시키고 피부 화상과 피부암의 원인이 되며, 백내장을 일으키기도 하지만 대부분의 자외선은 오존층에서 차단된다. 성층권에서 오존이 감소되면 해수면에서 UV-B의 강도가 높아지게 된다(Milne 1995). 따라서 냉매나 분사제(스프레이캔)에 이용되는 클로로플루로카본(CFC; 예, 프레온)과 같은 염소화합물 생산에 관한 국제적인 관심이 높아지고 있다.

CFC는 매우 안정적이기 때문에 대류권 하층을 통하여 성층권으로 상승하는데 여기서 UV 복사선은 염소 이온을 떼어낸 다음 오존과 반응하여 이를 파괴시킨다.

UV 침투가 증가하면 다양한 생물, 특히 해조류, 식물플랑크톤, 해초류(Larkum and Wood 1993)의 세포와 광합성계를 심하게 손상 시킨다(Vincent and Roy 1993). UV-B가 증가하면 특히 해양 표층수에 서식하는 식물플랑크톤에게 중대한 영향을 미친다. UV-B 복사에 의해 식물플랑크톤의 광합성이 뚜렷하게 감소된다면 전 세계 해양에서 이산화탄소 고정 능력은 심각하게 떨어질 것이다. 광합성 저해는 해조류와 식물플랑크톤이 UV-B에 노출되었을 때에도 일어난다. 선캄브리아기와 고생대 초기에는 오존층이 생기지 않았으므로 원시 해조류는 아마 높은 수준의 UV-B에 노출되었을 것이다(Davis 1986). 해조류는 UV 영향이 적은 깊은 바다 속에 제한하여 살았을 것이다. 대기 중에 산소와 오존이 증가하면서 해조류는 얕은 곳으로 올라와 번성하게 되었다.

UV의 영향을 완화시켜 줄 수 있는 해조류와 식물플랑크톤의 보호 기작에는 회피, 억제, 차단 등이 있다(Vincent and Roy 1993). 어떤 생물들은 깊은 수심에 서식하거나(심해 해조류) 또는 대양에서는 낮 동안에 깊은 곳으로 이동하여(식물플랑크톤) UV 파장을 피한다. 해조류의 카로티노이드(베타 카로티노이드) 색소는 단일 산소 라디칼을 중화시키고 분자 수준에서 에너지를 방출하여 광계 II의 반응 중심을 보호한다(Tefler et al. 1991). 맹그로브와 염습지 식물들은 표피층을 이용하여 UV 파장을 차단시키는데, 조사되는 UV의 95% 정도를 흡수하여 UV가 피층 아래에 위치한 광합성 엽육 세포로 가지 않도록 막는다. 갈조 *Ecklonia radiata*는 마이코스포린과 같은 아미노산(MAAs)을 만들어 310-360 nm 범위의 파장을 흡수하는데(Marchant et al. 1991), 이 화합물은 북극의 여름 기간에 증가한다(Wood 1987). 높은 수준의 UV-B에 노출되는 남극 해조류에 대한 연구를 통하여 여름 동안에 조간대 상부에 생육하는 녹조류들은 다양한 종류의 MAA를 다량 함유하고 있음을 알아내었다(Post and Larkum 1993). 비교 연구를 통하여 Maegawa et al.(1993)은 점심대에 사는 홍조류들은 태양 복사선(1-5% UV)에 내성이 없는 반면, 얕은 수심에 사는 종들은 내성이 더 크다고 보고하였다. 따라서 UV 흡수 색소를 가지고 있는 것이 홍조류의 수직 분포를 결정하는 요인이 될 수 있다.

관리와 복원

1950년대까지 연안 습지는 쓸모없는 땅으로 인식되어 준설, 배수 공사, 매립 등을 통하여 개량 공사가 이루어질 수 있었다(Mitsch and Gosselink 1993). 해초류 숲은 조하대에 형성되어 있어서 눈에 안 띄므로 중요한 서식처로 인식되지 못했다. 상당한 면적의 해초류 군집이 손실됨에 따라 수질이 나빠지고, 해양 동물과 육지 야생 동물이 현저하게 줄어들었다(Lewis and Estevez 1988). 최근에 이르러서야 연안 습지 서식처가 중요하다는 것이 인식되면서 여러 가지 규제와 더불어 복원과 관리에 대한 활동이 많아지게 되었다(8-10 장 참조).

관리

해산식물 군집의 관리를 논의할 때에는 보존과 관리가 고려되어야 한다. 우선 보존conservation은 종, 군집, 서식처를 보호하여 보존하는 것이며, 관리management는 이용을 제한하여 군집을 유지시키는 과정을 말한다. 관리는 흔히 인간이 이용하기 위하여 서식처를 변경하고 복원하는 것과 관련되어 있다. 불행하게도 서식처를 유지하고 증진시키는 관리 행위는 자원 개발 행위로 쉽게 바뀔 수 있는데 대체로 개발은 서식처가 지닌 수용 능력 이상으로 가해진다. 한 가지 예로 에콰도르에서는 맹그로브 숲을 보호하고 있는데, 점차 높아지는 새우 양식장의 수요가 해안 습지를 유지하고자 하는 정책을 압도하게 된 것이다(Blanchard and Prado 1995). 미국에서는 해안 군집을 관리할 때, 법률과 시행으로부터 환경 보호, 휴양지 조성, 자연미 유지 및 재생 가능한 자원의 개발로 쉽게 바뀐다. 조간대 습지와 해초류 생육지의 생태적 중요성을 인식하게 된 결과 이에 대한 보호 정책은 훼손된 군집의 복원으로 확장되고 있다.

미국 내의 유일한 국가 차원의 프로그램은 국립 염하구 프로그램(NEP)으로서 전국의 주요 염하구 지역에 설립되어 있다. NEP는 염하구를 보호하고 규제하는 초기 단계를 통합하여 5-10년 후에는 지방 정부에게 관리를 이양하는 것을 목표로 하고 있다. 이와 유사한 노력들이 영국과 네덜란드, 그리고 미약하지만 지중해 연안 국가에서도 수행되고 있다. 관리 당국은 재래식 수질 감시(예; 투명도, 탁도, 영양염)로부터 생물 지표로서의 해산 식물군집을 연구하는 방향으로 가고 있다. 이와 같은 관리 방법의 한 예는 그레이트 만 염하구 보고서(뉴햄프셔)로서 표준이 되는 수문학적, 지형학적 및 오염 자료뿐만 아니라 일차와 이차 발생 생물에 대하여 평가하고 있다(Short 1992). 이러한 관리 방법을 이용하여 체사피크 만의 예와 같이 염하구의 건강도를 폭넓게 평가할 수 있다(Dennison et al. 1993). 침수 식생(SAV)은 담수 종과 해초류를 포함하여 체사피크만의 건강도를 평가하는데 이용되어왔다.

법적인 근거

무순손실No Net Loss; NNL 개념은 1990년대에 미국에서 제정된 가장 확실한 습지 보호 정책이다(Mitsch and Gosselink 1993). 국립 습지 정책 포럼은 습지는 감소되어서는 안 되며 적당한 곳에는 오히려 늘려야 한다는 것을 확고히 하고 있다. NNL의 중대한 문제점은 습지에 대한 법적인 정의이며 이것은 습지의 보존에 장애물이 되어왔다. 국제적으로는 1982년에 개최된 해양 협정의 제 3법안에 따라 12해리(19.2 km)의 영해와 200해리(322.5 km) 배타적 수역을 설정하고 있는데 이로 인해 연안 환경을 보다 잘 관리하고 규제할 수 있게 되었다.

복원, 저감 방안 및 군집 조성

염습지, 맹그로브 습지(9-10장), 산호초(12장)와 해초류(11장) 군집이 경제적 가치가 있으며 생산성이 매우 높은 서식처라는 것이 인식되면서, 이 지역을 확장하여 개량시키려 하고 있다. 훼손된 군

그림 5-5. 해안 식물 군집의 복원. 네덜란드에서는 사구지에 식생이 조림되었고(A) 플로리다에서는(그림 5-5A) 염습지가 복원되었다(B)(R.A. Davis 제공).

집을 복원restoration시키고 새로운 군집을 조성creation하는 것이 해산식물 군집을 더 증대시킬 수 있는 두 가지 방법이다. 현재 훼손된 군집을 저감mitigation시키는 방안으로는 파괴된 군집을 대체할 새로운 군집을 조성시키는 것으로서 개발(도로, 교량)로 인해 습지가 손상 받을 수 있는 지역에 널리 적용되고 있다. 습지 조림의 성공 여부는 육묘장의 조성과 조림 기술을 어떻게 개선하느냐에 달려 있다. 예를 들면, 염습지 및 맹그로브 유묘는 육묘장에서 구입할 수 있기 때문에 기존의 군집으로부터 분양주로 이용하기 위해서 묘목을 훼손하는 일이 없어진다. 조림에서 가장 성공적인 예는 염습지 복원에서 찾아 볼 수 있는데 복원을 통하여 습지 군집이 플로리다로부터 캐나다까지 확장되었으며(Broome et al. 1988) 이를 위하여 조림에 대한 많은 연구를 수행하였다. 염습지 식물, 맹그로브, 해초류에 대한 조림 기술 관련 서적이 세계 도처에서 출판되고 있다. 예를 들면 네덜란드에서 시행한 사구지 식생의 조림은 매우 성공적이었다[그림 5-5(a)]. 플로리다에서는 염습지[그림 5-5(b)]와 맹그로브를 복원하는데 성공하여(그림 5-6) 조간대 염생 식물의 조림에 대한 세부적인 기술을 이용할 수 있게 되었다(Barnett and Crewz 1990). 해초류를 대상으로 한 조림 기술이 개발되어 왔지만(Fonseca 1989, 1994; 11장) 재배종은 공여 묘상이나 표류하는 종자로부터 얻어진다. 해초류를 육묘할 필요가 절실한 실정이다.

그림 5-6. 토사 준설로 인하여 맹그로브 숲이 훼손되는 것을 저감시키는 광경. 플로리다 탬파 만에서 2.5년 전에 심은 붉은맹그로브의 유묘가 0.5 m까지 자라서 조석류에 의해 습지가 유실되는 것을 막기 위하여 대비할 필요가 있다는 것을 보여준다(루이스환경연구소 R. Lewis 제공).

6장

대형조류

해조류의 개요

조류algae(alga, 단수)는 "광합성을 하는 비관속 식물로서 엽록소 *a*와 단순한 생식 구조를 가지는 무리"로 정의된다(Trainor 1978). 따라서 이 정의는 진핵생물(남조식물문)과 원핵생물을 포괄한다. 조류의 다양성은 매우 크지만 헤아리기에는 다소 어려운데, 이는 전 세계적으로 지리적 분포에 대한 정보가 제한적으로 확보되어 있기 때문이다(Norton et al. 1996). Bold and Wynne(1985)은 형태적으로 다양하고 독특한 세포학적 특성 때문에 조류를 분명하게 정의하기가 어렵다고 지적하고 있다. 녹조식물문(녹조류), 갈조식물문(갈조류) 및 홍조식물문(홍조류)으로 구성된 대형 조류는 크기, 다세포 구조, 단단한 기질에 붙는 특성을 가지므로 일반적으로 해조류라고 부른다. 해조류의 세 가지 주요 문 각각이 관속식물과는 기본적으로 차이를 나타내는(예, 세포학적, 화학적, 생활사) 분류군으로 구성된다. 해조류 분류군의 문에 따른 차이는 광합성 색소, 저장 산물, 세포벽, 유사분열, 편모 구조, 형태 및 생활사를 비교해 보면 분명해진다.

Dring(1982)은 전 세계에 분포하는 녹조강 900, 갈조강 997, 홍조강 2,540종의 해산 종을 목록화하였다. 해산 대형조류는 미세종 보다 수가 적다(7장). 녹조식물문 내에서만 하더라도 대부분의 종은 단세포 또는 사상형인 반면, 갈조식물이나 홍조식물문에서는 대부분 종이 사상체에서 대형 엽상체에 이르는 다양한 형태를 보인다. 많은 교재에서 해조류의 생물학 및 분류학적 특징을 다루고 있는데 주요 저서로는 Bold and Wynne(1985), Sze(1986), South and Whittick(1987), Lee(1989) 및 van den Hoek et al.(1995) 등이 있다.

해조류는 선캄브리아기 후기 또는 9-6억 년 전에 기원되었을 것으로 추정 된다. 상세한 사항은 표 2-1과 van den Hoek et al.(1995)에 나와 있다. 현존하는 해조류 속과 유사한 석회 조류 종의 6억 년 전 화석이 앞서 발견되었다. 해초류는 백악기인 1억 년 전에 기원되었지만 해양 식생을 우점 할 만큼 해조류를 압도하지는 않았다는 점이 흥미롭다. 따라서 조류는 체형에서는 원시적이지만 선캄브리아기 말기부터 저서 해양 생물 군집을 우점해오고 있다.

해조류의 구조와 생장 유형에 대한 용어를 이 장에서 분명히 해둘 필요가 있다. 우선, 대형조류는 한 개 또는 그 이상의 정단 세포가 분열하여 정단 생장apical growth하는데(가지의 정단부에 위치한 세포들, 예 갈조 그물바탕말속*Dictyota*), 이 세포들이 모여 정단 분열조직을 형성한다(정단세포의 무리; 대부분의 홍조류; 예, *Eucheuma*). 이와는 달리 생장이 가지의 정단부에 제한되지 않고 식물체 전체에 걸쳐서 일어나는 것을 확산 생장diffused growth(세포분열이 특정 부위에서 일어나지 않음; 예, 갈조 *Hummia*) 또는 개재 생장intercalary growth(세포분열이 특정 부위에서 일어남; 예, 다시마속*Laminaria*)이라 부른다. 모상 생장trichothallic growth은 개재 세포분열의 한 형태로서 새로이 형성되는 가지 조직에 더하여 털이나 사상체가 만들어진다(예, 갈조 털비말속*Sporochnus*). 모상 생장한 결과 가지 끝 마다 털 다발이 생겨나와 오래 붙어 있거나 일시적으로 달려 있다. 대형 조류의 구조는 사상(한개 또는 그 이상의 세포열; 예, 녹조 대마디말속*Cladophora*), 엽상(납작하거나 막상 구조; 예, 홍조 지누아리속*Halymenia*), 관상(원주상; 예, *Eucheuma*) 등 다양하다. 관상 구조는 다축(중심이 사상체로 이루어짐; 예, *Eucheuma*) 또는 위유조직성(중심 속이 입방형 또는 구형이지만 여전히 사상체로 구성됨; 예, *Hummia*)구조로 이루어져 있다. 마지막으로 유조직성 구조를 가진 가지를 내는 종에서는 세포 직경이 같지만 그물바탕말속*Dictyota*에서 볼 수 있는 것처럼 사상형은 아니다.

녹조식물문

"녹조류"는 단세포성 종과 담수종이 우세하다. 기록된 16,800종에서 10% 만이 해양에 출현하며 이들 대부분이 대형 조류이다. 많은 종류의 녹조류가 식용으로 이용된다(바다 채소; 부록 B). 고등식물은 광합성 색소, 저장 산물, 세포벽의 화학적 조성, 편모 구조 및 세포 분열 등이 녹조류와 유사한 점으로 보아 이들로부터 진화되었을 것이다. 세포 분열, 편모 구조 및 세포벽의 특성 등에서 변이가 심하므로 녹조식물문은 다양한 견해에 따라 분류학적 계통이 재편성되었다(van den Hoek et al. 1995). 본 교재에서는 Bold and Wynne(1985) 및 Kumar(1990)가 제시한 3강 체계를 채용하였다.

세포 특징

고등 식물에 들어 있는 엽록소 *a*와 *b*는 대부분 녹조류에서 볼 수 있는 전형적인 녹색 식물의 채색을 나타낸다. 게다가 녹조류는 고등식물에 들어 있는 β 카로틴, 크산토필, 루테인, 제아크산틴을 함유하고 있으며 일부 분류군은 비올라크산틴, 네오크산틴, 시포네인 및 시포노크산틴을 가지고 있다(표 4-1; van den Hoek et al. 1995). 시포노크산틴은 깊은 수심에 사는 종이 해저에 도달하는 빛 중에서 남빛 스펙트럼에 적응하도록 한다(4장).

녹조류는 세포 구조상 진핵생물이지만 대부분 단핵성이다. 그럼에도 해산 녹조식물문 중에서 두개의 목은 세포에 핵이 많이 들어있는 다핵성multinucleate이다(예, 대롱말목Siphonocladales, 대마디말목Cladophorales). 다른 목은 비세포성다핵체coenocyte 종으로 구성되어 있는데, 식물체에서 핵과 나뉘는 세포벽 또는 원형질막이 없다(예, 옥덩굴목Caulerpales; Dawes and Rhamstine 1967). 엽록체 틸라코이드는 3-5겹이며(그림 6-1) 모양은 컵 모양, 원반상, 망상, 막상 등 다양하다. 피레노이드는 아밀라아제를 지닌 단백질체로서 일부 녹조류의 엽록체에서 발견된다(예, 대마디말목Cladophorales). 저장 산물은 녹말(아밀로오스와 아밀로펙틴)로서 화학적으로는 고등 식물의 녹말과 비슷하다.

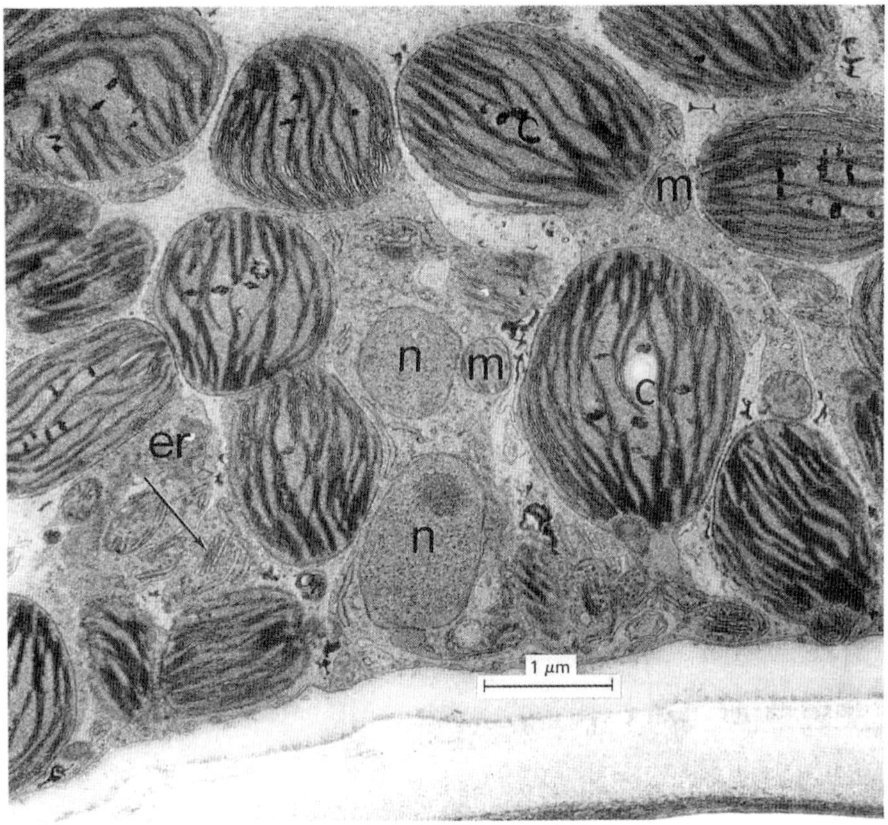

그림 6-1. 열대 녹조 옥덩굴의 일종 *Caulerpa verticillata* 세포질의 전자현미경 사진. 사진에 나타난 세포 소기관은 3-5겹의 틸라코이드와 녹말 및 플라스모글로뷸을 가진 엽록체(c), 미토콘드리아(m), 핵(n), 소포체(er) 및 골지체(화살표) 등이다.

녹조류 세포벽의 구조와 조성은 고등 식물에 전형적으로 나타나는 셀룰로오스 미세섬유(갈파래목Ulvales), 고도로 결정화된 셀룰로오스(대롱말목Siphonocladales, 대마디말목Cladophorales), 크실란과 만난 중합체가 미세섬유를 이루는 형태(옥덩굴목Caulerpales, Dasycladales, 청각목Codiales) 등으로 이루어져 있다. 엉킨실목Derbesiales에서는 셀룰로오스, 크실란, 만난 중합체가 혼합되어 나타난다고 알려져 있다(Kloareg and Quatrano 1988). 여러 가지 중합체로 형성된 미세

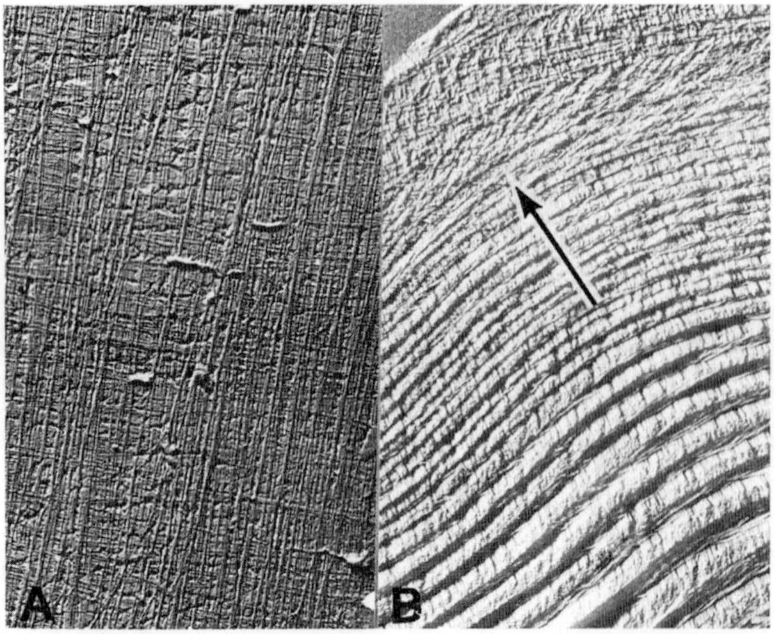

그림 6-2. 녹조 *Apjohnia laetevirens*의 세포벽. 표면(A)과 횡단면(B)을 보면 투명한 미세 섬유가 엇갈려 배열되어 있다. 화살표는 세포벽의 외벽을 나타낸다(Dawes 1969).

섬유는 구조적으로 무작위하게 배열되어 고도로 조직화된 층을 형성한다(*Apjohnia*, 그림 6-2; Dawes 1966). 열대 녹조류의 여러 분류군들이(청각목Codiales과 Dasycladales) 아라고나이트 형태의 탄산칼슘 결정으로 이루어져 석회화된 세포벽을 가진다. 일부 석회화 된 종(*Halimeda*)은 열대 바다에서 상당 부분의 일차 생산과 탄산칼슘을 퇴적시키는 일을 담당한다(Colinvaux 1974).

식물 세포에서 세포 분열은 그림 6-3에 나타난 바와 같이 핵분열과 세포질 분열로 구분된다. 녹조류에서는 핵분열이 두 가지 형태로 나타나는데, 폐쇄 핵분열에서는 핵막이 소실되지 않으며, 개방 핵분열에서는 핵막이 소실된다. 개방 핵분열과 같은 방식은 고등 식물세포의 특징이다. 세포질 분열 과정은 단핵 세포에서는 핵분열과 밀접하게 연관되어 있지만 다핵 또는 비세포성다핵세포에서는 그렇지 않다. 폐쇄 핵분열을 하는 세포에서 세포질분열은[그림 6-3(B)] 일련의 방추사 또는 조판phycoplast을 통하여 일어나는데 조판은 가로로 발달하는 세포벽에 대해 평행으로 배열된다. 개방 핵분열에서 방추사는 발달하는 세포벽에 대해 직각으로 배열되는데 이러한 구조를 격막형성체phragmoplast라고 한다. 새로운 세포벽은 두 가지 방법으로 형성된다. 다세포성 녹조류에서는 세포벽이 세포판으로부터 형성되는데, 조판을 따라서 또는 격막형성체 안에서 골지체로부터 세포벽

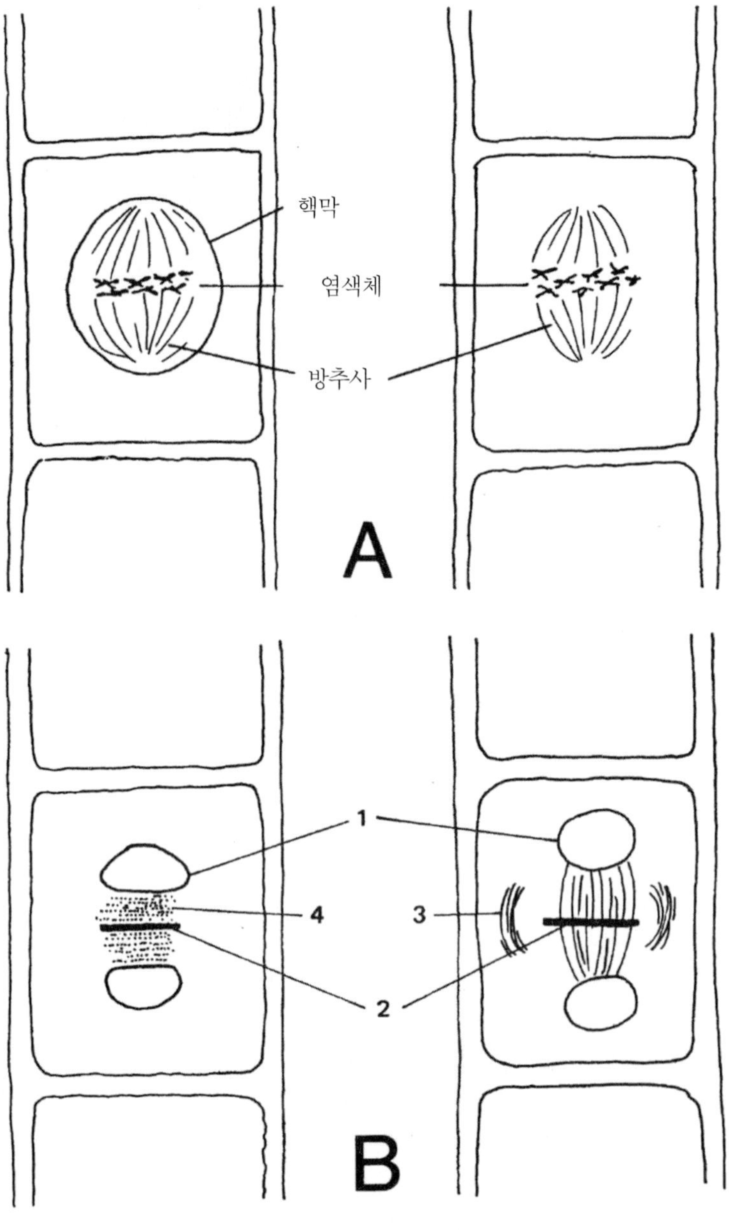

그림 6-3. 핵분열과 세포질분열의 두 가지 유형. 개방 핵분열에서는 핵막이 소실되는 것과(오른쪽) 폐쇄된 유사분열(왼쪽)(A)이 대조를 이룬다. 격막형성체(3)는 세포질분열 시에 미세소관이 세포판(2)에 대해 직각으로 배열되는(오른쪽 세포) 반면 조판과 미세소관이 세포판(B)에 대해 수평으로(왼쪽 세포) 배열되어 있다. 재형성된 딸핵(1)은 분리된 각 세포의 양극에서 볼 수 있다.

물질이 쌓여 형성된다. 많은 종류의 단세포 녹조류에서는 세포막이 안쪽으로 자라서 둘로 쪼개는 분리 홈이 만들어진다.

해산 녹조류는 전형적으로 동포자zoospores 또는 배우자를 만든다. 녹조류의 전형적인 운동성 세포는 정단부에 털이 없으며(예, 채찍 모양 편모) 길이가 같은 편모(등편모isokontan) 한 쌍이 붙어 있다. 편모에 대해서는 많은 변이가 있지만 녹조류를 식별하는데 유용하게 이용된다(van den Hoek et al. 1995). 녹조류의 편모는 전형적인 진핵세포의 편모 구조를 가지고 있어서 두 개의 중심 미세소관(축사axoneme) 주변으로 아홉 쌍의 미세소관이 둘러싸고 있다. 중심 미세소관은 기저체와 연결되어 있으며 평행으로 배열된 섬유와 복잡하게 연결체를 형성하여 캡 형성판(*Batophora*)이나 세포골격이 되기도 한다(Lobban and Harrison 1994). 엽록체 속에 오렌지색 또는 붉은 카로틴 색소로 구성되어 들어 있는 안점은 편모 뿌리와 결합되어 있다. 편모 뿌리의 구조와 세포 분열 유형은 녹조류를 동정하는데 이용되어 왔다(van den Hoek et al. 1995).

생활사

Drew(1955)는 해조류 생활사를 "체세포와 핵상이 연속적으로 순환되는 과정"이라고 설명하고 있다. 따라서 연속적인 순환은 규칙적이지는 않더라도 반수체(배우체)와 이배체(포자체) 상태가 교대되는 것이다. 조류 생활사는 세 가지 기본적인 유형으로 나타나며(Bold and Wynne 1985; 그림 6-4) 녹조류에서는 세 가지 형태 모두를 볼 수 있다. 단상haplontic 생활사는 우세한 식물이 반수체(1N)로서 이배체 상태의 접합자(2N)만을 지닌다[예, 접합자 감수분열; *Chlamydomonas*, 그림 6-4(C)]. 단상 생활사는 녹조류에서는 알려지지 않았으나 단세포 종에서는 흔하다. 복상diplontic 생활사에서는 복상이 우세하며 배우자만이 단상이다[예, 배우자 감수분열; 그림 6-4(B)]. Dasycladales, 옥덩굴목Caulerpales, 대롱말목Siphonocladales, 갈파래목Ulvales(일부)의 종에서는 복상 생활사를 가진다. 단복상haplodiplont 생활사는 이배체인 독립 생활체와 반수체 식물로 이루어져 있으며 포자 감수분열을 한다. 모양이 서로 닮거나[동형isomorphic; 그림 6-4(C)] 또는 다르다[이형heteromorphic; 그림 6-4(D)]. 갈파래목Ulvales(일부), 대마디말목Cladophorales, 깃털말목Bryopsidales의 종들은 동형세대 또는 이형세대 생활사를 나타낸다.

Lobban and Harrison(1994)이 지적한 바와 같이 해조류의 생활사는 "식물과 그들을 둘러싸고 있는 생물 및 비생물 환경과의 연속적으로 상호작용"한다. 온도, 일장, 조석 주기 등이 변하는 자극이 가해지면 영양 단계로부터 생식 단계로 전환되어 생활사가 바뀌도록 한다. 일장과 온도는 해조류가 생식을 할 수 있도록 유도하는 신호가 될 수 있다(4장). 따라서 해조류의 생활사에서 많은 부분이 비생물 요인에 의해서 조절된다. 막상인 녹조 홑파래*Monostroma*의 이형 생활사는 단일 조건에 의해 결정되며 이배체의 단세포성 "코디올룸Codiolum" 단계에서 감수분열이 일어나 동포자가 형성된 후 반수체 엽상체로 자라게 된다(Lüning 1990).

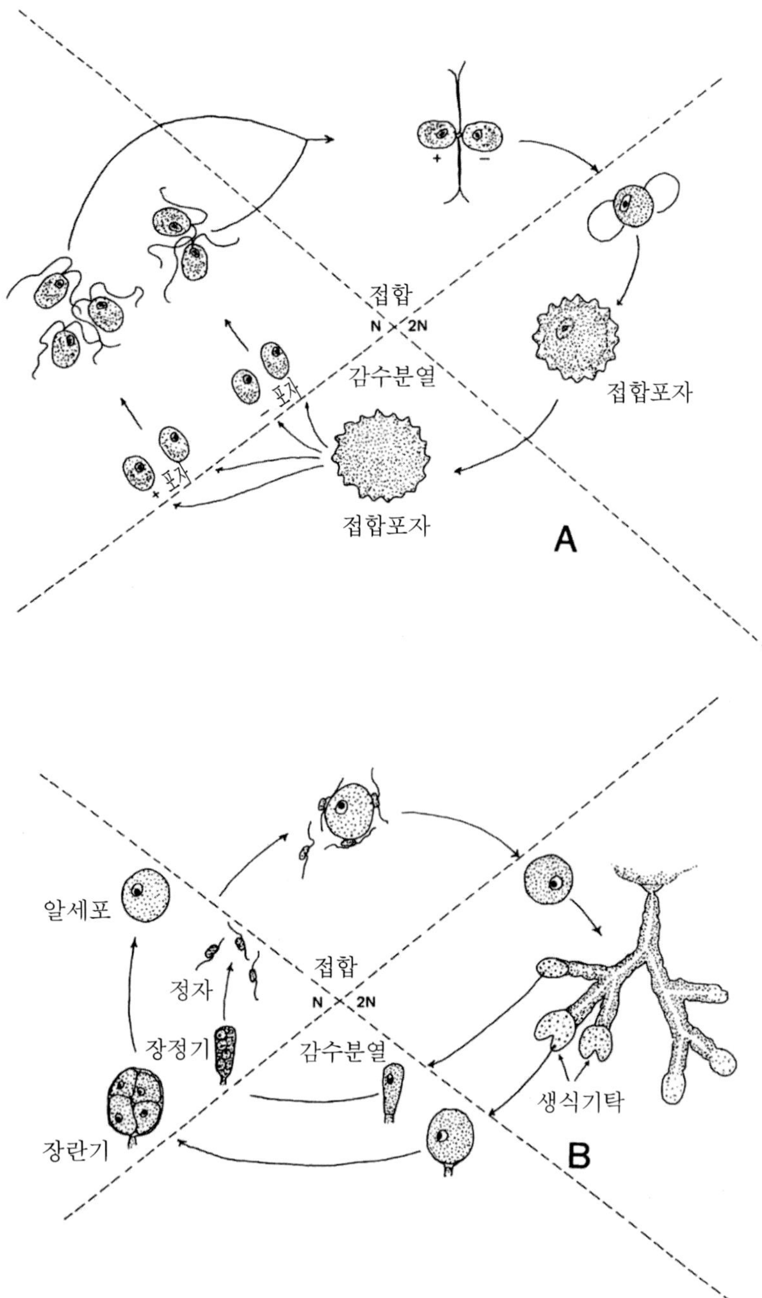

그림 6-4. 단상(A: *Chalmydomonas*), 복상(B: *Fucus*), 동형 단복상(C: 갈파래*Ulva*) 및 이형 단복상(D: 다시마*Laminaria*) 조류의 생활사.

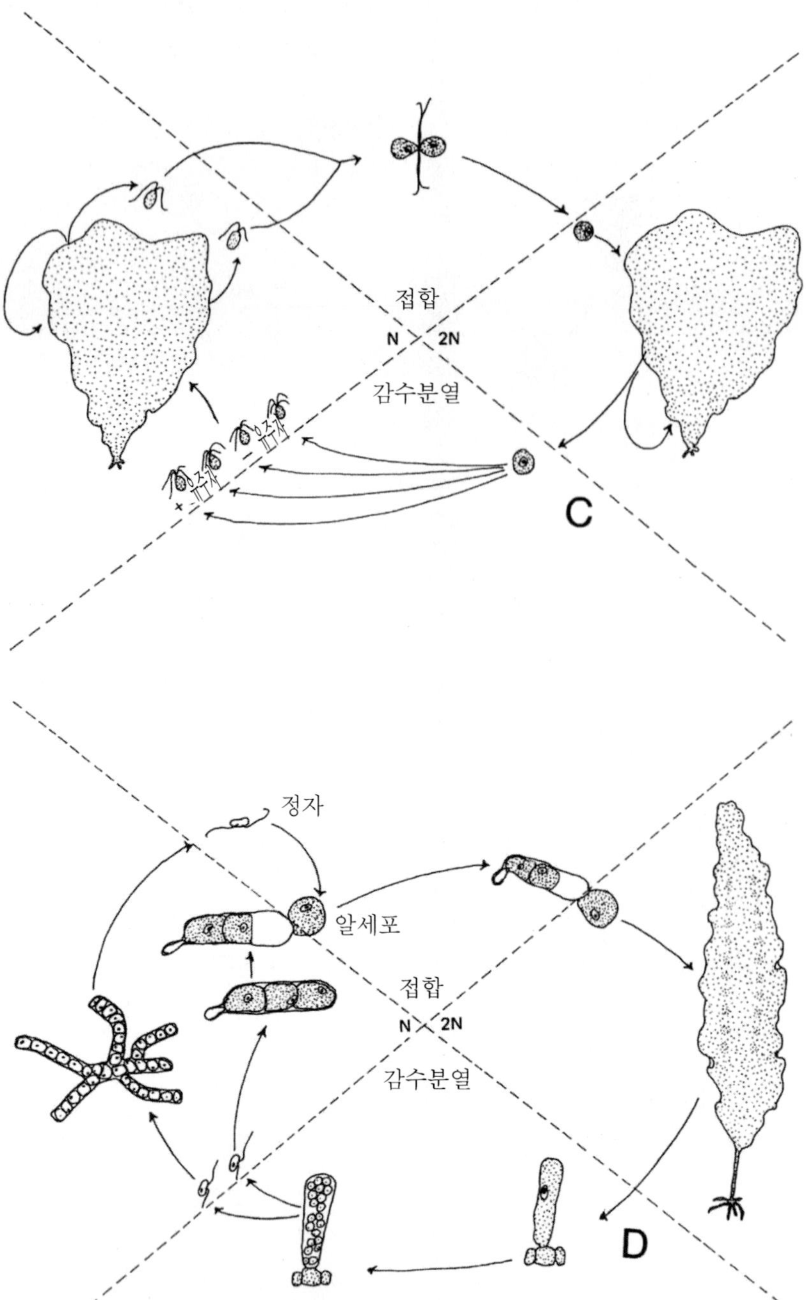

그림 6-4. 앞쪽에서 계속

단복상 생활사는 왜 일어나는 것일까? 일부 연구에서는 단복상 생활사에서 두 개의 독립생활 단계를 가지는 것은 갈조 고리매*Scytosiphon lomentaria*의 이배체 각상 단계에서 보는 것처럼 유리한 점을 가지게 된다고 하였다(Littler and Littler 1980). 각상인 "바위딱지*Ralfsia*" 이배체 식물은 고리매의 직립하는 관상의 배우체에 비하여 피식에 대한 내성이 크다. 남극 갈조 회초리산말 *Desmarestia menziesii*의 경우 배우체는 포자체와 광합성 특징에서 다르다(Gomez and Wiencke 1996). 어린 포자체와 이형인 사상형 배우체는 음지에 적응하여 아조관종subcanopy species으로 자랄 수 있다. 반면에 성숙한 대형 엽상형 포자체는 양지에 적응한 조관 식물이 된다. 조간대 홍조 *Mastocarpus papillatus*의 경우에는 이배체(*Petrocelis*) 단계가 다년생 각상이기 때문에 동물에게 먹히는 것을 피할 수 있다. 반면에 엽상인 반수체 단계는 조식동물이 적을 때 자라 나온다.

분류

녹조식물문의 분류는 전자현미경 연구를 통하여 세포분열(핵분열과 세포질분열; Mattox and Stewart 1984)의 독특한 형태, 편모와 기부의 구조, 최근에는 엽록체와 미토콘드리아(RNA) 및 핵(DNA)의 핵산 서열을 밝혀낸 1970년대 이후로부터 활발하게 논의되고 있다. 예를 들면 녹조식물문에 대한 논의를 하면서 강class의 수가 1강으로부터(Blackman and Tansley 1903) 3강(Bold and Wynne 1985; Kumar 1990), 10강(van den Hoek et al. 1988; 1995)까지 늘어났다. 본 교재에서는 녹조식물문을 대부분 종이 포함된 녹조강Chlorophyceae, 담녹조강Prasinophyceae, 윤조강 Charophyceae의 3강에 대해서 기술하였다.

담녹조강Prasinophyceae은 단세포성이고 운동성 녹조류의 특성을 가지며 다음과 같은 다섯 가지 특징을 지닌다. (1) 세포벽은 유기화합물로 이루어진 한 개 이상의 층으로 구성되어 있으며, (2) 편모는 세포의 함몰된 부분에 붙어 있고 인편이나 털로 덮여 있다. (3) 편모 뿌리는 복잡한 기저체로 이루어졌다. (4) 엽록체는 1개이고 사발 모양이며 중앙에 피레노이드가 위치하여 녹말 알갱이를 둘러싸고 있다. (5) 일부 분류군에는 특화된 모포(예, 점질체mucocysts 또는 모포trichocysts)를 가진다. 담녹조강에는 4목을 둔다(van den Hoek et al. 1995). 해산 속의 한 예는 *Pyramimonas*로서 배 모양의 단세포성으로서 정단부의 함몰 부위에 인편이 달린 편모 4개가(4편모성) 붙어 있다.

윤조강Charophyceae 단일 목으로서 5속으로 구성되어 있다. 윤조강에 속한 종들은 잘 발달된 정단분열조직, 뚜렷한 "잎"과 "줄기" 세포를 가지고 있어서 복잡한 형태를 보인다. 몇 종은 기수역에 자라지만 해산종은 없다. 윤조는 관속식물 진화에서 곁가지가 되므로 여기서 논의되고 있다(van den Hoek et al. 1988; Graham 1996).

Bold and Wynne(1985)의 체계에 따르면 녹조강 15목 중 6목이 해산종을 포함하고 있다. 이들 목은 표 6-1과 같이 엽록체, 세포 배열, 형태 등에 근거하여 식별된다. 갈파래목Ulvales은 이열(Percursariaceae)로부터 다열(Schizomeraceae) 사상체, 단층(Prasiolaceae, Monostromataceae) 혹은 이층의 엽상 또는 관상(Ulvaceae)을 포함하여 5과로 구분된다. 이들 5과 모두가 몸은 막상이고 피레노이드를 지닌 엽록체가 측벽에 몰려 있는 단핵 세포로 이루어져 있는데 Prasiolaceae 1과만

표 6-1. 해산 조류가 포함된 녹조강 6목의 검색표

1 몸은 막상 또는 관상이며 세포는 단핵성이다	갈파래목Ulvales
1 몸은 사상형 또는 관상이며 외형은 단순하거나 복잡하다	2
2 몸은 사상형이다	3
2 몸은 관상형이며 단독 또는 얽혀난다	4
3 엽록체는 망상 또는 반상이며 연결되어 있다	대마디말목Cladophorales
3 엽록체는 균일하며 구멍이 있다	초록털말목Acrosiphoniales
4 가지는 윤생하며 식물체는 방사상이다	바다삿갓말목Dasycladales
4 식물체는 방사대칭이 아니다	5
5 분리형 세포분열을 한다	대롱말목Siphonocladales
5 분리형 세포분열을 하지 않으며 비세포성다핵체이다	옥덩굴목Caulerpales

이 축 방향으로 별모양의 엽록체를 가지고 있다. Schizomeraceae과를 제외한 모든 과가 해산종을 가지고 있다. 엽상인 갈파래*Ulva*와 관상인 파래*Enteromorpha*(그림 6-5)는 염하구와 외해를 포함하여 냉온대로부터 열대 바다까지 출현한다. 예를 들면 녹조 참갈파래*Ulva lactuca*는 뉴펀들런드로부터 바하마까지 출현하는 것으로 알려져 있다. 유성 생식은 녹조식물의 종류에 따라 동형접합(isogamous 동일한 +와 -배우자), 이형접합(anisogamous 크기가 다른 운동성 배우자), 난접합(oogamous 비운동성 알세포와 운동성 정자)을 한다. 갈파래목에서는 종에 따라 단상, 복상, 단복상 생활사가 진행된다.

대마디말목Cladophorales에는 사상형 종으로 구성된 대마디말과Cladophoraceae와 사상체가 서로 유합되어 잎 모양을 이루는 잎맥말과Anadyomenaceae의 2과가 있다. 대마디말과의 3속은 해양환경에서 흔하게 볼 수 있다. 헛뿌리말속*Rhizoclonium*(몸은 섬세하고 가지를 내지 않으며 헛뿌리를 가짐), 염주말속*Chaetomorpha*(몸은 성기고 가지를 내지 않음), 대마디말속*Cladophora*(분지형 사상체). 단형 과인 잎맥말과Anadyomenaceae는 섬세하고 윤이 나는 녹색 잎 모양으로서 *Anadyomene stellata*(그림 6-6)에서 보는 바와 같이 유합된 사상체로 이루어져 있다. 대마디말목의 모든 종은 다핵성으로서 각각의 세포는 많은 핵을 가진다. 엽록체는 측벽으로 몰려 배열되어 있으며 망상이거나 쪼개진 원반상이다. 생활사는 보통 동형 단복상이며 배우체 세대에서는 2편모성 동형배우자를 형성하는 반면 포자체 세대에서는 4편모성 동포자를 낸다.

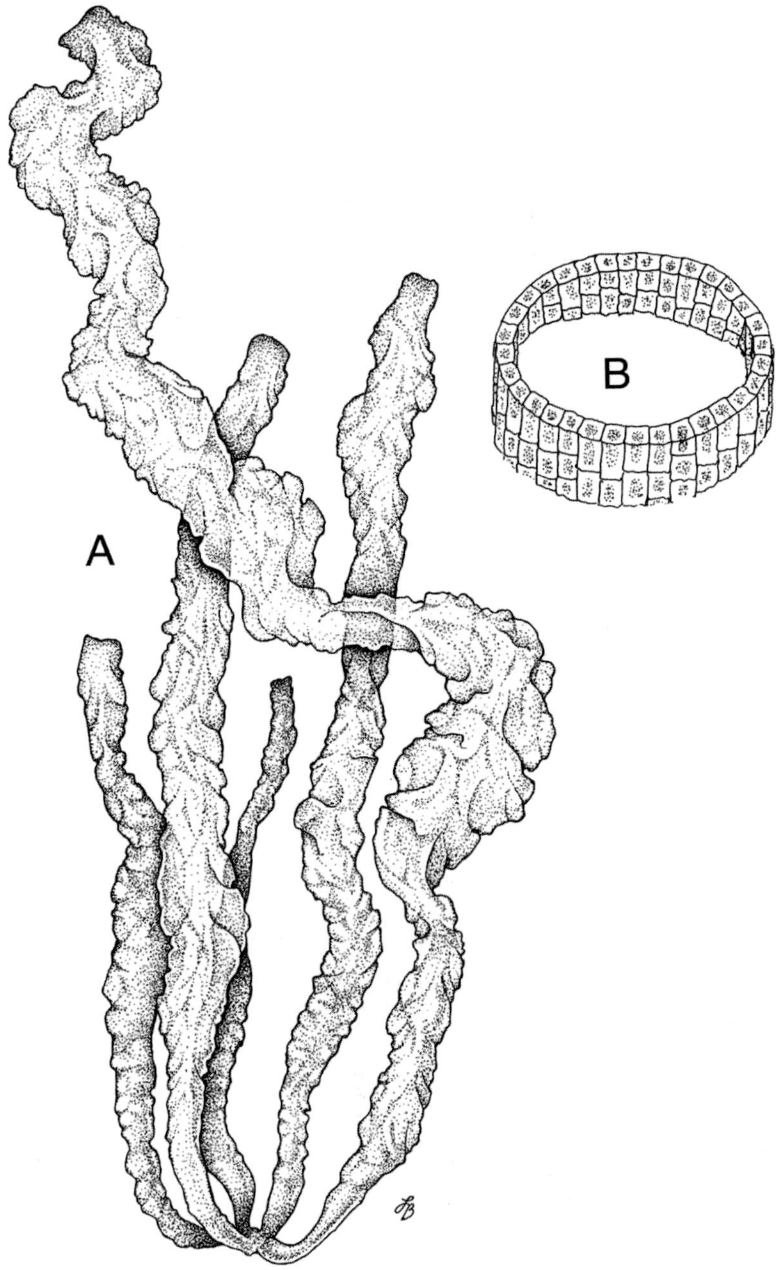

그림 6-5. 범세계적으로 분포하는 녹조 창자파래*Enteromorpha intestinalis*의 외부 형태(A)와 직경이 1-2 cm인 관상 구조를 보이는 횡단면(B).

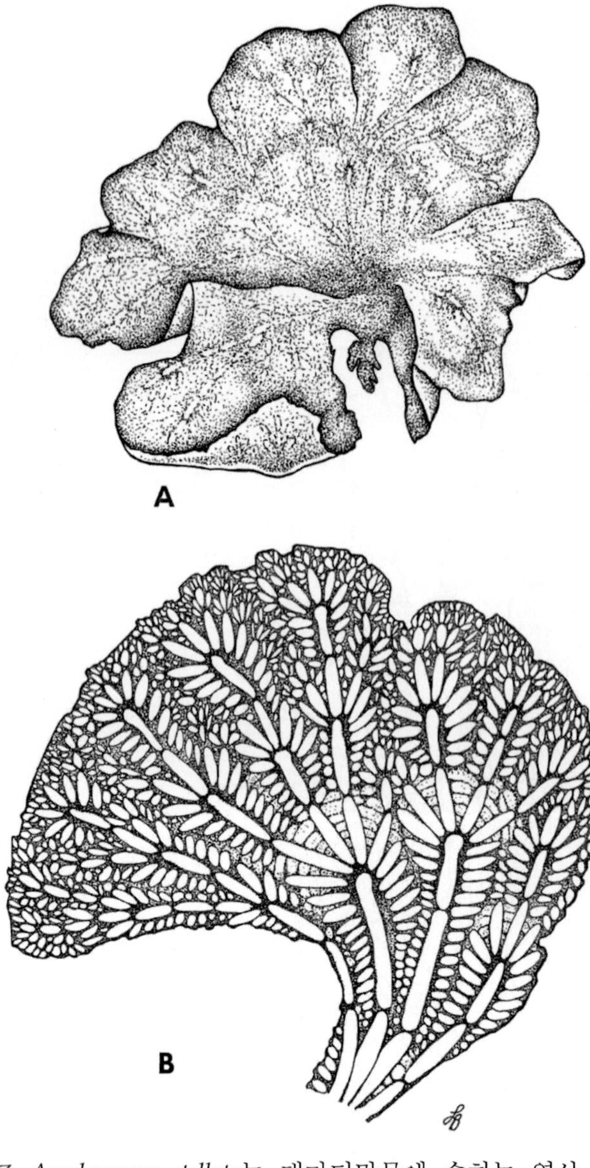

그림 6-6. 열대 녹조 *Anadyomene stellata*는 대마디말목에 속하는 엽상 종(A)으로서 사상체들이 유합되어 그물 모양으로 몸을 이루며 직경은 3-6 cm(B)이다.

초록털말목Acrosiphoniales은 단형 목으로서 냉수 해역에 출현하는 3속으로 구성된 초록털말과 Acrosiphoniaceae가 있다. 초록털말속*Urospora*(비분지성 사상체), *Spongomorpha*(분지성, 단핵 사상체)와 *Acrosiphonia*(분지성, 다핵 사상체)가 있다. 대마디말목의 종들과는 달리 초록털말목에 속하는

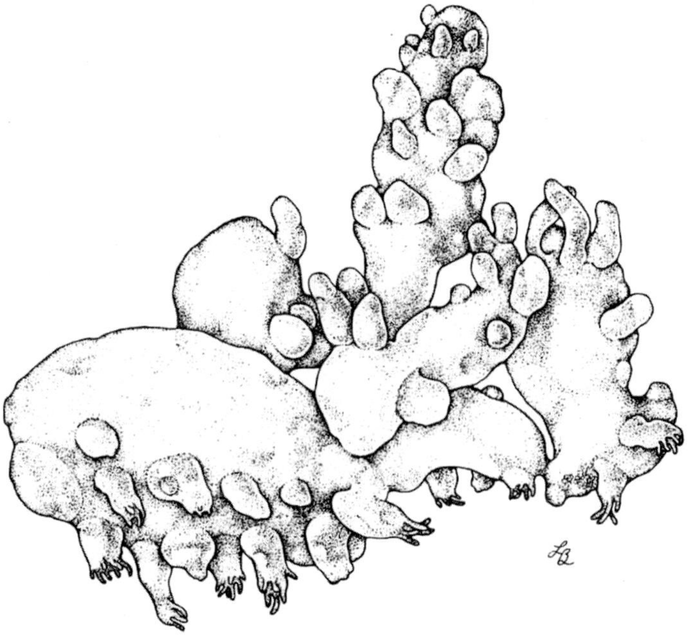

그림 6-7. 다핵성 열대 녹조 *Valonia macrophysa*는 암녹색 세포로 이루어져 있으며 큰 것은 직경이 2.0 cm에 이른다.

종들은 한 개의 구멍 난 엽록체를 가지며 전형적인 이형 단복상 생활사를 보이는데 반수체인 배우체와 단세포성 포자체가 교대한다. 이 단세포성 포자체는 이전에는 별개의 속 *Codiolum*으로 기재되었다. 초록털말속*Urospora*은 범세계적으로 냉해역에 우점 하는 비분지성 사상체로서 다핵이며 원통 모양의 세포(길이 150 μm, 직경 80 μm)와 망상 엽록체를 가지고 있다. 이 목에 속하는 종의 세포벽은 크실란과 같은 비셀룰로오스성 미세섬유로 이루어져 있다.

대롱말목Siphonocladales은 대롱말과Siphonocladaceae(사상체 구조), 좀대롱말과Boodleaceae(유합된 사상체가 망상 또는 엽상 구조 형성)와 그물공말과Valoniaceae(식물체는 소낭이 모여 이루어진 구조)의 3과로 구성 된다. 대롱말목은 다핵성 열대 해산종으로 구성된다. 세포질분열은 분리형 세포 분열에 의하여 일어나는데, 세포질은 다양한 크기의 원형질 조각으로 분리되어 각각이 둥글게 뭉친 다음 외막을 형성한다. 분리된 소낭들은 모세포로부터 바깥쪽으로 팽창하여 외생적으로 불규칙한 모양의 가지(*Siphonocladus*) 또는 부착 가근(*Valonia*, 그림 6-7)을 낸다. 분리된 소낭들은 원래의 세포 안에서 팽창하여 위유조직성(기본적으로 사상형) 조직과 비슷한 모양이 된다(그물공말속*Dictyosphaeria*). *Valonia ventricosa*는 모든 식물체가 거대한 다핵 세포로 이루어져 직경이 10 cm에 이르는데 이 경우에는 내부에서 분리형 세포 분열이 일어난 결과 많은 세포로 나뉘며 이 중에서 일부는 가근이 된다. 그물공말*Dictyosphaeria cavernosa*의 생활사는 동형 단복상 이며 배우체는

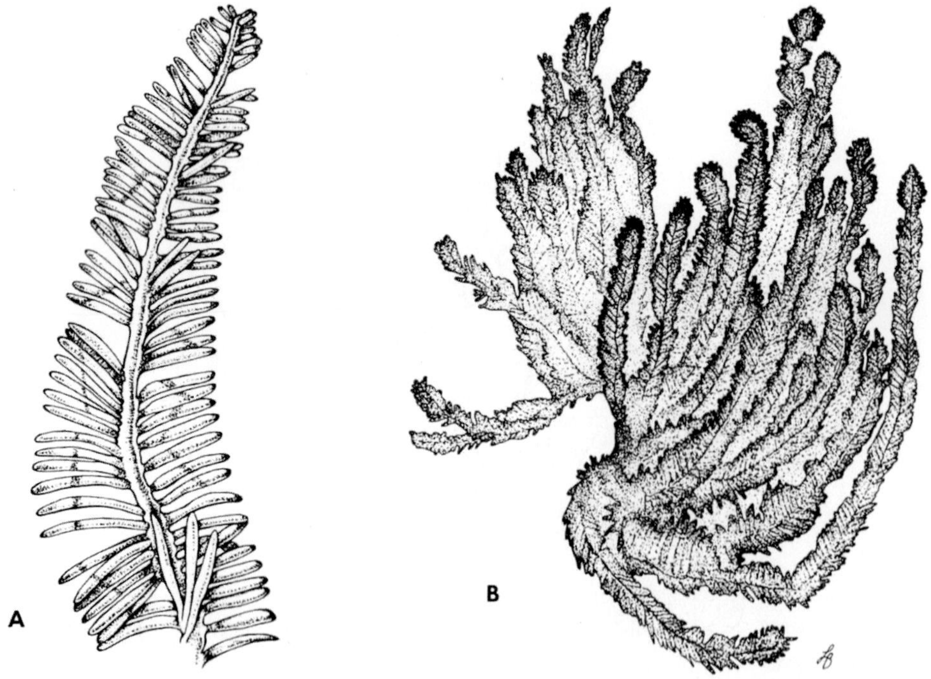

그림 6-8. 난온대 해역에 출현하는 녹조 깃털말의 일종 *Bryopsis pennata*(A)는 우상지(길이 2-3 cm)를 내며 조수웅덩이에 암녹색 다발(B)을 이루어 자란다.

동형배우자를 만든다.

옥덩굴목Caulerpales은 관상 또는 낭상체 구조이다. 6과 중에서 4과는 해산 속으로 구성되며 대부분의 해조류와는 달리 열대와 아열대 바다에서 모래 기질에 자라는(8장 참조) 식물 군집을 형성한다. 깃털말속*Bryopsis*(그림 6-8)과 엉킨실속*Derbesia*을 포함한 깃털말과Bryopsidaceae는 이형 단복상 생활사를 가진다. 옥덩굴과Caulerpaceae는 73종이 넘는 열대옥덩굴속*Caulerpa*으로 구성된 단형과이며, 종에 따라 형태가 뚜렷하게 구별된다. 모든 종이 직립하는 엽상부와 부드러운 기질에 파고드는 헛뿌리를 내는 지하경을 가진다[그림 6-9(A)]. 이 속은 내부에 육주trabeculae를 가지는데 이는 세포벽이 안으로 자라서 생긴 것이다[그림 6-9(B)]. 옥덩굴속 내의 종들은 엽록체와 녹말을 형성하는 백색체를 가지며 격벽이 없으므로 비세포성다핵체 구조를 나타낸다(Dawes and Rhamstine 1967). 상처 재생에서는 몸에 격벽이 없기 때문에 심각한 문제를 일으키는데, 깃털말속*Bryopsis*의 단백질성 상처 마개(Burr and West 1971)와는 달리 탄수화물로 이루어진 상처 마개를 만들어 해결한다(Dawes and Goddard 1978; Menzel 1980). 옥덩굴속*Caulerpa*의 생활사는 복상 세대를 보이

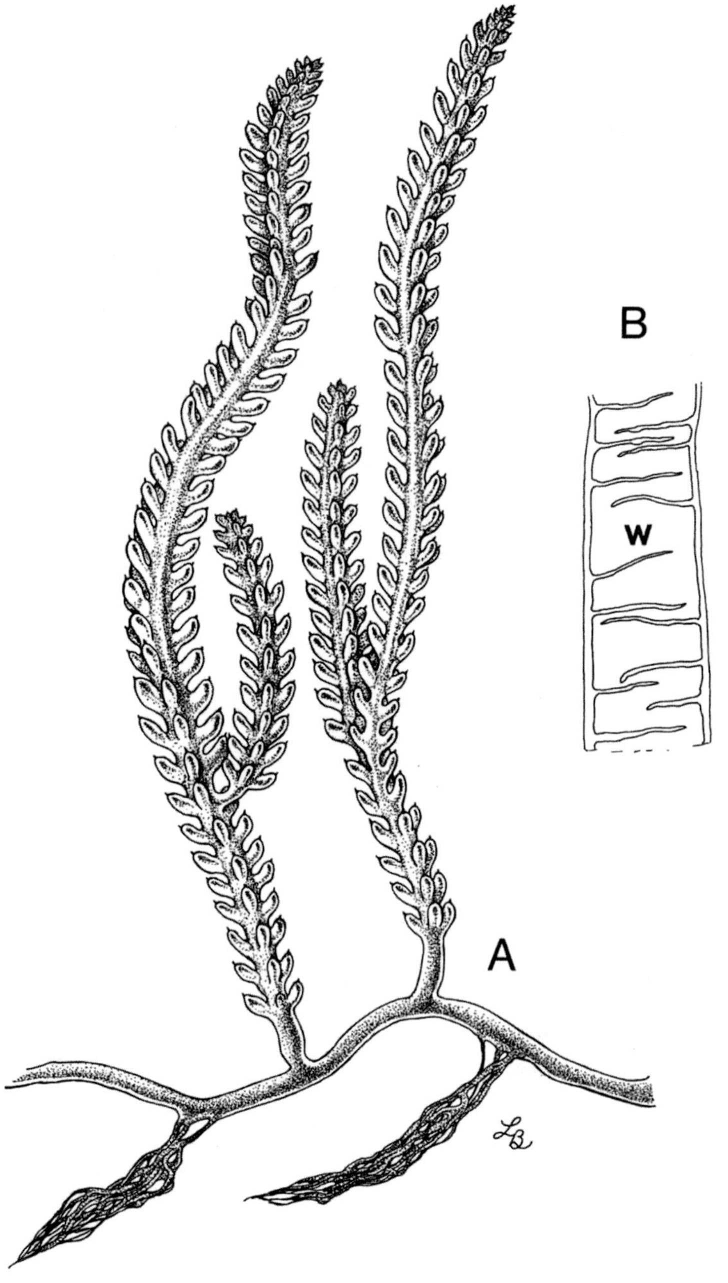

그림 6-9. 옥덩굴의 일종 *Caulerpa cupressoides*. 비세포성다핵체 녹조인 옥덩굴속*Caulerpa*은 납작한 가지(직경 2.5 mm)를 가진 *C. cupressoides*를 포함하여 100종의 열대산으로 구성되어 있다(A). 모든 종이 내부에 육주trabeculae라고 부르는 벽 지지대(W)를 가진다.

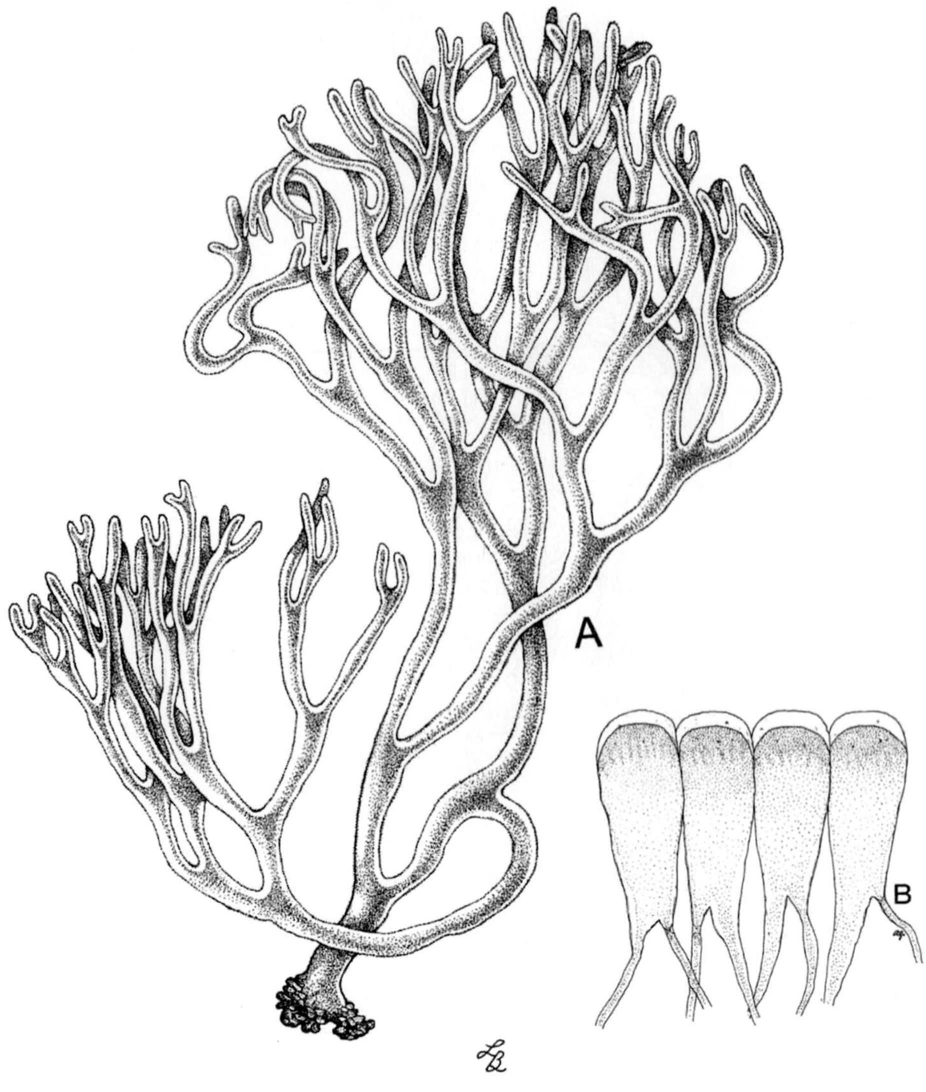

그림 6-10. 복잡한 체형의 비세포성다핵체 녹조 청각의 일종 *Codium isthmocladium*은 길이가 10-20 cm(A)로서 산호초에 우거져 자란다(5장). 식물체의 표면은 포낭으로 이루어져 있으며 포낭의 외벽은 *C. taylorii*에서 나타나는 것과 같이 비후되어 있다.

며 이형배우자는 엽상부에 생기는 관이나 돌기로부터 방출된다. 청각과Codiaceae[예, *Codium isthmocladium*; 그림 6-10(A)]는 내부에 무색의 다핵성 관이 얽혀 짜여 다축형 엽상체를 형성하는 속들로 구성되어 있다. 몸의 표면은 포낭utricles으로 이루어져 있는데[그림 6-10(B)], 이 포낭은 외부에 위치한 관의 정단부가 측벽을 따라 유합되어 형성된 것이다. 청각과에 속하는 종들은 옥덩굴속

그림 6-11. 바다선인장의 일종 *Halimeda discoidea*은 열대산 관상 녹조이며 내부의 관은 서로 엮여 있으며 석회화된 마디와 석회화가 안 된 관절(G) 부위가 있다.

*Caulerpa*과 같이 모래 바닥에 붙어 자라며 몸의 기부에 부드러운 기질을 파고드는 헛뿌리를 낸다. 청각과의 생활사는 복상 세대를 보이며 이형배우자를 만든다. Udoteaceae는 100종이 넘는 열대 및 아열대 산으로 구성되며 이 중에서 많은 종이 몸이 석회화되었다. 모든 종이 부드러운 기질에 부착할 수 있는 헛뿌리를 낸다. 석회화된 몸을 가지는 속은 바다선인장*Halimeda*(그림 6-11), *Udotea*, *Penicillus*속이며 석회화가 안된 속은 *Chlorodesmis*, *Avrainvillea* 및 *Cladocephalus*속 등이다. Udoteaceae에 속하는 종들은 일부 환초 지역에서 저층의 90% 이상을 이루는 바다선인장속 *Halimeda*을 포함하여 열대 해역의 모래지역에 우점하는 군집을 이룬다.

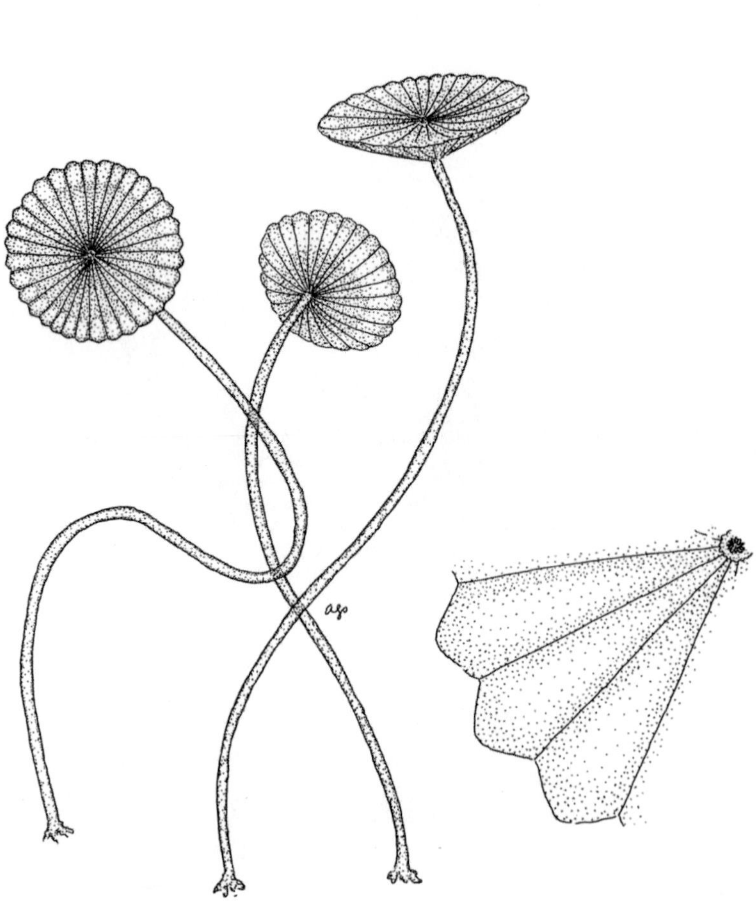

그림 6-12. 삿갓말의 일종 *Acetabularia crenulata*는 방패 모양의 열대산 녹조이며 가늘고 석회화된 자루에 윤생하는 가지들(열)이 갓을 형성한다.

바다삿갓말목Dasycladales은 바다삿갓말과Dasycladaceae와 삿갓말과Acetabulariaceae의 2과에 소속되는 8속의 열대산으로 구성된다. 이 목의 속들은 가지를 윤생으로 내며 몸의 바깥층이 석회화된 것이 특징이다. 적어도 50속의 화석이 오르도비스기까지 분포했던 것으로 알려져 있다(표 2-1). 생활사는 복상이며 동형배우자가 낭포에서 만들어져 가지로부터 방출된다. 삿갓말속 *Acetabularia*(그림 6-12)은 생식할 때까지 단핵으로 남아있는 반면에 *Cymopolia*속은 영양체가 다핵성이다. 일차 핵이 크고 세포를 쉽게 다룰 수 있기 때문에 삿갓말속*Acetabularia*은 한 종의 핵을 다른 종으로 이식하는 형태학적 연구에 이용되어 왔다.

갈조식물문

갈조류는 단일 강인 갈조강Phaeophyceae에 약 265속, 1,500-2,000종이 포함되어 있으며(Norton et al. 1996) 거의 대부분이 해산종이다. 단지 5-6속만이 담수 환경에 분포한다(Bold and Wynne 1985; van den Hoek et al. 1995). 갈조류는 기본적으로 온대 해역에 우점하며 크기가 작은 사상형(솜털속*Ectocarpus*)으로부터, 단단한 구조의 조간대 갈조(*Ascophyllum, Fucus*)와 조하대에 분포하는 대형 갈조류(*Macrocystis, Nereocystis*)까지 체형이 다양하다. 그물바탕말류에 속하는 *Lobophora variegata*와 같은 일부 열대산 갈조류는 100 m 수심에서도 자란다. 대부분의 갈조류는 안정적이고 단단한 기질을 필요로 하므로 주로 바위에 붙으며 많은 종류의 사상형 미세종들은 다른 해조류의 몸에 착생한다. 사가소 해의 모자반 *Sargassum fluitans*와 *S. natans*를 포함한 일부 종들은 부유성 개체군으로만 나타나는 반면 가온열매실말*Pilayella littoralis*은 보스톤만Boston Bay의 오염된 해안에서 큰 무리를 이루어 떠다닌다(Wilce et al. 1982). 대형갈조류 *Macrocystis*와 다시마*Laminaria*, 온대 해역의 뜸부기류 *Ascophyllum*과 *Fucus*, 열대 해역의 모자반속*Sargassum*등 많은 종들이 상업적으로 중요하다. 이들 종은 해조콜로이드 알긴산 원료를 얻기 위해 수확되며 가축 사료나 비료 대용으로도 이용된다(부록 B).

세포 특징

갈조류는 엽록소 *a*와 *c*(c_1, c_2, c_3), 베타카로틴, 퓨코크산틴, 네오퓨코크산틴과 더불어 여러 가지 카로틴계 색소들을 가지고 있다(표 4-1). 전형적인 진핵 세포로서 다시마속*Laminaria*과 물범손말속 *Durvillea*의 수층 세포 일부를 제외하고는 단핵성이다. 엽록체 틸라코이드는 세 겹으로 배열되며 이중 색소체 막의 바로 안쪽에 환상 라멜라가 있다(그림 6-13). 피레노이드는 갈조류의 여러 목(솜털목Ectocarpales, 그물바탕말목Dictyotales, 다시마목Laminariales)에 다양하게 들어 있다. 피레노이드는 엽록체의 이중막 내부에 퍼져 있다. 색소체는 엽록체 소포체(CER)로 덮여 있으며 이 소포체들은 핵의 외막과 연결되어 있다. 엽록체 소포체(CER)는 엽록체, 소포체와 핵 사이에 밀접한 관계를 갖도록 해준다. 피소드physodes는 갈조류에 일반적으로 나타나는데 특히 조간대에 생육하는 종에서 햇빛을 여과하거나(Ragan 1976), 오염을 방지하거나(Sieburth and Conover 1965) 또는 상처 마개를 발달시키는(Fagerberg and Dawes 1976) 기능이 있는 것으로 보인다. 피소드의 일반적인 구성 물질은 다양한 종류의 탄닌으로 이루어져 있으며 이 가운데에서 특별히 관심을 끄는 것은 플로로탄닌(플로로글루시놀phloroglucinol 중합체)으로서 피식을 억제시키는 것으로 보인다(Ragan and Glombitza 1986). 해조류에서 나오는 휘발성 브롬화 메탄(연간 10^4톤)은 갈조류에 흔하게 나타나는데 북극해 상공의 오존층을 파괴한다(Wever 1988).

갈조류의 저장산물은 글루칸(β-1-3 연결)(라미나린 또는 크리소라미나린)으로 일부는 β-1-6 연결 구조인 것도 있다. 저장 산물인 글루칸은 식물체 건조 중량의 2-34 %를 차지한다. 저분자 당-알콜인 만니톨도 들어 있으며 저장 산물과 삼투 조절제 역할을 하는 것으로 보인다(4장). 모든 갈조류

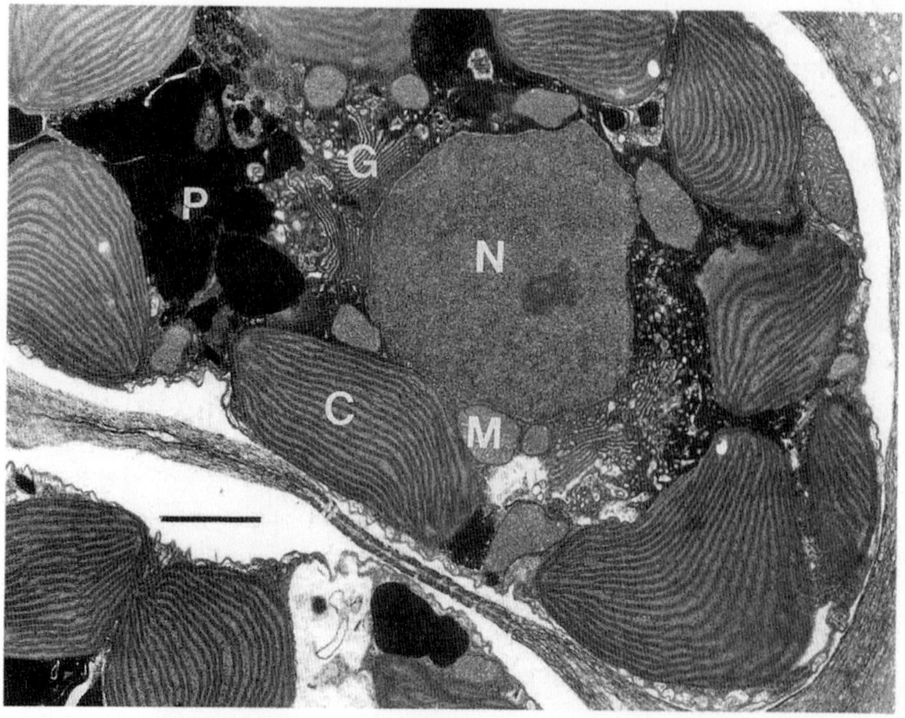

그림 6-13. 열대산 모자반의 일종 *Sargassum filipendula*의 피층 세포 전자현미경 사진. 핵(N)이 중앙에 위치해 있고 골지체(G), 피소이드체(P), 미토콘드리아(M) 등에 둘러싸여 있다; 주변에 위치한 엽록체(C)는 세 겹의 틸라코이드를 가지고 있으며 전자 밀도가 높은 피소드가 보인다. 막대의 길이는 1 μm.

는 구조 물질로서 셀룰로오스를 가지고 있으며 이를 구성하는 미세섬유는 엇갈리게 배열되어 라멜라를 이룬다(Dawes et al. 1961). 원형질연락사는 공통적으로 가지고 있으며 세포벽을 뚫고 뚜렷하게 발달된 사판을 관통한다(그림 6-14). 아울러 세포벽은 알긴산(D-만뉴론산과 L-글루쿠론산)을 가지고 있는데, 이들은 구조적 기능(접합 물질로서)과 이온 교환 역할을 하는 것 같으며, 해조콜로이드로 추출된다(부록 B). L-퓨코오스 가운데에서 퓨코이단은 일차 구성 물질로서 갈조류에 들어있는 수용성 추출물이다.

유사분열은 두 개의 중심립이 복제되면서 시작된다. 이것은 폐쇄 핵분열의 한 형태로서[그림 6-3(a)] 방추사들이 핵막을 파고든다. 염색체가 두 핵의 극으로 이동해 감에 따라(후기) 핵막이 소실된 다음 딸핵 주변에서 다시 형성된다. 세포질분열은 세포막이 안쪽으로 함입되면서 일어나며 이때 새로운 세포벽은 분리 홈에 침적된다. 모든 갈조류는 운동성 편모 세포를 가지는데 이들은 유주자 또는 배우자로서 기능을 한다. 운동성 세포는 이편모성heterokonts, 즉 편모의 길이와 모양이

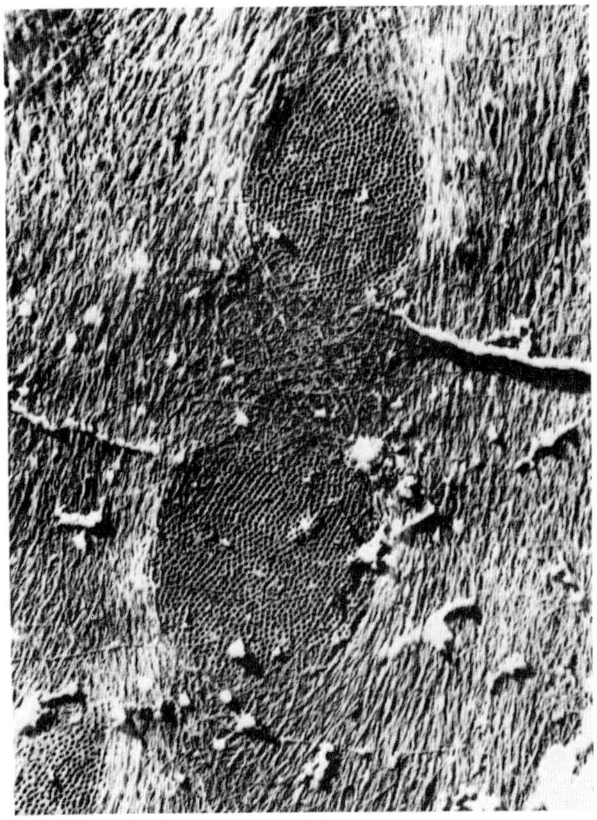

그림 6-14. 열대산 갈조 참그물바탕말*Dictyota dichotoma*의 세포벽에서 두 개의 사판과 라멜라에 배열되어 있는 셀룰로오스 미세섬유를 볼 수 있다(Dawes et al. 1961).

다르다. 편모 두 개가 방추형 또는 등과 배 쪽이 납작한 세포의 측면에 붙는다. 짧고 기부 쪽으로 향한 편모는 매끈하지만acronematic, 길고 앞쪽으로 향한 편모mastigonemes에는 부수적인 털 pleuronematic이 이열로 배열되어있다. 두 가지 예외가 있는데, 그물바탕말목Dictyotales의 정자는 앞쪽에 털이 달린 편모 한 개를 가지며, 뜸부기목Fucales은 앞쪽에 짧고 굵은 털 편모와 뒤쪽에 매끈한 돌기를 낸다. 단편모성이지만 그물바탕말목의 정자에 남아있는 기저체는 이편모 조상에서 기원되었다는 것을 암시해준다.

생활사

뜸부기목Fucales과 물범손말목Durvillaeales의 복상 생활사를 예외로 한다면, 전형적인 갈조류의 생활사는 단복상이며 동형세대교번 또는 이형세대교번 한다. 대부분의 이형세대 생활사에서는 배우체 세대는 일반적으로 축소되어 있지만 예외는 있다. 뜸부기목Fucales은 포자체가 알세포와 정자를 내는 복상 생활사를 가진다. 생식은 두 가지 유형의 세포, 즉 다실포자낭plurilocular sporangia 또는 단실포자낭unilocular sporangia에서 일어난다. 다실포자낭에서는 한 개의 포실에서 유사분열을 통하여 운동성 세포가 만들어지며 이들 포자낭은 배우자낭(유성) 또는 유주자낭(무성)으로서 기능을 가지게 된다. 단실포자낭은 팽창된 단세포 구조로서 이 안에서 감수분열이 일어난다. 단실포자낭 속에서 감수분열에 의해 4개의 반수 포자 또는 뒤이은 유사분열로 형성된 8개의 포자는 비운동성 포자(그물바탕말목)로 방출되거나 유사분열이 더 진행된 다음 감수 유주자로 된다.

분류

갈조류는 본 교재에 인용된 것과 같이 별개의 문으로 인식되어 왔다. 그러나 다른 체계에서는 갈조강을 황색조식물문Chromophyta, 황갈조식물문Chrysophyta 혹은 이편모조식물문Heterokontophyta에 두고 있다. 그 밖의 갈조류는 광합성 색소와 편모 구조의 유사성에 따라 통합되었다. 생활사에 대한 새로운 정보와 생장 유형, 식물체의 구조에 근거한 갈조류 목이 11목(Dawson 1966)으로부터 12목(Dawes 1981), 13목(Bold and Wynne 1985), 16목(van den Hoek et al. 1995)까지 증가하고 있다. 표 6-2에 제시된 검색표에는 의문시 되는 2목, Syringodermatales목과 Ascoseirales목은 포함시키지 않았다.

솜털목Ectocarpales은 솜털과Ectocarpaceae에 약 30속으로 구성된 목이며 갈조류에서 가장 원시적인 종이 포함되어 있다. 단열로 분기하는 사상체는 개재 분열을 통하여 확산 생장을 한다. 이 목에 속하는 조류 대부분이 동형 세대교번 생활사를 가지며 수정은 동형접합 또는 이형접합에 의한다. 솜털속*Ectocarpus*(그림 6-15)을 일반적인 예로 들 수 있다. 세포는 분기하는 띠 모양의 엽록체를 한 개 또는 그 이상 갖는다. 다실포자낭(그림 6-15B)은 반수체와 이배체 식물 모두에서 나온다. 반수체 식물의 다실배우자낭에서 나온 운동성 세포는 동포자 또는 배우자로서 기능을 하는 반면 이배체 식물의 것은 무성생식 기능만 담당한다. 단실포자낭(그림 6-15A)은 이배체 식물에만 흔하게 달린다. 접합자는 포자체로 자라며 여기에 단실포자낭이 형성되며 감수분열을 통하여 1N 동포자가 만들어 진다. 이 반수 포자들은 배우체로 자라서 정상적으로는 다실포자낭만을 만들게 되지만, 유사분열을 통하여 무성 동포자 또는 배우자가 되기도 한다. 따라서 솜털목의 생활사 두 단계는 무성 동포자를 만드는 다실포자낭을 형성하여 생활사를 지속시킬 수 있다. Müller(1972, 1977)는 참솜털*Ectocarpus siliculosus*이 배우체에 비해 크기가 작은 포자체를 낼 뿐만 아니라, 전형적인 동형 단복상세대의 생활사에서 복잡한 변이를 보인다는 것을 밝혔다.

바위딱지목Ralfsiales에는 3과가 포함되며 각상의 형태를 가진 속으로 구성된다. *Ralfsia pacifica*와 같이 이전에 기재된 종들은 고리매목에서 발견되는 큰 체형인 다육질 종의 왜소형 이배체 단계이다. 이 목에 속하는 종들은 사상체가 방사상으로 배열된 기부를 가지고 있으며 각각의 세포는 직립지를 낸 다음 빽빽하게 채워진 위유조직성 딱지를 형성한다. 이 목에 소속된 다수의 각상형 종에 대한 생활사는 잘 알려져 있지 않았으며 일부 종은 다른 고리매목 식물의 이배체 상태인 것으로 보인다. 이형배우자는 *Neoderma tingitana*에서 볼 수 있다.

갯쇠털목Sphacelariales은 온대에서 열대 해역에 걸쳐 분포하며 10속으로 구성된다. 생장은 뚜렷한 정단 세포 분열에 의해 이루어지며 생활사는 동형 단복상 세대이다. 따라서 어떤 분류 체계에서는 갯쇠털목을 그물바탕말목Dictyotales에 두기도 한다(van den Hoek et al. 1995). 식물체는 구조적으로 다열인 작은 사상형 다발로 이루어져 있지만 위유조직성 조직은 형성되지 않는다(갯쇠털속*Sphacelaria*). 배우자 형태는 동형배우자(*Cladostephus*), 이형배우자(갯쇠털속*Sphacelaria*) 및 난접합(일부 바다깃꼴속*Halopteris*) 등이다. 갯쇠털속*Sphacelaria*의 특징은 무성 생식으로 특화된 가지인 배아지propagules를 내는 것이다.

Tilopteridales목은 사상체 또는 단열 사상체의 기부 쪽에 다열 구조를 가진 몇 개의 속으로 구성된다. 엽상체의 생장은 모상지에 의하며 식물체는 단포자낭(큰 구형 세포)을 형성한다. 배우체의 단포자낭은 한 개의 큰 핵을 가지는 반면, 포자체의 포자낭은 4개의 핵을 가진다. 북대서양종 *Haplospora globosa*에서는 배우체가 알세포와 정자를 형성하므로 생활사는 동형인 것으로 보인다.

채찍말목Cutleriales은 채찍말속*Cutleria*과 *Zanardinia* 두 속으로 구성되며 모두 이형접합 생식을 한다. 채찍말속은 멕시코만에서 발견되며 왜소체가 각상 포자체(예, *Aglazonia* 단계)인 이형 세대교번을 한다. 채찍말속*Cutleria*의 왜소형 포자체는 유조직성이며 대형 배우체는 부채꼴로서 모상생장을 한다. *Zanardinia*속은 이형 세대교번을 하는데 두 세대 모두 모상 생장하며 유조직성 구조를 가진다.

그물바탕말목Dictyotales은 단일 과인 그물바탕말과Dictyotaceae 내에 16속을 포함한다. 이 목은 동형 단복상 세대를 가지며 열대로부터 난온대 해역까지 분포한다. 이 목에 속하는 종들은 체형이 납작하고 차상 분기하는 엽상부[그물말속*Dictyopteris*, 그림 6-16(A)]와 한 개 또는 그 이상의 정단 세포[그림 6-16(B)], 두 층에서 여러 층 두께의 유조직성 구조[그림 6-16(C)]를 이룬다. 전형적으로 배우체는 자웅이주이며 유성생식은 난접합에 의한다. 암배우체는 각각의 장란기 속에 한 개의 알세포를 내며 장란기는 엽상체 표면에 장란기 군을 형성한다. 수배우체는 연한 색깔의 다실배우자낭군을 내는데 이들 세포 각각으로부터 한 개의 정자가 방출된다. 앞에서 언급한 바와 같이 정자는 한 개의 털 편모pleuronematic를 가진다. 전형적으로 배수 포자체는 감수분열을 통하여 4개의 비운동성 포자를 만들며, 감수 포자 각각은 흔하게 일어나는 성 분리에 따라 배우체로 자란다. 참그물바탕말*Dictyota dichotoma*은 그물말속의 *Dictyopteris delicatula*[엽상부는 중륵이 있음; 그림 6-16(A)]와 유사하며 목내에서 가장 광범위하게 분포하는 종일 것이다. 이 종의 엽상부는 단일 정단 세포[그림 6-16(B)]에 의해 생장하여 차상분기하며, 유조직성으로서 세포층은 세층이다[그림 6-16(C)].

민가지말목Chordariales은 6과 이상을 포함하는 크고 다양한 목이다. 이 목의 분류군은 원시적인 무리로서 솜털목Ectocarpales과 관계가 있는 것 같으며, 종들은 개재 생장을 통하여 단열 사상체를 이룬다. 민가지말목의 생활사는 반수체인 왜소체와 이배체인 대형 엽상체가 교대하는 이형세대 교번을 한다. 포자체는 원반상인 사상형 착생식물로부터 위유조직성 식물체까지 다양하다. 접합자는 왜소엽상체plethysmothallus라고 부르는 소형 이배체 식물을 형성하고, 곧바로 대형 포자체로 자라거나 또는 다실포자낭에 동포자를 형성하여 무성 생식을 한다. 민가지말과의 *Cladosiphon*속은 느슨한 구조의 위유조직성 포자체를 가지는데 크기가 아주 작은 사상형 배우체와 교대한다.

표 6-2. 갈조류 14목의 검색표

1 생활사는 복상이며 배우체 세대가 없다 · 2
1 생활사는 단복상이며 배우체와 포자체 세대가 있다 · 3
2 생장은 뚜렷한 정단 세포에 의해 일어난다 · · · · · · · · · · · · · · · · 모자반목Fucales
2 생장은 정단 세포 없이 확산되어 일어난다 · · · · · · · · · · · · · · 물범손말목Durvillaeles
3 몸은 사상형 또는 위유조직성이다 · 4
3 몸은 위유조직성 또는 다열이며 적어도 생활사의 한 세대를 가진다 · · · · · · · · · · · · · · 8
4 생활사는 동형이며 극히 일부는 이형이다 · 5
4 생활사는 이형이며 포자체가 우세하다 · 6
5 몸은 사상형이며 세포당 한 개 이상의 색소체를 가지며 피레노이드는 있다 · · · · · 솜털목Ectocarpales
5 몸은 각상, 위유조직성이며 세포당 한 개의 색소체를 가지며 피레노이드는 없다 · · 바위딱지목Ralfsiales
6 유성생식은 난접합에 의한다(알세포와 정자) · 7
6 유성생식은 동형접합에 의한다 · 민가지말목Chordariales
7 생장은 모상지에 의하며 각 축의 끝은 한 개의 사상체로 되어 있다(단축 구조) · · 산말목Desmarestiales
7 생장은 모상지에 의하지만 각 축은 사상체 다발로 이루어진다 · · · · · · · · · · 털비말목Sporochnales
8 생활사는 동형이며(채찍말*Cutleria*은 예외), 최소한 한 단계는 모상생장한다 · · · · · · · · · · 9
8 생활사는 이형이며 모상 생장은 하지 않고 한 세대는 위유조직성이지만 다른 세대는 사상형 또는 위유조직성이다 · 12
9 모상생장을 한다 · 10
9 정단생장을 한다 · 11
10 몸은 다축 구조이며, 정단부는 단열, 기부는 다열 구조로서 이배체 식물에서는 4핵 단포자를 형성한다 · Tilopteridales
10 몸은 생활사 중 한 단계는 유조직성 구조이며 이배체 식물은 단포자낭만을 낸다 · 채찍말목Cutleriales
11 식물체는 직립하고 납작하며, 단실포자낭 당 4-8개의 비운동성 포자가 형성되고, 생식은 난 접합에 의한다 · 그물바탕말목Dictyotales
11 식물체는 직립하고 원주형이며 단실포자낭 당 많은 운동성 포자가 형성되고, 생식은 동형 접합 또는 난접합에 의한다 · 갯쇠털목Sphacelariales
12 체세포는 한 개의 판상 엽록체와 뚜렷한 피레노이드를 가지며, 대형 배우체는 다실배우 자낭만을 낸다 · 고리매목Scytosiphonales
12 체세포는 많은 엽록체를 가지며 피레노이드는 있거나 없으며 대형 배우체는 단실포자낭만을 낸다 · 13
13 생장은 정단 또는 확산 분열에 의하며, 생식은 동형 또는 이형 배우자에 의한다 · 바위수염목Dictyosiphonales
13 생장은 국지 분열조직 또는 형성 표피를 가진 개재 분열에 의하며, 생식은 난접합에 의한다 · 다시마목Laminariales

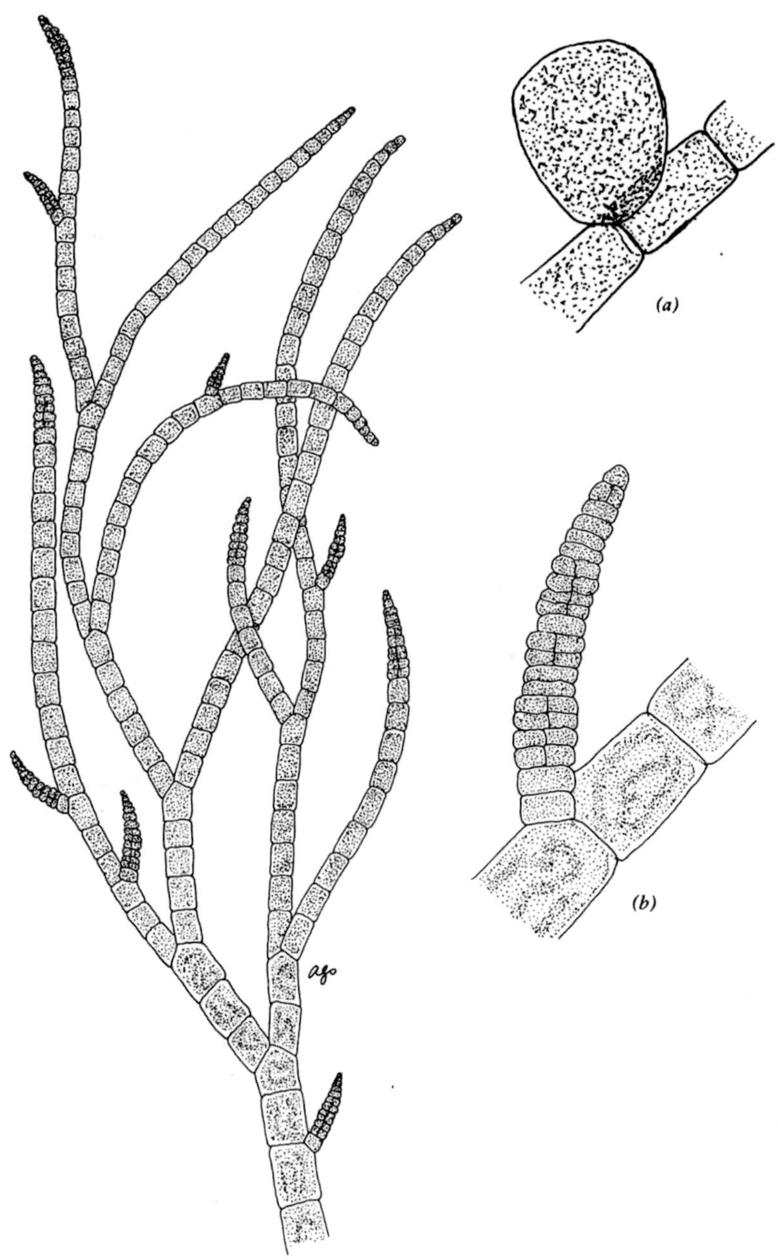

그림 6-15. 사상형 갈조 참솜털*Ectocarpus siliculosus*은 원추형 다실포자낭을 낸다. 이배체 식물은 단실포자낭(a)을 낸다. 다실포자낭(b)은 반수체와 이배체 식물 모두에서 발견된다. 주축의 직경은 40-60 μm이다.

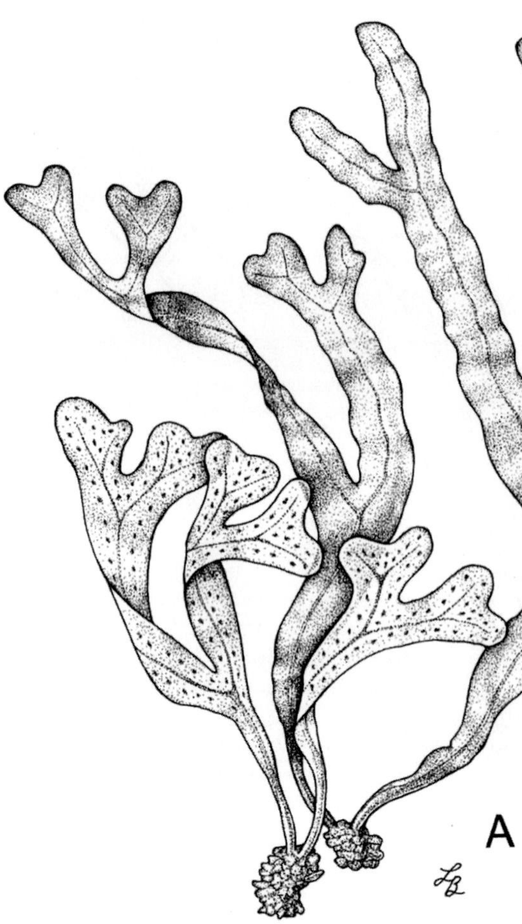

그림 6-16. 열대산 갈조류 그물바탕말목Dictyotales에 속하는 종들은 납작한 가지(A: *Dictyopteris delicatula*)를 가진다.

털비말목Sporochnales의 분류군은 대부분이 남반구 열대 해역에 분포하며 6속 2과로 구성된다. 털비말속*Sporochnus*과 *Neria*속은 멕시코 만과 노스캐롤라이나 해안 점심대에 나온다. 생활사는 육안적 크기인 포자체와 알세포와 정자를 형성하는 현미경적 크기인 배우체가 이형 세대교번 한다. 모상 생장이 일어난 결과 가지 정단부에 털이 다발로 모여난다.

산말목Desmarestiales은 남극해 해조상의 주요 분류군인 산말속*Desmarestia*과 더불어 전 세계 온대 해역에 분포한다. 이 목의 분류군들은 북반구와 북극해의 대형 갈조류와 비교할 때 남극해에서는 형태적으로 평행 진화를 보인다. 산말과에는 산말속*Desmarestia*과 나도산말속*Himanthothallus*

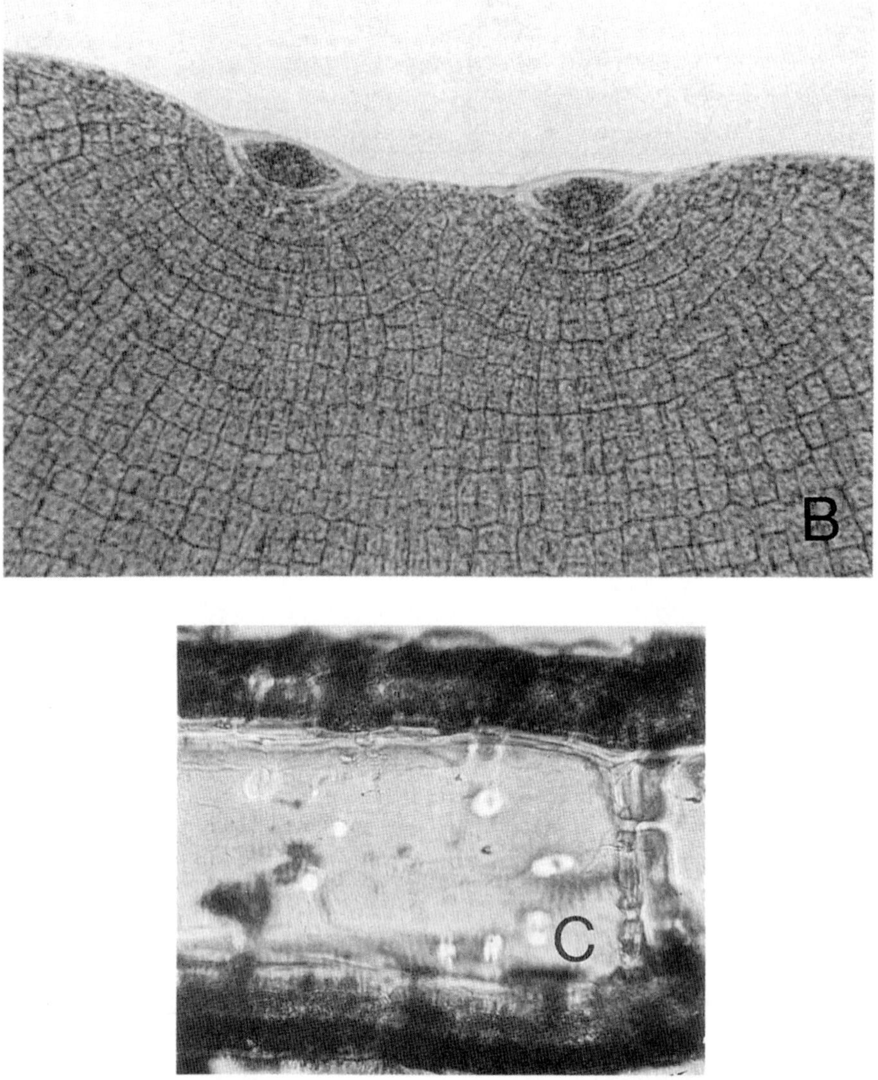

그림 6-16. 한 개(B: *Dictyota dichotoma*) 또는 여러 개의 세포로 이루어진 정단 분열조직에 의해 생장하며 유조직성 구조이다(C: *D. dichotoma*).

이 포함되는데 두 속 모두 모상 생장을 하며 위유조직성 구조를 보인다. 생활사는 이형 세대교번을 하며 현미경적 크기의 배우체는 난접합 유성생식을 한다. 세포의 액포에는 황산과 말산(pH 0.8-1.8)이 들어 있으며 종에 따라서는 농도가 0.44 N까지 높은 것도 있다. 산말과 함께 섞어두면

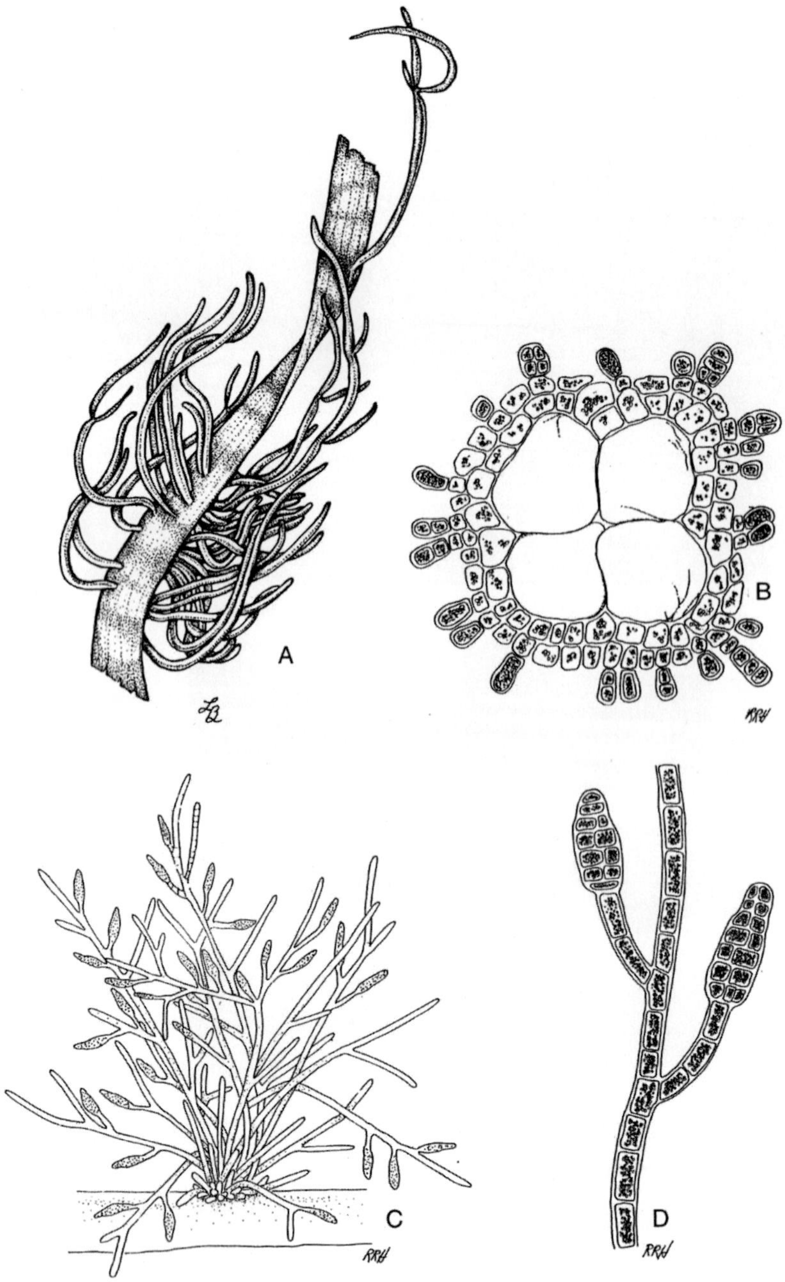

그림 6-17. 열대산 갈조 *Hummia onusta*는 기존의 두 종이 조합된 것이다. 포자체인 *Stictyosiphon subsimplex*(A)는 해초류 잎에 착생하며 유조직성 구조(B)이다. 배우체인 *Myriotrichia subcorymbosa* (C)는 미세한 사상체 착생식물이며 다실포자낭(D)을 낸다.

산이 스며 나와 다른 해조류를 탈색시킨다.

Dictyosiphonales목은 4과로 구성된다. 여러 가지 속이 단복상 생활사를 보이며 포자체는 육안적 크기로서 유조직성 구조를 가지며 확산(개재) 생장을 한다. 생활사는 유동적이다. 경우에 따라서는 중간 단계인 육안적 크기의 포자체로 자라는 왜소체 단계가 나타난다. 어떤 종은 모자반털속 *Elachista*와 같이 체형이 왜소하며 다양한 해조류(*Ascophyllum, Laminaria, Chondrus*)에 착생한다. 배우자는 동형이다. *Hummia onusta*(그림 6-17)는 두 개의 다른 종으로 이루어진 종이다, 포자체는 *Stictyosiphon subsimplex*[그림 6-17(A)], 배우체는 *Myriotrichia onusta*[그림 6-17(B)]이다. 이 두 속의 복합체는 목에서 나타나는 형태적인 다양성을 잘 보여준다. 포자체는 정단 분열을 하는 분지형 대형 유조직성[그림 6-17(B)] 식물인 반면에, 배우체는 왜소한 단열 사상체[그림 6-17(D)]인 착생 식물로서 반상의 사상형 기부를 가지며 확산 생장을 하고 다실포자낭만을 형성한다.

고리매목Scytosiphonales은 Chnoosporaceae과와 고리매과Scytosiphonaceae 두 과로 구성된 작은 목이다. 생활사는 복단상으로서 포자체는 축소되어 있다. 고리매목에 속하는 분류군은 피레노이드가 있고 세포 당 한 개의 색소체를 가지며 육안적 크기의 배우체에 다실포자낭만을 내는 특징에 근거하여 Dictyosiphonales목으로부터 분리되었다. 고리매속*Scytosiphon*의 바위딱지형 포자체 단계는 비감수분열 단실포자낭을 내는 반면, 관상이고 직립하는 배우체는 다실배우자낭을 내며 이형배우자 접합을 한다. 고리매속의 생식에 관여하는 환경과의 상호작용에 대해서는 Bold and Wynne(1985), van den Hoek et al.(1995)에 의해 밝혀졌다. 북대서양산 4속인 불레기말속 *Colpomenia*, 그물바구니속*Hydroclathrus*, *Rosenvingia*, 미역쇠속*Petalonia* 중에서 불레기말속, 그물바구니속, *Rosenvingia*속 등은 카리브 해 연안에서도 출현한다.

다시마목Laminariales은 흔히 "켈프"라고 부르며 체형이 매우 크고 구조가 복잡한 갈조류이다. 다시마목은 온대에서 북극해 연안의 조간대 하부로부터 조하대까지 우점하며 기본적으로 북반구에만 분포한다. 많은 종들이 해조 콜로이드(예, 알긴산)의 원료를 얻고 사료로 이용하기 위해 수확된다(부록 B). 구성 종 모두가 육안적 크기의 포자체와 현미경적 크기의 배우체로 이루어지며 난접합 생식을 하는 진정 이형 세대 생활사를 가진다. 광질, 일장, 수온 모두가 동포자와 배우자 형성을 조절하는 역할을 한다(Dring 1988).

다시마목의 포자체는 유조직성 구조를 가지며 기부에 나타나는 개재 분열조직(전이대transition zone)으로 보강되어 있다. 이 목에 속하는 종들은 피층의 형성표피meristoderm를 통하여 부피 생장을 한다. 대부분 다년생이며 *Pterigophora*속의 한 종은 17년이나 사는 것으로 알려져 있다. 다시마목 식물은 고도로 분화된 형태를 보인다(그림 6-18). 대부분의 종들은 부착기, 줄기, 엽신을 가진다. 다시마목 식물의 해부 구조를 보면 모든 해조류 가운데서 가장 복잡한 구조를 가지는데 피층이 외층과 내층으로 분화되고 중심부의 수질은 사판 모양의 나팔 수사trumphet hyphae로 이루어져 있다. 이 구조는 고등 식물에서 체관 세포가 지닌 기능과 유사하다(Schmitz and Srivastava 1980).

다시마목은 엽상체의 형태, 엽신의 분화, 뚜렷한 형태의 포자엽sporophylls 또는 영양체 엽신의 양면에 형성되는 포자낭군의 위치 등에 근거하여 4과로 구분된다. 끈말과Chordaceae는 단형과(끈말속*Chorda*)로서 뚜렷한 형태의 줄기와 잎이 없으며 식물체 전면에 단실포자낭이 형성된다. 다시마과Laminariaceae의 분류군들은 엽신이 하나이며, 엽신이 여럿인 경우에는 엽신 기부의 전이 부위

그림 6-18. 캘리포니아 남부의 포인트듄Point Dune에 떠밀려온 대형 갈조류 *Macrocystis pyrifera*.

가 갈라지지 않는다. 다시마과의 예는 다시마속*Laminaria*, 구멍쇠미역속*Agarum*, 쇠미역속*Costaria* 등에서 볼 수 있다. 갈래감태과Lessoniaceae는 *Macrocystis*(그림 6-18)와 *Nereocystis*를 포함하여 가장 체형이 큰 캘프로 알려져 있다. 이 과에 속하는 식물은 세포가 세로로 분열하여 엽신의 개재 분열조직 속으로 뻗어 들어가는 특징이 있다. 예를 들면, *Macrocystis*에서 엽상체는 줄기와 기부가 팽창된 기낭pneumatocysts 측생 엽신으로 구성되는데, 이 엽신은 개재 분열에 의해 형성된 것이다. 기낭을 가진 각각의 엽신은 전이 부위가 포함된 일차 엽신으로부터 세로로 분리된다. 기낭은 몸을 수면으로 띄우는 역할을 하며 각 엽신 당 한 개(*Macrocystis*)로부터 하나의 거대한 기낭에서 엽신이 여러 개 갈라져 나오는 형태(*Nereocystis*) 등 다양하다. 바다야자라고도 부르는 *Postelsia*도 이 과에 속하지만 기낭은 없다[그림 8-4(A)]. 북미 서해안의 파도를 많이 받는 조간대 하부에 직립하여 사는 종이다. 미역과Alariaceae는 다시마와 엽신이 비슷한 특징을 보이며 기부의 전이 부위로부터 포자를 내는 작고 주름진 포자엽을 낸다. 엽상부의 분리는 개재 분열 조직 부위까지 확장되지 않는다. 북대서양 연안에는 *Alaria*속이, 북서 태평양 연안에는 *Egregia*와 대황속*Eisenia*이 분포한다. *Egregia*속은 길고 납작한 구조의 일차 엽상부를 가지며 여기에 측엽과 작은 기낭이 형성된다.

뜸부기목Fucales은 복상 생활사를 가지며 독특한 구조의 정자를 가지고 뚜렷한 난접합 생식을 한다. 생장은 한 개 또는 그 이상의 정단 세포에 의해 일어난다. 식물체의 구조는 부착기, 줄기, 엽신 및 기낭으로 구성되어 있는 복잡한 형태를 보인다. 뜸부기목에 속하는 대부분의 분류군들은

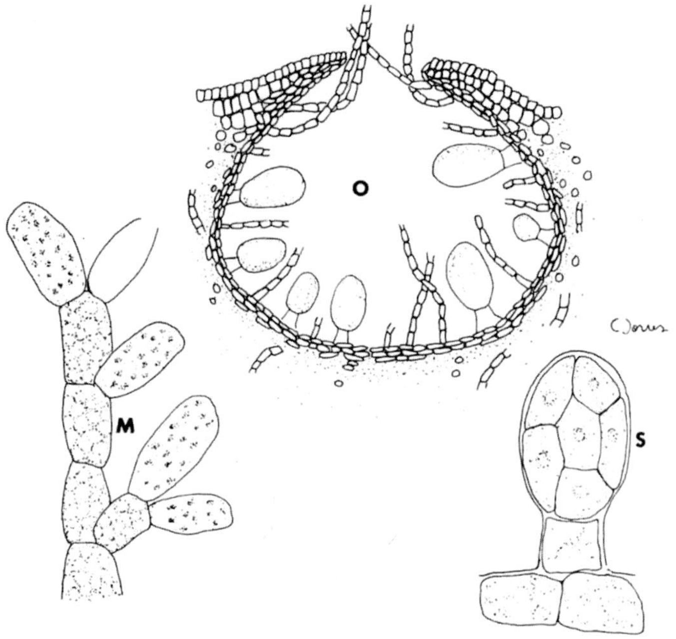

그림 6-19. 뜸부기목의 생식기소. 온대 해역에 분포하는 갈조 *Fucus vesiculosus*는 자웅동주이며 장란기(O), 장정기 가지(M) 및 장란기(S)를 가진다.

남반구에 분포 기원을 둔 냉해산 종으로 구성된다. 그러나 모자반속*Sargassum*은 범 열대 분포를 보인다. *Ascophyllum, Fucus,* 뜸부기속*Pelvetia* 및 모자반속*Sargassum* 등과 같은 많은 속들이 기질로부터 탈락된 후 생태형으로 변하며 염하구 지역에 몰려 생육한다(부유 해조류와 대발생, 8장). 잘 알려진 부유 대형 조류의 예를 대서양 환류 지역의 사가소 해Sargasso Sea에서 볼 수 있는데, 이곳에서는 두 종의 부유성 모자반속*Sargassum*이 발견된다.

뜸부기목의 유성 생식은 생식 가지 끝(*Fucus*) 또는 생식기탁receptacles이라는 특수한 가지(*Sargassum*)에서 일어난다. 장란기와 장정기라고 부르는 배우자낭은 생식기소conceptacles(그림 6-19)이라는 구멍 속에 들어 있으며 단포자낭(감수분열이 일어나는)에 해당한다. 장란기 속에 들어 있는 알세포의 수는 *Fucus*속은 8개, *Ascophyllum*속은 4개, 뜸부기속*Pelvetia*은 2개, *Hespeophycus,* 모자반속*Sargassum* 및 헛모자반속*Cystoseira*은 1개 등 각각 다른 특징을 보인다. 대체로 각 장정기는 64개의 단편모성 정자를 만든다.

뜸부기목은 4과로 구성된다. 뜸부기과Fucaceae는 납작한 몸을 가지며 정단 세포는 네모꼴이다. 이 과는 북대서양에 분포하는 *Fucus*와 *Ascophyllum,* 북태평양의 *Hesperophycus*속과 뜸부기속*Pelvetia*으로 구성된다. 뜸부기속*Pelvetia*은 북대서양 동해안에서도 발견된다. 모자반속*Sargassum*과 왕관잎

그림 6-20. 열대산 모자반류 왕관잎모자반의 일종 *Turbinaria turbinata*는 함몰된 생식기소를 가진 생식기 가지(생식기탁)와 세모꼴의 잎을 내며 식물체의 길이는 0.5 m이다.

모자반속*Turbinaria*(그림 6-20)을 포함하는 모자반과Sargassaceae의 분류군들은 정단 세포가 세모꼴이므로 방사상 체형을 나타낸다. 기낭은 많은 종에서 공통적으로 나타나며 곁가지는 고등식물과 비슷하게 엽액의 축에서 나온다. 헛모자반과Cystoseiraceae는 16속으로 이루어지며 엽액에서 가지가 나오지 않는 점을 빼고는 모자반과와 비슷하다. Hormosiraceae과는 남반구에만 분포하는 단형과이다. *Hormosira*속은 속이 빈 둥근 마디를 가진 점에서 다른 속과 구분된다.

물범손말목Durvillaeales은 물범손말속*Durvillaea*을 기준 속으로 하여 설정된 단형 목으로서 정단 생장보다는 확산 생장을 하고 여러 가지 특징에서 뜸부기목과 비슷하다. 이 목의 종들은 단단한 부착기, 줄기, 엽신을 가지며 남반구에서만 발견된다. *Fucus*속과 함께 물범손말속*Durvillaea*은 복상 생활사를 보이며 장란기와 장정기가 있는 생식기소를 가진다. 이 속의 4종 가운데서 남극물범손말*Durvillaea antarctica*은 뉴질랜드와 남미의 냉해역에서 조간대 하부로부터 조하대 상부까지 대규모 숲을 이룬다.

홍조식물문

Norton et al.(1996)에 따르면 홍조류는 2,500-20,000종 정도로 추정되지만 현재로는 4,000-6,000종이 보고되어 있다. 거의 대다수가 해산이며 약 3%(20속 150종)만이 담수산이다(Sheath 1984). 홍조류는 진핵 세포로 이루어져 있고, 편모 구조가 전혀 없으며, 저장 산물은 홍조 녹말인 아밀로펙틴(α 1-4결합의 주 골격에 β 1-6결합의 곁가지를 가진 글루칸)이며, 피코빌린이 있고, 엽록체는 겹 구조의 틸라코이드를 가지지 않으며, 외부 소포체가 없는 것이 특징이다(그림 6-24). 300여종이 넘는 경제성 홍조류가 직접적인 식량원(바다 채소)이나 상업적인 콜로이드를 추출하기 위해 이용된다(부록 B). 조류학 교재와는 별도로 Cole and Sheath(1990)는 홍조식물문에 대한 정보를 잘 정리해 놓았다.

홍조류는 편모와 편모 뿌리 구조를 가지지 않을 뿐만 아니라 석회화된 종류(캄브리아기, 5억 9천만 년 전)가 화석으로 나타나지 않는 점은 다른 진핵 생물로부터 일찍 분리되어 진화되었음을 암시해주는 것이다(Bold and Wynne 1985). 그러나 최근의 rRNA(28S) 자료는 홍조류는 편모의 진화가 일어난 후 원시 녹조류로부터 기원되었을 것이라는 암시를 주고 있다(Cole and Sheath 1990; van den Hoek et al. 1995). 만일 원시 녹조류에서 진화된 것이 사실이라면 홍조류의 조상은 편모를 가지고 있다가 나중에 없어졌을 것으로 보인다.

세포 특징

홍조류는 엽록소 *a*, 알파, 베타카로틴, 크산토필, 제아크산틴 및 루테인을 가진다(표 4-1). 특별히 관심을 끄는 것들은 r-파이코시아닌, r-파이코에리드린, c-파이코시아닌 및 알로파이코시아닌을 포함하는 파이코빌리프로틴 또는 피코빌린 색소들이다. 피코빌린은 수용성 화합물로서 피코빌리솜이라는 구조로 이루어져 있으며 엽록체 틸라코이드 표면에 붙어 있다(*Porphyridium*속; 그림 6-25 참조). 홍조 엽록체는 전형적인 이중막 구조인 엽록체 막으로 이루어져 있다. 틸라코이드는 분리되어 있으며 뭉쳐 있지 않으므로 초박편으로 절단하면 뚜렷하게 보인다(그림 6-21). 진화된 홍조류에는 가장자리 틸라코이드가 엽록체 막의 안쪽에 평행으로 배열되어 있다(그림 6-21).

피레노이드는 원시 홍조류의 엽록체서 볼 수 있으며 홍조 녹말과 결합되어 있지 않다. 홍조 녹말은 끓는 물에도 녹지 않으며 광학현미경으로 보면 굴절율이 높게 나타난다. 저장 산물은 알파

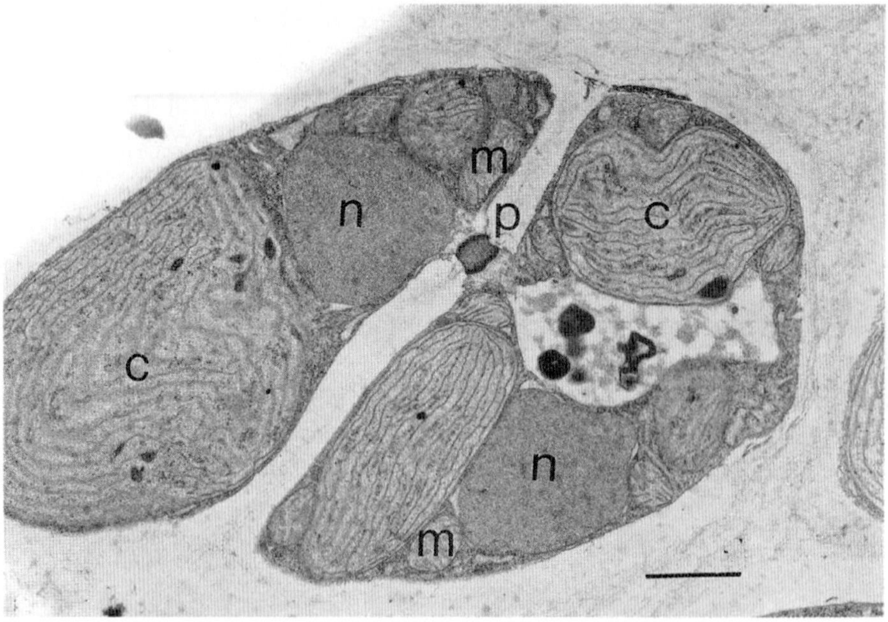

그림 6-21. 열대 해산 홍조 가시우무의 일종 *Hypnea musciformis*의 표피가 세포간연락점(p)에 의해 연결된 것을 보여주는 전자현미경 사진. 각각 세포에 핵(n), 엽록체(c), 미토콘드리아(m)가 보인다. 막대의 길이는 1 μm.

(1-4) 글루칸에 베타(1-6) 글루칸이 곁가지를 내는 분지성 아밀로펙틴이다. 따라서 이 녹말은 녹조류의 녹말과는 달리 엽록체 내에 들어 있지 않으며 고도로 분지된 특성으로 인하여 끓는 물에도 녹지 않는다.

유사분열은 핵막 안에서 일어나며[그림 6-3(A)] 핵분열 동안에도 핵막이 남아 있고 말기 방추사는 지속적으로 존재한다. 핵분열 중에는 전자 밀도가 높은(투과 전자 현미경을 이용하면) 극체가 나타난다. 방추사는 양극에서 핵막을 투과해 들어가지만 극체로부터 방사상으로 뻗어 나오지는 않는다. 세포질 분열은 유사분열 말기 후반에 원형질막이 함입되어 일어나며 새로운 벽 구성 물질을 침적시킨다.

세포벽은 무작위로 배열된 미세섬유가 안쪽 층(그림 6-22; Dawes et al. 1961)을 이루며 황산염이 침적된 갈락탄 중합체가 무정형의 외층을 이룬다. 세포벽의 바깥층에 침적된 물질에는 한천, 카라기난, 퓨노란, 퍼셀라린을 포함하여 경제적으로 중요한 해조 콜로이드 들이 있다(부록 B). 미세 섬유는 두 종류의 원시 홍조 김*Porphyra*과 보라털*Bangia*을 제외하고 셀룰로오스 중합체로 이루어져 있는데 이 중합체는 사일로오스와 만노오스로 이루어져 있다. 석회화는 산호말목Corallinales 분류군에서 볼 수 있는 세포벽의 특징으로서 석회 녹조류에서 나타나는 아라고나이트 대신에 방

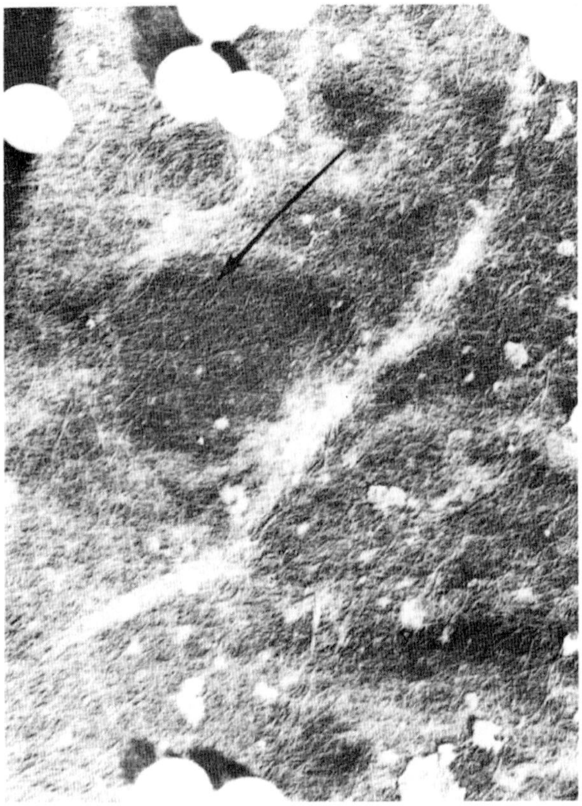

그림 6-22. 홍조 비단풀속*Ceramium*의 세포벽은 무질서하게 배열된 셀룰로오스 미세섬유로 이루어져 있다. 진한 부위(화살표)는 원형질 연락사가 통과하는 세포간연락점 부위이다. 폴리스티렌 공은 직경이 0.814 µm이다(Dawes et al. 1961).

해석으로 결정화되어 있다. 석회화 과정은 탄소 고정과 관련되어 있으며 세포벽으로부터 이산화탄소를 흡수하여 광합성이 일어나는 동안에 pH와 CO_3^{-2} 이온을 증가시키게 된다. 탄산염이 증가하면 탄산칼슘$CaCO_3$이 침적된다. 산호말류는 일차 생산과 더불어, 산호초를 서로 결합시키고, 기질을 이루는 기반 물질이 되기도 하면서 산호초 발달에서 중대한 역할을 한다(12장).

홍조 세포벽이 가지는 뚜렷한 특징으로는 세포간연락점pit connection(그림 6-22)을 들 수 있는데, 광학 현미경으로도 볼 수 있다. 이 연락점은 구멍pit도 아니고 연결점connection도 아니지만 굴절율이 높은 단백질성 물질로 이루어져 있다(Pueschel 1989). 세포간연락점은 안쪽으로 자라던 새로운 세포벽이 세포 간에 세포질 연락이 지속되는 상태에서 중단되므로 세포질분열이 불완전하게 일어나서 생기는 것이다. 액포를 이루는 물질이 농축되어 세포간연락점이 만들어지며 원형질막만이 딸세포 사이에 지속적으로 남아있게 된다. 세포간연락점의 구조(마개의 층 구조, 연락점 중심의 밀

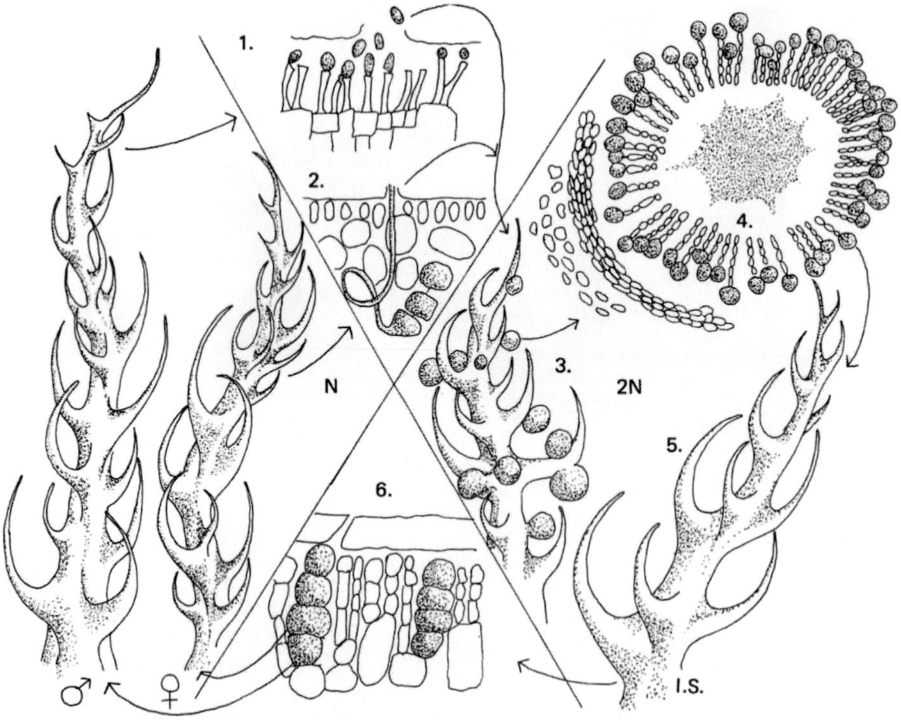

그림 6-23. 열대산 *Eucheuma isiforme*의 생활사. 다육성 카라기닌식물(그림 6-31 참조)인 이 홍조는 삼상 생활사를 가진다. 수배우체는 비운동성 정자(1)를 형성하며 핵은 조과기(2) 핵과 융합하여 암배우체 위에 낭과(3)가 형성된 다음 이배체 과포자체(4)로 자란다. 과포자체가 과포자를 방출하면 발아하여 이배체 사분포자체(5)로 자라며 배우체와 동형이다. 사분포자체는 반수 사분포자를 내며 이들은 암수 배우체로 자란다.

도)는 분류학적 특징(Pueschel 1989)으로 이용되며 일곱 가지 유형이 알려져 있다(van den Hoek et al. 1995). 일차 세포간연락점은 두 딸세포가 똑 같이 분열하여 형성되는 반면, 이차 연락점은 이웃한 세포들이 서로 접촉하게 되면 만들어진다.

생활사

무성 생식은 홍조식물문에서 흔하게 일어난다. 보라털아강Bangiophycidae에 속하는 분류군에서는 많은 종이 무성 생식만 한다(예, Porphyridiales목). Guiry and Irvine(1989)은 홍조류에서 형성되는 10가지 포자 유형을 기술했다(그림 6-24). 특화된 단포자monospores(단포자낭에서 만들어지는 무성 생식 세포)와 측포자paraspores(측포자낭으로부터 만들어지는 무성 생식세포)가 몇몇 종에서 형성된

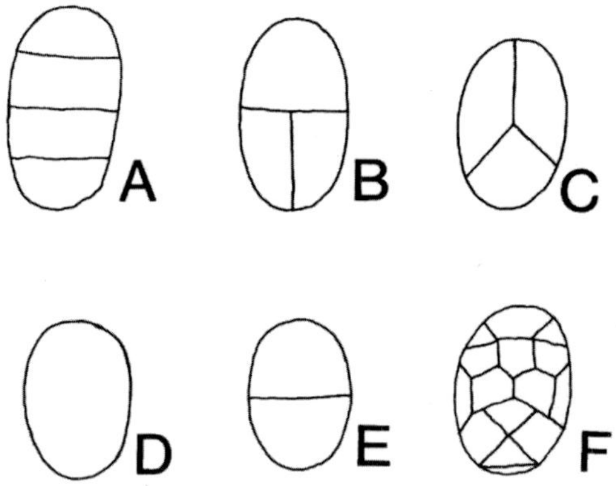

그림 6-24. 포자 분열의 예. 사분포자낭은 대상(A), 십자형(B), 또는 사면체(C)로 분열한다. 세 가지의 특수한 포자로는 단포자(D), 이분포자(E), 다분포자(F) 등이 있다.

다. 유성 생식은 보라털아강의 일부 종에서만 알려져 있으며 진정홍조아강Florideophycidae에서는 거의 모든 종에 대해서 연구가 되었다. 전형적인 생활사는 두 세대의 이배체, 한 세대의 반수체 세대를 나타내는 삼상 세대교번 한다. 여러 종의 홍조류가 삼상 세대교번 현상에서 변동을 보인다. 따라서 상세한 정보를 알기 위해서는 다양한 종류의 조류학 교재를 참고해야 한다(Bold and Wynne 1985; South and Whittick 1987; van den Hoek et al. 1995). 여기에 제시된 생활사의 약 70%가 홍조류에 대한 연구들이다(Bold and Wynne 1985).

홍조류의 유성 생식은 수컷 식물에서 비운동성 정자가, 암배우체에서는 조과기carpogonium가 만들어져 난접합형 수정이 일어난다. 홍조 *Eucheuma*속의 전형적인 생활사는 그림 6-23에 나타내었다. 독립생활 하는 이배체 식물을 사분포자체tetrasporophyte라고 하며 생식 시기가 되면 특화된 세포(사분포자모세포)가 감수 분열하여 네 개의 반수 사분 포자를 만든다. 사분포자낭의 분열 방식은 목에 따라 다양하여 십자형, 대상형, 사면체형(그림 6-24 참조) 뿐만 아니라 불규칙한 십자형과 대상형도 있다(Guiry and Irvine 1989). 반수인 사분포자가 방출되면 발아하여 독립적인 수배우체 및 암배우체로 자라며, 이들은 서로 동형(*Eucheuma*속, 그림 6-23)이거나 이형(갈고리풀속 *Bonnemaisonia*)이다. 수배우체는 대개 가지 정단부에 정자낭 세포를 내어 정자를 형성한다. 암배우체는 가지 위에 조과기를 내며 수정모trichogyne라고 부르는 털 모양의 기다란 돌기를 내어 수정할 때 정자를 받는다. 가지 또는 특화된 가지 위에서 조과기의 위치와 태원열을 구성하는 세포의 수는 홍조류에서 목과 과를 나누는 분류학적 특징으로 이용된다.

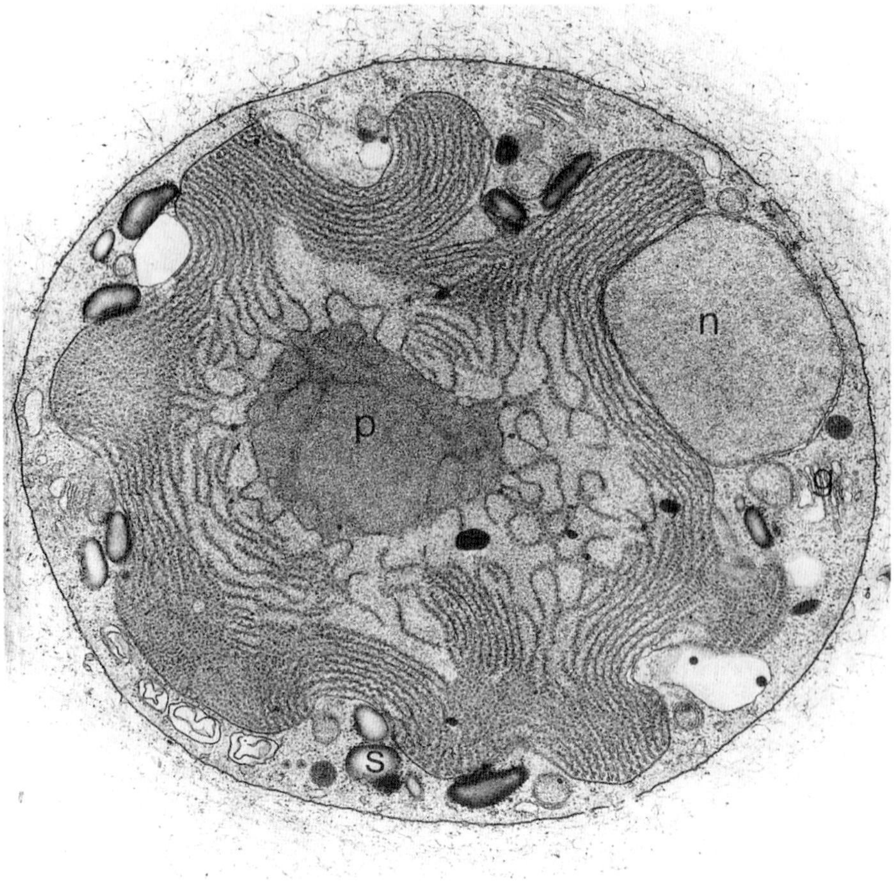

그림 6-25. 토양 속에 생육하는 홍조 *Porphyridium aerugineum*의 전자현미경 사진. 별 모양의 엽록체 중앙에 피레노이드(p)가 있고, 녹말 알갱이(s), 골지체(g), 및 핵(n)이 세포의 가장자리에 위치해 있다. 세포의 직경은 20 μm이다(스미소니언 연구소의 Beth Gantt 제공).

정자가 조과기의 수정모에 붙으면 수정이 일어나며 정자의 핵이 조과기의 핵과 융합한다. 대부분의 홍조류에서 접합자는 유사분열을 계속하여 배수성 세포 덩어리인 과포자체carposporophyte를 형성한다. 과포자체 세대는 암배우체에 붙어사는 소형 기생성 세대로 간주되기도 한다. 많은 종에서 과포자체는 빽빽하게 짜인 조포사gonimoblast로 이루어져 있는데 나중에 분열하여 과포자가 된다. 전체 구조는 암배우체의 일부 조직인 가지나 과피pericarp로 둘러 싸여 단지꼴의 보호조직을 형성한다. 과포자체와 과피를 합한 육안적인 크기의 구조를 낭과cystocarp라고 부른다. *Eucheuma*속(그림 6-23)에서 배수성 시원 세포들이 융합하여 거대한 세포가 형성되고 여기에서 조포사가 나온다. 융합 세포는 모든 홍조류에 일반적으로 나타나는 것은 아니다.

정자와 조과기가 초기에 융합하여 형성된 배수 핵은 조세포auxiliary cells라고 하는 다른 수용 세포로 이동한다. 이 조세포들은 조과기로부터 가까이(전과체 상태) 또는 멀리 떨어져(비전과체 상태) 위치한다. 배수성 핵이 조과기와 멀리 떨어져 위치하게 되면 연락사가 수정된 조과기로부터 조세포로 자라 나오는데 이는 *Eucheuma*속에서 볼 수 있다. 따라서 한 번의 수정으로 많은 수의 과포자체와 나중에는 과포자가 형성된다. 과포자가 방출되면 발아하여 새로운 독립된 식물체인 사분포자체로 자란다. 요약하면 *Eucheuma*속의 삼상 생활사는 반수체인 암수 배우체, 기생성 이배체인 과포자체 및 이배체인 독립성 사분포자체가 배우체와 동형인 세대가 교대되는 것이다(그림 6-26).

홍조류의 생활사에 대해서 두 가지 의문이 생긴다. "왜 이와 같은 정교한 생활사를 가지며 정교한 수정 과정의 역할은 무엇인가"이다. 삼상 생활사는 유주자나 배우자 모두에 편모가 없는 것과 관련된 진화적인 "보상"으로 볼 수 있다(Searles 1980). 분명히 어떤 형태의 편모 단계도 없다는 것은 원생생물계에서 진핵식물인 홍조식물문의 독특한 특징 중의 하나임에는 틀림이 없다.

분류

Woelkerling(1990)이 지적한 바와 같이, 홍조류는 10-18목과 1-2강 또는 아강 등으로 매우 다양하게 취급되고 있다. 본 교재에서는 2아강(보라털아강과 진정홍조아강)과 1강(홍조강)에 대해서 기술하였다(Bold and Wynne 1985; South and Wittick 1987; van den Hoek et al. 1995 참조). 보라털아강은 해산 속의 1%와 담수 홍조 대부분을 포함하는 작은 분류군이다.

보라털아강**Bangiophycidae**은 6가지 기본적인 특징을 가진다. (1) 단핵 세포이며, (2) 별 모양의 중심 색소체가 한 개 있고, (3) 개재(확산) 생장을 하며, (4) 세포간연락점이 없으며, 있는 경우에는 마개가 없으며, (5) 일반적으로 유성 생식을 하지 않으며(김속*Porphyra*, 보라털속*Bangia*; *Rhodochaete*속은 예외), (6) 단순한 단세포 또는 다세포성 체형을 가진다. 유성 생식이 있는 경우에는 과포자체도 삼상 생활사도 나타나지 않는다. 보라털아강은 해산 종을 포함하여 Porphyridiales목, Compsopogonales목 및 보라털목Bangiales 등 3목으로 구성된다.

Porphyridiales목은 단세포, 군체, 위유조직성의 체형을 가지는 18속으로 구성된다. 유성 생식은 알려져 있지 않다. 이 목에서 가장 연구가 많이 된 종은 단세포종인 *Porphyridium aerugineum*이며 담수, 토양, 해양 환경에 산다. 이 종은 세포가 둥글며 중앙에 피레노이드가 있는 별 모양의 엽록체를 한 개 가지고 있다(그림 6-25). 마디털*Goniotrichum alsidii*(마디털과Goniotrichaceae)은 다른 해조의 몸에 착생하며 목의 전형인 위유조직성 또는 분지된 체형을 보인다.

Compsopogonales목은 3과로 구성되며 단포자가 형성될 때 균등한 분열이 일어나는 단포자낭을 가진다(그림 6-24). 붉은털과Erythropeltidaceae는 3개의 해산 속으로 구성된다. 이 과에는 사상체가 방사상으로 뻗어 착생하는 작은 딱지 모양인 갯불꽃속*Erythrocladia*, 단열 또는 다열로 분지하거나 하지 않는 붉은털속*Erythrotrichia*, 해초류 거머리말속*Zostera*이나 새우말속*Phyllospadix* 위에만 특이하게 착생하는 작고 단층인 엽상체인 *Smithora*속 등이 포함된다(11장).

표 6-3. 진정홍조아강 9목의 검색표

1 과포자체 세대가 없다	팔손이풀목Palmariales
1 과포자체 세대가 있다	2
2 과포자체는 수정된 조과기 또는 옆 세포에서 바로 발생하며, 조세포는 없다	3
2 과포자체는 조세포로부터 발생 한다	5
3 영양세포열은 조포사와 융합되며, 식물체는 동형 세대 교번한다	우뭇가사리목Gelidiales
3 영양세포열은 없으며, 식물체는 이형 세대 교번한다	4
4 생장은 단축으로 일어나며, 과피가 잘 발달되고, 소포가 있다	갈고리풀목Bonnemaisoniales
4 생장은 단축 또는 다축으로 일어나며, 과피는 없거나 매우 적고, 소포가 없다	국수나물목Nemaliales
5 조세포는 수정 후에 지지 세포로부터 형성된다	비단풀목Ceramiales
5 조세포는 수정 이전에 생긴다	6
6 조세포는 체세포 사이에 삽입되며 정상적인 분지를 한다	돌가사리목Gigartinales
6 조세포는 체세포 사이에 삽입되지 않는다	7
7 조세포는 태원열의 지지 세포 위에 수직으로 달려 있거나 또는 태원열로부터 떨어져 위치한다	8
7 조세포는 두 개의 사상 세포로 된 정단 세포이며 태원열의 지지 세포 위에 형성 된다	분홍치목Rhodymeniales
8 사분포자낭은 동시에 대상으로 분열하며, 개재 분열조직이 있고, 생식기는 생식기소에 들어 있으며, 세포벽은 방해석 탄산칼슘으로 석회화되어 있다	산호말목Corallinales
8 사분포자낭은 동시에 대상 분열하지 않으며, 개재 분열 조직은 없고, 생식기소도 없으며, 체표면에는 아라고나이트 탄산칼슘으로 석회화 되어 있다	지누아리목Cryptonemiales

보라털목Bangiales은 단형 목으로서 상대적으로 흔한 두 해산 속으로 구성되는데, 보라털속 *Bangia*은 사상체로서 단단한 관상 구조를 지니며 김속*Porphyra*은 엽상형이다. 한국, 일본, 중국 등지에서(부록 B) 식용으로 이용되는 경제적인 중요성으로 인하여 김속은 집중적으로 연구되어 왔다. 김속*Porphyra*의 이형 생활사(그림 B-3)는 단층 또는 두층의 엽상체로 이루어진 반수체 세대와 조개껍데기 속에 사는(그림 B-4) 이배체인 사상체(*Conchocelis rosea*) 세대로 나뉜다.

진정홍조아강Florideophycidae은 생활사(Cole and Sheath 1990), 세포간연락점의 형태(Pueschel 1989), 분자 계통학적 연구(Freshwater et al. 1994) 등의 정보에 따라 주요한 부분에 수정이 가해졌다(van den Hoek et al. 1995). 이 아강의 주요한 5가지 특징은 (1) 많은 종이 다핵 세포이

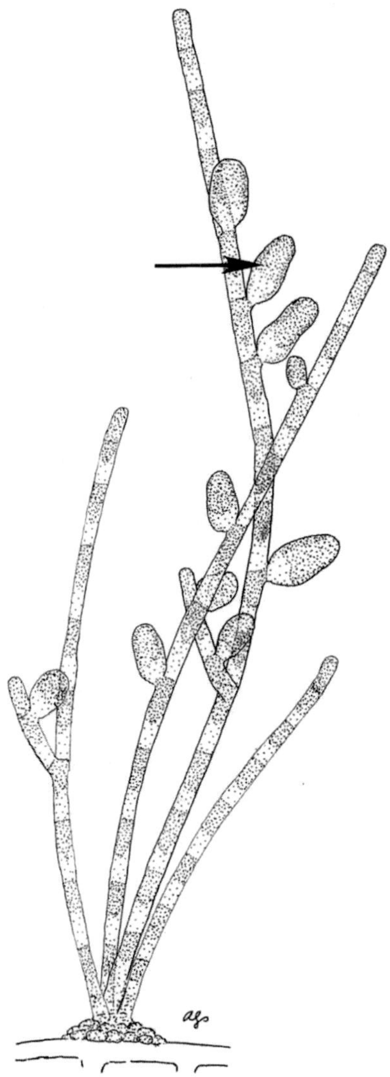

그림 6-26. 열대산 착생 홍조 나룻말의 일종 *Audouinella hypnea*는 사상체이며(직경 8-10 mm) 사상인 기부로부터 자라나와 단포자낭(화살표)을 형성한다.

며, (2) 세포간연락점이 있고, (3) 세포 내에 여러 개 또는 다수의 반상 엽록체가 들어 있으며, (4) 세포 분열은 전형적으로 정단부에서 일어나며, (5) 모두 다세포 종으로만 구성되어 있고, (6) 유성생식이 보편적이다(Bold and Wynne 1985). 본 교재에 인용한 분류 체계에서는 van den Hoek et al.(1995)에 제시된 붉은솜목Acrochaetiales, Batrachospermales목, 분홍딱지목Hildenbrandtiales, 꼬시래기목Gracilariales 및 싹새기목Ahnfeltiales 등 5목에 대해서는 언급하지 않았다. 해산 종을 포함한 진정홍조아강의 9목을 Dawes(1981) 및 Bold and Wynne(1985)의 체계를 변형하여 표 6-3에 나타내었다.

팔손이풀목Palmariales은 독특한 생활사에 근거하여 분홍치목Rhodymeniales으로부터 분리되었다. 즉, 수배우체와 사분포자체가 동형이며 육안적 크기인 반면, 암배우체(엽상부가 1 mm인 직경 0.1 mm인 반상체)는 작다. 수정 후 사분포자체가 암배우체 위에서 바로 자라나와 자루 세포 위에 사분포자낭을 형성한다. 이전에는 *Rhodymenia palmata*로 알려졌던 팔손이풀*Palmaria palmata*은 북대서양과 태평양 연안의 한대 해역에 흔하게 분포하는 엽상 홍조이다. 이 홍조는 흔히 덜스dulse라고 부르며 북대서양 연안의 캐나다와 메인 해안을 따라 분포하며 말려서 스낵으로 또는 조리해서 먹는다(부록 B).

국수나물목Nemaliales은 갈고리풀과Bonnemaisoniaceae와 Batrachospermaceae과가 없어지거나 목 수준으로 승격된 후에 분류군의 규모가 축소되었다(van den Hoek et al. 1995). 목내의 나머지 종들은 생활사, 유성 생식, 외부 형태 등에서 매우 다양한 범위를 나타낸다. 아마도 이 목의 분류군 대부분이 앞으로 분류학적 위치가 더 수정이 될 것이다. 나머지 4과 중에서 붉은솜과 Acrochaetiaceae(van den Hoek et al. 1995) 홍조는 단축형 사상체로 발달하며, 나룻말속 *Audouinella*(그림 6-26)은 단포자낭을 형성하지만, 붉은털속*Rhodochorton*에서는 단포자낭이 형성되지 않는다. 분류군에 따라 몸은 단세포 또는 반상 세포 무리로부터 나오며, 이형생장heterotrichy을 하는데, 직립지와 포복지 부분이 다르게 분화된다. 국수나물과Helminthocladiaceae의 분류군에는 열대 해산 회국수나물속*Liagora*과 국수나물속*Helminthocladia*[그림 6-27(A)]이 포함된다. 회국수나물속 *Liagora*의 종들은 약하게 또는 심하게 석회화되어(아라고나이트; 표면에 한하여) 있다. 국수나물속 *Helminthocladia*은 열대 해역에 널리 분포하며 몸은 아교질이고 조밀하게 짜인 사상 세포로 이루어져 있다. 국수나물과는 삼상 이형세대교번 생활사를 가지며 과포자는 단포자(무성적)와 사분포자 모두에 의해 생식하는 "나룻말*Audouinella*" 단계로 자란다. 사분포자는 원사체(포복형 사상체) 구조로 자라면서 "싹"과 같은 돌기를 곧추 낸다. 이 싹은 육안적 크기의 배우체로 자라며 태원열[그림 6-27(B)]이나 정자낭지[그림 6-27(C)]를 형성한다.

우뭇가사리목Gelidiales은 우뭇가사리과Gelidiaceae와 Wurdenmanniaceae과로 구성된다. 생활사는 전형적인 삼상 세대로서 배우체와 사분포자체가 동형이다. 어떤 종에서는 사분포자체 세대만 알려져 있는데, 이는 "변형된" 생활사를 가지고 있음을 보여주는 것이다. 우뭇가사리목에 속하는 종들은 조세포가 없지만 수정 후에는 연락사 세포들이 분기하여 특화된 영양 공급 세포와 유합된다. 조세포와는 달리 유합된 이차 세포들은 과포자체로 발달하지 않는다. 우뭇가사리속은 경제적으로 중요한 해조 콜로이드인 한천(그림 B-8)을 가지며 일부는 바다 채소로 양식된다(부록 B). 우뭇가사리속*Gelidium*은 형태적으로 다양한 속이다. 몸은 원주상에서 납작한 분지형[그림 6-28(A)]까지 다양하며 빽빽하게 채워진 중심 수세포들로 인하여 단축성 구조가 분명하지 않다. 작고 세포벽이 두꺼운 사상 세포인 가근체rhizines들이 수조직[그림 6-28(B)] 내에 들어 있으며 이들의 존재 유무와 위치가 속을 구분하는데 이용되어 왔다. 가근체는 특화된 사상 세포로서 식물체 정단부에서 발생하여 기부까지 뻗어 구조적으로 지지 해주는 것으로 보인다.

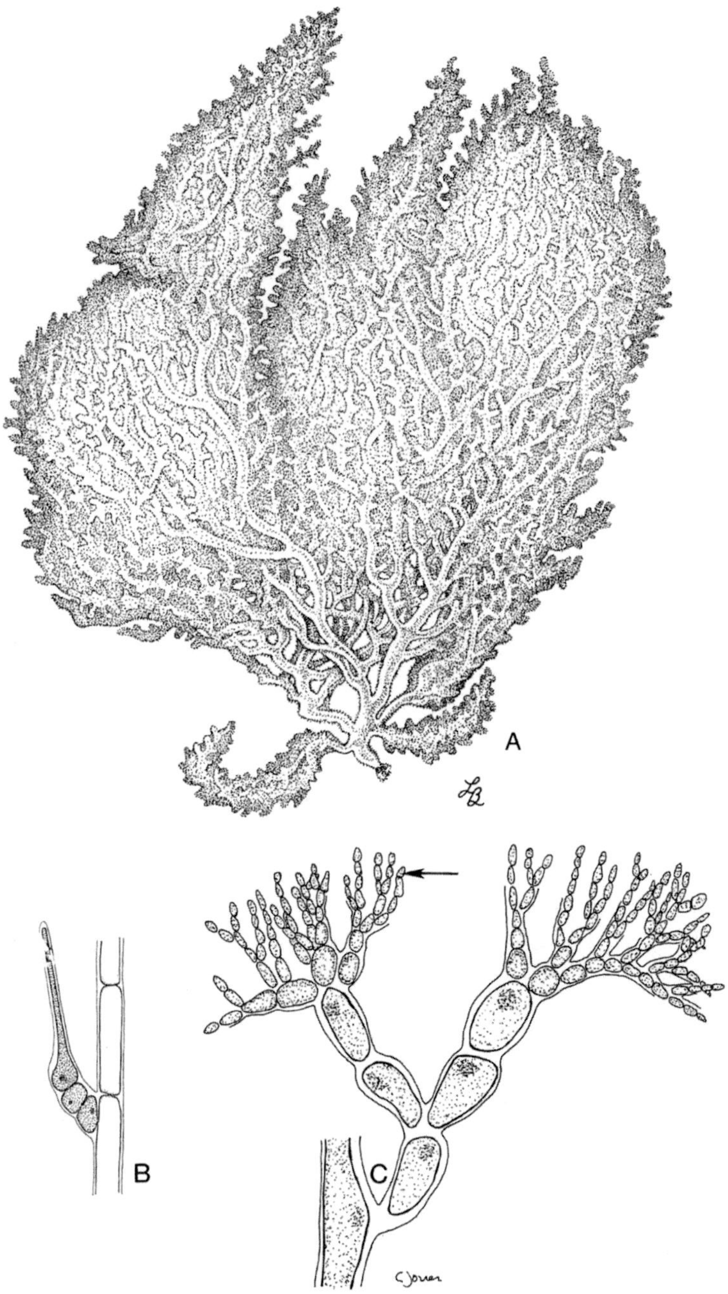

그림 6-27. 열대산 홍조 국수나물의 일종 *Helminthocladia clavadosii*는 몸이 아교질이며 가지를 겹쳐 낸다(A). 피층 조직은 수정모를 가진 태원열(B)과 정자가 연쇄적으로 달린(화살표) 정자낭지(C)를 형성한다.

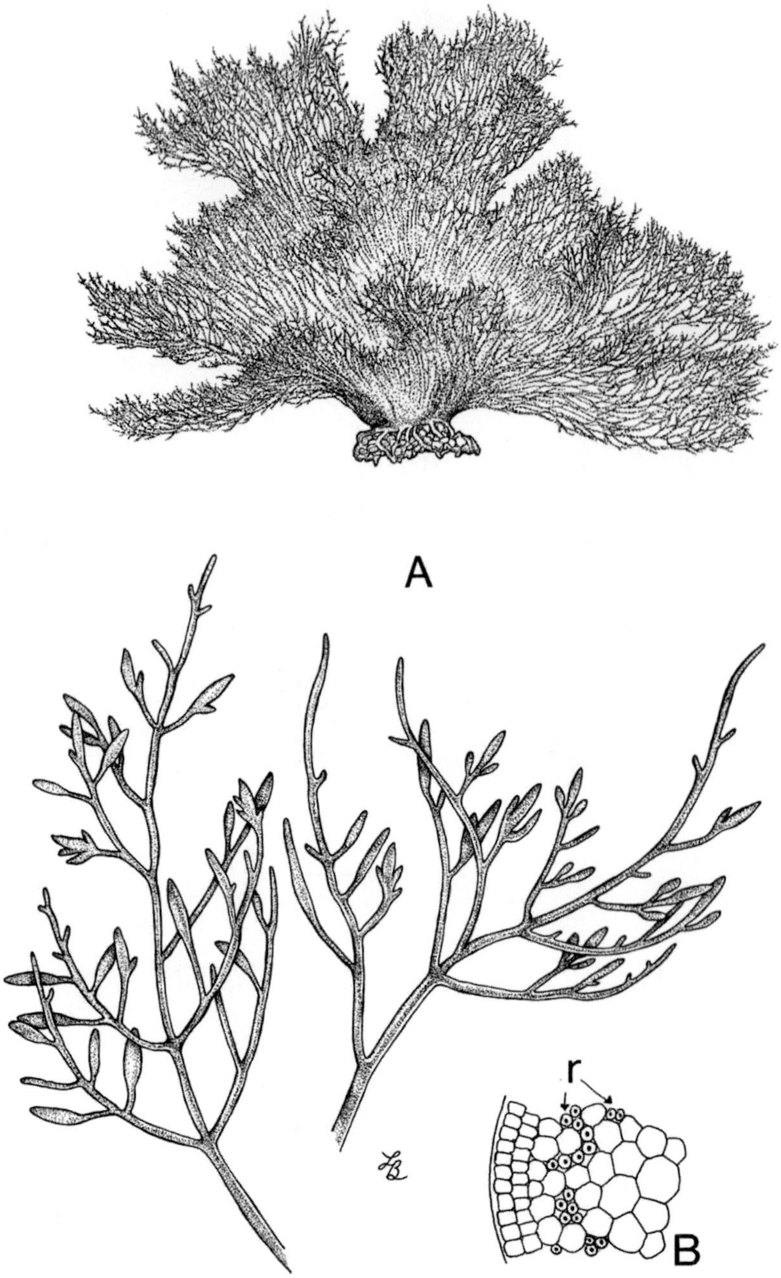

그림 6-28. 다발우뭇가사리*Gelidium crinale*. 한천을 내는 작은 홍조로서 뻣뻣한 다발로 이루어져 길이 2-5 cm(A)로 자라며 원주상 가지를 낸다. 성숙한 가지를 횡단하면 수세포 바깥 부분에 벽이 두꺼워진 세포(가근체=r)들이 나타난다(B).

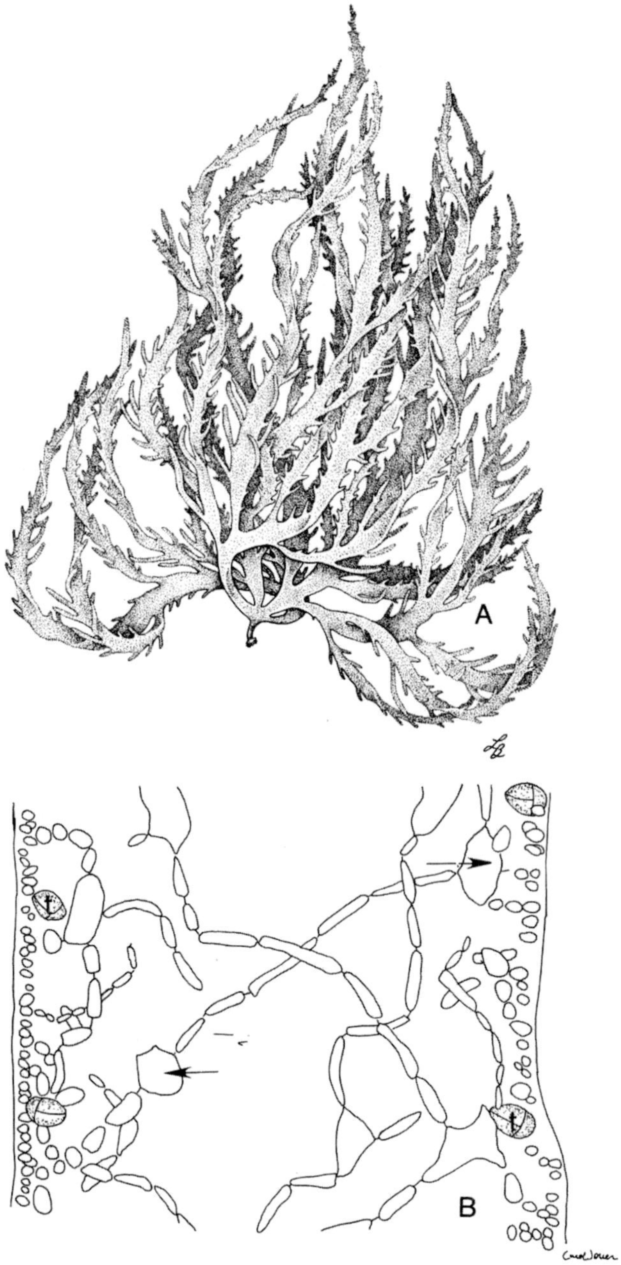

그림 6-29. 열대 홍조 지누아리사촌의 일종 *Halymenia floresia*는 몸이 심하게 갈라지며 부드러운 엽상부(A)는 40 cm까지 자란다. 느슨하게 배열된 수조직(B)은 직경이 약 50 μm인 별 모양이며 관절처럼 생긴 세포(화살표)로 이루어졌으며 피층에는 사면으로 분열된 사분포자낭(t)이 들어있다.

갈고리풀목Bonnemaisoniales은 국수나물목Nemaliales에서 이형세대교번 하는 분류군을 묶어 설정된 목이다. 즉, 참갈고리풀*Bonnemaisonia hamifera*은 이전에 *Trailliella intricata*라고 동정되었던 사분포자체 식물의 배우체 세대라는 것이 밝혀졌다. 이와 유사하게 *Asparagopsis armata*는 육질성의 배우체이며 *Falkenbergia rufolanosa*는 이 식물의 독립 생활하는 사상형 사분포자체이다. 참갈고리풀*Bonnemaisonia hamifera*과 *A. armata*의 사분포자체는 몸의 구조가 단열로 분기하는 사상체(*T. intricata*), 횡단면으로 볼 때 세포가 세 개로(*F. rufolanosa*) 구성된 특징 때문에 원래 비단풀목Ceramiales에 소속되어 있었다. *A. armata*의 사분포자 형성은 단일 조건과 적당한 온도에서 유도되며(Guiry and Dawes 1992), *B. hamifera*에서도 마찬가지이다(Lüning 1990).

지누아리목Cryptonemiales은 12과, 100여 속이 넘는 큰 목이지만 다수의 과가 최근 목 수준으로 승격되어 규모가 축소되었다. 분류 체계에 따라서는 이 목을 돌가사리목Gigartinales과 통합시키기도 하는데(van den Hoek et al. 1995 참조), 부분적으로는 두 목간에 형태적 유형이 비슷하기 때문이다. 이들 두 목의 식물은 기본적으로 조세포에 의해 나뉘는데 조세포는 지누아리목에서는 특화된 가지 위에 생기는 반면 돌가사리목에서는 영양체의 가지 위에 생긴다. 지누아리과 Cryptonemiaceae 식물은 지누아리사촌속*Halymenia*, *Corynomorphya*, *Cryptonemia*, 지누아리속 *Grateloupia* 등, 다양한 온대 및 열대 속으로 이루어져 있다. 지누아리사촌속*Halymenia*의 종들은 대체로 엽상[그림 6-29(A)]이고 체형이 크며(0.5 m까지 자람), 내부는 가느다란 수사들이[그림 6-29(B)] 서로 얽혀 신경절 모양을 이루어 복잡한 다축 구조를 나타낸다. 지누아리과의 다축 구조인 종들과는 달리 실풀과Gloiosiphoniaceae는 단축 구조이며 각상인 사분포자체 세대와 직립하는 다육질 배우체 세대를 나타내는 생활사를 보인다. van den Hoek et al.(1995)는 이 과를 목 수준으로 승격 시켰다.

산호말목Corallinales에 속하는 조류들은 몸이 방해석 탄산칼슘으로 채워져 있다(Bosence 1991). 산호 조류는 전 세계 온대와 열대 해안에 분포한다. 생식 구조는 생식기소에 들어 있으며 생장은 개재(확산) 생장과 정단 분열조직에 의해 이루어진다. 이전에는 산호말목은 사분포자가 대상 분열하는 점(그림 6-24)과 태원열이 조세포 기능을 하는 특징에 따라 지누아리목의 한 과로 취급되기도 하였다. 유절석회조류에 속하는 종들은 석회화된 분절 사이에 석회화가 안 된 마디genicula를 가진다. 무절석회조류는 마디가 없으며 각상이거나 직립하며 마디가 없는 가지를 낸다[혹돌잎 *Lithothamnion*; 그림 6-30(B)]. 35속 밖에 안 되지만 석회조류 종은 전 세계 해역에 출현하여 산호초의 발달과 탄산칼슘 퇴적물 형성에 막대한 역할을 한다.

돌가사리목Gigartinales은 홍조식물 내에서 가장 많은 28과를 포함하고 있다. 이 중에서 많은 과가 아미노산 서열에 근거하여 목 수준으로 승격되었다(van den Hoek et al. 1995). 이 목의 식물은 전형적인 삼상 생활사를 나타내는 것 말고도 정상적인 영양체의 가지 위에 조세포를 낸다. 목내의 많은 속들이 해조 콜로이드나 카라기난을 얻기 위해 자연 수확되거나 양식되고 있다(부록 B, 그림 B-9). 예를 들면 끈적살과Solieriaceae에는 끈적살속*Solieria*, *Eucheuma*(그림 6-23과 6-31), *Kappaphycus* 등 다수의 열대 카라기난 해조 속들이 포함되어 있다. 끈적살과는 수정 시에 유합 세포가 나타나는 특징이 있으며 몇몇 종은 실 모양의 수세포를 가진다. 꼬시래기과Gracilariaceae는 수세포들이 유조직화되어 다축 구조를 이루는 특징을 보이며 6속 중에서 꼬시래기속*Gracilaria*(그림 6-32)이 100종으로서 가장 많은 종을 가진다. 현재 꼬시래기속은 세계적으로 한천의 주원료로서 우

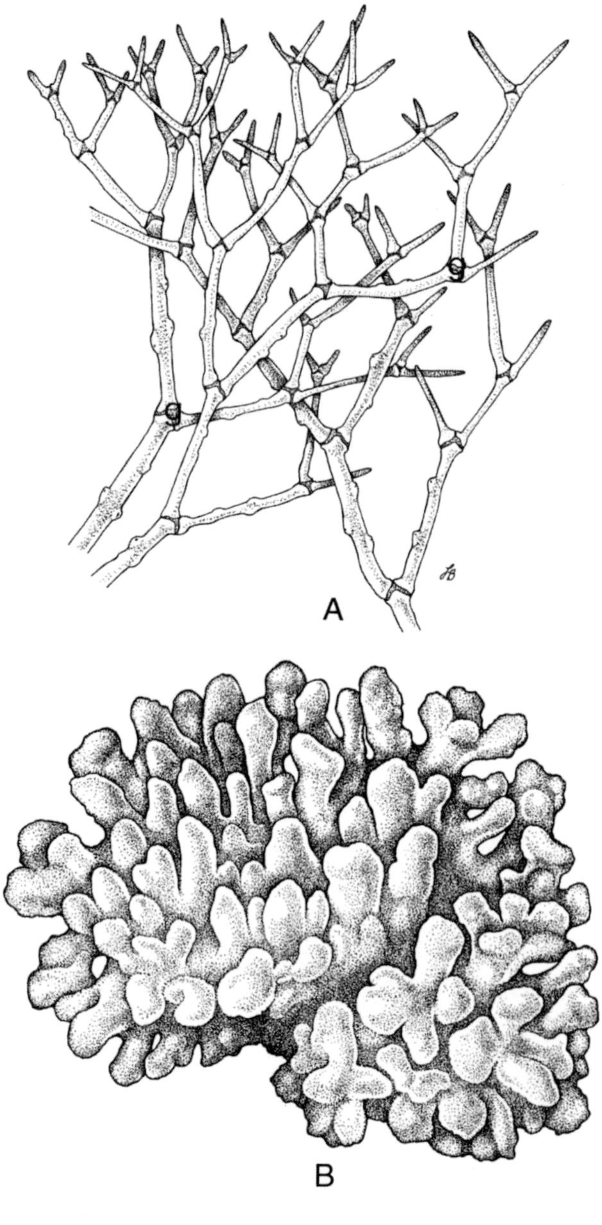

그림 6-30. 열대산 홍조 유절 및 무절 석회조류. 게발의 일종 *Amphiroa fragilissima*(A)는 유절석회조로서 2-4 cm까지 자라며 석회화된 분절은 석회화가 안된 마디(g)로 분리되어 있다. 반면에 *Porolithon antillarum*(B)은 각상인 무절석회조이며 직립지(약 1 cm)에는 마디가 없다.

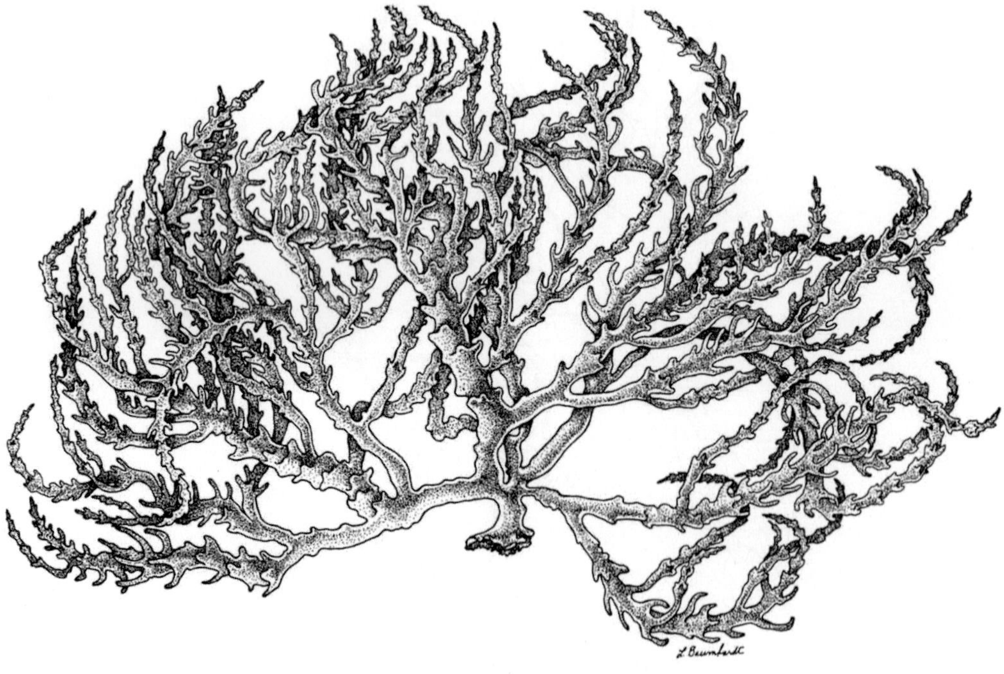

그림 6-31. *Eucheuma isiforme*는 카라기난을 내는 열대산 홍조로서 등황색 다발을 이루어 50 cm까지 자란다.

뭇가사리목Gelidiales의 종을 능가하고 있다. 돌가사리목의 일부 종은 *Mastocarpus stellatus*(이전에는 돌가사리과의 *Gigartina stellata*였음)와 같이 이형생활사를 가지는데, *Petrocelis cruenta*라고 부르는 각상 사분포자체 세대와 엽상이며 직립인 배우체 세대로 이루어져 있다.

분홍치목Rhodymeniales은 3과 약 40속으로 이루어져 있다. 이 목의 종들은 다축 생장을 하며 삼상 동형 생활사를 가진다. 암배우체는 3-4세포로 구성된 태원열과 인접하여 조세포 가지가 형성되는 전과체 구조를 가진다. *Champia salicornioides*(그림 6-33)는 4세포인 태원열과 2세포인 조세포 가지를 내는데 둘 다 전과체 배열 구조의 같은 지지 세포로부터 나온다. 많은 종들이 속이 비거나 또는 부분적으로 빈 구조이며 체형은 원주상에서 엽상인 것까지 있다. 끈적이속*Chrysymenia*은 분홍치과의 한 속으로서 몸의 중심에 수사가 없는 반면 사슬풀과Champiaceae의 사슬풀속*Champia*은 내부에 사상 세포가 세로로 배열되어 있는 빈 구조이다.

비단풀목Ceramiales 식물은 홍조식물문 중에서 가장 규모가 크며 분류학적으로 분명하게 정립된 분류군이다. 비단풀목에는 4과가 있으며 각 과에 속하는 식물은 수정 후에 태원열의 지지 세포에서 바로 발달하는 하나의 조세포를 갖는다. 100속 이상으로 구성된 비단풀과Ceramiaceae 식물은

그림 6-32. 꼬시래기의 일종 *Gracilaria cornea*(=*G. debilis*)는 연한 노란색을 띠는 열대산 한천 조류로서 가지를 불규칙하게 또는 편생으로 낸다(직경 2 cm).

대부분이 섬세한 체형이다. 전형적으로 사상이며 단열인 형태이며 과포자체는 나출되어 있다(과피로 둘러싸인 과포자체에 한함). 한 가지 예로서 외깃풀속*Callithamnion*은 호생 분지하며 작고 섬세한 단열인 체형을 나타낸다(그림 6-34). 비단풀과에 속하는 식물에서 다수 종의 세포는 다핵이며 광학현미경으로 세포간연락점을 쉽게 볼 수 있다. 비단풀과 외에 3과는 모두 다관구조를 보이는데 중심 세포(정단 세포로부터 기원된)는 4개 또는 그 이상의 주심pericentral 세포로 둘러 싸여 있다. 보라잎과Delesseriaceae는 약 90속으로 구성되어 있으며 이들 중 일부는 매우 아름다운 홍조로서 건조 표본을 만들어 장식용으로 쓰이기도 하였다. 이 과의 종들은 체형이 작고(폭 0.5-1 cm) 단층

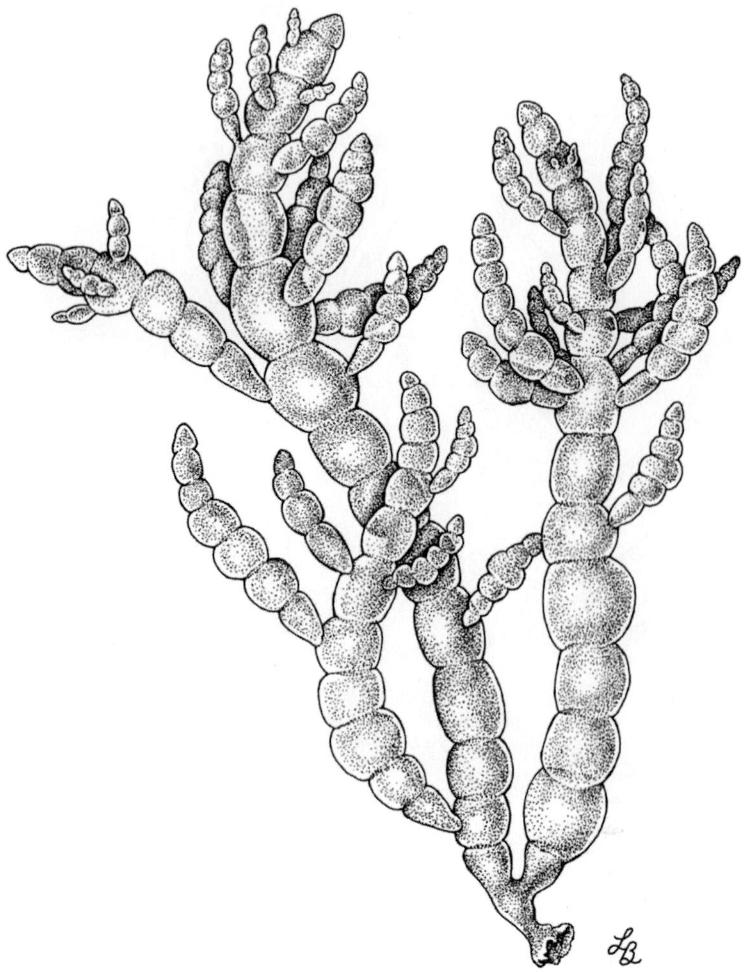

그림 6-33. 열대 홍조 사슬풀의 일종 *Champia salicornioides*는 사슬풀과의 기준 속으로서 속이 빈 분절(직경 4.0 mm)을 가지며 길이는 12 cm에 이른다.

구조의 엽상인 참각시혀*Caloglossa lepieurii*(그림 6-35)에서 보는 것처럼 엽상이고 얇다. 다홍풀과 Dasyaceae는 연기적 생장sympodial growth을 하며 정단 세포가 지속적으로 측면 세포로 바뀐다. 다홍풀속*Dasya*은 다관 구조이며 연기적 생장을 한다(그림 6-36). 빨간검둥이과Rhodomelaceae는 약 125속으로 구성되며 4개 또는 그 이상의 주심 세포를 가진다. 이 과의 많은 종이 정단 세포로부터 무색의 털 또는 모상지trichoblasts를 낸다. 서실속*Laurencia*은 열대산으로서 전형적인 삼상 생활사를 보인다(그림 6-37). 생장은 가지의 구멍(그림 6-37; 화살표)에 생기는 정단 세포 무리에서 일어나며 다축 구조를 이루지만 피층이 광범위하게 형성되어 뚜렷하게 볼 수 없다.

그림 6-34. 외깃풀의 일종 *Callithamnion cordatum*은 섬세하고 장미 색깔이며 4 cm까지 자라는 홍조이다. 이 홍조는 가지를 많이 내어 다발을 이루며 세포는 직경이 200 μm에 이르며 기부의 가근으로 붙는다.

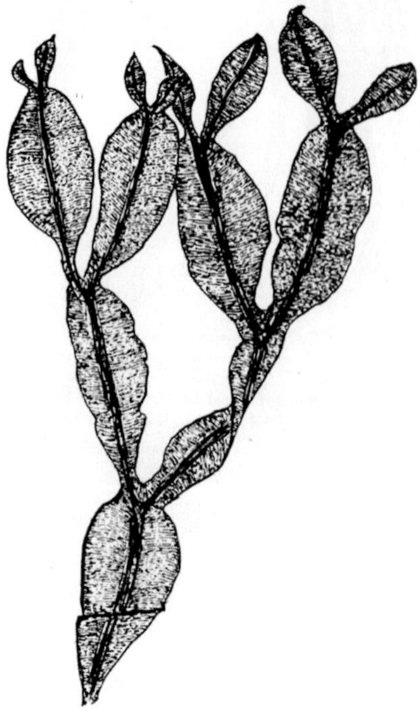

그림 6-35. 홍조 참각시혀*Caloglossa leprieurii*는 체형이 작고(1-3 cm) 섬세한(단층) 엽상이며 다관 구조의 엽맥이 있다.

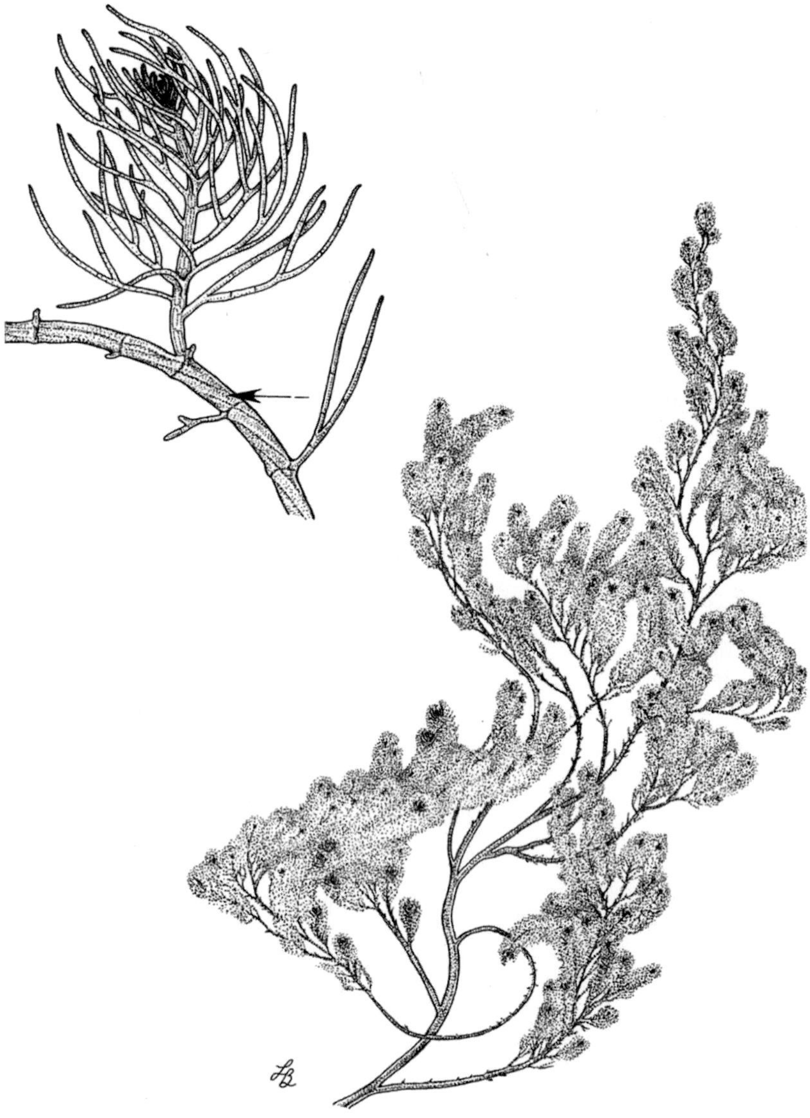

그림 6-36. 다홍풀의 일종 *Dasya caraibica*의 체형과 가지 모양. 복슬복슬한 이 열대 홍조는 20 cm까지 자라며 분홍색에서 붉은색을 띠는 단관 구조의 소지를 내며 축은 다축 구조이다(화살표).

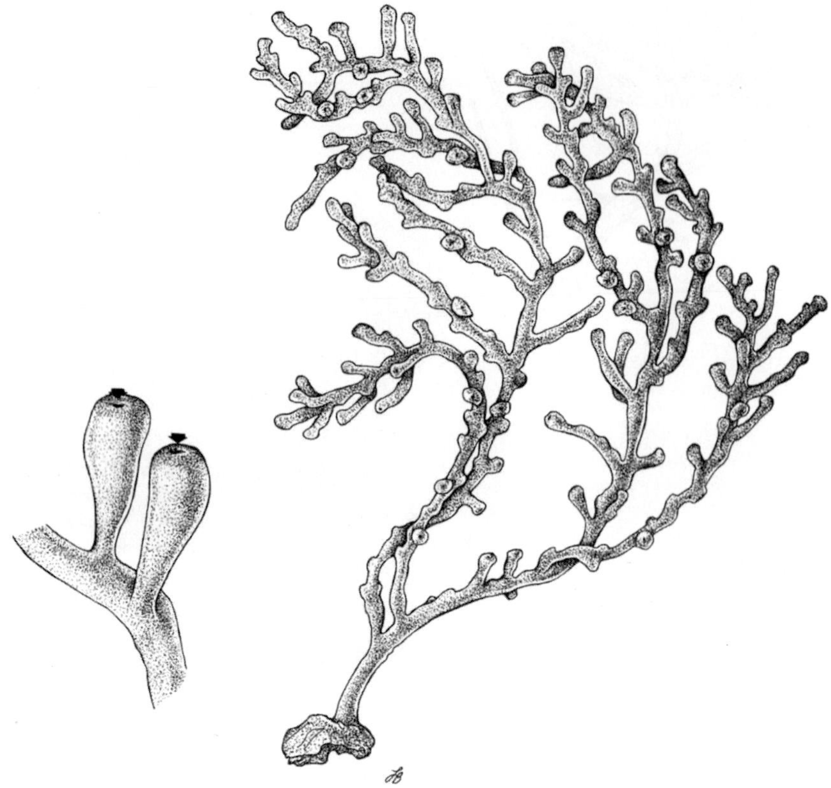

그림 6-37. 서실의 일종 *Laurencia poitei*는 떠다니거나 고착하는 열대산 홍조이다. 몸은 10 cm 정도 자라며 짧고 뭉툭한 소지로 덮여 있는데 정단부는 함몰되어 있으며 이속에 분열 조직이 들어 있다.

7장

미세조류와 군집

이 책에서는 주로 해산 대형조류에 대해서 다루고 있지만 해양 환경에 우점 하는 미세조류의 여러 문과 군집의 유형을 소개하는 데에 한 장을 할애하였다. 미세조류는 일차 생산, 영양염 순환, 먹이 사슬에서 절대적인 역할을 하기 때문이다. 바위 해안, 염습지, 맹그로브 숲, 또는 해초류 군집을 자세히 조사해보면 미세조류가 나타날 것이다. 미세조류는 유영하는 세포로, 식물 위에 착생하거나 또는 저층 표면에 붙는 저서 군집으로서 식물 플랑크톤 군집을 형성하여 연안수를 우점한다.

이 장에서는 원핵 조류 1문과 진핵 조류 4문에 대하여 기술하였다. 여기서 다루는 문은 크기가 작아서 대체로 복합 광학현미경을 이용하여서만 볼 수 있기 때문에 대형조류와는 분리시켰다. 해양 미세조류의 종은 갈조식물문을 제외하고 모든 문에 출현한다. 홍조식물문에는 몇 종만이 있다. 이 장에 기술된 조류 문은 일부 대형 조류 종이 포함되기는 하였지만 대부분이 미세조류에 대한 것이다. 녹조식물은 앞에서 기술하였으므로 이 장에서는 생략하였다. 그러나 녹조류의 90% 이상이 미세한 구상 또는 편모조 형태로서 대부분이 담수종이지만(Bold and Wynne 1985; van den Hoek et al. 1995), 해산종들도 다수 있다(Butcher 1959). 이 장에서는 각 문의 일반적 특징과 구조적 특징을 간략히 기술하였다.

남조식물문

남조식물문Cyanophyta(남세균)은 진정세균에 속하며 시원세균과 함께 원핵생물을 구성한다(1장). 많은 연구를 통하여 남조류는 약 2,000 종으로 추산되고 있지만 실제 종의 수는 미지수이다. 원핵생물임에도 불구하고 왜 남세균이 "조류"로 인식되는가에 대해서 의문을 제기한다(예, Bold and Wynne 1985; van den Hoek et al. 1995). 남조류는 엽록소 *a*를 가지며 광합성 할 때에는 광계 II를 통하여 산소를 방출한다. 이 특징이 남조류가 원핵과 진핵 식물 사이를 연결시켜주는 다리 역할을 한다. 남조류 종은 22억 년 전에 출현하였으며 선캄브리아기에 화석 스트로마톨라이트 stromatolites 또는 세포 주변에 퇴적되어 암석층을 형성하였다. 따라서 남조류는 지구상에서 산소를 내는 생물의 가장 오래된 자손일 것이다.

남조류는 생육 환경이 광범위하다. 해수와 담수 환경, 불안정한 기질 위, 사막이나 남극의 바위 또는 얼음 속, 열대 조간대의 석회암 위에 붙어산다. 남조류는 일부 지의류에서 광합성을 하는 구성원으로서, 독성 적조를 유발시키기도 하며(예, 서아프리카 시에라레온Sierra Leone 해안의 *Trichodesmium*, Humm and Wicks 1980 참조), 연안 군집에서는 중요한 질소 고정자이다. 일부 종은 대형 조류의 크기에 육박하므로 해조류로 취급되기도 하지만(Lobban and Harrison 1994), 대부분이 현미경적 크기이다. 조류학 교재 이외에도 분류학적 연구(Tilden 1910; Geitler 1932; Desikachary 1959; Humm and Wicks 1980) 뿐만 아니라 남조류의 생물학적 특징에 대해서 광범위하게 다루어졌다(Fritsch 1945; Carr and Whitton 1973).

일부 남조류는 질소를 고정할 수 있는데 산호초, 해초 밭, 염하구 등을 포함하여 빈영양화된 해양 서식처에서 매우 중요한 역할을 한다. 질소 고정은 이질세포heterocysts를 내는 사상 남조류(*Anabaena*) 뿐만 아니라 일부 단세포 종(*Gloeocapsa*)이나 이질세포를 내지 않는 사상 남조류(*Trichodesmium*)에서도 일어나는 것으로 알려져 있다. 이질세포는 벽이 특별하게 두꺼워진 세포로서 이 속에서 질소 고정이 일어난다. 세균에서와 같이, 질소고정 효소는 산소에 의해 억제되므로 질소고정 세포는 벽이 두꺼워진 이질세포로, 또는 사상체 종인 경우에는 점액질 싸개로 분리된다.

세포 특징

남조류 세포의 주변 색소질chromatoplasm은 연한 중심질centralplasm보다 더 짙은 색을 띠는데, 이것은 중심질보다 주변 색소질에 틸라코이드가 더 밀집되어 있기 때문이다. 남조류는 엽록소 *a* 이외에 β 카로틴, 많은 크산토필(믹소크산틴, 제아크산틴), 피코빌린, c-피코에리드린, c-피코시아닌, 알로피코시아닌 등을 가지고 있다(표 4-1). 피코빌린은 진핵 홍조류에서 볼 수 있는 것처럼 틸라코이드 위에 피코빌리솜(그림 7-1)으로 조립되어 있다. 원핵인 세포 구조는 막성 소기관(색소체와 미토콘드리아)이 없는 세균의 구조와 유사하다. 광합성을 담당하는 틸라코이드는 세포의 색소질에 밀집되어 있으며 중심질 속에는(그림 7-1) DNA가 섬세한 가닥으로 들어 있다. 막으로 둘러싸인 액포가 없는 세포질은 점성을 띠며 원형질 분리가 어렵다. 남조류의 세포질에는 기포(단백질로 결합된 원주상 소포), 카복시솜(RuBisCo를 함유하는 다면체), 시아노피신 과립(아미노산), 폴리인산 덩어리, 폴리글루칸 과립(남조 녹말) 등도 들어 있다.

세포벽과 저장 산물

남조류는 뚜렷한 세포벽과 바깥쪽으로 점액질 외피를 가지고 있으며 이 부분은 세포벽과 이웃한 외피 부분과 점액질 막으로 구분된다. 외피는 물질은 펙틴과 점액성 다당류로 이루어진 것으로 보인다. 세포벽은 그람 음성 세균과 유사한 당지방질 피막으로 이루어진 복잡한 다층 구조(보통 4층)이다. 바깥층 아래에는 뮤람산, 글루코사민, 알라닌, 글루탐산, α- 및 ϵ-디아미노피멜산으로 구성된 펩티도글리칸이 있다. 사상 남조류인 경우에는 세포벽을 포함한 세포 연결체를 세포사trichome라고 하며 싸개sheath를 포함하여 사상체filament 라고 부른다.

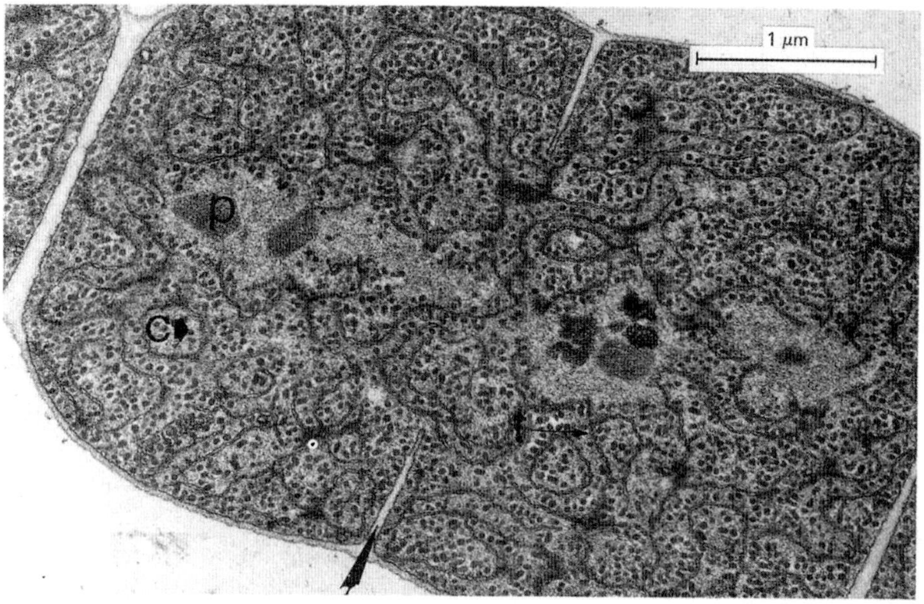

그림 7-1. 남조 *Anabaena variabilis*가 세포 분열(화살표가 있는 가로 벽)하는 것을 보여주는 투과 전자현미경 사진. 나선 모양의 틸라코이드(t)가 남조 알갱이(c)와 함께 바깥쪽 색소질 안에 들어 있으며, 중심질에는 다면체인 카복시솜(p)이 있다.

저장 산물은 남조 녹말과 α-1,4 결합 글루칸의 폴리글루칸 알갱이이다. 남조 알갱이는 아스파르트산과 아르기닌 알갱이의 중합체이며 질소원 역할을 한다. 폴리인산덩어리는 고도로 중합된 폴리인산 물질로서 저장 물질이 된다.

운동성과 생식

남조식물문은 편모가 없지만 뚜렷한 싸개가 없는 종들은 활주 운동을 할 수 있다. 흔들말속 *Oscillatoria*의 흔들 운동은 세포벽 표면에 있는 단백질 섬유가 수축하거나 세포벽의 구멍을 통하여 점액질을 분출하기 때문에 일어나는 것이다. Hader and Hoiczyk(1992)는 남조류를 포함한 원핵생물에서 활주 운동의 유형과 기작을 연구하였다.

세포 분열은 두 개의 세포벽 내층이 안쪽으로 발달하여 일어난다(그림 7-1, 화살표). 사상 남조류에서 무생 생식은 사상체가 잘라지거나(예, 연쇄체hormogonia), 원반 모양의 분리세포에 의하거나, 또는 사상체가 손상되었을 때 일어난다. 어떤 종에서는 아키네트akinetes가 생기는 장소에서 분절이

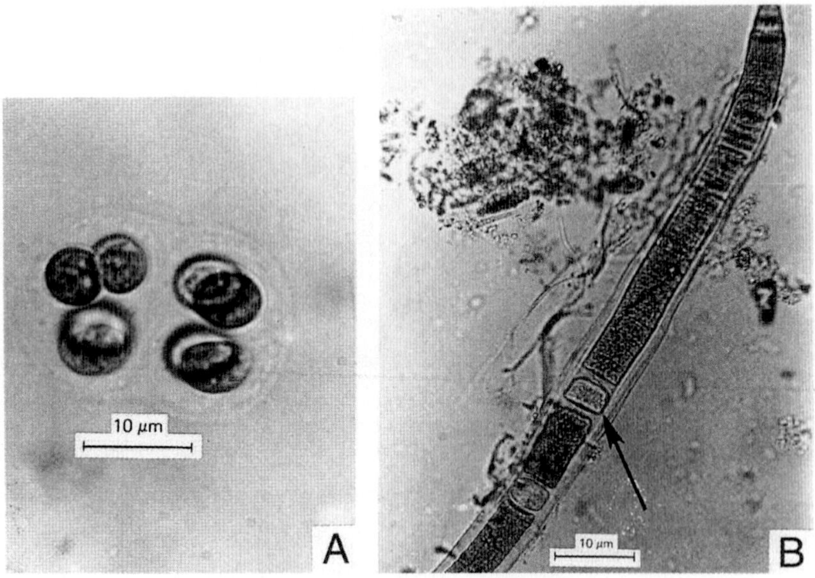

그림 7-2. 남조류의 두 가지 예. *Chroococcus*(A)는 각각이 싸개를 가지고 있는 세포들이 2개에서 8개까지 모여 구형의 군체를 이룬다. 껍데기뱀족말*Calothrix crustacea*(B)은 뚜렷한 싸개가 있고 기부와 중간에 이질세포(화살표)를 형성하며 끝이 가는 세포사로 이루어져 있다.

일어난다. 아키네트는 체세포가 변형된 것으로서 세포벽이 두터워지고 또한 세포질이 밀집되어 있다. 이와 같은 휴면 세포들은 오랜 기간 동안 휴면 상태에 있으며 환경조건이 바뀌면 새로운 사상체로 자라날 수 있다. 내생포자endospores는 세포질이 내부에서 분열하여 형성된 것이며 두꺼운 세포벽으로 둘러싸인 다수의 포자들이 모세포 속에 들어 있다. 세균의 접합과 같은 뚜렷한 유성 생식의 증거는 관찰되지 않고 있다. 그러나 재조합 실험을 통하여 유전물질이 교환되는 것을 알아내었는데 이는 세균에서 나타나는 것과 같이 형질전환이나 접합의 준유성생식 과정을 통하여 일어나는 것으로 보인다. 형질전환transformation은 공여 세포로부터 나온 DNA가 수용 세포 속으로 들어가서 숙주 세포의 DNA 일부를 대체할 때 일어난다. 접합conjugation은 두 세포가 연결되어 DNA 물질이 교환되는 것으로서 이와 같은 형태의 준유성생식 과정은 남조류에서는 별로 알려져 있지 않다.

분류

남조식물문의 분류학적 한계를 정하는 것에 대해서는 세균학자(Stanier 1977)와 조류학자(Humm

and Wicks 1980; Drouet 1981)들 사이에서 논란이 지속되고 있다. 남조류는 종을 식별할 때 혼돈이 많기 때문에 핵산 서열 분석이(Komarek and Angnostidis 1986) 분류를 명확하게 하는데 도움이 되고 있다. 이 교재에 이용된 분류 체계는 Geitler(1932)와 Bold and Wynne(1985)에 따랐는데 남조식물문은 남조강Cyanophyceae 1강과 Chamaesiphonales(위사상형, 내생포자 형성), 남구슬말목Chroococcales(단세포형 또는 군체형) 및 흔들말목Oscillatoriales(사상형) 등 3목으로 구성되어 있다. *Chroococcus dimidiatus*[그림 7-2(A)]와 *Merismopedia elegans*는 각각 단세포형과 군체형 남구슬말목Chroococcales의 대표적인 종이다. *Anabaena fertilissima*와 *Calothrix crustacea*[그림 7-2(B)]는 흔들말과Oscillatoriaceae의 대표적인 종으로서 모두 이질세포를 가진다.

원녹조식물문

원녹조식물문Prochlorophyta은 3속(*Prochloron*, *Prochlorothrix*, *Prochlorococcus*)으로 구성되어 있으며 엽록소 *a*와 *b*를 가진다. *Prochloron* 종들은 세포외 진정 공생체와 독립 생활하는 형태로 나타난다(Burger-Wiersma et al. 1986). 16S rRNA의 뉴클레오티드 서열에 따르면 속의 어느 것도 서로 관련이 없지만 남조식물문과는 밀접한 관계를 보인다(Urbach et al. 1992). 현재로서는 이 작은 무리의 원핵생물이 서로 어떤 관계를 가지며 남조식물문과는 어떻게 관련되어 있는지를 알아내기는 어려운 상태이다.

*Prochloron didemni*는 열대와 아열대 해안에 서식하는 군체멍게 속에 공생한다. 이 종은 Lewin(1976)이 기재하면서 새로운 문인 원녹조식물문Prochlorophyta을 설정하였다(Lewin and Cheng 1989). 공생체의 세포는 직경이 10-30 μm로서 엽록소 *a*와 *b*를 가지지만 피코빌린은 없다. Lewin은 *Prochloron*이 원핵생물과 녹조류 간의 연결 고리일 가능성이 있다고 주장하였다. 원녹조류의 세포학적 특징은 남조류 세포와 유사하지만 틸라코이드 쌍이 세포 주변부를 따라 뻗어있다.

*Prochlorothrix*는 새로이 기재된 사상형 원녹조류로서 네덜란드의 수심이 얕은 부영양화된 호수에서 대발생 한다. 구형의 미소플랑크톤 종인 *Prochlorococcus marinus*는 직경이 0.6-0.8 μm이며 디비닐 형태의 엽록소 *a*를 가진다. 이 종은 열대 및 아열대 해역의 수심 50-100 m에 집중적으로 나타난다(Kiyosawa and Ishizaka 1995).

유글레나식물문

유글레나식물문Euglenophyta에 속하는 종들은 초록색의 운동성 단세포로서 독립생활을 하고 엽록소 *a*와 *b*를 가진다. 더욱이 이들은 단세포성 녹조류와 비교할 때 세포 및 생리학적 특징이 뚜렷하게 다르다. 유글레나식물문에 대해서는 Leedale(1976), Walne(1980), Walne and Kivic(1990) 등이

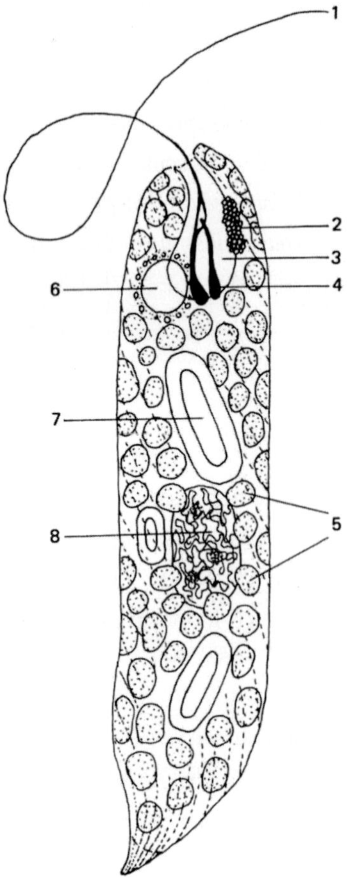

그림 7-3. 녹색 편모생물 유글레나*Euglena*는 식물-동물성 세포 특징을 보이며 돌출된 편모(1), 안점(2), 저장기(3), 비돌출성 편모(4), 원반상 엽록체(5), 수축포(6), 파라밀론 녹말 알갱이(7), 핵(8)을 가진다.

폭 넓게 연구 하였다. 유글레나는 담수 환경에 흔하지만 염하구나 조간대에서도 많이 나타난다. 모든 종이 유기물을 세포외 흡수를 하므로 종속영양성이다. 색깔이 없는 형태인 것들은 세균의 방식을 이용하여 흡수하는 것들도 볼 수 있다. 유글레나는 공생 녹조류에서 유래된 엽록체를 가지고 있는 원생생물로서(Gibbs 1978), 다음과 같은 특징을 나타낸다.

1. 맨 바깥쪽에 위치한 세 번째의 엽록체막은 소포체로부터 기원된 것이 아니라 원래 공생 녹조류의 원형질막이다.
2. 저장 산물은 녹조식물문이 가지는 녹말이 아니라 파라밀론이다.

3. 유글레나의 원생 소기관들은 함몰된 목 부분, 광수용기가 없는 엽록체, 점액질체, 녹조식물문에서는 나타나지 않는 단백질성 외피 등이 있다.
4. 핵분열과 세포질분열은 뚜렷하다.
5. 비광합성 종이 많이 나타나며 엽록체는 없을 수도 있다.

세포 특징

유글레나는 녹조식물문과 같은 종류의 엽록소(*a*와 *b*)를 가지고 있을 뿐만 아니라 β-카로틴과 적은 양이지만 크산토필 유사물질(네오크산틴; 표 4-1)도 가지고 있다. 특별한 종류의 크산토필인 아스타크산틴이 많이 들어 있어서 세포가 피 색깔을 띤다. 세포의 앞쪽에는 목 부분ampulla이 있으며 이곳에 편모 두 개가 붙어 있다. 세포는 단핵이며 피레노이드를 가지는 엽록체 1개에서부터 다수가 들어 있다(그림 7-3). 안점eyespot은 세포의 앞쪽 끝 부분의 세포질 내에 위치해 있으며 다른 조류 문에서 볼 수 있는 것과 같이 엽록체와 결합되어 있지 않다. 안점은 다른 조류의 전형적인 특징이기도 하며 붉은색 카로티노이드를 함유한 기름방울로 되어 있다.

세포벽과 저장 산물

유글레나는 외피pellicle라고 부르는 단백질성 층으로 싸여 있는 나출된 세포이다. 이 외피는 납작하고 긴 띠 모양의 구조가 서로 겹쳐 세포 주변을 나선상으로 둘러싼다. 외피는 딱딱하거나 탄성이 있으며 수산화제이철 입자가 들어 있다. 탄성 외피를 가진 종들은 수축과 확장을 하며 유글레나 운동을 한다. 저장 산물은 광굴절이 있는 녹말 결정과 같은 파라밀론(β-1-3 포도당 중합체)으로서 크리소라미나린과 유사하며 세포질에는 들어 있지만 엽록체에는 없다.

운동성과 생식

유글레나는 포낭에 싸이거나 비운동성 상태에 있을 때를 제외하고 두 개 또는 여러 개의 편모를 목 부위의 기저체로부터 낸다. 유글레나*Euglena*속에서는 편모 하나가 밖으로 뻗어 나와 있으며 일렬 또는 여러 열의 미세한 털로 덮여 있다. 돌출 편모의 부푼 곳에는 광수용기가 붙어 있다. 저장기 안에 있는 다른 편모는 돌출된 편모에 달라붙어 있다. 무성 생식은 함몰 부위로부터 시작되어 수직으로 세포질이 분열하여 이루어진다. 핵분열은 무사분열 형태로 일어나며 유성 생식은 알려져 있지 않다.

분류

유글레나 식물 5목이 단일 강인 유글레나식물강Euglenophyceae에 포함된다. 편모 종들은 섭식영양phageotrophic(알갱이나 작은 생물을 섭취), 삼투영양osmotrophic(유기물을 흡수)에서 광합성에 이르기까지 다양한 영양 특징을 나타낸다(Dawsn and Walne 1994). Eutreptiales목은 광합성을 하며 같은 길이의 편모 두 개를 내며 활발하게 유글레나형 운동을 한다. *Euglena*로 대표되는 Euglenales목 역시 광합성을 하며 돌출된 편모 한 개를 가진다. Euglenales목내에서 일부 속들은 고착성으로서 점액질성 자루(*Colacium*속)로 기질에 붙으며, 일부 유영성 종들은 철분과 망간염이 함유된 펙틴질로 피막lorica을 형성한다(*Trachelomonas*속). 나머지 3목은 광합성을 하지 않는데, 섭식영양성(Heteronematales목; 무색이며 광수용기와 편모 팽창이 없다), 삼투영양성(Rhabdomanadales목) 또는 두 가지 특징을 모두 가지는 목도 있다(Sphenomonadales목). 유글레나식물문은 섭식성으로부터 삼투영양성으로 진화되었으며, 광합성 세포를 포획하고 난 다음에 광합성 능력을 가지게 된 것으로 보인다(Dawsn and Walne 1994).

황적조식물문

황적조식물문Pyrrhophyta은 와편모조류dinoflagellates를 포함하며, 대부분이 이편모성 단세포 생물로서 원양과 염하구에 분포하는 식물플랑크톤의 주류를 이룬다. Van den Hoek et al.(1995)은 황적조식물문을 와편모조식물문Dinophyta에 소속시켰다. 이 문에는 2,000여 종이 현존하며 화석종도 거의 같은 수에 육박한다. 대부분 종이 단세포성으로서 독립생활을 하지만, 일부 종은 구슬 모양이거나 드물게는 사상형인 것들도 있다. 종에 따라 세포 모양, 세포벽, 편모 부착, 여러 가지 세포 내 소기관들의 유형과 구조에서 진핵 세포의 구조에 비해 독특하게 변형이 많이 일어난다. 이와 같은 특징에 따라 Tomas and Cox(1973)와 Dodge(1983)는 와편모조류는 광합성을 하는 갈조 공생체를 포획한 원생생물이라고 주장 하였다. Dodge(1983)는 와편모조류의 진화 계열에서 무색인 종이 원래의 원생생물이며 다음 단계로서 황갈조식물이 이 원생생물에 공생하게 되었다고 제안하였다. 현재 공생하는 종들은 내생조류의 색소체가 없어지고 퓨코크산틴이 페리디닌으로 바뀐 것이다. Steidinger and Cox(1980), Loeblich(1982), Taylor(1987) 등은 이 식물군에 대해 연구한 바 있다.

와편모조류는 매우 광범위한 영양 형태를 보여 독립영양형(광합성, 자유생활)으로부터 영양요구형(비타민을 요구함) 및 종속영양형(와편모조류 종의 50% 이상)까지 다양하다. 종속영양형에는 섭식성(예, *Gymnodinium* spp.)과 기생성(예, *Dissodinum pseudolunula*) 종들이 포함된다(Lee 1989). 몇몇 무색인 와편모조류들도 광합성을 하는데 이는 편모성 내생 녹조류를 가진 야광충*Noctiluca*과 같은 공생 조류가 있기 때문이다. 와편모조류의 생태는 인간 생활에 매우 중요한데 일부 해양 종들은 대발생(적조red tides)을 일으키기도 하며 독성물질을 내어 생물들에게 해를 입히거나 죽게한다.

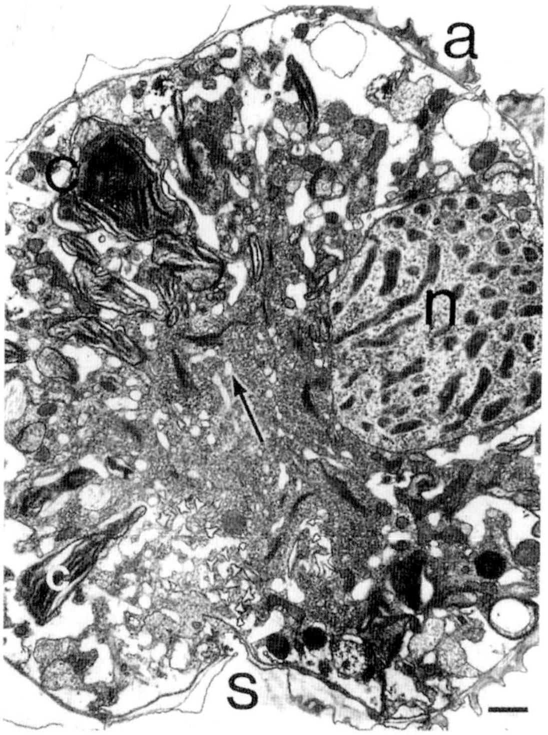

그림 7-4. 비늘 껍질로 싸인 와편모조류 *Gonyaulax polyedra*의 초박편 횡단면. 핵(n)의 한 갈래와 결합된 골지체(화살표), 그 주변의 쟁반 모양 엽록체(c), 홈(s), 세포외피막과 셀룰로오스판(a)이 보인다. 막대의 길이는 1 μm.

다른 고착성 종들은 어류에 독성을 일으키는 원인이 된다(시구아테라ciguatera). 와편모조류 가운데 많은 종이 상리공생 또는 기생 관계를 형성한다. 이 가운데에서 특별히 관심을 끄는 것은 세포내 공생 또는 황록기생조류zooxanthellae(12장)로서, 조초산호, 해면류, 해파리, 말미잘, 복족류, 유공충류, 섬모충류, 방사충류와 같은 원생생물과 다양한 종류의 무척추동물속에 공생한다.

세포 특징

갈조 공생체를 가지지 않는 와편모조류에는 엽록소 *a*와 *c*, 베타카로틴, 페리디닌, 디아디노크산틴 등을 가진다(표 4-1). 퓨코크산틴과 디아토크산틴은 갈조 공생체의 엽록체 속에서 발견된다. 색소체는 모두 갈조류와 비슷한 특징을 보여 세 겹으로 배열된 틸라코이드를 가진다. 엽록체는 쟁반 모양 또는 갈라진 모양이며 세 겹의 막으로 이루어져 있는데, 어느 것도 소포체막과 연결되어 있지 않다. 어떤 종은 갈조 공생체임을 나타내는 비정상적인 색소체를 가지지만 많은 종이 색소체가 없으며 종속영양생활을 한다.

간기 핵은 크며 염색체가 응축되어 있다(그림 7-4). 핵막과 인은 유사분열이 끝날 때까지 온전하게 남아 있다. 방추 미세소관은 핵을 통과하여 세포질 통로까지 뻗어 염색체가 붙는 곳에 인접한 핵막에 붙는다. 염색체 단백질(히스톤)은 적은 수준이며, 히드록시메틸우라실이 있고, DNA는 막에 부착되어 있다는 점은 세균과 유사하여, 황적조식물문이 원시적인 무리라는 것을 암시해준다 (Dodge 1983).

많은 종류의 와편모조류가 전형적인 진핵세포 소기관(골지체, 미토콘드리아, 엽록체)과 더불어 특화된 세포 소기관을 가지고 있다. 어떤 종에서는 크기가 200 μm 이상인 수백 개의 모포 trichocysts가 돌출되어 나온다. 두 속에서는 가시세포nematocysts와 같은 정교한 소기관이 나온다. 대부분 종에서 편모가 삽입된 곳과 가까운 부위에 주머니 모양의 수낭pusule이 위치하며 부유력과 삼투를 조절하는 수축 기관과 같은 기능을 하는 것으로 보인다. 점액질체는 세포막을 따라 배열된 소낭으로서 점액질을 지니고 있으며 모래 기질에 사는 종들이 모래 입자에 부착하는데 쓰인다. 안점은 와편모조류에서는 흔하지 않지만 여러 가지 형태로 나타난다. (1) 엽록체에 붙어 있지 않은 기름 알갱이 덩어리, (2) 엽록체에 붙은 한 층의 알갱이, (3) 막과 결합되어 있지만 엽록체와 분리되어 있는 두 층의 알갱이, (4) 망막 모양이며 색소가 결합되어 렌즈를 이루는 복잡한 구조의 안점.

세포벽과 저장 산물

황적조식물문의 저장 산물은 녹말이며 엽록체에서 합성되지 않는다. 세포는 세포외피막이라고 부르는 막계로 둘러 싸여 있는데, 이 막은 단단한 껍질로 싸인 종에서는 셀룰로오스 판을 담아둘 수 있는 외피 소낭(그림 7-5)으로 되며, 껍질이 없는 종에서는 빈 채로 남아 있다(그림 7-6). 세포외피의 내막은 나중에 원형질막이 되는 것으로 추정된다. 세포는 위 뚜껑epitheca과 아래 뚜껑hypotheca으로 구분되는데, 이들은 가로 편모가 위치해 있는 둘레 띠cingulum에 의해 나뉜다. 돌기가 있는 와편모조류는 세포벽이 독특한 형태로 배열되어 있는 껍질 판thecal plates으로 이루어져 있으며 종을 구별할 때 유용하다.

운동성과 생식

편모는 두 개가 홈 안에 위치해 있다. 둘레 띠 안에는 납작한 편모가 가로로 배열되어 있다. 편모는 털이 2열로 달려 있으며 둘레 띠 안에서 나선 방향으로 진동한다. 앞쪽으로(세로 방향으로) 달린 편모는 털이 일렬로 달려 있으며 상각에서 세로 홈sulcus 안에 들어 있다(그림 7-5).

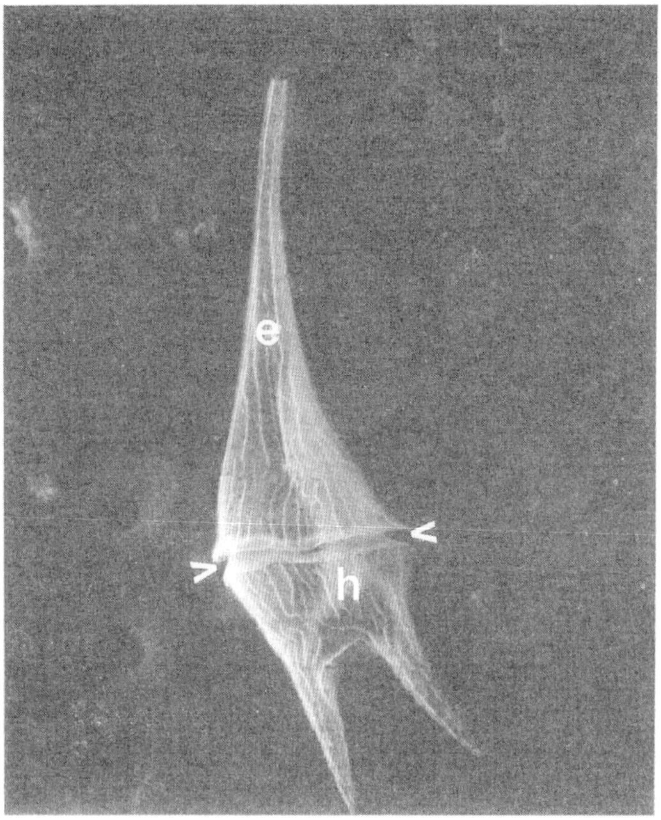

그림 7-5. *Ceratium hircus*. 단단한 껍질로 싸인 이 와편모조는 둘레 띠 부분(화살표)에서 상각(e)과 하각(h)으로 나뉘며 길이는 약 300 μm이다(플로리다 해양연구소 K. Steidinger 제공).

채찍 운동하는 뒤 편모와 반 나선 방향으로 운동하는 가로 편모가 연동한 결과 나선형으로 운동하면서 앞으로 이동하므로 와편모조류라고 부르게 된 것이다. 전진 운동은 시간당 1-2 m정도이다.

핵분열은 핵막이 있는 상태에서[그림 6-3(A)] 세포분열 후기 이후에 핵막이 수축되어 일어나는 반면 세포질분열은 껍질이 없는 상태에서 세포가 사면 분열하여 일어난다. 껍질이 단단한 종은 세포질 분열하는 동안에 껍질을 벗어버리거나 분리시킨다(탈피ecdysis). 두 경우 모두 없어진 껍질은 다시 재생된다. 와편모조류는 동형배우자나 이형배우자 접합에 의해 생식하는 것으로 알려져 있다. 복상생활사를 지니는 야광충*Noctiluca*을 제외한 모든 와편모조류는 접합자가 발아하는 중이나 그 이후에 감수분열이 일어나는 단상생활사를 가지는 것으로 알려져 있다.

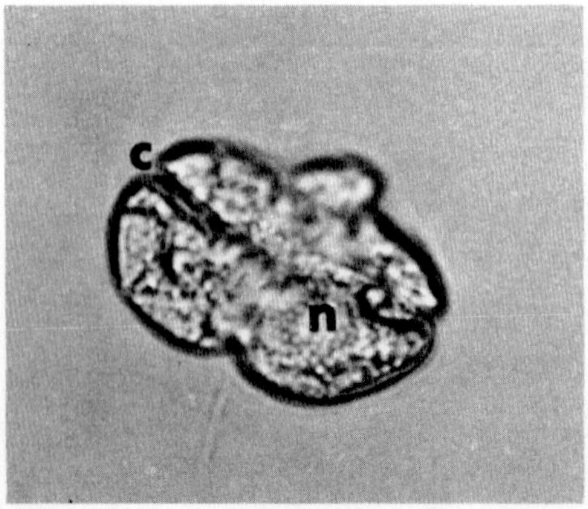

그림 7-6. 껍질이 없는 와편모조 *Gymnodinium brevis*의 살아 있는 세포(폭 25 μm)를 광학현미경으로 보면 핵(n)과 둘레 띠(c)가 나타난다(플로리다 해양연구소 K. Steidinger 제공).

분류

본 교재에서는 황적조식물문을 5강으로 인정하고 있는데 반해(Bold and Wynne 1985) van den Hoek et al.(1995)은 1강 12목으로 설정하였다. 5강 가운데에서 3강이 종속영양성인데, Ebriophyceae강은 무색이고 껍질이 없는 무리인 반면 Ellobiophyceae강과 Syndiniophyceae강은 기생성이며 껍질이 없는 무리이다. Ebriophyceae강과 Ellbiophyceae강은 체형이 작아 잘 알려져 있지 않다. 와편모조강Dinophyceae에 속하는 종들은 기생성(Blastodiniales목)으로부터 아메바성(Dinamobeales목), 사상형(Dinocloniales목), 군체형(Gleodiniales목), 구형(Pyrocystales목), 운동성이 있으며 광합성을 하는 세포(7목)에 이르기까지 다양하다. 운동성 와편모조류는 모두 이편모성이며 전형적인 와편모조 구조를 가진다(그림 7-5). *Ceratium*속(그림 7-5)과 *Gonyaulax*속은 Peridiniales목에 속하며 돌기가 있는 종들이 포함되어 있다. *Gymnodinium brevis*(이전에는 *Ptychodiscus*속; 그림 7-6)는 멕시코 만에서 적조를 일으키는 종으로서 Gymnodiniales목에 속하는 껍질이 없는 와편모조의 한 예이다. 다섯 번째 강인 Desmophyceae강은 두 개의 편모가 정단 또는 아정단부에 달려 있는(와편모조강과 같이 편모가 옆에 붙어 있지 않음) 운동성 세포를 가진 종으로 구성되어 있는데 편모 하나는 앞쪽으로 위치해 있는 반면 다른 편모 하나는 앞 편모에 대해 수직 방향으로 수평 박동을 하며 세포를 둘러싼다(*Prorocentrum*속).

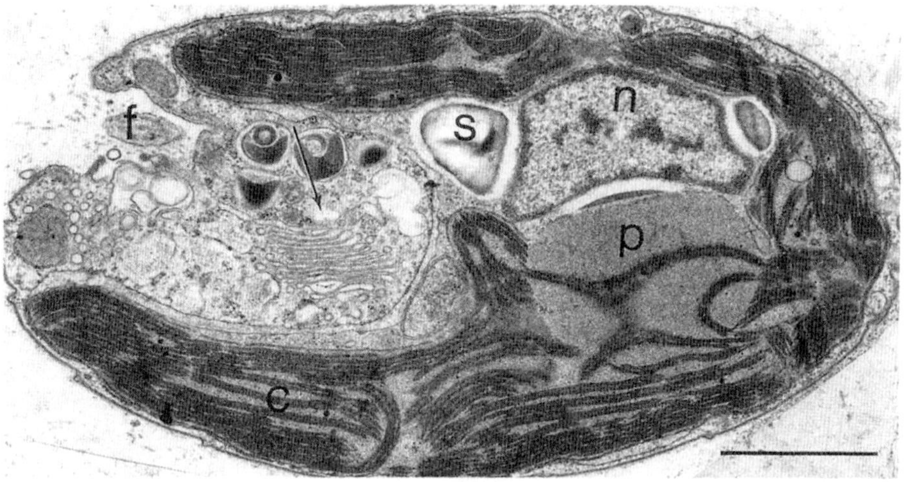

그림 7-7. 은편모조 *Chroomonas*속. 세포는 양쪽으로 갈라진 엽록체(c)를 가지며, 엽록체 안에는 틸라코이드가 느슨하게 한 벌이 들어 있고 큰 피레노이드(p)가 한 개 있다. 핵(n)과 녹말 알갱이(s)는 세포의 중심 부위에 들어 있으며 골지체(화살표)와 더불어 얕은 홈 부위에서 편모(f)가 사면으로 절단된 것이 보인다. 자의 길이는 1 μm(Ganntt 1980: *Journal of Cell Biology*에서 전재).

은편모조식물문

은편모조식물문Cryptophyta(은편모조류cryptomonads)는 24속으로 구성되어 있는 작은 문으로서 이 가운데 절반 정도가 바다에 산다. Butcher(1967)는 다수의 해산 종을 기재하였으며 Gantt(1980)와 Gillott(1990)는 이 문을 재검토 하였다. 연근해와 원양뿐만 아니라 염습지에서도 다양한 종이 출현한다. 유성 생식은 한 종에 대해서만 알려져 있는데 이 종은 동형배우자를 만들고 뒤이어 핵융합(배우자 핵의 융합)이 일어나는 것이 밝혀졌다(Krugens and Lee 1988). 은편모조식물문은 *Chroomonas*속에서 볼 수 있는 것처럼 Ganntt(1980)이 제시한 다음과 같은 형태적 특징이 있다(그림 7-7).

1. 세포는 비대칭으로 위 아래로 납작하며(길이 2-20 μm, 폭 3-16 μm) 앞쪽의 목 부분에서 편모가 나온다.
2. 두 개의 측생 편모는 길이가 다르며, 얕은 저장기 홈으로부터 나오고 미세한 인편(150 nm)을 낸다.
3. 단백질성 외피는 열 지어 배열된 얇은 판으로 이루어져 있다.
4. 방출체ejectosomes는 세포의 주변부를 따라 나타나며 저장기에 있는 것들은 크기가 작다. 이들은 모포trichocysts와 유사하지만 단백질성이 아닌 막성 물질로 이루어져 있다.

5. 엽록체는 한 개로서 네 겹의 막으로 둘러싸여 있으며, 안쪽 두 겹의 막은 엽록체막이 되고 바깥쪽 두 막은 소포체가 되어 핵을 싼다.
6. 피레노이드는 한 개 또는 여러 개가 엽록체에 들어 있으며 틸라코이드는 낱개 또는 띠를 이루어 나타나는데 다른 문과 비교할 때 특이한 구조이다.
7. 구성 종은 무색이거나 다양한 색깔(붉은색, 푸른색, 올리브색, 갈색, 녹색)을 띤다. 엽록소 *a*와 *c*, 피코빌린단백질(틸라코이드에 응집된 물질과 비슷함) 등이 색소체에 들어 있다(표 4-1).
8. 이중막 구조이며 DNA 함유체인 핵유사체nucleomorph는 바깥쪽으로 이중의 엽록체-소포체막으로 싸여 있다. 이 구조는 원시 내공생체에 있는 핵의 흔적으로 보인다.
9. 유사분열은 핵막이 부분적으로 파괴되어 일어나며 세포 분열은 수직 방향으로 진행된다.

황갈조식물문

황갈조식물문Chrysophyta에는 6강이 속해 있다. 반면, 연구자에 따라서는 이 문을 별개의 문으로 다루거나(Lee 1989) 또는 이편모조류Heterokontae(van den Hoek et al. 1995)와 같이 큰 문의 강으로 인식하기도 한다. 황갈조식물문 모든 강의 공통점은 엽록소보다 카로티노이드가 우세하게 들어 있으며(갈색, 금색, 황록색) 저장 산물로 들어 있는 베타글루칸(크리소라미나린, 류코신)은 갈조식물문에 나타나는 라미나린과 유사하다(Bold and Wynne 1985). 6강 중에서 5강이 엽록소 *a*와 *c*를 가지며 6강 모두 갈조식물문과 같이 엽록체-소포체(CER)을 가진다. 모든 강에서 편모의 수(한 개에서 다수)와 유형(정생편모acronematic, 측생편모pleuronematic)에서 변이를 보인다. 가장 보편적인 특징은 편모가 정단부에서 나온다는 점이다.

황갈조강

황갈조강Chrysophyceae(황갈조류golden algae)은 담수에 우점 하지만 일부는 해양 플랑크톤이거나, 고착성으로 조간대에 생육하는 종들이다. 종 대부분이 단세포성이고 편모를 가지지만 아메바 운동을 하거나 구형인 종들도 있다. 다른 형태인 것들로는 군체형, 사상형, 유조직형 등이 있다. 전형적으로 퓨코크산틴과 다른 카로티노이드 색소들이 엽록소(*a*와 *c*)를 덮어씌운다. 그러나 무색인 종속 영양성 종들도 다수 있다. 색소를 지닌 종들이 가진 다른 크산토필 색소들에는 제아크산틴, 안테라크산틴, 비올라크산틴, 디아토크산틴, 디아디노크산틴 등이 있다(표 4-1). 세포벽 또는 피막lorica(원형질체로부터 떨어져 나온 세포들이 침적된 껍질)이 있는 경우에는 셀룰로오스이거나 유기질 비늘(예, 셀룰로오스) 또는 무기질(이산화규소, 탄산칼슘) 성분으로 이루어져 있다.

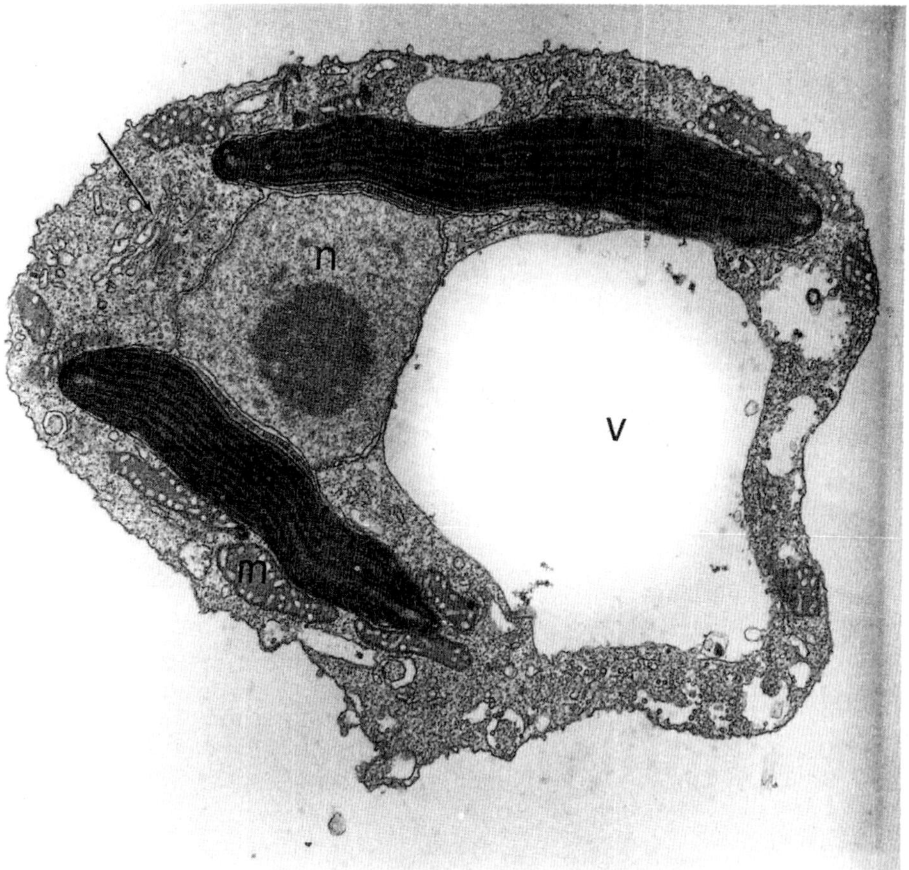

그림 7-8. 황갈조 *Ochromonas danica*. 중심부에 가까운 부위의 절단면에서 커다란 중앙 액포(v), 핵(n), 엽록체 쌍(c), 미토콘드리아(m), 골지체(화살표) 등이 보인다. 엽록체 외막이 핵과 연결되어 있다(Slankis and Gibbs 1972; *Journal of Phycology*에서 전재).

생식은 세포 분열이 일반적이다. 유사분열은 핵막이 소실되면서 일어나며 방추체의 극 부분은 편모 기저체(근형질rhizoplasts)에 의해 만들어진다. 세포질분열은 분할에 의해서 일어나며 세포의 앞부분으로부터 시작된다. 휴면포자statospores(cyst)는 황갈조강의 특징이며 독특한 규산질 벽으로 싸여 있다. 휴면포자의 벽은 두 부분으로 이루어져 있는데, 플라스크 모양의 몸통 부분과 원형질체가 안으로 이동하게 되면 입구를 막는 마개 부분이다. 유성 생식은 일부 속에서만 알려져 있다; 동형배우자 접합을 하며 단상생활사를 가진다(예, *Dinobryon*속). 어떤 종에서는 휴면 포자는 유성생식 후 형성되며 이것이 곧 접합자이다.

Kristiansen(1982)은 2아강을 인정하고 있는데 황갈조아강Chrysophycidae은 800종의 99%를

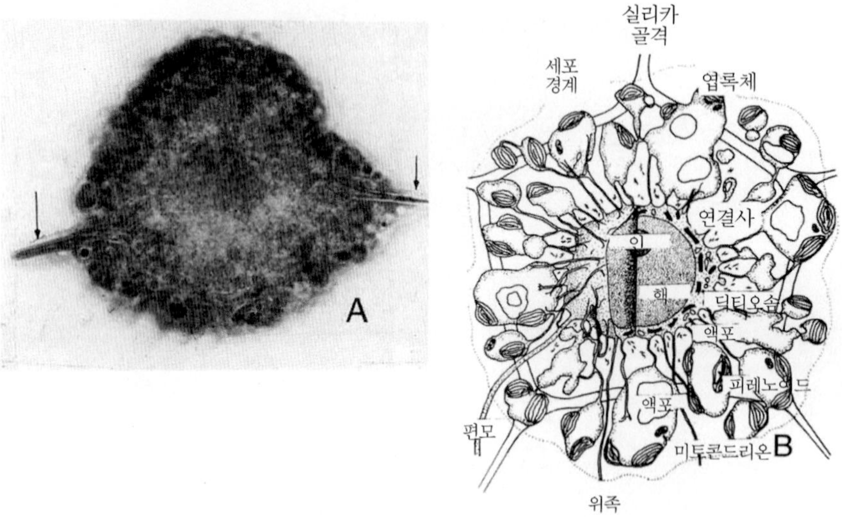

그림 7-9. 규편모조 *Dictyocha fibula*. 내부 규산 골격(화살표)은 살아있는 세포(A)로부터 분출되어 나온다. 세포 구조는 (B)에 나타낸 바와 같이 중심에 핵이 있고 주변으로 세포질이 있다(van Valkenberg 1980; B는 *Journal of Phycology*에서 전재).

차지하며 나머지는 Dictyochophycidae아강(규편모조류)이다. 황갈조아강의 Ochromonadales목은 이편모성 단세포종이며 해산 속인 *Ochromonas*속이 한 예이다(그림 7-8). 편모 두 개는 길이가 다르며 CER이 핵과 한 개 또는 두 개의 엽록체를 싸고 있다. 엽록체는 틸라코이드가 세 겹으로 되어 있어서 갈조류 유형의 특징을 나타낸다. Sarcinochrysidales목은 운동성이며 편모가 측면에 부착되어 있는 해산 속으로 구성된다(갈조식물문과 유사함). 이 목은 점액질성 군체(팔멜라형palmelloid)로부터 사상 또는 엽상형(유조직성) 체형을 보인다. 이 목의 일종인 *Olisthodiscus luteus*는 편모성 단세포로서 염도 범위가 2-50‰인 곳에서 발견된다(Tomas 1978). 이 종에 대해서는 집중적으로 연구되었으며(Cattolico et al. 1976) 이전에는 황녹조강Xanthophyceae에 속해 있었다. *Olisthodiscus luteus*는 굴이나 다른 패류의 먹이로 배양된다.

Dictyochales목은 Dictyochophycidae아강의 유일한 목으로서 규산질 골격을 가지는 해산 규편모조류로 구성되어 있다. *Dictyocha fibula*(van Valkenberg 1980)에서 보는 바와 같이 세포질은 농도가 높은 내형질endoplasm과 규산질 골격(그림 7-9B) 위에 주름처럼 덮여 있는 거품 모양의 외형질ectoplasm(그림 7-9A)로 분화된다. 규산질로 이루어진 골격 특징 때문에 화석 규편모조류는 초기 백악기로부터 알려져 왔다.

후각편모조강

본 교재에서는 후각편모조강Prymnesiophyceae을 황갈조식물문의 한 강으로 다루고 있지만 연구자에 따라 별개의 문으로 취급하기도 한다(Prymnesiophyta: Lee 1989; Green et al. 1990; Haptophyta: van den Hoek et al. 1995). 대부분 종이 운동성을 가지지만 어떤 종은 구상, 군체, 사상형 체형을 나타낸다. 세 가지 특징에 의해 황갈조식물문의 다른 분류군과 구별된다(Hibberd 1980a).

1. 운동성 세포는 정단부에 위치한 두 개의 편모를 가지지만(황갈조류와는 다름) 길이가 서로 같거나 다르다.
2. 운동성 세포는 편모 옆에 특화된 돌기인 착편모haptonema를 가진다. 횡단면으로 보면 착편모 돌기는 6-7 개의 소관으로 구성되어 있으며 원형질막의 주름을 따라 활 모양으로 배열되어 있다. 착편모는 유연하여 꼬이기도 하지만 그 기능은 알려져 있지 않다.
3. 대부분 종이 비늘 피막 또는 셀룰로오스 벽을 가지고 있다. 비늘은 유기질(셀룰로오스) 또는 무기질, 석회화된 코콜리드coccoliths 등으로 이루어졌다. 코콜리드는 세포를 덮는 구조이며 해산 Coccosphaerales목에서 특징적으로 나타난다. 예를 들면 *Chrysochromulina pringshemii*는 긴 가시 모양의 코콜리드와 작고 볼록하게 생긴 코콜리드를 포함하여 네 가지 형태의 비늘을 낸다[Lee 1989; 그림 7-10(A)].

엽록체는 엽록소 *a*, *c*와 퓨코크산틴이 들어 있기 때문에 겉으로는 황갈색이나 금색으로 보인다(표 4-1). 색소체 막은 소포체와 연결되어 있으며 색소체는 세 겹으로 된 틸라코이드를 가진다[그림 7-10(B)]. 유사분열은 핵막이 소실되어 일어나지만[그림 6-3(A)] 염색체는 양극의 방추사가 열리면서 중기판에 응집되는 독특한 특징을 보인다. 무성 생식은 세포가 이분되어 원형질막이 잘록하게 집히면서 일어난다. 생활사는 단상 세대뿐만 아니라 동형 또는 이형인 단복상 세대를 보이기도 한다. 그러나 대부분 종에서 생활사가 잘 알려져 있지 않다.

후각편모조강은 4목으로 구성되어 있다. Isochrysidales목(착편모는 퇴화되거나 없음; 편모는 길이가 같거나 거의 같음), Prymnesiales목(착편모가 있음; 편모는 길이가 같거나 거의 같음), Coccolithophorales목(착편모는 퇴화되거나 없음; 코콜리드가 있음), Pavlovales목(착편모와 안점이 있음; 편모는 길이가 다름). 강 전체 500종 가운데서 대부분이 해산 Coccolithophorales목에 속하며 이들은 와편모조류와 함께 열대와 아열대 해역의 생산력을 담당하는 식물플랑크톤 군집의 중요한 구성 요소가 된다(Green et al. 1990). 원석조류coccolithophorids 종 대부분이 나노플랑크톤 크기(직경 2-20 μm)의 미세한 생물이다. 코콜리드의 화석 기록은 이 목의 조상이 쥐라기(1억 8천만 년 전)에 번성하여 백악기(9천만 년 전)에 절정을 이루었음을 암시해준다.

이 강의 많은 분류군이 DMS와 같은 환원 황화합물을 내며 공기 중에 방출되었을 때 황산을 발생시킨다. Prymnesiales목의 비석회화 종인 *Phaeocystis pouchetii*(Veldhuis et al. 1986), 코콜리토포리드인 *Emiliania huxleyi*와 *Chrysochromulina polylepis*를 포함한 비석회화 종들이 북대서양에서 대발생한다. *Chrysochromulina polylepis*는 1988년 노르웨이 연안에 광범위하게 대발생하여 어류,

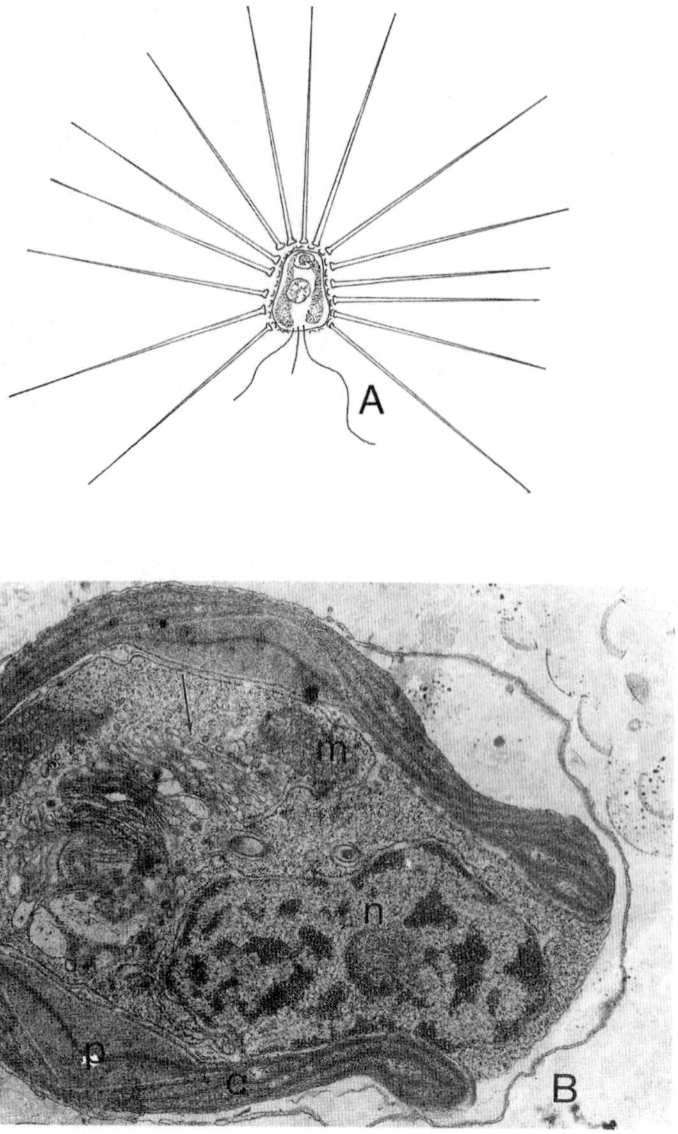

그림 7-10. 황갈조강의 단세포 미세조 *Chrysochromulina pringshemii*는 (A) 기다란 코콜리드 가시와 세포를 덮고 있는 볼록하게 생긴 작은 유기질 비늘, 길이가 다른 두 개의 편모를 가진다. 전자현미경 사진(B)은 중앙부의 핵(n)과 골지체(화살표), 미토콘드리아(m), 가장자리에 위치해 있는 피레노이드(p)를 지닌 두 개의 엽록체(c)를 보여준다. 두 개의 편모(f) 중에서 하나는 횡단면으로 보인다(나탈Natal 대학의 R. Piernaar 제공).

무척추동물, 심지어 해조류까지 폐사시켰다(Nielsen et al. 1990). 현재 해양에 우점 하는 원석조류는 *Emiliania huxleyi*로서 지구상에서 가장 규모가 큰 칼슘 생산자로 주목되고 있으며 아울러 탄소를 심해 저층으로 장기간에 걸쳐 운반하는 주요 생물이다(Heimdal et al. 1994). 이 단세포 미세조류는 극지로부터 열대 해역, 원양으로부터 연안에 이르기까지 거의 모든 해양에서 발견된다. 이들이 번무하면 바다 색깔이 탁한 녹색으로 바뀐다. *Emiliania huxleyi*의 중요성은 학회지 Sarsia (Heimdal et al. 1994)의 전 호에 걸쳐 생태, 생리, 생산력에 관해 투고되는 것으로 입증이 된다.

황녹조강

황녹조강Xanthophyceae은 Tribophyceae라고 부르기도 하는데 황갈조강 및 녹조강과 형태적으로 평행 진화를 보이며 단세포로부터 사상, 엽상, 관상형 체형을 보인다(Hibberd 1990a). 황녹조강의 600여종 가운데에서 일부만이 아메바 운동을 하거나 편모를 가지며(쌍을 이루며 길이가 다른 편모), 대부분의 분류군은 담수나 토양 환경에 생육한다. 이 분류군이 황록색을 띠는 것은 엽록소 *a*, 베타카로틴, 다양한 종류의 크산토필(바우케리아크산틴, 디아토크산틴, 디아디노크산틴; 표 4-1)이 들어 있기 때문이다. 엽록소 *c*는 낮은 농도로 들어 있으며 퓨코크산틴은 없다. 어떤 종에는 크리소라미나린과 더불어 기름, 지방, 유리 만니톨, 올리고다당류 등이 들어 있다. 세포벽은(있는 경우) 셀룰로오스로 이루어져 있으며 보통 규산이 침적되어 있다.

무성 생식은 세포 분열, 부동포자aplanospores 또는 유주자에 의한다. 어떤 종은 휴면포자를 만들기도 하지만 황갈조강과는 달리 포자가 같은 크기로 나뉜다. 6목의 체형은 나출형, 이편모성, 또는 아메바형 세포(Heterochloridales목)로부터 군체(Heterogloeales목), 구형(Miscoccales목), 사상(Tribonematales목) 및 낭상체(Vaucheriales목) 등으로 나타난다. *Vaucheria*속(그림 7-11)에는 낭상체인 종들이 포함되며 일부 종들은 염습지의 갯벌위에 산다. *Vaucheria*속의 생활사는 복상 세대를 가지며 감수분열은 배우자 형성 직전에 일어나고 유성 생식은 난접합에 의한다(Hibberd 1990a).

침편모조강

침편모조강Raphidophyceae은 대부분이 담수에 사는 단세포성 미세조류 9속으로 구성되며 세포벽이 없고 엽록소 *a*와 *c*를 가진다(Heywood 1990). 다른 색소로는 해산 종에서 우세하게 나타나는 퓨코크산틴과 함께 베타카로틴, 디아디노크산틴, 바우케리아크산틴, 헤테로크산틴 등이 있다(표 4-1). 세포의 크기는 직경 50-100 μm 범위이며 위 아래로 납작하고 편모는 두 개가 정단부에 달려 있다. 앞쪽을 향한 편모는 몸의 측면에서 나오는 반면 뒤쪽으로 향한 것은 정단부에서 나온다. 미세소관 그물rhizostyle은 길이가 다른 두 편모의 기저체를 핵과 연결시킨다. 세포질은 큰 핵이 위치한 중심부에 밀집되어 있고(내형질). 엽록체(세 겹의 틸라코이드), 액포, 모포trichocysts, 점질체 mucocysts(점액질을 분비하는 소기관) 등은 주변 세포질 또는 외형질ectoplasm에 위치한다. 핵분열은

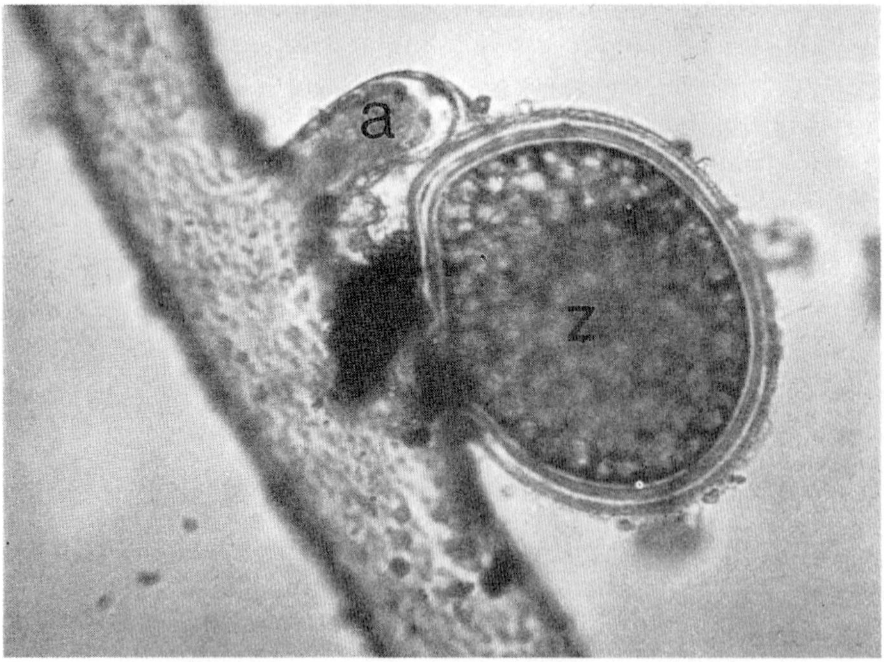

그림 7-11. 다핵체 황녹조 *Vaucheria sessilis*. 사상체는 직경이 30 μm 정도이며 접합자(z) 및 정자낭 가지(a)와 함께 장란기를 낸다.

핵막 안에서 일어나며 편모 기저체가 중심립 역할을 한다.

단일 목인 Raphidmonadales목은 2과를 포함하는데 1과는 부생식물성saprophytic(Thaumatomastigaceae과)이며 다른 과는 광합성 종(Vacuolariaceae과)으로 구성되어 있다. 두 해산 속 *Chattonella*속(*Hornellia*속)과 *Fibriocapsa*속의 종들은 일본 연안의 내만에서 집중적으로 대발생하여 적조를 일으킨다. *Chattonella*속의 종들은 인도의 말바Malbar 해안에서 물고기를 대량으로 폐사시킨 원인종이다(Heywood 1990). 일반적으로 클로로모나드chloromonads라고 부르는 이 종들은 연안 환경에서 흔하게 발견된다(Loeblich 1977).

진안점조강

진안점조강Eustigmatophyceae의 분류군은 독특한 안점뿐만 아니라 CER포막과 골지체의 특징 때문에 황녹조강에서 분리되었다. 이 강에는 7속 12종이 있다(Hibberd 1980b, 1990b). 대부분이 체형은 구형이고 담수 또는 흙 속에 살지만 *Nannochloropsis*속은 해산 피코플랑크톤으로서 세포의 크기가 0.2 μm보다 작다. 구형인 세포들은 사발 모양이거나 갈라진 모양의 엽록체를 하나 또는

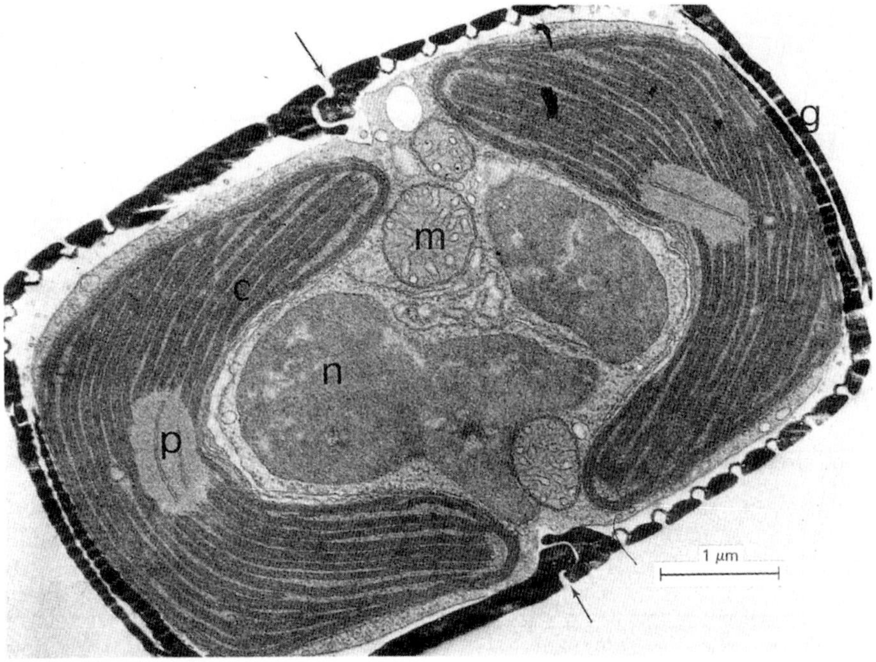

그림 7-12. 우상 규조 *Navicula tripunctata*. 배선(화살표)은 상각과 하각에 생기며 둘레 띠(g)에서 겹쳐있다. 전자현미경을 통하여 피레노이드(p)를 가진 두 개의 얇은 엽록체(c), 미토콘드리아(m)와 갈라진 핵(n)이 중앙에 보인다(Great Lakes 연구소 E.F. Stoermer 제공).

그 이상 가지며 틸라코이드는 세 겹이다. 운동성 세포는 독특한 안점을 가지고 있는데 이것은 편모의 엽록체 바깥쪽에 알갱이가 모여 형성된 것이다. 유주자는 기다란 모양이며 한 개 또는 두 개의 측생 편모가 정단부에 위치해 있다. 유주자는 구형 종이나 황갈조강의 다른 분류군에서 볼 수 있는 것과 같이 골지체가 없고 CER은 핵과 연결되어 있지 않다.

규조강

규조강Bacillariophyceae은 규조류diatoms라고 부르며 이 강의 종들은 해양과 담수 환경에도 잘 알려져 있다. 규조강에는 현존하는 250속과 100,000종이 기록되어 있다(Round et al. 1990). 규조류 군집은 식물 플랑크톤의 중요한 구성 요소임과 동시에 부착생물periphyton, 다른 수생식물에 착생하는 저서 식물, 바위 위, 부드러운 저질인 모래 입자, 모래 질에 붙어사는 저서 군집이기도 하다. "바다의 풀"이라고도 불리는 규조류는 세계 일차 생산의 20-25%를 차지하며 연 건중량이 1.4×10^{14} kg정도로 추산된다(Werner 1977; Raymont 1980). 규조류는 규산질 세포벽을 가지고있기 때문

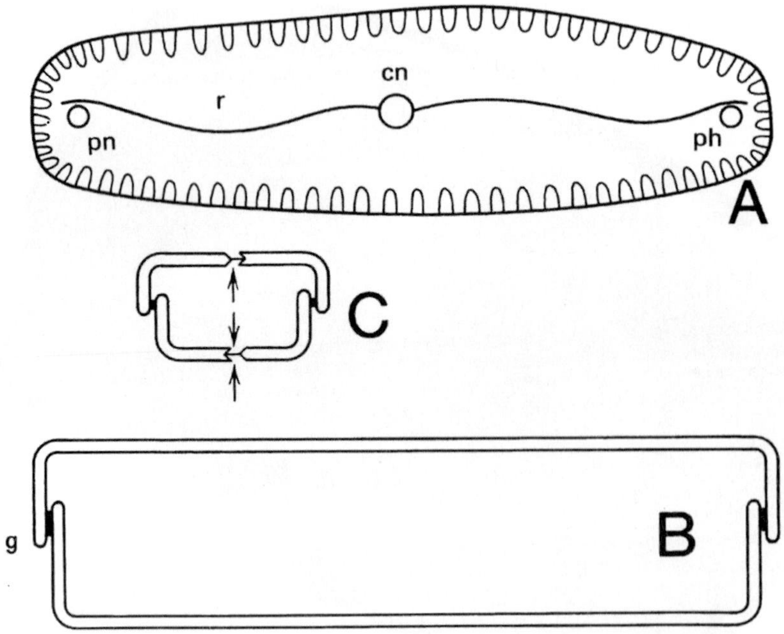

그림 7-13. 우상 규조류의 껍질 모양. 판valve 그림(A)은 배선(r)과 중심 마디(cn), 양극 마디(pn)를 나타내며, 둘레 띠 그림(B)은 판이 겹쳐진 것을 보여준다. 횡단면(C)에서는 배선의 구조를 볼 수 있다(화살표, 그림 7-12 참조).

에 화석 기록으로도 잘 알려져 있다. 따라서 현존하는 해산 속에는 백악기에 살았던 조상종도 포함되어 있다. 규조토diatomite의 화석 퇴적은 세계 곳곳에서 채굴되어 절연제, 여과제를 비롯하여 상업적인 용도로 다양하게 이용되고 있다.

규조류는 단세포성(일부는 군체를 형성함)에 단핵이며 색깔은 갈색, 황금색, 연한 녹색을 띤다. 규조류의 세포 특징은 저장 산물로서 크리소라미나린이나 기름을 가지는 것이 황갈조식물문의 특징과 유사하다. 주요 광합성 색소로는 엽록소 *a*와 *c*, 베타카로틴이며 이 색소들은 퓨코크산틴과 여러 종류의 크산토필에 의해 가려져 있다(표 4-1). 엽록체는 CER에 의해 핵과 연결되어 있으며 틸라코이드는 3겹이고 피레노이드가 있다(그림 7-12).

세포벽 또는 규조껍질frustule은 이 강의 특징으로서 위 뚜껑epitheca과 아래 뚜껑hypotheca으로 구분되며 뚜껑 달린 상자와 비슷하게 들어맞는다(그림 7-13). 규조껍질은 위 뚜껑면epivalve, 아래 뚜껑면hypovalve 그리고 옆으로는 둘레 띠girdle를 볼 수 있다. 각 판은 요대 부위를 갖고 있는데, 상판은 위 띠epicingulum, 하판은 아래 띠hypocingulum를 지니고 있다. 규조껍질은 단백질, 펙틴산 및 지질과 더불어 주로 규산 중합체로 이루어져 있다. 규조껍질의 모양은 좌우대칭, 방사대칭 또는 불규칙한

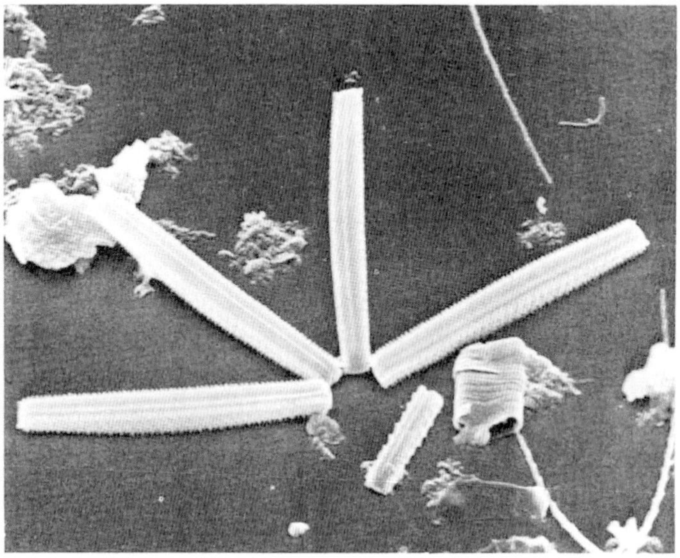

그림 7-14. 우상 규조 *Thalassionema nitzschioides*가 별 모양으로 연결되어 있다(Texas A&M 대학의 G. Frexyll 제공).

그림 7-15. 방사 규조 *Actinoptychus senarius*의 판 모양(Texas A&M 대학의 G. Frexyll 제공).

대칭이다(그림 7-14와 7-15). 규조껍질의 구조와 외부 장식은 규조류 분류의 기초가 된다(Barber and Hayworth 1981; Round et al. 1990). 규조껍질은 정확한 모양과 외부 장식을 조절하는 규산질 주머니silica deposition vesicle 안에서 뚜껑이 만들어지기 시작하면서(예, 세포 분열) 형성된다. 규산은 규조류에서 유사분열과 껍질 형성할 때 반드시 필요하다.

세포 분열은 가장 흔한 무성 생식 방법이다. 핵분열은 개방형[그림 6-3(A)]으로서 핵막이 부서지면서 방추체가 형성된다. 세포질분열은 두 판이 분리된 다음(원형질 팽창을 거쳐) 원형질에 분리고랑이 형성되면서 둘레 띠 부위에서 일어난다. 두 개의 어미 뚜껑(위 뚜껑과 아래 뚜껑)은 새로운 위 뚜껑 역할을 한다. 그 결과 많은 종에서 세포 분열이 진행될 때 마다 두 개의 딸세포 중에서 하나는 점점 크기가 작아지게 된다. 일부 종에서는 뚜껑의 크기가 줄어드는 현상은 볼 수 없지만 새로운 뚜껑을 형성하는 방식에 따른다. 크기가 줄어들지 않는 것은 규조껍질이 유연해지거나 또는 둘레 띠 부위가 늘어나기 때문이다. 세포 크기가 연달아서 줄어 든 다음 단계에서는 원형질이 세포벽을 뚫고 분출되어 나와 팽창하여 세포가 원래의 크기로 복원되고 규조껍질이 재생된다.

더욱 흔하게 볼 수 있는 것은, 크기가 작아진 규조껍질이 생식적으로 활성을 가지고 있어서 감수분열 후에 배우자를 만든다. 규조류의 생활사는 복상 세대이다. 따라서 배우자가 융합하면 접합자 원형질은 팽창하여 증대포자auxospore로 발달하는데 이 증대포자는 세포벽이 독특하고 주변에 수정막perizonium으로 둘러싸여 있는 것이 특징이다. 증대포자는 휴면 세포로 되거나 새로이 커진 규조 껍질을 만들 수도 있다. 아울러 증대포자는 자가생식autogamous(하나의 세포로부터 생긴 두 개의 핵이 융합하여) 또는 무배생식apogamous(모세포는 유사분열을 하여 각각은 새로운 포자로 발달)을 통하여 형성된다.

규조강에는 2강이 있다(Werner 1977; Bold and Wynne 1985; Round et al. 1990). 중심규조목 Centrales은 방사상(그림 7-15), 다극성 또는 불규칙한 모양의 뚜껑 면을 가진다. 중심규조류는 반상 색소체를 흔히 가지며 배우자 형성은 편모가 한 개 달린 정자와 난접합을 한다. 편모는 측생이며 정자의 앞쪽에 달려 있다. 우상규조목Pennales은 좌우대칭이며(그림 7-14) 뚜껑 면은 방사상 또는 여러 가지 기하학적인 무늬를 이룬다. 우상 규조류의 어떤 과는 등줄raphe이 있는 규조 껍질을 갖는 것이 특징인데 세로축을 따라 몸의 한쪽 또는 양쪽 판에 홈이 나 있다(그림 7-13). 이 등줄은 판 양쪽 끝의 극 마디polar nodule를 하나의 중심 마디central nodule에 연결시킨다. 등줄을 갖는 우상규조류는 홈의 바깥쪽을 따라 흐르는 원형질 이동을 이용하여 미끄러지면서 이동한다. 원형질은 마디를 통하여 홈 안쪽으로 되돌아가서 규조 껍질 안쪽으로 흐른다. 따라서 세포질은 벨트나 끈이 세포를 앞쪽으로 당기는 것과 같이 움직인다(Hader and Hoiczyk 1992). 양극과 중심 마디는 구멍이 나 있어서 세포질이 세포로부터 바깥 쪽 등줄 홈으로 흐르도록 한다. 중심 규조류와는 달리 우상 규조류의 생식은 아메바형 배우자가 동형접합에 의해서 일어나며 체세포는 한 개 또는 두 개의 크고 얇은 엽록체를 가지고 있다.

식물플랑크톤 군집

미세조류에 대한 연구는 대형조류(8장)만큼 다양하게 이루어지고 있다. 이에 따라 미세조류 연구에는 개체군 동태, 분포 유형, 광합성 적응 등을 파악하기 위하여 다양한 기법이 이용된다. 이 교재는 대형조류의 군집에 초점을 두고 있지만, 식물플랑크톤은 모든 해양 환경에 출현하기 때문에 중요하게 취급된다. 식물플랑크톤phytoplankton은 독립영양성이며 떠 사는 미세 식물 또는 조류로서 군체형이나 사상형이 있기도 하지만 대부분이 단세포성이다. 식물플랑크톤은 강, 호수, 바다에 가장 광범위하게 분포하는 미세조류 무리로서, 일차 생산에서 중요한 역할을 하기 때문에 폭 넓게 연구되고 있다. 식물플랑크톤을 다룬 교재들에는 생태학적 평가(Bougis 1976; Raymont 1980; Round 1981; Fogg and Thake 1987; Harris 1986; Sommer 1989), 생리학적 연구(Morris 1980; Platt 1981)와 연구 기법에 대한 설명(Sournia 1978) 등이 포함되어 있다.

분류와 다양성

식물플랑크톤은 다양한 무리로 구성된 미세조류로서 홍조식물문과 갈조식물문(사가소 해의 모자반류 참조)을 제외한 모든 조류 문의 종들이 포함된다. 대부분의 해산 식물플랑크톤 종은 운동성이 있으며 가장 많이 종은 초당 50-500 μm 속도를 내는 와편모조류이다(Sournia 1982). 해산 식물플랑크톤은 약 5,000종이 있는데 바다와 같이 방대한 환경에 출현하는 종수가 제한된 것에 대해서는 쉽게 설명하지 못하고 있다(Tett and Barton 1995 참조).

식물플랑크톤은 일반적으로 세포 크기에 따라 무리 짓는데, 세포 크기는 영양염 흡수에 중요하다. 세포 크기는 이동하거나 가라앉기 전에 20 μm 이상 커져야 하는데 이 크기는 영양염의 흐름을 증진시킬 수 있는 반면, 직경이 60 μm 이상이 되면 세포의 교란이 커지므로 경계층 효과는 줄어들게 된다(Karp-Boss et al. 1996). Karp-Boss et al.(1996)은 규조류의 큰 연결체나 사상 남조류는 교란을 최대한 일으킬 수 있어서 경계층을 줄이고 영양염을 재빨리 흡수한다는 것을 관찰하였다(3장 참조). 크기에 따른 분류에 의하면, 크기가 비교적 큰 소형식물플랑크톤net phytoplankton에는 64 μm 이상인 종들이 포함되며(이 크기의 그물눈에 걸리므로); 여기에는 주로 규조류나 와편모조류가 포함된다. 다른 분류 방법에서는 세포의 크기가 20-200 μm인 것을 소형플랑크톤microplankton으로 구분한다(Morris 1980; Fogg and Thake 1987). 1970년대 말까지는 식물플랑크톤 크기 계급에서 세포가 2-20 μm인 것을 나노플랑크톤nanoplankton이라 하였다. 나노플랑크톤은 남조식물, 착편모조류prymnesiophytes, 원석조류coccolithophorids 등으로 구성되며 총 생산력의 75%를 차지한다. 1980년대에는 더 작은 크기인 피코플랑크톤picoplankton(0.2-2 μm) 또는 준 현미경적 크기인 미소 생물이 밝혀져 이들이 해양에서 일차 생산의 50%를 차지하는 것으로 알려졌다. 피코플랑크톤은 세균플랑크톤, 남조류와 원녹조 등을 포함하는 원핵생물이 대부분을 차지하며 다양한 종류의 진핵 조류들도 포함되어 있다(Sieburth et al. 1978). 앞에서 언급한 바와 같이 원녹조식물문의 일종인 *Prochlorococcus marinus*는 몸이 구슬 모양으로 둥근 종으로서 아열대에서 열대에 이르는 해역의 250 m 깊이까지 분포하는 피코플랑크톤이다. 새로이 발견된 이 구상 피코플랑크톤은 태평양 중심 해역에서 총 엽록소 *a*의 50% 이상을 차지한다(Kiyosawa and Ishizaka 1995).

수중의 빛에 대한 반응

식물플랑크톤의 광합성을 논할 때에는 수중 조도에 관한 세 가지 점을 주목해야 한다. 첫째, 해양으로 들어오는 빛의 5% 미만이 유효하다(Yentsch 1980). 둘째, 가시광선에 대한 물의 투명도와 광합성 색소에 의한 흡수 사이에는 어떤 관계가 있다. 엽록소는 425-450 nm와 665-680 nm, 카로티노이드는 525-575 nm, 피코빌린은 525-650 nm 범위를 흡수한다(2-8장 참조). 셋째, 진광대는 유형 I의 해양에서는 100 m를 넘지 못하므로(그림 2-8) 해저 조도의 스펙트럼과 강도는 변하게 된다.

식물플랑크톤은 수중 조도가 변동되면 색소 농도, 색소체 크기, 광합성 안테나의 수와 크기 등을 조절한다[그림 4-5(B)와 (C)]. 예를 들면, Sournia(1980)는 영구 심해성 식물플랑크톤 5강 20종을 보고 하였는데 이들은 깊은 수심의(100 m)에만 출현한다. 심해 종들은 광합성 색소 농도를 높이거나 가지고 있는 색소의 유형을 바꾸어서 광합성 기구를 변형시킨다(Richardson et al. 1983). *Phaeodactylum*과 같은 심해성 속들은 1 μM $cm^{-2}s^{-1}$ 이하의 조도에서도 생존할 수 있지만 고광도 조건에서도 광합성률을 높인다(Geider et al. 1986). 이와 같은 반응은 광합성 기구를 변형시킴으로써 환경 순응 능력의 범위를 넓힌다는 것을 보여준다.

P-I 곡선을 이용하는 것은 식물플랑크톤의 생태 연구에 기초가 되는데, 이 곡선은 수심에 따른 광합성을 모델링할 때 기초가 되기 때문이다(Yentsch 1980). 수중의 낮은 조도에 반응하는 식물플랑크톤에 대한 연구에서 전체 색소의 증가(어둠상자 개념)는 색소 유형의 변동(색소 순응)만큼 흔하게 일어나지 않는다고 밝히고 있는데, 이는 대형조류와는 반대되는 현상이다(3장 참조). 색소 순응은 남조류와 녹조 식물플랑크톤이 유효 스펙트럼에 맞추기 위해서 색소를 변동시키는 것이라고 알려져 있다(Prezelin and Boczarn 1986).

영양염류

대형조류와 마찬가지로 식물플랑크톤은 무기(인, 질소, 미량원소, 규소) 및 유기(비타민) 영양염을 필요로 한다. 더구나 많은 종류의 미세조류들이 빛에 자극되어 아세트산을 흡수하는 것과 같이 유기 탄소를 흡수한다(광종속영양photoheterotrophy). 비타민은 유기 영양 요소로서 매우 낮은 농도로 (10^{-13}-10^{-10} mol L^{-1}) 이용되며 다양한 종류의 식물플랑크톤의 생장에 필요하다(Swift 1980). 따라서 미세조류는 탄소 고정에서 독립영양 생장을 하지만 많은 종들이 한 가지 또는 그 이상의 비타민에 의존하는 영양요구성auxotrophic이다. 400개의 식물플랑크톤 클론 중에서 44%가 비타민 B_{12}(시아노코발라민), 21%가 티아민, 그리고 4%가 비오틴을 필요로 하였다(Swift 1980). 이와 유사하게 대형조류도 비타민을 필요로하는 것으로 나타났다(Stein 1973). 비타민 요구는 종에 따라 다양하여 대부분의 중심 규조류는 B_{12}를 필요로 하며 우상 규조류는 50%가 영양 요구성이다. 소수의 규조류만이 티아민을 요구하며 비오틴을 요구하는 종은 없는 반면 대부분의 와편모조류(80-90%)는 이들 비타민 한두 가지를 요구한다(Swift 1980). 원양과 연안수에서 비타민의 농도는 매우 낮다(예, B_{12}:

사가소 해 0.01-0.1 ngL^{-1}; 롱아일랜드사운드Long Island Sound 16 ngL^{-1}; Swift 1980). 그러나 비타민의 높은 전환율과 낮은 요구도 때문에 플랑크톤의 생장은 제한받지는 않는다. 비타민의 원천이 되는 것들은 세균플랑크톤, 미세조류 및 동물플랑크톤이다.

네 가지 무기 영양염류 중에서 미량 원소는 나노몰 농도(<0.01 μg g-1)로 생물에게 요구된다. 네 가지 요소를 열거하면 아연, 철, 구리, 망간 등이다(DeBoer 1981). 이 가운데서 철과 망간은 제한 분포하는 것으로 보이며 구리는 미량의 수준에서도 독성을 나타낼 수 있다(Huntsman and Sunda 1980). 다른 세 가지의 유기 영양염류 중에서 질소 화합물은 원양에서는 매우 낮은 농도로 분포하며, 질산염-N은 가장 높은 농도로, 암모늄-N과 아질산염-N은 낮은 농도를 보인다(2장; McCarthy 1980). 그러나 질소 화합물이 빠르게 전환되고 환원형 질소가 선택적으로 이용된다는 것은 질소 화합물의 농도가 낮더라도 그 영향이 생각만큼 제한적이 아니라는 것을 보여준다. 인산염PO_4-P은 대부분의 미세조류가 선호하는 인 형태이지만 다중인산염과 유기인 화합물도 이용된다(Nalewajko and Lean 1980). 질소와 더불어 수용성 인SRP은 원양에서는 보통 낮은 수준으로 분포하는데(2장), 특히 진광대(0-0.06 μg atoms L^{-1})의 여름철 성층화가 일어나는 곳에서 흔하다. 게다가 식물플랑크톤의 농도가 높은 해역에서는 전도율도 높게 나타난다. 규소silicon는 용존 규산으로부터 생물에 의해 무정형의 무수 규산으로 바뀐다. 규소를 이용하고 있기 때문에 규조류나 규편모조류는 해양 식물플랑크톤 군집 내에서 생물학적 물질 전환을 수행하는 중요한 역할을 한다(Paasche 1980). 규산은 원양에서 단량체 정규산[$Si(OH)_4$] 형태로서 0-100 µmol L^{-1} 농도로 존재한다(남극해; Paasche 1980). 규소는 바다에 낮은 농도로 존재함에도 불구하고(2장), 질소나 인 화합물보다 대체로 높은 수준으로 들어있다. 더구나 연안에서는 추적할 수 없을 만큼의 농도로 보고되지만, 규소는 실제로 대발생 시에는 규조 껍질을 형성하는데 쓰인다. 예를 들면, 진광대 해역에서 규조류가 번무 하는 동안에는 규소의 농도는 질소나 인보다 낮게 나타난다(Paasche 1980).

빈영양 해역에서는 단세포 조류들 사이에서 영양염이 빠르게 재순환되므로 미세조류의 생장을 어느 정도 돕는다. 무제한적인 영양염 환경에서 빠르게 생장하는 식물플랑크톤은 탄소 106: 질소 16: 인 1의 비율로 흡수하는데 이를 레드필드 비율Redfield ratio이라고 부른다(Harris 1986). 규소의 흡수율은 북대서양에서 질소와 거의 비슷하게 규소 16: 질소 15: 인 1의 비율을 보이며(Harris 1986) 이는 규조류의 생장에서 원소의 중요성을 나타내는 것이다. 레드필드 비율은 원양에서 식물플랑크톤의 자연 개체군이 빠르게 생장하고 있음을 입증하는데 쓰인다. 레드필드 비율의 정확한 값은 종조성에 따라 좌우되며, 이 비율에서 크게 벗어나면 영양염이 제한되었음을 나타내는 것이다. 예를 들면, 질소가 제한되면 세포 발달이 저하되고 인이 제한되면 재생이 지연된다.

온대 해역에서 봄철에 식물플랑크톤이 빠르게 생장하고 난 다음에는 인이나 질소가 결핍되어 여름철 생장 감소로 이어지고, 가을철에는 영양염을 이용할 수 있게 되므로 종과 생물량이 상승한다(그림 7-16). 온대 해역과는 대조적으로 열대 해역에서는 계절적으로 영양염 수준의 최대와 최소 폭이 매우 좁아 식물플랑크톤 생물량은 안정되지만 종조성에는 변동이 일어난다. 원양에서는 용승과 다른 변동 요인에 의해 영양염이 보충되는데, 대체로 이들이 열대 해역에서 식물플랑크톤 생장을 조절하는 가장 결정적인 요인이 된다(Steemann-Nielson 1959, 1974).

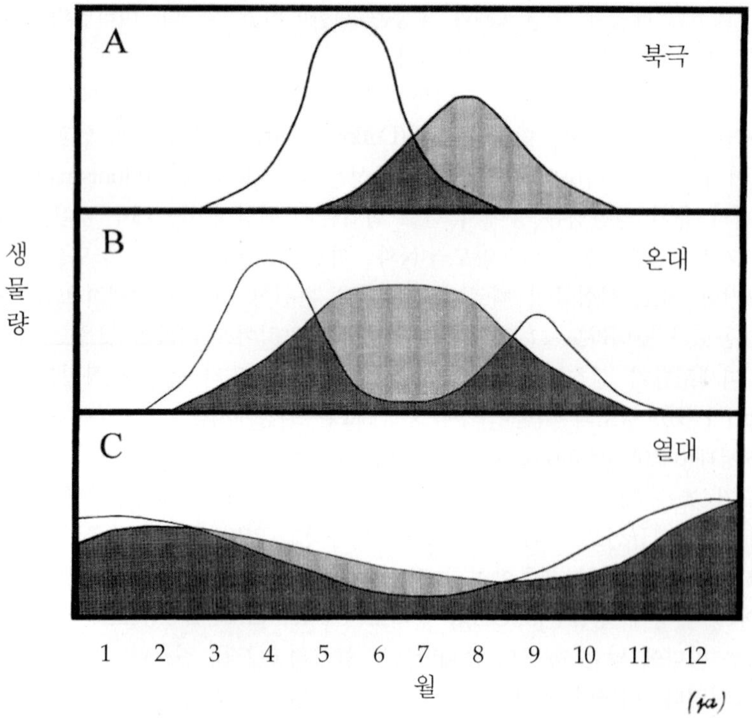

그림 7-16. 계절적인 생장이 강하게 나타나는 북극해(A), 적당하게 나타나는 온대(B)와 열대(C) 해역에서 식물플랑크톤(빈 부분)과 동물플랑크톤(회색 부분, 짙은 부분)의 계절적 변동(Cushing 1959).

식물플랑크톤에 의한 일차생산은 질소 화합물의 원천에 따라 신생산과 재생산으로 구분된다(Dugdale and Goering 1967; Eppley and Peterson 1979; Harrison et al. 1987). 원양에서 신생산의 주요 공급원은 심층수로부터 유기물 입자들을 부영양화 부위로 이동시키는 용승과 확산이다(Eppley and Peterson 1979). 신생산의 이차 공급원은 육지(빗물, 강물), 대기(예, 비를 통한 질산염)와 질소 고정이다. 재생산은 일차 생산의 나머지 부분을 포함하여 해양의 먹이 그물에 존재해 있으면서 순환되는 영양염을 근간으로 하여 일어난다(Eppley and Peterson 1979). 신생산과 총생산간의 비율(f)은 신생산을 통하여 이루어지는 질소 동화의 비율을 나타낸다(Eppley and Peterson 1979). 따라서 비율(f)은 신생산의 중요도뿐만 아니라 진광대로부터 침강을 통하여 소실된 유기물 입자POC의 양에 대한 정성적인 자료를 제공해 준다. 모든 해양에서 총 일차 생산은 연간 23.7×10^9 톤이며, 신생산은 연간 4.7×10^9 톤 또는 순환 효율이 80%인 재생 질소 화합물의 나머지 부분을 포함하면 총 일차 생산의 약 20%에 이른다(Eppely and Peterson 1979).

부유력

식물플랑크톤의 부유성은 세포가 진광대에 머물면서 광합성을 수행할 때 매우 중요하다. 그러나 세포들은 침강을 통하여 영양염이 풍부한 깊은 수심의 물에 놓이게 되고 초식동물에게 먹히거나 세포를 손상시킬 정도의 빛으로부터 피할 수 있게 된다(Round 1981; Fogg and Thake 1987). 기포를 가지는 남조류를 제외한 모든 조류는 가라앉는 경향이 있다(Smayda 1970). 편모를 가진 종들은 빛을 향해 유영할 수 있지만, 비운동성 종들은 물의 점성, 대류환, 표층수에서 바람에 의해 생기는 회전운동에 의지할 뿐만 아니라 자신의 세포를 변형시켜 이동한다. 세포 밀도(비중)를 줄이는 기작과 더불어 세포의 형태를 변형시키고 현미경적으로 크기를 작게 하는 것은 침강률을 줄이기 위한 가장 흔한 적응 방식이다(Smayda 1980).

Smayda(1970)는 주머니 또는 바늘 모양의 세포와 같은 형태적 특징을 갖는 것은 규조 껍질이 분기하거나 군체를 형성하는 것과 더불어 규조류의 표면적을 크게 하므로 가라앉는 속도를 늦춘다고 밝혔다. 세포 비중이 낮아지면 침강률이 떨어지는데, 점액질을 형성하거나, 이온을 선택적으로 축적하며, 기포를 형성하거나, 무게가 나가는 요소를 줄여서도 침강율을 낮출 수 있다(Fogg and Thake 1987). 점액질을 내면 물보다 밀도가 낮아지기 때문에 부유하기에는 효율적이다. 액포 내의 액체는 규조류에서는 가벼운 이온들을(K^+, Na^+) 선택적으로 축적하고, 와편모조류에서는 무거운 이온들을(SO_4^{-2}, Ca^{+2}) 줄여서 밀도를 낮춘다. 사상 남조류 *Trichodesmium*은 열대 해역에서 광범위하게 대발생을 일으키는데, 이 속은 다른 남조류에서 볼 수 있는 것과 같이 비교적 빠른 시간에 기포를 만들어 부유력을 유지한다(Fogg and Thake 1987). *Trichodesmium* 일부 종들의 기포는 수심 200 m에 상당하는 20 bar 정수압에도 견딘다. 세포내에 지질, 탄수화물, 코콜리드와 같이 무거운 물질을 줄임으로서 부유력을 높인다. 이러한 결과와는 대조적으로 규조류 *Thalassiosira weissflogii* 또는 *Ditylum brightwellii*에서는 탄수화물이나 지질이 축적되더라도 침강율이 떨어지지 않는다(Fogg and Thake 1987; Fisher and Harrison 1996).

생산력과 생물량

해양 식물플랑크톤의 일차 생산은 연간 31×10^9 톤으로 추정되어 왔다(Platt and Rao 1975; Eppley and Peterson 1979). 태평양은 인도양이나 대서양에 비해 영양염이 풍부한 해수의 용승이 적기 때문에 생산력이 가장 낮다(표 7-1). 환초 염호에서 식물플랑크톤의 일일 일차 생산력(1-5 mg C m^{-3})은 거초나 보초 해역(50-300 mg C m^{-3})에 비하면 낮다. 환초 염호의 생산은 주변 원양의 해역보다 훨씬 높다(Sorokin 1990a). 생산력을 kg C $m^{-2}y^{-1}$에 기초하여 볼 때, 가장 높은 생산자는 산호와 대형 해조류(0.5-2.5)이며 뒤이어 저서 미세조류(0.2-2.0), 염생 사초과 식물 및 해초류(0.4-1.5), 그리고 연안(0.1-0.5) 및 원양(0.2) 플랑크톤 순이다(Valiela 1984). 열대 우림의 생산력은 원양 식물플랑크톤 군집보다 비교적 높은(0.5-2.0 kg C $m^{-2}y^{-1}$) 반면, 사막이나 툰드라와는 대략 비슷하다(0.05-0.2 kg C $m^{-2}y^{-1}$). 그러므로 해양의 일차 생산에서 중요한 것은 높은 비율이 아니라 해양의 피복 면적(지구의 약 70%)이다. Steeman-Nielson(1959)의 계산에서는 육지의 전체 생산력(연간 2×10^{10}톤)과

표 7-1. 해양, 위도, 지역에 따른 일차 생산(PP; 고정된 탄소)

해양	해양 면적 (10^6 km^2)	PP/Year (10^6 tons C y^{-1})	$PPy^{-1}ocean^{-1}$
인도양	73.82	6,600	89.4
대서양	92.57	7,760	105.0
태평양	117.56	11,400	64.2
위도		PP (m^{-2} d^{-1})	
북극/남극		0.3–1.0	
온대		0.1–0.4	
적도			
태평양		0.5	
인도양		0.2–0.3	
적도(일반)		0.1	
벼 논		4.0	
소나무 숲		2.0–3.0	
지역	표면적 (10^6 km^2)	PP/Year (g C m^{-2} y^{-1})	Total Net PP (10^9 C y^{-1})
원양	50	326	16.3
연근해	100	36	3.6
용승	300	0.4	0.1
저서	600	2	1.2
전 해양	58	364	21.2
전 대륙	358	149	53.4
전 세계	145	513	74.6

출처: Ryther(1969); Platt and Rao(1975); Dring(1982)

해양(연간 1.5×10^{10}톤) 생산력 간에 큰 차이가 없음을 보여준 반면, 다른 연구자들은 해양이 더 높은 것으로 추정하고 있다(연간 2.97×10^{10}톤; Walsh 1988).

해양 식물플랑크톤의 생물량은 위도와 계절에 따라 변한다(그림 7-16). 냉해역[한대; 그림 7-16(A)]에서는 식물플랑크톤이 여름에 한 번의 생육 정점을 보이는 반면, 온대 해역[그림 7-16(B)]에서는 봄과 늦여름에 두 번의 정점을 보이며, 열대 해역[그림 7-16(C)]에서는 계절적 정점이 뚜렷하게 나타나지 않는다(Cushing 1959). 위도에 따라 우점종에서도 차이를 보인다. 영양염이 풍부한 온대 해역은 규조류가 우점하지만, 난대의 빈영양화된 해역에는 원석조류coccolithophorids가 더 풍부하다(Smayda 1980). 산호초 생육지에서는 규조류가 우점하는 경향이 있는데, 이는 채집망의 그물눈 크기와 채집 방법에 따라 나타난 현상으로 보인다(Sorokin 1990a). 세균플랑크톤bacterioplankton은

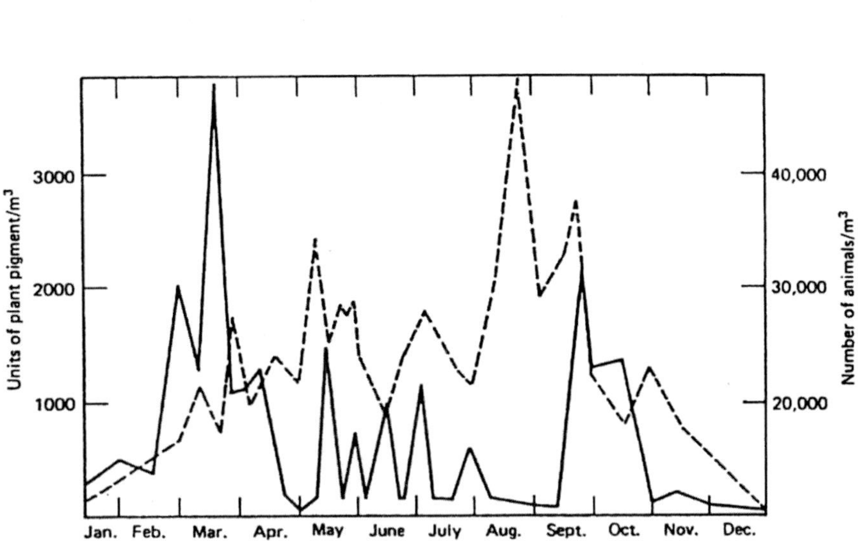

그림 7-17. 식물플랑크톤 밀도(굵은 선, 식물 색소 단위는 m^{-3})와 동물플랑크톤(끊긴 선) 사이의 관계. 동물플랑크톤 총 수가 늘어나면 식물 플랑크톤 수는 줄어들어 피식이 일어났음을 보여준다 (Harvey et al. 1935).

플랑크톤 생산의 대부분을 차지하는데, 산호초 해역의 식물플랑크톤 생물량의 10-60배(200-900 vs. 10-40 mg wet wt m^{-2})가 된다. 열대 해수를 분석해 보면 전체 플랑크톤의 50% 이상이 피각이 없는 와편모조류, 소형 우상규조류, *Platymonas*와 같은 나노플랑크톤, 피코플랑크톤 등이 차지한다. 빗물이나 퇴적 영양염의 영향을 주로 받는 연근해 식물플랑크톤은 생물량과 종 조성에서 원양성 종들과 대체로 다르다.

섭식과 천이

여름철에 식물플랑크톤 생물량이 변하는 것은 온도, 광주기, 영양염 뿐만 아니라 피식압이 변동하기 때문이다. 만일 100세포의 개체군이 6회 세포 분열을 한 후에는 6,400세포로 늘어나게 될 것이지만 20% 피식율에서는 1,692세포만 증가하게 될 것이라는 점을 고려해보면 적당한 피식이 중요하다는 것이 입증된다. 피식 효과는 계절과 해역에 따라 다르게 나타나며 섬모충류, 요각류, 등각류, 유종류(그림 7-17) 등 다양한 종류의 포식자에 의해 이루어진다. 중위도와 고위도에 분포하는 식물플랑크톤 군집은 생물량에서 계절적인 변동이 심하게 나타나는데 이는 초식성 포식자가 겨울에는 줄어들어 피식이 일어나기 전인 봄에는 지연되기 때문이다. 온도 변화가 적은 열대 해역에서는 용존 영양염과 플랑크톤 생물량이 크게 변동되지는 않지만 피식은 지속적으로 중요한 역할을 한다(Frost 1980). 따라서 식물플랑크톤 군집은 광범위하게 일어나는 피식과 이용 가능한 영양염의 변동 때문에 동적인 특징을 보인다. Jackson(1980)은 빈영양 해역인 사가소 해와 북태평양 순환류

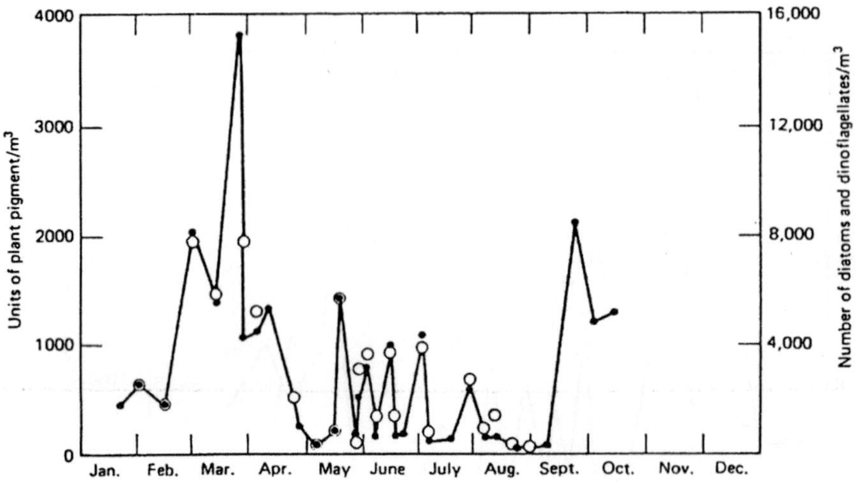

그림 7-18. 식물플랑크톤 밀도의 연중 변동. 검은 점은 전체 엽록소 *a*를 나타내고, 빈 동그라미는 규조류와 와편모조류 세포 m^3을 나타낸다(Harvey et al. 1935).

도 종의 전환율이 빠르고 생산력이 매우 높은 군집을 유지한다는 것을 알아내었다.

세포의 크기는 피식을 방지하는 수단이 된다고 알려져 왔는데 체형이 큰 와편모조류는 살아남고 작은 종들은 수가 감소하게 된다. 특정한 식물플랑크톤 종에 가해지는 피식은 생물량 정도와 크기 의존적인 피식율에 의해 영향을 받는다(Frost 1980). 미소동물플랑크톤, 특히 원생동물과 무척추동물 유생들은 기본적으로 나노플랑크톤을 먹고 사는 반면, 대형플랑크톤(예, 요각류)은 세포 크기가 4-100 μm인 것들을 먹는다. 피식은 플랑크톤이 상해를 입지 않고 식도를 통과할 수 있게 되면 동물로부터 영양분을 도중에 얻을 수 있으므로 어떤 종에게는 이득이 될 수 있다(Frost 1980).

온대와 열대 해역에서 식물플랑크톤의 종 조성과 상대적 우점도는 뚜렷한 변동을 보이는데(그림 7-18), 이것은 식물플랑크톤 무리가 불안정한 상태에 있음을 나타내는 것이다. 식물플랑크톤 생태계가 비평형 상태를 이루게 되는 것은 생리적, 화학적, 생물학적 과정이 각기 다른 시간 척도로 영향을 미치기 때문이다(Harris 1986). 따라서 식물플랑크톤의 생산력을 연구하기 위해서는 좁은 폭(예, 폭풍)과 넓은 폭(장기간에 걸친 환경 변화)으로 일어난 두 사건을 맞추어 볼 필요가 있다(Walse 1988 참조). 생물학적 계절을 위도에 따라 비교하면(Bogorov 1958) 열대, 아열대, 온대 및 북극의 기후 사이에 주요한 차이를 보인다. 열대 해양에서는 겨울이 없지만, 북극의 해저에는 여름이 없다. 식물플랑크톤 군집은 먹이 사슬에서 "상향식"으로 조절된다(Harris 1986). 따라서 대부분의 식물플랑크톤 군집은 규조류로부터 원석조류 또는 와편모조류로 바뀌는 계절적인 변동을 보인다(Smayda 1980). 예를 들면, 규조류 *Skeletonema costatum*은 연중 출현하는 반면, *Rhizosolenia alata*는 멕시코 만 동부 해역에서 여름에 최대로 우점한다. Sverdrup et al.(1964)은 북대서양에서 규조류가 4월(*Thalassiosira nordenskioldii*과 *Chaetoceros diadema*)에서 5월(*Chaetoceros debilis*), 6월(*C.*

compressus), 8월(*C. constrictus*와 *Skeletonema costatum*)까지 종 조성이 계절적으로 변동되는 것을 알아내었다. Sorokin(1990a)은 산호초 해역의 식물플랑크톤이 계절 또는 일일 주기로 변동한다고 밝혔는데, 이 일주 변동은 동물플랑크톤이 밤에 상하로 이동하면서 식물플랑크톤을 포식하기 때문에 생기는 것이다.

식물플랑크톤 군집이 생물지리학적인 분포 구역이나 일 년 주기와는 상관없이 종 조성은 규칙적이며 지속적으로 변동되는 천이succession과정을 거친다. 온대 해역(예, 아이슬랜드; 메인 만), 아열대 해역(예, 사가소 해), 연안 천해역(롱아일랜드사운드)과 발트 해와 같은 기수 해역에 대한 천이 과정이 밝혀졌다(Smayda 1980). 식물플랑크톤의 천이는 이질적(염도, 온도, 빛, 교란, 인위적 영향), 자생적(생활사, 영양염류, 수질, 포식) 및 연속적 요인 등에 의해 조절된다(Smayda 1980; Sommer 1989). 이질적 요인은 생물에 의해 조절되지 않는 반면, 자생적 요인은 생물 종에 의해 어느 정도 조절될 수 있다. 연속적 요인들에는 수문학적 교란(예, 폭풍)과 이에 따른 환경 변화 등이 포함된다.

식물플랑크톤 군집에서 종의 천이가 규칙적으로 일어나는 것은 근본적인 특징이다(Harris 1986). 따라서 식물플랑크톤 천이는 다음과 같은 이질적 또는 자생적 요인에 따라 구분할 수 있다(Margalef 1963): (1) 혼합이 최소로 일어나는 안정된 물기둥, (2) 일정한 방향으로 천이를 진행시키는 점진적인 자원 고갈, (3) 단위 생물량 당 초기 고에너지로부터 일어나는 생산/생물량(P/B) 비율의 변동, (4) 개별 종 또는 종 전체에서 식물 색소의 변동, (5) 선택적 초식에 따른 초식 효율의 증가, (6) 용존 탄소와 유기물의 농도 증가.

무리분포, 대발생, 유독성 조류

무리분포patchiness는 삼차원의 물리적(일차는 수평, 이차는 수직) 측면에 시간적인 측면을 더하여 사차원적으로 구성된 식물플랑크톤 군집의 공간 분포를 말한다. 무리분포를 더욱 복잡하게 만드는 것은 한 군집(수평, 수직)의 분포를 변형 시킬 수 있는 초식압이다. 식물플랑크톤의 무리분포는 해양에서는 넓은 해역에 걸쳐 다양한 군집으로 구성되어 있기 때문에 중요하다(Mann and Lazier 1991). 따라서 섭취할 수 있는 먹이(현존하는 종의 유형)가 균일하지 않으면 전체 서식 해역에 걸쳐 영양 단계의 동태에 영향을 미치게 된다. 예를 들면, 세계에서 가장 생산성이 높은 어로 해역은 식물플랑크톤의 밀도가 매우 높은 지역(예, 메인 만의 죠오지뱅크George Bank)에 국한되는데, 이곳의 해수는 일반적으로 영양염이 풍부하다(예, 용승).

어떤 경우에는 식물플랑크톤 군집의 일부 무리가 대발생을 일으키거나 단일종 또는 무리를 이루어 밀도가 높은 개체군을 형성한다. 가장 잘 알려진 대발생이 소위 적조red tides로서 와편모조류가 고밀도로 발생하여 해수를 탁한 색깔이나 붉은 색으로 변하게 한다(Steidinger and Vargo 1988). 침편모조강의 *Chattonella*와 *Fibrocapsa* 두 속이 일본 연안에서 적조를 일으킨다. 다른 식물플랑크톤도 대발생을 일으키는데, 남조 *Trichodesmium*(홍해; 산호초의 염호)과 착편모조강의 *Phaeocystis*(북해에서 점액질성 생물의 대발생) 등이다.

적조에 대한 최초의 기록은 출애굽기Exodus의 7: 20-21에 있으며, 이집트에 역병이 도는 동안 나일강이 피 색깔로 변하고 물고기들이 죽었다고 한다(Steidinger and Vargo 1988). 적조는 주로 열대나 아열대 연안수에서 발생하지만 늦여름에는 온대 해역에서도 나타난다. 단일 종에 의해 적조가 일어난 표층수에는 리터 당 100만에서 2천만 개의 세포가 들어있으며, 원인 속으로는 *Gonyaulax, Gymnodinium, Prorocentrum, Ceratium* 등이다. 모든 적조에 세 가지 요소가 공통적으로 나타나는데; (1) 개체군의 크기가 증가하여, (2) 대발생이 일어나게 하며, (3) 대발생이 얼마나 지속되고 어디로 이동할 것인가는 해수의 상태와 기상 요인에 따른다. 적조는 이배체 휴면세포 hypozygote가 발아하면서 대발생이 시작되며 저층에서는 시스트가 m^2 당 6×10^3개에 이른다. 따라서 대부분의 적조는 수심이 얕은 연안역에서 일어난다. 기후 전선, 수괴의 분리, 제한 영양소(예, 철)와 빛의 이용도와 같은 물리, 화학적 영향이 조합되어 와편모조류의 개체군을 대발생 시킨다. 적조는 발생한 다음 몇 일만에 사라지는데 이는 적조를 조절하는 요인이 변하거나 피식이 일어나고 있음을 보여주는 것이다.

유독성 적조는 세 가지 기본 범주로 나눌 수 있다: (1) 주로 어류와 몇몇 무척추동물을 죽이는 종류(예, *Gymnodinium*), (2) 주로 무척추동물을 죽이는 종류(예, *Gonyaulax*), (3) 죽이지는 않지만 여과 섭식하는 이매패류에 의해 독성이 농축되는 종류(예, *Protogonyaulax*). 이매패류에 농축된 독성은 마비성패독PSP를 일으키며, 오염된 패류를 먹었을 때 몸이 마비되어 질식사하게 된다 (Steidinger and Vargo 1988). 신경독성 PSP 패독은 와편모조류에 의해 생겨 패류에 농축되며 이들을 먹었을 때 독성을 일으키게 된다.

와편모조류에 의해 생기는 다른 종류의 독성은(적조가 아닌) 어독인 시구아테라ciguatera어독에서 유래된 것이다(Steele 1993). 어독은 열대 조식성 어류(예, 비늘돔Parrot fish)가 유독성 남조류를 포식함으로써 독성이 체내에 축적되고 그 다음 먹이 사슬을 통하여 바라쿠다와 같은 상위 포식자로 전이된다. *Coolia*속, *Ostreopsis*속, *Gambierdiscus toxicus* 등을 포함하여 해조류에 붙어사는 저서성 와편모조류가 시구아테라 어독의 주요 근원이 라는 증거가 있다(Bagnis et al. 1979; Besada et al. 1982; Holmes and Lewis 1993). *Gambierdiscus toxicus*는 감비에톡신-4b를 생성하는데, 이것은 가장 독성이 큰 형태인 시구아톡신 1과 함께 시구아톡신 1, 2, 3의 선구 물질이다(Holmes and Lewis 1993). 따라서 와편모조류가 부착된 해조류를 조식성 어류가 먹으면 독성이 저장되고 그 다음 포식자에 먹힌다. 독성 물질을 저장한 어류를 먹으면 구토, 설사, 신경 이상 등을 일으켜 심각한 중독성 질환을 앓게 된다(Steele 1993).

식물플랑크톤의 채집과 측정

식물플랑크톤을 채집하고 측정하는 방법들이 상세하게 알려져 있다(Sournia 1978; Raymont 1980). 식물플랑크톤은 그물, 채수병, 플랑크톤 펌프 등을 이용하여 채집할 수 있다. 그물(눈의 크기; 20-60 μm)은 눈의 크기에 따라 채집되는 종이 결정되기 때문에 정성적 연구에 이용된다. 전도 난센Nansen병과 같은 채수병을 이용하여 플랑크톤을 현장에서 손상되지 않은 상태로 채집할 수 있다 (그림 7-19). 이와 유사하게 반도온Van Dorn채집기(용수철이 두 개 달린 덮개는 메신저가 용수철을 치게 되면 닫힘)와 니스킨Niskin채집기(전도온도계가 달려 있고 O 링으로 밀폐됨)를 이용할 수도 있다. 플랑크톤 펌프는 복합 채집기에서 이용되며, 해수를 펌프하여 지속적으로 흐르게 하면서 식물플랑크톤을 걸러내어 농축시킨다. 식물플랑크톤 세포는 원심분리를 시키거나 여과하여 농축시킨

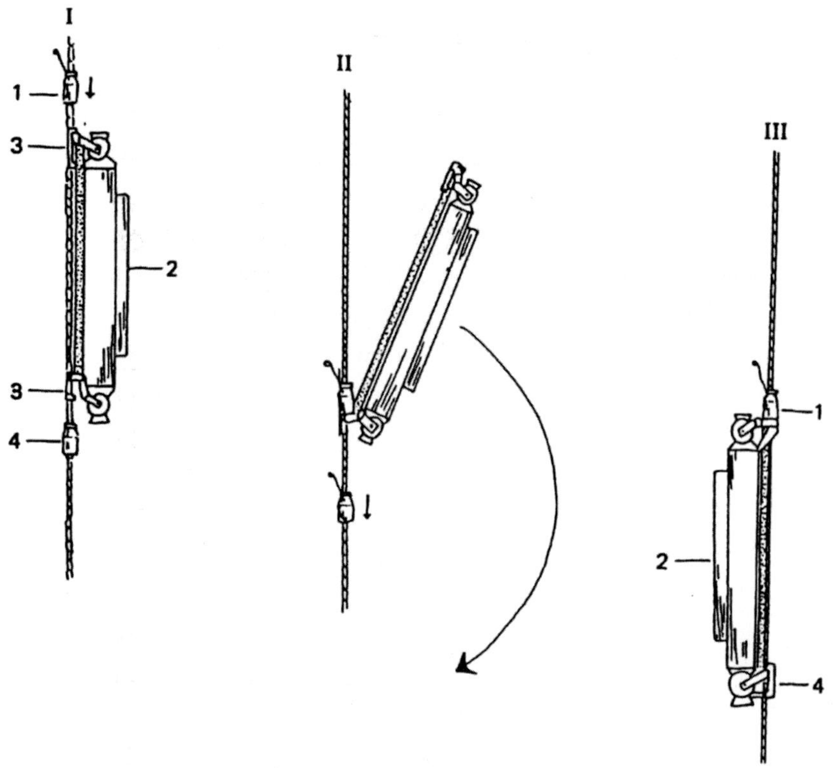

그림 7-19. 난센Nansen병의 작동 단계. I. 추(1)는 줄(화살표)을 따라 정해진 수심에 수직으로 매달려 있는 병과 온도계(2) 위치까지 내려간다, II. 추가 릴리스핀(3)을 치게 되면 병이 뒤집히고 아래쪽의 추(4)를 풀리게 하여 병의 양쪽 끝이 동시에 열리게 한다. III. 병이 일단 뒤집어지면 뚜껑이 닫히고, 끌어올려질 때 온도계(2)는 고정된다.

다. 채집된 해수는 루골Lugol용액(200 mL 해수에 20 mL의 빙초산과 함께 10g I_2, 20g KI를 넣음)으로 고정시키고 어두운 곳에 보관한다(Sournia 1978; Raymont 1980).

생물량은 용량, 탄소 또는 엽록소 함량으로 측정한다(Fogg and Thake 1987). 엽록소는 가장 일반적으로 흡수분광법(민감도: 1 mg Chl m^3까지)과 형광측정법(민감도: 0.05 mg Chl m^3까지)을 이용하여 측정된다. 세포 수는 전자계수기(예, 쿨터카운터Coulter counter)를사용하여 세며, 도립현미경(예, 계수 슬라이드 이용)으로 각 종의 세포 수와 형태(크기)를 계측하여 이를 바탕으로 생물량을 산출한다(Sournia 1978).

자연 상태에서 식물플랑크톤의 광합성은 용존 무기 탄소(DIC)량, 용존 산소(DO), 방사성 탄소(^{14}C)의 흡수 등에서 일어나는 변화를 이용하여 측정할 수 있다(Strickland and Parsons 1968; Sournia 1978; Morris 1980; Parsons et al. 1989). DIC를 측정하는 과정에서 해수 pH의 변화가 뒤

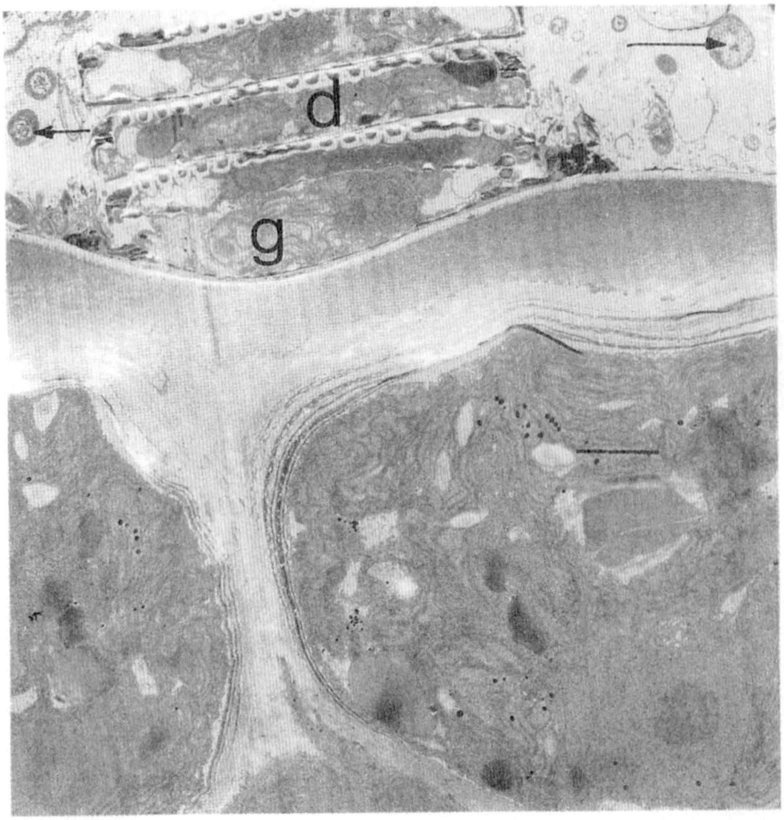

그림 7-20. 해초류 위에 착생한 미세조류. 전자현미경 사진이 *Ruppia maritima*의 표피에 녹조(g), 규조류(d)와 세균(화살표)이 부착한 것을 보여준다.

따르는데, 이것은 이산화탄소가 흡수되거나 방출되고 있음을 보여주는 것이다(2장; 2-13과 2-14). ^{14}C 흡수를 측정하는 것이 가장 일반적인 과정이지만, 최초 ^{14}C 앰플의 표준화, 세포에 의한 단순한 흡수, 여과 시에 일어나는 오차 등 이 방법과 관련하여 많은 오류가 발생한다(Morris 1980). DIC와 DO를 측정하는 방법은 식물플랑크톤 생물량이 아주 적을 때에는 그리 민감한 결과를 내지 않는다. DO의 수준은 산소측정기나 윙클러Winkler적정법을 이용하여 측정할 수 있다(2장).

부착성 미세조류

부착성 미세조류들은 다른 식물체(식물 착생)나 동물체(동물 착생) 위에 붙어산다. 식물 착생에는

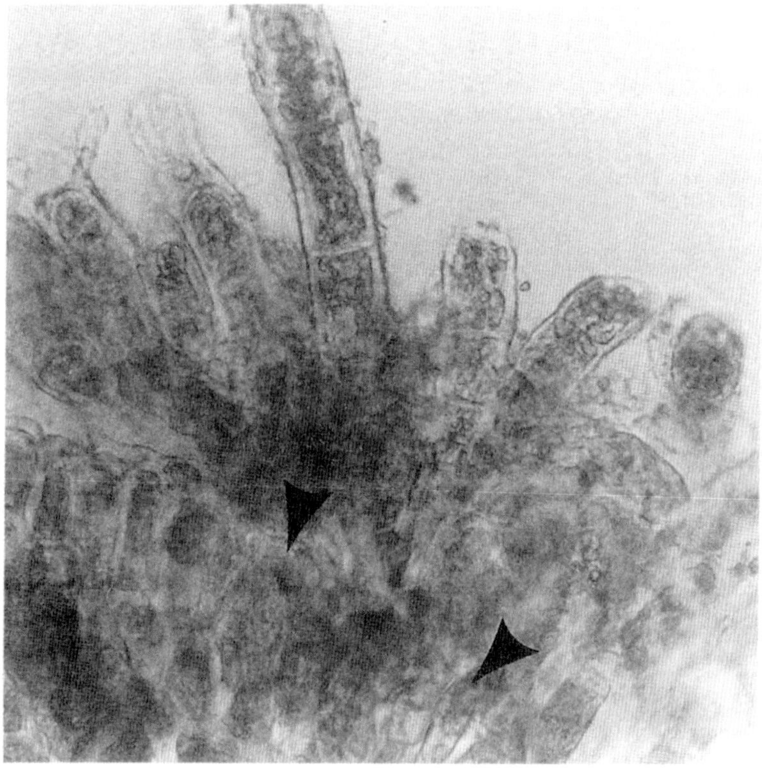

그림 7-21. 뜸부기과의 갈조 *Ascophyllum nodosum* 위에 착생하는 사상 갈조 둥근모자반털*Elachista fucicola*. 둥근모자반털의 사상 조직(직경 40 μm)이 숙주의 표피 조직 속으로 뚫고 들어간다.

반기생(예, *Ascophyllum nodosum* 위에 붙어사는 *Polysiphonia lanosa*), 진정 기생 또는 공생은 포함시키지 않는다(3장). 저서미세조류는 단단하거나(예, 바위, 암반 착생epilithic) 부드러운(예, 모래) 기질 위에 붙어살며 기질의 표층에 부착(모래에 붙어사는epipsammic)한다.

착생조류 군집

착생 미세조류 군집은 해초류의 잎(그림 7-20), 맹그로브 뿌리[그림 10-13(B)], 해조류(그림 7-21) 위에서 흔히 볼 수 있다. 착생식물 군집이 보여주는 압도적인 밀도는 미세조류가 대형조류처럼(8장) "공간 문제"와 더불어 붙어살 수 있는 적당한 기질이 없을때 생기는 문제를(3장) 어떻게 해결하는지를 보여준다. 전자현미경 사진(그림 7-20)이 해초 *Ruppia maritima* 위에 붙어사는 각상 착생녹조의 "샌드위치" 효과를 보여주고 있는데, 이 해초 위에는 우상 규조류, 세균, 남조류 등 미세조류가 착생한다[그림 11-7(B)와 11-12]. 많은 종류의 미세조류들이 맹그로브 뿌리와 염습지 식물 위에 착생하며 일차 생산에 중요한 역할을 할 뿐만 아니라 조식성 연체동물이나 소형 동물의 직접적인 먹이 또는 부식성 먹이가 된다.

저서 미세조류 군집

규조류와 남조류 중에는 바위 위, 단단한 기질, 나무 말뚝, 조개껍질 등에 붙어사는 종류들도 있다. 어떤 종들은 갯벌이나 조간대 습지의 부드러운 기질 표면에 붙어산다. 표층에 사는 미세조류들은 기질에 붙지 않는 특징이 있으며, 주로 우상 규조류와 남조류들이 우점 한다[그림 7-22(A)]. 규조류들은 침전물의 구조를 형성하거나 갯벌과 조간대 습지의 침식율에 영향을 미치는 중요한 역할을 하는 것으로 보인다(Paterson 1990, 1995). 즉, 규조류는 점액질을 분비하여 기질을 뭉쳐서 고정시키며, 침식을 줄이고, 서식처를 안정시킨다[그림 7-22(B)]. 미세조류 특유의 결합 형태와 기질이 잘 흩어지는 특성을 갖기 때문에 채집된 재료를 완벽하게 동결시켜 저온 상태에서 주사 전자 현미경을 사용하여 관찰해야 한다(Paterson 1995).

우상 규조류는 자발적으로 수직 이동하여(양성 주광성 또는 음성 주지성) 새벽에는 해수면으로 이동하고 밤에는 기질 속(몇 mm)으로 들어간다(Round 1981). 규조류는 남조류와 더불어 고도로 복잡한 생물 기원의 기질을 만들어낸다[그림 7-22(B)]. 규조류의 수직 이동에 대한 정량적 자료는 밤에 렌즈페이퍼를 기질 위에 놓고 해 뜨기 전 한 시간 정도까지 두면 얻을 수 있다. 새벽이 지난 몇 시간 후에 렌즈페이퍼를 걷어낸 다음 해부 현미경을 이용하여 종을 동정하고 수를 센다(Darley et al. 1981).

모래 기질에 사는 미세조류들은 교란이 덜 일어난 모래 입자에 붙어산다. 미세조류 군집은 보통 규조류가 우점하며, 이들 일부는 점액질 자루를 가지는 것도 있다. 다른 종류의 미세조류로는 구상 녹조류와 남조류들이 있다. 모래에 부착하는 미세조류들은 내만이나 조간대 습지의 모래 해안에서 일차 생산의 상당 부분을 담당한다. 예를 들면, 롱아일랜드사운드의 모래 해안에서는 와편모조류, 유글레나, 남조류, 규조류 등의 혼합 미세조류들이 탄소 고정율을 높이는 것으로 알려져 있다(Burkholder et al. 1965). 규조류의 조하대 군집은 알래스카의 배로우Barrow 해안의 저층 침적토에서 보는 것과 같이 매우 풍부하다(Matheke and Horner 1974).

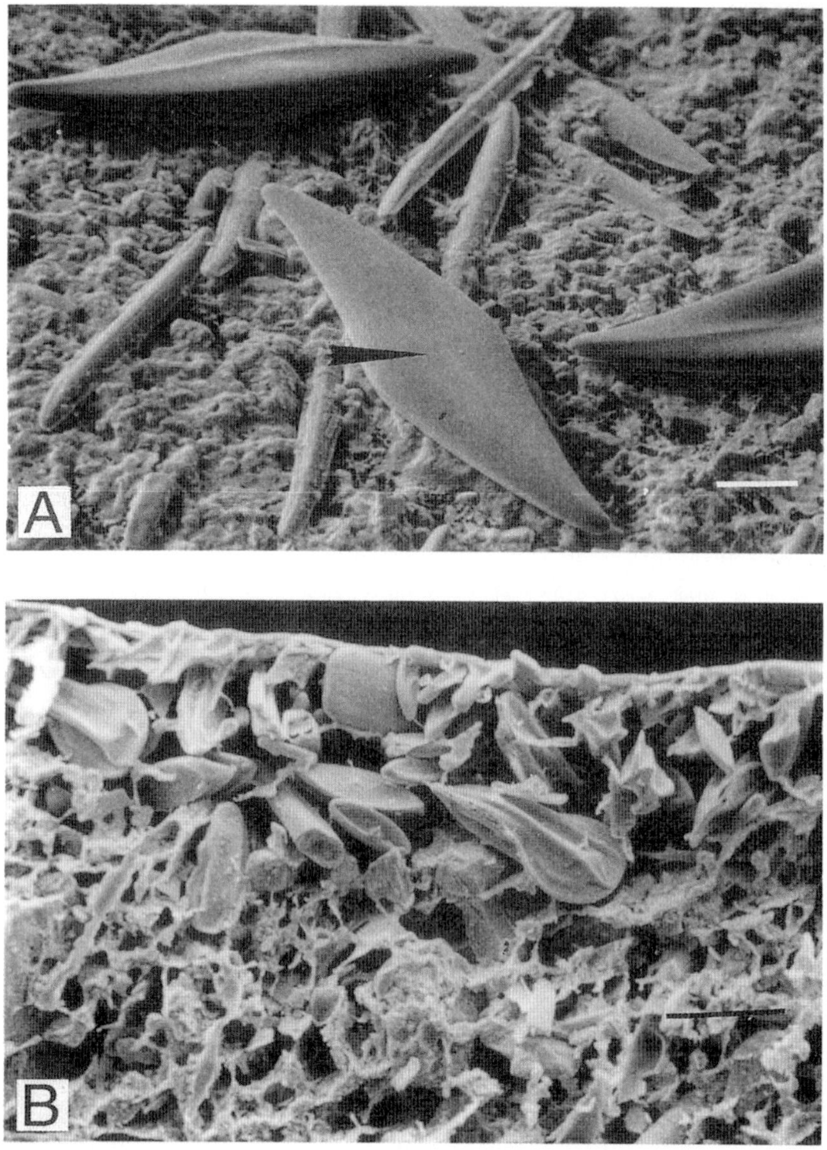

그림 7-22. 기질 표층에 사는 규조류. 조간대 습지의 부드러운 기질 위에는 *Pleurosigma angulatum*(화살표, A)과 같은 우상 규조류들이 밀집되어 있다. 빙결 박편 기질 사진에서 규조류가 점토와 침적토 입자를 얽어 놓은 것을 볼 수 있다. 막대는 각각 3 μm와 1 μm(세인트앤드류스St. Andrews 대학교의 D. Paterson 제공).

8장

대형 해산식물 군집

바위 해안의 해조류 군집은 세계적으로 가장 생산적이며 광범위하게 형성되어 있는 식물 군집 가운데에 하나이다. 연구 재료로 이용하기 쉽고 실험에 이용하였을 때 반응이 빠르기 때문에 해조 군집은 생태학적 가설을 검증하기 위한 실험 연구에 많이 이용되어 왔다. 1장에서 소개된 조간대와 조하대 지역은 연안역의 좁은 면적을 차지하며 측고측심 곡선(2장, 그림 2-2)에서 보는 바와 같이 지구 표면(106 km^2)의 1% 미만에 해당한다. 그러나 조간대와 조하대의 생산력은 육상 군집의 생산력과 같거나 그 이상이다. 예를 들면, 조간대와 조하대의 바위 위에 붙어사는 해조류의 생산량은 연간 각각 0.5-1.0 kg C m^{-2} 와 0.5-2.5 kg C m^{-2}로 추산된다(Mann and Chapman 1975; Valiela 1984). 이에 비해, 열대 우림 지역은 연간 생산력이 0.4-2.0 kg C m^{-2}이다.

바위 기질과 모래 위에 붙어 자라는 해조류와 표류 해조 군집, 착생 대형조류에 대한 구조적, 생태적 측면을 이 장에서 중점적으로 다루고자 한다. 이와 같은 주제들을 다룬 교재로는 Lüning(1990), Lobban and Harrison(1994), Little and Kitching(1996) 등이 있다. 부록 A에서는 야외 조사 방법뿐만 아니라 생산력, 색소, 화학적 구성 성분을 측정하는 방법에 대해서 기술해 놓았다. 대형 조류를 연구할 때 필요한 야외 및 실험실 기법에 대한 상세한 방법들은 Littler and Littler(1985)와 Lobban et al.(1988)에서 볼 수 있다.

바위 해안

바위 해안은 가장 복잡하고 조밀한 서식지 가운데 하나이며, 여기에 바위 군집과 비슷한 정도로 조성된 몇 가지 다른 유형의 생물공간이 섞여 있다(Morton 1991). 바위 해안이 보여주는 가장 두드러진 특징은 모든 유효한 공간이 어떻게 고착성 동식물들에 의해 뚜렷하게 수직분포대가 형성되도록 집중적으로 나눠는가 하는 것이다. 바위 해안에 붙어사는 해조류의 수직분포에 대해서는 많은 교재에 나와 있다(Lewis 1964; Stephenson and Stephenson 1972; South and Whittick 1987; Mathieson 1989; Mathieson and Nienhuis 1991; Lobban and Harrison 1994). Lüning(1990)은 전 세계 해조상에 대해서 기술하였으며 Little and Kitching(1996)은 많은 지역의 바위 서식지에서 동물과 식물의 상호관계에 대해서 설명하였다.

그림 8-1. 호주 남부 아포슬Apostle 섬의 해안 절벽(Dawes 1995; Academic Press에서 전재).

바위 해안의 비생물적 요인

부착 해조류에 대한 기본적인 비생물적 요인 두 가지는 기질과 빛이다. 해조류는 단단한 기질에서 자랄 수 있도록 적응된 것으로 보이는데 이는 모래 위에 붙거나 표류하는 군집에 비교하였을 때 바위 해안의 군집이 생산력과 다양성이 높은 것으로 입증된다. 단단한 기질과 더불어 빛의 투과 정도는 해산 식물의 수직 분포에 주된 역할을 한다. 2장에 기술된 바와 같이, 해조류가 생육하는 최저 수심은 원양에서 200 m로서 이곳은 표층 빛의 0.01%만이 도달한다. 연안역에서 빛은 흡수되거나 반사되므로 수직 분포는 더욱 제한되어 아래쪽으로 내려갈수록 해조 군집은 드물어진다. 따라서 저서생물 군집은 공간과 빛에 대해서 경쟁을 한다.

지질학적으로 바위 해안은 해안 절벽, 해변 대지 및 석회암 해안 등 세 가지 지형으로 구분된다(Trenhale 1987: 2장). 해안 절벽(그림 8-1)은 파도 에너지의 변동이 큰 온대 지역과 같이 전 세계적으로 외해와 마주하는 해안에서 볼 수 있다. 해변 대지(그림 2-4)는 수평으로 완만하게 경사진 지형으로서 기질이 너울에 의해 침식되어 형성된 것이다. 해안 절벽과 해변 대지는 온대 위도 지역에서 가장 흔하게 볼 수 있다.

표 8-1. 부착 조류의 기능형과 섭식 난이도

기능형군	예	형태	크기	피식도(0-6)[a]
미세조류	규조류Diatoms	세포, 연쇄체	50 μm	0
사상형	비단풀속*Ceramium*	사상	300 μm	1
막상형	갈파래속*Ulva*	엷은 막상	3-5 cm	2
엽상형	가시우무속*Hypnea*	피층 형성	5-10 cm	3
혁 질	뜸부기속*Fucus*	단단하고 두꺼움	10-50 cm	4
분기, 석회질	바다선인장속*Halimeda*	마디있고, 석회질화	1-20 cm	5
각상, 석회화	*Petrocelis*속			
	*Clathromorphum*속	각상	1-3 cm	6

출처: Steneck and Walting(1982)에서 수정 인용.

[a]0-6: 피식 난이도의 증가 수준.

석회암 해안(그림 2-5)은 지질학적으로 최근에 형성된 석회암 기질로 이루어져 있으며 저위도와 난대 해안에서 가장 흔하게 볼 수 있다. 해안 절벽과 해변 대지와는 달리 석회암 해안은 보통 파도의 힘을 적게 받으며 화학적, 생물학적 작용에 의해 부분적으로 지형이 변형된다. 예상되는 바와 같이 각각의 해안 유형은 해조류의 다양성과 형태에 영향을 미친다.

바위 해안의 생물적 요인

3장에 기술된 바와 같이, 경쟁과 피식은 해산 식물의 분포에서 두 가지 기본적인 생물학적 요소이다. 해조류의 기능형 모델functional-form model은 부착 조류가 얼마나 피식이 쉽게 일어나는지 알아보기 위해 Steneck and Walting(1982)이 제안한 것이다(표 8-1). 따라서 사상형이나 엷은 막상의 대형조류는 조식생물에 대한 저항이 적은 반면, 혁질, 석회질이나 각상인 종들은 쉽게 먹히지 않는다. 해조류의 발달 단계 또한 기능형 모델에 적용시켜 보아야 한다. 성숙한 해조류는 잘 먹히지 않지만(예, 피층화된 대형조류), 포자 단계에 있는 것들은 먹힌다.

Littler et al.(1983)은 다른 유형의 기능형 모델을 제시하여 형태(체형, 피식 용이성)와 기능(생산력, 영양염의 흡수)이 서로 어떤 관계가 있는지를 설명하였다. 해조류의 생산력은 광합성 조직의 이용도와 관계가 있다. 예를 들면, 갈파래속*Ulva*은 세포들이 두 층으로 배열된 엽상이어서 생산력이 높았지만(g dwt d^{-1}), 혹돌잎속*Lithothamnion*과 같은 각상 조류는 매우 낮은 수준을 보였다. 기능형 모델로 예측할 수 있는 것은 식물의 구조(형태와 조직)가 복잡해질수록 광합성 조직은 줄어든다는 사실이다. 따라서 비광합성 조직이 증가하면 생산력이 감소하게 된다(C g $dwt^{-1}h^{-1}$로 나타냄). 식물체의 구조가 복잡해짐에 따라 나타나는 또 다른 결과는 표면적(SA)에 대한 부피(V)의 비가 작아져 영양염 흡수(조직의 g dwt^{-1}로 나타냄)가 적어지는 것이다. 구조적으로 복잡해지고, 광합성 잠재력은 낮아지며, 영양염 흡수는 감소하는 현상들이 조합되면 생장률은 낮아지게 된다. 반면에 구조가 복잡한 해조류는 보통 다년생이며 외피를 보강하여 피식을 막고 교란 효과를 줄인다. 이와 같은 종류의 해조류는 "*K*" 전략 생물과 유사하며, 막질이고 사상형인 해조류들은 "*r*" 전략 생물과 유사하다(3장 참조).

해조류가 생식을 위하여 생물량을 소비하고 분배하는 것은 바위에 붙어사는 해조류 군집에서는 또 다른 양상으로 나타난다(Vernet and Harper 1980). 고등 식물에 비교하여 생활사가 다양하고(6장) 유성 및 무성 생식 양상이 복잡한 것을(Mathieson and Guo 1992) 고려할 때 해조류의 생식 생태학적 특징들이 잘 알려져 있지 않은 것은 놀랄만한 사실이다. 해조류의 생식 구조는 흔히 광합성을 수행하는 영양 조직 속에 묻혀 있기 때문에 정량화하기가 어려우며 생장지와 구별이 잘 안 된다(Santelices 1990). 이와는 대조적으로 종자식물들은 쉽게 알아볼 수 있는 꽃, 과실, 씨 등의 비광합성 기관들을 만들어낸다(Lovett Doust and Lovett Doust 1988). 따라서 해조류의 생식 효율에 관한 연구는 뚜렷한 생식 구조를 형성하는 뜸부기류와 대형 갈조류에 초점이 맞추어져 있다. 뉴 햄프셔 그레이트 만Great Bay의 뜸부기류(*Fucus*와 *Ascophyllum*) 8종에서는 생물량의 52-62%가 생식에 분배된(Mathieson and Guo 1992) 반면, 스웨덴 해안의 *Ascophyllum nodosum*은 분배 범위가 넓게 나타났다(31-72%; Åberg 1990). 대형 갈조류의 전체적인 생식 효율은 *Ecklonia radiata*(10-20%; Novaczek 1984)로부터 다시마속*Laminaria*(1-37%; Klinger 1985), *Macrocystis pyrifera*(4%; Neushul 1963)에 이르기까지 변화 폭이 넓었다. 생식 효율은 참갈파래*Ulva lactuca*(20-60%; Niesembaum 1988)와 주름진두발*Chondrus crispus*(0.6-2.4%; Pringle and Mathieson 1987)에 대해서도 조사되었다.

생식 효율에서 넓은 범위를 보이는 것은 대형조류가 생물량을 적게 소비한다는 것을 나타내는 것으로서(Klinger 1985), 이들의 구조는 주로 광합성 조직으로 이루어져 있으며 에너지 교환(예, 생식 대 생장 및 사망률 증가)이 크지 않기 때문이다(Santelices 1990). 더욱이 뜸부기속의 일부 종들은 번식을 위해서 무성(예, 본 장의 "표류 해조류와 대발생"에서 적응형 참조) 및 유성 생식 모두를 이용한다(Russell 1986). 예를 들면, *Ascophyllum nodosum*은 생식 효율이 높은 다년생으로서 그 아래에 조밀하게 자라는 작은 해조들에게 생육지를 제공해주는데, Mathieson and Guo(1992)는 이를 "유식물 저장소"라고 하였다.

조간대 군집

조간대 생물의 생물학적 분포대는 무작위로 형성되는 것이 아니며 수평으로 연속되어 있는 부분이 수직 방향으로 구분되어 이어져 있는 것을 볼 수 있다(그림 1-6과 8-2). Lewis(1964)는 조간대의 식물과 동물은 아마 노출이나 대기 조건에 견디는 능력에 따라 다르게 분포하는 것 같다고 하였으며, 해조류의 내성을 측정하여 이를 증명하였다(Einav et al. 1995). 무작위 분포는

그림 8-2. 뉴햄프셔 그레이트 만Great Bay 염하구의 도버포인트Dover Point에 있는 화강암 다리말뚝 위에 형성된 조간대. 다리말뚝 앞면(화살표)은 조류의 영향을 강하게 받아 심하게 침식된 것을 보여준다. 말뚝 옆면은 파도를 적게 받으며 조류로부터 보호되어 있다(흰 선). 따라서 분포대는 조위와 근접하게 형성되어 있다(그림 1-6에서 보는 노출된 절벽 해안과 비교하여). 여기서는 녹조류(애기파래, 초록실, 잎파래=g)의 상부 분포대가 조간대 상부에 나타나고, 이어서 따개비*Semibalanus*(b), 홍조류 김*Porphyra*(p), 뜸부기류인 *Ascophyllum*과 *Fucus*(f) 등이 분포되어 있다(노스이스턴Northeastern대학교의 Don Cheney 제공; Mathieson et al. 1977 참조).

분포대 안으로 새로이 보충되는 생물들 때문에 형성된다(Menge et al. 1993). 오레곤Oregon의 노출된 해안에 빽빽하게 생육하는 소형 조류를 연구한 결과, 생물들이 새로이 들어오면 종이 모자이크를 이루어 다양하게 유지되도록 한다는 것을 알았다. 조간대 해조류의 분포를 조절하는 주요인들은 조석, 노출, 기질, 및 생물적 요소이며(2장), 이에 대한 고전적인 연구들로는 Doty(1957), Lewis(1964), Stephensen and Stephensen(1972) 및 Chapman(1974) 등이 있으며 이후의 종합적인 연구로는 Lüning(1990), Morton(1991) 및 Lobban and Harrison(1994) 등이 있다.

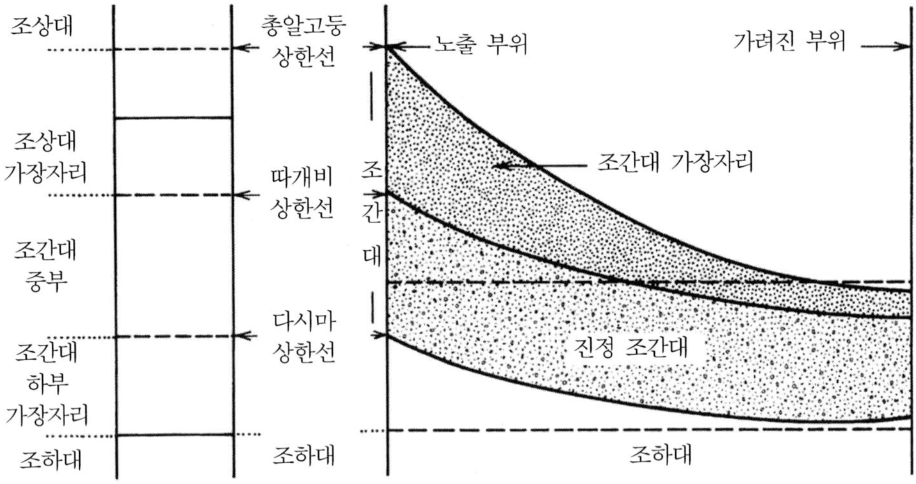

그림 8-3. Stephensen and Stephensen(1972; 왼쪽)과 Lewis(1964; 가운데)의 조간대 도해에서 노출된 곳과 가려진 곳을 비교한 그림(오른쪽).

조석

비생물적 요인들 중에서 조석tides은 조간대의 분포대를 일차적으로 조절하는 특징이 있다(Lewis 1964). 조석의 폭(수직 범위)과 빈도(주기)는 양쪽 모두 매우 중요하다(2장). 대조(사리)가 덥고 건조한 날씨와 일치하게 되면 조간대 생물들은 심하게 노출되어 죽게 된다. 예를 들면, 플로리다 사주 해안에서 5월과 6월의 한낮이 최간조 시간과 겹쳐 조간대에 생육하는 젖꼭지서실*Laurencia papillosa*과 부챗말의 일종 *Padina sanctae-crucis* 개체군이 탈색이 되어 죽었다. 가을철에 남부 캘리포니아 연안에서 이와 비슷한 현상이 대조 시에 일어나 참산호말*Corallina officinalis*과 서실의 일종 *Laurencia pacifica*가 심하게 손상을 입었다.

조석의 효과는 특정한 조석 경계와 해조류가 자라는 범위가 서로 관련이 있다는 임계 조위 가설critical tidal-level(CTL)로 표현된다(Doty 1946). 임계 조위는 일일 또는 월 조석 주기와 관련되어 조간대의 노출이 큰 폭으로 일어나는 곳에서 생긴다(그림 4-11). 임계 조위는 파도의 영향을 심하게 받는 노출된 곳에 비해 보호된 곳에서 매우 뚜렷하게 나타난다. 특정한 식물과 동물 종을 이용하여 생물학적 노출지수biological exposure indices(BEIs)를 알아낼 수 있으며 이는 그림 8-3에 나타난 바와 같이 임계 조위와 상관이 있다(Little and Kitching 1996). 지역에 따른 생물학적 노출지수는 영국의 암반 해안(Lewis 1964)과 펀디 만(Morton 1991)의 5로부터 북서 대서양의 아열대에서 북극해 연안의 8의 범위에 있다(Stephensen and Stephensen 1972). 생물학적 노출지수를 이용하면 노출된 곳과 보호된 곳에 사는 주요종의 위치를 비교하여 노출의 정도를 나타낼 수 있다(그림 8-3).

Stephensen and Stephensen과 Lewis의 도해는 유사한 생물학적 노출지수를 보이는 생물들, 즉 뜸부기류, 김*Porphyra*, 경단고둥, 따개비류, 대형 갈조류 등을 이용하여 온대 바위 해안 지역을 구분하고 있다. 생물학적 노출지수 지역은 노출의 효과를 정량화하지 못하므로 출현하는 종과 노출 정도(Little and Kitching 1996)에 나타난 결과에 대해 논쟁이 반복되고 있으며 더구나 보편적이 아니라는 데에 문제가 있다.

노출

파도 영향, 해안 지형, 건조의 효과는 조간대 해조 군집에서 노출의 범위를 정하는데 이용될 수 있다. 파도의 영향으로부터 보호된 해안에 비하여 지속적으로 파도를 심하게 받는 해안의 노출 경계는 상부 쪽으로 확장된다(그림 8-3; 그림 6-1과 8-2를 비교). 해안 지형은 파도의 효과에 영향을 미친다. 돌출된 해안(그림 8-1)은 파도의 영향을 크게 받는 반면, 보호되어 있고, 지형이 불규칙하며, 완만한 경사를 이루는 해안들은 파도의 힘을 경감시킨다. 파도의 영향을 막대하게 받는 해안에 우점하는 해조류들은 캘리포니아 해안의 갈조류 *Eisenia*와 바다야자*Postelsia*, 칠레의 물범손말 *Durvillaea*, 태평양 산호초 해안의 무절석회조류에서 보는 것과 같이 단단하고 신축성이 있으며 구조가 복잡하다. 캘리포니아 해안에서 파도에 노출된 뾰족 바위의 조간대 군집은 조간대 상부 쪽으로 확장되어 있었으며 내만의 몽돌 해안에 비하여 다양성이 높았다(Seapy and Littler 1979). 조간대 해안에서 파도에 의해 생기는 교란은 바다야자*Postelsia palmaeformis*가 재가입되는 데에 절대적으로 중요하며, 이와 같은 일은 파도를 많이 받는 해안에서 일어난다[그림 8-4(A)]. 겨울 폭풍이 홍합 층을 제거하게 되면 그 아래에 보호되어 있던 바다야자의 어린 포자체들이 자라나올 수 있게 된다[그림 8-4(B)].

건조는 대기 온도 및 햇빛과 같은 기후 요소에 노출되어 일어난다. 기후의 영향은 열대(그림 2-5)와 온대 해안(그림 1-6)의 조간대에 생육하는 해조류를 비교하여 보면 알 수 있다. 체형이 크고 단단한 뜸부기류(*Ascophyllum nodosum, Fucus* sp.)와 온대 지역 조간대에 밀집되어 자라는 홍조류(예, 주름진두발*Chondrus crispus*, 혹돌가사리 일종 *Mastocarpus papillatus*) 등의 해조류들은 열대 해안에서는 나타나지 않는다. Kanwisher(1957)는 갈조 *Fucus vesiculosus*가 조간대에서 정상적으로 노출되는 동안에 91%의 수분이 손실된다는 것을 알았다. 그럼에도, 조간대 상부에 사는 뜸부기류 *Pelvetia canaliculata*는 장시간 동안 건조되더라도 살아남을 수 있으며, 물에 다시 잠기면 몇 분 이내에 광합성이 일어나는 것에서 보는 바와 같이 건조가 해를 입히지만은 않는다. 따라서 영국 해안에서는 *Pelvetia canaliculata*는 건조에 대한 내성이 크지만 조간대 하부에 생육하는 다른 해조류와 경쟁에서는 밀리기 때문에 조간대 상부에 생육한다(Rugg and Norton 1987). Brinkhuis et al.(1976)은 바위에 붙어사는 해조 *Ascophyllum*이 건조에 노출된 후에 광합성률이 증가한다는 것을 알았다. 이와 유사하게, 골풀과 식물인 *Juncus roemerianus*(Dawes et al. 1978)의 기부에 붙어 자라면서 부분적으로 건조에 노출되는 3종의 홍조류(*Caloglossa, Bostrychia, Catenella*)와 염습지 식물 *Spartina alterniflora*(Jones 1980)를 공기 중에서 측정한 결과 광합성률이 높았다.

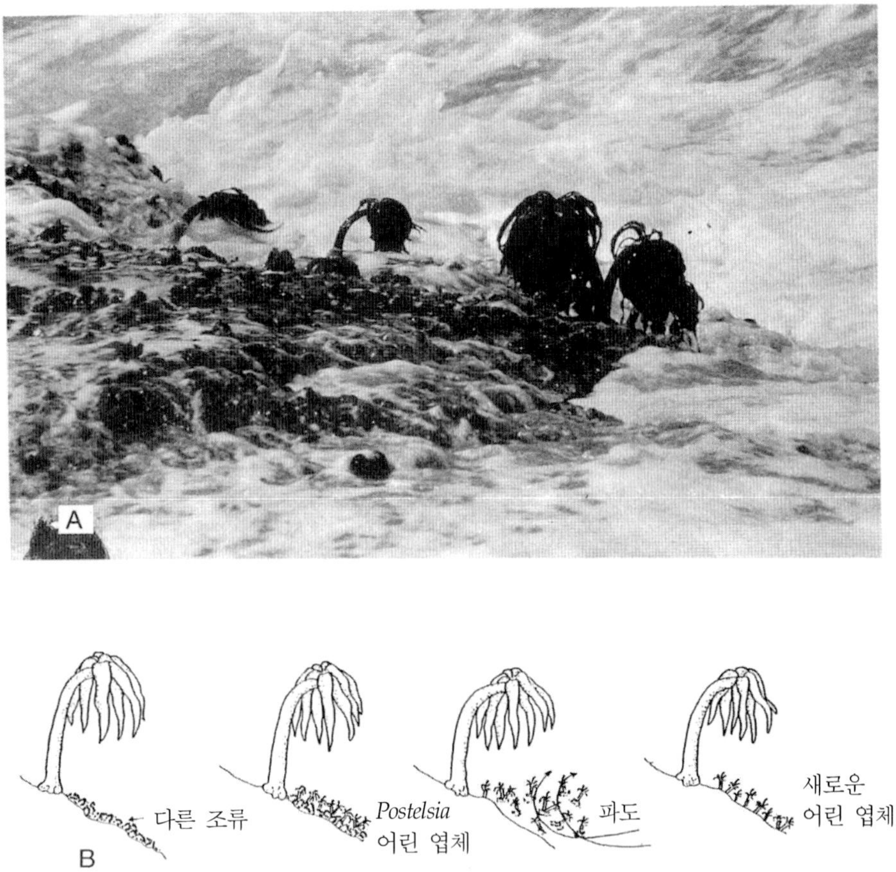

그림 8-4. 바다야자*Postelsia palmaeformis*는 태평양 북서쪽 해안에서 파도의 영향을 많이 받는 조간대 하부에만 생육한다(A). 이 갈조는 홍합류와 다른 해조와 공간 경쟁에서 이긴다(B). 그러나 바다야자는 포자를 많이 발아시켜 경쟁자 위에 붙이거나, 장애물이 되므로 폭풍이 치면 떨어져 나간다. 이들이 제거된 새로운 공간에는 남아 있던 어린 식물에 의해 곧 점유된다(Dayton 1975a).

조간대 해조류는 건조에 대하여 형태적으로 적응하기 위해서 속을 비우거나(주머니 모양) 가지를 단단하게 한다. 예를 들면, 불레기말*Colpomenia*(Oats 1988)이나 *Halosaccion*(Oats 1986)과 같이 체형이 주머니 모양인 해조류들은 빈 몸 안에 물을 저장하여 건조를 피한다. 더구나 이와 같이 저장된 물은 광합성을 위하여 탄소를 공급한다(4장). 홍조 *Mastocarpus papillatus*도 역시 조간대 상부에 살고 있어서 두꺼운 엽상체를 가지며 두께를 보강하여 수분 손실을 줄인다(Bell 1995). 조간대

하부에 사는 해조류들은 가지를 많이 내는데, 이는 영양염 흡수를 위하여 표면적을 늘리고 동시에 건조와 온도에 대한 민감도를 높이기 위한 것이다. 엽상체가 두꺼운 해조류들이 가지는 다른 장점으로는 온대 지역의 조간대에서 낮은 온도에 노출되는 동안에 열을 보존할 수 있다는 점이다. 반면에 체형이 크고 두꺼운 대형조류들은 체온이 과도하게 올라가기 때문에 열대 해안에 우점 못하는 요인 가운데 하나인 것으로 보인다.

기질 표면의 유형

기질의 조성과 결은 해조류 군집의 유형과 다양성에 영향을 미친다. 석회석은 밝은 색깔 때문에 빛을 반사하며, 물에 녹기 쉽고 다공질 구조 속에 물을 저장한다. 대형조류들은 석회석 속으로 쉽게 파고 들어가 물이 들어 있는 구멍이나 틈새에서 자란다. 예를 들면, 녹조류 공말의 일종 *Valonia ocellata*, 그물공말*Dictyosphaeria cavernosa*과 같은 열대 해조류들은 조간대에 돌출된 석회석의 가장자리에 붙어산다. 일반적으로 표면 지형이 모자이크처럼 복잡할수록, 조간대의 해조 군집은 더욱 다양해진다(Seapy and Littler 1979). 열대 해안에 해조류가 없다고 알려져 있으나 중요한 예외는 대형조류들이 조밀하게 무리지어 자란다는 것이다(그림 8-5). 열대 해안에 조밀하게 자라는 해조류들은 몸이 단단하고 생산성이 높으며(Adey and Goertemiller 1987), 엽상체는 가지를 촘촘하게 내어 1-3 cm 두께의 융단 모양을 이루고, 썰물 때 노출되는 동안에도 밑에는 바닷물이 스며 있다. 따라서 왕관잎모자반속*Turbinaria*, 모자반속*Sargassum*, 우뭇가사리속*Gelidium*, 개우무속 *Pterocladiella* 등이 갖고 있는 기능적인 형태가 파도, 건조, 피식 등의 환경 스트레스를 받는 조간대 생육지에서도 이 해조류들을 지속적으로 살아남을 수 있게 한다(Hay 1981a).

생물학적 상호작용

천이, 경쟁, 피식은 조간대 해조 군집에서 뚜렷하고도 서로 영향을 미치는 역할을 한다(Little and Kitching 1996). 조간대 해조류의 분포 상한선은 대체로 건조와 온도를 포함한 비생물적 요인에 의해 제한되며(Bell 1995), 하한선은 전형적으로 피식과 경쟁과 같은 생물적 요인에 의해 조절된다(3장). 조간대의 주요 초식 동물은 복족류(꽃양산조개, 경단고둥류와 딱지조개류) 등 다양한 연체동물이다(Little and Kitching 1996). 성게도 역시 조간대 최하부까지 올라올 수 있지만 조하대에 더 흔하다. 바위 조간대의 몽돌 지역에서는 따개비류가 해조류 무리에게 피난처를 만들어주는데, 그렇지 않으면 해조류는 삿갓조개류에게 먹힌다. van Tamelen(1987)은 삿갓조개류의 밀도를 인위적으로 조절하여 본 결과, 따개비류는 해조류에 직접적인 영향이 없는 반면, 해조류 군집을 제거했을 때는 따개비가 들어와 정착하였다. 이와 비슷한 연구로서 Farrell(1991)은 생물이 제거된 바위 위에 따개비*Semibalanus*가 정착한 직후에 두 종류의 갈조류(*Pelvetiopsis*와 *Fucus*)와 한 종의 홍조(*Endocladia*)가 들어와 자라는 것을 보았다. 생물이 제거된 실험구에서 주요 조식동물인 삿갓조개 *Acmaea*는 먼저 따개비류가 정착하는 것을 지연시킨 다음 해조류 무리를 포식하여 천이 속도를 늦

그림 8-5. 멕시코 퀸틴루Quintin Roo(유카탄Yucatan)의 열대 조간대에 조밀하게 붙어 있는 해조류 군집. 가지들이 서로 얽혀 밀집되어 있는 갈조류(*Turbinaria turbinata, Sargassum platycarpum,* 참그물바탕말*Dictyota dichotoma*)와 홍조류(*Gracilaria crassissima,* 실우뭇가사리 *Gelidium pusillum*) 들이 조간대 하부의 석회석 위에 빽빽하게 모여나 있다.

춘다. 그러나 삿갓조개류 포식자들(예, 불가사리*Pisaster ochaceus*)이 조식동물의 밀도를 낮추게 되면 대형조류와 조식동물 사이에 평형이 유지될 수 있다(Dayton 1975b). 경쟁에서 피식의 영향은 경단고둥*Littorina littorea*과 녹조 파래*Enteromorpha*간의 상호관계에서 그 예를 볼 수 있다(Lubchenco 1978). 즉, 복족류가 조간대에서 파래를 포식하여 없애면 홍조류 주름진두발*Chondrus crispus*이 들어온다. 만일 복족류를 없애게 되면 진두발*Chondrus*은 기회종인 녹조류보다 무성하게 자라게 된다. 이곳에다 해안에 사는 게 *Carcinus maenas*를 넣어주면 복족류를 잡아먹고 결국은 녹조류가 재정착한다. 갈매기들이 잡아먹기 때문에 게들은 새에게 잘 발견되지 않으면서 작은 복족류가 살고 있는 조수웅덩이의 녹조류 군집 밑에 주로 서식한다.

종간 경쟁의 대표적인 예는 홍조 *Mastocarpus papillatus*에서 볼 수 있는데, 이 해조의 아래쪽 경계는 경쟁에 의해, 위쪽 경계는 건조에 의해 조절된다(Hodgson 1980). 다른 홍조 *Gastroclonium coulteri*는 평균 저조면(MLW) 위의 약 0.3 m에 잔디처럼 무리를 이룬다. *Mastocarpus papillatus*와 함께 우점하는 홍조 *Rhodoglossum affines*를 조간대 상부에서 제거하게 되면 *Gastroclonium coulteri*는 해조류가 제거된 위쪽으로 뻗어 나가지 못한다. 이와 비슷하게 *Gastroclonium coulteri*는 새우말의 일종 *Phyllospadix torreyi*를 제거했을 때에 분포대를 아래로 확장한다. 그러나 생장이 느린 해조인 *Mastocarpus papillatus*는 *Gastroclonium coulteri*에 의해 이전에 점유되었던 분포대까지 뻗어 내려갈 수 있다. 마찬가지로 새우말 *Phyllospadix torreyi*를 제거하게 되면 *G. coulteri*는 분포대를 아래로 확장하였다. 그러나 새우말은 *G. coulteri* 분포대가 있는 위쪽으로는 확장할 수 없다. Hodgson(1980)은 *G. coulteri*가 50% 이상의 수분 손실은 견디지 못하므로 조간대 상부까지는 점유해 올라갈 수 없다는 것을 알았다. 따라서 *G. coulteri*의 아래쪽 경계는 가장 강력한 경쟁자인 새우말류에 의해 제한되며 위쪽 경계는 건조에 대한 민감도에 따라 결정된다. Stewart(1989)는 새우말류와 산호말*Corallina* 사이에 이와 유사한 관계가 있다는 것을 알아내었다. 조간대 상부로 분포대를 확장하는 하는 것은 모두가 비생물적 요인에 의해 조절되는 것은 아니다. 예를 들면, Hawkins and Hartnoll(1985)은 뜸부기류 해조 두 종이(*Fucus vesiculosus*와 *F. serratus*) 바로 위쪽에 사는 생물종들을 제거하였을 때 분포대를 위쪽으로 확장하는 것을 관찰하였다. 같은 연구에서 조간대 상부에 사는 뜸부기 *Pelvetia canaliculata*는 하부에 분포하는 종들을 제거하였을 때 아래쪽으로 확장해 내려갔다.

조간대 해조 군집의 천이는 하와이에 새로이 형성된 화산암 지역과(Doty 1957) 알래스카에서(Duggins 1980; 3장) 해중림을 제거하면서 연구가 이루어졌다. 두 가지 예에서 보면, 조간대에 교란이 일어나게 되면 뒤이어서 원래의 군집이 회복되었다. 생물적 요인(피식)이든 비생물적 요인(예, 얼음이나 떠다니는 나무토막, 파도의 영향)이든 간에 교란은 조간대 해조 군집의 천이를 조절할 수 있다. 직립하는 바다야자*Postelsia palmaeformis*는 미국 북태평양의 노출된 암반 해안에서 공간 경쟁을 한다[그림 8-4(B)]. 따개비류*Chthamalus dalli*, *Balanus glandula*, *B. cariosus*, 홍합류 및 해조류들은 이와 같이 파도 에너지를 강하게 받는 군집에서 바다야자보다 경쟁에서 우위를 차지한다. Dayton(1973)은 바다야자의 유주자들이 다른 해조류, 홍합류, 따개비류 위에 부착하여 발아할 수 있다고 밝혔다. 어린 포자체는 난자와 정자가 형성된 다음에 배우체 위에 붙어 있는 동안 다른 부착 생물들은 파도에 의해 엽체가 요동칠 때 제거된다. 이때, 이곳에 남아 있던 바다야자의 어린 포자체들이 부착할 수 있는 공간이 생기게 된다[그림 8-4(B)]. Paine(1979) 역시 파도나 통나무 마찰로 인한 자연적인 교란으로 생육지가 비워지면 남아 있던 포자체들이 생장할 수 있게 된다고 하였다. 조간대 군집에서 무리의 크기는 교란된 공간이 만들어졌을 때 여기에 보충되는 해조류의 유형에 영향을 미칠 수 있다(Kim and DeWreede 1996). 이 실험에서 몇몇 단기성 해조류와 함께 3종의 다년생 해조류(*Mazzaella cornucopiae*; *Fucus distichus*, *Pelvetiopsis limitata*)를 제거하여 세 가지 크기의 공간(25, 100, 400 cm^3)을 만들었다. 일 년 이내에 중간 크기의 공간은 모든 종이 잘 조합되어 채워졌으며, 그 다음은 가장 작은 공간이, 마지막으로는 가장 큰 공간이 채워졌다.

조간대의 분포대 형성

해조류가 조간대에서 생육대를 형성하는 예를 플로리다키Florida Keys의 아열대 해안과 메인Maine의 냉온대 두 지역 등 세 지역에서 관찰하였다. 메인의 오터포인트Otter Point(44°11′N, 68°20′W) 온대 해안은 조간대 해조 군집에 미치는 파도 에너지의 중요성을 보여주었으며, 플로리다키 안에 있는 콘텐트키Content Keys(24°40′N, 81°28′W)의 석회암 해변은 아열대 해안의 한 예를 나타내주었다(12장 참조).

노출된 해안

오터클리프Otter Cliff의 오터포인트는 마운트데저트 섬의 노출된 화강암 능선으로서 메인만의 냉온대 해역을 향해 남쪽으로 돌출되어 있다. 이 지점은 펀디 만Fundy Bay으로부터 50 km 떨어져 있으며 사리 때의 조간대 폭은 4.6 m이다. 이 지역(그림 8-6)은 3-6 m의 파도를 동반하는 북동풍의 영향을 극심하게 받는다. 이 장소에서 생물 분포대를 연구하기 위하여(John and Skutch 1928) 첫 단계에서는 고도를 측정하였으며 1996년에 같은 장소에서 원래의 기준점을 이용하여 재조사하였다(그림 8-11, 화살표).

오터클리프의 하부 해안대maritime(평균 저조면 위 9.2-15.3 m)는 위쪽은 맨 바위들로 이루어졌으나 아래쪽으로 가면서 자갈 섞인 흙으로 바뀌었다. 맨 바위 위에는 남조류*Calothrix*와 더불어 육상 지의류*Xanthoria, Caloplaca*와 해안 지의류*Physia, Leconia, Ramilina, Verrucaria* spp. 등이 붙어 있었다. 질경이*Plantago oliganthos*와 시로미과의 *Empetrum nigrum*등을 포함한 염생식물 들은 적당한 흙이 있는 곳에 우점하였다. 이들 두 종의 식물은 비말대 상부까지 확장할 수 있어서 바위틈에서 자라게 된다. 해안대의 상부에는 포복형의 노간주나무*Juniperus horizantalis, J. depressa*와 가문비나무 *Picea canadensis*가 자라고 있었다.

비말대spray zone(그림 8-6, 분포대 1)는 사리가 최대일 때에(3.9 m) 바닷물에 잠기고 파도의 영향을 심하게 받으므로 폭이 넓으며(평균 저조선 위 3.5-9.2 m), 바위들은 지의류 *Verrucaria*가 덮고 있어서 검은 색을 띠었다(3.5-6.3 m). 남조류 *Calothrix, Rivularia, Entophysalis*는 지의류와 섞여 자라면서 비말대 하부 지역에 암녹색 또는 검은 딱지를 이루었다. 뜸부기 *Fucus spiralis*는 4.3 m에 뚜렷하게 갈색 띠를 이루며, 경단고둥 *Littorina saxatilis*는 크고 작은 바위틈에 붙어 있었다. 비말대 하부 쪽의 가장자리에는 애기파래*Blidingia minima*(3.9 m), 청각의 일종 *Codium pusillum*, 초록털말 *Urospora penicilliformis*, 초록실*Ulothrix flacca*(3.6 m) 등 녹조류들이 바위에 붙어 띠를 이루었다.

조간대 상부upper intertidal(그림 8-6, 분포대 2; 2.0-3.5 m)는 대서양 북동 해안의 다른 지역에서 보고된 바와 같이(Stephensen and Stephensen 1972; Morton 1991) 따개비 *Semibalanus balanoides*에 의해 경계 지워졌다. 홍조 김 *Porphyra umbilicalis*는 3.0 m까지, 녹조 창자파래*Enteromorpha intestinalis*는 2.9 m까지 분포 범위를 확장하였다. 뜸부기류의 갈조 *Ascophyllum nodosum*과 *Fucus vesiculosus*(2.8 m까지 확장)는 직벽에 우점하여 파도의 에너지가 감소하는 지점에 빽빽하게 무리를 이루었으며, 조금 더 노출된 바위 경사면에서는 없어졌다. 경단고둥류 *Littorina obtusata*와 *L. saxatilis*는 덜 노출된 지점에 많았지만, *L. littorea*도 나왔다. 김 *Porphyra umbilicalis*(1.4 m까지 확장)은 조간대 상부의 아래쪽의 노출이 많은 곳에 잘 자라지 못한 채 붙어 있었다.

그림 8-6. 메인의 마운트데저트Mount Desert 섬에 있는 오터클리프Otter Cliff 해안의 조간대 군집. 해조류의 수평분포대는 강한 파도의 영향으로 인하여 상하로 확장되어 형성되며 비말대(1), 상부(2), 하부(3) 조간대와 조하대 상부(4)로 구분된다.

조간대 하부lower intertidal(0.6-2.0 m)는 뜸부기류의 분포대의 한계(그림 8-6, 분포대 3)이며 홍조 *Mastocarpus stellatus*와 녹조 참갈파래*Ulva lactuca*(1.8 m까지 확장)의 상한선이다. 직벽에는 홍조류 *Mastocarpus stellatus*와 주름진두발*Chondrus crispus*(0.9 m까지 확장)이 밀집되어 뚜렷하게 띠를 이루고 엽상 홍조 팔손이풀*Palmaria palmata*(1.5 m까지 확장)도 무리를 이루었다. 진주담치*Mytilus edulis*(0.8 m까지 확장)는 조간대 하부의 가장자리까지 분포하였다.

조하대 상부subtidal fringe(-0.7-0.6 m)는 썰물 때에도 파도의 영향을 계속 받는 곳이었다(그림 8-6, 분포대 4). 갈조 *Fucus distichus* ssp. *edentatus*가 상부 가장자리까지 확장하여 경계지웠으며, *Alaria* *esculenta*는 조수웅덩이나 골 진 부분에 붙어 자라는 다시마*Lamiaria digitata, L. saccharina*(0.4 m까지 확장)와 함께 맨 아래 쪽에 우점하였다. 작은 바위 골짜기에는 녹조류 참갈파래*Ulva lactuca, Spongomorpha spinescens*와 홍조류*Polysiphonia harveyi, Devaleraea ramentacea*가 다양하게 붙어 자라고 있었다. 각상 홍조류*Clathromorphum circumscriptum, Petrocelis cruenta*와 미세 홍조류*Ceramium nodulosum* 등은 직벽 가장자리에 형성된 군집의 하부 쪽에(평균 저조선 MLW=0.0 m) 분포하였다. 파도에 많이 노출된 곳에서는 *Alaria esculenta, Polysiphonia urceolata, Devaleraea ramentacea, Ulvaria obscura* 등이 0.7 m까지 확장하였다. 아울러 파도에 잘 떨어져 나가는 소형 홍조류 싹새기*Ahnfeltia plicata*, 주름진두발*Chondrus crispus*, 빨간검둥이*Rhodomela confervoides* 등은 돌출된 바위 지역의 평균 저조선에 분포하였다.

내만성 온대 해안

오터포인트와 마주하는 오터클리프로부터 0.5 km 떨어진 곳에 위치해 있으며 작은 만을 이루는 오터 소만에서는 조간대 해조 군집은 상하로 확장 분포하지 않았으며 종 다양성도 뚜렷하게 떨어졌다(그림 8-7). 두 지역 모두 같은 조석차를 보였지만 오터 소만이 파도의 영향을 훨씬 적게 받는 곳이었다.

이 지역은 하부 해안대가 평균 저조선 위 4.6 m까지 확장되었으며 바위 턱 위에는 벼과의 *Panicum*속(4.9 m까지 확장)과 몽돌 해안의 가장자리에는 장미과의 *Rosa*속, 느릅나무과의 *Ulmus*속이 무리를 이루었다. 그러나 지의류 *Verrucaria*도 맨 바위 위의 6.3 m까지 확장하여 올라와 있었다. 교목(전나무*Abies*, 가문비나무*Picea*)은 해안대의 하부 가장자리까지 분포하였으며 바람과 염분에 의한 손상을 적게 받았는데, 이러한 환경이 오터클리프의 특징이다. 비말대(그림 8-7, 분포대 1; 3.0-4.5 m)는 가장 메마른 상부 지점으로서 3.0-3.2 m에 녹조류(애기파래*Blidingia*, 초록털말 *Urospora*, 파래*Enteromorpha*)들이 좁은 띠를 이루었다.

조간대 상부(1.2-2.8 m)와 하부(0.1-1.2 m)는 만쪽으로 돌출되어 따개비로 덮여 있는 암반 지역을 제외하면 뜸부기류 해조들이(그림 8-7, 분포대 2와 3) 우점하였다. 조간대 상부는 *Semibalanus balalnoides*에 의해 경계 지워졌으며 *Ascophyllum nodosum* 위에 붙어사는 *Polysiphonia lanosa*는 하부를 경계 지었다. 갈조 *Fucus spiralis*는 조간대 상부에 좁은 띠를 이루었으며(2.0-2.2 m); *Ascophyllum nodosum*(0.2-2.0 m)과 *Fucus vesiculosus*(0.0-2.0 m)는 조간대 중부로부터 하부까지 확장되어 내려가 융단처럼 밀생하였다. 조간대 하부는 상부로 확장하는 착생 갈조 가온열매실말 *Pilayella littoralis*(1.0 m)과 홍조 주름진두발*Chondrus crispus*(0.9 m), 그리고 진주담치*Mytilus edulis* (0.8 m)에 의해 경계 지워졌다.

그림 8-7. 마운트데저트Mount Desert 섬 오터 소만Otter Cove 해안의 내만성 조간대 군집. 해안대 하부는 파도의 영향을 거의 받지 않았고 비말대(1)가 제한되어 있어서 조간대 상부까지 확장되어 있었다. 조간대 상부(2)와 하부(3)는 노출된 바위를 제외하고 뜸부기류 해조류로 덮여 있었으며, 조하대 상부(4)는 폭이 좁았다.

조하대 상부(그림 8-7; 분포대 4; -0.6-0.1 m)는 *Mastocarpus stellatus*와 다양한 각상 홍조류(*Clathromorphum circumscription, Pseudolithoderma extensum*)들이 확장 분포하는 상한선이었다. 대부분의 해조류들은 평균 저조선(MLW) 아래에 분포하였다(*Ulva, Laminaria, Petrocelis*). 성게 *Strongylocentrotus drobachiensis*에 의한 "불모지"는 조하대 상부 아래쪽에 나타났으며, 이곳에는 조식에 저항성이 있는 대형 갈조 구멍쇠미역*Agarum cribrosum*과 각상 산호말류 *Clathromorphum circumscriptum*이 풍부하게 자라고 있었다.

외해성 아열대 해안

플로리다키Florida Keys에 위치한 콘텐트키Content Keys 북쪽 해안의 석회암 조간대에 형성된 아열대 해조 군집은 겉보기에는 생물이 없는 것처럼 보였다(그림 2-5, 8-8). 그러나 258종의 대형

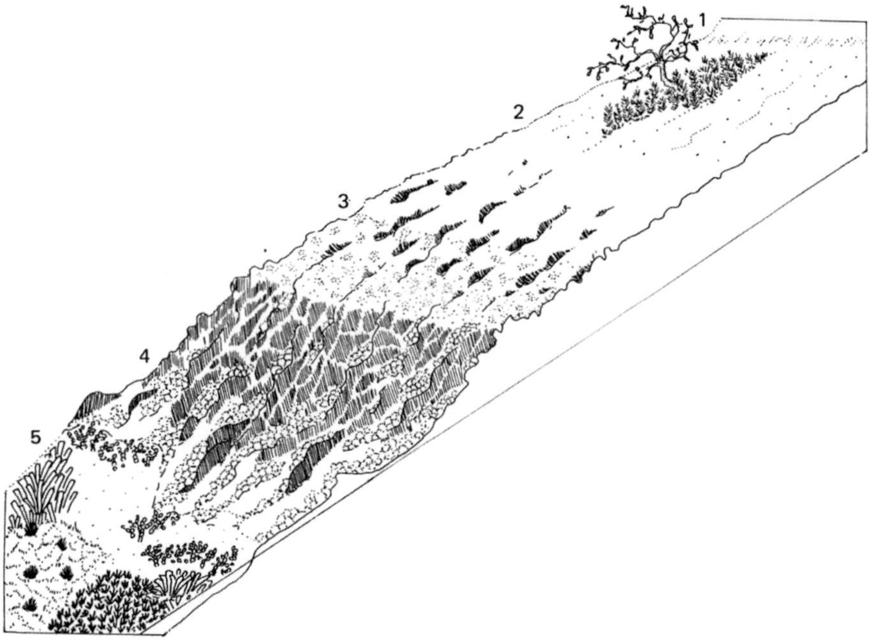

그림 8-8. 플로리다의 콘텐트키Content Keys 해안에 형성된 아열대 조간대의 수직분포대. 이 석회암 해안의 조간대(그림 2-5 참조)는 네 부분으로 뚜렷하게 구분되었다. (1) 비말대까지 이어지는 해안대에는 염생식물 *Batis*, *Distichlis*와 검은맹그로브*Avicennia*가 분포하였으며, (2) 비말대에는 남조류가 우점하였고, (3) 조간대 상부는 따개비*Chthamalus*와 남조류가 붙었으며 바위 아래나 조수웅덩이에는 대형조류 *Valonia*, *Halimeda*, *Laurencia*들이 분포하였다. (4) 조간대 최하부의 편편한 지형은 조하대 상부로 이어졌으며 (5) 이곳에는 다양한 종류의 대형조류 *Halimeda*, *Laurencia*, *Cystoseira*, 성게류 *Echinometra*, *Diadema* 등과 해초류들이 분포하였다.

조류가 채집되었으며(Croley and Dawes 1970), 출현종 대부분은 석회석 조간대의 바위틈이나 그늘진 곳에 붙어 자라고 있었다. 조차는 적고(약 1 m) 파도의 영향도 적게 받아 겨울에 폭풍이 불더라도 파고가 1-2 m 정도여서 카리브 해안과 유사하다(Dawes et al. 1991).

콘텐트키의 해안대(평균 저조선 위 1 m)는 해안 사구지 식물 *Ipsomoea stolonifera*, *Opuntia* spp., *Sesuvium portulacastrum*, *Batis maritima*, *Panicum* spp.와 외래종인 브라질후추*Schinus terebinthifolius* 등이 자라는 3 m 높이의 모래 언덕으로 이루어져 있다. 이 모래 언덕을 사이에 두고 석회암 조간대와 물에 잠기는 대규모 맹그로브 군락지가 나뉘었다. 오렌지색 지의류 *Pyrenula cerina*는 맹그로브 줄기 위에 착생하였으며, 남조류 흔들말*Oscillatoria*과 *Merismopedia*는 조개껍질이나 산호석 위에 붙어 있었다.

비말대(45-60 cm)는 폭이 좁았으며, 키 작은 검은맹그로브가 해안대 아래쪽을 따라 형성된 석회석 지대에 드물게 분포하여 조간대 상부까지 확장되어 있었다. 석회암은 주로 남조류가 많아지면서 흰색에서, 회색, 검은색으로 색깔이 변하였다(Stephensen and Stephensen 1972; van den Hoek et al. 1972). 폭풍으로 인한 파도와 바람으로 맹그로브 숲이 손상되었고 사리 때에는 착생식물(검은맹그로브의 호흡근 위에 붙어사는 *Catenella*, *Bostrychia*, 홑파래*Monostroma*, 바위 위에 붙은 남조류 뱀족말*Calothrix*, 링비아*Lyngbya*, 공남색말*Rivularia*, 녹조류 옥덩굴*Caulerpa*, 대마디말*Cladophora*, 홍조류게발*Amphiroa*, 혹돌잎*Lithothamnion*, 서실*Laurencia*) 들이 바닷물에 빈번하게 침수되었다. 남조류들은 바위 표면에 붙는 반면, 대형조류들은 물이 차 있는 구멍이나 바위 아래에 붙어 있었다. 소형 복족류 *Nerita*, *Littorina*, *Tectarius* 등도 흔하였다.

조간대 상부(30-45 ccm)는 노란색을 띠며, 따개비*Chthamalus*와 다양한 종류의 남조류 및 대형조류가 분포하였다. 잘 자라지 못한 관상 녹조류 *Penicillus*, *Udotea*, 옥덩굴*Caulerpa*, 바다선인장*Halimeda*들이 물과 모래로 채워진 구멍에 묻혀 있었으며, *Dasycladus*와 *Neomeris*는 갈조 *Padina vickersiae*와 함께 암초 밑에 붙어 있었다. 서실의 일종 *Laurencia papillosa*는 2 cm 정도 크기로서 우뭇가사리목의 홍조류 *Gelidium*, *Pterocladiella*, *Gelidiella*와 함께 수심이 얕은 곳의 모래 속에 묻혀 무리를 이루었다.

조간대 하부(10-30 cm)는 노란색에서 금색을 띠었으며 파도의 영향 때문에 생물이 살지 않는 민석회암 지대였다. 이끼 모양으로 자라는 홍조류 가시풀*Centroceras*, 거미줄*Herposiphonia*, 가시우무*Hypnea*, 서실*Laurencia*, 녹조류 대마디붙이*Cladophoropsis*, *Avrainvillea*, 바다선인장*Halimeda*, 밀집되어 자라는 갈조 혓모자반*Cystoseira*들이 이곳에서 흔히 발견되는 해조류 들이었다. 남조류는 조간대 하부에 이르기까지 석회암 표면에 우점하였으며 담치류는 바위가 갈라진 틈에 붙어 있었다.

조하대 상부(-10-20 cm)의 꺼진 부분에는 해초류 거북말*Thalassia testudinum*과 관상 녹조류 *Halimeda*, *Penicillus*, *Udotea*가, 석회암 표면에는 몇 종의 대형조류(예, *Laurencia papillosa*, *Padina vickersiae*)가 자라고 있었다. 빽빽하게 떼를 이루어 자라는 우뭇가사리*Gelidium*, 서실*Laurencia* 등이 얕게 꺼진 곳에 모래를 붙들어 놓고 있었다.

조하대 군집

조하대에서도 역시 해조류는 기능형 특징에 따라 뚜렷하게 분포대를 형성한다(Vadas and Steneck 1988). 몸이 두껍고 가죽질로 이루어진 해조류가 조하대 상부에 사는 것은 건조와 더불어 물이 심하게 요동치는 것과 관계가 있다. 조하대 중부에는 대체로 가지를 성기게 내고, 막질이며, 사상형인 것 등 다양한 형태의 해조류가 분포한다. 조하대 하부에는 조도가 낮기 때문에 해조류가 드물게 분포하며, 빛을 잘 받을 수 있도록 표면적이 극대화된 방패 모양이거나 넓게 퍼진 잎 모양, 기는 형태 또는 껍질처럼 기질에 붙는 형태를 가지는 종들이 우점한다. 바다의 환경 조건이 비슷한 지역에서도 종 다양성에서 변화를 보이는 것은 부착 기질과 빛에서 차이가 나기 때문이다. 뉴 햄프셔 해안의 조하대 해조 군집을 연구한 결과에서 Mathieson(1979)은 (1) 가장 깊은 곳까지

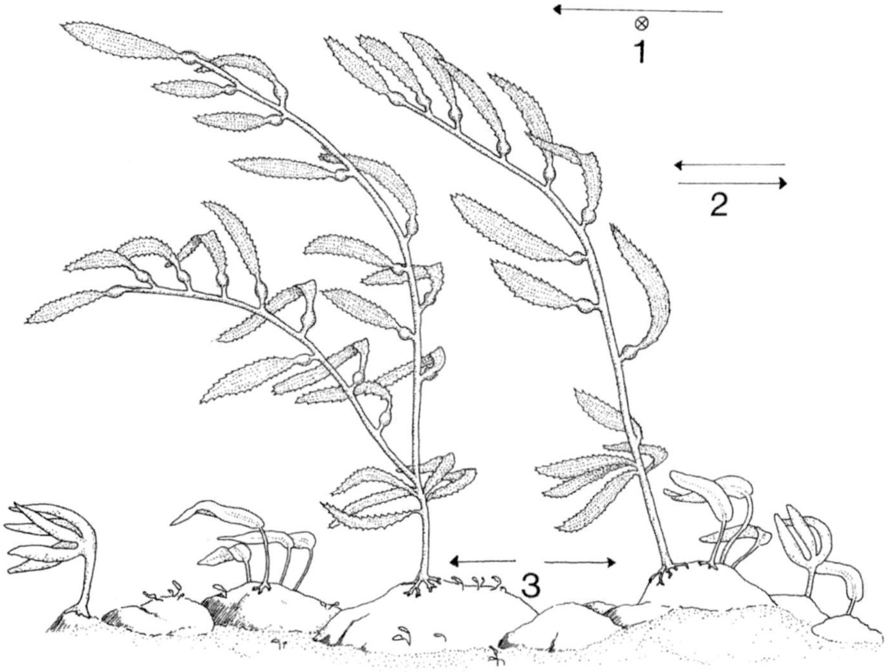

그림 8-9. 물의 운동과 대형 갈조 *Macrocystis pyrifera*. 표층의 파도와 조류(1)는 포자를 퍼뜨리고 대형 갈조류를 쓸리게 하며, 표층 아래의 조류와 파도 너울(2)은 엽상체의 줄기를 밀거나 당긴다. 부착 기질 근처(3)에서는 경계층이 형성되어 물의 운동과 가스 및 영양염의 확산을 제한시킨다 (Neushul 1972).

분포하는 종은 많지 않으며, (2) 대부분의 심해성 해조류는 빛과 부착 기질에 의해 제한 받고, (3) 조하대 가장 깊은 곳에 사는 대부분의 종들은 각상형이거나 다육질형이며, (4) 조하대에서 가장 깊이 분포하는 종류는 다년생 홍조류라는 결론을 내렸다. 1장에서 언급한 바와 같이 오늘날에는 조하대 해조 군집을 SCUBA 잠수기기 또는 잠수정을 이용하여 해조학자들이 직접 연구한다. 예를 들면, Hanisak and Blair(1988)는 플로리다 동해안의 심해 대형해조 군집을 잠수정을 이용하여 170 회에 걸쳐 조사한 결과 30-40 m에서는 208종, 98 m에서도 약간의 종이 출현하였다고 보고하였다.

비생물적 요인

수중 조도와 기질의 적합성은 조하대 해조 군집에 영향을 주는 전형적인 비생물적 요인들이다. 조도와 기질의 영향을 받는 해조 군집은 특히 염하구나 탁한 해수가 우세한 해안에 주로 형성된다.

따라서 침전물과 플랑크톤이 증가할수록 수중의 빛은 감소하며 해조류가 부착할 수 있는 단단한 기질을 덮어씌우게 된다. 대체로 조하대 해조류의 출현종 수와 분포 수심의 한계는 트인 해안으로부터 하구 서식지로 가면서 점차 감소한다. 예를 들면, 대형조류가 분포하는 수심은 메인만의 쇼올 섬Shoals Island 앞바다에서는 30 m 이상이며, 10 km 떨어진 뉴햄프셔의 트인 해안에서는 27 m, 그레이트 만Great Bay 20 km 안쪽에 위치해 있는 채프만Chapman 부두에서는 1 m도 채 안 된다(Mathieson and Hehre 1986). 이에 반해 빈영양 상태의 대륙붕이나 외해에 위치하여 침전물과 플랑크톤이 없는 섬에서는 조하대 해조 군집이 200 m 이하까지 분포한다(Littler and Littler 1984).

부착 기질 및 조도와 더불어 물의 운동도 중요한 비생물적 요인이다. Mathieson et al.(1977)은 내만의 조류 여울에 생육하는 해조상을 조사하여 여울에서는 물의 운동에 의하여 노출된 해안과는 다른 군집이 유지된다고 밝혔다. Neushul(1977)은 대형 갈조 *Macrocystis pyrifera*가 자라면서 세 단계의 물 운동을 겪는다는 것을 알았다. 원양의 표층수 근처에서 조류는 초당 약 1 m였으며, 중간층의 수심에서는 너울 효과가 일어났고, 기질 위의 경계층 근처에서는 물의 운동이 거의 일어나지 않는다고 하였다(그림 8-9). 따라서 *Macrocystis pyrifera* 포자엽에서 방출된 유주자는 중간 수심의 너울 구역을 거치게 되며, 경계층 안에 정착한 다음에 사상형의 배우체로 자라게 된다. 플로리다 서해안의 조하대 20 m에 자라면서 훼손과 회복이 반복되는 두 층의 해조 군집은 폭풍으로 인한 교란 효과를 뚜렷하게 보여준다(Dawes and Lawrence 1990). 5 m에 이르는 폭풍파는 해조류 주변을 침식시키고 모래를 날라다가 0.5 m의 모래 물결이 드러난 석회암 지대를 덮어씌운다. 2년 이내에 *Sargassum filipendula*의 상층부와 이 아래의 미세 조류 군집이 회복되었다. 조류가 없는 발트 해에서는 파도, 얼음, 물의 투명도 등이 조합되어 조하대의 대형조류 분포대를 조절한다(Kiirkki 1996). 조하대 상부에 생육하는 대형조류는(+40 - −10 cm; 초록실*Ulothrix*과 초록털말*Urospora*) 파도 에너지의 영향을 가장 크게 받으며, 조하대 중부에 분포하는 조류(−10 - −100 cm; *Dictyosiphon*, 대마디말*Cladophora*, 열매실말*Pilayella*)는 얼음에 의한 마찰의 영향을 받고, 조하대 최하부(−25 - 200 cm; *Fucus*, *Furcellaria*)는 얼음과 물의 투명도의 영향을 가장 크게 받는다.

생물에 의한 영향

Dayton et al.(1984)이 지적한 바와 같이, 경쟁과 피식 두 가지 모두 캘리포니아 해안에서 조하대 해조 군집의 분포와 조성에 영향을 미친다. 이에 따라 대형 갈조 군집이 안정 단계에 이르는 데에는 생물(피식, 경쟁) 및 비생물(파도 너울) 요인에 대한 네 가지 적응 유형과 관계가 있다. (1) 초기 단계에서는 갈조류의 기회종(*Nereocystis*, 산말*Desmarestia*) 들이 교란된 지역에서 자라나오며, (2) 파도의 영향과 피식이 줄어드는 곳에서는 *Macrocystis*가 빛과 영양염 경쟁에서 다른 해조를 이기며(이용 경쟁), (3) 파도의 영향이 크고 피식이 일어나는 곳에서는 *Eisenia*와 *Dictyoneurum*과 같은 대형 갈조류가 우점하고, (4) 피식이 심하게 일어나는 곳에는 다양한 종류의 해조류(구멍쇠미역*Agarum*, 산호말류*Corallina*)들이 무리를 이루어 자란다. 뉴펀드런드의 노바스코시아와 그 주변 지역은 성게가 해조류를 심하게 먹어치웠기 때문에(Lawrence 1975) 해조 군집이 파괴되어 불모지로 변하였다(Elner and Vadas 1990; Little and Kitching 1996). 열대와 온대 해역에서는 성게가 주요한 조식동물인 반면, 열대 해역에서는 조식성 어류가 더 두드러지게 활동한다. Reed(1990)는 캘리포니아 해안에서 세 층으로 형성된 대형 갈조류 군집을 연구하여 빛에 대한 경쟁이 갈조 *Pterygophora californica*의 생장과 생식을 조절하게 되고 개체군의 밀도에도 영향을 미친다고 밝혔다. 이 갈조류와 다른 대형 조류의 어린 개체들은 밀도가 낮은 곳에만 정착하였다. 성게*Lytechinus anemesus*와 두 종의 군소*Aplysia*는 고밀도와 저밀도 두 지역에서 상당량의 해조류를 먹었지만 밀도에는 영향을 미치지 않았다.

해조류의 천이는 어류의 은신처로 설치해 놓은 인공 저층을 포함하여 조하대에 형성된 군집을 대상으로 연구가 이루어졌다. Ohno(1993a)는 모래와 바위가 섞인 곳에 설치된 콘크리트 블록 위의 모자반*Sargassum* 군집을 정량 조사하여 1년과 6년 후에 습중량이 각각 229 g wt m^{-2}에서 5,137 g wt m^{-2}로 증가한 결과를 얻었다. 바위 기질에 설치된 인공 저층에서는 생물량이 증가하지 않았는데 이는 저층에 부착된 해조류를 주변의 성게들이 먹어 치웠기 때문이다. 조하대 해조 군집은 폭풍(Dawes and Lawrence 1990)과 피식(Reed 1990) 때문에 교란이 일어날 수 있다. 폭풍과 피식이 일어나는 메인 만에서는 대형 갈조류와 홍합이 함께 서식한다(Witman 1987). 조하대에서 대형 갈조류 다시마 *Laminaria digitata*와 *L. saccharina*는 홍합 *Modiolus modiolus*보다 우점하게 되는데, 폭풍파에 의해 홍합이 제거되어 바위 기질이 벗겨지면 다시마가 들어와 부착하게 된다. 대형 갈조류 또한 수심 10-12 m 이하에서는 성게 *Strongylocentrotus droebachiensis* 때문에 자랄 수 없게 된다.

조하대 군집의 구조

조하대의 해조 군집은 단층(무절 석회조류와 미세조류; 그림 8-10)으로부터 다층(대형 갈조류 조관) 생육지에 이르기까지 복잡하다. 단일층 구조의 군집은 뉴펀들런드Newfoundland 해안처럼 성게에 의한 피식이 심하게 일어나는 곳에서 볼 수 있으며 대부분의 다육질 해조류는 없어지고 무절 석회조류만 남는다. 이와 유사한 군집은 파도의 영향과 더불어 어류와 성게에 의한 피식을 심하게 받는 환초 해안의 가장자리에도 형성된다. 각상 조류와 미세 조류로 구성되어 있는 두 층 구조의 해조 군집은 파도의 영향을 크게 받거나 피식이 적당하게 일어나는 곳에서 흔히 볼 수 있다(Hay 1981b). 미세 조류 군집은 열대 해안에 흔하며 15속 이상의 홍조, 갈조 및 녹조류로 구성되어 있는 복합적인 해조상을 나타낸다(Hay 1981b; 그림 8-5). 다층 구조의 해조 군집은 온대 해역에서는 대형 갈조류와 뜸부기류(그림 8-2), 난대 해역에서는 모자반류*Sargassum* 등 대형 갈조류가 우점하는 것이 일반적이다. Dayton(1975b)은 알래스카 암치카Amchitka섬의 조하대에 분포하는 대형 갈조류 군집을 네 분포대로 나누었다(그림 3-2). 체형이 가장 큰 *Alaria fistulosa*(22 m까지 자람)가 상층부 조관을 형성하며 이 아래에는 두 번째 층인 다시마류*Laminaria* spp. 군집이 발달한다. 세 번째 층은 갈조 *Agarum clathratum*이 우점하며 미세 홍조류와 녹조류가 우점하는 네 번째 층을 덮는다. Dayton et al.(1984)은 다층 구조 군집의 각 층위에 있는 해조류들은 독특하게 적응한다는 것을 알았다. 상층부에서 조관을 형성하는 해조류들은 빛과 영양염을 이용하기 위해 형태적으로 적응하는(*Macrocystis*) 반면, 이 보다 아래에 조관을 형성하는 갈조류들은 심하게 요동치는 물에 더 잘 적응

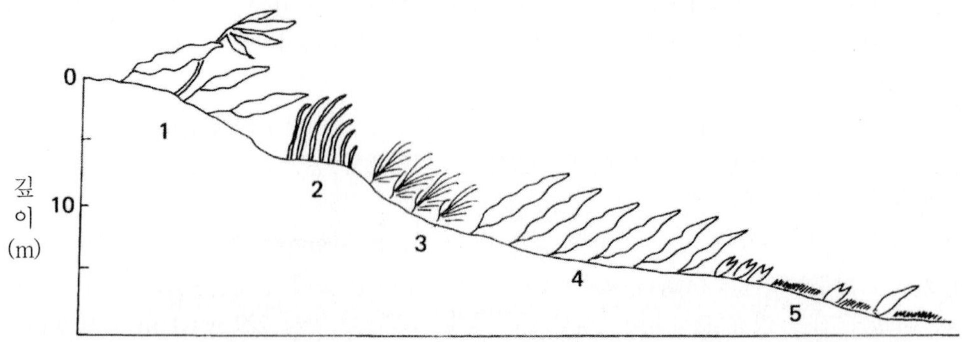

그림 8-10. 와싱턴 퓨젯사운드Puget Sound의 산후안San Juan 섬 해안의 조하대에서 볼 수 있는 해조 분포대. 조하대 사면은 5분포대로 구성된다. (1) *Laminaria*와 *Nereocystis* 등이 우점하는 상부 대형 갈조류 분포대, (2) 연성 저질에 생육하는 거머리말*Zostera* 분포대, (3) *Agardiella*와 *Iridaea*와 같은 다육질 홍조류 분포대, (4) *Agarum* 군집이 밀집된 분포대, (5) *Rhodoptilum*과 *Callophyllis*등의 홍조류가 무리지어 자라는 점심대.

되어 있다(*Eisenia, Dictyoneurum*). 기질 수준에서 볼 때, 석회조류와 *Agarum clathratum*은 피식에 더 잘 견딜 수 있도록 적응되었다. Dayton의 연구에서 밝혀진 것은 생물적, 비생물적 요인 사이의 상호관계로서 해조 군집의 상대적인 안정은 해조류 간의 생물적 상호관계에 의해 결정되는 반면, 비생물적 요인은 군집 내의 무리 사이에 중요하게 영향을 미친다.

조수웅덩이

조간대의 구성 요소 가운데 하나인 조수웅덩이는 조하대 군집의 일부분으로 간주되기도 하는데, 이곳에서는 온도, pH, 염도 등 비생물적 요인들이 빛과 파도의 영향보다도 더 중요하다. 일반적으로 조수웅덩이에서 피식으로 인하여 군집에 변동이 일어나기도 하지만(van Tamelen 1996), 비생물적 요인들은 생물적 요인들보다도 해조류의 다양성에 더 큰 역할을 하는 것으로 보인다. 잠깐 들여다보더라도 조수웅덩이는 해조류의 다양성이나 풍부함에서 변동이 심하다는 것은 분명해진다(그림 8-11). 캐나다의 뉴브런스윅New Brunswick해안에서 Klugh(1924)가 수행한 고전적인 연구는 여러 가지 비생물적 요인들, 특히 조수웅덩이의 생물 다양성에 미치는 온도의 중요성을 잘 보여주고 있다(표 8-2). 조간대 상부의 웅덩이 특징으로서 온도의 변동 범위가 크면 클수록 대형조류의 다양성과 풍부도는 떨어진다. Femino and Mathieson(1980) 기후(비, 햇빛, 대기 온도) 및 생물적(광합성, 호흡률) 요인들 역시 메인 만의 조수웅덩이에서 생물의 유무와 풍부도를 결정한다는 것을 알았다. 로드아일랜드Rhode Island 해안의 조수웅덩이에서 웅덩이의 위치, 조식성 복족류 *Littorina*의 밀도와 웅덩이의 크기가 비슷하였을 때 출현하는 종들도 유사하게 나타났다(Wolfe and Harlin 1988).

그림 8-11. 메인 주, 마운트데저트Mount Desert Island 섬의 오터클리프Otter Cliff 해안에 형성된 평균저조선 위의 2.0 m에 위치한 조수웅덩이. 큰 조수웅덩이(40 m^2)(1)는 썰물 때에도 폭풍파로 인하여 침수되며, 매 조석 주기마다 신선한 바닷물과 격리되는 시간은 4시간 이하이다. 이 조수웅덩이에는 조하대 해조류가(예, 다시마 *Laminaria, Fucus, Durvilllaea*) 다양하게 생육한다. 작은 조수웅덩이(2)는 평균저조선 위 3.5 m에 위치하고 있으며 화살표는 Johnson and Skutch(1928)의 관찰 지점을 나타낸다.

조수웅덩이 군집은 식생형(Gross-Custard et al. 1979), 비생물적 특징(Hugget and Griffiths 1986) 및 우점 하는 식물의 생태적 특징에 의해 특성이 밝혀졌다(Lubchencho 1982). Kooistra et al.(1989)은 다변량 분석을 이용하여 대형조류는 조간대로부터 아래로 내려가면서 다양성이 점차 증가한다는 것을 알아내었다. 프랑스 로스코프Roscoff의 노출된 바위 해안에서 최상부에 위치한 조수웅덩이는 고온, 고염도 및 증발로 인한 건조에 노출될 수밖에 없는 환경이었다. 따라서 이 웅덩이에는 애기염주말*Chaetomorpha aerea*과 진분홍딱지*Hildenbrandia rubra*와 같이 건조에 내성을 가지는 단일 종으로만 식생이 형성되었다. 아울러 중간 위치에 있는 조수웅덩이에는 4개의 수직 분포대가 형성되었으며 종의 계절적인 변동도 뚜렷하였다. 상부 분포대는 심하게 피식되어 무절석회조류가 우점하였으며 최하부 분포대에는 *Gelidium latifolium*과 *Laminaria hyperborea*와 같은 음지 내성인 해조류들이 생육하였다. 저조선 부근에 위치한 조수웅덩이는 파도에 씻기거나 썰물 때에는 바닷물로 채워지기 때문에 근본적으로는 조간대 가장자리의 해조상을 나타낸다.

표 8-2. 캐나다, 뉴브런스윅New Brunswick 해안의 조수웅덩이에서 고도의 효과

평균저조선 위 높이(m)	월 노출 시간(h)	노출(최종) 온도(℃)	pH	종수
1.0	13	14.0	8.1	많음
1.6	88	16.5	8.0	많음
2.1	175	17.6	8.4	보통
3.6	285	20.3	8.1	보통
4.2	420	22.7	7.9	적음
5.1	560	24.3	7.9	적음

출처: Klugh(1924)

다른 종류의 대형조류 군집

모래밭에 생육하거나 표류하는 대형 해조류 군집은 착생조류 만큼 연구되지 않았다. 모래 위에 착생하는(rhizobenthic; Round 1981) 대형조류들은 단단하지 않은 기질에 붙어 자라며 큰 규모의 군집을 형성한다. 그러나 이들 군집의 생산력, 생물량, 생태적 중요성에 대한 정보는 많지 않다. 착생epiphytic 조류는 다양한 해조류에 붙어 자라며(3장) 해조류와 미세조류가(7장) 단단한 기질을 어떻게 이용하는지를 보여준다. 착생조류는 다양하고 풍부하기 때문에 이들을 대상으로 한 연구가 이루어졌다. 표류 해조류는 전 세계에 걸쳐 흔하며, 특히 염하구에서 많이 볼 수 있다. 그럼에도 불구하고 이들이 해로운 대발생을 일으키는 장소를 알아낸 것을 제외하고는 생태학적 특징에 대한 연구는 얼마 되지 않는다(5장).

사지식물

모래와 뻘 기질에 붙어 자라도록 적응된 해조류를 사지식물psammophyte이라 부르며 아열대와 열대 해역에 가장 풍부하고, 특히 해초류 군집 안이나(그림 8-12; 10장) 환초의 석호에 많이 나타난다. 모래와 같이 부드러운 기질에 붙어사는 해조류는 보통 녹조식물문의 옥덩굴목Caulerpales(그림 8-12, 안쪽 사진)에 속하는 종들이 대부분이며 Dasycladales목도 어느 정도 나오는데, 이들은 가근이 매우 잘 발달되어 있다(6장). 이들과 더불어 관상(파래*Enteromorpha*) 및 사상(대마디말*Cladophora*, 염주말*Chaetomorpha*) 녹조류와 남조류를 포함한 다양한 소형 해조류들이 서로 뒤엉켜 매트를

그림 8-12. 열대의 모래밭에 붙어사는 해조 군집. 글로버스리이프Glover's Reef 석호(벨리즈Belize)의 부드러운 기질은 해면동물(화살표), 해초류(*Thalassia*와 *Syringodium*)와 모래 기질을 좋아하는 녹조류(예, *Penicillus*와 *Udotea*)들이 섞여 우점하며 이들 중에서 옥덩굴*Caulerpa*(안쪽 사진은 *C. sertularioides*)이 흔하다.

이루어 내만 해안(Scoffin 1970; van den Hoek et al. 1972) 또는 맹그로브 숲(Dawes 1996)의 모래 입자를 붙들어 놓는다. 모래나 뻘에 형성된 해조 군집은 바위 기질의 생육지 군집과 비교할 때 다양성이 떨어진다. 더구나 온대 해안의 거머리말*Zostera marina*과 열대의 해초 군집 내에서 단단한 기질이 있는 경우에는 해조류의 다양성이 증가하였다(Heijs 1985; Wheland and Cullinane 1985).

모래 기질에 붙어사는 녹조 석회조 바다선인장*Halimeda* 종들은 열대의 모래 군집을 우점하여 높은 생산력(2.3 g C $m^{-2}d^{-1}$)을 보인다(Colinvaux 1974). 흔하게 볼 수 있는 사지식물 종에는 바다선인장*Halimeda*, *Udotea* 및 옥덩굴*Caulerpa* 등이 있으며 산호 조각 위에 자라는 해조류인 *Agardhiella*, 서실*Laurencia*, 다홍풀*Dasya* 들과 뒤섞여 자란다. 생산력 면에서 모래 기질에 형성된 해조 군집의 중요성에 대해서는 알려진 것이 매우 적다. 그럼에도 해초류 군집에서 사지식물과 표류 해조류 무리의 생물량은 85%에 이르며(Dawes et al. 1985), 해초류의 총유기물량과 같거나 초과한다(Dawes et al. 1979).

모래 기질을 좋아하는 해조류들은 공간과 빛에 대하여 해초류와 경쟁을 하고 기질을 발달시키는 역할을 하여 해초류의 천이를 진행시키며 부착 기질을 안정되게 한다. Scoffin(1970)은 흐르는 조류의 속도가 초당 50 cm(0.1 kn h^{-1})까지도 녹조 *Batophora*속(Dasycladales)은 모래에 묻혀 있는 조개껍데기에 부착한 반면, *Halimeda*, *Udotea*, *Rhipochephalus* 등과 같은 대형 관상 조류들은 유속이

초속 80 cm(0.16 kn h^{-1})에서도 영향을 받지 않는다는 것을 알아내었다. 관상 조류를 포함한 대형 조류들은 천이 초기 단계에 들어와서 해초류 군집의 최종 천이 단계에 필요한 기질 내의 영양염 수준을 개선시킨다. Williams(1990)는 가근 부착성 녹조류(*Caulerpa, Udotea, Halimeda*)들이 카리브해 상 크르와St. Croix의 산호초 석호에서 생물을 제거시킨 실험구에 침입하여 나중에는 해초류로 대체되는 것을 관찰하였다. 5장에 설명된 바와 같이, 모래 기질을 좋아하는 녹조 *Caulerpa taxifolia*가 지중해에 도입된 후 해초 군집에 침입하여 *Posidonia oceanica*와 경쟁에서 이기게 되었다(de Villele and Verlaque 1995). 염습지 및 맹그로브 지역에 사는 해조류들은 사지식물로서 맹그로브 생육지의 기질 위에 매트를 이루어 자라는 사상형 조류뿐만 아니라(10장), 조간대 염습지 식물의 줄기와 뿌리에 붙는 착생식물들로 이루어져 있다(9장).

착생식물

해조류의 "공간 경쟁"은 다른 해조류인 기질식물basiphytes 위에 다양한 종류의 소형 해조류가(소형 조류; 7장) 착생식물epiphytes로 붙어사는 광경에서 뚜렷이 볼 수 있다. 착생 조류는 어디서든 볼 수 있으며 많은 경우가 기회종으로서 해양생물 군집에서 중요한 구성요소이다(Linskens 1963; Arrontes 1990). 출현 빈도, 높은 생산성, 조식성 무척추동물과 중형동물에게 먹이원으로서 중요하기 때문에 착생식물에 대한 연구 논문은 매우 많다(Lubchenco and Gaines 1981). 착생조류는 종다양성(예, Tokida 1960), 영양염 흡수와 같은 세포 및 대사 활동(예, Ducker and Knox 1984), Russell(1988b)이 기술한 바와 같은 생태적 기능(예, Novak 1984; Orth and van Montfreans 1984) 등에 관하여 연구되었다. 착생식물은 (1) 주변해수로부터 산소, 이산화탄소 및 영양분을 뺏으며, (2) 기질식물에 무게를 실어 식물체를 늘어뜨려 부러지게 하고, 기질식물을 가려 광합성을 낮추며, (3) 숙주의 조직 속을 파고들기도 한다(Fletcher 1995). 착생식물은 물리적(기계적인 마찰, 빠른 물 흐름), 화학적(염소나 구리에 씻기거나, pH의 변동), 생물학적(착생식물을 먹는 조식동물의 활동) 방법에 의해 제거된다.

전형적으로 착생식물은 해조류 엽상체에서 노성하거나 손상된 부분에 가장 흔하게 붙는다(Ballantine 1979; Arrontes 1990). 해조 기질식물과 착생식물 간의 경쟁은 자연상태(Arrontes 1990)와 배양 조건(Friedlander and Ben-Amotz 1991)에서 연구가 이루어졌으나 착생식물과 기질식물의 상호관계에 대하여 알아낸 정보는 매우 적다. 착생식물은 단세포, 사상형 기부, 잘 발달된 가근 구조를 이용하여 기질식물에 붙는다(7장; 그림 7-21). 기질식물인 해조류는 점액질을 분비하고(*Ascophyllum*), 생장을 빠르게 하며(일년생), 엽상체 표면의 pH를 변동시키거나, 맨 바깥층의 세포벽을 벗어버리며(파래*Enteromorpha*, 석회조류Corallinoids), 유독성 화학물질을 내거나(타감작용allelopathy; 뜸부기과), 짧은 생활사를 가지는 등 다양한 방법으로 착생으로부터 방어한다. 파래 *Enteromorpha*는 세포벽의 맨 바깥쪽의 당단백질 층을 벗어버리는 반면, *Ascophyllum*은 표피층 전체를 탈락시킨다. 카라기난식물인 *Eucheuma*는 자라는 동안에는 표면에 점액질이 분비되어 착생식물이 붙지 못하지만, 생장이 멈추어 표면에 점성이 없어지면 착생식물이 달라 붙는다(Dawes et al. 1974). 타감작용은 사가소 해에 분포하는 모자반*Sargassum* 2종(Sieburth and Conover 1965)에서 페

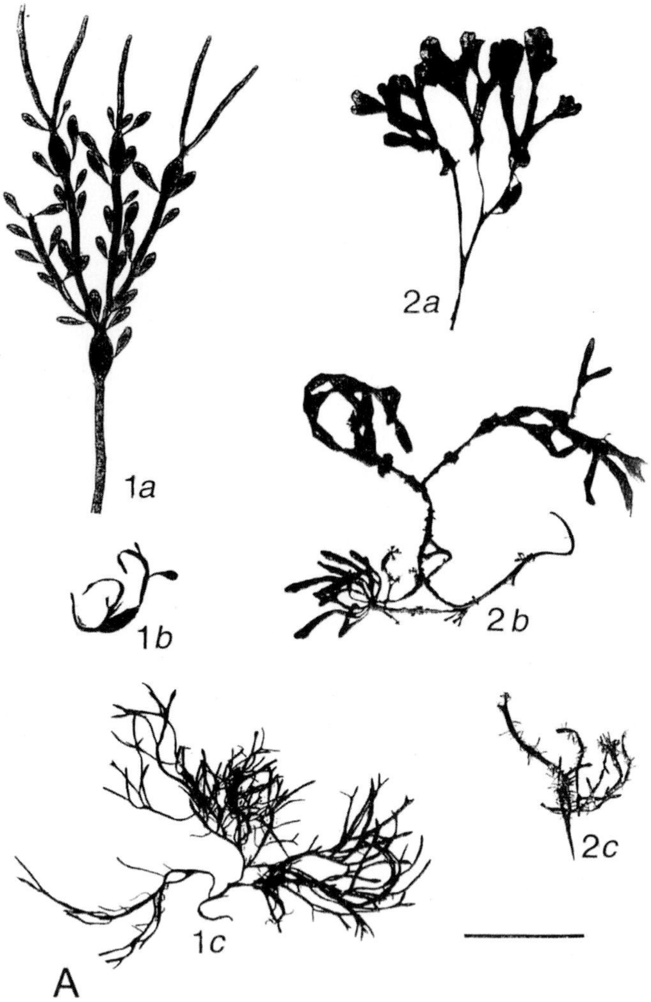

그림 8-13. 부유 대형조류. A. 떠다니는 *Ascophyllum nodosum*(1)과 *Fucus vesiculosus*(2)를 뉴 햄프셔, 그레이트 만Great Bay 하구의 염습지에서 흔히 볼 수 있다. 부착하여 자라는 엽상체의 가지(1a, 2a)와 최근에 떨어져 나온 가지(1b, 2b)가 생태형 *scorpioides*(1c)와 *limicola*(2c)로 변한 것을 비교해 볼 수 있다. 막대 표시는 5 cm(뉴 햄프셔 대학의 A. Mathieson 제공).

놀, 다시마*Laminaria* 종에서는 항생물질과 같은 부착방지 물질을 분비하여 일어난다. 가장 집중적으로 연구된 착생식물과 기질식물의 관계 중에서 하나는 홍조 *Polysiphonia lanosa*의 절대 착생인데, 이 홍조는 *Ascophyllum nodosum*에 반기생한다(Garbary et al. 1991; Levin and Mathieson 1991). 반기생은 단순한 착생과 기생 사이의 중간 단계인 것으로 보인다(3장).

그림 8-13. B. 아열대 및 열대 해초 거북말*Thalassia* 숲에는 군집 내에 떠 다니는 거대한 홍조류 매트(예, *Laurencia, Acanthophora, Hypnea*)들을 볼 수 있다(플로리다 해양연구소의 M. Hall 제공).

부유 해조류와 대발생

대부분의 해조류는 기질에 부착하므로 바닷물의 운동에 의해 떨어져 나가는 것을 막을 수 있다. 그러나 해조류는 바닷물이 영양염을 가져다주기 때문에 육상 식물과 같이 뿌리를 내릴 필요가 없다. 전 세계적으로 230종이 넘는 종이 부착하지 않고 부유하는 해조류로 알려져 있으며(Norton and Mathieson 1983), 내만 지역, 염습지, 외해역(예, 사가소 해)에서 발견된다. 대부분의 부유 해조류는 원래는 부착 해조류로서 기질로부터 떨어지면 형태가 뚜렷하게 변하며 대개는 유성 생식 단계도 없어지게 된다. 예를 들면, 염습지 생태형은 전형적으로 유성 생식을 하지 않으며, 체형이 작아지고, 미세한 돌기를 많이 낸다. 이와 같은 예는 *Ascophyllum nodosum*[그림 8-13(A1); *mackaii, minor, scorpioides*], *Fucus vesiculosus*[그림 8-13(A2); *limicola, muscoides, nanus*] 및 *Pelvetia canaliculata*(*coralloides, radicans*)의 생태형에서 볼 수 있다.

비부착성 해조류들은 서로 뒤엉키거나 다른 식물과 엉키며(예, *Hypnea musciformis*), 바다 바닥에 느슨하게 널려 있거나(예, 끈말*Chorda filum*), 성긴 엽상체가 공 모양을 이루며(예, *Cladophora*), 모래나 뻘 사이에 묻혀 있거나(예, *Fucus* spp.), 사가소 해에서 볼 수 있는 것처럼 떠 다니기도 한다(예, *Sargassum natans*와 *S. fluitans*). 이와 같은 해조류들은 부착한 기질 식물이 부서지거나 탈락되기 때문에 배아지(포자, 접합자)와 가지가 분열하여 자라나온 것들이다(Norton and Mathieson 1983).

부유 해조류에 대한 연구는 플로리다로부터 일본 연안에 이르기까지 여러 사례들을 보고하였다. 플로리다 동해안의 인디안 리버Indian River 석호에는 부유 해조류 63종이 출현하며 소형 동물들에게 산소, 먹이, 서식처를 제공한다[Benz et al. 1979; 그림 8-13(B)]. 봄철에는 부유 해조류의 확산 면적이 15 ha를 넘으며, 생물량은 평균 164 g dry wt m^{-2}에 이른다(Virnstein and Carbonara 1985). 여러 종이 섞여 떠다니는 해조류 무리는 일본에서는 경제 어종인 방어*Seriola quinqueradiata*의 산란장과 서식처 역할을 하며(Ohno 1984), 다양한 동물들의 분산 수단이 된다. 무절석회조류들도 부착하지 않고 생장할 수 있으며, 공 모양으로 둥근 붉은산호석rhodoliths(그림 8-14)을 이루어 바닥을 덮는다. Dawson(1960)은 붉은산호석의 생장 유형은 분지형(원주상 가지)에서 엽상형(납작한 가지)에 이른다고 기술하였다. 붉은산호석은 전 세계 해역에서 조간대 하부로부터 100 m 이상의 수심까지 분포한다. 이들 개체군은 화석으로 발견되며 고환경 조건을 해석하는데 이용되기도 한다(Steller and Foster 1995). 엽상체의 모양과 가지의 밀도는 빛, 영양염, 온도 등의 환경 요인에 대한 지표로(Bosence 1991), 형태는 물의 운동에 대한 지표로 이용된다(Prager and Ginsburg 1989).

부유 대형조류는 미세조류에 의해 생기는 것(예, 적조, 7장)과 유사하게 유해성 대발생을 일으킨다. 대형조류의 생물량이 지수적으로 증가하게 되면 해변을 오염시키고, 경제 어종에 영향을 미치며, 유독성 가스를 발생하고, 무산소 상태를 유발하여 고유한 식물 군집에 변동이 생기게 한다. 5장에서 설명된 것과 같이 부영양화로 인하여 생긴 대형조류의 대발생에는 메사추세츠, 와쿠와 만Waquoit Bay의 *Cladophora vagabunda*와 *Gracilaria tikvahiae*(Valiella et al. 1992), 버뮤다의 *Cladophora prolifera*(Bach and Josselyn 1978; Lapointe and O'Connell 1989), 베니스와 프랑스 연안의 참갈파래*Ulva lactuca* "녹조green tides"(Merrill and Fletcher 1991; Maze et al. 1993) 등의 예를 들 수 있다. 갈조 가온열매실말*Pilayella littoralis*이 메사추세츠 나한트 만Nahant Bay에서(Wilce et al. 1982), 녹조 *Codium isthmocladum*이 플로리다 웨스트팜비치West Palm Beach에서(그림 5-3; Lapointe) 각각 대발생을 일으켰는데 그 원인은 자연적인 요인과 인위적인 요인이 조합된 것으로 보인다.

그림 8-14. 붉은산호석rhodoliths. 무절석회조류는 부서져 떨어지면 조류에 의해 이리 저리 굴러다니면서 공 모양으로 둥글어진다. 분지형과 엽상의 붉은산호석 사진은 바하캘리포니아Baja California의 수심 8 m에서 찍은 것이다(모슬랜딩Moss Landing, 캘리포니아 주립대학의 M. Foster 제공).

9장

염습지

세계 연안에 분포하고 있는 두 가지 유형의 조간대 관다발 식물 군집 중에서(그림 9-1과 9-2) 염습지salt marshes 군집은 대기 온도가 어느 정도 규칙적으로 빙점까지 내려가는 지역에서 볼 수 있는 반면에, 맹그로브 숲mangals은 대기 온도가 보통 20℃ 이상 유지되는 위도 지역에 제한 분포한다. 그러나 맹그로브는 5℃ 이하에 잠깐 노출이 되는 것은 견디지만 지속적으로 얼게 되면 뿌리 부분이 죽는다(10장). 염습지와 맹그로브 숲은 파도의 영향은 적게 받으며, 강물에 침수되는 염하구 또는 보초 섬으로 보호된 연안 지역에 한정되어 분포한다(Chapman 1977). 염습지의 조간대에 분포하는 군집을 조절하는 다른 요인들로는 담수의 유입량, 퇴적물 이용 정도 및 조간대의 지형 등이 있다.

염습지는 아열대에서 북극 연안까지 분포하기 때문에 유럽(Long and Mason 1983; Adam 1990)과 북미(Teal 1969; Pomeroy and Wiegert 1981; Nixon 1982; Frey and Basan 1985; Mitsch and Gosselink 1993) 지역에서 집중적으로 연구되었으며 전 세계적인 연구도 이루어졌다(Chapman A.R.O. 1974; Chapman V.J. 1977). 염습지는 무척추동물, 어류, 새 등의 양육 장소 역할을 하므로 경제적 가치는 매우 높다. 예를 들면, Odum(1974)은 죠오지아Georgia 주에서 염습지가 되돌려주는 직접적인 경제적 가치는 연간 에이커당 2,600 달러로 추산하였다. 염습지는 아울러 항구로 이용되면서 인위적인 영향을 자주 받기 때문에 연구가 많이 이루어졌다. 이 지역은 누구든지 개발할 수 있는 공유지로 받아들여지기도 한다. 이와 같은 이유로 염습지는 수 세기에 걸쳐 약간의 경제적 이득을 위하여 이용되고, 변형되고, 개발되면서 전 세계적으로 심하게 훼손되었다(Dailer 1986). 최근에는 염습지에 대한 보존, 관리 및 복원 등이 중요한 논제가 되고 있다(Daiber 1986; Allen and Pye 1992).

염습지 종자식물의 적응

염습지는 전형적으로 바닷물의 수위가 조석 또는 비조석 주기에 따라 변동되는 곳이며 부드러운 기질(예, 모래 선상지)로 이루어져 있어서 내염성 초본 식물, 사초과 식물 또는 작은 관목들이 자라는 지역이다(Daiber 1986). 염습지 식생의 주요 특징은 염분 환경뿐만 아니라 토탄 퇴적층과 같이 바닷물에 잠긴 저층에 노출되는 것에 적응 되어있다.

그림 9-1. 메인 주, 키터리Kittery 부근의 브레이브보트하버Brave Boat Harbor 염습지. 썰물길과 조간대 하부에 뻘 층이 보이며, 갈조류의 뜸부기류가 염습지 가장자리에 붙어 있다. *Spartina alterniflora*(Sa) 생육대의 하부 경계 부분은 밀물과 썰물의 흐름으로 인하여 침식 되었다. 하부 경사면은 *S. patens*(Sp)가 우점하였으나, 이곳에는 다육질인 염생식물 나문재*Suaeda*들도 자라고 있었다. 상부 경사면은 골풀*Juncus gerardii*(Jg)이 좁은 띠를 이루어 분포하며 고지대의 숲과 연결되어 있다.

Warming(1909)은 수분을 유지하고 흡수하는 적응 방식에 따라 종자식물을 세 가지 유형으로 나누었다. 중형식물mesophytes 또는 협염식물glycophytes(예, 밀, 사탕무)은 담수가 있는 생육지에 자라며 수분 손실을 막기 위한 특화된 적응은 보이지 않는다. 습생식물hydrophytes은 물속에 부분적으로 또는 완전히 잠겨 사는 식물이며(예, 해초류; 11장), 건생식물xerophytes인 염습지 식물과 맹그로브는(10장) 수분을 유지하고 흡수하는데 유리하도록 외부 형태, 내부 구조 및 생식에서 적응이 되어 있다(Fahn and Culter 1992). 더구나 염생식물halophytes은 수분 손실을 방지하도록 적응이 되어 있는 점에서 건생식물과 대조가 되지만, 염생식물도 염분이 있는 환경에서 살아갈 수 있다. 그러나 염하구와 고지대 군집 사이에는 염도가 점진적으로 변동하기 때문에 이들 식물의 모든 생태형을 염습지에서 볼 수 있다. 전부는 아니지만 대부분의 염습지 염생식물은 생장 시에 염분 환경을 필요로 하지 않기 때문에 조건 염생식물facultative halophytes이다. 그러나 조건 염생식물들은 염분으로 인하여 수분 잠재력이 떨어지게 되면 뿌리를 많이 내는 반면, 협염식물은 이러한 특징을 보이지

그림 9-2. 플로리다, 위키워치Weeki Wachee 강의 염습지. 조간대 하부는 모래 뻘과 굴 껍데기로 이루어져 있으며 썰물 때에 뚜렷하게 드러난다. *Spartina alterniflora*(Sa)는 성기게 무리를 이루어 조간대 하부의 경계 부분에 자란다. 넓게 펼쳐진 하부 경사면은 *Juncus roemerianus*(Jr)가 우점하며, 이들 사이에 고도가 약간 높은 곳(10 cm)에는 고사리 식물인 *Acrosticum*(화살표)이 듬성듬성 무리를 이루고 있다. 상부 경사면의 경계 지역은 야자나무 둔덕을 둘러싸고 있다.

않는다(Adam 1990). *Suaeda aegyptica*와 일부 다른 종류의 다육식물들은 진정 염생식물obligate halophytes로 알려져 있는데, 이들은 칼륨이 아니라 나트륨을 특별히 필요로 한다(Eshel 1985). 진정 염생식물들은 토양 염도가 100 M m^{-3}(Flowers et al. 1986) 이상에서도 자라며 생활사를 마치기 위해서는 짠물을 필요로 한다. 이 교재에서는 협염식물을 포함한 염생식물을 조간대 습지 군집에서 자라는 식물 종에 포함시켰다.

분류

현재로서는 전 세계적인 연구 자료가 없고 염생식물을 구성하는 종에 대한 견해가 다르기 때문에 염습지 식물의 과와 종수를 파악하기는 어렵다. Adam(1990)은 자신이 기록한 염습지 종자식물 18과 중에서 벼과Gramineae, 명아주과Chenopodiaceae, 골풀과Juncaceae, 사초과Cyperaceae, 갯질경이과Plumbaginaceae, Frankeniaceae과 등 6과가 전 세계적으로 우점하는 것으로 추정하였다. 국화과Asteraceae 역시 이 목록에 추가되어야 한다. 이 견해와는 달리 Tiner(1987)는 북미 해안 저지대에서 60과 280종의 염습지 식물을 기록하였다. 염습지 식물은 400종 이상이 보고 되어 있는데, 이들은 전 세계적으로 9종류의 해변 군계를 형성한다(Chapman A.R.O. 1974; Chapman V.J. 1977). 가장 뚜렷하게 출현하는 종들은 *Spartina*, 퉁퉁마디속*Salicornia*, 골풀속*Juncus*, *Arthrocneum*, 나문재속*Suaeda*, 질경이속*Plantago*에 속하는 것들이다(Chapman 1977). Adam(1977)은 영국 해안 염습지에서 염생식물을 구성하는 12과 45종을 포함하여 325종의 관다발 식물을 기록하였다. Duncun(1974)은 미국 동부에서 75과 347종을 보고 하였으며, Eleutherius(1980)는 미시시피에서 63과 200종(고사리식물 3종, 겉씨식물 1종, 단자엽식물 89종, 쌍자엽식물 107종)을 기록하였다.

염습지 식물의 종 다양성은 온대와 지중해성 기후 지역에서 가장 높고 고위도(북극)와 저위도(아열대) 지역에서는 낮다(Adam 1990). 전 세계의 염습지 식생은, 염생식물의 종류가 적고 다른 대륙의 자매종과 유연관계가 있는 광역 분포종이 포함된 육지의 초원 식생과 비교할 때 다양성이 높지 않다. Chapman(1977)은 염생식물 속이 광역 분포하게 된 것은 대륙 이동에 기인된 것이라고 제안한 반면, Adam(1990)은 일차 요인으로서 새 또는 영양 번식에 의해 분산된 것으로 간주하고 있다. 염생식물의 종류는 맹그로브보다 다양하며, 많은 과에 속하는 식물들이 국지적이거나 대륙적인 규모로 염분 적응에서 독립적으로 평행 진화했다는 것을 보여주고 있다(Adam 1990). 이와 같은 현상은 특히 상부 염습지에 사는 식물에 해당되는데, 이곳에는 혐염식물 종들도 함께 나온다.

염습지에 적응된 다양한 종자식물 무리에 대한 분류와 생식에 관한 상세한 정보는 지역 식물상 연구를 통하여 얻을 수 있다. 염습지에 사는 종자식물은 꽃과 종자의 적응에서 어떠한 유형도 뚜렷하게 나타내지 않으며, 혐염성인 종자식물 종들과 형태적으로 유사하다. 따라서 맹그로브(10장) 부분과는 달리 염습지 종자식물의 생식 생물학에 대한 부분은 포함시키지 않았으며 광범위하게 분포하는 3종의 염습지 종자식물들에 대해서만 다루었다. 예를 든 식물들이 연안 염분 환경에서 형태적, 구조적, 생식적으로 어떻게 적응했는지를 간략하게 소개하였다.

Spartina alterniflora Loisel(그림 9-3)은 사초과나 포아풀과Poaceae(벼과Gramineae)에 소속시키는 단자엽식물이다. 이 종은 남북미와 유럽 양쪽 해안에서 발견되며 *Spartina*속은 범세계적으로 분포한다(Mobberley 1956). 직립 줄기(탄소질 줄기)는 조간대의 물골을 따라 분포하여 3 m까지(긴 체형) 자라며 염습지 상부에서는 0.2 - 0.8 m(짧은 체형) 정도로 자란다. 이들 두 형태는 줄기 크기에서 분명하게 차이를 보였으며 포장 실험에서도 유전적으로 차이가 있음을 암시해주었다(Gallagher et al. 1988). 그러나 줄기의 키에서 큰 차이를 보이는 종 대부분은 *S. anglica*(Thompson et al. 1991)와 다른 종(Howes et al. 1986)에서 보는 바와 같이 토양 요인에 따라 표현형으로 발현된 것으로 보인다. *Spartina alterniflora*는 지하경을 수평으로 뻗는 영양계를 가지는데, 지하경은 가지를 연기적으로 분기하며 줄기와 뿌리를 낸다. 뿌리는 두 가지 유형으로 낸다. 코르크 물질로 둘러 싸여 있으며 분기하지 않는 몸을 고정시키는 뿌리와 수명이 짧고 섬세하며 분기를 많이 하여 뭉쳐나는 흡수 뿌리이다. 이 종의 줄기와 잎은 생물량의 1/3에서 1/10을 차지한다(Gross et al. 1991). 줄기는 공기 격실을 가지는데 중앙의 빈 공간 주변으로 작은 공간들이 둘러싸고 있으며, 이들은 줄기의 주변부를 따라 관다발과 교대로 배열되어 지하경과 뿌리로 연결되어 있다(Anderson 1974). 잎은 기부의 개재분열조직으로부터 나오며 표면은 매끈하고, 엽신은 편편하며 세로로 홈이

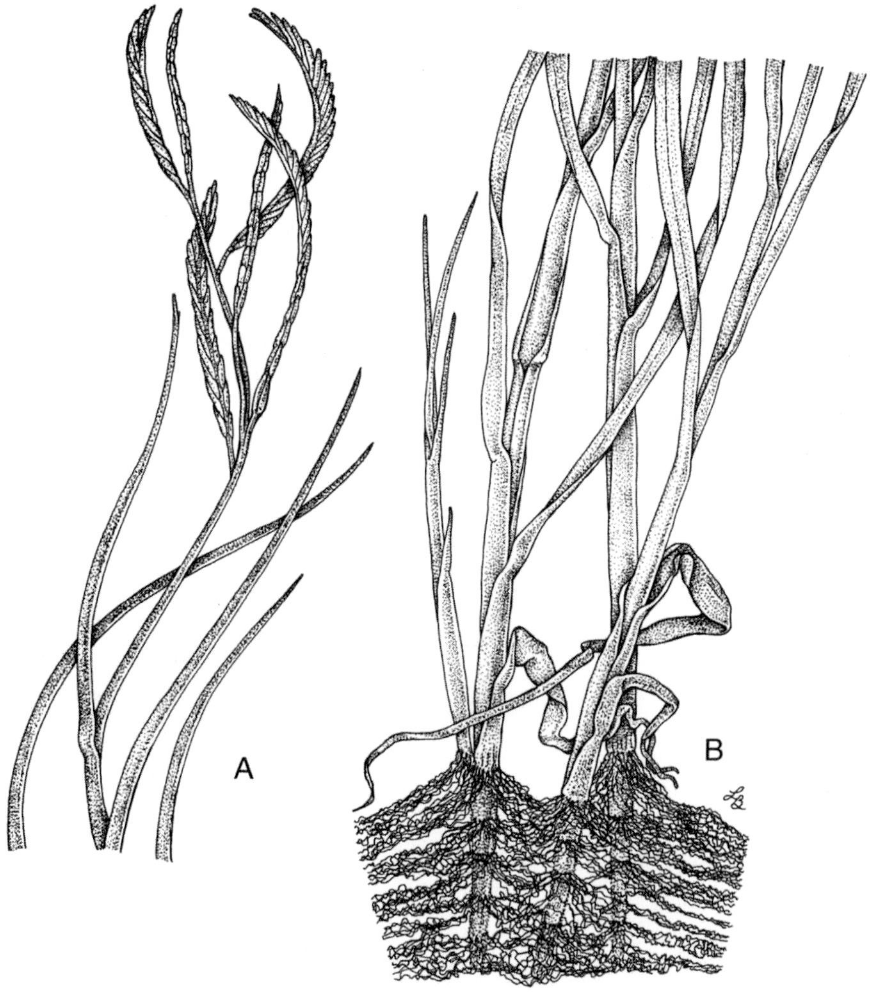

그림 9-3. *Spartina alterniflora.* 탄소질 줄기의 상부(A)에는 전형적인 사초과 식물의 꽃이 핀다. 하부(B)에는 부정근이 나 있으며 지하경은 그림에 나타내지 않았다.

나 있다. 잎은 물기가 없고 건생 초본식물과 같이 얇은 조직을 지니며, 두 세포로 이루어진 염분 분비 표피세포를 가지고 염분 환경에 적응한다(Fahn and Culter 1992). 엽신은 C_4 광합성을 수행하는 크란츠Kranz구조를 가진다. 개화와 결실은 전형적인 사초과 식물의 특징을 보인다.

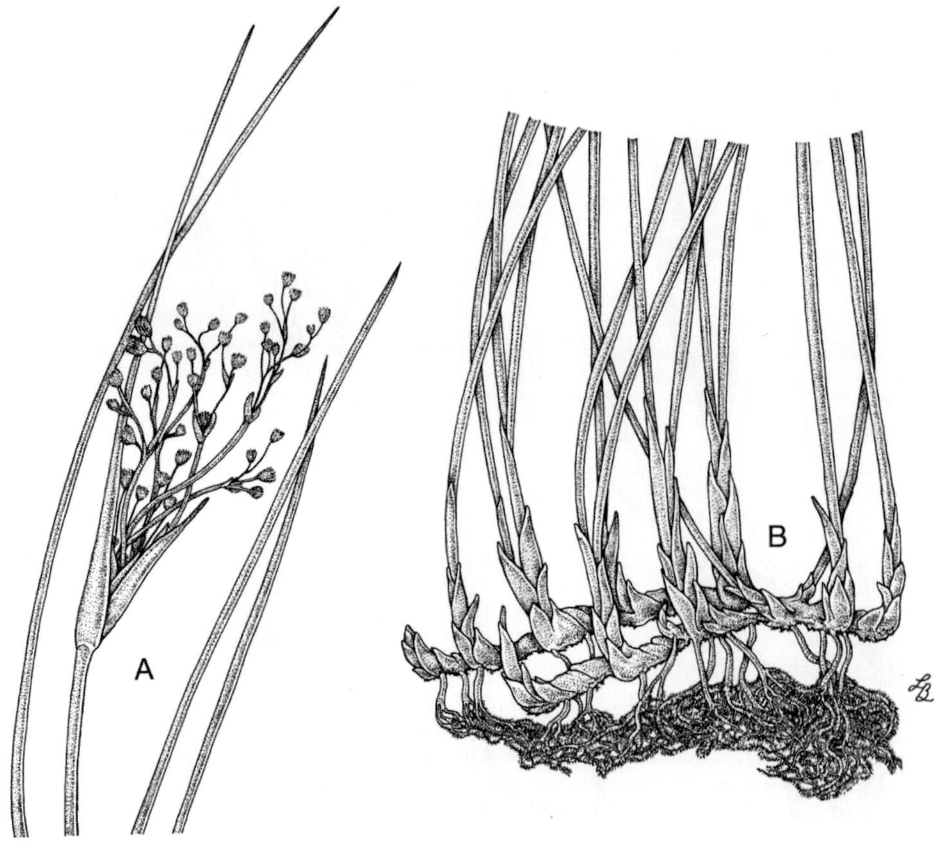

그림 9-4. 검은골풀*Juncus roemerianus*. 줄기의 상부(A)에는 전형적인 골풀형 꽃이 피며 줄기는 원주상이고 바늘 모양의 잎을 내어 2 m까지 자란다. 하부(B)는 두텁고 빽빽하게 가지를 친 덩이줄기를 내며 뿌리는 비늘잎으로 싸인 지하경에서 나온다.

검은골풀*Juncus roemerianus* Scheele(그림 9-4)은 골풀과에 속하는 단자엽식물이며 8속이 남반구에 가장 흔하게 나온다(Seibert 1969). 골풀속*Juncus*은 담수와 염습지에 자란다. 골풀속 식물은 *Spartina*와 같이 지하경은 분기하며, 줄기는 직립하고, 수염뿌리를 내는 영양 생식을 한다. 지하경은 슈베린이 침적된 비늘잎으로 둘러싸여 있으며, 피층 안에는 공기 격실이 있고, 내초로부터 피층을 경계 짓는 내피층이 있다. 탄소질 줄기에는 공기격실이 있으며 횡단면이 난형인 바늘 모양으로 긴 잎(2 m까지 자람)을 낸다. 엽신은 기부의 개재분열조직으로부터 나온다. 표피는 성숙하면 리그닌질로 변하며, 두꺼운 큐티클층이 조밀하게 분포된 엽록소 조직을 덮는다. 엽신의 중앙부는

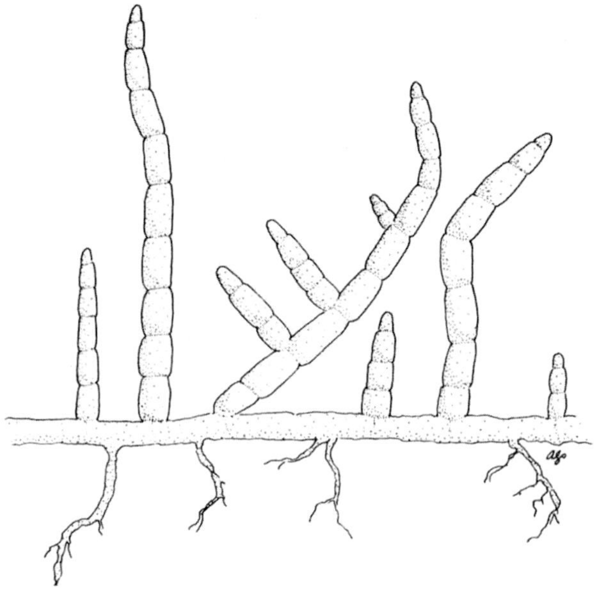

그림 9-5. 다년생 퉁퉁마디*Salicornia virginica.* 다육질인 줄기는 20 cm에 이르지만 보통은 기어 자란다. 줄기는 다육질 엽병이 변형되었기 때문에 잘록하다.

해면질의 유조직성 엽육 기본조직이 수많은 관다발과 연결되어 있다(Anderson 1974). 공기격실은 줄기의 중앙부뿐만 아니라 관다발 조직 사이에 분포하며 유조직판에 의해 격리되어 있다. 꽃은 골풀과의 전형적인 형태로서 조밀한 취산화서를 보인다.

퉁퉁마디*Salicornia virginica* Linnaeus(다년생; 그림 9-5)는 명아주과Chenopodiaceae에 속하는 쌍자엽식물이며. 이 과에는 다른 과보다도 많은 종의 염생식물이 포함되어 있다. 줄기와 잎은 다육질이며 세포에 물이 많이 들어 있기 때문에 마디가 부풀어 보인다(DeFraine 1912). 이 식물은 다년생이며 다육질인 줄기가 광택을 내는 특징 때문에 통명이 붙여졌으며, 다육성 줄기에는 두꺼운 왁스 큐티클층이 있다. 줄기는 포복하여 자라며 직립하는 짧은 가지를 낸다. 쌍자엽식물의 전형인 주근은 없으며, 줄기는 기질 위를 뻗어나감에 따라 부정근을 낸다. 엽신은 비늘잎으로 퇴화되었고, 다육질인 엽병이 줄기 둘레를 에워싸므로 마디가 있는 것처럼 보인다(그림 9-4).

지리 분포

전 세계적인 염습지 식물군집의 분포는 식물상 및 식생 기준에 따라(그림 9-6) 9개의 지리적 천이계열, 아극상 그룹(Chapman 1974), 또는 단순한 그룹(Chapman 1977)으로 나뉜다. 북극 그룹Arctic Group에는 북미 아극지와 러시아 극지뿐만 아니라 그린랜드와 아이슬랜드도 포함된다. 이 그룹은

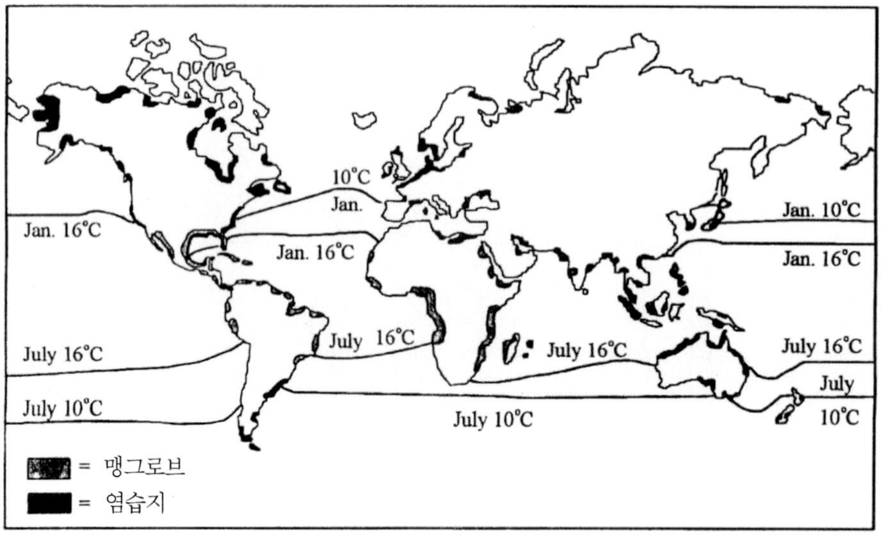

그림 9-6. 염습지와 맹그로브의 세계 분포. 북반구와 남반구의 16℃ 겨울 등온선은 일반적으로 맹그로브 분포역을 둘러싸고 있으며, 10℃ 겨울 등온선은 염습지가 분포하는 최저위도를 나타낸다(Chapman 1977).

더 이상 세분될 수 없으며 대기 온도가 최저인 곳에 발달하므로 염습지가 단편적으로 발달하여 조간대 상부에 자라는 사초속*Carex*과 함께 *Puccinella phrygandes*가 우점한다. 북유럽 그룹Northern European Group은 토양 또는 염도의 차이에 근거하여 5개의 아그룹으로 나뉘며, 북해 연안, 발트 해, 아일랜드와 영국 해안을 포함하여 이베리아 반도 북쪽까지 이 그룹에 포함된다. 이 지역에는 일년생 *Salicornia* spp., *Puccinella maritima, Juncus gerardii*와 같은 일년생 식물이 우점한다. 지중해 그룹Mediterranean Group은 북유럽과 유사성을 보이는 3개의 아그룹으로 세분되며 *Arthrocneum*과 *Limonium* 종들과 더불어 *Juncus acutus*가 우점 한다. 서대서양 그룹Western Atlantic Group은 캐나다의 세인트로렌스 강St. Lawrence River으로부터 걸프만 해안까지 이어지며 북미 남해안의 맹그로브 분포대로 전이되는 지역이다. 서대서양 그룹 역시 3개의 아그룹으로 나뉘며 뉴잉글랜드의 펀디 만Fundy Bay에서 남동해안의 코스탈플레인Coastal Plain에 이른다. *Spartina alterniflora* 이외에 우점하는 식물은 *S. patens*(뉴잉글랜드New England), *Juncus roemerianus*와 *Sesuvium portulacastrum*(코스탈플레인) 등이다. 태평양 미주 그룹Pacific American Group은 알래스카를 포함하여(*Puccinella phryganodes*) 3개의 아그룹으로 나뉘며, 얼음에 의한 손상으로 인하여 불안정한 염습지가 형성되어 있다(그림 9-14 참조). 북태평양 아그룹의 중앙 지역은(*Salicornia foliosa, Suaeda* spp.) 점차 남부 아그룹으로 변하며, 남부 지역은 염습지가 복잡하게 형성되어 있다(예, 샌프란시스코 만San Francisco Bay). 남부 아그룹의 염습지 하부에는 *Salicornia virginica*와 *Scripus maritimum*이 자라며, 상부에는 *Distichlis* *spicata*와 *Juncus balticus*가 분포한다. 중국 일본 그룹Sino-Japanese Group에는 북부 지역에 *Carex ramenski*가, 남쪽 끝에는 *Triglochin maritima*와 *Salicornia brachystachya*가 분포한다. 호주 그룹Australian Group은 호주와 뉴질랜드를 포함하며 *Salicornia australis, Suaeda novae-zelandiae* 및 *Triglochin striata*와 같은 남반구 종들이 분포한다. 남미 그룹South American Group에 속하는 지역에는 *Spartina brasiliensis, S. montevidensis* 뿐만 아니라 *Distichlis*와 *Heterostachys*에 속하는 종들이 분포한다. 마지막으로, 열대 그룹Tropical Group은 고도가 높은 지역에 제한 분포하는데, 이 지역은 조석류로 침수되는 일이 매우 드물고 내륙의 높은 온도가 맹그로브 군집을 손상시키는 곳이다. 열대 그룹 식생은 플로리다(*Juncus roemerianus, Sesuvium portulacastrum*)와 바하 캘리포니아의 건조한 지역(*Salicornia virginica, Spartina foliosa*)에서도 발견된다.

형태적 적응

반지중식물hemicryptophytes이거나 싹이 지표면에 남는 다년생(예, *Spartina, Juncus*)으로서 영양 생장하는 종들이 염습지를 우점한다(Chapman 1977; Adam 1990). 흔하게 나타나는 다른 종류의 형태형으로는 왜소형 관목chamaephytenanophanerophytes(예, *Baccharis*)과 일년생 식물therophytes(예, *Puccinellia*) 등이 있다. 일년생 식물은 위도와 염습지 그룹에 따라 다양하며 지중해와 반건조 기후 지역에서 더욱 뚜렷하게 나타난다(Chapman 1974). 앞서 종을 기재한 부분에서 언급된 바와 같이, 영양생식은 흔한 특성으로서 대부분의 다년생 염습지 식물은 지하경을 내는 것이 특징이다. 더구나, *Spartina patens*의 탄소질 줄기에서 영양지가 뭉쳐서 나오는 것은(11장 참조) 질소와 염도 기울기 때문에 나타나는 현상이다(Hester et al. 1994). 수평으로 기는 줄기는 지표 아래에 수 cm로부터 1 m 깊이까지 자라며(Reimold 1972), 휴면 기간 중에는 저장 기관 역할을 한다. 아울러 수평 줄기는 영양지를 확장시키는 역할도 한다. 염습지 식물의 지하경은 굵은 고정 뿌리와 가늘고 연한 흡수 뿌리를 가지고 있으며, 이 뿌리는 부드러운 기질을 결합시켜 침식을 막는다. 쌍자엽식물의 이차 뿌리와 단자엽식물의 수염뿌리는 주변 기질로 산소를 방출하여 근권rhizosphere의 혐기 상태를 완화시켜준다(9장, 토양 특성 참조). 지하경과 같은 지하 부분이 넓은 면적에 걸쳐 발달해 있고 결속력이 크기 때문에 염습지를 뚫고 기질을 채취하기가 어렵다.

해부학적 적응

건조한 환경에 대한 염습지 식물의 적응 형태는 물을 효율적으로 확보하기 위하여 복잡하게 발달한 내부 구조에서 뚜렷하게 볼 수 있다. 줄기, 잎, 뿌리는 (1) 목질화가 증가되고, (2) 표피층이 복잡하게 발달하며, (3) 잘 발달된 유관속초는 카스파리선이 광범위하게 펴져 있는 내피층을 가진다(Anderson 1974). 이와 더불어 많은 염습지 식물들이 통기조직aerenchyma과 공기격실을 가지고 있어서 줄기와 뿌리 사이의 산소 확산을 돕는다(10장의 맹그로브; 11장의 해초류에서 볼 수 있음).

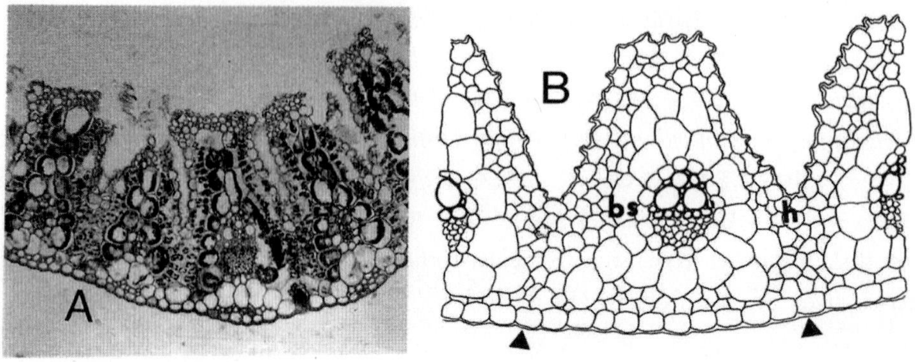

그림 9-7. *Spartina alterniflora* 잎의 횡단면. 광학현미경 사진(A)과 그림(B)으로 보면 잎의 상부(향축면)에 깊은 홈이 평행으로 나 있으며 이 부분에 기공과 수분 저장세포(h)가 들어있다. 각 홈의 정단부는 목질화된 표피층과 후벽세포로 이루어져 있다. 배축면의 표피층(화살표)은 두껍게 각피화 되어 있다. C_4 크란츠Kranz 구조는 두 개의 유관속초(bs)가 각 잎맥 주위에 동심원 방향으로 배열되어 있다. 바깥쪽 싸개는 엽록체가 있는 큰 세포로 이루어져 있는데 이부분에서 C_3 탄소 고정이 일어나며, 안쪽 싸개는 색소체가 없는 작은 세포들로 이루어져 있다. 기본 엽육조직은 C_4 탄소 고정을 하는 엽록체를 가진다.

통기조직은 유조직 세포벽의 분열로 분리되어 불규칙하게 공기 통로가 만들어진 것이다. 반면에 공기격실이라고 부르는 규칙적인 모양의 공기 통로는 세포벽이 분리되거나 용해된 결과(예, 세포의 소화) 식물체를 관통하는 원주상의 공기 통로가 형성된 것이다(Fahn and Cutler 1992). 중형식물과 비교해 볼 때 염습지 식물은 특히 내부 구조에서 적응이 뚜렷하다. 각각 다른 종류의 염습지 식물에서 세 가지 유형의 건생형 잎인 다육질 형, 두꺼운 형, 건조한(얇은) 형 등을 볼 수 있다. 이들 각각의 건생형 잎은 물을 확보하기 위하여 뚜렷하게 적응되어 있다. 건조형 잎은 물 손실을 막기 위해 표피층이 보강되어 있으며, 표피층으로부터 모용이 꼬여 나온다. 다육질 잎은 물을 저장하므로 내부의 염분 농도를 희석시키는 반면, 두꺼운 잎은 관다발 조직, 물 저장 조직, 광합성 조직을 많이 갖는다(Fahn and Cutler 1992). 염습지 식물에서 우세하게 나타나는 두 가지 잎 형태는 건조형과 다육질형으로서 각각 *Spartina*와 *Sesuvium*에서 관찰된 것이다.

사초과 식물 *Spartina alterniflora*의 건조형 잎은 모양이 선형이며 평행맥을 가진다(Anderson 1974; Fahn and Cutler 1992). 성숙한 잎을 횡단해 보면(그림 9-7) 잎의 상부(향축면)에 깊은 홈이 세로로 평행 배열되어 있으며 각각은 잎맥을 가진다. 건조형 잎의 하부(배축면) 표피 세포는 상표피보다 세포벽과 각피가 더 두껍고 목질화 되는 경향이 있다. 더구나 기공은 상표피층(중형식물의 잎과는 달리)에 밀집되어 있으며 홈을 따라 배열되어 있다. 2세포성 염류 세포는 표피층 양면에 나오지만

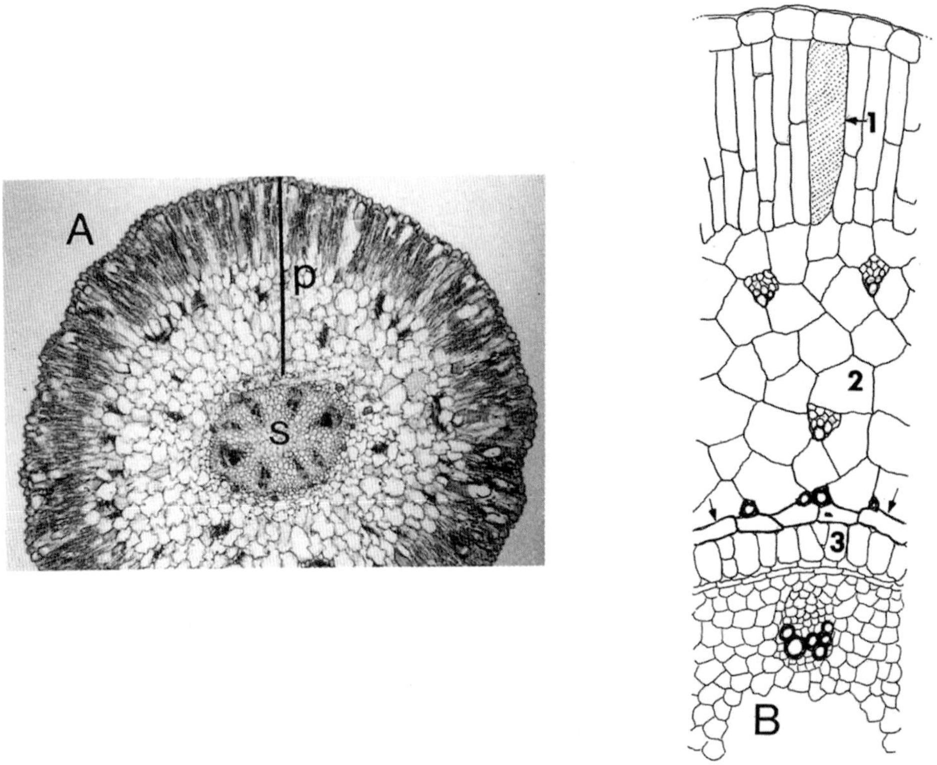

그림 9-8. 퉁퉁마디*Salicornia virginica* 줄기의 횡단면. 줄기는 변형된 엽병(p)으로 싸여 있는데, 이 엽병은 다육성이고 돌기가 있는 표피세포를 가진다(A). 그림(B)은 울타리 세포(l) 사이에 들어 있는 저장 가도관, 배축 방향의 변형된 잎 표피(화살표) 안쪽으로 작은 맥을 가진 기본엽육세포(2)와 코르크성 줄기 내초(3)를 보여준다.

향축면의 홈에 가장 많다. 많은 종류의 건조형 사초과 식물의 잎(예, *S. alterniflora*)은 수분저장세포hydrocytes를 구성하는 두께가 얇은 세포벽이 붕괴되면 꼬이게 되며 이 구조는 상표피층 홈의 기부에서 볼 수 있다. 따라서 이러한 구조의 잎은 대롱 모양으로 말리므로 하부 표피층이 드러나게 되어 수분 손실을 줄이게 된다. 기본 엽육조직은 드물게 있으며 공기가 통하는 해면질의 엽육조직도 없다. 이 종은 C_4 식물로서 각각의 평행맥 주변에 두개의 유관속초로 이루어진 크란츠 구조를 가진다. 바깥쪽 싸개는 엽록체를 가진 큰 세포로 이루어져 있고, 안쪽 싸개는 세포벽이 코르크질의 카스파리선으로 둘러져 있는 작은 내피층 세포로 이루어져 있다(Kuramoto and Brest 1979).

퉁퉁마디*Salicornia virginica*의 엽병은 다육질로서 줄기 둘레를 싸며, 엽신(인편으로 바뀜)이 광합성 기관이다(그림 9-8; DeFraine 1912; Anderson 1974). 다육성은 물을 저장하고, 무기 염류를 희석

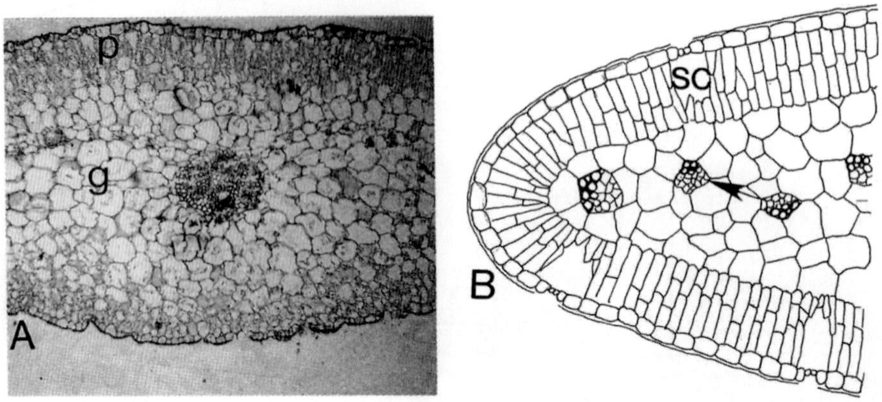

그림 9-9. *Sesuvium portulacastrum* 잎의 횡단면. 다육성인 잎은 두꺼운 표피(화살표), 불규칙한 외부 책상조직(p), 물 저장 및 염분을 희석시키는 내부의 기본 엽육조직(g)을 가진다(A). 그림 (B)은 기공 격실(sc)과 이차 잎맥(화살표)을 보여준다.

시키며, 표면적을 줄여서 수분 손실을 낮추기 위한 적응이다. 표피 세포들은 돌기를 내며 두꺼운 세포 외벽과 각피로 이루어져 있다. 각피는 매우 두꺼워서 세포벽과 분리될 수 있다. 기공은 줄기 주변에 분포한다. 변형된 엽병의 바깥층은 1-3열의 원주상 책상조직 세포들이 배열되어 있으며 엽록체 대부분이 이 세포 속에 들어 있다. 가도관 모양의 이형세포 또는 선인장이나 난과 식물에서 볼 수 있는 것처럼 물을 저장하는 가도관들은 엽병의 책상조직 세포와 함께 산재해 있다. 변형된 엽병의 2/3 정도가 해면상의 수분 저장세포인 내부 엽육조직으로 이루어져 있다. 기본 엽육조직은 염분 농도가 높은 부위로서 물을 저장하는 액포에서 볼 수 있다. 기본 엽육조직 안에는 섬유 다발과 작은 잎맥들이 들어 있다. 엽병의 하부 표피층, 외부 표피층과 줄기의 피층은 경계가 뚜렷하지 않으므로, 바깥쪽 대형 세포 내피로부터 시작되는 관다발 중심주의 카스파리선은 구분하기 어렵다. 성장 시기가 끝나면서 변형된 엽병의 떨켜층에는 한 층의 코르크 세포층이 나타나는데, 이 세포층은 줄기의 아표피 세포로부터 형성된 것이다.

*Sesuvium portulacastrum*은 염습지에 사는 또 다른 종류의 다육성 쌍자엽식물이다. 기다란 잎의 중앙부에는 기본 엽육조직과 관다발이 들어 있다(그림 9-9). 잎맥은 잘 발달된 유관속초세포로 둘러 싸여 있으며, 이 세포들은 세포벽에 카스파리선을 가지고 있어서 내피 기능을 한다. 기본 엽육조직은 물과 염분의 저장 기능을 하며 엽록체 대부분이 바깥쪽에 위치해 있는 느슨한 울타리 모양의 엽육 조직에 들어 있으며 공기 격실도 있다. 표피 세포는 입방형이며 기공은 잎의 양면에 나타난다. 퉁퉁마디*Salicornia virginica*와 *Sesuvium portulacastrum* 모두 다육성 건생식물임에도 C_4 탄소고정을 하지 않는다.

염습지 식물의 생리 생태적 특성

염습지 식물은 육상 생육지와 비교할 때 최적 조건 이하의 환경에 놓여 있다. 염습지 토양에서는 염화나트륨 농도가 높으며, 이온의 조성과 해수의 이온 효과로 인하여 필수 영양염 이온은 제한되고 혐기성 조건이 형성된다. 더구나 조석 침수가 일어나므로 온도 충격을 받고, 광주기에 변화가 일어나며, 조석류로 인한 물리적 영향을 받게 되고 부유물이 잎에 침적되어 기공이 막히게 된다. 따라서 수분 유지 및 염분 내성과 관련하여 염습지 식물의 생리적 특징을 연구하는 것은 흥미 있는 일이다.

염도와 식물

식물에 미치는 염도의 효과는 연구 주제로 폭 넓게 이용되어 왔는데, 특히 염분이 있는 토양에서 자라는 경작종과 변종을 선발하기 위하여 광범위하게 연구되어 왔다. 따라서 환경에 대한 염습지 식물의 생리적 반응은 가장 흥미로운 주제가 되었다(예, Flowers et al. 1986; Adam 1990). 토양의 염도는 염습지의 상하부에 따라 변화를 보이는데, 강우와 담수 유입에 따른 변동에도 불구하고 염습지 중부에서 상부 지역으로 가면서 염도가 점차 높게 나타난다(예, 건조한 바하캘리포니아 염습지). 일반적으로 염습지 내에서 고도가 높은 곳은 조석류에 의해 잠기는 기회가 적으므로 고도가 낮은 염습지(예, 미국 남부)와 같이 증발이 크면 이온 수준이 증가하게 되고 많은 종류의 염생식물들에게 독성(고염도)을 미치게 된다.

관다발 식물은 낮은 농도(콩: 5-10 M m^{-3} Cl)로부터 높은 농도(*Suaeda* sp.: 340+ M m^{-3} Cl) 범위에 이르기까지 토양 염도에 대하여 뚜렷한 내성을 나타낸다. 염습지 식물의 근권에서 Na^{+}과 Cl^{-} 농도가 높아지면 영양염 뿐만 아니라 수분의 흡수 능력에도 영향을 미치게 된다. 염생식물은 토양 염도가 낮은 곳에서도 협염식물보다 대부분의 거대 또는 미량 영양염에 대한 흡수율이 높다. 이는 염생식물이 가지는 뚜렷한 특징이다(Adam 1990).

염류 조절

협염식물의 내부 이온 농도는 100-200 M m^{-3}(대부분 칼륨; Storey and Wyn Jones 1979) 범위로서, 세포의 삼투 잠재력을 -0.5에서 -1 MPa(염도와 식물 참조, 4 장)이 되도록 한다. 물이 줄기로 이동하기 위해서는 수분 퍼텐셜에 기울기가 형성되어야 한다. 염도 35 ppt의 해수는 -2.5 MPa의 수분 퍼텐셜을 가지므로 염생식물의 뿌리는 물을 빨아 올릴 수 있는 정도 이하의 삼투 퍼텐셜을 가져야만 한다. 뚜렷하게 구분되지는 않지만, 대부분의 염생식물은 삼투순응형osmoconformer이거나 삼투조절형osmoregulator으로 보이며(Storey and Wyn Jones 1979), 삼투순응형은 토양과 식물 사이의 삼투 퍼텐셜에서 기울기를 나타내지만 삼투조절형은 기울기를 보이지 않으며 내부의 염도 변화에 직면하게 되면 조직의 이온 농도가 뚜렷하게 변화한다. 염습지 토양에서 뿌리가 뻗어가는 깊이 역시 적응으로 나타나는데, 얕은 뿌리 식물은 토양 염도의 불규칙한 변동(증발, 강우, 조석류에 의한 씻김)을 겪게 되는 반면, 깊은 뿌리 식물은 토양 염도의 변동과는 무관하다. 염생식물의 뿌리 형태와 깊이를 분포대와 염분 조절 유형과 관련시켜 보면 흥미 있는 일이 될 것이다. Adam(1990)은 염생식물의 내부 염도 증가에 대하여 나타내는 반응은 세 가지 방식: (1) 유기 용질의 합성, (2) 무기 염류의 흡수, (3) 탈수 등에 의한다고 설명하고 있다.

몸 안에서 유기 용질을 합성하는 것은 염류의 흡수를 효과적으로 막는 방법이 된다. 예를 들면, 당의 농도가 20%-40%인 세포는 100 M m^{-3}의 염화나트륨을 순화시킨다. 염습지에 사는 염생식물의 효소는 고농도의 Na^{+}와 Cl^{-}에 대해서도 내성을 보이지만, 세포질 내에 염분이 많아지면 독성을 미치게 되므로 세포의 삼투 퍼텐셜은 유기 용질에 의해 조절되어야 한다. 염생식물 16종에 대하여 연구한 결과, 단자엽식물 3종에서는 수크로오스, 쌍자엽식물 2종에서는 말토오스, 쌍떡잎과 단자엽식물 4종에서는 폴리올이, 나머지 종에서는 가용성 탄수화물, 폴리올, 베타인과 유리 프롤린 등이 혼합되어 나타났다(Briens and Larher 1982). 질소를 포함하는 화합물, 이를테면 아미노산 프롤린, 사차암모늄화합물(예, 글리신베타인)과 탄수화물(소르비톨, 다가알코올, 당) 등은 염습지 식물에서 발견되는 삼투조절 물질의 예들이다. 프롤린과 사차암모늄화합물은 염생식물에 흔한 물질로서 세포질에 들어 있으며 액포에도 저장되어 있지만(Adam 1990), 높은 농도에서는 독성을 나타낼 수 있다. 따라서 세포에서는 삼투조절 물질이 혼합되어 나타나는데, 뿌리에서는 당이 우세하게 나타나며 대부분의 염생식물의 잎에서는 암모늄 화합물이 상대적으로 더 중요한 역할을 한다(Briens and Larher 1982; Burdick 1989). 삼투조절 물질이 생성될 때에는 에너지가 필요하지만 유기 용질이 합성될때 광합성 산물이 흡수될 수도 있으며 이 과정은 종종 가역적으로 일어난다.

토양 염도에 대한 두 번째 반응은 염의 축적을 통하여 나타나며 염생식물의 잎과 어린 싹에서 회분 함량(건중량 50% 이상)이 높게 나타나는 것에서 알 수 있다. 가장 흔하게 축적되는 이온은 SO_4^{-2}와 NO_3^{-}이지만 Na^{+}와 Cl^{-}이 주류를 이룬다. 협염식물과는 대조적으로, 염생식물은 Na^{+}와 Cl^{-}이 10-13 ppt 수준에서도 내성을 보이는 반면, 이 보다 더 높은 농도에서는 리보솜이 손상될 수 있다(Storey and Wyn Jones 1979). 세 번째로 용질 농도 증가에 대한 일시적인 반응은 사초과 식물 *Leptochloa fusca, Spartina anglica*와 같은 단자엽식물에서(Adam 1990) 보는 바와 같이 탈수를 통해서 이루어진다. 수분이 손실되면 세포내 이온의 농도가 높아지며(농축을 통하여) 세포에 직접적인 영향을 미치게 된다. 그러나 팽압이 낮아지면 광합성과 대사가 저하되어 잎이 말리거나 시들게 되며, 세포의 원형질 분리가 일어나고 잎은 완전히 시들어 결국에는 죽게 된다.

세포가 염도 변동에 대하여 삼투 조절 반응을 보이는 것 이외에 어린 싹은 여러 가지 방식으로 염분 함량을 조절한다(4장; Adam 1990).

1. **뿌리를 통한 이온 배출**. 뿌리에서 흡수를 통하여 염을 배출하는 것은 일차적으로 내피층에서 일어난다. 이온은 뿌리털로부터 세포벽을 경유하여(아포플라스트 이동) 외피층을 통과하고 내피층 세포벽의 코르크화 된 카스파리선에 도달하게 된다. 이곳에서 모든 물과 이온은 내피층 원형질막을 통과하여 원형질 안으로 들어가야 한다(심플라스트 이동). 내피층의 원형질막은 이온을 뿌리 안쪽으로 들어오도록 조절하는 데에 매우 중요한 역할을 한다(Flowers et al. 1986).
2. **생장과 다육화**. 식물체 내부에서 이온은 식물이 생장할 때나 수분을 함유한 조직이 많아질

때에 희석된다. 다육조직이 증가하는 것은 쌍자엽식물(*Triglochin* spp. 참조)에 비해 염습지 단자엽 식물에서는 흔하지 않다. 이온에 따라 다육화에 영향을 다르게 미친다. 종에 따라 Cl^-은 SO_4^{-2}보다 수분보유를 더욱 증가시킨다(Fahn and Cutler 1992).

3. **조직의 탈락**. 이온이 농축되었을 때 다년생 또는 일년생 염생식물들이 보이는 일반적인 전략은 염을 함유하고 있는 조직과 기관을 탈락시키는 것이다. 염의 농도가 세포에 독성을 줄 정도일 때에는 잎이 죽어 탈락되지만, 다른 경우에 염은 잎의 세포벽에 저장되었다가 생장 계절이 끝나면 잎채로 탈락된다.

4. **분비**. 다양한 종류의 맹그로브와 염습지 식물은 잎으로부터 염을 분비하는 분비샘(특화된 모용)을 가지고 있다(Haberlandt 1914; Fahn 1988; 그림 10-13). 분비는 염분비샘에서 능동적으로 일어나는 대사과정으로서 에너지가 소요된다.

5. **뿌리를 통한 배출**. 염은 줄기나 지하경의 생장 부위로부터 뿌리로 이동하여 제거되는데, 근권에 남아있는 잔여 염도 배출된다. 염분 내성이 약한 종은 뿌리를 통하여 염을 배출한다(Flowers and Yeo 1986).

6. **수분 손실의 조절**. 증산이 감소하면 필요한 물의 양도 줄어들며, 뿌리에서 염의 흡수도 제한된다. 대부분의 염생식물은 수분 손실을 막기 위해서 건조에 견딜 수 있도록 적응되어 있지만 사막에 사는 몇몇 식물 종은 광합성에서 CAMCrassulacean Acid Metabolism 대사에 적응한 것들이 발견된다.

광합성

냉온대와 극지에 사는 염습지 식물 대부분은 캘빈 회로(C_3)를 통하여 탄소를 고정시킨다(4장; Adam 1990). 반면에 아열대 염습지에 사는 대부분의 사초과 식물 *Spartina alterniflora, Distichlis spicata*들은 C_4 탄소 고정을 하지만, 대부분의 골풀류나 사초속 식물들은 C_3 식물이다. C_4 탄소 고정은 PEP 카복시화 효소가 이산화탄소와 친화력이 높은 장점을 가지고 있어서 생장을 하고 삼투조절 물질을 생성하기 위해 질소를 더욱 효율적으로 이용할 수 있다. 이는 아마 저온에서는 광합성 효율이 떨어지므로 냉온대 염습지에는 C_4 식물이 적은 이유인 것 같다.

더욱 의문이 가는 사실은 CAM과 C_4 탄소 고정을 하는 다육질의 염습지 식물은 없다는 것이다(Adam 1990). 건조한 환경에서 CAM 식물은 습도가 높고 기온이 낮은 밤에 기공을 열어 수분을 유지한다. 이 때문에 CAM 식물은 잎의 증산을 줄일 수 있다. 밤에 잎 속으로 확산된 이산화탄소는 C_4 광합성을 통하여 고정된 후 낮에 방출되고, 기공이 닫혀 있는 낮 동안에 C_3 광합성을 통하여 당으로 전환된다. 다육질인 염습지 식물은 CAM 탄소 고정을 할 때 낮 동안에는 기공이 닫혀 있으므로 증산을 줄일 수 있으며 수분을 함유하고 있기 때문에 물의 흡수가 감소하므로 염분 부하를 줄일 수 있는 장점이 있다.

조석 효과

염습지 식물들은 조석 작용으로 침수된 토양에 적응되어 있다. 고조 때에는 염습지 저층은 침수되어 토양의 통기와 산화 환원 잠재력을 저하시키는 토양 변화가 일어난다. 식물이 물에 잠긴 동안에는 광합성은 제한된다. 더구나 물의 운동에 의해 줄기가 물리적인 손상을 입거나 식물이 뿌리째 뽑히기도 한다. 물에 잠긴 염습지 토양은 산소가 결핍되어 있다. 따라서 지상부의 어린 싹으로부터 산소가 받아들여지지 않게 되면 독성 화합물이 축적되고 뿌리의 산소 호흡은 중단된다. 염습지 식물의 근권에서 산소가 직접 방출되어 일어나는 산화와 효소 작용은 황화물과 환원된 금속 이온과 같은 잠재적인 토양 독성 물질의 영향을 완화시켜준다. 이에 더하여 염습지 식물의 뿌리는 환원형의 망간, 철, 황을 함유하는 잠재적인 독성 화합물에 대하여 협염식물보다 내성이 높게 나타난다.

염습지 식물의 공기 통로(엽격, 통기조직)는 전체 식물체의 60% 이상(Adam 1990), 뿌리 부피의 50%(Burdick and Mendelsosohn 1990)를 차지하므로 생장과 대사를 위해 산소를 뿌리로 확산시킬 수 있다. 맹그로브 뿌리(10장)나 해초류(11장)를 포함한 침수 저층에 자라는 다른 해산식물에서도 이와 유사한 구조를 볼 수 있다. 통기조직이나 엽격의 발달 정도는 *Suaeda maritima*(Flowers et al. 1986)와 *S. patens*(Burdick and Mendelssohn 1990)에서 볼 수 있는 것처럼 물에 잠긴 정도와 관련되어 있다. *Spartina patens*는 물에 잠기기 시작하면 반응하여 뿌리의 통기조직에서(Burdick 1989) 처음 3일 동안에 혐기성 대사를 진행할 수 있도록 알코올 탈수소효소(ADH)와 같은 효소의 활성을 높인다. 그러나 뿌리의 통기성이 좋아지면 ADH의 활성은 떨어진다(Burdick and Mendelssohn 1990). 따라서 비독성 중간 대사물질을 생산하고 대사 활성을 변동시킴으로써 무산소 조건에 대하여 내성을 가지는 것이 많은 종류의 염습지 식물이 갖는 특징이며, 통기조직을 더욱 발달시켜 뿌리를 무산소 조건으로부터 피할 수 있도록 한다.

생장 비용

염생식물로 생장한다는 것은 해부학적 구조와 에너지 소비 면에서 높은 비용이 든다(Adam 1990). 그러나 조간대 생육지에 적응하게 된다면 빛과 영양염에 대한 경쟁을 줄여 생태적 지위를 넓힐 수 있는 장점이 있다. 염분이 있는 토양에 적응하게 되면 생장률이 낮아지기 때문에(Schat 1984), 식물들은 이온 기울기에 대항하여 물을 흡수하는 데에 많은 에너지를 소비해야 한다. 영양염을 흡수하고 수송할 때 많은 에너지가 소요되며 저층은 무산소 상태 또는 독성을 띠기까지 한다. 아울러 증산을 통한 물의 손실을 억제하기 위해 광합성률이 낮아지기도 한다. 놀라운 점은 몇 종 안되는 염생식물들이 어떻게 대규모로 식생을 형성할 수 있느냐 보다도 전 세계적으로 분포하는 종의 다양성과 종수에 있다.

염습지 식물의 다양성

염습지에는 단자엽식물과 쌍자엽식물이 우점할 뿐만 아니라, 다양한 종류의 양치식물, 선태류, 조류(미세, 대형) 및 해초류들이 자란다. 이들은 종자식물 아래의 저층에서 줄기 부분에 착생식물로 또는 조간대 바위틈이나 조수웅덩이에 붙어사는 저서 식물로 자라며, 떠 살거나 붙어살기도 한다.

양치류와 근연 식물

*Acrosticum*속은 남, 북반구에 걸쳐 아열대와 난온대의 맹그로브 및 염습지에서 가장 흔하게 발견되는 식물이다. 다양한 양치류가 맹그로브에 붙어 숲을 이루어 매달려 살며, 플로리다 서해안(Dawes 1974)과 아프리카 염습지(Chapman 1977)에서 볼 수 있는 것과 같이 *Acrosticum* 종들은 염습지 식물을 압도한다. 석송류 *Pleuromeia longicaluis*와 같은 일부 양치류 근연 식물들은 석탄기 동안에 염습지에 우점한 것으로 보인다(Adam 1990).

선태류

선류와 태류는 종에 따라서 지형이 낮은 염습지에도 사는 것으로 알려졌다. 그러나 영국 해안의 염습지에서 50종이 넘는 선류와 1종의 태류가 보고되었으며(Adam 1990), 북극과 스칸디나비아 염습지에 생육하는 종에 대해서 상세히 기록되었다(de Molenaar 1974). 일반적으로 선태류는 염습지 조간대의 상부 지역에서 하층 식생을 형성한다.

조류

염습지의 해조 식생은 생산력 면에서 중요하다(Pomeroy 1959; Blum 1968; Zedler 1980). 예를 들면, Pomeroy(1959)는 죠오지아 염습지에서 해조류 총생산력이 200 g C $m^{-2}y^{-1}$이 된다고 하였다. 해조 식생은 네 가지 군집으로 구분된다: 저층에 붙어사는 미세, 대형 조류, 염습지 식물 위에 붙어사는 조간대 착생 조류, 조하대에 떠 살거나 붙어사는 대형 조류.

저층에 붙는 미세 조류들은 군체를 이루며 염습지 하부의 경사면뿐만 아니라 염습지 식물 아래의 저층에도 붙어산다[그림 9-10(A)]. 미세 조류들은 보통 저층을 덮어 살며[그림 7-22(A)] 자갈 또는 모래 위에 붙는 남조류 *Lyngbya, Rivularia*와 규조류 *Cylindrotheca, Navicula*들로 구성되어 있다. 미시시피 염습지에서 미세 조류는 일차 생산의 10%를 담당하며(Sullivan 1978), 뉴저지New Jersey 염습지에서도 많은 종의 미세 조류가 관찰되었다(Sullivan 1977). 캘리포니아 남부의 염습지 식물에 붙어사는 사상 남조류, 녹조류 및 규조류와 같은 미세 조류들은 높은 생산성(185-341 g C $m^{-2}y^{-1}$)을 보였다(Zedler 1980). 미세 조류의 종 조성은 계절적으로 변동이 심하고 국지적인 특징을 보이며 델라웨어Delaware(Sullivan and Daiber 1975)와 죠오지아Georgia(Darley et al. 1981) 염습지에 나타난 바와 같이 영양염이 일반적인 제한 요인이 된다.

그림 9-10. 염습지의 조류. 플로리다 염습지에서 *Spartina alterniflora*가 생육하는 하부 경계선에 있는 저층은 규조류, 남조류, 녹조류(A)로 덮여 있다. 착생 조류(예, *Bostrychia, Catenella*)들은 *Spartina alterniflora*의 줄기 기부(B)에 붙어 자란다.

대형 매트 조류 군집은 사상형인 녹조 초록실*Ulothrix*과 헛뿌리말*Rhizoclonium*, 갈조 솜털 *Ectocarpus*, 열매실말*Pylaiella* 및 홍조류 *Catenella*, 비단잘록이*Griffithsia*, 붉은실*Polysiphonia*로 구성되어 있다. 해조류 매트는 난온대 염습지에서는 꼬시래기*Gracilaria*, 갈파래*Ulva*, 파래*Enteromorpha* 등이, 냉온대 염습지에서는(8장, 부유 해조류와 대발생 참조) 뜸부기류의 생태형 등으로 구성되어 있다. 이 가운데서 특별히 관심을 끄는 것은 *Fucus, Pelvetia, Hormosira* 및 *Ascophyllum*의 생태형들로서, 비고착성 생활형을 가지며 양반구에 걸쳐 개체군이 출현한다(Norton and Mathieson 1983). 이들 생태형은 유성 생식 단계가 없이 영양체를 분절하는 방식으로 기본적인 생식을 하며 이에 대한 많은 연구가 있다(Brinkhuis 1976; Chock and Mathieson 1976). 흥미롭게도 같은 뜸부기류 해조라도 습지 내에 노출된 암반에 붙게 되면 유성 생식이 되살아난다(Chock and Mathieson 1976).

염습지 식물에 착생하는 조류 *Catenella, Bostrychia, Caloglossa*는 해초류에 착생하는 조류[그림 7-22(B)]에 비해서 연구가 많이 이루어지지 않았지만, 이들은 중요한 일차 생산자로 알려져 왔으며(Pomeroy 1959), 건조 상태에서도 높은 광합성률을 보인다(Dawes et al. 1978). 남세균과 더불어 착생 대형 조류는 오래된 줄기의 기부와 줄기 표면[그림 9-10(b)]에 빽빽하게 붙어 자란다. 녹조류 염주말*Chaetomorpha*, 헛뿌리말*Rhizoclonium*, 대마디말*Cladophora*, 갈조류 솜털 *Ectocarpus*, 뜸부기류fucoids, 홍조류 *Bostrychia, Catenella*, 가시풀*Centroceras*, 붉은실*Polysiphonia* 등의 여러 속들은 전 세계에 걸쳐 분포한다. 이 해조류들의 온도, 염도, 빛, 건조에 대한 내성 실험이 플로리다(Dawes et al. 1978)를 비롯한 여러 지역에서 폭 넓게 연구되었다(4장).

염습지 조간대의 틈이나 내만에서 발견되는 부착 조류와 조하대의 부유 조류들의 수는 비생물적 요소(기후, 담수 유입, 퇴적 상태, 저층)에 따라 차이가 많이 난다. 부유 종에는 뜸부기류의 생태형(Norton and Mathieson 1983; 8장) 뿐만 아니라 여러 종류의 대형 조류들도 포함된다(Adams 1990). 부착성 대형 조류들은 아열대에서 난온대(*Gracilaria, Spyridia, Batophora*), 냉온대(*Chondrus, Fucus, Ascophyllum*) 염습지에 나온다. 해초류는 얕은 염습지 바닥에 우점한다(*Ruppia maritima*,

Zostera noltii, Z. marina). 텍사스 염습지 조간대의 수로에는 70종 이상의 저서 식물들이 나오며 7월과 8월의 생장 기간 중에는 평균 4.0 kg wt m^{-2}이며 1월에는 1.5 kg까지 감소하였다(Conover 1958). 캘리포니아 골레타슬루Goleta Slough와 뉴햄프셔 염하구(Mathieson and Hehre 1994)의 해조류를 비교해 보면 기후에 기인된 두 가지 유형의 해조상 사이에 뚜렷한 차이를 보였다. 건조한 캘리포니아 염습지에서는 26종(16종은 수명이 짧은 종류)이 출현하였으며, 보다 면적이 큰 뉴잉글랜드 염하구에서는 150종이 출현하였다. 많은 녹조류 종이 이들 두 염습지에 공통적으로 출현하였다.

염습지의 생태적 특징

조간대 습지 군집은 공간적으로 구분된(분포대 형성) 식생을 보이며 다양성이 낮고 분포 면적이 넓은 자연 개체군으로 이루어져 있다. 따라서 조간대 습지 군집은 생태학자들이 분포대 연구에서 생태적 지위의 개념, 경쟁과 촉진의 중요성(Shat 1984; Bertness 1991; Bertness and Shumway 1993; 3장), 서로 다른 분포대 내에서 독특하게 미치는 비생물적 요소의 영향(예, Burdick and Mendelssohn 1990) 등을 검정할 수 있는 기회를 만들어준다. 조간대 습지의 지형은 파도로부터 보호된 정도, 조석차, 해면 상승 비율, 해안선의 지형, 퇴적층의 이용도, 저층의 유형(Chapman 1977) 등에 의해서 영향을 받는다. 세계에서 가장 규모가 큰 염습지는 외해의 파도로부터 보호되어 있으며 경사가 완만하여 접근하기 쉬운 해안 지역에 형성되는데, 물에 잠긴 하상, 강의 삼각주, 보초 해안의 배후지역 등지에서 볼 수 있다. 전반적으로 조석과 고도가 범람 정도를 조절하므로, 토양 염도, 침수에도 영향을 미친다(Adam 1990). 조석과 관련된 다른 비생물적 요소들로는 지형적 특징(경사의 완급 정도), 저층의 조직 구조(입자의 미세함과 성김; 유기물의 많고 적음), 기후 현상(강우, 바람의 유형), 토양의 화학적 특징(염소량, 토양수, 황화물의 수준, pH) 등을 들 수 있다(Long and Mason 1983; Allen and Pye 1992).

토양 특성

염습지 토양의 생리화학적인 요인들은 생리적으로 적절하게 적응한 식물의 유형을 제한하며, 이와 같은 현상은 저염도 환경인 북부 플로리다 습지(Kurtz and Wagner 1957)와 고염도 환경인 루이지애나 습지(Burdick et al. 1989; 표 9-1)에서 볼 수 있다. 조석으로 생긴 수로와 내만의 염습지 하부 가장자리는 보통 상부 육지에 비해 완전하게 배수가 된다. 하부 가장자리와 비교하면 상부 지역의 토양은 산화 환원 잠재력이 낮으므로, 수심이 깊어지고, pH와 유리 황화물 수준이 높아지며, 공극수 염도가 높아짐에 따라 산화 잠재력은 높아지게 된다. 연구 결과에서는 침수가 점차 빈번해져 염분 함량이 높아지면 그 영향으로 우점종이 변동되는 것을 보여주고 있다. 루이지애나 염습지에 자라는 *Spartina patens*의 생리적인 특징을 알아보기 위해 잎의 AECadenylate energy-charge율, 세포 에

표 9-1. 루이지애나Louisiana와 노스플로리다North Florida 염습지의 토양 특징과 루이지애나 침수 지역에 사는 *Spartina* spp.의 반응

토양 요소	염습지			고지 숲
	가장자리 (하부 경계)	둔덕 (하부 경사면)	상부 (상부 경사면)	
바유 팔로Bayou Faleau, 루이지애나 (15 cm 깊이에서 채취)				
습도(%)	62.5	65.8	74.0	—
염도(ppt)	11.2	12.0	13.4	—
Eh(mV)[b]	-9.0	-150	-192	—
pH	6.86	7.08	7.16	—
NH_4^{+2}(mg L^{-1})	1.69	3.9	2.33	—
유리 황화물	0.6	5.4	24.8	—
종의 반응	*S. alt.*	*S. patens*	*S. alt.*	
AEC 율	0.705	0.751	0.673	—
ADH(µM $gdwt^{-1}$)	91	96	210	
아팔라치콜라Apalachecola, 플로리다 (7.5 cm 깊이에서 채취)				
우점종	*S. alt.*	*J. romer.*	*S. patens*	소나무, 야자나무
습도(%)	66.8	46.8	18.0	10.2
염도(ppt)	2.8	2.7	6.8	0.1
pH	5.6	5.3	8.6	4.3

출처: 루이지애나 자료는 Burdick et al.(1989): 노스플로리다 자료는 Kurtz and Wagner(1957)에서 인용. *S. alt.=Spartina alterniflora, S. patens=Spartina patens, J. romer=Juncus roemerianus*, AEC=adenylate energy-charge ratio, ADH=alcohol dehydrogenase activity. [b]15 cm 깊이에서 채취.

너지 수준의 측정, 뿌리의 ADHalcohol dehydrogenase 활성, 무산소 활성 잠재력 등을 측정하였다. AEC 율은 하부 경사면의 둔덕 부분에서 가장 높았는데, 이곳은 환경 스트레스가 가장 낮은 반면, 상부 경사면에서는 뿌리의 ADH 활성이 가장 높았으며, 이곳은 환원 잠재력과 황화물 수준 역시 높았다. 따라서 *S. patens*는 토양 환경이 달라짐에 따른 생리적 반응을 달리 보였다.

습지의 고도는 고조시에 물에 잠기는 시간뿐만 아니라 배수율, 공기 중에 노출되는 시간들을 조절하는데 절대적인 역할을 한다(Zedler 1977). 노스캐롤라이나의 습지 토양에서 배수 유역은 *Spartina alterniflora* 분포에 중요하다는 것이 알려져 있는데(Mendelssohn and Seneca 1980), 배수가 불량하면 침수 상태가 유지되므로 산소의 가용성이 떨어지게 된다. 산화, 환원 잠재력이 낮은 염습지 저층에서 볼 수 있는 것과 같이(Burdick et al. 1989; 표 9-1) 침수된 토양에서는 산소의 확산율이 제한되므로, 유기, 무기물 모두가 환원 상태로 존재하게 된다. 염습지 식물의 건강 상태와 활성을 조사해 보면 산소가 직립 줄기로부터 지하경을 통하여 침수된 무산소 상태의 퇴적층으로 확산되는 정도를 알 수 있다. 예를 들면, 아표층에서 물이 빠지면서 *S. alterniflora*의 줄기 길이는 뚜렷하게 길어졌다(Wiegert et al. 1983). 이 식물을 침수된 지역에 심어 본 결과 황화물 독성과 더불어 뿌리에서 무산소 상태의 대사 시간이 길어진 것이 주요인으로 작용하여 생장이 감소하였다(Mendelssohn and McKee 1988). 이와 유사하게 습지 경계에 생육하는 관목인 *Iva frutescens*의 분포 범위는 습지의 고도와 침수 정도에 의해 조절된다. 습지에는 양딱총나무 만이 침수 시간이 지속되는 것에 상관없이 생장을 계속하였다(Bertness et al. 1992). 샌프란시스코 만의 염습지에서는 퇴적 상태, 토양 염도, 조석에 의한 침수 시간 등이 *Spartina*와 *Salicornia* 개체군에서 분포대를 결정하는 주요인이 되었다(Mahall and Park 1976).

염습지 식물의 근계는 인 능동 수송 펌프를 가지고 있어서 흡수한 인을 기질에서 인순환을 통하여 뿌리와 줄기로 전달한다(Reimold 1972). 뉴잉글랜드New England 염습지와(Levine and Bertness 1996) 루이지애나에서 *S. patens*를 연구한 결과에 나타난 바와 같이(Burdick et al. 1989), 영양염의 가용성은 조간대 염습지 식생 발달에 중요한 요소가 된다. 뉴잉글랜드의 염습지 연구에서는 *S. alterniflora, S. patens, Juncus gerardii, Distichlis spicata* 등을 두 종씩 짝지워 실험하여 새싹의 수와 생물량으로 우점도 변동을 나타내었다. 이 연구는 전형적인 영양염 수준 하에서 경쟁적 우점은 영양염에 대한 경쟁에서 비롯된다는 것을 보여주었다. 그러나 영양염이 과다하게 되면 빛에 대한 경쟁이 우점 분류군을 결정하게 된다. 따라서 영양염 수준과 빛가림 효과에 따라서 이들 4종 사이에 경쟁 계급에서 변동이 일어나게 될 것이다.

분포대 형성

연안 조간대에서 식물의 분포대는 여러 종에 의해 뚜렷하게 형성되지만, 각각의 분포대는 흔히 중복되어 수직 방향으로 퍼져 있다(Gray 1992). 분포대 형성은 습지 식생에서 가장 뚜렷하게 볼 수 있지만, 미세 조류, 해조류 및 동물 군집에서도 나타난다(Adam 1990). 대부분의 염습지 조간대에서 분포대에 대한 연구들은 생물적 요인보다도 물리적 요인에 초점이 맞추어져 있다(Bertness and Ellison 1987). 그러나 염습지에서 분포대 유형을 결정하는 실제적인 기작은 잘 알려져 있지 않다. 보통, 염습지 상부로 가면서 종은 불연속적으로 무리를 이루는 유형을 보이며 종의 풍부도는 육상 군집으로 가면서 증가하는 반면, 염습지 하부로 갈수록 내성 종이 적어지고 경계도 미약해진다. 이와 같은 분포 유형은 가장 적당한 서식처에서 경쟁이 매우 높고 열악한 서식처에서는 매우 낮다는 개념을 뒷받침 해준다(Bertness 1991). 염습지 내에서 관찰되는 식물 분포대의 수는 위도, 물리적 요인, 분포대를 구분하는 기준 등에 따라 변동이 있다. 예를 들면, 식생 분포대는 노스캐롤라이나에서는 4지역(Wells 1928), 북서플로리다에서는 8지역(Kurtz and Wagner 1957), 플로리다 동해안에서는 2지역(Provost 1973), 멕시코 만 전역에서는 3지역(Stout 1984)으로 구분되었다. 전 세계 염습지의 식물 분포대 형성에 대한 예가 상세하게 기록되어 있다(Chapman 1977).

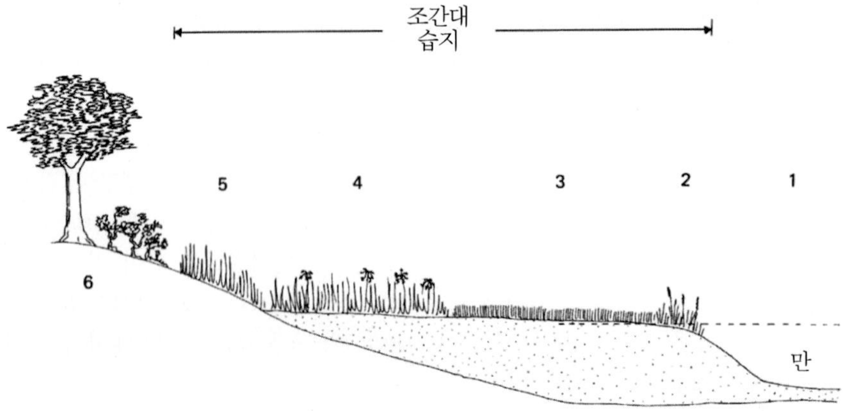

그림 9-11. 뉴잉글랜드New England 염습지의 측면도. 분포대 형성은 (1) 노출된 조간대 뻘(남조류, 사상 녹조류); (2) *Spartina alterniflora*의 하부 경계; (3) *S. patens*의 하부 경사면; (4) 다육질 염생식물(*Salicornia, Aster, Limonium*), *Distichlis spicata*와 *S. patens*의 상부 경계; (5) *Juncus gerardii*와 *Iva fructescens*의 상부 경사면; (6) 고지대 관목과 숲(Miller and Egler 1950).

염습지의 식물 분포대는 위도 차이에 따라 두 가지 예가 나타나 있는데, 하나는 북미 동해안에 있는 뉴잉글랜드New England(그림 9-11; Niering and Warren 1980)이며, 다른 하나는 멕시코 만에 있는 북부 플로리다(그림 9-12; Kurtz and Wagner 1957)이다. 이들 두 지역의 조간대 습지는 서로 비슷한 분포대를 형성하고 있으며, 가장 아래쪽에 식생 불모지, 이어서 *Spartina alterniflora*의 하부 경계 지역, 하부와 상부 경사면의 뚜렷한 이행대, 그리고 고지대 관목 및 숲 지대와 인접한 상부 경계 지역으로 구성되어 있었다. 두 지역의 습지 모두 조간대 하부에는 속씨식물이 자라지 못하는 분포대로서, 뻘과 모래로 이루어져 있었고 토양 조류(남조류, 녹조류, 규조류)가 밀생하였다. *Spartina alterniflora*는 하부에 경계를 이루었으며 *S. patens*는 고위도 습지에서는 하부 경사면에 우점 하였다. 조석차가 크면(2-3 m) 조간대 하부의 경계면 및 경사면(Nixon and Oviatt 1973)과 하부 식생 불모지의 폭이 넓어지도록 조절하는 것으로 보인다(Provost 1976). 이와는 대조적으로 멕시코 만 북부(Kurtz and Wagner 1957)의 조석차가 적은 해안에서는 *S. alterniflora*가 조간대 하부에 좁은 분포대를 형성하였다. 더구나 루이지애나 해안에서 기재된 것(Burdick 1989)과는 달리 검은골풀*Juncus roemerianus*이 하부 경사면에 초지를 이루어 우점하였다. 뉴잉글랜드 습지의 상부 경사면에는 *Juncus gerardii* 또는 *S. patens*가 흔히 우점 하는 반면, 북부 플로리다에서는 *Distichlis spicata*와 *S. patens*가 섞여 자랐다. 위에 언급한 두 지역 염습지의 상부 경계는 보통 *Salicornia* sp. 뿐만 아니라 초본 염생식물이나 다년생 목본(플로리다에는 *Iva imbricata*와 *Fimbristylis castanea*; 뉴잉글랜드에는 *Iva fructescens*와 *Solidago sempervirens*가 분포) 들로 식생이 형성되어 있었다.

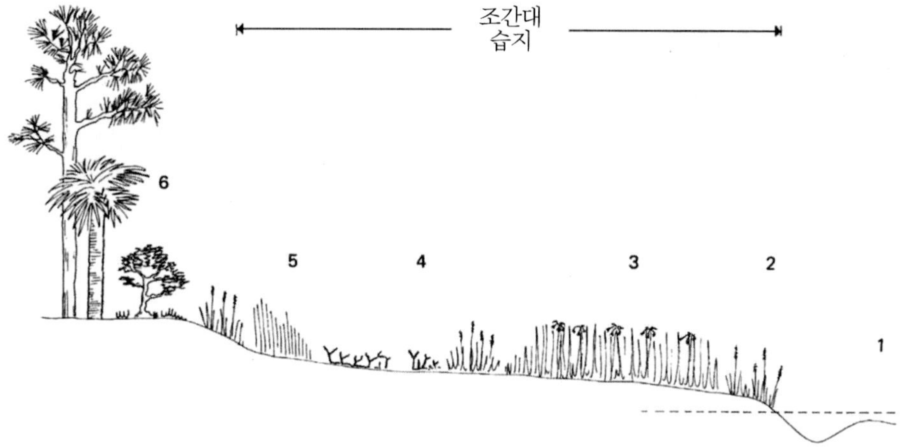

그림 9-12. 플로리다의 검은골풀*Juncus roemerianus* 습지의 측면도. 분포대 형성은 1과 2는 그림 9-11과 같고, 3은 *Juncus roemerianus*의 하부 경사면; 4는 *Spartina patens*의 상부 경사면; 5는 관목과 사초류(*Iva frutescens, Fimbristylus castana, Distichlis spicata*)가 혼생하는 상부 경계; 6은 소나무, 종려, 야자과 나무로 구성된 고지대 숲. 분포대 4와 5 사이에는 염생식물(*Salicornia, Batis, Sesuvium*)과 염성습지가 있다(그림 9-13; Kurtz and Wagner 1957).

많은 염습지에서 볼 수 있는 다른 특징으로는 고도가 점점 높아가면서 증발량이 커지고 강수량은 적어지므로 고지대 군집과 염습지 사이에 염성습지salterns가 형성된다[그림 9-13(A)]. 염성습지는 단단한 퇴적물이 편편하게 펼쳐져 있는 곳으로서 *Batis, Sesuvium, Salicornia*[그림 9-13(B)] 등을 포함한 염생 식물들이 작은 무리를 지어 자란다. 퇴적층의 중앙부에는 남조류가 붙어 있고, 황세균의 작용 때문에 분홍 색조를 띈다. 플로리다의 맹그로브 숲과 염습지에서 퇴적층의 염도는 건기일 때는 40-170 ppt로 높다(Hoffman and Dawes 1996). 고염화는 사리 때에 습지 상부까지 물이 잠기고 난 후 바닷물이 증발하면서 일어난다. 습지의 고도를 조사해 본 결과 플로리다의 염성습지는 조간대 상부의 함몰된 곳에 갇혀 있는 바닷물에 의해서가 아니라 증발율이 가속화되었기 때문에 형성된 것으로 밝혀졌다(Hoffamn and Dawes 1996). 비의 효과는 뚜렷하여 집중적으로 비가 내린 다음에는 퇴적층의 염도가 20 ppt로 떨어졌다. 염성습지는 세 가지의 생태적 역할을 하는 것으로 알려져 있다: 염과 인산염류를 저장하거나 방출하며(Ridd et al. 1988), 식물 천이의 이행 장소가 되고(Adam 1963), 바다 새우가 많으므로 어류와 야생동물의 서식처 또는 섭금류들이 자유롭게 활동할 수 있는 장소로 이용된다(플로리다 주 1986).

그림 9-13. 염성습지. 북부 플로리다의 염습지 사진(A)은 고지대 숲 가장자리의 상부 경사면과 상부 경계 사이에 분포하는 주변 염성습지(화살표)를 보여준다(Hoffman and Dawes 1996). 염성습지는 *Salicornia*와 *Juncus roemerianus*에 의해 둘러싸이게 된다(B).

염습지의 동력학

초기 염습지 연구에서는 고도가 비생물 요인을 조절하며 생물 분포의 이행대에 영향을 미친다고 보았다(예, Yapp et al. 1917). 그러나 자연 또는 인공(예, 제거된) 군집에서 볼 수 있는 것처럼(Gray 1992) 생물종이 점유하는 분포대는 종 다양성이 감소할 때 폭이 넓어진다. 많은 습지 식물의 생태적 지위는 비생물적(예, 홍수) 요소뿐만 아니라 생물적(촉진 및 경쟁) 요소에 영향을 받는 것으로 보인다. 예를 들면, 뉴잉글랜드New England에서 *Spartina alterniflora*는 습지 하부에 우점하는데, 이 식물은 상부 습지로부터 *S. patens*와 *Juncus gerardii* 등이 밀생하므로 하부로 밀려나게 된 것이다(Bertness and Ellison 1987). 네덜란드의 습지 연구에서 Scholten and Rozema(1990)는 고도 4 cm이며 밀물에 잠기는 시간이 15-20 분 차이가 나는 인접한 두 개의 조사구에서 *Spartina*와 *Puccinella*를 부분적으로 제거하였다. 고도가 낮은 조사구에서 *Spartina*를 제거하였을 때 *Puccinellia*의 생물량이 뚜렷하게 증가하였으며, *Puccinellia*를 제거하였을 때에는 *Spartina*의 생물량이 증가하였다. 연구자들은 습지의 고도차가 4 cm 정도에서는 두 종간에 경쟁적인 상호관계가 일어난다고 결론지었다. *Puccinellia maritima, Festuca rubra, Agrostis stolonifera* 3종을 이용하여 조작 실험을 한 결과, 침수에 의한 영향을 강하게 받는 *P. maritima*와 *F. rubra*는 서로 경쟁적인 관계를 나타내었다(Gray and Scott 1977). 반면에 *A. stolonifera*는 경쟁에는 강하였지만 고염도에는 내성이 약해서 고도가 높은 곳에서만 제한적으로 분포하였다. 이 연구들은 염습지 식물의 분포대에서 생물간의 경쟁을 유발시키는 생물 요인뿐만 아니라 침수와 염도를 포함한 비생물 요인도 중요하다는 것을 설명해주고 있다.

염습지 식물은 양의 상호작용 또는 촉진(Bertness and Shumway 1993)에 의해 분포되기도 한다. *Juncus gerardii* 분포대에서 인공 또는 자연적으로 생육지가 부분적으로 소멸된 것은 증발 때문에 고염 환경되어 이 식물이 다시 들어오는 것을 막았기 때문이다. 그러나 *Spartina patens*와 *Distichlis* *spicata*는 이와 같이 노출된 환경에서도 자라며, 식물체가 그늘을 만들어 증발을 줄이므로 토양 염도가 낮아지게 된다. 염도가 낮아지면 *Juncus gerardii*는 다시 무리지어 자라나와 다른 종을 가린다(Bertness 1991).

조간대 습지에서 천이succession 개념은 상당한 논쟁을 불러 일으켜왔다(Chapman 1977; Adam 1990; Gray 1992). 예를 들면, Niering(1990)은 천이에 대해서 "생물 변동", 극상에 대해서는 "상대적 안정"이라는 용어를 썼다. A.R.O. Chapman(1974), V.J. Chapman(1977)을 비롯한 여러 학자들은 염습지를 천이 계열 또는 아극상 단계로 보았는데, 분포대는 고도에 따라 형성되며 이곳의 이행대는 육지 극상 군집으로 진행하는 천이대 바로 아래에서 볼 수 있는 분포대로 대체된다. 이와 같은 현상은 퇴적율이 높아지거나 해수면이 낮아지는 지역에서 뚜렷하게 볼 수 있다. 따라서 염습지는 물에 잠기는 수생 군집으로부터 육지 군집으로 이어지는 군집 연속으로 볼 수 있다. 이와 같은 점에서 Gray(1992)는 고도의 변화 정도에 따라 비생물적 요인이 영향을 끼치며, 분포대의 경계에서는 경쟁적인 상호관계가 일어난다고 주장하였다. 일부 학자들은 조간대 습지를 교란 후 회복되는 과정을 연속적으로 보여주는 상대적으로 안정되고 복합적인 식생 분포대로 간주한다(Dawes 1981). 염습지를 평형 상태에 있는 군집으로 보는 견해는 해수면이 상승하는 동안에 퇴적이 일어나므로 염습지의 분포대가 안정적으로 유지되는 것으로도 입증된다(Redfield 1965; Niering 1990). 2100년까지 예상되는 해수면 상승은 31 - 110 m로 추정되며 이는 지난 1,000년 동안 일어난 전 세계적인 상승률보다 약간 높다(Allen and Pye 1992; 5장). 해수면 상승률에서 변동이 일어나면 염습지 구조에 영향을 미치게 된다. 예를 들면, 뉴잉글랜드 해안을 따라 형성된 염습지는 후빙기에 해수면 상승률이 연간 1 mm 이하로 낮아졌던 3,000 - 4,000년 전에 형성되었다(Redfield, 1965). 지난 50년간 정체되었던 해수면은 연간 2.5 mm로 상승했으며 뉴잉글랜드 염습지 식생은 생장이 느린 *Spartina alterniflora*와 *Trigoglochin maritima*가 우점하는 더욱 습하고 개방적인 형태로 변했다는 기록이 있다(Warren and Niering 1993).

염습지에서 일어나는 교란disturbance(예, 폭풍, 불, 얼음에 의한 식생의 쪼개짐)을 연구한 결과 회복이 일어나는 동안에 종이 연속적으로 바뀐다는 것을 알아내었다. 일반적인 교란은 염습지에 3개월 이상 남아있던 표류 식생이 쌓이면서 일어난다.(Valiela and Rietsma 1995). 표류 식생으로 인하여 염습지 식물이 말라죽는 정도로는 종의 풍부도에 영향을 미치지는 않지만 회복을 촉진시킬 수는 있다(Bertness 1991). 다른 형태의 교란으로서 얼음에 의해 식생이 쪼개지는 현상은 북위도에서 잘 알려져 있다(Hardwick-Witman 1984; 4장). 즉, 지하경과 저층을 포함한 염습지 식생이 큰 조각으로 쪼개져서 떨어져 나온 다음 해동이 되는 봄에 새로운 염하구로 떠내려간다(그림 9-14). 이후 염습지 조각들은 갯벌 한가운데에 정착하여 살아남아 퍼지게 되지만 상당 부분은 시간이 가면서 점차 소멸된다. 이와 같은 섬 모양의 식생 조각은 그 크기와 동물상과의 상호관계를 연구하는데 흥미 있는 주제가 된다. 얼음에 의해 떠밀려온 식생 조각에 형성된 염습지 웅덩이는 저층이 없기 때문에 십여 년간 남아있기도 하지만, 점차 주변의 군집 구조로 되돌아간다.

그림 9-14. 염습지에서 얼음에 의해 식생의 쪼개지는 광경. 메인 주 바쓰Bath 해안에서 얼어있던 염습지가 해동기에 쪼개져 나와 새로운 장소로 떠내려가고 있다(화살표). 이러한 현상은 북위도 조간대 군집에서 흔히 볼 수 있는 교란이다.

생태적 역할

염습지를 생태계로 인식한 것은 최근의 일이며, 죠오지아Georgia 사필로Sapelo 섬에서 수행한 연구를 비롯한 몇 가지의 다면 연구가 있는 정도이다(Pomeroy and Wiegert 1981). 연안 환경에서 염습지의 중요성은 일차 생산, 먹이원, 서식처, 저층의 안정화, 여과 등 다섯 가지의 생태적 기능으로 나타낼 수 있다.

1. 염습지가 가장 뚜렷하게 기여하는 것은 일차 생산으로서, 여기에는 생물량의 산출, 유기 탄소의 방출(Gallagher et al. 1976), 이탄과 암설의 형성(Squires and Good 1974), 조류에 의해 형성되는 생산력(Zedler 1980; Pomeroy et al. 1981) 등이 포함된다. 대부분의 생산력 평가는 지상부, 특히 *Spartina* 염습지의 지상부를 대상으로 한다(Squires and Good 1974; Smith et al. 1979; Howes et al. 1986). Long and Mason(1983)은 지하부의 생물량이 지상부의 생물량을 초과한다는 것을 알았으며, Smith et al.(1979)은 비슷한 연구에서 유기물 생산과 구성 요소에 대한 흐름도를 제시하였다(그림 9-15). Smith et al.(1979)의 연구에서 생물량이 가장 많은 부분은 지하부로서 89%를 차지하였다(2.8 kg m^{-2}). *Spartina* 염습지에 대한 다른 연구에서 Squires and Good(1974)는 오레곤Oregon, 뉴져어지New Jersey 염습지의 총생산을 연 1.5 kg C m^{-2}로 추산하였으며, Eilers(1979)는 지상부의 생산량이 연 0.2(겨울)에서 2.8(여름) kg C m^{-2}로 보고하였다. 저위도 염습지에서 생산력이

높게 나타나는 것을 보면 위도와 대형식물의 생산량 사이에는 강력한 상호관계가 있는 것으로 보인다(Turner 1976).

2. 염습지는 다양한 동물에게 직접 먹이로 이용되기에는 용량이 한정되어 있다(Chapman 1977; Adam 1990 참조). 염습지에 우점하는 초식동물은 수액을 빨아먹거나 잎을 갉아 먹는 곤충들이다(Pfeiffer and Weigert 1981). 육상 초지와 비교할 때, 염습지에 서식하는 초식동물의 다양성이 낮은 것은 식생의 영양 상태가 빈약하기 때문인 것으로 추정된다. 다른 종류의 중요한 초식자들로는 오리 종류, 게와 포유 초식동물(사향쥐, 토끼, 사슴; Daiber 1977; Nixon 1982)등이 있다.

염습지 식물은 먹이로 직접 소비되기보다도 이들이 분해되면서 부스러기 먹이 사슬의 일부가 된다. 세균과 균류는 식물체 조각에 모여 살며 이들 유기물 다발들은 부스러기 섭식자들(원생동물, 달팽이, 지렁이, 대합류, 어류, 곤충의 유충, 갑각류)에게 이용된다. 세포벽 구성 요소(예, 셀룰로오스, 리그닌)가 미생물에게 분해되지 못한다면(Pomeroy and Weigert 1981; Long and Mason 1983) 동물들에게 영양분이 거의 되지 못한다. 세균과 균류에 의해 일어나는 초기 분해 속도는 빠르고 온도와 습기에 민감하며 보다 쉽게 대사될 수 있는 세포 구성 요소들이 먼저 대사가 일어난다(Buth and Wolf 1985). 흔히 간과 되고 마는 해조류는 염습지에서 부스러기 먹이 사슬의 상당 부분을 차지하는데, 조류는 *Spartina*보다도 훨씬 빨리 분해되기 때문이다(Tenor and Hanson 1980).

3. 염습지는 해양, 담수, 육상 동물에게 서식처 역할을 한다(Adam 1990). 바덴 해Wadden Sea(Dijkema 1984), 북유럽 해안(Smit et al. 1981), 북미(Daiber 1982, 1986) 등지에서 염습지 동물상에 대한 연구가 상세히 이루어졌다. 미국 내 염습지 동물군에 대한 연구에서 샌프란시스코 만San Francisco Bay(Josselyn 1983), 남부 캘리포니아(Zedler 1982), 뉴잉글랜드(Nixon 1982; Teal 1986), 미국 남동부(Wiegert and Freeman 1990), 멕시코 만Gulf of Mexico(Gosselink 1984; Stout 1984) 등지에 대하여 연속적으로 군집의 윤곽이 파악되었다. 염습지와 양식장 또는 번식지와의 관계는 복잡하다(Nixon 1982; Herke et al. 1992). 많은 연구를 통하여 이들 사이의 본질적인 관계가 밝혀졌다(Kutkuhn 1966; Turner 1982; Boesch and Turner 1984). 더구나 염습지가 양식장으로서나 해안의 생물 군집을 부양하는 장소로서의 역할을 알아내기 위해서는 죠오지아(Wiegert and Pomeroy 1981)와 루이지애나(Herke et al. 1992)에서 이루어진 것과 같은 연구가 더 필요하다.

4. 염습지 식물의 중요한 역할로는 지하경을 뻗고 얕게 뿌리를 내어 해안의 퇴적물을 안정화시키는 것이다(van Eerdt 1985). 따라서 염습지 식생은, 해수면 변동이 적당하고 침전물이 있을 때, 침전물을 붙잡아 수평, 수직으로 첨가시킨다. 영국 해안에서는 염습지가 연간 50 m 확장되었다는 기록이 있다. 해수면의 범람 속도가 너무 빠르거나, 침전율이 너무 느리거나 또는 물이 너무 세게 흐르면 염습지는 사라지게 된다. 염습지가 사라진 한가지 극단적인 예는 루이지애나에서 하상 침하와 침전물 유입이 줄어들면서 소실율이 연 65.6 km^{-2}로 나타난 것에서 볼 수 있다. 미시시피 강이 수로화 되면서 범람수에 의해 퇴적토가 습지로 공급되는 양이 적어져 결국에는 침식과 침강이 퇴적보다 더 빠르게 일어나게 되었다(Webb et al. 1995).

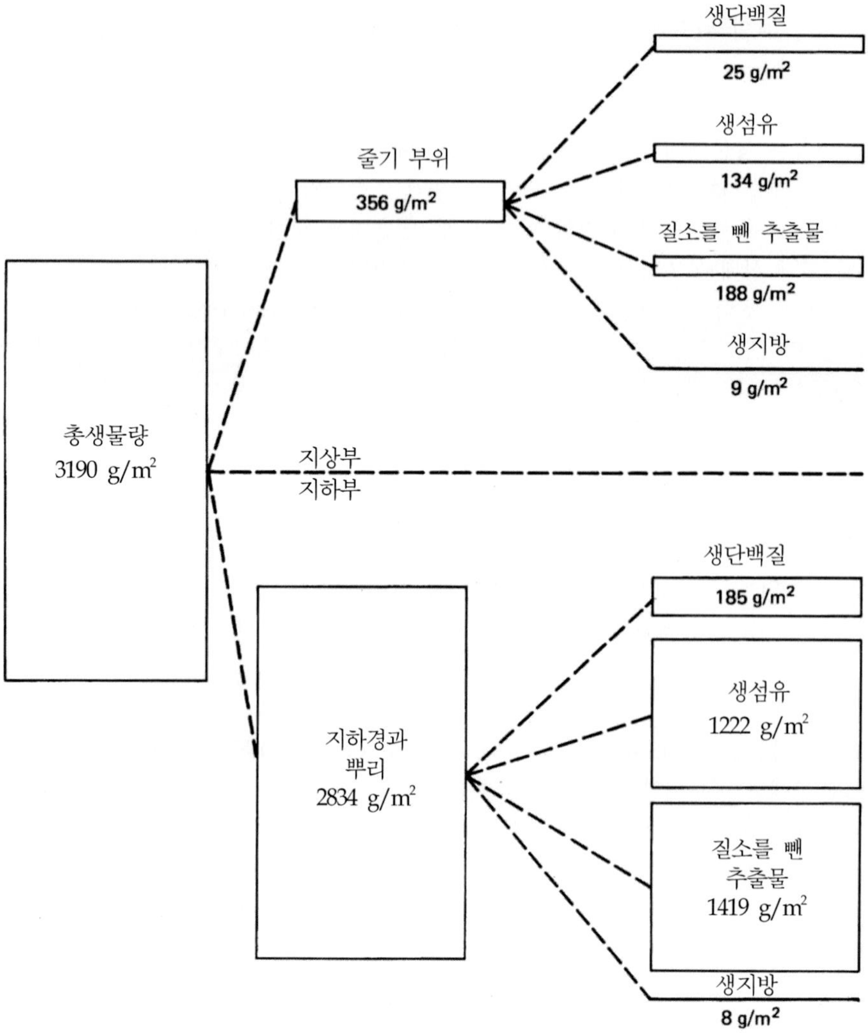

그림 9-15. *Spartina alterniflora*에서 유기물의 분배. 지상부의 줄기에는 전체 유기물량의 11%가 들어 있는 데에 비하여 지하부의 줄기와 뿌리에는 나머지 89%가 들어 있다(Smith et al. 1979).

5. 습지가 해안에서 빗물을 여과하여 유기물 찌꺼기를 없애주면(Teal and Valiela 1973) 가까운 연안수에 침전물과 영양분이 부가되는 것을 완화시켜준다(van Eerdt 1985). 준설과 개발을 통하여 염습지가 없어진 염하구를 보면 습지가 얼마나 중요한 역할을 하는가를 알 수 있다(예, Lewis and Estevez 1988). 주변 연안수는 미세한 침전물의 많아지고 플랑크톤이 증가하여 물의 투명도가 낮아지게 되므로 거꾸로는 수질을 악화시키고 저서생물 군집의 생존(예, 해초류 군집)에 영향을 미치게 된다.

야외조사 방법

부록 A에는 염습지에 사는 대형식물을 야외에서 연구할 때 방형구와 선상법을 이용하는 방법이 나와 있다. 지상부 줄기의 밀도는 표준 방형구법으로 측정할 수 있다. 식물 분포대 연구에는 선상법을, 수평 및 수직 분포 측정에는 수준기를 이용할 수 있다. 지상부와 지하부의 생물량 측정은 15.2 cm PVC관으로 만든 채취기를 이용할 수 있는데 이 채취기는 빽빽한 뿌리와 지하경을 자를 수 있도록 가장자리가 비스듬하게 잘려 있는 톱날로 되어있다.

습지 개발에 따르는 영향

이용과 영향

역사적으로 염습지는 개간되어 농사, 해안 채굴(퇴적층 제거), 소금이나 화학 물질(칼륨, 무기물) 생산, 토지 매립, 휴양지, 산업 및 도시 지구, 과학적 연구, 곤충 구제, 야생동물 관리, 폐기물 투기, 습지 복원(Daiber 1986; Adam 1990) 등 다양한 목적으로 이용되어 왔다(Daiber 1986). 염습지는 염하구 지역에 형성되기 때문에 인구가 밀집되고 오염(산업, 농업, 축산)이 일어나는 것은 흔한 일이다. 중금속 및 유독성 물질에 의해 영양화 되어 유입되면 식물이나 퇴적층에 의해 격리된다(5장). 금속 물질 대부분은 황화물로 농축되거나 공극수에 유기적으로 결합되는 것으로 보인다(Giblin et al. 1986). 그러나 화합물들은 퇴적층을 산화시킬 뿐만 아니라 오염된 식물이 먹혀 분해됨으로서 환경으로 다시 유입된다.

가장 흔하게 이용되는 염습지의 용도로는 농업 목적으로서 가축(양, 소)을 방목하고 목초를 얻으며(건초, 뿌리 덮개용 짚, 지붕용 짚), 이탄을 채취하고(건축, 이탄), 둑을 쌓아 배수를 시킨 다음에 농지를 조성하는 것이다. 영국에서는 수세기 동안 염습지에 소와 양을 방목해왔으므로(Adam 1990), 습지 하부에 자라는 식물종은 다양성이 떨어지고 가축들에 밟혀 손상을 입는다. 반면에, 습지의 중부와 상부에서는 극도로 경쟁적인 우점종들이 먹히기 때문에 종 다양성이 높아진다. 습지 상부는 피식이 줄어들면 낙엽 찌꺼기가 많아지기는 하지만, 몇몇 종에 한하여 우점된 결과 모자이크 모양으로 성긴 식생이 형성된다(Bakker 1985). 재래적인 방식으로 생장기가 끝날 무렵에 노성한 식생을 태워서 사향쥐가 서식하기 좋은 환경으로 만들고(루이지애나Lousiana), 다육질인 *Sclerostegia arbuscula*와 같이 먹을 수 없는 풀을 없애며(타스마니아Tasmania), 가축(퀸슬랜드Queensland)과 오리류(텍사스Texas)가 새로이 성장할 수 있는 환경을 조성해준다.

수로화, 댐 건설, 농업 활동에 의해 담수와 침전물이 없어지면 염도가 높아지고 습지 하류에 퇴적물이 고갈된다. 예를 들면, 홍수 조절을 위하여 미시시피 강을 따라 제방을 쌓은 결과 루이지애나 염습지가 감소되었으며(Stevenson et al. 1988), 침전물 퇴적이 급감하였다(1960년대의 380×10^6 tons 대 1950년대의 240×10^6 tons). 해수면 상승에도 불구하고 침전물이 줄어들면 결국 염습지를 잃는 원인이 될 수 있다(5장). 예를 들면, 루이지애나 염습지에 대한 한 연구에서 염도가 높아지고 장기간 물에 잠기면 종자 은행 역할을 하는 식물들의 재가입이 줄어들고 풍부도 역시 떨어진다고 지적하고 있다(Baldwin et al. 1996). 폭풍수를 배출시키기 위하여 염습지를 제거하게 되면 표층의 빗물은 잘 여과되지 않고 미세한 침전물이 많아지며 오염 물질(농업, 산업, 도로 폐기물)이 염하구로 유입된다. 염하구의 물을 산업적으로 이용함으로써 수온이 상승하여 내성 범위를 벗어나게 되면 염습지 식생에 열오염이 일어난다(5장). 이와 같은 모든 사건들은 염습지와 같은 민감한 생태계에 영향을 주는데, 이러한 곳에서는 온도, 염도, 산소 수준이 넓은 폭으로 변동되기 때문에 환경 스트레스는 항상 존재한다.

현재 볼 수 있는 가장 심각한 염습지 파괴는 하구를 항만으로 이용하면서 발생하는 도시 확장(건설, 준설, 매립)일 것이다. 과거에는 습지에 대해 일차적으로 가해지는 영향은 폐기물 투기 장소 또는 농업이나 개발을 위하여 염하구를 개간(제방 축조, 배수 시설)하는 것이었다. 염습지가 사라지는 정도는 알 수는 없지만 아마 전 세계적으로 60%에 이를 것이다(Daiber 1986). 염습지가 소실되면 염하구 자체뿐만 아니라 다른 해양 또는 해안 생태계도 영향을 받게 되는데, 염하구는 양어장으로서 또는 광역 이동하는 어류와 조류를 위한 일차 생산의 원천으로서 중요한 역할을 하기 때문이다.

염습지에 외래종이 침입하는 것은 잘 알려진 일로서 이미 심각한 문제가 되고 있다(5 장). 한 가지 예가 *Spartina anglica*인데 유럽 해안의 염습지를 바꾸어 놓았다(Gray et al. 1991). 이 종은 *S. townsendii*의 다배체인 것으로 보이며, *S. maritima*와 *S. alterniflora*(Guenegou et al. 1988) 간의 불임성 잡종이다. *S. townsendii*의 염색체가 배가되어(Gray et al. 1991) *S. anglica*가 나온 것으로 보인다. *S. anglica*는 강인한 식물이기 때문에 특히 프랑스 지역에서 하부 조간대의 갯벌을 개간하여 안정시킬 목적으로 심어졌다. 그러나 이 종은 습지 하부에 자라는 토착 식물 *Salicornia* spp.를 밀어내었을 뿐만 아니라 갯벌에서는 *Zostera noltii*를 대체시켰다. 불행하게도 *Salicornia* spp.와 *Zostera noltii* 두 토착종 모두 다양한 종류의 철새들에게 중요한 먹이가 된다(Gray et al. 1991). 염습지 외래종의 다른 예는 *S. alterniflora*로서, 이 종은 북미 태평양 연안으로부터 도입되어 현재 염습지 일부 지역을 우점하고 있다(Callaway and Josselyn 1992).

관리와 복원

1950년대 초반까지 영국에서는 조간대 습지를 "공유지"로 취급하였으며, 이 지역에 대해 사람들은 소유권을 취득할 수 있었다(Daiber 1986). 영국에서는 공공 신탁 정책Public Trust Doctrine(PTD)이, 미국에서는 법적 보호 정책이 수립되기 시작하였는데, 이는 조간대 습지를 관리하고 보호할 필요성이 확실해졌기 때문이다. 이와 같은 정책들은 인구가 지속적으로 증가하면서 염하구 서식처가 여러 가지로 중요하다는 것을 알았기 때문에 수립된 것이다. PTD를 시행할 때에는 염습지에 대한 형질 변경, 사유지의 한계 설정, 단속자의 사법권과 관련하여 권리와 책임에 따른 문제점들이 생긴다. 1980년대에는 규제 기관과 사유지 소유주 간에 조간대 습지의 형질 변경에 관하여 법적인 분쟁이 많았다(Daiber 1986). 예를 들면, 조간대가 어디서부터 시작되는지, 국민들은 사유지로부터 공유 염하구까지 이용권을 확장할 수 있는지에 대한 문제들은 법규 제정과 소송으로 이어졌다. 그 결과 미국에서는 메인으로부터 플로리다까지 동해안 대부분 지역이 공적인 통행권이 없기 때문에 이용할 수가 없다.

염하구를 보존하고 보호하는 것은 이미 국제적인 관심사가 되어 있으므로 오염원 유입을 제한하고, 준설과 매립 행위를 중단시키며, 연안 습지를 복원하기 위한 구체적인 관리 계획이 만들어지고 있다. 염습지를 보존하기 위한 정책을 수립하기 위해서는 염습지의 주요한 물리적 작용, 일차적인 기능 및 문화적인 가지 등이 고려되어야 한다. 습지는 일차적으로는 생태학적 역할과 수리학적인 기능을 가지며, 문화적으로는 사회경제학적, 상업 및 오락성 어업, 휴양지, 미적인 가치 등을 가진다(Daiber 1986). 염하구 생태계를 오염원 또는 담수의 유입으로 인하여 발생하는 심각한 환경 변화로부터 막으려면 조간대 습지 자체뿐만 아니라 염하구의 고지대 배수 지역 전체를 철저히 관리하고 보호해야 한다. 미국에서는 탬파 만(Lewis and Estevez 1988), 체사피이크 만(U.S. Army Corps Engineers 1977), 그레이트 만Great Bay(Short 1992), 샌프란시스코 만(Kockelman et al. 1982; Josselyn 1983)을 포함한 규모가 큰 염하구와 그 주변의 배수역 대부분에 대하여 상세히 조사하였다. 습지대를 보존, 복원하고, 훼손을 경감시켜 습지를 관리하고, 이를 이용하여 토지를 조성하는 일은 이미 전 세계적인 역점 사업이 되고 있다(Lewis 1982). 염습지를 복원하는 데는 비용이 많이 들지만, 복원을 실행하고 공공의 인식도 더불어 높아지게 되면 주변 연안 지역으로 높은 생산력이 되돌아오게 된다(Daiber 1986 참조).

탬파 만Tampa Bay은 플로리다 서해안에 위치한 1,030 km^{2}의 외해성 염하구로서 하나의 본보기가 된다(Lewis and Estevez 1988). 1985년까지는 연안 습지(맹그로브와 염습지)의 44%(3,972 ha)가 준설과 매립으로 사라졌고, 물에 잠겨 있는 해초류 군집 80%가 없어졌다(11 장). 이에 다른 결과로 서식처가 사라진 사건과 1960년대의 새우와 어류 산업의 붕괴가 맞아 떨어졌다. 일차 및 이차 처리된 가정 쓰레기가 버려졌고 도시와 농업 지역으로부터 직접 유입된 빗물은 대형조류(*Ulva, Gracilaria, Hypnea*)를 대규모로 발생케 하였다. 이들 해조류가 부패하면서 용존 산소(BOD) 수준이 낮아졌고, 그 결과 탬파 만 상류 지역에서는 여름철에 어류가 폐사하게 되었다. 탬파 만에 대하여 새로운 수질개선 기준을 시행한 후 1980년대 중반까지 효과를 보기 시작하였는데 탬파 시에서 하수를 삼차 처리하기 시작한 후부터였다(Johansson 1991). 남아 있는 연안 습지는 보존되었으며 염습지 복원은 1970년대 후반에 시작되었다. 1995년까지 염습지와 맹그로브 군집이 1980년도 추산을 넘어 10%가 증가하였으며 수질(엽록소 *a*, 탁도, 영양염 부하)은 지속적으로 개선되었다(Johansson 1991). 패류(가리비, 새우)는 소득이 적었지만 어류 군집은 증가하기 시작하였다. 탬파 만 국립 염하구 프로그램을 통하여 만의 관리에 대한 단속 기관, 보호 단체, 시 당국, 토지 소유주들 간에 협력 관계가 조성되었다.

10장

맹그로브

개요

맹그로브 숲은 열대와 아열대의 내만성 해안이나 환초에 형성된 독특한 조간대 군집이다. 다양한 종류의 교목과 관목으로 이루어졌지만(MacNae 1968), 어떤 맹그로브는 30 m까지 자란다(그림 10-1). 맹그로브는 B.C. 325년 네아르쿠스Nearchus 시대에 기록되었으며, 1967년 Du Terte는 "사나운 멧돼지와 야수가 그 속에 들어 살기" 때문에 위험하다고 하였다(Lugo and Snedaker 1974). 맹그로브mangrove라는 용어는 포르투갈어의 나무mangue와 영어의 수목grove이 조합된 것이다. 이 장에서는 맹그로브 및 이와 유사한 조간대 습지 군집, 즉, 맹그로브 숲(mangales; Walsh 1974, mangals; Tomlinson 1986)에 대해서 다루어질 것이다. 카리브 해 연안의 맹그로브 숲에 대해서는 Lugo and Snedaker(1974)와 Walsh(1974)가 연구를 하였으며, 아시아 태평양 연안의 맹그로브 숲에 대해서는 많은 교재에 기술되어 있다(Clough 1982; Hutchings and Saenger 1987; Asia-Pacific Symposium on Mangrove Ecosystems 1995). 전 세계 규모로 종합된 개요에는 문헌 목록(Rollet 1981), 맹그로브에 대한 소개(Rutzler and Feller 1996), 맹그로브 생태학에 관하여 편집된 교재(Chapman 1976; Robertson and Alongi 1992), 식물학 잡지(Tomlinson 1986) 등이 있다. 아울러 맹그로브 생태계를 연구하는데 필요한 방법론들도 나와 있다(Snedaker and Snedaker 1984).

맹그로브 숲은 생육지 특성에 따라 해변, 물에 잠기는 섬, 강변, 내만, 둔덕, 관목 군집으로 구분되어 왔으며(그림 10-2; Lugo and Snedaker 1974; Cintròn et al. 1985), Twilley(1995)에 의해 수정되었다. 해변의 맹그로브 숲fringing mangals은 내만 해안선 가장자리를 따라[그림 10-2(A)] 자라는 반면, 물에 잠기는 섬에 분포하는 맹그로브 숲overwash mangals[그림 10-2(B)]은 낮은 위치에 있는 섬 조간대에 분포한다. 강변 맹그로브 숲riverine mangals[그림 10-2(C)]은 강이나 내를 따라 내륙 쪽으로 수 마일이나 뻗어 있다. 분지 맹그로브 숲basin mangals[그림 10-2(D)]은 해변 맹그로브 숲이 분포하는 배후 지역의 침하된 장소에 형성되며 조간대 수로를 통하여 육수 지류 및 연안수와 연결되어 있다. 내만 맹그로브 숲은 내륙에 형성된 군집이므로 규모가 작으며, 염도에 변동이 생기고 물에 잠기는 시간이 길기 때문에 식물상이 훨씬 더 빈약하다.

그림 10-1. 카리브 해 연안의 맹그로브. 검은맹그로브*Avicennia germinans*의 호흡근들이 붉은맹그로브*Rhizophora mangle*숲 가장자리의 지주근 안쪽을 빽빽하게 덮고 있다.

왜성 또는 관목 맹그로브 군집[그림 10-2(E)]은 물 교환이 제한되기 때문에 비생물적 환경 조건이 열악한 곳에 출현한다. 전형적으로 물 교환이 잘되지 않으면 영양염이 낮아지고, 토양 염도가 증가하며(증발로 인하여), 침수가 일어난다. 관목형 맹그로브가 생육이 저해되어 왜소해지거나 경엽화sclerophylly되는 것은 특히 인과 같은 영양염이 제한되었을 때 나타나는 현상이다(해부학적 적응 참조; Feller 1995). 둔덕 맹그로브 숲[그림 10-2(F)]은 열대 내륙의 습지에 출현하며 육수에 의해 고립되어 있다. 아열대 지역에서는, 온도가 낮고 얼기 때문에 둔덕 맹그로브 숲은 염습지로 대체되기도 한다(Lugo and Snedaker 1974).

맹그로브 숲의 여섯 가지 기능적인 유형들 사이에서 일어나는 상호관계는 세 가지 극단적인 생육지 유형인 강 우점형, 조간대 우점형, 내부 우점형과 함께 그림 10-2(G)에 나타내었다(Woodroffe 1992). 그림에서 삼각형은 강변, 가장자리, 물에 잠기는 섬에 분포하는 맹그로브 숲 사이에 연속적으로 밀접한 관계가 있음을 보여주고 있으며, 분지 맹그로브 숲이 중심부와 관계를 가질수록 유기물과 무기물의 유동과 관련하여 관목이나 고립된 둔덕 맹그로브 숲과의 관계는 적어진다. 더구나 탄산염암 지대에 자라는 원양성 맹그로브 숲은 물에 잠기는 섬에 분포하는 맹그로브 숲과 같은 종류로 간주될 수 있다(Woodroffe 1987; Twilley 1995).

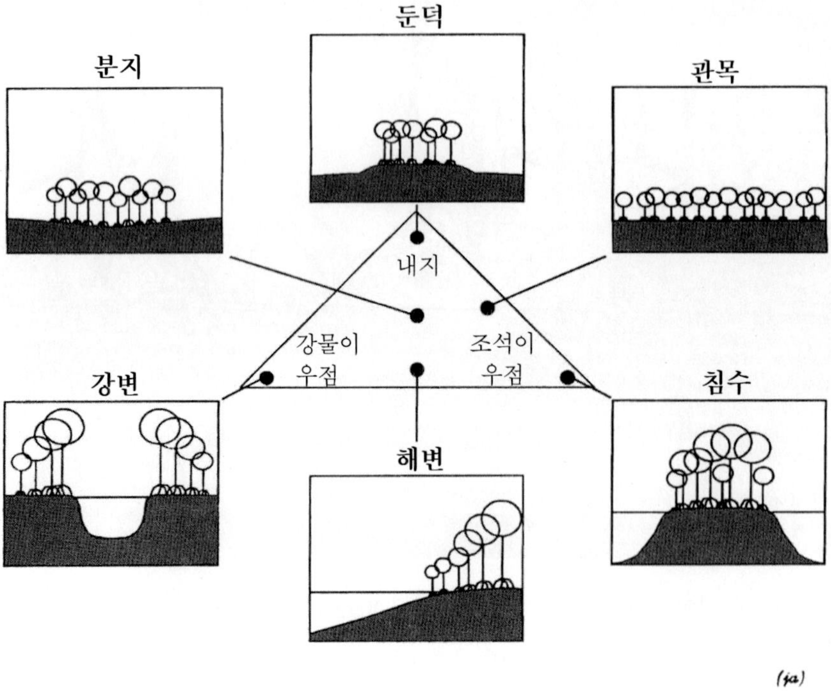

그림 10-2. 맹그로브 숲의 여섯 가지 유형과 유체역학적 조건에 근거한 유형 간의 관계(Lugo and Snedaker 1974에서 수정 인용; Clintròn et al. 1985; Woodroffe 1992).

맹그로브의 적응

맹그로브 숲은 파도로부터 보호되어 있고 침하된 염분 환경을 가진 열대 해안에 형성되므로, 식물체는 해수에 노출될 수밖에 없고 몸 안에 물을 보유하는데 많은 에너지를 소비하게 된다. 따라서 맹그로브와 근연 관다발식물들은 건생xeric 또는 염생halophytic 적응 상태를 보이는데, 이러한 특징은 호기성이며, 염분이 있고, 침수가 흔하게 일어나는 기질 환경에 자라는 염습지 식물과 비슷하다. Warming(1883)은 맹그로브 적응 특징을 다섯 가지로 제시하였다.

1. 교목 맹그로브는 부드럽고 성긴 기질에 부착할 수 있도록 기계적인 적응을 보인다.
2. 기근은 흔하게 나타나며 반지중 부위에서 가스를 확산하도록 특화되어 있다.
3. 많은 종들이 모체발아vivipary하도록 진화되었다.
4. 종자나 묘목은 염분이 있는 물에서 살 수 있으며 해수를 이용하여 산포된다.
5. 교목 맹그로브는 건생과 염생 적응을 보인다.

분류

맹그로브가 포함된 분류군이 다양성이 높은 것은 자연 의해 분류군에 의해 분류되지 않고 생태적인 특징에 따라 구분되었기 때문이다(Duke 1992). 분류학적으로 다양한 것 역시 종자식물이 열대 습지 생육지에 독립적으로 적응했음을 암시해주고 있다. 맹그로브로 간주하는 교목과 관목의 전체 수는 인용된 기준에 따라 다르다. Waisel(1972)은 쌍자엽식물 12속을 기록한 반면, Walsh(1974)는 야자 *Nypa fruticans*를 포함하여 15속을 기록하였다. Dawes(1981)는 23속, Tomlinson(1986)은 주요 9속과 부수 11속을, Duke(1992)는 26속을 기록하였다. Tomlinson에 따르면 맹그로브에 속하는 주요 속들은 다음 특징을 모두 또는 대부분 가진다.

1. 종은 맹그로브 숲을 형성하는 무리에 한정된다.
2. 교목 맹그로브는 군집 구조를 형성하는 주요 역할을 한다.
3. 식물체는 기근을 가지며 모체 발아하는 형태적 특화를 보인다.
4. 식물체는 염분을 배출하는 생리적 특징을 가진다.
5. 육상 근연종들과는 속 수준에서 분류학적으로 나뉜다.

Myrtales와 Rhizophorales목은 종의 50%, 과의 25%를 포함한다(Duke 1992). 표 10-1에는 종 조성과 조간대 맹그로브 숲의 분포가 요약되어 있다(Duke 1992). 신, 구 대륙에 분포하는 주요 맹그로브의 형태적 특징에 대한 검색표를 Tomlinson(1986)에 근거하여 표 10-2에 열거하였다. 카리브 해안에 분포하는 맹그로브 두 종에 대해서는 다음과 같이 간략하게 기술하였다. 주요 및 부수 맹그로브 속에 대한 기재문은 Tomlinson(1986)에 나와 있다.

붉은맹그로브*Rhizophora mangle* L.(그림 10-3)은 30 m까지 자라는 상록 교목으로서 범열대 속에 속하는 8종(3종은 잡종으로 추정됨) 가운데 한 종이다. Rhizophoraceae과는 16속으로 구성되어 있으며 이 중에서 4속 *Rhizophora, Kandelia, Ceriops, Bruguiera*에 속하는 종들만이 맹그로브로 간주되며, 지주 뿌리(그림 10-1), 짝으로 겹쳐 있는 탁엽, 털이 있고 마주 달린 잎을 가진다[그림 10-3(A)]. 원뿌리는 수명이 짧으며 묘목은 줄기와 가지에서 기원된 부정 지주근을 낸다. 붉은맹그로브라는 일반명은 어린 뿌리와 줄기 그리고 목재의 수피가 붉은 색을 띠는 특징에 따라 붙여졌다. 어린 가지에는 탁엽이 붙어 있던 곳에 고리 모양의 흔적이 생기며 바로 아래에는 엽흔이 있다[그림 10-3(A)]. 엽흔이 붙어 있는 마디를 이용하여 붉은맹그로브 묘목을 키울 수 있다(Duke and Pinzon 1992). 정단부의 싹은 길게 자란 다음 뒤로 젖혀진다. 잎(길이 10-15 cm, 폭 6 cm)은 갈라지지 않으며 타원형 또는 도란형으로서 가장자리는 톱니 같은 돌기가 없이 매끈하고 뒤로 굽는다. 한 개 이상의 완전화가 잎의 축에 달린다. 다육질이고 녹색인 꽃받침 잎은 한 개의 꽃받침으로 유합된다[그림 10-3(C)]. 섬세하고 흰 꽃잎이 열린 후에도[그림 10-3(D)] 녹색 꽃받침 잎은 종자에 붙어 있으며, 꽃은 보통 수술대가 없는 수술 8개, 두 개의 하위 자방, 두 갈래로 갈라진 암술대가 없는 암술머리를 가진다. 열매는 녹색이며 발아하는 동안에도 모체에 붙어 있다. 하배축(길이 15-30 cm)은 모체에 부착된 열매로부터 자라나오며 두 개의 떡잎은 깃 모양의 조직으로 유합된다[그림 10-3(D)].

표 10-1. 목, 과, 분포에 따라 분류된 맹그로브 속

목 / 과	속	종수	서반구	동반구
Plumbaginales				
Plumbaginaceae	*Aegialitis*	2		×
Theales				
Pellicieraceae	*Pelliceria*	2		×
Malvales				
Bombacaceae	*Camptostemon*	2		×
Sterculiaceae	*Heritiera*	3		×
Ebenales				
Ebenaceae	*Diospyros*	1		×
Primulales				
Myrsinaceae	*Aegiceras*	2		×
Fabales				
Caesalpiniaceae	*Cynometra*	1		×
	Mora	1		×
Myrtales				
Combretaceae	*Conocarpus*	1	×	
	Laguncularia	1	×	
	Lumnitzera	3		×
Lythraceae	*Pemphis*	1		×
Mytraceae	*Osbornia*	1		×
Sommeratiaceae	*Sonneratia*	9[a]		×
Rhizophorales				
Rhizophoraceae	*Bruguiera*	5		×
	Ceriops	3		×
	Kandelia	1		×
	Rhizophora	9[a]	× (3)	× (6)
Euphorbiales				
Euphorbiaceae	*Excoecaria*	2		×
Sapindales				
Meliaceae	*Aglaia*	1		×
	Xylocarpus	2		×
Lamiales				
Avicenniaceae	*Avicennia*	8	× (4)[b]	× (5)
Scrophulariales				
Acanthaceae	*Acanthus*	2		×
Bignoniaceae	*Dolichandrone*	1		×
Rubiales				
Rubiaceae	*Scyphiphora*	1		×
Acrecales				
Palmae	*Nypa*	1	×[b]	×
계	26속	66종	12종	58종

출처: Dawes(1981), Tomlinson(1986), Duke(1992).

[a] *Sonneratia*와 *Rhizophora*의 3종은 교잡이 일어난 것으로 보임.

[b] *Avicennia marina*와 *Nypa fruticans*는 서반구에 도입된 것이며, *Nypa fruticans*는 제3기에도 있었다 (Graham 1995).

표 10-2. 주요 맹그로브 속에 대한 이분 검색표

1 종은 동반구와 서반구 양쪽에서 발견된다 · 2

2 종은 동반구 또는 서반구 한쪽에만 나온다 · 3

2 탁엽은 겉이 싸여 있고, 잎은 엽병이 있는 윗쪽에 고리 모양의 흔적이 있으며, 지주 뿌리는 있고, 호흡근은 없으며, 모체 발아한다 · · · · · · · · · · · · · · · · · · · *Rhizophora*

2 탁엽은 없고, 지주 뿌리도 없으며, 줄 뿌리는 호흡근을 내고, 모체 발아는 뚜렷하지 않다 · · *Avicennia*

3 종은 서반구에만 나온다 · 4

3 종은 동반구에만 나온다 · 5

4 잎은 호생이며, 기근은 없고, 줄기 기부는 늑재가 발달되어 있다 · · · · · · · · · · · *Pelliceria*

4 잎은 대생이며, 작고 관절 모양의 호흡근은 줄 뿌리에서 나온다 · · · · · · · · · · *Laguncularia*

5 잎은 복엽이며, 2-3 개의 소엽이 있다 · *Xylocarpus*

5 잎은 단엽이다 · 5

6 잎은 대생이다 · 7

6 잎은 호생이다 · 12

7 탁엽은 있다 · 8

7 탁엽은 없다 · 11

8 탁엽은 겉이 싸여 있고, 고리 모양과 마디 흔적이 있다(Rhizophoraceae) · · · · · · · · · · · 9

8 탁엽은 겉이 싸여 있지 않고, 계속 붙어 있다 · · · · · · · · · · · · · · · · · · · *Scyphiphora*

9 교목은 보통 호흡근을 내지 않지만, 작고 눈에 띠지 않는 겉 뿌리를 낸다 · · · · · · · · *Kandelia*

9 교목은 수평으로 자라며, 고리 뿌리는 성숙해지면 둥글거나 혹 모양이다 · · · · · · · · · · · 10

10 잎은 10 cm로 길고 끝이 뾰족하며, 정단부 싹은 납작하지 않다 · · · · · · · · · · · *Bruguiera*

10 잎은 10 cm 이하이고 끝이 둥그스름하며, 정단부 싹은 납작하다 · · · · · · · · · · · *Ceriops*

11 잎은 기부 홈이 없고, 향기가 없으며, 줄기의 엽병 기부에 쌍의 마디 샘이 있다 · · · · *Sonneratia*

11 잎은 기부 홈이 있고, 향기(뚜렷한 반점)가 있으며, 마디 샘이 없다 · · · · · · · · · · · *Osbornia*

12 몸은 관목이며, 줄기가 부풀어 있고, 잎의 기부는 줄기를 싸며, 고리 모양의 흔 적이 있다 · · *Aegialitis*

12 몸은 교목이며, 기부는 부풀지 않고(지지부는 있음), 잎은 줄기를 싸지 않으며, 좁은 고리 모양의 흔적이 있다 · 13

13 탁엽은 있고, 잎은 15-30 cm로 길며 뒷면은 희다 · · · · · · · · · · · · · · · · · *Heritiera*

13 탁엽은 없고, 잎은 15 cm 이하이며 뒷면은 희지 않다 · · · · · · · · · · · · · · · · · 14

14 유액은 흰색이고, 잎의 가장자리는 V자 모양이다 · · · · · · · · · · · · · · · · · *Excoecaria*

14 유액은 없고, 잎의 가장자리는 전연이다 · 15

15 인편은 미세하고 잎의 하부 표면에 나오며, 엽병은 엽신으로 가면서 점차 넓어 지지 않는다 · *Camptostemon*

15 인편은 잎의 하부 표피에 나오지 않으며, 엽병은 엽신의 기부에서 점차 넓어진다 · · · · · · · 16

16 잎은 양면에 털이 있고, 크기는 3 cm 이하이다 · · · · · · · · · · · · · · · · · · *Pemphis*

16 잎은 밀랍질이고 털이 없으며, 크기는 3 cm 이상이다 · · · · · · · · · · · · · · · · · 17

17 잎은 난형이고 샘 반점이 있으며, 열매는 길고 씨앗은 하나이다 · · · · · · · · · · · *Aegiceras*

17 잎은 도란형이고 다육질이며, 샘 반점은 없고, 열매는 길지 않으며 핵과 모양이다 · · · · *Lumnitzera*

출처: Tomlinson(1986)

그림 10-3. 붉은맹그로브*Rhizophora mangle*의 가지(A)는 잎을 마주 내며 잎과 탁엽 흔적(B)을 남긴다. 꽃(C)은 두꺼운 꽃받침 잎 4개, 털이 난 꽃잎, 분기한 수술, 중앙부의 씨방을 가진다. 연필 모양의 묘목(D)은 모체에 붙어 있는 동안에 열매로부터 발아한다.

검은맹그로브*Avicennia germinans*(L.) L.(그림 10-4)는 단형과인 Avicenniaceae과 안에 8종으로 구성되어 있는 범 열대종 가운데 하나이다. 교목으로서 카리브 해에서는 길이가 30 m에 이르지만, 대개는 20 m를 넘지 않는다. 주축은 껍질이 쉽게 벗겨지고 검은색을 띠며 회색 잎을 내는데 주축

그림 10-4. 검은맹그로브*Avicennia germinans*는 가지 한 개(a)에 잎을 마주 내며 가지 정단부에 꽃을 피운다. 꽃송이(b)에서 좌우 상칭이며 관상 화관을 가진 꽃이 한 개 피어 있다. 열매(c)는 납작하고 털이 달려 있는 껍질로 싸여 있으며 다발을 이룬다.

의 특징에 따라 일반명이 붙여졌다. 수평으로 자라는 줄 뿌리는 지표면 바로 아래의 줄기로부터 자라나오며 호흡근(음성 굴지성)을 내어 지표 위로 10-30 cm까지 뻗어 가스 교환을 한다. 털이 나 있는 긴 타원형의 잎은 짧은 잎자루에 달려 있는데, 잎의 하표피에 곤봉 모양의 털이 밀생하기 때문에 회색을 띤다[그림 10-4(a)]. 잎의 크기는 맹그로브 숲의 유형에 따라 다양하다. 물에 잠기는 지역의 군집에서는 맹그로브 잎은 길이 9 cm, 폭 4 cm에 이르는 반면, 고염도 지역에 사는 관목 맹그로브는 잎의 크기가 작다. 꽃은 4-8개로 축소된 두상화서이며 각각의 꽃은 부분적으로 3개의 포엽에 싸여 있다[그림 10-4(b)]. 꽃은 5개로 나뉜 난형 꽃받침 잎과 네 갈래로 갈라진 관상(기부) 화관을 가진다. 카리브 해에 자라는 검은맹그로브의 화관은 좌우 상칭이다. 4개의 수술은 털이 나 있는 씨방을 둘러싸는데, 씨방은 꽃받침 위에 있으며 깔때기 모양이고, 1개의 방으로 이루어져 있다. 씨방은 짧은 암술대와 두 갈래로 나뉜 암술머리를 가진다. 열매는 하나의 종자를 내며, 옆으로 돌출되어 있는 삭과는 납작하여 난형이고[그림 10-4(c)], 배는 잠복모체발아cryptovivipary 한다.

진화와 지리적 분포

맹그로브가 다양성을 보이는 두 중심 지역은 동반구와 서반구이다(Chapman 1977). 순수 맹그로브는 서반구보다 동반구가 5배나 많다(Tomlinson 1986). 그러나 맹그로브 숲을 포함하게 되면 이 비율은 줄어든다(표 10-1). 위도 상으로 맹그로브가 분포하는 한계는 보통 24℃ 등온선 범위 이내로 제한된다(그림 9-6). 맹그로브가 아열대 위도에 출현하는 것은 난류의 분포 유형을 반영해주는 것이며 과거 지사학적인 과정을 거치면서 온도 내성을 가지게 되었음을 보여주는 것이다. 예를 들면, 멕시코 만류는 맹그로브 숲을 플로리다 서해안의 북위 27°까지 뻗어가게 하는 반면, *Kandelia candel*은 일본 남부까지 분포 확장 분포되어 있다. 아열대 맹그로브는 북반구의 고위도에도 흔하게 출현하는데, 이는 남반구 내에서 보다 추운 환경(예, 빈번한 빙하기)에 대해서 내성이 더 크기 때문인 것으로 추정된다(Tomlinson 1986). 따라서 검은맹그로브*Avicennia germinans*는 멕시코만의 텍사스 해안에 관목으로 출현한다. 전반적으로 맹그로브 숲(왜소형, 관목형)이 출현하는 위도가 가장 높은 곳은 호주 빅토리아 해안의 웨스톤포트 만Westonport Bay이다(38°45 ′ N).

기원중심(Chapman 1977)과 분단분포(McCoy and Heck 1976) 가설을 이용하여 맹그로브의 분포와 진화가 해석되어 왔다(3장). 특히 맹그로브의 종 다양성이 낮은 서반구에 비할 때, 인도-태평양 연안에 맹그로브가 가장 다양하게 출현하는 것은 이 지역이 진화적인 중심이었거나 많은 종이 보존되어 있었다는 것을 암시해준다. 그러나 화석 화분 퇴적물에 근거하여 Gentry(1982)는 현재의 서반구 맹그로브 식물상은 과거에 다양하게 생육하였던 흔적이라고 주장한다. 맹그로브의 진화와 현재 분포는 부분적으로는 백악기 말기에 곤드와나 대륙이 분리되면서 이루어진 것이다(Chapman 1977).

McCoy and Heck(1976)는 분단분포 가설에 따라 맹그로브와 해초류는 초기 속씨식물이 대륙이 분리된 사이에 생긴 얕은 해안으로 이동하였을 때인 백악기 초기에 진화되었다고 주장하고 있다. 판구조의 역사에 비추어 볼 때, 곤드와나Gondwana 대륙은 백악기 말기에 분리되었다. 대륙이 형성되면서 육지와 바다 장벽이 생겨 결국 맹그로브와 해초류의 종 분화가 일어나게 되었다. 따라서 분단분포 가설을 이용하여 형태적으로 유사한 자매종 *Rhizophora*와 *Avicennia*이 있었다는 것을 설명할 수 있다. 더욱이 이 가설에 의하면 이들 두 속이 가장 오래된 맹그로브이며 다른 속들은 대륙이 분리된 후에 진화되었다고 설명하고 있다. 그러나 대부분 맹그로브 종의 적응, 유연관계, 화석 기록에 대해서 알려진 것은 매우 적다(Duke 1992).

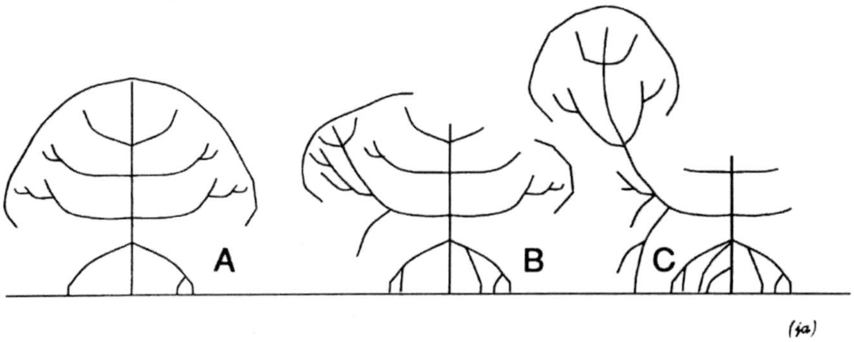

그림 10-5. 붉은맹그로브*Rhizophora*의 반복 수형 모델. 무성적으로 뻗어나는 세 가지 유형의 보기를 나타내었다. (A) 지주근이 발생하고, (B) 낙하근이 가지로부터 나오며, (C) 제 2교목이 낙하근으로부터 발생된다(Hallè et al. 1978에서 수정 인용).

온실효과와 이에 따른 해수면 상승(5장과 9장)으로 인하여 지구 온난화가 일어나게 된다면 맹그로브 숲이 장기간 동안 생존할 수 있을지에 대해서는 의문을 두고 있다(Ellison and Stoddart 1991). 태평양에서 퇴적이 적게 일어나는(100년간 8-9 cm) 낮은 섬을 대상으로 예측한 결과에 따르면 해수면이 100년간 12 cm(Ellison and Sttodart 1991) 이상 상승하면 섬들은 바다에 잠기게 되는데, 이는 현재의 상승률(Gronitz et al. 1982)로서 100년 동안에 30-100 cm 증가할 것으로 예측된다(Davis 1986; Milne 1995). 해수면 상승에 따르는 다른 물리적인 요인들, 예를 들면 강수 및 지표수가 감소하거나 염도가 상승하면 퇴적물이 손실되고(유기 퇴적물이 분해되어) 맹그로브의 생산성이 떨어진다(Snedaker 1995). 그러나 지사학적인 근거에 따르면 해수면 변동은 빠르게 진행되어 왔으며 맹그로브 숲은 해수면이 상당한 정도로 변동되었음에도 불구하고 제 4기 내내 살아남았다고 한다(Woodroffe 1992).

형태적 적응

교목으로서 맹그로브는 빛을 효율적으로 받고 몸을 부드러운 기질에 고정시킬 수 있도록 구조적인 수형을 가진다. 열대 교목에 대하여 기재한 23개의 모델 중에서(Hallè et al. 1978) 붉은맹그로브*Rhizophora mangle*는 측아나 부정아로부터 독특한 모양으로 반복하여 수관을 형성하며 지상부에서 무성적으로 뻗어 나갈 수 있도록 적응되어 있다(그림 10-5). 맹그로브의 수관 구조는 촘촘하게 덮개를 형성하기 때문에 가지가 나오기 전의 묘목을 제외하고는 다른 하층 식생은 거의 자라지 못한다(Tomlinson 1986). 상록인 특성과 잎의 모양 및 두께가 맹그로브의 중요한 특징이다. 잎은 일반적으로 난형에서 장타원형으로서 끝이 뾰족하거나(*R. mangle*) 또는 뭉툭하거나 오목하다

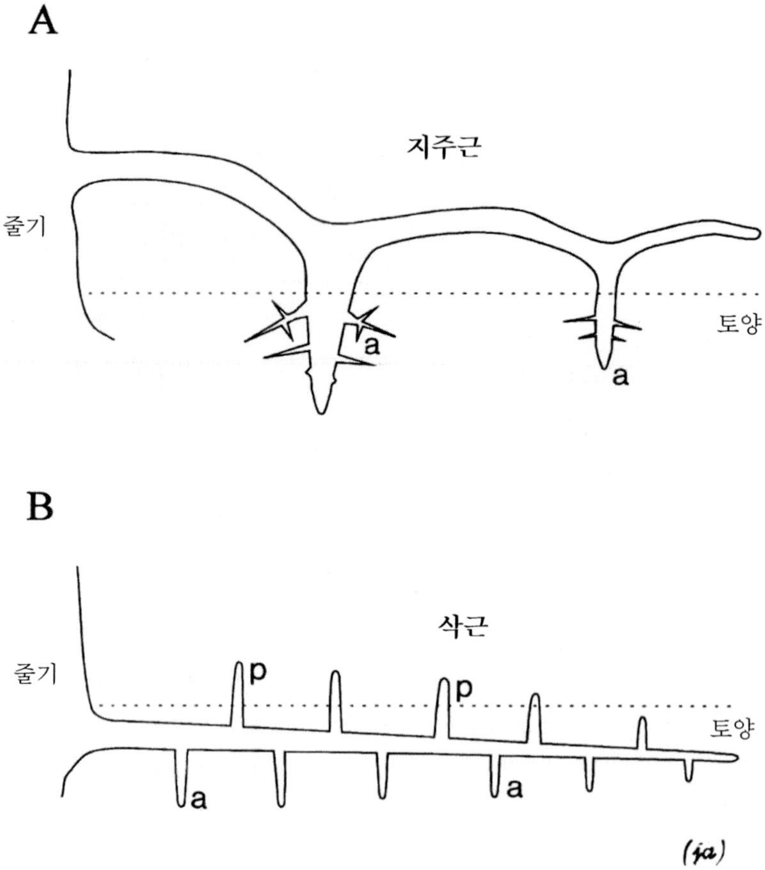

그림 10-6. 붉은맹그로브*Rhizophora*(지주근)와 검은맹그로브*Avicennia*(호흡근)의 기근. 붉은맹그로브(A)의 부정 지주근은 고정근(a)을 통하여 다시 첨가되며 새로운 주축을 낼 수 있다(반복근 발생; 그림 10-5). 검은맹그로브(B)의 수평 삭근은 공기 교환을 위한 음성 굴지성인 호흡근(p)과 양성 굴지성인 고정근(a)을 낸다(Tomlinson 1986).

(*Languncularia racemosa*). 잎의 결은 보통 단단하거나 가죽질이며 유연하다. 분비 구조는 *R. mangle*의 잎과 *L. racemosa*의 엽병에서 볼 수 있으며 경우에 따라서는 염류 분비 기능을 가진다(*Avicennia germinans*; Balsamo et al. 1995).

맹그로브는 영양 번식이 제한되어 있는데(*R. mangle*의 반복 생장과 *Avicennia, Laguncularia, Conocarpus*의 관목 숲 형성 능력 참조), 이런 경우는 맹그로브 숲이 허리케인으로 심하게 손상되었을 때에 볼 수 있다. 예를 들면 허리케인 앤드류가 플로리다 남부를 관통하면서 검은맹그로브와 붉은맹그로브 숲을 약 5 m 정도 훼손시켰는데, 이 높이는 조석파가 미치는 범위이다(Dawes et al.

1995a). 수관이 없어지게 되면 묘목과 부착 대형 조류들이 강한 햇빛에 노출된다. 수관 아래의 식물들 대부분은 3개월 후에 죽게 되며 회복되는 데는 10-20년이 걸릴 것으로 예측된다. 회복 속도가 느린 이유는 *Rhizophora*는 새로운 묘목에 의해서만 성장하기 때문이며 예비 분열조직을 갖는 *Avicennia, Laguncularia, Sonneratia*와는 달리 손상된 줄기로부터 싹을 다시 내지 못한다(Tomlinson 1986).

기근aerial roots은 고도로 특화된 맹그로브에서 흔하게 볼 수 있다. 기근은 침수된 토양에 사는 맹그로브의 주축과 가지로부터 부정적으로 나온다(그림 10-6). 예를 들면, 붉은맹그로브*Rhizophora mangle*와 검은맹그로브*Avicennia germinans*는 조간대 하부에 자라며 이들보다 상부에 자라는 *Laguncularia racemosa*와 비교할 때 기근을 더 많이 낸다(분포대 형성 참조). 기근에는 지주근stilt roots[*Rhizophora*의 지주근과 낙하근; 그림 10-6(a)], 호흡근pneumatophores[*Avicennia*의 직립근; 그림 10-6(b)], 뿌리 마디root knees(*Ceriopsis*의 수평근에서 호흡 환상부), 지지근plank roots(*Xylocarpus* 수평근이 수직으로 확장됨) 등이 있다. 맹그로브는 뚜렷하게 발달되어 있는 기근 이외에도 흡수근, 고정근, 삭근cable root 등을 가진다. 흡수근은 미세한 섬유상이며 기질과 부착하는 부위에서 나오거나, 다육질인 고정근에서 나오거나 또는 기질 위에 활처럼 뻗거나(*Rhizophora*), 기질 아래에 자라는(*Avicennia*) 수평 삭근에서 자라 나온다. 주근은 유묘가 발아하면서 발육이 더디어지며 모든 종들이 측근과 부정근이 주근보다 우세하게 나온다.

해부학적 적응

맹그로브가 건조한 환경에 적응한 것은(Fahn and Cutler 1992) 잎이 해부학적 구조가 점점 복잡해지는 특징에서 볼 수 있다(Roth 1992). 염습지 식물에서 언급된 바와 같이 맹그로브 잎의 해부학적 구조는 건생 특징을 뚜렷하게 보여주며 손으로 조직절편을 만들어서도 쉽게 볼 수 있다. 카리브 해의 맹그로브 잎에 대해서는 Roth(1992)가 상세하게 기재하였으며 Tomlinson(1986)은 모든 맹그로브에 대해서 개관하였다. 검은맹그로브*Avicennia germinans*와 붉은맹그로브*Rhizophora mangle*의 표피층은 한 층으로서 두꺼운 외벽과 큐티클 층을 가지고 있다(그림 10-7, 10-8; Roth 1992). 특화된 표피 세포들에는 염류 분비 기능을 가지는 선모 세포(*A. germinans*; 그림 10-11)와 물과 염화물을 분비하는 피목 또는 "코르크 옹이"(*R. mangle*) 등이 있다(Roth 1992). 붉은맹그로브*Rhizophora mangle*의 하표피는 탄닌을 함유하는 상층(1-2 세포 두께)과 대형 수분함유세포(2-3세포 두께)인 하층으로 이루어져 있다. 검은맹그로브*Avicennia germinans*는 하표피가 4-5층의 수분 함유 세포만으로 이루어져 있다. 붉은맹그로브와 검은맹그로브 두 종에서 엽육조직mesophyll은 하표피 아래쪽에 생기며 울타리조직과 해면상의 유조직으로 구성되어 있다. 이 두 종의 엽육조직은 다층 구조로서, 칼슘수산염(*Rhizophora*; 그림 10-8) 기포와 유액(*Exoecaria agallocha*)이 들어 있는 종유체cystolith를 가진다. 유관속초는 뚜렷하며 내피와 유사한 코르크 벽으로 비후되어 있지만(카스파리선) 섬유 다발이 널리 분포되어 있지 않으므로 잎에 신축성이 있다. 일반적으로 하부 표피에 기공이

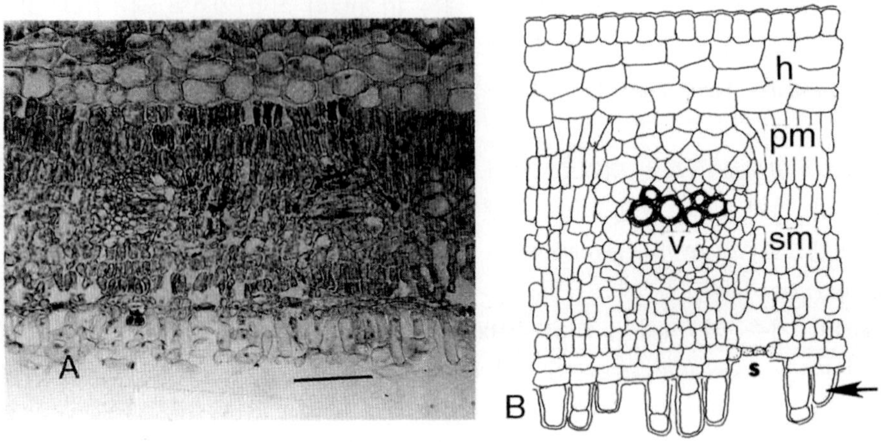

그림 10-7. 검은맹그로브*Avicennia germinans* 잎 횡단면의 광학현미경 사진(A)과 그림(B). 하표피는 울타리조직(pm)과 해면조직(sm)을 덮는 수분 함유세포(h)로 구성된다. 엽맥(v)은 잎의 중앙부에 위치한다. 하부 표피는 망치 모양의 털 세포가 덮고 있으며 기공(s)을 가진다. 막대 표시는 100 µm.

생기며 함몰되거나(*A. germinans*) 함몰되지 않는다(*R. mangle*). 검은맹그로브 잎의 뒷면은 기저 세포와 단세포성 자루가 달린 비대칭형 정단 세포로 이루어진 망치 모양의 털 세포 때문에 회색을 띤다(그림 10-7). 육상 식물과 유사하게 맹그로브의 양지 잎과 음지 잎은 붉은맹그로브(Farnsworth and Ellisar 1996a)에서 볼 수 있는 바와 같이 잎의 두께, 조직의 층, 기공의 밀도 등에서 다르다.

맹그로브 잎의 조직 복잡성에 따른(하표피층이 다수 생김) 경엽화sclerophylly는 영양분이 제한될 때 생기는 것이며(Feller 1995, 1996) 수분 스트레스로 인한 것은 아니다. 다년간에 걸친 연구에서, 인 또는 질소, 인, 칼륨을 혼합 시비하여 키운 왜소형 붉은맹그로브*Rhizophora mangle*의 잎은 대조구 식물의 잎보다 40-80% 정도만 두꺼워졌다. 그러나 시비하여 키운 맹그로브는 대조구 식물의 잎보다 얇기는 하였지만 여전히 수분 스트레스에 내성을 보여 건생 적응 구조를 가지고 있었다.

맹그로브의 뿌리, 특히 기근의 해부학적 구조에 대해서는 폭 넓게 연구가 이루어졌다(Chapman 1976; Tomlinson 1986). 맹그로브 일차근의 해부 구조는 외원형 원생 물관부를 가지는데, 측근에서 내생적으로 기원된 일차 체관 요소와 뿌리골무가 번갈아가며 발생한다. 중형 쌍자엽식물의 뿌리와는 달리 맹그로브의 피층은 일반적으로 세포 간극(*Rhizophora mangle*)이나 통기 조직(*Avicennia* spp.)이 잘 발달되어 지상부와 지하부가 연결되어 있다(9장 참조). 피목으로부터 통기조직(피층)을 통하여 뿌리로 이동하는 공기를 전자현미경을 이용하여 영상화하였다(Ish-Shalom-Gordon and Dubinsky 1992). 호흡근과 같은 기근(그림 10-9)을 보면 외부 코르크 조직, 코르크 형성층, 코르크

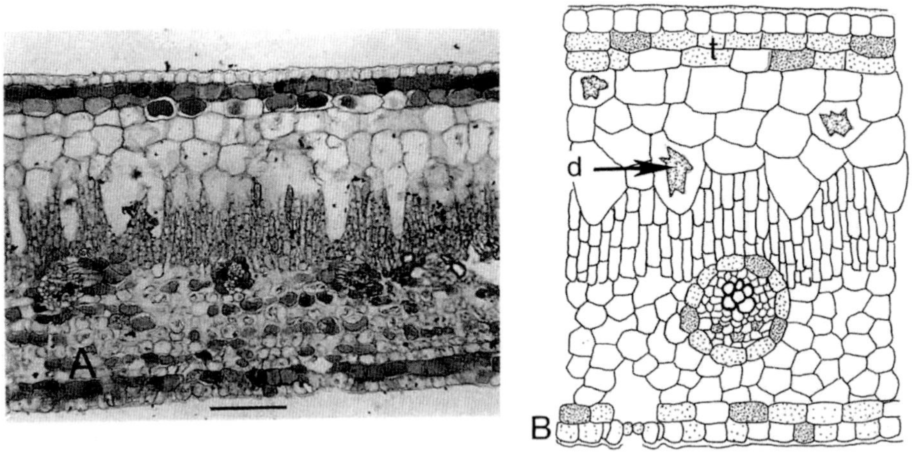

그림 10-8. 붉은맹그로브*Rhizophora mangle* 잎 횡단면의 광학현미경 사진(A)과 횡단면 그림(B). 검은맹그로브*Avicennia germinans*와 비교해 보면 붉은맹그로브는 표피에 털 세포가 없으며 하표피는 한 층 이상의 탄닌 세포(t)와 칼슘수산염 기포(화살표) 층으로 구성되어 있다. 막대 표시는 100 µm.

피층 등 초기의 주피 발달과정을 알 수 있다. 코르크 피층과 코르크 형성층 세포들이 국지적으로 분열하여 밀집된 세포 덩어리가 형성되어 수피에 피목lenticel(그림 10-10)이라고 부르는 균열이 생긴다. 피목은 유형과 모양이 종에 따라 특이성을 보이며 가스 교환 기능을 하므로 뿌리의 생존에 절대적이다.

생식

대부분의 맹그로브는 꽃받침, 꽃잎, 수술, 심피를 가진 완전화이며[예, *Rhizophora*, 그림 10-3(b)] 양성주이다. 자웅이주(암수 꽃이 다른 그루에 달림)와 자웅동주(암수 꽃이 한 그루에 달림)는 종의 15% 정도일 뿐이다(Tomlinson 1986). 맹그로브는 자가 수정을 하는데 이는 고립된 지역에서 집단을 이루기 위해서 적응된 것으로 보인다. 수분은 붉은맹그로브*Rhizophora* 꽃의 풍매 수분을 제외하면 거의 동물에 의해서 일어난다. 동물 매개자는 박쥐(*Sonneratia* spp.), 나방(*Ceriops tagal*), 새(*Bruguiera gymnorrhiza*), 벌(*Avicennia* spp.), 나비(*Bruguiera parviflora*) 및 소형 곤충(*Kandelia candel*) 등 다양하다. 맹그로브 종이 다양하기 때문에 화분 구조 역시 매우 다양하며 현존 종(Tomlinson 1986)이나 화석 종(Gentry 1982)을 동정하는 데에 이용된다.

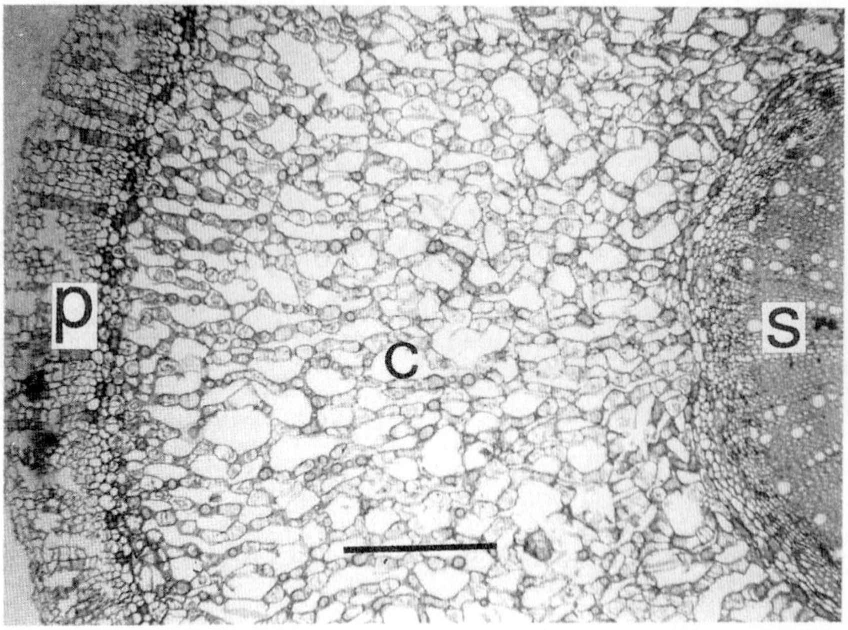

그림 10-9. 검은맹그로브*Avicennia germinans* 호흡근 횡단면의 광학현미경 사진. 바깥 쪽 주피(p)는 코르크 세포로 구성되어 있으며 피층(c)은 세포 사이의 간격으로 벌집 모양이며 관다발 중심주(s) 둘러싸고 있다. 막대 표시는 300 μm.

맹그로브에게는 바닷물 환경, 물의 이동, 악조건인 조간대 환경, 장거리 이동을 위한 해류의 필요성 등이 유묘 생장에 매우 절대적이다. 육상식물에서 볼 수 있는 것과 같이 발아 유형은 다양하게 나타나 지하자엽hypogeal(떡잎이 발달하지 않거나 나출되지 않음), 지상자엽epigeal(떡잎이 발달하여 나출됨)이 있으며 붉은맹그로브*Rhizophora*의 독특한 유형을 보이는 떡잎이 열매와 유근(근단)에 남아 있고 하배축은 노출된다. 붉은맹그로브의 발아 유형은 맹그로브 종에서 보편적이다(Tomlinson 1986). 모든 맹그로브 종의 열매와 씨는 물에 뜨므로 부유하여 산포된다. 맹그로브 종의 약 1/3이 모체에서 발아하는데 발아 전에 배는 전혀 휴면을 하지 않거나 제한적으로 휴면한다. 진정모체발아true vivipary하는 맹그로브는 산포되기 전에 배가 과피를 뚫고 나온다(Elmqvist and Cox 1996). 배는 휴면을 하지 않고 모체에 붙어 있는 동안에 씨나 열매로부터(*Rhizophora* 유형) 유묘propagule로 발아한다[그림 10-3(D), 10-3(E)]. 카리브 해에 자라는 3종의 맹그로브는 진정 모체발아(붉은맹그로브*Rhizophora mangle*)를 하거나 열매가 모체로부터 떨어지기 전에는 배가 발아하지 않는 잠복모체발아cryptovivipary(검은맹그로브*Avicennia germinans*)를 보이거나 또는 모체발아를 전혀 하지 않는 종도 있다(*Lanuncularia racemosa*). 발아 유형은 종에 따른 생육대 형성 습성과 관련

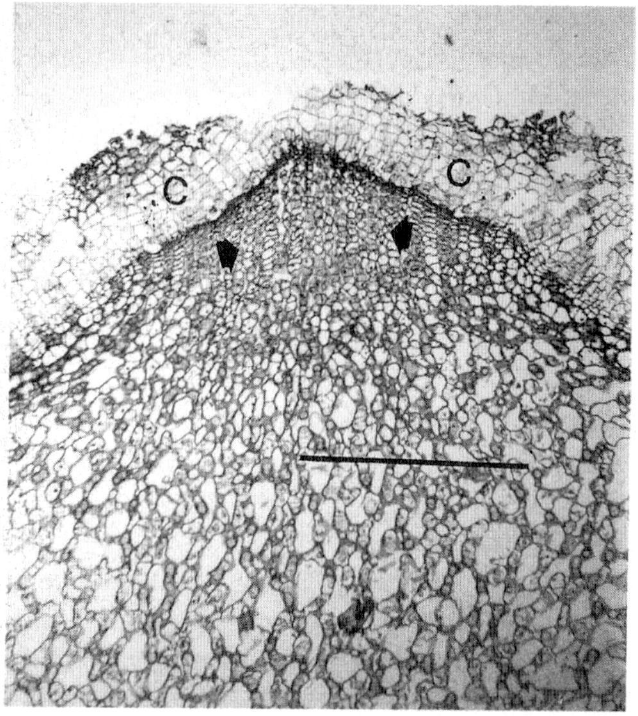

그림 10-10. 검은맹그로브*Avicennia germinans* 호흡근 피목의 횡단면. 바깥쪽의 코르크 조직(c)은 코르크 형성층과 코르크 세포(화살표)가 분열함에 따라 갈라져 가스 교환을 하는 피목이 형성된다. 막대 표시는 300 μm.

이 있어서 붉은맹그로브는 조하대까지 뻗어 내려가지만 흰맹그로브는 조간대 상부에 우점 한다. 모체발아는 유묘를 불안정한 환경에 신속하게 정착할 수 있도록 적응한 것으로 보인다. 더구나 대형 붉은맹그로브의 유묘는 Rabinowitz(1978)이 기술하여 Smith(1988)와 논쟁이 붙었던 바와 같이 조간대 상부로 옮겨지는 것이 아니라 육상부의 가장 자리에 붙잡히게 되는 것이다.

맹그로브의 생리생태

맹그로브와 염습지 식물의 분포는 7종류의 해안 환경 특징과 연관된다; 대기 온도, 해안 보호 상태, 수심이 얕은 해안, 해류, 해수, 조석의 차이, 기질의 특성(Chapman 1977). 염습지 식물과 다르게 맹그로브는 담수 유입과 퇴적이 제한된 환초나 석회암초와 같은 원양성 도서에도 자란다.

생육 기질의 생태적 특성

맹그로브의 분포대 형성은 생육지의 고도와 조석류의 침수와 직접 관련되며, 이들은 거꾸로 영양염과 수분의 흡수 능력에 영향을 미친다(McKee et al. 1988). 따라서 맹그로브가 자라는 생육 기질의 생태적 특성을 보면 공극수의 화학적 특성, 가스 교환, 염양염의 순환 등을 포함한 다양한 생리생태학적인 특징을 가지고 있다. 보통 무산소 환경이라고 생각되지만, 맹그로브가 사는 생육 기질은 전 세계적으로 매우 다양하다. 삼각주의 맹그로브 숲은 기질이 잘 선별된 침니와 점토로 이루어져 있으므로 섬세한 수염뿌리가 잘 발달되는 반면, 강변의 맹그로브 숲은 기질이 뻘로 덧 씌워진 가는 모래로 이루어져 있다(Alongi and Sasekumar 1992). 열대 염하구에서 맹그로브가 사는 기질이 가지는 두 가지 특징은 공극수의 영양염(암모늄, 질산염, 인산염)이 μmol 농도 수준으로 매우 낮을 뿐만 아니라 뿌리와 잎의 여과액으로부터 나온 농축된 가용성 탄닌이 들어 있다.

토양과 맹그로브 군집에서 썩은 낙엽층에 사는 박테리아는 영양염과 더불어 기본적으로 나무에서 기원된 유기물을 재순환시키는데 두드러진 역할을 한다(Lacerda et al. 1995). 맹그로브 지역의 뻘에는 g dwt 당 0.8-10×10^9 세포가 들어 있는 반면, 썩은 낙엽 주머니에서는 g dwt 당 10^9 세포 이상이 기록되었다(Alongi and Sasekumar 1992). 맹그로브 지역의 조간대 개울 내에서는 용해된 무기 질소와 인의 μmol 농도는 낮았으며(NH_4^+: 0.1-24.7; NO_3^-: 0-36.6; PO_4^{-3}: 0-20) 퇴적층(NH_4^+: 3-760; NO_3^-: <0.1-21; PO_4^{-3}: 0-40)에서는 약간 높았다(Alongi et al. 1992). 질소 순환의 모든 과정이 맹그로브가 사는 퇴적층 위 또는 속에서 일어난다(그림 2-16). 질소 고정은 퇴적층보다 뿌리와 썩은 낙엽층에서 높게 일어나는데 이는 남조류가 풍부하게 살고 있기 때문이다. 맹그로브 지역에서는 암모늄화는 높게 일어나는 반면 탈질화와 질화는 낮은데 이는 아마도 침수로 인하여 토양 질화 박테리아가 활동을 제한받기 때문일 것이다. 무산소 상태인 염하구이나 연안 해양 퇴적층에서 질산염이 결핍되면 탈질화는 제한을 받는다. 맹그로브가 사는 퇴적층에서는 조수가 흐를때 NO_3^-와 NH_4^+가 흡수된다. 더구나 이용된 질소 대부분은 N_2 가스로 환원되지 않고 고정된다(Rivera-Monroy et al. 1995). 조수로부터 흡수된 무기 질소는 탈질화 작용을 통하여 침전형 질소로 되지 않고(암모니아 또는 질산염에서 N_2로), 대신에 질소 대부분(NO_3 90% 이상)은 퇴적층 속에 고정된다(Rivera-Monroy and Twilley 1996). 맹그로브는 자연 상태에서는 질산염을 이용하지 않지만 광호흡에서 방출되는 암모니아를 재순환시키는 글루탐산 합성을 통하여 암모니아를 흡수한다(Stewart and Popp 1987). 그러나 맹그로브는 영양염이 주어지게 되면 질산염 환원효소 활성을 보인다(Stewart and Orebamjo 1984). 따라서 맹그로브는 암모니아로 농축된 무산소 기질을 이용하게 된다.

공극수의 화학적 특징을 알면 맹그로브 숲에서 영양염의 변동을 이해하는데 도움이 된다. 해안이나 강 유역의 맹그로브 숲은 입자상의 질소(PN)와 용해된 유기 질소(DON)를 방출하는 경향을 보이지만 침수되는 섬에 분포하는 맹그로브 숲[그림 10-2(B)]은 흡수원 역할을 한다(Rivera-Monray et al. 1995). 철, 황화물, 인산염, 질산염을 이용할 수 있는 정도는 조석수 범람의 계절적 또는 단기 변동과 관계가 있다. 따라서 규칙적인 조석 변동은 이들 영양염 대부분을 보존하는 반면(Carlson et al. 1983), 범람이 드물게 일어날 때는 관목 맹그로브에서 볼 수 있는 것과 같이 영양염이 제한을 받는다. 해변에 자라는 맹그로브와 관목 붉은맹그로브*Rhizophora mangle*를 비교해 본 결과 Feller(1995)는 이들 두 붉은맹그로브 군집에서 인의 이용성에 따라 생장이 제한 받는 것을 알았다. 왜성 붉은맹그로브는 영양염을 보존하기 위하여 잎을 경엽화하여 하피 조직을 보강한다. 따라서 맹그로브의 경엽화는 피식 때문에 일어나는 것이 아니라 인의 제한 때문에 생기는 것이다(Feller 1996).

맹그로브의 가스 교환은 지상부와 지하부의 뿌리 사이에서 일어난다는 사실이 많은 연구에서 밝혀졌다. 따라서 맹그로브가 사는 토양의 공극수에서 산화환원 잠재력과 황화물 농도는 붉은맹그로브의 지주근과 검은맹그로브*Avicennia germinans*의 삭근 주변이 월등히 낮게 나타나 맹그로브의 뿌리로부터 산소가 누출된다는 것을 보여주고 있다(McKee et al. 1988). 더구나 검은맹그로브의 호흡근 발달과 범람의 정도 사이에는 직접적인 관계가 있다(Stewart and Popp 1987). 검은맹그로브는 붉은맹그로브보다 산화된 근계를 더 크게 형성하여, 무산소 상태가 가장 큰 조간대 중부에서 같은 종류들이 정착할 수 있도록 돕는다(Thibodeau and Nickerson 1986). 가스 수송을 담당하는 맹그로브 뿌리의 평균 용적은 전체 크기의 40% 정도이며 연결 상태는 뿌리를 자른 다음 공기를 주입시켜 알아내었다(Tomlinson 1986). 산소 굴뚝 역할을 하는 호흡근과 지주근의 중요성에 대해서는 Scholander et al.(1955)이 제시하였으며 Skelton and Allaway(1996)가 이를 확장하여 연구하였다. 호흡근과 지주근 모두가 만조 시에 침수되면 산소 수준이 낮아지며, 간조 시에 부족한 산소가 보충된다. 산소를 뿌리로 이동시키는 추진력은 단순한 확산이 아니라 침수되었을 때에 해수에 녹아 있는 산소가 호흡을 통하여 제거되고 흡수된 이산화탄소가 소실되므로 생기는 것이다. 그러므로 고조 시에 가스 압력이 낮아면 기공으로부터 흡수된 이산화탄소가 빠져 나가게 된다(Skelton and Allaway 1996). 산소를 이용하고 이산화탄소를 잃기 때문에 음성 압력으로 인하여 저조시에 산소가 기근으로부터 지하근으로 이동하게 된다(Scholander et al. 1955). 그러나 맹그로브 4종의 유묘는 교목인 종류의 뿌리와 비교했을 때 이들과 같은 반응을 보이지 않았다(Youssef and Saenger 1996). 이 맹그로브 종들은 유묘의 배축 연결 부위에 있는 공기 통로를 수축시켜 뿌리에서 산소가 손실되는 것을 줄인다는 것이 밝혀졌다. 따라서 맹그로브 유묘가 침수 내성을 가지는 것은 아마도 뿌리에서 공기 대사를 할 수 있도록 산소를 보존하고 있기 때문인 것으로 보인다. 성숙한 맹그로브의 뿌리는 근계에서 산화가 일어나고 영양염을 흡수할 때 산소를 이용한다.

맹그로브는 뿌리와 주축의 피목에서 가스 교환이 일어나는 동안에 환원된 기질을 이용할 수 있다(그림 10-10). 피목은 두 가지 중요한 특징을 가진다. 첫째, 가스 교환이 불가능한 침수 부위와 지하부의 뿌리에서는 피목이 형성되지 않는다. 둘째, 맹그로브 피목은 장애를 받으면 뿌리의 지하부에서 산소가 빠른 속도로 고갈된다(Stewart and Popp 1987). 그러므로 기름 유출(5장)로 인하여 피목이 막히게 되면 뿌리에 산소가 모자라고 기질에 유독한 황화물이 점차 증가하여 맹그로브가 죽게 되는 것이다.

수분 관계와 삼투조절

염분 평형 생리학에 근거하면 맹그로브는 진정염생식물이라기보다 조건염생식물로 볼 수 있다(9장; Scholander 1968; Stewart and Popp 1987). 교목 맹그로브는 담수에서 자랄 수 있지만 혐염식물이 빠르게 생장하여 경쟁적으로 배제시키기 때문에 염분이 있는 환경에서는 제한적으로 자란다.

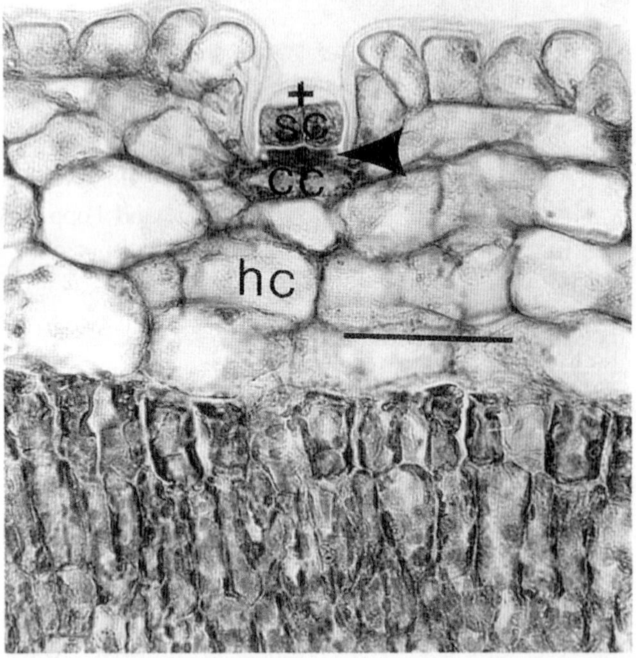

그림 10-11. 검은맹그로브*Avicennia germinans*의 상표피에 있는 염류 분비세포의 현미경 사진. 고도로 액포화 된 하표피 세포들(hc)은 염류를 축적하여 삼투조절을 한다. 염류는 세포간극과 원형질막을 통하여 수송되어 수집 세포(cc)와 자루 세포(화살표)로 이동한다. 그 다음에 염류는 분비세포(sc)로 이동하여 수집실(+)로 퍼 올려진다. 막대 표시는 80 μm.

추정할 수 있는 모든 증거들에 따르면 교목 맹그로브는 가능하면 담수를 이용하지만 해수에서도 물을 흡수할 수 있다. 예를 들면, 강 유역의 염분 기울기에 따라 분포하는 맹그로브 주축으로부터 물을 추출하여 동위 원소 비율을 조사해 본 결과 맹그로브는 해수와 담수로부터 물을 얻는다는 것이 밝혀졌다(Sterberg and Swart 1987). 다른 연구에서는 붉은맹그로브*Rhizophora mangle*는 염도가 높은 기질의 공극수보다는 표층수를 이용한다고 알려졌는데, 이는 비 또는 땅위를 흐르는 빗물로부터 선택적으로 물을 흡수한다는 것을 보여준다(Lin and Sterberg 1994). 마지막으로 기질 공극수 내의 황산염이나 염화물의 수준은 잎에서 호흡률이 높아졌을 때 뚜렷하게 증가한다(Carlson et al. 1983). 따라서 이와 같은 사실은 뿌리에 의해서 물이 여과되고 빠른 속도로 흡수된다는 증거이며, 염분이 있는 공극수 내에 이온으로 농축된다.

맹그로브를 염분을 분비하는 무리(*Aegiceras, Aegialitis, Avicennia*)와 분비하지 않는 무리(*Sonneratia, Rhizophora, Lumnitzera*)로 구분지어 왔지만 육상 식물과 유사하게 호흡률(1.5-7.5 mg dm^{-2} min^{-1})로는 구분지어보지 않았다(Ball 1988). 이와 같이 두 무리로 구분 짓는 것은 두 가지 기능이 모두 염분을 배출하는 것이기 때문에 완전한 구분이 아니다(Ball 1996). 염분을 분비하는 무리들은 다세포성 염류 분비세포를 가지고 있으며 나중에는 변형되어 모용으로 바뀐다(그림 10-11). *Aegicera cornuculatum*과 *Avicennia marina*의 분비세포는 50% 해수 용액에 흡수된 나트륨과 염소 총량의 각각 47%와 33%를 분비하여 염분 제거의 중요성을 보여주었다(Ball 1988). 염분은 세포벽과 아포플라스트apoplast 경로를 따르거나 심플라스트symplast 경로를 따라 수송되는데 원형질막을 통하는 과정에서는 에너지가 요구된다. 염류는 변형된 털 세포로 이동하여 이온 기울기를 줄인 다음에 분비 세포로 운반된다. Balsmo et al.(1995)은 *Avicennia germinans*의 염류 세포를 연구하여 염류는 양이온 채널과 투과효소 그리고 세포막의 H^+/ATPase에 의해 생기는 광화학적 양성자 기울기에 의해서 분비된다는 것을 알았다. 고도로 액포화 된 하피 세포들은 염류를 모으고, 양이온 농도가 높아지면 염류 분비 줄기와 수집 세포들은 이온을 분비 세포로 운반한다(그림 10-11). 분비 세포는 양이온을 수집 조직으로 빨리 운반하며, 수집 조직은 염류를 표피공을 통하여 잎 표면으로 방출시킨다. 염류를 분비 세포로부터 외부로 분비할 때는 기본적으로 소포를 형성하거나 붕괴시키며(부분분비merocrine), *Avicennia marina*에서 볼 수 있는 것과 같이 표피가 완전히 붕괴되어(전분비holocrine) 일어난다(Ish- Shalom-Gordon and Dubinsky 1990).

염류를 분비하지 않는 종들은 뿌리의 공극수에서 발견되는 NaCl의 90-95%를 배출한다. Scholander(1968)는 뿌리에서 일어나는 배출 기작은 강한 염분 기울기에 의한 비대사성 초여과 작용에 의해 일어난다고 제안하였다. 아울러 염류를 분비하는 종들의 수액은 분비하지 않는 종들보다 염분 수준이 현저하게 높다고 하였다. 여기서 비대사성 과정들은 제시되지 않았지만 증산률과 잎의 염분 함량 정도를 보면 염류를 분비하지 않는 종의 잎에서도 여전히 많은 양의 염류가 분비되는 것으로 나타났다. 염류는 어린잎에서 노성한 잎으로 체관부를 통하여 전도되는 동안에 물관부로부터(맹그로브의 목질부는 염류 함량이 높음) 제거된다(Stewart and Popp 1987). 모든 맹그로브는 "염류 분비자, 염류 비분비자 또는 염류 축적자"냐에 상관없이 많은 양의 염류(500 mM 이상)를 축적한다(2장과 9장). 다른 염생식물처럼 맹그로브는 부분적으로 나트륨과 염소 이온을 축적하여 외부의 높은 염류 농도에 적응한다. 노성함에 따라 염류가 축적되면 잎이 점차 다육질이 된다. 잎이 살아 있는 동안에는 염류의 축적이 계속되기 때문에 세포의 용적은 커질 수밖에 없으며 다육질이 강화되는 것이다. 노성한 잎이 떨어지면 염류는 소실되므로 염류 축적과 잎의 탈락은 같은 과정의 일부이다. 따라서 맹그로브는 일부 염습지 식물과 같이 탈염류 식물로 볼 수 있다.

맹그로브는 세포질 내에서 NaCl 농도가 낮아지는 것은 견딜 수 있지만, 잎에 있는 여러 가지 효소들은 고농도의 염류에 저해를 받게 된다. 효소 저해를 피하기 위해 Na^+와 Cl^-은 엽육 세포의 액포에 격리된다(Stewart and Popp 1987). 염습지에 사는 염생식물과 비슷하게 맹그로브의 세포질에서는 아미노산인 프롤린(*Xylocarpus mekongensis*), 메틸화암모늄글리신베타인(*Avicennia marina*), 당-알콜 만니톨(*Lumnitzera littorea*), 피니톨(*Rhizophora apiculata*)과 같이 분자량이 적은 유기 용질을 이용하여 삼투조절이 일어난다(4장). 글리신베타인과 다른 용질들은 효소의 열 안정성을 높여줄 뿐만 아니라 막의 수산염이 불안정화 되는 것을 막아주는데(Stewart and Popp 1987), 열대에 자라는 염생식물 들에게는 이들 두 가지 특징이 중요하다.

맹그로브는 물을 빨아올리는 것 이외에도 기질에 들어 있는 공극수로부터 영양염을 흡수해야 한다. 따라서 염류 배출에 대한 기작은 선택적일 수밖에 없다. 맹그로브에서는 Na^+보다 K^+를,

NO_3^-보다 NH_4^+를 선호하여 흡수한다는 증거가 있다. 염류의 수준뿐만 아니라 질소원은 맹그로브 잎의 생물량과 관련이 있다는 것을 보여준다(Naidoo 1990). *Bruguiera gymnorrhiza*에서 잎의 생물량은 무기 질소(질산염이나 암모늄)가 많아지면 증가된 반면 50 mol m^{-3}이상의 염도에 노출되었을 때에는 생물량이 감소하였다. 발육이 안 된 붉은맹그로브에 질소, 인, 칼륨을 시비한 결과 잎의 경엽화는 감소하고 생장은 증가하였다(Feller 1995). 따라서 맹그로브의 영양염 흡수는 염도와는 별도로 협염식물의 영양염 흡수와 유사하다.

광합성

맹그로브 잎의 *P-I* 곡선은 700-800 μmol photons $m^{-2}s^{-1}$에서 포화되고 30-50 μmol photons $m^{-2}s^{-1}$에서 보상 수준을 나타내었다(Stewart and Popp 1987). 열대 식물임에도 불구하고 맹그로브는 중간 정도의 포화와 보상 수준을 보여 수관 아래에 자라는 식물과 유사하였다. 이와 같은 수준을 보이는 것은 아마도 어린 맹그로브가 수관 아래에 자라는 식물로서 오랜 기간 동안(10년 이상) 살아남은 데에서 비롯된 것으로서 빛의 투과율은 80-90%로 줄어든다(Dawes 1996). 광합성률은 17-30℃ 범위 이상에서는 온도에 둔감하지만 이보다 더 높아지면 광합성률이 급격히 떨어진다. 맹그로브의 광합성은 수관에서 일어나는 높은 조도와 온도 때문에 C_4 탄소 고정이 우세한 것 같다. 그러나 호주 북부에 자라는 맹그로브 13종의 동위원소 ^{13}C 값에 따르면 C_3 탄소 고정만을 보였다(Andrews and Muller 1985). *Rhizophora stylosa*에 의한 가스 교환은 C_3와 CAM(C_4) 식물 간의 중요한 차이점으로서 물을 효율적으로 이용할 수 있게 하는 기공 전도와 CO_2 동화가 밀접하게 균형을 이룬다(4장). Joshi et al.(1984)의 연구에서 *R. mucronata*에는 변형된 C_4 경로가 있다는 증거를 제시하고 있다. 이 연구에서는 C_3 식물은 CAM 경로를 통하지 않고도 물을 흡수하여 건조를 방지할 수 있다고 제안하고 있다.

생리적 비용

건생식물과 염생식물의 적응에 소요되는 생리적 비용은 협염식물과 비교했을 때 부분적으로 생장을 느리게 하여 보상한다(9장). 맹그로브의 생리생태학적인 특징을 보면 임의 염생식물이라는 것을 보여준다(9장). 따라서 맹그로브는 담수에서는 협염식물과 같은 영양염 흡수 기작을 이용하여 느리게 자라는 반면, 염류를 제한하고 저장하며 분비할 수 있다.

맹그로브는 결빙 온도에 민감하기 때문에 온대 염습지에는 자라지 않는다. 그러나 결빙에 내성을 가진 맹그로브는 왜 없는지에 대한 의문을 Stewart and Popp(1987)이 제기하였다. 맹그로브를 포함하는 많은 과의 식물들이 아열대와 온대 종이지만, 염분 내성을 가지는 온대 교목은 없다. 염습지는 벼과 식물, 골풀, 조금 더 제한적인 역할을 하는 키 작은 관목과 겨울에 살아남는 사초속 식물들에 의해 우점 된다(9장). 염생 교목은 수분 흡수를 조절할 때 특히 높은 에너지를 필요로 하므로 상록성 습성이 요구되는 것으로 보인다. 맹그로브는 염류를 조절하는데 잎이 반드시 필요하다는 것은 분명하며, 대사를 제한하거나 염류를 분비할 때 필요한 에너지는 광합성을 통하며 얻는다. 맹그로브는 상록성이기 때문에 온대 지역에서 결빙과 저온의 영향에 직면하게 되며 이때 뿌리의 수분 흡수를 포함하여 대사 활성이 제한받게 된다. 아울러 두껍고 다육성인 잎은 결빙에 대해서는 불리할 수 있다. 낙엽성 교목은 계절적으로 잎이 떨어져서 일 년 내내 염분을 제거할 수 없기 때문에 온대의 습지 환경에서는 자라지 못한다.

다른 종류의 맹그로브

맹그로브 숲은 수목 자체일 뿐만 아니라 관다발식물, 선태류, 대형 및 미세 조류와 더불어 균류와 다양한 종류의 동물들까지도 수용한다. 균류와 대형 조류에 대한 연구를 예외로 하면, 맹그로브의 다른 구성 요소에 관한 정보는 국지적이고 제한되어 있다(Chapman 1977). Odum et al.(1982)이 연구한 사우스플로리다South Florida 맹그로브의 "군집 구조"가 지역적인 연구 중에서 가장 포괄적인 것이다.

관속 식물

염습지와 비교하면 숲 아래층에 자라는 관다발 식물은 제한을 많이 받게 되는데 맹그로브 숲에서 조도가 낮은 것이 이를 입증한다. 맹그로브 수관 아래에서 제한적으로 자라는 소형 식물들이 연구의 주제가 되어왔다(Janzen 1985; Corlett 1986; Lugo 1986). 만일 맹그로브를 분류할 때 목본 근연 종들을 포함시킨다면 여러 종류의 관다발식물들이 염습지에 자라는 염생식물에 속하거나 담수 또는 육지 경계 지점에서 발견되는 혐염식물에 속하게 된다. 해초류 군집은 육지 가장자리나 강가에 사는 맹그로브 숲을 따라 발견되는데 이들 두 군집은 강력한 에너지 고리로 서로 연결되어 있다(Zieman and Zieman 1989). 내만성 해안에서는 대기 온도와 더불어 조석류에 의한 침수가 맹그로브의 분포를 조절한다. 온도가 분포를 조절하는 예는 플로리다 서해안의 가장자리에 자라는 아열대 맹그로브에서 볼 수 있으며 내륙의 겨울철 온도가 낮기 때문에 염습지 식물 군집(*Spartina* spp., *Juncus* spp.)으로 점진적으로 변한다. 겨울철의 대기 온도가 따뜻하므로 사우스플로리다의 가까운 해안은 얼지 않지만 그 폭은 내륙 쪽으로 수백 미터에 불과하다. 조석에 의한 침수와 담수 유입이 군집에 미치는 영향은 맹그로브가 육지의 고도에 따라 담수 또는 육상 군집으로 점진적으로 변하여 가는 곳에서 볼 수 있다. 담수가 흐르는 곳에 자라는 인도-태평양 맹그로브 지역에서는 맹그로브 양치식물 *Acrostichum speciosum*과 야자과 식물 *Nypa fruticans*가 고지대에 사는 코코넛야자*Cocos nucifera* 지역으로 침투해 들어간다. 카리브 해안 지역에서는 고지대로 이동해가는 종류들은 육지 가장자리에 사는 염분 내성인 종들이지만, 빽빽한 수관 아래에서는 자라지 못한다. 카리브 해안의 가장 자리에 사는 종들로는 맹그로브인 아메리카플라타너스*Conocarpus erecta*, 바다포도*Coccaloba uvifera*, 선인장*Opuntia* sp. 등이 있다. 기질에 염분이 포함되어 있거나 모래 제방이 있는 곳에는 양치식물 *Acrosticum*(*A. danaefoilum*, *A. aureum*), 건생 단자엽식물(*Yucca*)과 쌍자엽식물(*Suaeda, Opuntia, Ipomoea*) 종들이 우점한다.

플로리다 에버글레이드Everglades 소택지에는 강변 맹그로브들이 왜성화되어 고립된 덤불을 이루게 되며 나중에는 담수역 저지대에 사는 실편백*Taxodium* spp. 덤불과 방동사니*Cladium jamaicense* 목초지로 바뀐다. 육지와 인접한 해변 지역에 사는 맹그로브 숲은 캐비지야자*Sabal palmetto*와 슬레시파인*Pinus elliotii* 숲으로 바뀐다. 열대 카리브 해 섬 지역에서 발견되는 단단한 목재를 가진 종류들로는 해변 지역에 분포하는 아메리카플라타너스*Conocarpus erecta*, 대극과의 *Hippomane manchinella*, 단향과의*Swietenia mahogani* 등이 있다. 착생 관다발식물들은 열대 맹그로브 숲의 식생 측면도로 나타낼 수 있는데, 보통 브로멜리아드와 난초 종류들이 우점한다(Odum et al. 1982; Murren and Ellison 1996).

미세 조류

맹그로브가 사는 곳에는 남세균이 풍부하여 수심이 얕은 석호나 조수 개울에 무리를 이루며 다양한 기질 위에 붙는다. 반면에 맹그로브 숲의 저층에서 엽록소 *a*가 낮은 수준(2.6-6.1 µg dwt)을 보이는 바와 같이 규조류와 미세 조류의 현존량은 낮다(Alongi and Sasekumar 1992). 맹그로브 지역에 사는 미세 조류에는 식물플랑크톤, 부착 규조류, 남조류 등이 있으며, 이들 모두는 일차 생산에 기여하는 것으로 알려져 있지만 종에 대한 자료는 많지 않다. 예를 들면 남조류는 홍해의 맹그로브 숲 지역에서 광범위하게 분포하여 90종(14종은 이질 세포를 가진 무리)이 보고되었으며 이 중에서 채찍실*Scytonema*이 우점 분류군이다(Hussain and Kohja 1993). 홍해 지역에 분포하는 남조류 무리는 분포대를 뚜렷하게 형성하며 정상 염도 39-45 ppt로부터 고염 조건인 59 ppt까지도 내성을 보인다. 호주 북동부의 맹그로브 숲에 사는 미세 조류들은 빛을 적게 받기 때문에 현존량과 생산력이 낮다(Alongi 1994). 동남아시아에서도 비슷한 보고가 있으며(Kristensen et al. 1988), 이 지역의 일차 생산(^{14}C, O_2 생산)은 *Rhizophora apiculata* 생산의 4-20%를 차지한다. 부착 분해자의 산소 요구도는 저층이 흡수하는 전체 산소의 73%로 추정된다. 호주 맹그로브 지역의 총 일차 생산은 -281 µmol O_2 $m^{-2}h^{-1}$에서 간조 시에 가장 높은 수준인 1,413 µmol O_2 $m^{-2}h^{-1}$의 범위를 보였다(Alongi 1994).

대형 조류

맹그로브 지역에 분포하는 대형 조류들의 다양성과 중요성에 대한 자료는 많지 않지만 이들은 전 세계적으로 중요한 일차 생산자이다. 예를 들면, 붉은맹그로브*Rhizophora mangle*의 지주근 위에 붙어사는 미세 조류의 생물량은 푸에르토리코 해안에 분포하는 붉은맹그로브 잎이 일 년 동안 쌓이는 낙엽층과 맞먹는다(Rodrigues and Stoner 1990). 붉은맹그로브의 뿌리 하나에 사는 미세 조류들이 하루에 생산하는 유기물은 열대 석호의 1 m^3에서 발견되는 식물플랑크톤이 생산하는 정도와 같다(Burkholder and Almodovar 1973). 맹그로브 뿌리에 착생하는 대형 조류들이 수직 분포 양상은 전 세계적으로 비슷하며, 남아프리카(Phillips et al. 1996)와 플로리다(Dawes 1996)에 대한 연구를 통하여 알려졌다. 이 두 지역에 대한 연구에서 *Avicennia* spp.의 호흡근 위에 착생하는 대형 조

표 10-3. 맹그로브 지역의 미세 조류

지역	조류				생육지		참고 문헌
	O	C	P	R	Epi	Turf	
Australia							
Victoria	1	6	3	13	+	–	Davey and Woelkerling 1985
South Wales	–	11	6	15	+	–	King and Wheeler 1984
South Aust.	2	10	9	28	+	–	Beanland and Woelkerling 1982
Malaysia	–	3	2	5	+	+	Aikanathan and Sasekumar 1994
New Guinea	–	5	5	15	+	–	King 1990
Philippines	16	19	4	33	+	–	Fortes 1987
Florida	3	7	–	4	+	+	Dawes 1996
Mexico	–	8	1	10	+	–	Rivandeneyra 1989
Puerto Rico							
Guayacan	–	7	–	11	+	–	Almodorar and Pagan 1971
La Paguera	–	11	3	8	+	–	Burkholder and Almodovar 1973
Laguna Joy	4	6	–	2	+	–	Rodrriguez and Stoner 1990

약어: O=기타, C=녹조식물문, P=갈조식물문, R=홍조식물문

류는 상부(헛뿌리말*Rhizoclonium*, 염주말*Chaetomorpha*), 중부(*Bostrychia*), 하부(각시혀*Caloglossa*)로 분포대를 형성하였다. 남조류는 기근 전체에서 발견되었다.

맹그로브에 착생하는 조류는 다양하며(표 10-3), 호주(23-47종; Beanland and Woelkerling 1982; King and Wheeler 1984; Davey and Woelkerling 1985), 말레이시아(10종; Aikanathan Sasekumar 1994), 뉴기니(25종; King 1990), 필리핀(56종; Fortes 1987) 등을 포함한 동반구의 맹그로브 지역에 나타난 바와 같다. 서반구의 맹그로브에 착생하는 대형 조류들은 14종에서 22종에 이른다(Almodovar and Pagan 1971; Burkholder and Almodovar 1973; Rivandeneyra 1989; Rodrigues and Stoner 1990; Dawes 1996).

맹그로브 대형 조류에 대한 연구는 몇몇 소형 조류 무리[그림 10-12(B); 표 10-3]에 대한 것을 제외하면 대부분이 호흡근과 지주근[그림 10-12(A)]에 착생하는 조류의 개체군 연구에 집중되어 있다. 착생 조류와 소형 조류 군집이 가지고 있는 생태적 중요성은 이들의 생물량과 생산력에서 볼 수 있다. 소형 조류 무리의 생산력은 아열대 맹그로브 지역의 49-795 g dwt m^{-2}에서(Dawes 1996) 열대 맹그로브 지역(Aikanathan and Sasekumar 1994)의 0.4-12.9 g dwt m^{-2}로 다양하다. 플로리다 지역에서 맹그로브 착생 조류의 생물량 값은 호흡근 당 0.07-22.0 g dwt m^{-2}였으며(Hoffman and Dawes 1980; Dawes 1996), 호주에서는 0.6-20.4 mg dwt m^{-2}를 보였다(Beanland and Woekerling 1982). 플로리다 맹그로브 지역에서 착생 조류 개체군의 생산량은 기근 당 0.14 g C $m^{-2}d^{-1}$(Hoffman and Dawes 1980)에서 0.16 및 0.67 C $m^{-2}d^{-1}$ 범위를 보인 것에 비하여 소형 조류 무리는 0.12-0.75 C $m^{-2}d^{-1}$를 나타내었다(Dawes 1996).

그림 10-12. 맹그로브에 붙는 조류. 호흡근에 착생하는 대형 조류(A)는 밀생하여 자란다(e). 소형 조류들은(B) 기질 위에 녹색 펠트 천(t)처럼 붙는다.

맹그로브에 착생하거나, 무리를 형성하거나, 파도에 떠밀려 올라오는 해조류에 대한 생리학적 연구, 특히 *Bostrychia* 종에 대한 연구를 통하여(Hoffman and Dawes 1980; Davis and Dawes 1981) 이들이 빛, 온도, 염도, 건조에 대한 내성 범위가 넓다는 것을 밝혔다(Dawes et al. 1978). 맹그로브에 착생하는 대형 조류들은 공기 중에서든 물 속에서 조사하든 간에 건조된 지 3시간 후에 광합성률이 가장 높았다. *P-I* 곡선을 이용하여 본 결과 맹그로브에 착생하는 대형 조류들은 높은 조도(1,500 μmol photons $m^{-2}s^{-1}$)에 견디는 능력이 있으며 포화(*Ik*) 및 보상 조도(*Ic*)와 광합성 효율(α) 면에서 음지 식물인 것으로 밝혀졌다. 높은 조도에 내성을 보이는 특징은 빽빽하지만 높이가 일정하지 않은 수관 아래에서도 자랄 수 있다는 것을 보여주는 것이다(Dawes 1996).

맹그로브의 생태

맹그로브가 가진 생태적 특성이 분포대 형성, 천이, 생태적 역할 등 세 가지 측면에 초점을 맞추어 설명되어 있다(Lugo and Snedaker 1974 참조). 염습지 식물과 비슷하게 맹그로브는 표층 형성(Warming 1925; Davis 1940), 일차 생산, 기질 안정화, 육지로부터 유입되는 빗물의 여과, 서식처와 양육장 역할 등 다양한 생태적 기능을 수행한다. 맹그로브는 조석 또는 지형적인 특징에 의해서 뿐만 아니라 기후적인 요소 특히 강우에 의해 큰 영향을 받는다(Smith 1992). 따라서 맹그로브의 다양성을 유지하고 산림 관리를 하기 위해서는 이들의 생태학적인 측면이 반드시 고려되어야 한다.

그림 10-13. 남부 플로리다 조간대 가장자리에 자라는 맹그로브의 분포대 형성(Davis 1940). 붉은맹그로브는 수심이 얕은 조하대에 살며 아메리카플라타너스*Conocarpus*는 맹그로브 분포대의 상부 가장 자리를 경계 짓는다. 이곳은 사발팜sabal palm(*a*), 바다포도*Coccaloba*(*b*), 선인장(*c*)으로 구성된다. 조석차는 약 1 m.

분포대 형성

수직 분포대는 조간대 하부 가장자리에 생육하는 종으로부터 조간대 최상부까지 육지 쪽으로 뚜렷하게 형성되며, 조간대 하부의 경계는 비생물적 요인에 의해, 조간대 상부는 생물적 요인에 의해 조절된다(3장 참조). 전 세계적으로 맹그로브 분포대는 여러 가지 유형을 보이지만(Chapman 1977; Smith 1992) 국지적인 지형 특징과 폭풍 내습으로 인하여 일반적인 분포 유형이 변하게 된다. 카리브 해역에서는 수심이 얕은 조하대로부터 조간대 하부까지 붉은맹그로브*Rhizophora mangle*가 점유하며, 검은맹그로브*Avicennia germinans*는 조간대 중부에, *Laguncularia racemosa*는 조간대 최상부에 우점한다(그림 10-13). 그러나 조간대 가장 자리의 붉은맹그로브 생육지를 종종 침식시키는 물의 운동(예, 파도, 보트가 지난 후의 물결, 조석류)으로 이와 같은 분포대 유형은 바뀐다. 붉은맹그로브 단일 종으로 이루어진 숲은 파도에 의해 침수되는 섬이나 조간대가 높지 않은 강 유역에 출현한다. 배수가 잘 안되면(예, 조석수로가 많지 않거나 방풍 둑으로 막힌 곳) 유역의 기질은 증발로 인하여 염분이 높아지므로 검은맹그로브의 관목 숲만이 살아남을 수 있다.

염도와 침수에 대한 맹그로브의 생리적 적응은 종의 분포대 형성에서 잘 나타난다. 맹그로브는 조건 염생식물이기 때문에(Thom 1967), 염도는 맹그로브와 혐염식물 사이의 경쟁에서 비생물적 배제자로 볼 수 있다. 지형, 조석에 의한 침수, 물의 이동 등이 기질의 염분 정도에 영향을 미치므로 맹그로브의 분포대를 형성하는 데에 결정적인 요인이 된다. 각각 종의 일차 생산은 조간대의 특정 지점에서 가장 높게 나타나는데(Lugo and Snedaker 1974) 이는 경쟁력뿐만 아니라 담수를

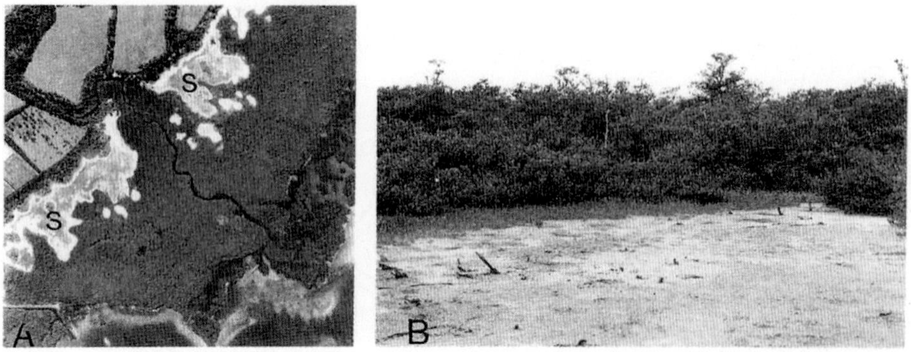

그림 10-14. 맹그로브 주변의 염성습지. 플로리다의 코크로치 만Cockroach Bay에 있는 염성습지 사진(A)은 해변의 특징과 주변의 맹그로브 숲 사이로 강이 흐르는 것을 보여준다. 염성습지(B)는 소금으로 덮인 기질로 구성되어 있으며 염생식물 *Salicornia*로 둘러싸여 있으며 그 뒤로 키 작은 검은맹그로브가 분포한다(Hoffman and Dawes 1996).

확보하는 특이한 능력을 가지고 있음을 보여주는 것이다(Ball 1980; Ellison and Farnsworth 1993). *Avicennia* 종들은 염도가 높은 기질로부터 효율적으로 담수를 흡수한다(Stewart and Fansworth 1993). 분포대 형성을 조절하는 주요 요소를 정할 때 문제점은 염도, 공극수의 황화물 농도, 조석에 의한 침수 빈도 등의 상호 작용이다(Smith 1992). 맹그로브 묘목의 내성 범위는 흔히 교목보다 좁으므로 성숙한 맹그로브 개체군의 생리적 적응에 대하여 조사할 때는 주의해야 한다. 이뿐만 아니라 시간 경과에 따른 환경 조건의 변화와 다양한 물리화학적인 모수들 간의 복잡한 상호 작용에 중점을 두어야 한다(Smith 1992). 맹그로브는 두 무리로 나눌 수 있는데, 하나는 염분 내성이 넓어 토양 염분 농도가 다양한 곳에 자라는 무리이며, 다른 하나는 염분 내성이 좁아 강의 상류 생태계에서 염도가 40 ppt보다 낮은 곳에 자라는 무리이다.

유묘의 크기 역시 분포대를 설명하는데 이용된다. 이 가설에 의하면 큰 유묘는 조간대 하부의 가장자리에 제한되어 분포하는데, 이는 맹그로브가 이곳으로 처음 들어온 후 장기간의 침수에도 살아남을 수 있는 능력을 가지게 되었기 때문이라는 것이다(Rabinowitz 1978). 카리브 해역에 분포하는 종들이 이 가설을 뒷받침해주고 있어서 붉은맹그로브의 유묘는 조간대 하부에서도 살아남는 반면, 검은맹그로브와 흰맹그로브는 조간대 상부에서 높은 생존률을 보였다. 그러나 조석의 성질이 맹그로브 분포대를 형성하는 요인이 된다는 증거는 뚜렷하지 않다. 그보다는 오히려 정착된 이후의 요소들(차광 및 염분 내성, 유묘 피식)이 큰 역할을 하는 것으로 보인다(Smith 1988, 1992).

염습지에는 비가 매우 많이 내리기 때문에 흔하지 않지만, 염성습지(9장) 역시 맹그로브 생육지에서 조간대 상부를 차지한다. 따라서 이 지역은 조간대 고지대와 육상 군집이 연속되는 곳이다 [Hoffman and Dawes 1996; 그림 10-14(A)]. 카리브 해역의 맹그로브는 생육지가 염성습지로 변하기 시작하면 체형이 작아지고 경엽화 되며 점차 검은맹그로브의 한 종류로 변한다. 검은

맹그로브는 크기가 줄고(관목형) 염성습지의 가장자리에 사는 다육성 염생식물로 대체된다[그림 10-14(B)]. 건조한 계절에 염성습지의 공극수 염도는 100 ppt를 넘으며, 양쪽이 *Sesuvium* spp.와 *Salicornia* spp.로 둘러싸인 모래 띠가 만들어진다.

천이와 해안 형성

맹그로브 군집의 생태학적 특징은 염습지에 대해서 기술된 것과 유사하다(9장). 천이는 군집을 구성하는 종에 대한 예측 가능한 변동(3장)으로서 허리케인으로 교란된 맹그로브 숲에서 잘 볼 수 있다(Davis 1940; Smith 1992; Dawes et al. 1995a). 이와 같은 교란을 통하여 다소 느리기는 하지만 맹그로브가 회복되는 능력을 관찰할 수 있다. 예를 들면, 1992년의 헤리케인 앤드류Andrew로 인하여 플로리다 남부의 맹그로브 숲 150 km^2가 파괴되었는데, 이곳은 1960년에도 허리케인 도나Donna에 의해 파괴된 적이 있었다. 32년 후 나무가 자란 높이를 재어 보았을 때 여전히 회복이 진행되고 있다는 것을 알 수 있었다. 따라서 1992년의 허리케인 피해로부터 회복될 때까지는 적어도 40년이 걸릴 것으로 예상된다(Dawes et al. 1995a). 맹그로브 숲의 천이에서는 개척자 식물로부터 성숙한 육지 극상림으로 연속적으로 변하는 것을 볼 수 있다. 조간대 하부에 사는 종들은 기질을 붙잡아 지형을 높게 만들므로 조간대 상부에 사는 경쟁적인 종들이 이곳에 침입하게 된다. 이러한 측면에서 맹그로브숲은 고지대 숲으로 점차 변하는 연속적인 단계이다. Davis(1940)는 플로리다의 맹그로브 숲에서 천이가 연속적인 단계를 거쳐 일어난다고 제안하면서 맹그로브가 기질을 붙잡음으로써 해안을 형성하는 데에 중요한 역할을 한다는 것을 강조하였다. Chapman(1977)도 이와 비슷한 견해를 제시하면서 전 세계 맹그로브 숲은 지역에 따라 다른 독특한 조건이 있음을 밝혔다. 천이에 대한 다른 견해에 의하면 맹그로브 숲은 해안을 형성하거나 육상 군집으로 발달하지도 않으며, 오히려 이들은 조간대 안에 극상 군집으로 그대로 남아 있는다고 하였다(Tomlinson 1986; Smith 1992). 이와 같은 견해는 2000년 된 *Rhizophora* 숲이 카리브 해의 그랜드케이먼Grand Cayman 섬에서 주요 종으로 우점하고 있었다는 지질학적 기록에 의해 입증되었다(Tomlinson 1986).

생물학자들은 맹그로브 생태계를 유기물의 원천으로 보는 반면에, 지질학자들은 기질을 안정화시키는 호소로 본다. Davis(1940)와 Chapman(1977)의 견해는 Curtiss(1888)가 맹그로브를 해안 형성자라고 주장한 것에 동조하고 있다. 그러나 Smith(1992)와 Tomlinson(1986)은 맹그로브 숲에서 해안 형성과 천이 사이에 연결되는 증거가 없다는 점을 지적하고 있다. 해안 형성은 환경이 전진형으로 조성되고 기질이 유입되는 곳에서 일어나며, 기질의 퇴적으로 해수면은 점차 변동하게 된다. 침식성 환경이 되면 해수면이 빠르게 상승하거나, 퇴적이 적어지거나, 해수의 운동이 커지는 등의 비생물적 과정을 극복하지 못하므로 맹그로브 숲은 없어지게 될 것이다. 이와 같은 환경 변화에 대해 맹그로브 숲은 해안 지역의 생육지를 줄임으로써 이에 대응한다(Smith 1992). 해수면이 급격하게 높아진 시기에는 전 세계적으로 맹그로브가 감소하였다. 최근에는 해수면이 점진적으로 상승하고 퇴적도 적당하게 진행되어 맹그로브가 증가하게 되었으며 이들이 기질을 붙잡아 놓아 해안이 형성되었다. Davis(1940)는 붉은맹그로브*Rhizophora mangle* 숲에서 원통형으로 구멍을 뚫어 토양을 채취해 본 결과 퇴적이 증가했음을 밝혀냈다. Young and Harvey(1996)는 *Avicennia marina*

표 10-4. 맹그로브 생산력과 낙엽 탈락

특 징	플로리다 남부 지역에 분포하는 맹그로브 숲의 유형			
	강변	분지	가장자리	왜성
높이(m)	81	9	8	1
기부 면적($m^{-2}ha^{-1}$)	41	19	18	1
순생산량				
(g dwt $m^{-2}d^{-1}$)	13	6	—	0
(g C $m^{-2}y^{-1}$)	—	1099	1764	—
(kcal $m^{-2}d^{-1}$)	57	25	—	0
낙엽 탈락				
(g dwt $m^{-2}y^{-1}$)	1170	730	906	120
(kcal $m^{-2}d^{-1}$)	14	9	—	2

출처: Day et al.(1989), Mitsch and Gosselink(1993)

호흡근의 밀도와 70 m 이내의 거리에서 침적된 퇴적물 사이에는 강한 양의 상관관계를 보인다고 하였다. 호흡근은 지하 근계에 통기가 필요한 정도가 되는 밀도에서 발생하며 그 결과 퇴적물이 첨가된다.

맹그로브 임학과 현존량

맹그로브 숲에 관련된 임학과 삼림 구조에 대한 정보와 생물량 자료는 많지 않다(Cintròn and Novelli 1984; Smith 1992). 이와 같이 자료가 부족한 이유는 부분적으로는 맹그로브 숲에서 작업하기가 어려우며, 관목림에서 규모가 큰 강변 숲에 이르기까지 생육지가 다양하기 때문이다(표 10-4). Cintròn and Novelli(1984)에 의하면 나무의 직경은 지면으로부터 1.3 m(흉고 직경)에서 줄자를 이용하여 원둘레로 직경을 계산하였다($\pi \times d$). 나무줄기로 덮인 기부 면적(g)은 헥타 당 나무 기부의 m^2로 나타내며 다음의 공식으로 산정 한다. 10-1식에서 평균 흉고 직경(dbh)은 cm로, g는 m^2로, 헥타 당 나무의 수는 n으로 나타낸다.

$$g = (dbh)^2(0.00007854)(n) \qquad (10\text{-}1)$$

맹그로브 나무의 흉고 직경, 기부 면적, 숲의 밀도, 나무의 높이, 수관 피도에 대한 조사는 대부

는 지역적으로(MacNae 1968; Odum et al. 1982) 또는 세계적으로 연구가 이루어졌다(Chapman 1976, 1977; Clough 1982; Hutchings and Saenger 1987; Robertson and Alongi 1992). 염습지에서 볼 수 있는 바와 같이 맹그로브 숲에는 육상동물 뿐만 아니라 동물플랑크톤, 고착성 내재동물과 표재동물, 유영동물, 곤충, 새 등을 포함하여 매우 다양한 맹그로브 서식자와 "이용자"가 있다. 착생 조류와 비슷하게, 맹그로브 뿌리에 붙어사는 동물 군집에서는 단기 변동을 보이는 유생 가입과 장기 효과를 보이는 물리적 요소가 복잡하게 얽혀 상호관계를 나타낸다(Ellison and Farnsworth 1992; Farnsworth and Ellison 1996b). 맹그로브 숲에 사는 다양한 종류의 곤충, 특히 초식성 곤충들이 보고되었으며(Murphy 1990; Lee 1991; Farnsworth and Ellison 1993) 초식동물에 대한 방어기작도 연구되었다(de Lacerda 1986). 인도-서태평양의 맹그로브 숲에 분포하는 동물을 연구하면서 MacNae(1968)는 큰 동물들은 조간대보다는 자기들만의 독특한 서식처를 선호한다는 것을 알았다. 동물의 분포는 수분 손실에 대한 저항성과 태양으로부터 보호될 필요성에 따라 좌우된다. 아울러 지하수면의 높이, 기질의 굳은 정도, 먹이의 확보 역시 중요하다. Walsh(1967)는 하와이 맹그로브 숲에서 동물 분포는 기질과 더불어 염도 및 산소 기울기와 연관되어 있다는 것을 알았다. 멕시코의 라구나데테르미노스Laguna de Terminos와 같은 맹그로브 숲은 100종이 넘는 어류의 양육장과 서식처 역할을 하는데, 이들 중 다수가 경제성 어류이다(Day et al. 1989). 조류, 포유동물, 파충류, 양서류와 같은 고등 척추동물들이 맹그로브 숲에 자주 모이므로 이들 생태계를 보존하고 보호하자는 논쟁이 종종 대두된다. 야생동물들에게는 맹그로브 숲이 서식처로서 필요한 것과 마찬가지로, 맹그로브 숲에게는 식물(수분을 위한 필요성)과 동물(초식자의 조절)의 역할에 균형을 유지하기 위해 야생동물이 필요하다(Day et al. 1989).

게 종류는 수와 생물량에서 볼 때, 맹그로브 숲에서 가장 풍부한 저서 대형동물 무리이다. 낙엽층의 생산, 토양 산화, 암모니아 수준 등을 조절하기 때문에 게 종류는 중추종keystone species으로 간주되어 왔다(Smith et al. 1991). 호주의 퀸슬랜드Queensland에 분포하는 맹그로브 숲에서 게 종류를 제거한 결과 토양 황화물 수준이 올라가고, 토양 암모니아 수준이 내려가서 결국에는 맹그로브 나무의 생산력이 감퇴되었다. 맹그로브는 히드로충류, 피낭류, 해면동물, 말미잘류, 석산호 및 등각류와 같이 뿌리에 붙어사는 다양한 동물 군집을 부양한다(Ellison and Farnsworth 1992; Farnsworth and Ellison 1996). 더구나 벨리제Belize 해안의 맹그로브 숲에서 동물 종은 육지로부터 거리가 멀어지거나 맹그로브 숲의 가장 자리 쪽으로 갈수록 풍부하게 나타났다. 맹그로브를 뚫고 들어가 사는 등각류는 육지에 분포하는 맹그로브 숲의 뿌리를 심각하게 손상시켰으나, 앞바다에 위치한 섬에서는 동물 표면에 붙는 해면류와 피낭류가 등각류의 활동을 억제시키므로 훨씬 영향이 적었다(Ellison and Farnsworth 1992).

맹그로브 숲의 생태계 모델링

플로리다 남부의 맹그로브 숲에 대해 정성 및 정량 생태계 모델이 개발되었다. 개념적인 모델에는 (그림 10-16) 주요 스트레스 요인(침니화, 수확, 허리케인, 제초제, 배수, 온도 상승)이, 모의실험 모델에는 생산력과 영양염 순환(Mitsch and Gosselink 1993)이 포함된다. 이와 같은 모델로부터 얻

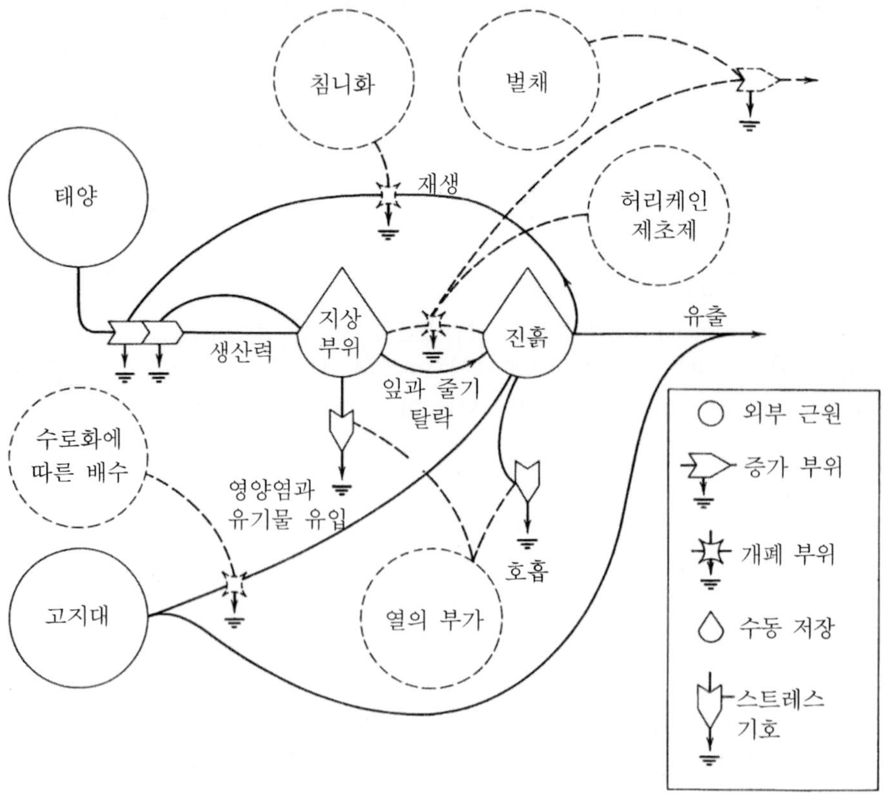

그림 10-16. 침니화, 벌채, 폭풍, 배수 및 열 부가의 주요 스트레스를 보여주는 맹그로브 숲의 개념도(Lugo and Snedaker 1974).

어진 정보는 맹그로브 숲의 생존을 설명하는데 도움이 되었다. 예를 들면, 모의실험 모델은 맹그로브 숲이 안정 상태를 이루는 데는 약 24년, 즉 허리케인 발생 사이의 평균 기간이 걸린다는 것을 보여주었다(Sell 1977). 이와 같은 사실은 맹그로브 회복이 허리케인 주기에 적응되어 있다는 것을 암시한다. 모의실험 모델을 이용하면 조석 교환과 맹그로브 숲의 영양원이 되는 육지 기원 퇴적물의 중요성을 알아낼 수 있다.

만일 유동 모델에 의해 용존 유기 탄소(DOC)가 들어오는 것과 입자형 유기 탄소(POC)가 나가는 것을 조사할 수 있다면, 맹그로브의 생산이 연안 해역에 중요한 역할을 하고 있다는 것은 분명해진다(Robertson et al. 1992). 호주 미셔너리 만Missionary Bay에서 맹그로브 숲의 주요 유출량(kg C $ha^{-1}y^{-1}$)은 숲으로부터 수로까지 POC가 3,322 kg C였으며, 이 가운데 8 kg C는 해안의 만을 형성하는데 쓰였고 520 kg C는 연안 저생대에 들어갔다. DOC(73 kg C)는 적은 정도로 앞바다로부터 맹그로브 숲으로 흘러갔다는 것은 이들의 생산력이 높다는 것을 말해준다.

연구 방법

맹그로브 연구에 필요한 임학적인 기법(기부 면적, 나무의 키, 낙엽층, 광합성)을 포함한 여러 가지 연구 방법들이 나와 있다(Snedaker and Snedaker 1984). 뿌리에 착생하는 소형 조류 및 대형 조류와 더불어 미세 조류(Darley 1982)의 생물량과 생산력을 측정하는 기법도 알려져 있다(Dawes 1966). 지상부의 밀도 조사는 표준 방형구법을 이용하며, 분포대 조사는 선상법을, 수평 및 수직 분포는 수준척을 이용하여 측정할 수 있다(부록 A).

맹그로브 숲의 관리

Tomlinson(1986)은 맹그로브가 햇빛을 이용하여 목질 셀룰로오스를 생산한다는 점에서 "맹그로브는 기업가의 꿈"이라고 하였다. 더구나, 맹그로브는 지표면에 흐르는 빗물과 조석에 의해서 침수되는 바닷물로부터 영양분을 얻으므로 비싼 비료를 필요로 하지 않는다. 육지의 숲을 관리하는 것과 같이 벌채(자본으로의 전환)와 자원의 유지(보충할 수 있는) 사이에 균형이 이루어져야 한다(Fortes 1988). 맹그로브 숲에 대해 심각하게 받아들여야 할 점은, 맹그로브는 느리게 성장하기 때문에 벌채 후에 회복되는 시간이 많이 걸린다는 것이다. 맹그로브 숲의 생태계는 복잡하고, 고도로 조직화되어 있으며, 자연적으로 짜여 돌아가는 숲이며 물의 흐름(조석류, 강물), 침적 작용, 증발, 지형적인 요소에 의해 가동되는 배수 장치이다. 그러므로 물이 나가고 들어올 때 어떤 영향이 가해지면 맹그로브 군집에 직접적인 영향을 주게 된다. 댐과 운하를 건설하고, 물을 상류로 되돌리거나 연안 서식처를 없애게 되면 맹그로브 군집은 급속도로 손상될 것이다. 요약하면, 맹그로브 숲은 흔히 과도하게 개발되어 많은 경우에 심하게 파괴되었을 뿐만 아니라 고지대까지도 변형시킬 정도로 민감하게 되었다.

인간의 영향

맹그로브 숲은 자연적인 파괴에서도 살아남았지만, 특히 나무 채굴, 환경오염, 매립과 같은 인간의 영향으로 인하여 급속도로 사라지고 있다(Ellison and Farnsworth 1996a; 5장과 9장). 과거에는 맹그로브 숲이 쓸모없는 땅으로 여겨졌기 때문에 말레이시아와 에콰도르에서는 벼농사 또는 물고기와 새우를 양식하는 연못으로 쓰기 위해 파괴하였다. 필리핀과 동남아시아에서는 목재를 얻기 위해 맹그로브 숲을 과도하게 벌채하였다. 플로리다 남부에서는 맹그로브 숲이 부동산뿐만 아니라 항구와 산업 시설을 조성하기 위하여 준설하면서 파괴되었다. 맹그로브 숲을 파괴하면 앞바다와 상업적 어업 활동에 연쇄적으로 영향을 주게 된다. 플로리다 탬파 만(9장)에서 습지가 손실되자(44%) 경제성 경골어류와 새우의 어획이 급격히 감소된 것으로 알려졌다. 말레이시아에서는 새우 양식장을 만들기 위해 맹그로브 숲을 파괴한 결과 가까운 해초류 밭에서 새우 어획이 줄어들어 이들이 서로 관련이 되어 있다는 것을 보여주었다(Fortes 1988). 연안에 서식하는 경골어류 및 새우와 맹그로브 숲은 유기 생성물과 부착성 미세조류의 생산에 의하여 서로 연결되어 있다. 예를 들면, 어린 새우 *Penaeus merguiensis*는 맹그로브 숲에 살면서 영양분을 그곳으로부터 얻는다(Newell et al. 1995). 에콰도르에서는 새우 양식장을 만들면서 맹그로브 숲을 쳐낸 결과 어린 새우 어획이 줄어들었다. Parks and Bonifaz(1994)는 맹그로브 숲을 벌채하면 유생이 사라지게 되어 새우 양식에 직접적인 영향을 미치며 이와 같은 경우를 "제살 깎아 먹기"의 본보기라고 강조하였다.

생활하수와 산업폐수 오염에 의한 영향도 맹그로브 숲에서 볼 수 있다(5장). 장기간 오염은 지속적인 기름(탄화수소 찌꺼기) 유출로 인하여 발생하며 맹그로브에 돌연변이를 일으킨다(Klekowski et al. 1994). 이 영향으로 기름이 뿌리를 덮게 되면 맹그로브 나무의 피목을 막아버려 가스교환을 방해하는 직접적인 손상을 주게 된다. 1976년과 1979년 사이에 싱가포르 근처의 말라카 해협Straits of Malacca에서 5건의 중대한 기름 유출 사고가 일어났다. 단 한 건의 유출로(1975년), 유조선 쇼와마루Showa Maru에서 새어 나온 원유 7,000톤이 수마트라의 맹그로브 숲 300 헥타를 고사시켰다(Fortes 1988). 이와 같은 주요 유출 사고에 더하여 매년 약 4,705,000톤의 기름 찌꺼기가 남중국해로 버려지고 있으며 이 중 일부가 맹그로브 숲에 도달한다(Fortes 1988).

맹그로브의 이용

맹그로브는 목재(합판, 장대목, 연료), 탄닌, 염료의 원료로 이용된다(Walsh 1977). 맹그로브는 대부분 열대 국가의 삼림의 적은 부분(>2%)을 차지하고 있음에도 불구하고, 많은 국가들이(말레이시아, 케냐, 타일랜드) 이용 계획을 세워놓고 있다. 불행하게도 이들 계획 대부분은 생육지의 중요성을 고려하지 않거나 벌채되는 면적을 제한하려 들지 않고 있다(Fortes 1988). 과거 수십 년간 말레이시아 당국이 지속적으로 시행한 벌채 관리 계획은 맹그로브가 재성장할 수 있는 충분한 시간을 주지 않았다는 것을 보여주고 있으며, 벌채 가능한 나무의 굵기도 이전에 비해 여러 배 줄어들었다. 따라서 *Rhizophora apiculata*가 15 m까지 자라는 데는 20-30년이 걸린다. 아시아와 오세아니아 지역에서 가장 흔한 맹그로브인 *Nypa fruticans*는 나무 전체가 사람들에 의해 이용될 수 있기 때문에 서아프리카에 도입되었다(Hamilton and Murphy 1988). 수액은 맥주, 설탕, 식초, 알코올 연료를 만드는 원료로 이용되어 왔다. 잎은 엮어서 집을 지을 때 벽으로 막거나 야자 잎 지붕을 이을 때 쓰였다. 필리핀의 술루 해Sulu Sea에서는 *Eucheuma* 양식업자들이 *Rhizophora apiculata*의 주축과 뿌리로 만든 양식장 지주와 *Nypa* 잎을 짜서 벽을 만든 집들을 흔히 볼 수 있다.

*Rhizophora, Bruguiea*와 다른 종류의 맹그로브에서 수피의 탄닌 함량은 23%-39% 범위에 이르며, 1960년대까지는 가죽을 생산하는데 이용되었다(Walsh 1977). 합성 탄닌 화합물이 나오면서 맹그로브 이용이 줄어들고 따라서 숲을 벌채하는 행위도 점차 감소하고 있다. 그러나 아직도 말레이시아와 필리핀에서는 맹그로브 숲이 연료와 공사용 목재로 쓰기 위해 넓은 지역이 훼손되고 있다. 모든 열대 지역(에콰도르에서 태국까지)에서 새우와 어류 양식장을 만들기 위해 맹그로브 숲을 벌채하고 이에 따르는 생육지 손실은 이미 전 세계적으로 심각한 문제가 되고 있다.

관리와 복원

미국이 시행하고 있는 맹그로브 숲과 다른 형태의 습지에 대한 법적인 보호 대책에 대해서는 Mitsch and Gosselink(1993)이 개관하였으며, 복원에 대해서는 5장에서 이미 논의하였다. 1971년 람사Ramsar 회의에서 습지 보호를 위한 국제적인 체계를 마련하여 74개국이 이 문서에 서명하였다. 그러나 불행하게도 서명 당사국 사이에 의견차가 발생하였다. 맹그로브 숲의 경제적 수요가 그 생태계를 보호하는 정책에 우선되고 있다. 긍정적인 측면으로는 맹그로브 숲은 낮은 비용으로(Hoffman and Rodgers 1981) 사후 관리가 거의 필요 없이 묘목을 이용하여 인공적으로 조성할 수 있고, 피해를 경감시킬 수 있으며, 복원시킬 수 있다는 장점이 있다(Carlton and Moffler 1978; Barnett and Crewz 1990). 맹그로브 숲을 복원하고 보호하면 사람들에게 막대한 이익을 가져다준다. 예를 들면, 에콰도르에서는 새우 양식장을 맹그로브 숲으로 되돌려 놓은 결과, 양식을 위한 새우 유생을 육성할 수 있는 서식처가 복원되었을 뿐만 아니라 다양한 종류의 연안 어류와 새들에게 양육장 역할을 하게 되었다.

11장

해초류 군집

종자식물 30만 종에서 0.01%(58 종)만이 물에 잠긴 해양 환경에 적응되어 있다. 여기에는 두 가지 의문점이 생긴다. 왜 바다 속에 사는 피자식물은 종수가 적을까? 왜 모두 단자엽식물일까? 단자엽식물은 종수는 적지만 열대와 온대 해역에 대규모로 집단을 이룬다(그림 11-1). 해초류에 대한 문헌은 연구 방법을 다룬 교재(Philips and McRoy 1990), 분류(den Hartog 1970), 생물학(McRoy and Helfferich 1977; Philips and McRoy 1980; Larkum et al. 1989a), 생태계(Kuo et al. 1996)에 대한 연구 등 아주 많다. 지역적인 연구 결과로는 호주(McRoy and McMillan 1977) 뿐만 아니라 태평양(Philips 1984), 대서양(Thayer and Foneca 1984), 멕시코 만과 플로리다의 혼성 열대 군집(Zieman 1982; Durako et al. 1987; Zieman and Zieman 1989)과 온대 해초류 군집에 대한 연구들이 있다.

일반적 특징

해초류는 소생식물강Helobiae 식물과 가장 밀접한 유연관계를 보이며 진정한 포아풀과Poaceae 식물은 아니다(Tomlinson 1982). 해초류는 침수 환경에 적응되어 있으며, 담수 수생 식물과 유사한 형태 및 해부학적 특징을 보인다. 그러나 생식 및 구조적인 변이가 많이 나타나고 있어서 종이 독립적으로 진화해왔음을 보여주고 있다.

분류

육상 및 담수 종자식물이 종수가 아주 많으며 연안 환경이 광대한 것을 고려할 때(지구 표면의 18%), 해초류가 종 다양성이 낮다는 것(피자식물의 0.001%)은 놀라운 사실이다. Den Hartog(1970)는 단자엽식물강Monocotyledonae의 Hydrocharitaceae와 Potomogetonaceae의 2과, 12속, 49종을 기록하였다. 최근의 연구에서는(Kuo and McComb 1989) 1강(Liliopsida), 2목(Hydrocharitales, Potomogetonales), 4과, 12속, 58종에 대해 기재되어 있다. *Enhalus, Thalassia, Halophila* 3속은 Hydrocharitaceae과에, *Posidonia* 1속은 Posidoniaceae과에, *Syringodium, Halodule, Cymodocea, Amphobolis, Thalassodendron* 5속은 Cymodoceaceae과에 *Zostera, Heterozostera, Phyllospadix* 3속은 거머리말과Zosteraceae에 속한다. 많은 학자들이 *Ruppia*(Ruppiaceae)를 해초류에 포함시키기도 하는

그림 11-1. 거북말*Thalassia testudinum* 밭. 맹그로브 섬 사이에 부분적으로 드러난 거북말 밭(A)에는 *Penicillus*(p)와 *Halimeda*(h)와 같이 모래밭을 좋아하는 녹조류들이 자란다(B).

데 일부 종은 Na_2CO_3 함량이 높은 호수에 출현한다. 이와는 무관하게 *Ruppia marina*는 해양과 염하구 두 환경에서 대규모로 초지를 형성한다(Koch and Dawes 1991; Lazar and Dawes 1991; Short 1992). 속에 대한 검색은 영양체의 특징(den Hartog 1970) 또는 영양체와 생식 구조의 특징을 조합하여 이루어진다(표 11-1). 이 교재에서는 각기 다른 과에 속하는 3종에 대하여 간략하게 기술하였다.

거머리말*Zostera marina* L.(거북말과Zosteraceae; 그림 11-2)은 온대 북대서양과 동태평양 연안에 널리 분포하며, 지중해와 흑해 연안뿐만 아니라 북극권까지 분포대가 뻗어 있다. 거머리말은 원래 조하대에서 자라지만 종종 조간대 하부의 조수웅덩이까지 올라와 기질 위로 노출되기도 한다. 거머리말은 "*K*" 전략을 가진 다년생 식물로서 잎이 지고나면 지하경에 있는 탄수화물을 이용하여 살아간다(Dawes and Guiry 1992). 거머리말은 단축 생장을 하며, 두껍고 분기하지 않는 뿌리를 한 개 이상 내고, 직경이 2-3 mm인 지하경의 매 마디에서 엽초를 낸다(그림 11-2). 지하경의 마디 사이는 10-35 mm로 길며, 여기서 짧은 줄기(유한 생장지)가 일정한 간격으로 나와 5-11개의 평행맥을 가진 납작하고 리본 모양의 잎을 낸다. 잎은 기부 분열조직으로부터 나오며 마주나기로 배열되어 있다. 잎의 아래쪽은 압착된 싸개로 싸여 있다. 불염포는 2-3개가 한 개의 짧은 줄기에서 나오며 각각은 10개의 수꽃(그림 11-2; m) 또는 암꽃(그림 11-2; f)을 피운다. 육수화의 싸개는 짧은 줄기 위에 자루 없이 붙어 있으며 수꽃과 암꽃은 어긋나기로 배열되어 있다. 씨방은 수술보다 먼저 발생하며(자성선숙) 식물 한 개체가 한 계절에 종자를 200개 이상 낼 수 있다. 종자는 원주상이며 1×2 mm 크기이고 20개의 맥이 있다.

거북말*Thalassia testudinum* Banks ex König(Hydrocharitaceae)은 카리브 해 전역에 나오며(그림 11-3), 자매종인 *T. hemprichii*는 인도양과 서태평양에서 발견된다. 거북말은 멕시코 만과 플로리다 동해안을 거쳐 케이프케네디Cape Kennedy까지 출현하며, 분포의 남한계선은 콜롬비아와 베네수엘라이다. 이 종은 원래 조하대에 출현하는 "*K*" 전략 식물이며, 수심 10 m까지 대규모 초지를 형성하지만 벨리즈Belize 보초 해역과 같이 매우 투명한 물에서도 15 m 깊이는 넘지 않는다. 거북말 *Thalassia testudinum*은 보통 25 ppt 이상의 염도에 자라며 낮은 염도에서는 *Halodule wrightii*와 *Ruppia maritima*로 대체된다. 거북말은 열대 해역에서는 종자를 많이 내지만, 분포를 확장하는 데는 보통 영양 생장이 주요 방법이 된다.

거북말은 마디 사이가 4-7 mm이고 비늘잎을 가진 원주상(직경 3-6 mm)인 지하경을 낸다(그림 11-3). 분기하지 않는 고정 뿌리는 매 마디에서 나오며 내부에 공기 격실이 있다. 흡수 뿌리털은 매우 섬세하며 뿌리의 정단부에서 나온다. 지하경의 마디도 직립하는 줄기를 내며, 여기에서 3-5개의 광합성 잎이 나오고 잎 기부의 분열조직에 의해 자란다. 잎과 꽃의 흔적은 직립 줄기에서 볼 수 있으므로(그림 11-3; f와 m), 생식, 성비, 잎의 교체율을 분석할 수 있다(van Tussenbroek 1996). 잎은 폭 2 cm 정도이며 무색의 잎 기부싸개로 분화되고 녹색 부분인 잎에는 9-11개의 평행맥이 있다. 잎의 교체율은 10일 미만으로부터 20일 이상까지 변동이 있으며 생장률은 잎 표지법을 이용하여 계산할 수 있다(Zieman 1974; Tomasko and Dawes 1989). 이 종은 암꽃(그림 11-3; f)과 수꽃(그림 11-3; m)이 별도로 짧은 자루에 달리는 자웅이주이며, 두 꽃 모두 흰색 꽃잎의 단일윤생체로

표 11-1. 영양체 특징을 이용한 해초류 속의 검색표

1 줄기는 모두 잎을 낸다[a] · 2

1 줄기는 두 가지 유형으로, 비늘잎만을 내거나 진정 잎만을 낸다 · · · · · · · · · · · · · · · · · 9

2 꽃과 열매는 수상화서이며 자루가 있고, 잎은 좁다(0.5 mm까지) · · · · · · · · · · · · · *Ruppia*

2 꽃과 열매는 축에 다발을 이루어 단생으로 나오며 잎은 0.5 mm보다 넓다 · · · · · · · · · · · 3

3 줄기는 한 가지 유형이며, 특화되지 않은 직립 줄기를 내고(분구[b]), 꽃은 특화된 곁가지에서 나온다 · 4

3 줄기는 일차 수평 지하경으로 분화되며, 직립 줄기의 양쪽에서 잎을 낸다 · · · · · · · · · · · · · 5

4 꽃은 잎 축에 대해 어긋나게 나오며, 뿌리는 분기하지 않는다 · · · · · · · · · · · · · *Enhalus*

4 꽃은 불규칙하게 나오며, 뿌리는 분기한다 · *Posidonia*

5 직립 줄기는 일년생이며 지하경과 구별되고, 뿌리는 분기하지 않으며, 꽃차례는 뚜렷한 수상화서이다 · 6

5 직립 줄기는 지하경과 구별되지 않으며, 꽃은 뚜렷하지 않고 줄기 정단부에 쌍으로 달린다 · · · · · 8

6 지하경은 뭉쳐 있고 단축이다 · *Phyllospadix*

6 지하경은 뭉쳐 있지 않고 길다 · 7

7 지하경은 길며, 단축으로 분기한다 · *Zostera*

7 지하경은 길며, 연기적으로 분기한다 · *Heterozostera*

8 지하경과 직립 줄기는 뚜렷하며, 마디 사이는 쉽게 볼 수 있고, 뿌리는 분기하며, 꽃은 꽃잎 모양이 아니다 · *Cymodocea*

8 지하경과 짧은 줄기는 뚜렷하지 않으며, 마디 사이는 잘 보이지 않고, 뿌리는 분기하며, 꽃은 꽃잎 모양이다 · *Halodule*

9 비늘잎을 내는 지하경은 연기적으로 분기하며, 직립 줄기는 길고(20 cm까지), 지하경과 뚜렷이 구별된다 · 10

9 비늘잎을 내는 지하경은 단축으로 분기하며, 직립 줄기는 길거나 짧다 · · · · · · · · · · · · · · 11

10 비늘잎을 내는 지하경은 두 개 이상 다수의 분기하지 않는 마디를 가진 수염뿌리를 가진다 · *Amphibolis*

10 비늘잎을 내는 지하경은 네 마디마다 규칙적으로 분기한다 · · · · · · · · · · · · · *Thalassodendron*

11 분지는 연속적이며, 꽃은 꽃잎 모양이 아니다 · 12

11 분지는 주기적이며, 직립 줄기는 일정한 간격으로 나오고, 9-13 마디로 구분되며, 꽃은 줄기의 옆면에 다발로 나오고, 꽃은 꽃잎 모양이다 · *Thalassia*

12 지하경의 마디 사이는 일정하게 길며, 직립 줄기는 일정하지 않고 유한 생장하며, 잎은 원주상이다 · *Syringodium*

12 지하경의 마디 사이는 길고 짧은 간격으로 어긋나며, 직립 줄기는 유한 생장하고 잎은 납작하다 · *Halophila*

출처: Hutchinson(1958)과 Tomlinson(1982)에서 수정 인용.

[a]맨 처음 나온 잎은 항상 비늘 모양이지만 그 다음의 다른 잎들은 진정한 잎이다.

[b]분구 또는 직립 줄기는 잎을 내고 직립하는 유한 생장 줄기이다.

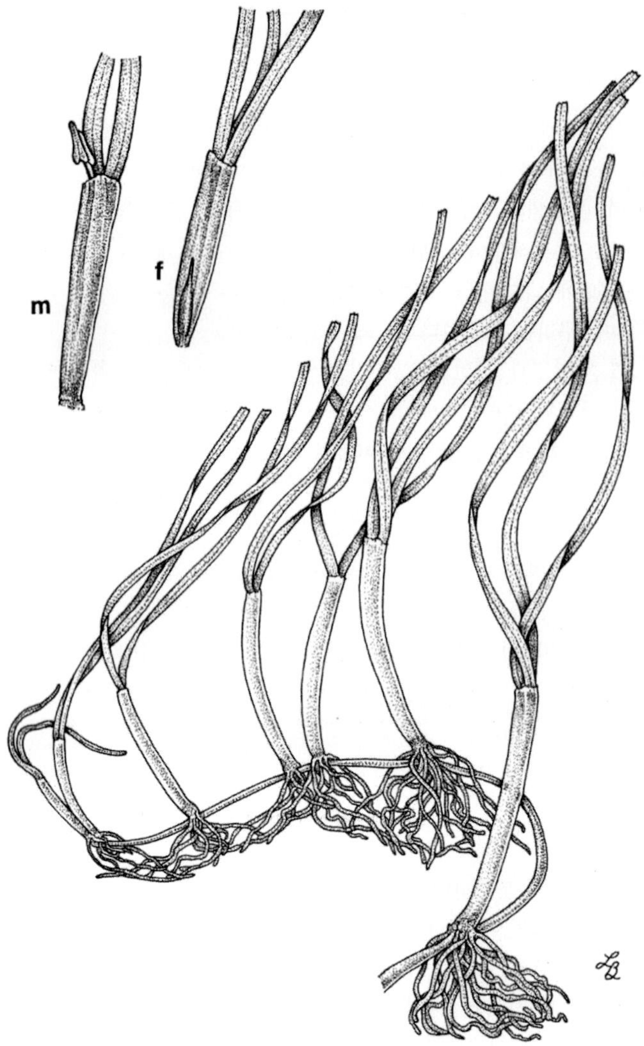

그림 11-2. 거머리말*Zostera marina*. 식물체는 뿌리 다발을 가진 지하경과 직립 줄기(분구)로 이루어진다. 수꽃(m)과 암꽃(f)은 직립 줄기 위에 다발로 나온다.

되어 있다. 수꽃은 3-12개의 짧은 자루가 달린 수술을, 암꽃은 심피가 6-8개인 씨방 한 개를 가지며, 암술대는 두 개의 실 모양 주두로 갈라진다. 꽃가루는 구형이며 점액질에 싸여 염주 모양으로 배열되어 있다. 열매는 둥글고 끝이 뾰족하며, 안에는 종자가 여러 개 들어 있어서 잠복모체발아 cryptovivipary 한다(10장).

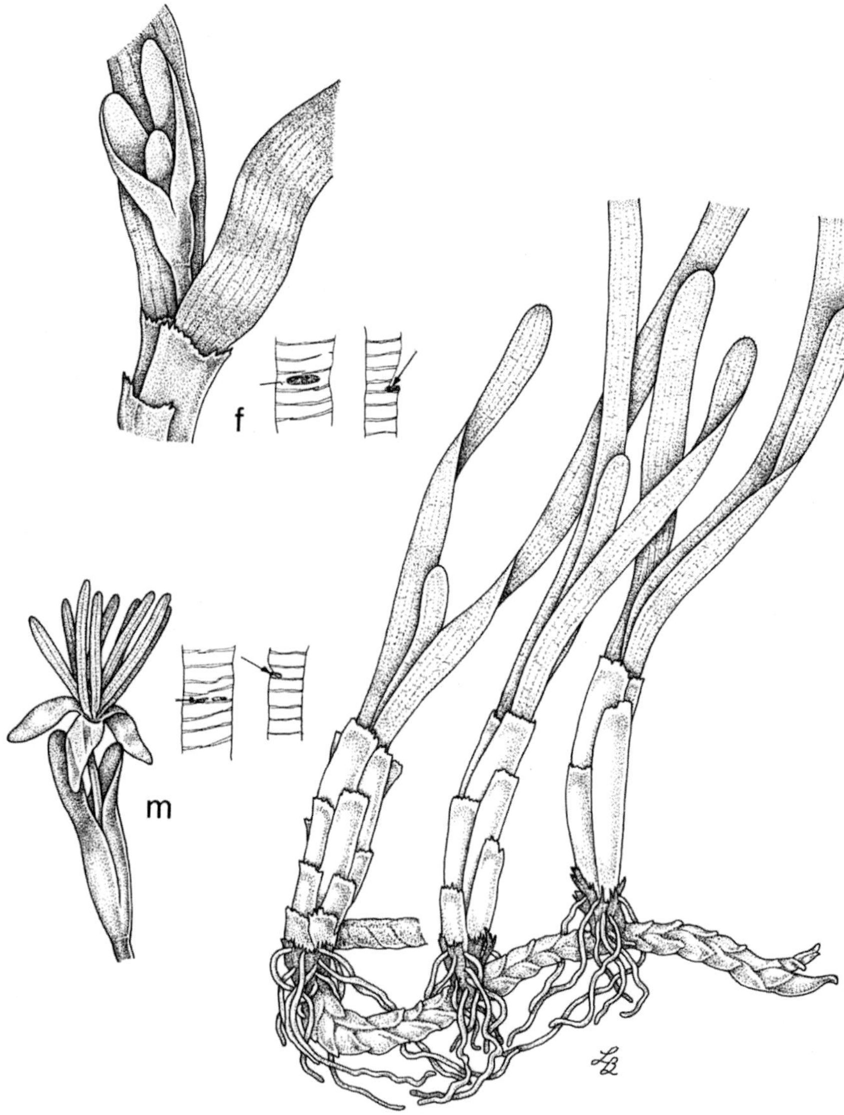

그림 11-3. 거북말*Thalassia testudinum*. 직립 줄기 각각은 3-7개의 납작한 잎(폭 15 mm)을 내며 지하경에서 나온 고정 뿌리는 비늘잎으로 덮여 있다. 하나뿐인 암꽃(f)은 직립 줄기 위에 큰 흔적(화살표)을 남기는 반면, 수꽃(m)은 떨어지면 2-3개의 작은 흔적들(화살표)을 남긴다.

인도-태평양 연안에는 해우말*Syringodium filiforme* Kützing(Cymodoceaceae)의 자매종인 *S. isoetifolium*이 있다. 해우말은 카리브 연안 해역에 출현하여 멕시코 만까지 확장되며 북미 대서양 동해안의 케이프케네디(인디안리버라군Indian River Lagoon) 북쪽까지 분포한다. 해우말은 전형적으로 해양성 염도를 나타내는 지역에 자라며 벨리즈Belize 또는 상크르와St. Croix와 같이 투명도가 높은 곳에서는 수심 20 m 이하에서도 자랄 수 있다.

해우말의 지하경(직경 2-4 mm)은 포복성이며 초본 구조이다. 해우말은 뿌리털이 많은 2-4개의 두꺼운 뿌리를 내며, 비늘잎과 짧은 줄기를 매 마디에 낸다. 짧은 줄기는 2-3개의 잎을 내며 이들은 개재 분열조직을 통하여 자란다. 잎 기부의 직립 줄기 주변은 전반적으로 싸개로 둘러싸여 있으며 잎의 상부는 원주상이다. 해우말은 자웅이주로서 암꽃과 수꽃은 총상화서로 난다. 개화는 온도에 의해 조절된다(McMillan 1980). 따라서 멕시코만 북부에 분포하는 해우말은 20-24℃에서 개화하는 반면, 상크르와에 분포하는 것들은 25℃ 이상의 온도에서 개화한다. 암꽃은 두 개의 분리된 씨방을 가지는데, 자루는 없으며 직립 줄기의 퇴화된 잎(싸개)에 싸여 있다. 반면에 수꽃에는 자루가 달린 두 개의 꽃밥이 있다. 열매는 난형 또는 비뚤어진 난형이며 길이 6 mm, 폭 5 mm이다.

진화와 지리적 분포

해초류는 담수와 염하구에 사는 습생식물 근연종(Arbor 1920)으로부터 또는 건생 염습지를 좋아하는 식물로부터 기원되었다(den Hartog 1970). 담수 수생종은 점진적으로 염분 환경으로 이동 하였을 것이라는 주장은 den Hartog(1970)가 일본(*Archeozostera*)과 네덜란드(*Thalassocharis*)에서 백악기 퇴적층으로부터 나온 화석이 원시 해초류라고 발표했을 때까지는 우세한 견해였다. 해초류가 염분에 내성을 가진 건생식물로부터 진화했다면, 습생 생육지에서도 내성을 보여야 할 것이다. 담수 근연종으로부터 점진적으로 진화했다는 이론은 그럴듯 해보이지만, 지금으로서 유일하고도 확실한 증거는 해초류의 조상으로 추정되는 건생식물의 화석들이다. 조상이 무엇이든 간에 해초류는 속씨식물로부터 진화하여 백악기 초기(ca. 120 m ybp)에 육지로 퍼진 다음인 백악기 중기와 후기(65 - 40 m ybp)에 기원된 것으로 추정된다.

해초류의 분화(3장)에 관한 이론들은 분단 가설(McCoy and Heck 1976), 기원중심 이론(den Hartog 1970), 유공충류 화석 자료(Larkum and den Hartog 1989) 등을 이용하여 설명하고 있다. 해초류는 최초로 열대 테티스Tethys 바다와 파라테티스Paratethys 바다로부터 기원된 것으로 추정되고 있다. 이후에 이들은 에오세 중기부터 후기까지 분단 가설(McCoy and Heck 1976)에 의해 제시된 바와 같이 신열대(현재의 카리브 해) 쪽으로 서진하여 확장하였다. 에오세 화석에는 *Posidonia, Cymodocea, Thalassodendron* 및 *Thalassia* 종들이 포함되어 있다. 해초류의 종자는 분산 능력이 떨어지기 때문에(열매가 장기간 떠 있지 못함) 기원중심 이론은 인도네시아, 보르네오, 뉴기니에서 해초류가 분화되었다는 것을 설명할 때 유용하다(Larkum and den Hartog 1989).

해초류는 남극을 제외한 모든 대륙에서 발견된다. 7속은 열대 해역, 5속은 온대 해역에 출현한다(den Hartog 1970). 7속의 열대 종들은 다양성이 가장 높은 지역인 인도-서태평양 지역에 출현하는 반면, 신열대구 카리브 해역에는 4속이 출현한다. *Halophila decipiens*와 *Halodule wrightii* 두 종만이 동,서반구에 공통으로 출현한다. 해초류 종들 대부분이 이와 같은 분단 분포를 보이는 것은 기원 중심으로부터 아주 오랜 기간 동안 갈라져서 분화되었다는 것을 암시해주고 있으며, 다음과 같은 자매종들이 존재하고 있는 사실에 대해서는 분단 가설이 설명해주고 있다.

인도-서태평양	카리브 해
Thalassia hemprichii	*T. testudinum*
Syringodium isoetifolium	*S. filiforme*
Halodule univeris	*H. wrightii*

형태적 적응

해초류는 침수 환경에 적응하면서 습생 특징에 알맞게 진화하게 되었다(Dawes 1981; Kuo and McComb 1989). 해초류의 적응을 연구할 때는 적어도 다섯 가지의 비생물적 요소(2장)를 고려해야 한다(Arbor 1920; den Hartog 1970); (1) 해수의 삼투 효과, (2) 용존 CO_2와 영양염의 이용 가능성, (3) 수중 조도의 강도와 질, (4) 매질로서 물의 높은 밀도와 물리적인 마찰, (5) 꽃가루와 종자의 산포에서 물의 효과.

해초류에서 종이 다르지만 형태적인 유사성이 뚜렷하게 보이는 부위는 포복성 지하경과 정단 분열조직인데, 매 마디마다 한 개 이상의 뿌리와 직립하는 짧은 줄기를 낸다. 뿌리는 부정근으로 나오고 두껍거나 섬유상으로 가늘며 뿌리골무와 뿌리털을 가진다. 지하경은 땅속에 있는 주요 줄기이며, 보통 초본성이다(그러나 *Amphibolis*와 *Thalassodendron*은 다름). 분기는 연기적 또는 단축으로 하며, 모양은 원주상이거나 납작하다. 해초류 클론의 특성은 죽지 않고 남아 있는 지하경과 직립 줄기를 내는 것에서 잘 볼 수 있다. 따라서 유전적인 개체는 서로 연결되어 있는 분구 또는 직립 줄기로 이루어져 있다. Tomlinson(1974)은 영양체가 확산될 때 지하경이 중요하다는 것을 강조하였으며, *Cymodocea nodosa*의 경우, 영양염이 빈약한 곳에는 종자로 정착하는 것보다 지하경이 훨씬 효과적이라고 하였다(Duarte and Sand-Jensen 1996).

대부분의 종에서 직립 줄기는 꽃과 잎을 내어 유한 생장하며 영양 번식에는 참여하지 않는다. *Halophila*를 제외한 모든 해초류 종들은 잎의 위쪽으로부터 분화된 엽초를 기부에 가진다. 엽초는 무색이며 잎 부분이 떨어져 나가더라도 계속 남아있다. 더구나, 엽초는 직립 줄기를 덮어 정단 분열조직을 보호한다. *Posidonia australis*의 엽초는 잎 기부에 수크로오스와 아미노산이 높은 농도로 들어 있어서 삼투압 기울기를 제공해주므로 분열 중인 잎 세포들이 주변 해수에 노출되는 것으로부터 보호해준다(Tyerman 1989). 잎은 기부 분열조직(거북말) 또는 개재 분열조직(해우말)에서 나오기 때문에 가장 노성한 잎 부분이 정단부에 위치하게 되며 이 부위에 다른 생물이 잘 붙어산다. 대부분 해초류의 잎은 유연하지만 내부에 셀룰로오스 다발이 들어 있어서 단단하다. 따라서 이들은 강하게 움직이는(마찰) 높은 밀도의 매질(물)에 적응되어 있다. 잎의 모양은 폭이 넓고 납작하거나(거머리말, 거북말), 좁고 얇거나(*Halodule*), 원주상(해우말)으로 다양하다.

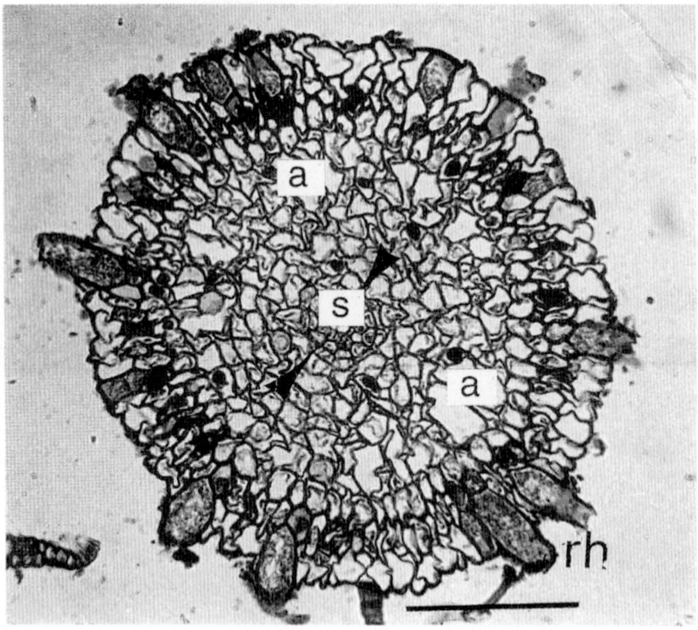

그림 11-4. *Halodule wrightii* 어린 뿌리의 횡단면. 작은 중심주(s)가 한 층의 내피 세포층으로 둘러 싸여 있다(화살표). 피층에는 규칙적인 모양의 공기 격실(a)이 있고 하피층과 상피층으로 덮여 있으며, 뿌리털은 상피층에서 나온다(rh). 막대 표시는 1 mm.

해부학적 적응

해초류의 내부 기관들은 습지 환경에 대한 적응 구조는 축소되어 있으며, 염습지 식물과 맹그로브가 지닌 복잡하고 다양한 건생 적응 구조에 비해 이 기관들은 종간에 훨씬 균일하다. 모든 해초류가 가진 독특한 특징으로는 세포가 붕괴되어 만들어진 공기 격실과 피층 및 아표피 조직에서 기원된 통기조직을 가진다는 점이다(Haberlandt 1914). 대형 해초류에서는 공기 격실이 서로 연결되어 있어서 잎을 통하여 직립 줄기, 지하경, 뿌리로 이어져 식물체 전체에 가스 교환이 일어나게 해준다(Larkum et al. 1989b). 공기 격실에는 구멍이 난 격막이 있어서 공기는 교환되게 하지만 물이 들어오는 것은 막는다. 해초류의 해부학적 구조는 den Hartog(1970), Tomlinson(1982), Kuo and McComb(1989) 등의 연구에 상세히 나와 있으며, Ancibar(1979)는 Hydrocharitaceae과의 3속(*Halophila, Thalassia, Enhalus*)에 대해서 내부 구조의 기능을 비교하였다.

뿌리는 피층으로 덮여 있으며, 그 바로 아래에는 세포벽이 목질화 된 한 층 이상의 세포층으로 이루어진 외피층이 있다(그림 11-4). 뿌리털은 외피층의 전이 세포에 인접한 표피 세포로부터 발생

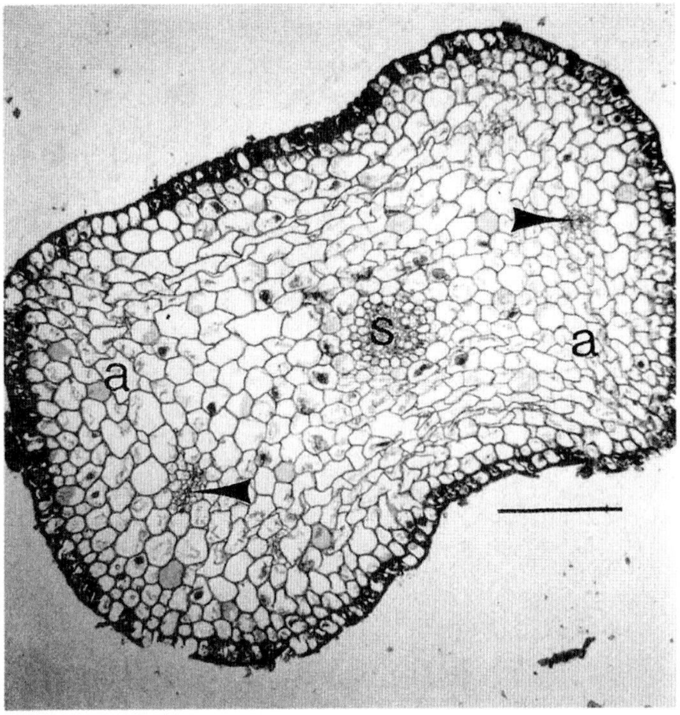

그림 11-5. *Halodule wrightii* 지하경의 횡단면. 관다발 중심주(s)는 한 층의 내피 세포층으로 둘러 싸여 있다. 피층의 관다발(화살표)은 공기 격실을 가진 큰 피층(a)에 비하여 작다. 어린 줄기는 한 층의 탄닌 함유 세포층으로 덮여 있다. 막대 표시는 200 µm.

되며, 영양분과 물을 측면으로 전도시켜 피층으로 가도록 도와준다. 피층은 일반적인 유조직이며 공기 통로(통기조직, 공기 격실)를 가진다. 뿌리의 중심주 바깥에는 내피가 있는데 이들은 세포벽이 뚜렷하게 목질화 된 카스파리선을 가진다. 중심주는 가운데에 목질 섬유가 들어 있으며 그 둘레로 체관 세포(체관 요소) 다발이 배열되어 있다.

지하경과 직립 줄기의 해부학적 구조는 서로 유사하여, 1기 물관부, 체관 세포 다발, 그 바깥쪽에 내피가 있다(그림 11-5). 피층 부위에는 크기가 작고 약하게 목질화된 섬유 다발이 들어있다. 대부분의 해초류 종에서는 목질화가 적게 일어나므로(중심주에서도), 물관부를 구별하기가 어렵다. 피층의 바깥쪽에는 목질화된 두꺼운 벽의 외피가 있으며 안쪽에는 공기 격실을 가지고 녹말이 들어 있는 벽이 얇은 유조직이 있다. 외피의 세포벽에는 목질화된 중엽이 있다. 대부분의 해초류는 어린 줄기에 큐티클로 덮인 표피가 뚜렷하게 발달되어 있다.

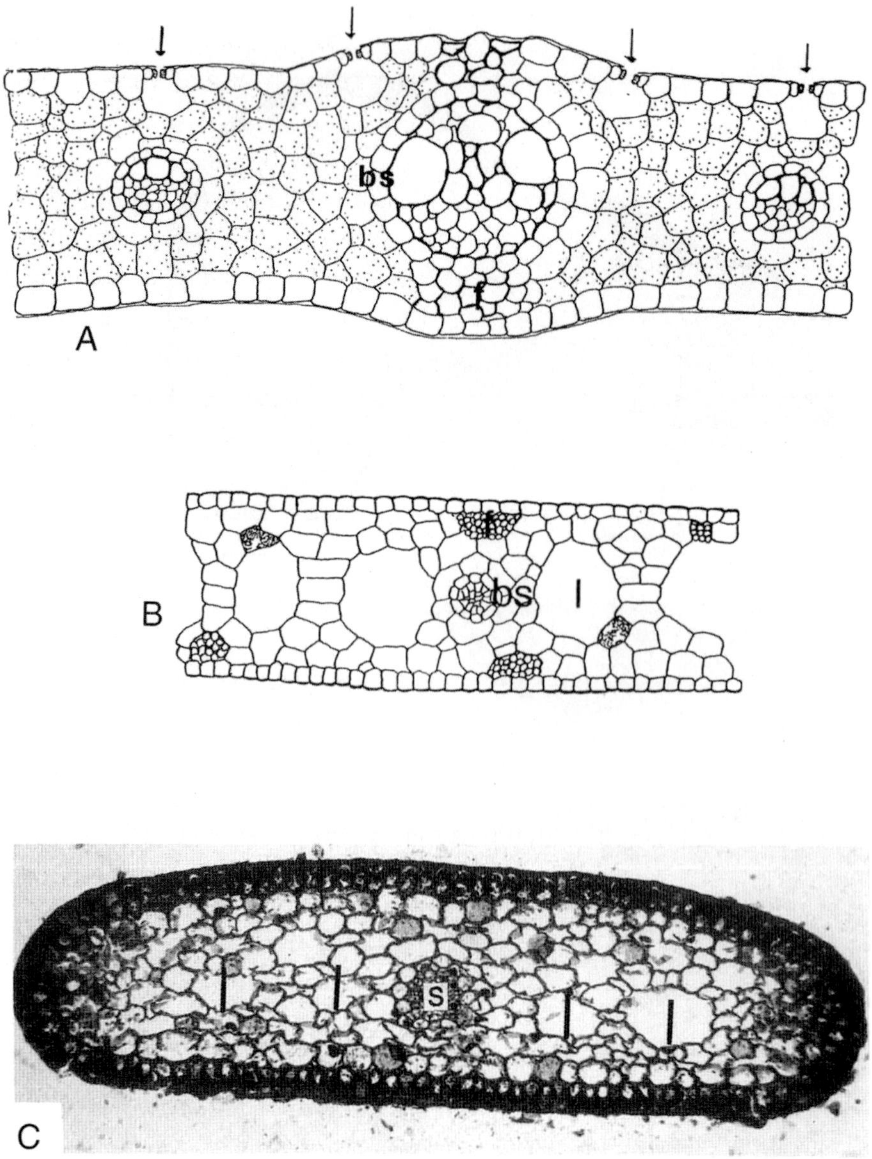

그림 11-6. 밀*Triticum vulgare*과 거북말*Thalassia testudinum* 잎의 단면도와 *Halodule wrightii*의 횡단면. 중형식물(C_3)인 밀(A)의 잎은 주맥과 이차 맥이 있으며, 각각의 잎맥은 내피 유관속초(bs)로 둘러싸여 있다. 기공(화살표)은 상표피에 있으며, 수분 손실이 많아지면 하표피가 노출되도록 잎이 위로 말아 올려진다. 섬유 다발(f)은 주맥의 위와 아래쪽에서 볼 수 있다. 거북말 잎(B)의 단면도에는 유관속초로 싸인 주맥(bs), 섬유 다발(f), 공기 격실(l) 등이 나타나 있다. *Halodule wrightii* 잎의 횡단면 사진은 4개의 공기 격실(세로 막대), 중앙맥(S), 엽록체가 들어 있는 촘촘한 표피층을 보여준다. 이 두 종류의 해초류 잎은 변형된 엽육 조직(통기 조직)을 가지고 있으며, 기공은 없으며 구멍이 많은 얇은 큐티클이 있다.

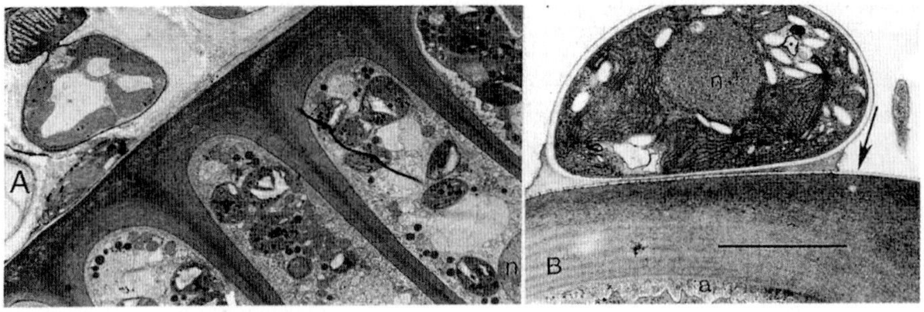

그림 11-7. 해우말*Syringodium filiforme*(A)과 홍머리오리말*Ruppia maritima*(B) 잎 표피의 전자현미경 사진. 해우말 위에 착생한 무절석회조 *Fosliella* sp.가 기부와 상부의 별세포 사이에 세포간연락점을 형성하고 있다. 해초류의 표피 세포는 두꺼운 외벽, 지질 알갱이가 들어 있는 수많은 엽록체, 녹말, 핵(n), 미토콘드리아 등을 가진다. 홍조 포자가 홍머리오리말의 세포 외벽을 덮는 얇은 큐티클(화살표)에 붙어 있으며, 원형질막과 세포질 사이에 얇고 소용돌이 모양인 점질다당류층(a)이 있다. 막대 표시는 5 μm.

엽초의 해부학적 구조는 잎과 유사하지만, 표피 세포에 엽록체가 없으므로 투명하게 보인다. 잎 부분과는 다르게, 엽초의 기본 엽육조직에는 공기 격실과 목질화된 섬유 다발이 더 많이 들어 있다. 노성한 직립 줄기의 기부에 털처럼 보이는 지속성 섬유 다발을 제외하면, 잎이 떨어진 후에는 엽초도 소실된다. 해초류 잎의 해부학적 구조는 다양하므로 분류학적 기준 뿐만 아니라 습생 환경에 적응했음을 입증하는데 이용된다. 밀*Triticum vulgare*과 같은 중형 단자엽식물의 해부학적 구조[밀; 그림 11-6(A)]를 거북말*Thalassia testudinum*[그림 11-6(B)]과 비교하여 보면, 많은 부분이 습생 환경에 적응하였음을 알아볼 수 있다(표 11-2).

해초류 잎의 표피 세포에는 기공과 공변세포가 없으며, 잎이 가진 엽록체 대부분이 들어 있다. 해우말*Syringodium filiforme*[그림 11-7(A)]과 *Ruppia maritima*[그림 11-7(B)와 11-10]에서 볼 수 있는 것과 같이, 세포 외벽은 두꺼우며, 구멍이 많은 얇은 큐티클로 덮여 있다. 흡수에 대한 연구에 따르면, 큐티클은 잎 부분으로 흡수(예; CO_2, 카드뮴, 망간)되는 것을 막지 않는 것이 분명하다(Larkum et al. 1989b). 효과적인 큐티클이 없기 때문에 사리 때의 조간대 해초류들은 약간의 건조내성을 보이는데 이것은 표피에 의해서 보호되어서가 아니라 잎들이 겹쳐있기 때문인 것으로 추정된다(Gessner 1971). *Syringodium*[그림 11-9(a)]과 *Thalassia*와 같은 해초류의 표피와 기본 엽육조직에는 탄닌 세포가 흔하게 들어 있다. 표피 세포에는 점질인 다당류와 세포 내부 성장물 덩어리가 들어 있다. 이들은 이온을 결합하여 삼투조절 시에 표면적을 증가시킨다고 알려져 있다(그림 11-12; Jagels 1983; Kruzcynski 1994). 표피 세포와 엽육 세포 사이에(표피 세포들 사이에서도) 원형질연락사가 분명하게 없는 것은 광합성 산물과 영양분이 아포플라스트 경로로 세포벽 안으로 확산된다는 것을 암시해준다.

밀의 잎[그림 11-6(A)]과는 대조적으로, 해초류 잎의 엽육 조직[그림 11-6(B)]은 엽록체는 적게

표 11-2. 거북말*Thalassia testudinum*과 밀*Triticum*의 잎 구조 비교

구조	중형 초본(밀)	해초류(거북말)
	외부 형태	
잎 모양	선상, 1-2 mm	띠 모양, 5-10 mm
잎맥	평행맥	평행맥
분열조직	개재/기부	개재/기부
	내부 구조	
큐티클	두께 1-2 μm	구멍이 많음: 0.2-0.3 μm
기공	하표피, 모용과 코르크 세포 있음	없음
엽육조직	뚜렷하지 않음	기본 엽육조직만 있음
(책상, 해면)	엽맥을 둘러쌈	공기 격실 있음
물관부	목질화됨	목질화 안되거나 조금됨
유관속초	뚜렷함	있음
	벽이 얇은 내피 세포층	잎에서는 뚜렷하지 않음
섬유 다발	잎 가장 자리에 목질화됨	잎 가장 자리, 축소됨 목질화 안됨

들어 있지만 격실 구조는 잘 발달되어 있다. 이 격실 구조에는 잎이 손상되었을 때 물이 들어오는 것을 막아주는 격막이 있으며, 거북말에서는 0.5 cm 간격으로 형성되어 있다. 격막은 얇은 세포벽을 가진 유조직 세포로 구성되어 있는데, 이 세포들 사이에는 작은 세포 간극(1 μm 정도)이 있어서 공기 격실을 따라 잎에서 뿌리로 가스가 확산되도록 한다. 비목질화 섬유 세포가 들어 있는 관다발은 있거나(*Posidonia*) 없다(*Syringodium*). 해초류 잎의 관다발은 목질화가 전혀 안되거나 조금 되어 있고, 잎맥의 크기가 작아진 것을 제외하면(그림 11-8), 중형 단자엽식물의 관다발과 유사하다. 잎맥은 유관속초 또는 코르크화된 카스파리선을 가진 내피로 둘러싸여 있다.

생식

해초류의 꽃, 열매 및 종자의 구조를 연구한 결과는 13속의 해초류가 다양한 진화적 배경을 가진다는 개념을 지지해주고 있다(McConchie and Knox 1989). 해초류는 물을 이용한 수분, 자웅이주의 꽃, 열매와 종자 산포의 변화 등을 통하여 습생 환경에 적응하였음을 보여준다. 완전화가 아닌 점이 타가수분에 의존한다는 것을 입증한다. 암꽃과 수꽃은 같은 그루(Posidoniaceae) 또는 딴 그루(Cymodoceaceae)에 달린다. 다른 두 과는 두 가지 유형의 꽃을 피우는 속을 가지며, 13속 중에서 9속은 자웅이주이다. 꽃은 자루가 있거나 없으며, 화피는 없고(*Posidonia*), 꽃잎은 단일 윤생체로

축소되었거나(*Thalassia*), 3개의 꽃받침 잎과 꽃잎을 가진다(*Enhalus*). 수술은 보통 1-2개이며 (*Thalassia*는 3개), 심피는 떨어져 있거나(*Halodule*) 유합되어 있고(*Enhalus*), 암술대와 암술머리는 길이와 크기가 다양하다. 열매는 수과achene(*Zostera*)에서 삭과capsule(*Enhalus*)에 이르기까지 다양하며 일부 종(*Posidonia*)의 열매는 물에 뜬다. 이와는 대조적으로 해초류의 열매는 물에 뜨지 않는다. 몇몇 해초류는 모체발아 하여(*Thalassodendron*, Cymodoceaceae) 종자가 모체로부터 떨어져 나가기 전에 배는 유묘로 발달한다. 모든 해초류가 유성 생식을 하는 것으로 알려져 있지만, 유성 생식을 못하거나(Witz and Dawes 1995) 종자가 동물에게 먹혔을 때는(Fishman and Orth 1996) 영양 생장을 이용하여 분포역을 확장한다.

생리생태학적 특징

해초류의 생리학적 특징을 살펴보면 이들이 침수된 해양 환경에 적응했다는 것을 알 수 있다. 따라서 지하경의 생장 습성, 저장 기관으로서 지하경의 이용, 가스 교환을 위한 공기 격실의 출현 등 모두가 해양 환경에 적응한 특징들이다. Kuo and McComb(1989)은 해초류의 분포와 풍부도에 영향을 미치는 9가지의 중요한 환경 스트레스; 염도, 온도, 물의 운동, 무산소 생존, 영양염 제한, 착생식물의 부착, 조도, 감염, 피식 등을 알아내었다.

클론의 습성

앞에서 언급한 바와 같이, 모든 해초류는 식물 개체 각각이 직립 줄기를 내는 지하경을 이용하여 영양체로 분포역을 확장할 수 있는 영양 번식 식물이다(Tomlinson 1974). 영양 번식은 최소한 두 가지 장점이 있다. 영양체로 분포역을 확장할 수 있는 능력과(침입; Cain 1994)과 환경 스트레스를 받거나 영양염이 빈약한 지역에 자라는 분구들끼리 서로 자원을 나누어 쓰는 능력이다(Tomasko and Dawes 1989; Wijesinghe and Handel 1994). 영양 번식을 하는 습지 초본인 *Spartina patens*를 연구하면서 Hester et al.(1994)은 열악한 환경에 자라는 분구들은 삼투조절 프롤린을 많이 합성하는 반면, 온전한 곳에 자라는 분구들은 그렇지 않다는 것을 알았다. 이 결과에 따라 이 식물의 분구들 사이에는 물을 온전한 분구로부터 고염 환경에 자라는 분구로 수송시키는 생리적인 통합이 일어난다고 결론지었다. 거북말*Thalassia testudinum*에서도 이와 유사한 결과가 보고되었는데, 지하경이 심하게 손상되고 그늘에 가려져 사는 분구는 온전한 곳의 그늘에 사는 분구보다 잎의 생장이 두드러지게 낮았다(Tomasko and Dawes 1989). 더구나 그늘진 직립 줄기 근처에 있는 지하경과 줄기는 가용성 탄수화물과 단백질이 고갈되는 현상을 보인 반면, 손상된 지하경을 가진 직립 줄기는 그렇지 않았다. 따라서 지하경과 직립 줄기는 그늘에 가려 있어서 생산력과 생장이 저하된 직립 줄기에게 당과 아미노산을 동원해 주는 기능을 한다.

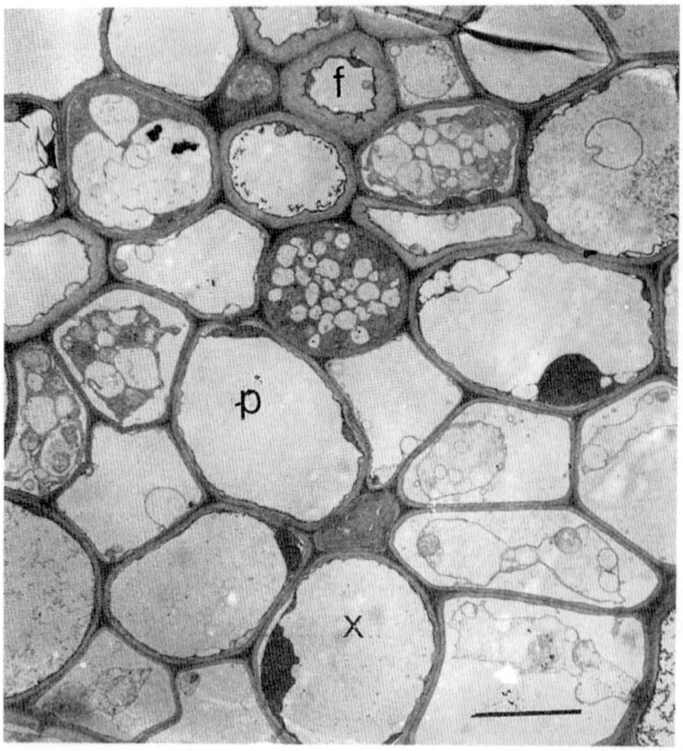

그림 11-8. *Halodule wrightii* 잎에 있는 주맥의 전자현미경 사진. 체관(p1)은 섬유 세포를 가지며, 물관(x)은 중형 단자엽식물 잎의 주맥에 비해 약간 분화되어 있다. 막대 표시는 10 μm.

해초류의 영양 생장은 종에 따라 다르다. 어떤 종은 공격적으로 생장하고(*Halodule wrightii*), 어떤 종은 그렇지 않다(*Thalassia testudinum*). 공격적으로 생장하는 종들은 흔히 교란된 지역에 이식하기 위해 이용된다(Fonseca 1994; Wyllie-Echeverria and Thom 1994). 예를 들면, 이식 용도로는 거머리말*Zostera marina*과 거북말*Thalassia testudinum*보다 *Halodule wrightii*가 더 선호된다. 해초류의 성장 전략(침입)의 유형은 무성 번식하는 육상식물에 견줄만하다. *Halodule wrightii*의 지하경은 게릴라 전략guerilla strategy을 보이는데, 이들은 분지 빈도를 줄여서 이질적인 생육지로 재빠르게 퍼져 나갈 수 있는 능력을 가진 반면, 거머리말과 거북말의 지하경은 밀집 전략phalanx strategy을 이용하며, 가지를 많이 내고 서서히 지속적으로 성장하면서 유용한 영양분을 이용하는 능력을 가진다.

유기물 조성

해초류는 생산력과 생물량에서 뚜렷한 역할을 하기 때문에, 유기물 조성과 칼로리 값에 대한 연구가 이루어져 왔다(Dawes 1981). 다른 종자식물과 마찬가지로, 여러 가지 해초류들 중에서 근연종들은 계절적, 종간 변이를 뚜렷하게 보인다(표 11-3). *Thalassia testudinum, Syringodium filiforme, Halodule wrightii*(Dawes and Lawrence 1980), *Halophila engelmannii*(Dawes et al. 1986), *Posidonia oceanica, Cymodocea nodosa*(Pirc 1989), 거머리말*Zostera marina*과 *Z. noltii*(Dawes and Guiry 1992) 등의 지하경은 가용성 탄수화물과 단백질을 일차로 저장하는 기관이다. 지하경은 잘려나간 잎 부분이 재생될 때와 봄에 잎이 새로 나올 때 필요한 가용성 탄수화물과 단백질의 원천이 된다(Dawes and Lawrence 1979, 1989; Pirc 1985; Dawes and Guiry 1992). 자당과 이노시톨은 생장에 동원되는 가장 중요한 두 가지 가용성 탄수화물이며, 녹말은 *Z. noltii*와 *C. nodosa*(Pirc 1989)의 지하경에 저장된 물질이다. *Posidonia australis*의 지하경에서 추출되는 탄수화물은 일차적으로 피층조직보다는 별세포로부터 나오는 것이며, 더구나 이 물질은 생장점 부분보다 노성한 부분에 풍부하다(Ralph et al. 1992). 따라서 탄수화물의 저장은 내피 조직(예, 별세포 조직) 안쪽에서 분리되어 일어나며 생장 시에 어린 지하경의 정단부에 의해 이용된다.

해초류 27종에서 잎의 탄소, 질소, 인의 평균 농도는 건조 중량의 각각 34%, 2%, 0.2%로서 평균 C:N:P 비율은 474:24:1을 보였다(Duarte 1990). 이 비율은 대형 해산식물보다 적은 것으로 알려져 있다(550:30:1). Duarte(1990)는 이 연구에서 건조 중량에 대한 평균 질소와 인 함량이 각각 1.8%와 0.2%여서 N:P 비율에서 변동을 보이는 것은 해초류 생육지의 수질이 변하였다는 것(예, 부영양화)을 나타내는 것이라고 하였다.

해초류의 세포벽에는 리그닌, 셀룰로오스, 헤미셀룰로오스 등이 들어 있지만, 육상 단자엽식물에 들어 있는 정도와는 다르다(표 11-4). 가용성이며 비구조 탄수화물(헤미셀룰로오스)은 해초류 잎의 세포벽 건조 중량의 1-16%를 차지한다. 반면에 구조 셀룰로오스와 리그닌은 해초류 잎의 세포벽 건조 중량의 18-40%와 0.2-5%를 차지한다. 이에 비하여 큰김의털*Festuca arundinacea*과 버뮤다풀 *Cynodon dactyon*과 같은 열대성 초본들은 건조 중량 당 각각 37%와 40%의 헤미셀룰로오스, 32%와 27%의 셀룰로오스, 10%와 6%의 리그닌을 함유하였다(Dawes 1986). 해초류가 습생 환경에 적응한 것은 잎에 신축성이 있고 리그닌이 적게 들어 있는 것에서 알 수 있다. 해초류 잎은 수명이 짧아 거북말*Thalassia testudinum*은 15일(Witz and Dawes 1995; van Tussenbroek 1996), 종에 따라서는 100일이며, 이 기간 동안에는 리그닌은 뚜렷하게 생산되지 않으므로 다양한 초식 동물이 먹을 수 있게 된다.

표 11-3. 해초류 근연종들의 킬로 주울, 단백질, 지질, 가용성 탄수화물, 불용성 탄수화물 및 회분

종	kJ	단백질(%)	지질(%)	가용성 탄수화물(%)	불용성 탄수화물(%)	회분(%)
			Zostera marina			
아일랜드 갤웨이만Galway Bay, 12개월 자료(Dawes and Guiry 1992)						
잎	13-15	10-14	2.5-3.4	8-19	40-52	24-33
짧은 줄기[a]	13-15	3-7	1.0-2.0	29-51	27-44	18-31
지하경[b]	13-15	4-8	0.6-2.8	31-59	18-38	18-28
뿌리	8-11	4-6	0.6-2.8	13-20	27-40	38-62
와싱턴 퓨젯사운드Puget Sound, 14개월 자료(Dawes 미발표)						
잎	13-16	4-16	1.7-5.7	9-17	32-56	19-34
지하경/뿌리	12-14	1-8	0.7-1.7	18-37	28-46	22-36
알래스카 이젬벡 석호Izembeck Lagoon, 12개월 자료(Dawes 미발표)						
잎	10-16	4-13	1.7-3.9	12-28	20-52	14-47
지하경/뿌리	8-15	2-10	1.5-2.9	9-32	17-48	18-57
			Posidonia oceanica			
프랑스 포르크로Port Cros(Lawrence et al. 1989)[c]						
잎	18	3.7-4.3	1.9-3.2	13-19	55-60	18-22
지하경	18	4.5, 4.8	1.3, 1.6	40, 47	42, 49	26
뿌리	—	1.2, 1.5	3.2, 3.9	15, 21	58, 60	11, 16
			Thalassia testudinum			
멕시코만Gulf of Mexico, 12개월 자료(Dawes and Lawrence 1980)						
잎	10-13	8-22	0.9-4.0	6-9	34-41	29-44
짧은 줄기	8-11	7-16	0.5-1.0	8-12	24-43	39-56
지하경	12-14	7-16	0.2-1.6	12-36	20-53	24-36
			Syringodium filiforme(*T. testudinum* 참조)			
잎	10-13	8-13	1.7-6.2	16-22	32-42	28-33
짧은 줄기	10-14	10-14	0.9-3.6	13-27	27-45	27-41
지하경	15-16	5-12	<0.1-4.7	36-50	31-38	16-19
			Halodule wrightii(*T. testudinum* 참조)			
잎	13-15	14-19	1.0-3.2	13-19	34-46	25-32
짧은 줄기	12-13	5-9	0.8-3.5	16-31	25-53	25-36
지하경	14-16	7-9	<0.1-1.6	40-54	20-34	14-22

[a]지하경 말단의 처음 4 cm; [b]지하경 말단의 두 번째 4 cm; [c]두 장소의 식물체로부터 자료 분석.

표 11-4. 리그닌, 셀룰로오스, 가용성 탄수화물을 포함한 해초류 잎의 세포벽 조성 물질

종	장소(문헌)	리그닌(%)	셀룰로오스(%)	가용성 탄수화물(%)
Thalassia t.	멕시코만 (1)	0.2-2	18-32	1-9
Syringodium f.	멕시코만 (1)	1-3	19-26	10-16
Halodule w.	멕시코만 (1)	2-4	25-33	4-14
Halophila s.	아카바만 (2)	2	36	—
Halophila o.	아카바만 (2)	<2	33	—
Halodule univervis	아카바만 (2)	<1	41	—
Heterozostera t.	필립만 (3)	5	20	—

출처: (1) Dawes(1986); (2) Baydoun and Brett(1985); (3) Webster and Stone(1994)

광합성

일반적으로 해초류는 음지 식물(Hillman et al. 1989)로서 25-50 μmol photons m^{-2} s^{-1}의 보상값(I_c)과 200 μmol photons $m^{-2}s^{-1}$보다 적은 포화 조도(I_k)를 가지지만 물속의 조도는 이보다 더 높다. 여러 가지 다른 조도 조합(예; I_c, I_k, P_{max}값)과 비교하여 연구한 결과, 해초류의 광합성 반응은 온도(Bilthuis 1983)와 염도(Dawes et al. 1989)에 의존적이었다. 전형적으로 이와 같은 생리적 반응은 종이 가진 유전적인 내성 범위 안에서 온도가 증가함에 따라 증가하였다. *P-I* 곡선 α의 초기 기울기는 온도의 변동과 관계가 적고, 광합성의 명반응과 관계가 있으며 온도에 비 의존적이라는 것을 보여준다. 해초류는 광합성 효율(α)을 증가시키고, I_c와 I_k를 감소시키며, 엽록소 양을 증가시킴으로써 낮은 조도에서도 광순화를 한다(Dunton and Tomasko 1994). *Halophila ovalis*(Ralph and Burchett 1995)와 *Halophila decipiens*(Dawes et al. 1989)는 광저해를 보였지만, *H. johnsonii*는 그렇지 않다. 그러나 대부분의 해초류에서 빛에 의한 손상 정도와 유형에 대해서는 잘 알려져 있지 않았다(Hillman et al. 1989).

연안 해역과 염하구의 물을 관리하고 보호하여 투과되는 빛이 감소하는 것(오염을 통하여)을 규제하여야 하며, 이에 따른 해초류 밭의 수직 분포 효과에 대해서도 고려해야 한다(Dawes and Tomasko 1988). Duarte(1991)가 예측한 바에 따르면 해초류는 물의 투명도가 표면 조도의 11% 이상 되기만 한다면 담수 속씨식물보다 더 깊은 곳에 산다고 하였다. 아울러 해초류 군집에서 수심 분포(Z_e)가 차이를 보이는 것은 투명도판Secchi disk으로 측정하여 11-1식에 나타낸 바와 같이 빛의 희석 상수(K)의 차이에서 기인된 것이라고 결론지었다. 그러나 제시된 평균 빛 요구도인 11%는 플로리다와 텍사스에서 조사된 식물체 전체의 광합성 지수와 일일 조도를 고려할 때, 거북말 *Thalassia testudinum*(Fourqurean and Zieman 1991)과 다른 종류의 해초류(Onuf 1991)가 요구하는 것보다 낮은 것으로 보인다.

$$Z_e = 0.26 - 1.07 \log K(m^{-1}) \quad (11-1)$$

그늘에 가려 빛이 감소하면 거머리말*Zostera marina*은 광합성에 제한을 받게 되며 결국 P_{max}가 감소하여 죽게 된다(Goodman et al. 1995). 탁도가 증가하여 투과되는 빛이 줄어들면 해초류의 생존과 분포에 심각한 영향을 주는 비생물적 요소가 된다. 예를 들면, 텍사스의 라구나마드레Laguna Madre 해역에서 미세 조류가 대발생하여 수질이 악화되자 2년 이내에 *Halodule wrightii* 생물량이 감소하였으며 3.5년 후에는 2.6 km^2 이상 죽었다. 국지적으로 *H. wrightii*가 남아있게 된 것은 저장된 물질을 이용하고 영양염을 재생하여 이용하였기 때문으로 보인다. 해초류 이식을 위한 장소를 선택할 때는 샌프란시스코 만의 거머리말*Zostera marina*에서 보는 것처럼 장, 단기간의 탁도 변동을 고려해야 한다(Ziemmerman et al. 1991). 그늘에 가려지면 수중 조도의 감소와 더불어 *Posidonia sinuosa*(Gordon et al. 1994), *P. australis*(Fitzpatrick and Kirkman 1995), 거북말*Thalassia testudinum*과 *Halodule wrightii*(Czerny and Dunton 1995)에서 잎의 생장, 직립 줄기의 밀도, 생물량, 일차 생산 등이 저하되었다.

현재로는 *Cymodocea nodosa*(Beer et al. 1980)를 제외한 해초류 모든 종을 대상으로 탄소 고정에 대한 연구를 통하여 C_3 캘빈 회로와 RuBisCo가 밝혀졌다(Abel and Drew 1989). 그러나 고정된 탄소는 말산, 아스파르트산 및 다른 C_4 관련 산들과 결합되는데 이는 해초류의 전형적인 C_3 고정 경로에 어느 정도 CAM과 유사한 변이가 있다는 것을 암시해주는 것이다. 호흡된 CO_2는 공기 격실에 저장되며, 육상 식물에 저장된 양보다는 적으므로 해초류의 잎에서 일어나는 광호흡 정도를 측정하기가 어렵다(Abel and Drew 1989).

내부의 가스 수송

육상 식물과는 다르게 해초류의 잎은 큐티클 층이 얇으며 기공도 없다. 공기 격실 구조는 엽육 조직이 분열하여 발달된 것으로서 식물체 전체가 연결되어 CO_2를 저장하고 땅속의 지하경과 뿌리로 O_2를 확산시켜준다. 습생식물인 해초류는 잎으로 덮여 있기 때문에 교란되지 않는 물의 경계층을 가로질러 CO_2와 O_2가 매우 느리게 확산되는 환경에 놓이게 된다(4장; 그림 11-9). 광합성이 일어나는 동안에 표피 세포들은 재빠르게 O_2를 축적하고, 세포벽을 통하여 확산시킨 다음 공기 격실에 가스를 35% 이상 되도록 농축시킨다(Larkum et al. 1989b). 일단 공기 격실에 들어간 가스는 농도가 높은 곳에서 낮은 곳으로 확산되며 수 mm 간격으로 형성된 격막은 확산에 영향을 미치지 않는다. 해초류 잎으로부터 지하경과 뿌리로 가스가 확산된다는 유력한 증거는 근권을 조사해보면 분명해진다. 예를 들면, 공기 격실의 발달은 근권의 무산소 정도(Penhale and Wetzel 1983)와 관계가 있어서 지하경 주변에 O_2 수준이 높을수록 격실 구조가 광범위하게 발달하였다. 해초류의 공기 격실에서 O_2와 CO_2 사이의 관계(예, 잎과 뿌리 사이의 확산율)와 더불어 근권에서 이 가스의 중요성에 대해서는 잘 알려져 있지 않다.

경계층 역시 CO_2 확산율을 제한하지만 이것은 물 운동이 커지면 극복될 수 있다. 예를 들면, 거북말*Thalassia testudinum*은 잎의 마찰 속도(μ[1)])가 적어도 0.25 cm s^{-1}에서 광합성이 포화된

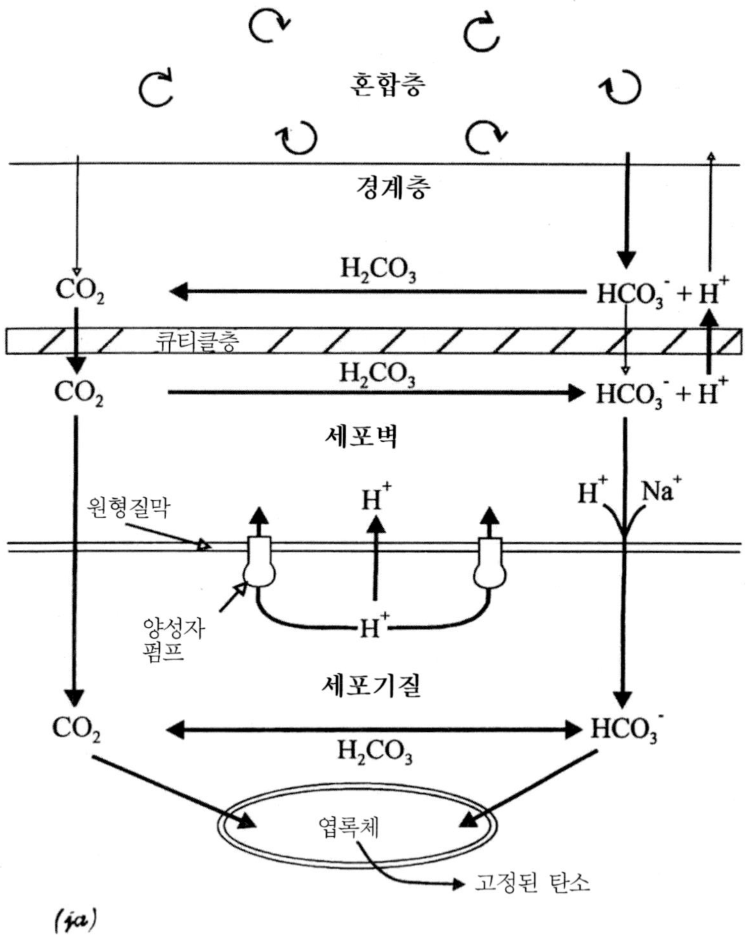

그림 11-9. 해초류의 표피 세포로 CO_2와 HCO_3^-의 이동. 이산화탄소는 바닷물로부터 경계층, 큐티클층, 세포벽, 원형질막을 통하여 농도가 높은 곳에서 낮은 곳으로 확산된다. 반면에 경계층을 통하여 확산된 다음 $H_2CO_3^-$를 수송할 때는 에너지가 소비되며 세포막을 가로질러서 양성자가 펌프된다(pH의 변화)(Larkum et al. 1989에서 수정 인용).

반면, *Cymodocea nodosa*(Koch 1994)에서는 0.64 cm s^{-1}가 요구되었다. 이산화탄소 평형 지수(2-12와 2-13 식; 2장)에서 CO_2는 전체 무기 탄소의 13 μM을 차지하며, HCO_3^-는 바닷물의 2.2 mM을 차지한다(Beer and Koch 1996). 카복시화효소 RuBisCo는 CO_2만을 이용한다. 그러므로 바닷물에 녹아있는 풍부한 HCO_3^-는 CO_2 이동을 조절해주는 탄산무수화 효소 덕분에 다양한 해초류들이 이를

1) 물속에서 낮은 확산율, 상대적으로 낮은 CO_2 수준, CO_2에 대한 RuBisCo의 낮은 친화도 등 모두가 수생 대형 조류들이 극복해야할 요인들이다(Beer 1996).

흡수하지만, 대형 조류에서는 이런 일이 일어나지 않는다(Beer and Koch 1996; Beer 1996). 해초류 잎의 가스 교환에서 탄산무수화효소가 중요한 역할을 한다는 것은 그림 11-9에 나타나 있다(Larkum et al. 1989b). 해초류 표피 세포들이 HCO_3^-와 CO_2를 흡수할 때 낮은 pH, 탄산무수화 효소, 수소 이온의 이용도 등의 요인들에 의해 조절된다.

염도와 수분 관계

광합성 반응을 이용하여 해초류가 지닌 염도에 대한 내성을 측정할 수 있다(Dawes et al. 1986, 1989). 실험 예를 들면, 온도와 염도를 여러 가지로 조합하여 키워본 결과 *Halophila engelmannii*와 *H. johnsonii*의 염하구 개체군은 *H. engelmannii*와 *H. decipiens*의 원양성 개체군보다 넓은 내성을 보였다. 해초류가 염도에 내성을 보이는 것은 해부학적, 생리학적 특징으로 볼 수 있으며, 어떤 경우에는 염생 식물과 건생 식물에 견줄만하다(Tyerman 1989).

고염도 환경에 자라는 거북말*Thalassia testudinum*, 거머리말*Zostera marina*, *Ruppia maritima*의 표피 세포를 광학현미경과 전자현미경으로 관찰해 본 결과, 원형질막은 함입되어 미토콘드리아가 부착되어 있었으며, 원형질연락사가 없고, 액포는 축소되어 있으며, 산성인 점질다당류의 양은 많아졌다(Jagels 1983; Jagels and Barnabas 1989; Iyer and Barnabas 1993). 표면적이 늘어난 세포막에 미토콘드리아가 부착된 것은 삼투조절 하는 세포의 특징이며, 산성인 점질다당류는 이온의 수송과 결합을 담당하는 것으로 보인다. Kruzcynski(1994)는 *Ruppia maritima* 단일 배양주의 개체군을 대상으로 실험하였을 때 고염도 환경에서 자란 식물들은 이러한 특징을 보인 반면(그림 11-7B), 저염도 환경에서 자란 식물들은 이와 같은 특징을 보이지 않았다고 하였다. *Posidonia australis*와 *Zostera capricorni*의 엽초는 삼투 기울기가 형성되어 있어서(고염에서 저염) 분열 중인 잎 조직이 직접 바닷물에 노출되는 것을 막아준다(Tyerman 1989). 잎이 길게 자라면서 성숙한 잎은 주변의 염분에 점차 노출되는 반면, 바로 아래에서 분열 중인 세포들은 바깥쪽의 엽초에 의해 보호된다.

프롤린, 알라닌, 글루타메이트의 삼투 조절 역할은 *Ruppia*(Brock 1981; Adams and Bate 1994) 및 *Zostera*(van Diggelin et al. 1987)와 같은 해초류에서 잘 알려져 있다. 여러 가지 해초류에서 프롤린은 염도가 증가함에 따라 증가하였다(Pulich 1986; van Diggelen et al. 1987; Adams and Bate 1994). 해초류가 내부의 NH_4 수준을 조절하는 능력을 가진 것은 이들의 삼투를 조절하는 능력과 절대적인 상관관계가 있다(Pulich 1986). 삼투 조절에 관한 자료는 많지 않지만, 해초류 잎은 초기에 무기 이온(Na^+, K^+, Cl^-)을 이용하고, 프롤린과 글리세네베타인과 같은 유기 삼투조절물질을 합성하여 염도 상승에 반응하는 것으로 보인다(Tyerman 1989). 유전자 ZHAI에 상당하는 cDNA 클론이 거머리말*Zostera marina* 표피 세포로부터 분리되었는데, 이 유전자는 잎이 바닷물에 노출된 후에만 발현되었다(Fukuhara et al. 1996). 이 유전자는 원형질막의 H^+-ATPase 활성을 조절하며 염류 분비에 중요한 역할을 하는 것으로 알려져 있다.

생태학적 특징과 역할

해초류 군집이 수행하는 복잡한 생태학적 역할을 보면 왜 이 군집을 유지하고 증진시켜야 하는지 알 수 있다. 맹그로브와 염습지 군집과 마찬가지로 해초류 역시 중요한 일차 생산자이며, 기질을 안정시켜주고, 서식처와 양육장 역할을 할 뿐만 아니라, 직접, 간접적으로 다양한 동물들에게 먹이를 제공해준다. 더구나 해초류와 같은 침수성 종자식물들은 연안과 염하구 군집의 건강 정도를 측정하는데 이용될 수 있다.

기질의 생태학적 특징

해초류는 해안에서 차단 장치 역할을 함으로써 침전물을 붙들고(Ward et al. 1984; Komatsu 1996) 바닥의 퇴적물을 안정시켜 수질을 개선시킨다(den Hartog 1967). 관상 녹조류를 제외하면, 해초류는 기질에 뿌리박고 살면서 영양염을 침전물로부터 얻어내는 유일한 침수성 대형식물이다(Duarte and Sand-Jensen 1996). 지하에 들어 있는 부분(뿌리, 지하경, 직립 줄기)은 전체 생물량의 90%에 이른다. 해초류는 산소를 방출하고, 지하 부분을 분해시켜 침전물을 물리, 화학적으로 변화시키며, 뿌리와 지하경을 뻗으면서 기질을 뒤섞어준다(Moriatry and Boon 1989). 무산소 상태의 침전물에서 황화물의 정도가 높아지면 식물에 독성을 줄 수 있기 때문에 지하 부분이 수행하는 화학적 변화는 해초류의 생존에 절대적이다. 예를 들면, 플로리다 만에서 거북말*Thalassia testudinum*이 사멸된 것은 침전물에 황화물 높아지면서 환경 스트레스를 받아 기생성 점균류에 대한 저항성이 떨어져서 일어난 것이었다(Durako 1994). 해초류는 퇴적층을 산화시킬 뿐만 아니라 유기물을 배출한다. 예를 들면, *Halodule wrightii* 잎은 광합성으로 고정된 ^{14}C의 6-28%가 6시간 이내에 지하경과 뿌리를 통하여 기질로 방출되었다(Moriarty et al. 1986).

암모늄은 기질 속에 가장 풍부하게 들어 있는 질소 형태이다. 암모늄은 토양 간극수(5-100 μM에서 15 mM)에 녹아 있으면서 유기물과 점토를 결합시키고(상호 교환이 가능한) 변형되지 않도록 점토 입자에 고정시킨다. 토양 간극수에 녹아 있거나 유기물과 점토에 결합되어 있는 암모늄은 해초류에 유익하므로 가용성 암모늄을 분석하기 위해서는 추출 기법을 이용하여 용해된 부분과 교환이 가능한 부분을 측정할 수 있다. 암모늄의 재생은 56-490 mg N $m^{-2}d^{-1}$ 범위로 매우 빠르게 일어난다(Moriarty and Boon 1989). 생장률을 측정해보면 해초류는 암모늄을 선호하는 형태로 이용하여 고정된 질소를 다량 필요로 한다(10-450 mg N m^{-2} d^{-1}). 반면에 무산소 상태의 기질에는 질산염과 아질산염의 농도가 낮은데(<5 μM), 이는 탈질화와 더불어 혐기성 박테리아가 재빨리 이용하였기 때문인 것으로 보인다. 질소 고정은 해초류의 근권에서 일어나며, *Zostera noltii*는 0.1-7.3 mg N $m^{-2}d^{-1}$(Welsh et al. 1996), 거북말은 20-40 mg N $m^{-2}d^{-1}$(Patriquin and Knowles 1972)의 고정율을 보였다. 게다가 질소를 고정하는 *Klebsiella*가 *Halodule wrightii*의 뿌리와 지하경에서 분리되었다(Schmidt and Hayaska 1985).

해초류는 제한 영양소에 대해 여러 가지 반응을 보인다. 인(보통 20 μmol 이상)은 해초류 밭에서 제한 영양소가 될 수도 있는데(Moriarty and Boon 1989), 특히 이곳에서는 탄산칼슘이 용존

PO_4를 결합해 버리기 때문이다. 플로리다 만에서 인은 천이 초기 단계의 *Halodule wrightii*와 후기 단계에 있는 거북말*Thalassia testudinum* 군집의 천이 계열을 분명히 조절한다(Fourqurean et al. 1995). *Halodule*는 *Thalassia*보다 더 높은 영양 요구도를 가지므로 자연 군집 또는 인위적으로 부영양화된 곳에서는 *Thalassia*를 대체시킨다. 그러나 인디언리버라군Indian River Lagoon에서는 해우말 *Syringodium filiforme*이 가장 왕성하게 성장할 때 암모늄이 제한 양양소가 되었다(Short et al. 1993). 이와 유사한 연구에서 Pulich(1985)는 저영양염인 곳에서는 *Ruppia maritima*가 자랄 수 있는 반면에, *Halodule wrightii*는 황산염 환원이 상당히 진행되어 유기물이 풍부한 기질을 선호한다는 것을 알았다. 덴마크에서는 거머리말*Zostera marina*이 주변의 물과 기질로부터 흡수한 질소화합물을 몸에 저장하고 있으면서 내부에 질소가 적어지더라도 생장률을 높게 유지한다는 보고가 있었다(Pesersen and Borum 1992).

해초류 군집에서 박테리아는 육상 환경에서 하는 일과 비슷한 역할을 한다. 박테리아의 활동은 모래만 있는 곳보다는 *Halodule wrightii* 밭에서 훨씬 더 활발하며, 박테리아의 생물량보다는 해초류의 생물량과 상관관계가 있다(Moriarty et al. 1986). 이와 같은 상호 관계는 박테리아가 해초류 부스러기를 분해하고 유기물에서 나오는 물질을 이용한다는 것을 보여주고 있다. 염하구의 기질 공극수에 용해된 암모니아와 질산염은 일일 변동을 보이며 해초류 군집에서는 박테리아 생장률이 이와 유사한 유형을 보였다(Moriarty and Borum 1992). 이와 같은 일일 변동은 위에서 언급된 바와 같이(Moriarty et al. 1986 참조) 광합성과 연관된 삼출물이 나오는 주기에 따르고 있다.

해초류의 동력학적 특징

교란disturbance은 비생물적으로 일어나는 것과 생물적으로 일어나는 것으로 구분 지을 수 있다(Rykiel 1985; 3장). 예를 들면, 거머리말*Zostera marina* 밭에 얼음 마찰에 의해 일어나는 비생물적 교란(Robertson and Mann 1984)과 듀공이 *Halodule univeris*를 먹어버리는 생물적 교란(Longh et al. 1995) 두 가지 모두가 해초류 밭을 훼손시키는 요인이 된다. 해초류는 퀸슬랜드Qeensland의 허버리 만Hervery Bay에 내습한 허리케인과(Preen et al. 1995) 서인도제도의 바베이도스Barbados(Patriquin 1975)에서 파도로 인하여 해안이 잘려나가는 것과 같은 자연적 교란에 적응되기도 한다. 아울러 해초류는 염도의 변동, 빛의 변동, 여러 가지 비생물적 요인이 변하더라도 내성을 보이므로 "스트레스에 적응되었다"고도 한다(Grime 1977; 3장).

계절적인 변동과 생육지 동태에 대하여 연구한 결과, 해초류 밭은 "안정된" 환경에서도 멈추지 않고 계속 변한다는 것이 밝혀졌다. 해초류의 종 풍부도와 생물량이 월별로 변동하는 것은 노스퀸슬랜드North Queensland에서는 우기와 건기 주기(Lanyon and Marsh 1995), 인도네시아 사우스술라웨시South Sulawesi에서는 조석 노출과 물의 운동(Erftmeijer and Herman 1994), 네덜란드의 바덴 해Wadden Sea에서는 *Zostera noltii*가 부착 생물에 의하여 피복되거나 복족류에 의한 피식(Philippart 1995) 등과 관련되어 있었다. 환경 스트레스가 해초류 군집을 조절하는 중요한 요인으로 보이지만 경쟁 또한 주목되는 부분이다. Williams(1987)는 거북말*Thalassia testudinum*이 우점하여 빛을 가리게 되면 해우말*Syringodium filiforme*이 감소한다는 것을 관찰하였으며, Stewart(1989)는 조간대 해초류 *Phyllospadix torreyi*가 산호조 작은구슬산호말*Corallina pilulifera*을 경쟁하여 밀어내는 것을 보았다.

Den Hartog(1967)는 해초류가 독특한 환경에 적응한 결과 6가지의 생장 유형을 보인다는 것을 알아내었다. *Halodule*와 같이 단순한 체형을 가진 종들은 기질을 안정시키는 초기 개척자 식물이다. *Thalassia* 또는 *Zostera*와 같이 체형이 더 복잡한 종들은 해초류 밭을 성층화 시킨다. 모든 해초류는 두 가지 유형의 생식 전략인 무성 생식(자리 확보)과 번식(재생) 전략을 가진다. 전형적으로 번식 단계는 최적의 환경 조건에서 우세하게 나타나는 반면, 무성 생식 단계는 교란이 일어난 후 또는 분포가 최상에 이르렀을 때에 결정적으로 우세하다. 해초류를 환경 스트레스, 경쟁, 교란에 의해 평가할 때는 위의 두 가지 단계가 반드시 검토되어야 한다(Grime 1977).

해초류 군집에서 천이는 허리케인(Pren et al. 1995)과 바람(Patriquin 1975)에 의해 훼손이 일어난 다음에 해초류가 다시 들어와 군집을 형성하는 것으로 입증이 되었다. 오레곤 해안의 바위 조간대에서 *Phyllospadix scouleri*는 훼손으로 제거되거나 대형 조류에 의해 침입을 당하여도 3년 이상 생존하였다. 따라서 이 종은 극상종이다(Turner 1985). Williams(1990)는 카리브 해안에서 해초류의 천이는 기질에 영양염이 공급되는 정도에 따라 좌우된다고 보고하였다. 아울러 헛뿌리를 내는 조류가 맨 바닥에 무리지어 붙고 나면 해우말이, 그 다음에는 거북말이 뒤따라 군집을 이루고, 결국 빛 경쟁에서는 거북말이 해우말을 이긴다. 이와 같은 천이 전반에 걸쳐 기질의 영양 수준은 높아진다. 플로리다 만에서 수행한 Fourquean et al.(1995)의 연구에 따르면, 기질의 영양 수준이 올라감에 따라 *Halodule wrightii*가 거북말을 대체시켰다.

해초류를 제외하면 대부분의 해산 식물 군집에서 질병에 의한 영향은 보고된 바 없다. 거머리말 마름병은 병원성 점균 *Labyrinthula zosterae*에 의해서 생기며 해초류 밭을 심하게 손상시킨다(Muehlstein 1989). 이 질병으로부터 회복된 2년 후인 1932년 가을에 대서양 연안의 해초류 99% 이상이 죽었다. 이 질병의 증상은 잎이 검게 변하며 3-5 dm d^{-1} 비율로 증가한다. 광합성을 하는 잎이 없어지면 결국에는 지하경도 죽게 된다. 해초류가 회복되는 속도는 매우 느려서 일차보다는 덜하지만 이차 마름병이 발생한 1944년에야 완전히 회복되었다. 유럽 연안에는 영향이 적었지만 1984년 뉴잉글랜드에서는 해초류가 현저히 줄어들었다는 보고가 있었다(Short and Wyllie-Echeverria 1990). 마름병은 스트레스성 비생물 요인(광도, 온도, 염도, 오염)과 관련되어 있어서 이 영향으로 거머리말*Zostera marina*의 페놀 화합물 생성이 낮아졌다(Vergeer et al. 1995). 페놀 화합물은 질병을 막아주는 효과가 있으며, 환경적인 스트레스가 이와 같은 화합물의 생성을 저하시키게 되고 따라서 질병이 발생하게 되는 것으로 보인다.

플로리다만에서 거북말*Thalassia testudinum*의 사멸은 1987년에 시작되어 4,000 ha가 손실되었다. 기생성인 *Labyrinthula* 종은 거북말의 잎 표면을 폭 넓게 손상을 입혔다[그림 11-10(A), 11-10(B)]. 전 세계적으로 다양한 종류의 점균류가 해초류 잎에서 발견되었으며, 해초류와 점균류 간의 관계가 당초에 예상했던 것보다 더 심하다는 것을 보여주었다(Vergeer and den Hartog 1994). 예를 들면 *Halodule wrightii*는 다른 종류의 점균류 *Plasmodiophora diplantherae*에 훨씬 잘 감염되며, 마디 사이가 길어지고 흰색 혹이 생기는 특징을 보인다(Braselton and Short 1985). 플로리다 만에서 일어난 거북말의 사멸은 점균*Labyrinthula*과 관련되어 있는데, Durako and Kuss(1994)에 따르면 거북

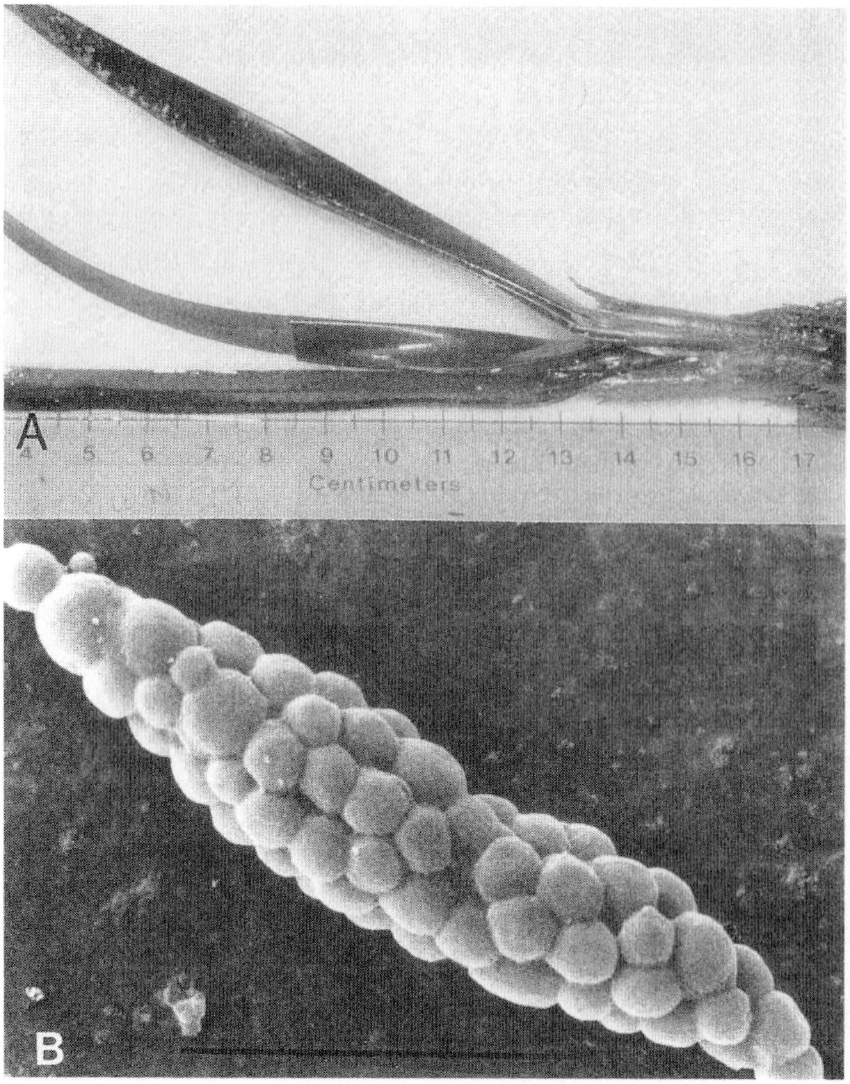

그림 11-10. 거북말*Thalassia testudinum*과 점균*Labyrinthula*. 플로리다만에서 채집된 거북말 잎이 점균류에 감염되어 병변된 것을 보여준다(A). 점균 포자낭(B)이 잎 표면에 보인다(플로리다 해양연구소의 J. Landsberg and B. Blakesley 제공). 막대의 길이는 10 μm.

말 잎이 이 점균류에 감염되어 조직이 괴사하게 되면 광합성이 줄어들고 아울러 근권에 산소가 모자라 저산소증을 유발하거나 황화물의 독성을 받게 된다. 거머리말*Zostera marina*은 광합성이 줄어들더라도 뿌리에 산소 결핍이 생기거나 잎으로부터 탄소가 전이되는 것에 제한을 받지 않았다

(Zimmerman and Alberte 1996). 그러나 플로리다 만에서 거북말이 어떻게 *Labyrinthula*에 감염될 수 있었는지에 대한 의문은 풀리지 않고 있다. 해초류가 점균류에 감염되는 것은 고염도에 대한 스트레스 때문이라고 설명되고 있지만(Roblee et al. 1991), 사우스플로리다의 에버글레이드 Everglades 농업 지역으로부터 나오는 부영양화된 물도 스트레스의 원인이 되었던 것으로 보인다 (Lapointe et al. 1996; 5장 참조).

생물량과 생산력

해초류의 생물량 특성을 알아보기 위해서는 현존량(g d wt m^{-2})과 직립 줄기의 밀도(#ss m^{-2})를 조사하면 된다. 생물량 자료는 지상부의 전체 물질 또는 광합성 조직(녹색 잎)에 한하여 측정하는 것이 일반적이다. 이와 같은 생물량 자료는 *Thalassia*(McRoy and McMillan 1977; Dawes 1981; Hillman et al. 1989)와 같이 체형이 큰 해초류에 유용하지만 *Halophila*와 같이 작은 종에서는 적합하지 않다(표 11-5). 일반적으로, 지하부의 생물량은 현존량의 50-90%를 차지하며, 작은 해초류들은 낮은 비율(*Halophila ovalis* 1:1; Hillamn et al. 1989)을, 큰 해초류들은 높은 비율(*Thalassia testudinum* 1:3; Zieman and Zieman 1989)을 보였다. 현존량은 환경 조건, 특히 조도에 좌우되므로 분포 한계 수심에 사는 개체군은 생물량과 직립 줄기의 밀도가 낮아지게 된다(Duarte 1991).

해초류에서 광합성이 가능한 잎 부분의 양은 잠재 생산력을 측정할 때 이용된다. 잎 면적 지수(LAI; m^2 m^{-2}) 또는 잎 한쪽 면의 면적은 받아들인 PAR과 상호관계가 있는 지상부 면적에 비례하여 나타낸다(McRoy and McMillan 1977). 육상 식물의 LAI는 4-6(활엽수), 9-10(사초과와 곡류), 20(열대 우림의 활엽수; McRoy and McMillan 1977; Hillman et al. 1989)의 범위를 보인다. 해초류는 이들 값이 육상 식물과 같거나 초과하여 호주(*Posidonia australis* 4.9-6.5; *Amphibolis antarctica* 3.3-18.4), 지중해(*Posidonia oceanica* 6.9-8.1; *Cymodocea podosa* 8-11), 카리브 해(*Thalassia testudinum* 18.6) 및 알래스카 종(*Zostera marina* 12-21)에서 보여주는 바와 같다. 해초류가 큰 LAI 값을 보이는 것은 지상부에 대해 잎이 덮는 밀도가 높다는 것을 나타내주는 것으로서 물속의 낮은 조도에 적응되어 있고, 영양염과 가스 확산을 높이기 위해 물의 운동을 필요로 하며, 착생 식물에 의해 체표면이 가려지는 영향을 이겨낸다.

해초류의 생산성에 대한 연구는 주로 지상부의 생산력에(잎 생장, 광합성; 표 11-5) 국한되어 있으며 지하부의 생산성에 대한 자료는 거의 없다. 잎의 생장률은 잎의 기부에 구멍을 뚫거나 (Zieman 1974) 큰 종들은 꼬리표를 붙여서 측정한다. 작은 종의 잎 생장은 수중용 펜으로 표시하거나 시간별 촬영으로 측정할 수 있다(Hillman et al. 1989). 표시된 잎이 붙은 직립 줄기를 1-2 주 후에 채집하여 표시된 잎에서 새로운 부분과 노성한 부분을 나누어 말린 다음 그 무게를 단다. 잎의 생장은 생물량의 직립 줄기 당(g dwt $ss^{-1}d^{-1}$) 또는 새잎의 생장(g dwt leaf d^{-1})으로 나타내며, 새잎의 생장을 측정한 자료는 전도율을 측정하는데 이용된다. 새로운 잎의 생산성은 잎을 태운 재의 g C d^{-1}로 나타낸다. 표 11-5와 같이 잎의 생산력은 0.2-18.7 g C $m^{-2}d^{-1}$ 범위로서 식물 플랑크톤의 생산력과 맞먹는 높은 범위를 보였다(표 7-1 참조).

표 11-5. 여러 가지 해초류의 현존량(생물량)과 생산력

종	지역	생물량 (g dwt m^{-2})	생산력 (gC $m^{-2}d^{-1}$)
Amphibolis			
A. antarctica	W. Australia	340-680	
A. griffithii	W. Australia	220-1,150	
Halodule			
H. univervis	New Guinea	150	
H. wrightii	North Carolina	105-200	0.5-2.0
	Texas	220-250	
Halophilis			
H. ovalis	India	48	
	W. Australia	40-60	
Posidonia			
P. australis	S. & W. Australia	140-453	
P. oceanica	Mediterranean	543-1,072	1.5-5.0
P. sinuosa	W. Australia	500-600	
Syringodium			
S. filiforme	Florida	200	
S. isoetifolium	New Guinea	327	
Thalassia			
T. hemprichii	Queensland	70	
T. testudinum	Florida	20-8,100	0.4-2.5
	Duba	20-800	9.3-12.5
Zostera			
Z. marina	E. North America	15-2,062	0.2-2.6
	W. North America	62-1,840	0.7-3.8
	Japan	70-235	

출처: McRoy and McMillan(1977); Hillman et al.(1989)에서 수정 인용

잎의 광합성을 측정하여 지상부의 생산력을 추정할 수 있다. 광합성이 일어나는 동안에 방출되거나 공기 격실(<10%)에 저장되어 내부에서 재순환(Zieman 1974)되는 산소를 산소 측정기로 측정해보면 이를 제한 요소로 보기는 어렵다. 해초류의 지하부 생산성과 전도율은 잘 알려져 있지 않다(Hillman et al. 1989). 개척자 종(*Halophila ovalis*)은 일 년에 전도된 지하부 생물량의 50%로 높은 비율을 보여 전체 지상부의 생물량과 같았다. 이와는 대조적으로 느리게 자라는 극상종은 지하부의 전도율이 감소하였다; *Thalassia hemprchii*(2.6년의 전도율 100%

표 11-6. 전 세계 해초류 군집에 우점하는 동물군의 유형

동물군	서식하는 분류군
내재 동물	
단세포 생물	원생동물, 박테리아
중형 동물	선충류, 다모류, 하르팍티쿠스 요각류
대형 동물	다모류, 이매패류, 단각류, 해서류
운동성 표재 동물	
미세 동물	원생동물
중형 동물	패충류, 선충류, 윤충류
대형 동물	단각류, 등각류, 복족류, 극피동물
고착성 표재 동물	히드로충류, 이매패류, 태충류, 해면동물
저서 동물	어류, 십각류, 두족류

출처: McRoy and Helfferich(1977)

에서 11-27%), *Zostera marina*(140-193일의 전도율 100%에서 22-31%), *Cymodocea rotundata*(135일의 전도율 100%에서 33%).

양육장과 서식처

해초류 군집이 다양한 동물들에게 양육장과 서식처로서 중요한 역할을 한다는 것은 여러 논문에 언급이 되어 있다(Zieman 1982; Heck and Thoman 1984; Phillips 1984; Thayer and Fonseca 1984; Larkum et al. 1989a; Zieman and Zieman 1989; Seeliger 1992; Kuo et al. 1996). 즉, 해초류는 다양한 종류의 어류, 무척추동물 및 거북에게 먹이와 은신처를 제공해 준다(Virnstein 1987). 해초류는 무척추동물(Virnstein 1987), 어류(Stoner 1984), 거북(Williams 1988), 듀공(Longh et al. 1995), 해우(Lefebvre et al. 1989)에게 서식처를 만들어주므로 모든 주요 동물 분류군이 해초류 군집에서 발견된다(표 11-6). 해초류 밭에 서식하는 내재 동물과 표재 동물은 대형 무척추동물과 어류의 먹이가 된다(Virnstein 1987). 예를 들면, 플로리다 아팔라치콜라 만Apalachicola Bay의 *Halodule wrightii* 밭에 서식하는 내재 동물과 표재 동물 58종은 이들을 포식하는 어류와 게 유생이 유입됨에 따라 계절적인 변동을 보였다(Sheridan and Livingston 1983). 체사피이크 만Chesapeake Bay 하류의 해초류 밭은 청게 유생에게 중요한 양육장이 되는데, 해초류의 이차 생산은 200 g dwt $m^{-2}y^{-1}$ 정도이다(Fredette et al. 1990). 이와 비슷한 경우로서 뉴햄프셔New Hampshire의 그레이트 만Great Bay에는 해초류 밭이 10 km^2 넘게 분포되어 있으며, 이곳은 가리비, 어류, 기러기, 오리 등에게 양육장과 서식처 역할을 하고 있다(Short 1992). 해초류 밭에 서식하는 어류가 다양하고 풍부하다는 것은 잘 알려진 사실이며(Stoner 1984), 이에 대한 자료들은 이곳에 서식하는 어류 군집을 보호해야 할 필요성을 강조할 때 인용되어왔다(Odgen 1980). 해초류 밭에 사는 해조류의 역할에 대해서

는 잘 알려져 있지 않지만, 떠다니는 해조류들은 옆새우류와 같은 단각류에게 서식처와 먹이 역할을 한다고 알려져 있다(Virstein and Howard 1987).

해초류는 미세 또는 대형 착생 식물에게 기질 식물이 된다(McRoy and McMillan 1977; Harlin 1980; Borowitzka and Lethbridge 1989). 식물 착생epiphytism은 3장에 언급된 바와 같이 공간 제한을 해결하는 방법이지만, 기질이 되는 식물에게는 영양과 빛이 제한되는 문제가 생기기도 한다. 착생 조류와 해초류 숙주 사이에는 생산성과 조도와 관련되어 복잡한 상호 관계가 생긴다(Libes 1986). 유기 탄소, 질소, 인 등이 해초류로부터 착생 군집으로 전이되는 것은 착생 식물의 알칼리 탈인산가수분해효소 활성이 낮은 수준일 때 일어난다고 받아들여지고 있다(Lobban and Harrison 1994). 부영양화가 일어나는 곳에서는 해초류에 착생 식물이 붙으면 생물량이 감소하고 직립 줄기의 밀도가 줄어든다. 즉, 착생 식물이 붙으면 해초류가 물에 의한 마찰이 커져 결국에는 잎 부분이 떨어져 나가게 된다. 착생 식물은 해초류의 잎을 가리므로 유효 조도를 감소시키며(*Posidonia australis*에서는 63%까지; Borowitzka and Lethbridge 1989), CO_2와 영양염이 잎으로 확산되는 것을 제한한다. 대부분의 해초류가 11일에서 100일로 전도율이 높은 것은 놀랄만한 일이 아니다. 소형 초식동물들이(예, 요각류) 착생식물을 억제하는 역할을 한다(Fry 1984; Virnstein 1987).

해초류에 착생하는 식물들은 일차 생산자로서, 소형 무척추동물의 서식처로서, 직접적인 먹이로서 역할을 한다(Fry 1984). 가장 중요한 사실은 착생 식물이 생산성이 매우 높다는 것이다. 해초류 잎과 이곳에 착생하는 식물들의 생산력을 연구한 결과에 따르면, 착생 식물 군집은 거북말 *Thalassia testudinum*(25-33%), *Halodule wrightii*(48-56%), *Posidonia australis*(>60%; Borowitzka and Lethbridge 1989) 밭에서 일차 생산자로서 역할을 뚜렷하게 하는 것으로 밝혀졌다. 해초류에 착생하는 생물은 박테리아와 미세 조류(규조류, 와편모조류; 그림 7-20)에서 큐티클 층[그림 11-7(A), 11-7(B), 11-11(B)]에 직접 붙는 대형 조류[그림 11-11(A)]에 이르기까지 다양하다. Harlin(1980)은 해초류에 착생하는 대형 조류 400종과 미세 조류 150종을 보고하였으며 Borowitzka and Lethbridge(1989)는 착생 식물에 대하여 생물학적 및 생태학적 특징을 기술하였다. 해초류 잎의 노성한 정단부에는 착생 식물들이 가장 잘 붙으므로 다양성도 높다. 각상석회조류(예, *Fosliella, Lithoporella, Pneophyllum*)가 가장 먼저 착생하는 종류들이다. 대부분의 대형 착생 조류는 착생 식물과 기질 식물 사이에 특이성이 없지만, *Smithora naiadum*은 거머리말*Zostera marina*과 *Phyllospadix scouleri*에 대해 특이성을 갖는 것으로 보인다(Harlin 1980).

이차 생산

안정성 탄소 동위원소율을 이용하여 Fry and Parker(1979)는 텍사스만Texas Bay에 사는 해초류와 부착성 조류는 새우와 어류 유생에게 중요한 영양원이 된다는 것을 밝혀내었다. 무척추동물에게는 유기물 부스러기나 살아있는 해초류 조직이 아닌 해초류에 착생하는 조류들이 중요한 먹이 원천이 되는 것으로 보인다. 차례대로 작은 무척추동물은 어류와 십각류의 먹이가 된다(Virnstein 1987). 해초류는 몇몇 무척추동물, 어류, 거북, 물오리, 해우만이 해초류를 직접 먹는다(Odgen

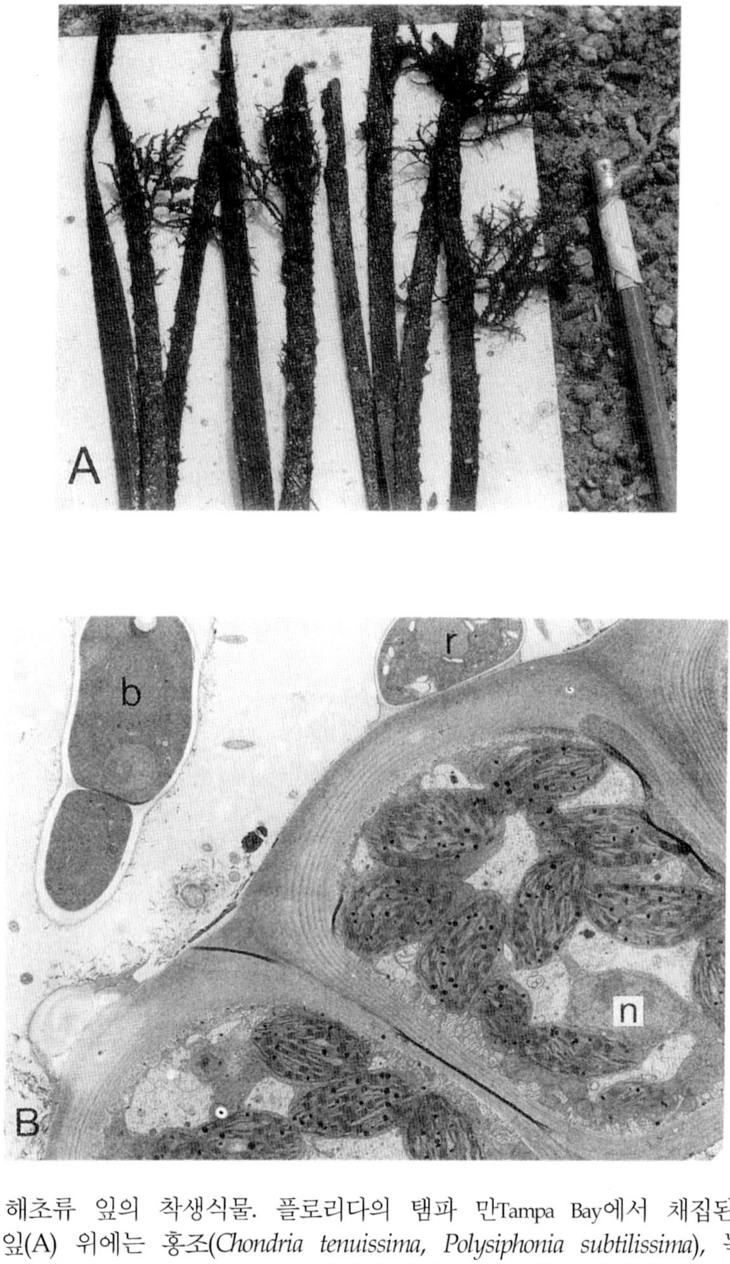

그림 11-11. 해초류 잎의 착생식물. 플로리다의 탬파 만Tampa Bay에서 채집된 거북말*Thalassia testudinum*의 잎(A) 위에는 홍조(*Chondria tenuissima*, *Polysiphonia subtilissima*), 녹조(*Enteromorpha chaetomorphoides*), 갈조(*Hummia onusta*) 등 다양한 대형 조류들이 착생하며, 규조류를 포함한 남조류 역시 흔한 착생 식물이다. 전자현미경 사진(B)은 *Ruppia maritima*의 잎에 착생하는 사상 갈조 식물(b), 박테리아, 홍조 포자(r) 등을 보여준다. 피층 세포에는 많은 엽록체와 한 개의 핵(n)이 들어있다.

1980; Thayer et al. 1984; Klumpp et al. 1989). 그러나 해초류는 부스러기로 변하여 간접적인 먹이원이 되거나 착생 식물의 기질이 되는 막대한 역할을 한다(Klumpp et al. 1989). 영국 남부와 아일랜드에서는 흑기러기, 홍머리오리, 물오리 등 다양한 조류가 *Zostera noltii*를 먹는 것으로 알려져 있다(Tubbs and Tubbs 1983). Thayer et al.(1984)이 대형 초식 동물에 의한 피식을 연구한 결과, 해초류를 직접 먹는 초식 동물이 적은 것은 식물체의 질소 수준이 낮을 뿐만 아니라 전반적으로 섬유질로 된 세포벽을 가지며 페놀과 같은 초식을 방지하는 화합물이 들어 있기 때문이라는 결론을 얻었다. McRoy and Helfferich(1977)가 조사한 154종의 초식 동물 중에서 가장 중요한 무척추동물은 극피동물, 연체동물, 갑각류 등이었다. 해초류는 갑각류가 먹는 전체 먹이의 50%를 차지하였다. 게류, 등각류, 성게류 등은 기본적으로 해초류를 먹는 반면 다른 종류의 무척추동물들은 해초류 부스러기와 여러 가지 착생 조류를 먹었다. Fry and Parker(1979)와 Fry(1984)는 탄소동위원소 이용한 연구에서($\Delta^{13}C$:^{12}C 비율) 기질 바닥과 해초류 잎에 붙어사는 미세 조류는 초식 동물들에게 중요한 탄소 공급원이라는 것을 밝혔다. 해초류 밭에 따라서는 미세 조류와 대형 조류가 먹이 사슬을 우점할 수 있다(Virnstein 1987).

초식 동물에 의한 장기적인 영향은 거북말을 먹는 성게 *Lytechinus variegatus*(Heck and Valentine 1995), *Halodule univervis*를 먹는 듀공(Longh et al. 1995), 거머리말*Zostera marina*을 먹는 삿갓조개*Tectura depica*(Zimmerman et al. 1996) 등의 예에 잘 나타나 있다. Heck and Valentine (1995)은 멕시코 만Gulf of Mexico의 해초류 밭에 성게와 해초류가 공존하는 것은 초식이 집중적으로 일어남에 따라 발생하는 서식지 손실과 어류의 성게 포식 사이에 균형이 이루어졌기 때문이라고 하였다. 보호망을 이용하여 포식자 어류로부터 보호한 다음에는 성게들에 의한 초식이 집중적으로 일어났으며 거북말이 빠르게 회복되기 전인 겨울철에 가장 파괴적이었다. 지상부와 지하부의 생물량이 두드러지게 줄어들었으며 이와 같은 현상은 초식이 중단된 후 3.5년이 가장 뚜렷하게 나타났다. Longh et al.(1995)은 동인도네시아의 몰루카스Moluccas에서 *Halodule univervis*의 계절적 생장 유형을 보고하였다. 따라서 피식된 지역이 재생되는 기간은 우기(겨울)에는 5개월이 걸렸으며, 건기(여름)에는 듀공이 줄기 부분의 93%와 지하부 생물량의 75%를 집중적으로 먹어치웠기 때문에 재생이 일어나지 않았다. 듀공은 고탄수화물이 함유된 식물을 좋아한다(특히 여름에). 아마도 현재 멕시코 만에 해초류 군집이 잘 형성되어 있는 것은 해우 밀도가 줄어들었기 때문이라는 것을 반증하는 것으로서, 과거에는 초식이 집중적으로 일어났으므로 이 해초류 밭은 그리 풍부하지 않았다. 그러나 과거의 인위적 요인 때문에 해초류가 없어진 것을 현재의 논쟁점과 혼동하고 있다. Zimmerman et al.(1996)은 해초류를 먹는 삿갓조개가 위쪽으로 영역을 확장하여 녹색 표피를 광범위하게 갉아 먹음으로써 거머리말*Zostera marina*의 밀도가 심하게 줄어들었고 뒤이어 지하경에 탄소가 모자라게 되었다고 밝혔다. 그러므로 삿갓조개는 먹이 사슬의 하부로부터 상부로 전이되는 기구, 즉, 해초류의 광합성을 부분을 먹어치움으로써 상부로부터 하부를 조절해주는 초식자이다.

연구 방법

FAO 간행물(해초류연구방법)(Phillips and McRoy 1990)에 해초류를 연구하는 방법들이 상세하게 기술되어 있다. 이 책에는 지상부와 지하부의 생물량; 직립 줄기의 밀도; 잎, 뿌리, 지하경의 생산성; 착생 식물에 의한 부하; 일반 성분 등을 연구하는데 필요한 야외 및 실내 연구 기법이 들어있다. 해산 식물 군집을 연구하는데 이용되는 표준화된 측정 기법은 부록 A에 나와 있다.

해초류와 인간의 활동

해초류가 지닌 막대한 생태적 역할을 고려해 볼 때 이들을 확실하게 보호하고 관리할 필요가 있다. 따라서 전 세계적으로 해초류가 감소해가는 것은 자연적인 또는 인위적인 교란과 관련되어 있다(Short and Wyllie-Echeverria 1996). 해초류가 감소하는 현상은 호주 서부(Cambridge et al. 1986); 미국 체사피이크 만(Orth and Moore 1983); 뉴햄프셔의 그레이트 만(Short 1992); 플로리다 만(Durako 1994) 등에서 확인되었다. 해초류 군집에 대한 자연적인 교란은 화산 활동(Fortes 1991), 파도와 조류에 의한 손상(Patriquin 1975), 열대 폭풍(Birch and Birch 1984; Pulich and White 1991; van Tussenbrock 1994; Preen et al. 1996) 등에 의해 일어난다. 해초류 밭에 대한 생물학적 손상은 성게에 의한 과도한 식해(Camp et al. 1973), 경쟁(Villele and Verlaque 1995), 생물에 의한 물의 혼탁(Short and Wyllie-Echeverria 1996) 및 질병에 의해 발생한다. 육지와 마찬가지로, 해초류의 생물량과 생장은 자연적으로 변동이 일어나는데(Philippart 1995), 이는 계절적인 주기를 보이므로(Baron et al. 1993) 항구나 포구에서는 이들을 조사할 필요가 있다(Long et al. 1996).

이용과 이식

과거에는 해초류를 직접 이용하는 것은 사료로 쓰거나 펄프를 만들기 위해 떠올라온 것을 자연 수확하거나 바로 먹기 위해 지하경(예, 거머리말*Zostera marina*)을 채취하는 데에 그쳤다. 최근에는 준설 공사 후에 기질을 안정시키고(McRoy and Helfferich 1977) 손상된 해초류 밭을 복원시키기 위해 해초류 군집을 이식하고 있다(Fonseca 1994). 캘리포니아 만의 세리Seri 인디안은 거머리말 *Zostera marina*의 잎을 말려 인형을 만들 때 이용하며, 열매를 모아 씨를 깐 다음 가루를 만들어 여러 용도로 쓰기도 하였다(Felger and Moser 1973).

이식할 해초류 모종을 얻기 위해 플라스크, 수조, 옥외 배양조 등을 이용하여 배양하였다. 예를 들면, 카리브 해안의 해초류는 1.5 m^3의 배양조에서 2년 이상 여러 종을 대상으로 배양되었다(Short 1985; McMillan et al. 1981). 이와 같은 배양 프로그램 모두는 실험적으로 이루어진 것이며 이식을 위한 양묘장으로 쓰기에는 비용이 너무 많이 든다. 한 가지 예외는 *Ruppia maritima*로서 정해진 배양액을 이용하여(Koch and Durako 1991; Bird et al. 1996) 종자로부터 모종을 발아시킨다(Koch and Dawes 1991). 따라서 *R. maritima*는 현재 해초류 군집을 복원시키기 위하여 육묘시킬 수 있는 재배 변종으로 취급되고 있다(Koch and Durako 1991).

해산 식물 군집을 복원하거나 새로이 조성할 때 부딪치는 중요한 문제는 이식을 위한 재배 변종을 확보하는 일이다. 염습지 식물(*Juncus* spp., *Spartina* spp.)이나 맹그로브(*Rhizophora* spp.,

Avicennia spp.)의 유묘는 양묘장에서 살 수 있다. *Ruppia maritima*를 제외하고는 해초류에서 이와 같은 유묘를 얻을 수 없으므로 이식할 식물은 공여자가 되는 해초류 밭에서 채취하여 얻는다. 거머리말*Zostera marina*과 *Halodule wrightii*(Kenworthy and Fonseca 1992), 거북말*Thalassia testudinum*(Tomasko et al. 1991), *Posidonia oceanica*(Molenaar and Meinesz 1995), *P. australis*와 *Z. capricorni*(West et al. 1990) 등은 다른 군집으로부터 공여된 식물을 이용하여 이식한 결과 성공적이었다. 이식할 때는 식물체를 한 줌씩 꽂아 넣거나, 맨 뿌리나 지하경을 심거나 또는 종자를 발아시킨다. Fonseca(1994)는 카리브 해역에서 해초류 이식을 지도하면서 식물체와 맨 뿌리를(금속 고정 핀을 이용하여) 심는 방법을 제시하였으며 초기 이식용으로는 *Halodule wrightii*를 추천하였다. 이식된 해초류의 생존율을 높이기 위해서는 심는 과정을 비교하고, 비료를 첨가하며, 보호 가두리를 이용하는 방법 등이 널리 쓰인다(Fonseca et al. 1994). 지적된 바와 같이 이식용 식물을 채취해 내면 공여 식물 군집이 손상되며, 이식된 단위의 생존율은 종과 이식 기술에 따라 다양하여 *H. wrightii*는 47%(Fonseca et al. 1996), 거북말 한 줄기를 이식했을 때는 25% 여러 줄기는 80%(Tomasko et al. 1991), 거머리말은 98%(Short 1992)를 보였다. 해초류 이식에서 얻어진 결과에 따르면 이식을 위하여 자연 군집을 지속적으로 손상시키기 보다는 양묘장을 개발해야 할 필요가 있다는 것을 보여주고 있다.

인간의 영향

해초류 손상에 대한 연구의 대부분은 인간에 의한 영향에 초점이 맞추어져 있다(Thayer et al. 1975; Short and Wyllie-Echeverria 1996). 왜냐하면 해초류는 인위적으로 조절되며 염하구 및 연안 생육지를 어떻게 관리해야 하는지를 결정하는 데에 중요하기 때문이다(5장). 해초류의 사멸은 유류 유출(Zieman and Zieman 1989), 발전소의 온배수(Zieman 1975), 부영양화 등에 의해서 일어난다. 해수가 부영양화 되면 해초류에 착생 식물과 식물플랑크톤이 많이 붙기 때문에 조도를 떨어뜨린다(Lapointe et al. 1994; Dawes et al. 1995b). 더구나 준설로 인해 해초류가 바로 없어지게 되면 퇴적층이 다시 떠올라 탁도를 높이게 된다(Larkum and West 1990; Onuf 1991). 해초류 밭을 기계적으로 손상시키는 요인으로는 저인망(Fonseca et al. 1984), 프로펠러에 의한 절단(Sargent et al. 1994), 보트 계류(Walker et al. 1989) 등을 들 수 있다. 해초류 밭에 가해지는 비생물적 영향과 더불어 지중해에서는 외래 녹조 *Caulerpa taxifolia*가 해초 *Posidonia oceanica*를 경쟁하여 밀어내었다(Villele and Verlaque 1995; 5장 참조).

인간의 활동에 의해서 해초류 밭이 가장 심각하게 손실되는 곳은 염하구와 연안 군집이다. 예를 들면, 1870년에는 탬파 만의 해수면 1,036 km^2가 해초류 군집 30,970 ha를 유지시켰다(Johansson 1991). 이 해초류 군집은 1982년까지 8,763 ha만이 남게 되었다. 법적으로 규제하고 관리한 결과, 해초류 밭은 1992년까지 10,386 ha(18.5%)로 늘어났다. 다양한 방법으로 관리한 이후에 해초류 밭이 넓어졌는데 이 중 적지 않은 부분이 3차 하수 처리(질소 제거) 시설을 설치하여 효과를 보았다. 탬파 만에서는 질소 함량이 높은 2차 하수의 방류를 중단시킨 결과 용존 질소가 뚜렷하게 감소하였으며 이어서 식물플랑크톤으로 인한 탁도가 낮아짐에 따라 수중 조도가 높아졌다(Johansson

1991). 탬파 만에서 다른 중요한 조절 방법으로는 도시 주변에서 흘러내리는 빗물을 저수지에 담수하는 방법과(미래에) 발전소 설비에 오염 저감 장치를 설치하여 대기의 질소 부하를 줄이는 방법 등이 있다. 탬파 만 바닥 5,344 ha를 준설하면서 파괴된 연안 서식지는 결코 회복이 안 될 것이다. 그러나 망가진 섬 주변에 해초류 숲을 새로이 조성하고 아울러 남아 있는 습지를 보호한다면 최소한 원래의 생태계 50%를 회복시키는 것이 가능하다(Lewis 1982; Short 1992).

관리

해초류 밭에서 일어나는 천이 단계를 이해하게 되면 빠르게 들어오는 개척자 종을 동정하는데 도움이 될 것이다(예, 카리브 해안의 *Halodule wrightii*). 해초류는 수질의 변화, 특히 수중 조도에 영향을 주는 요인에 민감하다. 따라서 해초류 밭의 크기, 수심 분포, 생물량, 성장률, 착생 식물의 부착 등을 생물감시자biomonitor로 이용하여 염하구의 건강 정도를 파악할 수 있다(Short 1992; Dennison et al. 1993; Tomasko et al. 1996). Short and Wyllie-Echeverria(1996)는 전 세계에 분포하는 24종의 해초류에 대해 인간의 활동에 의한 오염과 수질 악화를 기술한 28개의 논문을 정리하였다. *Posidonia australis*를 연구한 Silberstein et al.(1986)과 거머리말*Zostera marina*을 다룬 Short et al.(1995) 등 여러 연구 결과에서 해초류의 사멸은 부영양화와 착생 식물의 생물량 증가와 관련이 있다고 밝히고 있다. 그러나 부영양화와 착생 식물 부하와의 관계는 항상 밀접하게 연결되어 있는 것은 아니다. 해초류의 생물량을 감소시키는 분명한 원인은 물의 투명도(탁도, 식물플랑크톤의 생물량, 착생 식물)와 산소 결핍 등의 요인들이 조합되어 일어나는 것으로 보인다.

12장

산호초의 해산식물

산호초coral reefs는 주변의 열대 해역보다 총 생산력이 50-100배 높은 복잡하고도 매우 다양한 생태계이다(Sorokin 1990b, 1993; 그림 12-1). 미세 조류와 대형 조류가 해초류와 맹그로브 등 해산 종자식물보다 산호초 형성에 더 기여한다는 사실을 그냥 지나치기 쉬운데, 실제로 이들은 산호초의 형성과 일차 생산 모두에 큰 역할을 한다. 산호초의 총 일차 생산은 열대 해역의 식물플랑크톤 생산인 0.3-0.5 g C $m^{-2}d^{-1}$에 대비해서 5-20 g C $m^{-2}d^{-1}$의 범위를 보인다. 아울러 온대와 북극 해역의 해양 생태계가 주기적(계절적)인 변동을 보이는 것과는 대조적으로 산호초의 일차 생산은 연중 높게 나타난다(Sorokin 1993). 산호초에는 매우 다양한 생물 종이 서식하고 있어서 생물학자들의 관심을 지속적으로 받는 곳이다. 산호초의 동식물상이 아주 다양한 이유는 원양과 심해 군집을 유지시키는 영양염이 정교하게 분배되기 때문이다. 더구나 산호초에서 유기물 생산과 석회화 비율이 높게 나타나는 것으로 보면 빈영양염 상태인 주변의 열대 해역에서 일어나는 영양염 이용과는 무관한 것 같다.

영양염이 빈약함에도 불구하고 총 생산력이 높은(그러나 순 생산력은 낮음) 원인은 생장과 석회화에 필요한 영양염에 대해서 양의 균형을 이루도록 생물학적인 조절이 일어나기 때문이다(Dubinsky 1990). 산호초는 4가지의 생물학적 과정을 거치며 영양염을 흡수한다(Sorokin 1990b).

1. 박테리아, 남조류, 규조류, 사상 대형 조류 등 부착성 미세 조류에 의해 집중적으로 일어나는 무기 영양염에 대한 강력한 생물 여과.
2. 해면류, 산호류, 다모류, 이매패류 등 매우 다양한 여과 섭식자 동물상.
3. 다양한 상리공생 관계가 형성됨으로써 숙주와 공생체 사이에서 일어나는 유기 영양염과 무기 영양염의 효율적인 교환.
4. 반폐쇄 순환에서 폐쇄 순환으로 진행되는 영양염의 순환.

여과 섭식자 동물들은 산호초 지역에 분포하는 식물플랑크톤, 세균플랑크톤(생물량 100-500 mg m^{-3}), 산호 군집에서 방출되는 유기물 입자를 소비함으로써 산호초의 생산력 유지에 주요한 역할을 한다(Sorokin 1990b). 이 장에서는 산호초 생태계에서 미세 조류와 대형 조류의 역할에 대하여 설명하고자 한다(Dubinsky 1990; Sorokin 1993 참조).

그림 12-1. 호주 헤론Heron 섬 주변의 대보초는 남쪽으로 확장되어 있다. 산호초의 가장 자리(r), 평지(f), 호(m)가 탁월풍이 불어오는 방향 쪽으로 보인다(사우스플로리다 대학의 R.A. Davis 제공).

물리 생지화학적 특징

산호초는 해양에서 초를 형성하는 생물의 껍질과 골격 등 생물 기원으로 형성된 것이며 파도에 강한 석회질 구조로 이루어져 있다(Dubinsky 1990; Sorokin 1993). 산호초는 얕은 바다(0-30 m) 바닥의 15%를 덮으며 열대 해역은 해양 표면의 0.2%를 차지한다(Smith 1978). 산호초의 1차 형성자는 자포동물 산호와 석회 홍조류이다. 자포동물, 특히 돌산호류와 히드로산호충류는 산호초 발달에 기여하는 가장 중요한 동물이다. 자포동물에 의해 석회화가 크게 일어나는 것은 와편모조류와 황록기생조류zooxanthellae의 공생관계에서 비롯된 것으로서 이 공생체는 빛을 받아 석회화를 강화시킨다(Goreau and Goreau 1959). 산호초는 모양이 아름답고 구조가 복잡하기 때문에 그 안에서 일어나는 다양한 공생관계를 포함하여 집중적으로 연구가 이루어지고 있다. 바닥의 기질은 일차적으로 석회 녹조(예, *Halimeda*), 유공충류, 연체동물, 해면동물, 다모류 등 다양한 종류의 무척추동물에 의해서 형성된다.

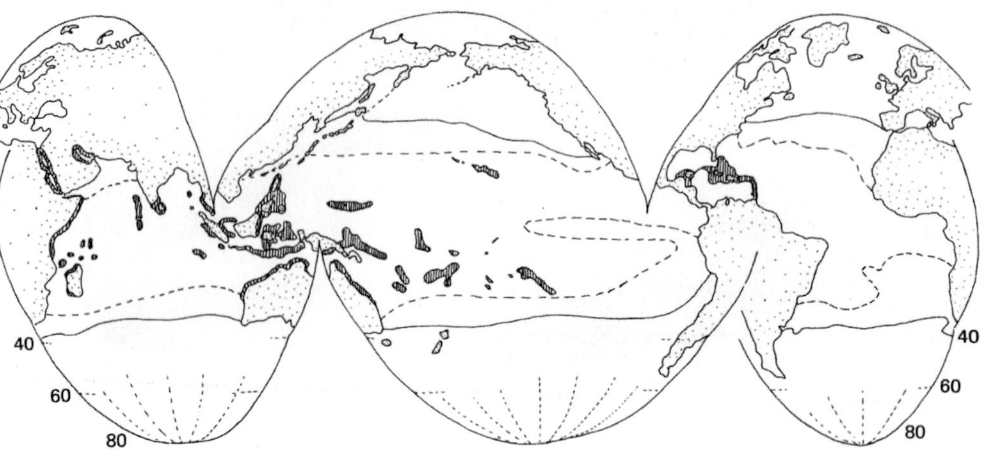

그림 12-2. 산호초의 세계 분포. 수직선으로 채워진 지역은 여름(실선)과 겨울(끊긴 선)의 21℃ 등온선에 포함되는 산호초를 나타낸다.

분포와 유형

산호초는 열대 전 지역에 분포하며 그 중 인도-태평양에 가장 풍부하다. 산호초는 열대 해양의 2×10^6 km^2를 덮으며 18-20℃ 등온선 해역 안에서 발견된다(Dubinsky and Stambler 1966; 그림 12-2). 대보초Great Barrier Reef는 호주 동해안을 따라 2,000 km 넘게 뻗어있으며 가장 규모가 크고 웅장한 보초이다. 인도-태평양 산호초는 동아프리가 연안을 따라 홍해 안쪽으로 확장되어 있으며 인도양과 태평양의 환초는 동쪽으로 하와이까지 발견된다. 대서양 해역의 산호초는 카리브 해 연안에 국한되어 있다. 아프리카 서해안에는 침전 작용과 용승이 일어나기 때문에 산호초가 없다. 마찬가지로 남미의 동해안은 아마존 강으로부터 강물이 대규모로 유입되기 때문에 산호초가 형성되지 않는다.

Darwin(1842)은 산호초를 세 가지 유형(거초, 보초, 환초)으로 구분하였으며(그림 12-3), 각각은 다양한 종류의 작은 유형으로 다시 나뉜다(Sorokin 1993). 다윈은 환초는 화산섬의 해안을 따라 발달한 거초fringing reefs로부터 기원되었다고 주장하였다. 화산 활동이 중단되면 섬은 가라앉기 시작한다. 산호초가 자라서 해수면 가까이 이르게 되면 가라앉은 섬의 아래쪽은 물로 채워지고 산호초와 섬의 중앙부 사이에는 초호가 형성된다. 오늘날 볼 수 있는 산호초의 주요 유형은 보초barrier reefs이다. 침강이 더 일어나면 섬은 완전히 가라앉으며, 거대한 초호가 생기게 되고 환초atolls가 형성된다. 거초는 대륙을 따라 발달하면서 가라앉게 되면, 바다에 의해 육지와 분리된 보초로 바뀔 수 있다. 다윈의 설명은 현재까지도 유효하지만, 판구조론이 섬의 침강에 대하여 설명해주기 때문에 산호초 형성에 대한 이론 역시 해수면과 판구조의 역사적인 변동을 고려하여 설명되어야 한다. 따라서 보초는 거초로 변동될 수 있으며, 환초는 지각 판의 변동과 해수면의 급격한 변동으로

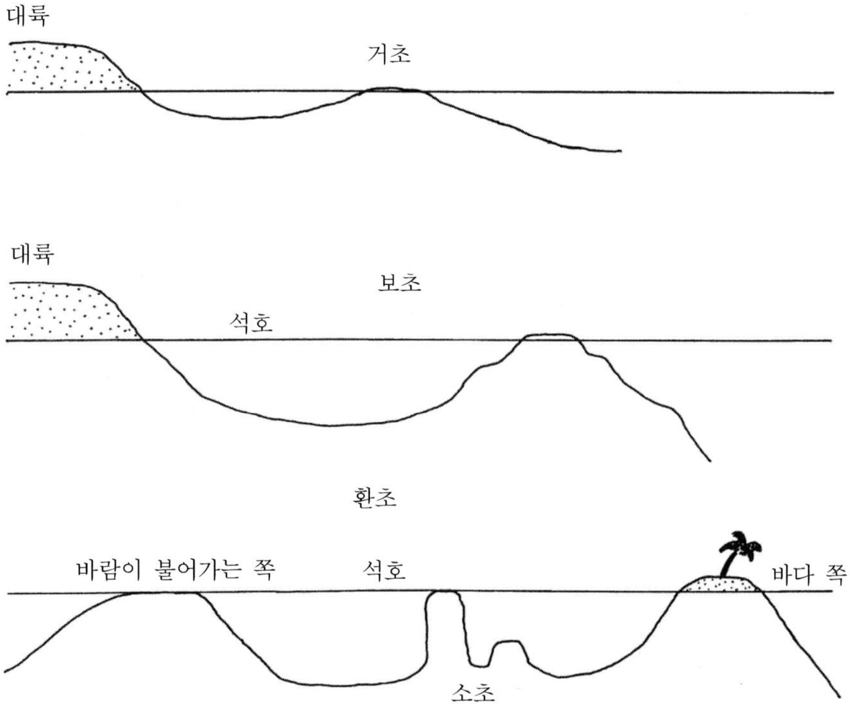

그림 12-3. 산호초의 세 가지 주요 유형. 거초와 보초는 대륙과 인접한 해안이나 앞바다에 발달하며, 환초는 화산 또는 단층 위에 형성되고 대륙의 해안과는 전혀 연결이 되지 않는다.

물에 잠기거나 수면 위로 점차 노출될 수도 있다.

거초는 편편한 산호 지대나 수심이 얕은 바닷물에 의해 해안과 분리되는 것이 보통이며 카리브해, 홍해, 동아프리카에서 흔히 볼 수 있다. 보초 역시 육지와 연결되지만, 앞바다 쪽으로 더 떨어져 있으며 산호초와 육지 사이에 깊은 초호가 형성된다. 예를 들면, 대보초의 일부는 호주 해안의 100 km 밖에서도 나타난다. 이 보초는 리본 모양으로 띠를 이루어 폭 300-1,000 km까지 뻗어 있다. 환초의 기원(그림 12-4)에 대한 Darwin(1842)의 견해는 이미 입증되었다. 따라서 에니웨톡 환초Eniwetok Atoll에서 채취한 코어 재료는 에오세까지 거슬러 올라가는 초기 산호초 구성 물질과 함께 수심 1,400 m에 있는 화산암의 기반을 드러내어 보여주었다. 환초 역시 벨리즈 앞바다(Stoddart 1962)의 카리브 환초에서 볼 수 있는 것과 같이 대륙붕이 침강되면서 발달한다. 환초는 인도-태평양에 가장 흔하게 출현하는데, 전 세계의 330개 환초 중에서 9개만이 다른 곳에서 발견되며, 직경은 수 km에서 70 km(2,240 km^2) 범위이고, 환초 내부에는 섬이 40개까지 들어 있다. 환초

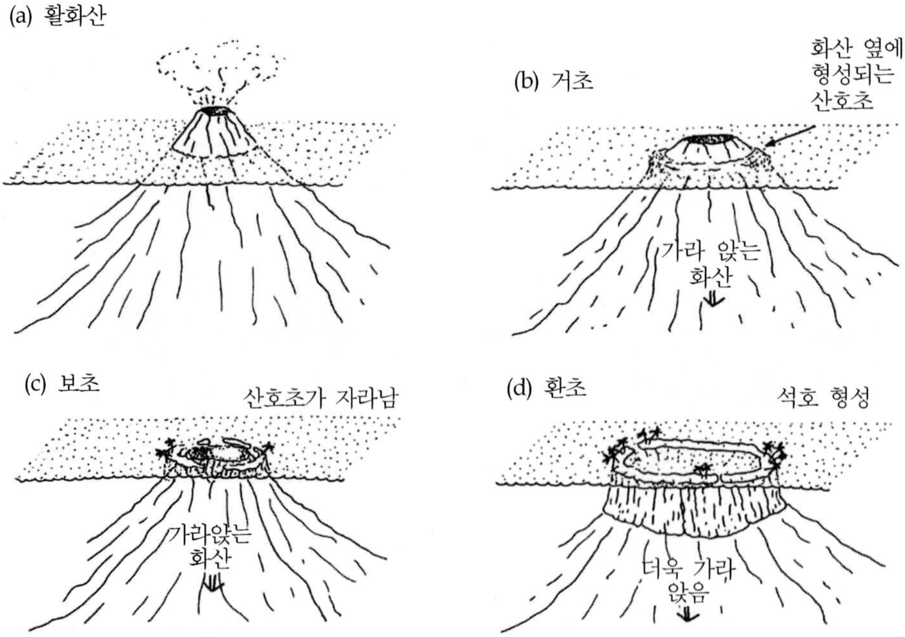

그림 12-4. 환초의 형성 과정. 다윈은 태평양 환초 가운데 많은 부분들이 침강하는 화산 위에 발달한다고 주장하였다.

의 석호에는 소초들이 형성되어 있다. 예를 들면, 카리브 환초인 글로버스리이프Glover's Reef의 석호는 면적이 108 km^{2}이며 수심이 얕고(10-15 m) 200개가 넘는 소초가 들어 있다(그림 12-5). 다른 종류의 산호초들은 소초patch 또는 환초가 없는 물라쿠Mulaku의 외양성 산호초와 마다가스카르Madagascar에서 볼 수 있는 수많은 작은 석호를 가지고 있는 불규칙한 파상 산호초 등이 있다(Stoddart 1973).

산호초의 발달과 진화

산호초 지역의 기본적인 생물상은 인도-태평양 전체가 유사하게 나타나는데, 이는 산호 유생이 장기간에 걸쳐 원거리까지 산포되었다는 것을 말해준다(Richmond 1982). 인도-태평양 생물상이 광역 분포하면서도 서로 모양이 비슷한 것은 아마 기질이 있는 곳이면 어디든지 "검다리" 과정과 더불어 "여과" 또는 종의 분리 과정(Veron 1995)을 통하여 한 지역의 섬에서 다른 곳으로 퍼졌기 때문인 것으로 보인다(Dubinsky 1990). 장거리 분산 개념은 심해의 해구는 자연적인 장벽과 생물학적인 여과 장치 역할을 한다고 Heck and McCoy(1978)가 처음으로 주장한 것과는 반대되는

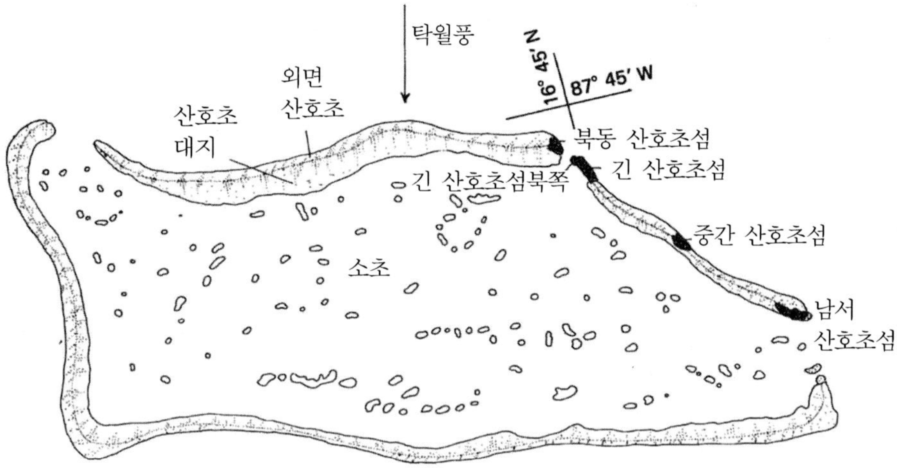

그림 12-5. 중앙 아메리가 벨리즈Belize의 글로버스 리이프Glover's Reef 산호초. 한 곳의 산호초(12 × 9 km) 안에 석호(수심 10-20 m)와 소초들이 형성되어 있다. 환초에서 바람을 받는 면에는 4개의 섬들이(검은 부분) 단층 블록을 형성하고 있다.

개념이다.

산호초를 형성하는 산호류의 위도 분포는 일차적으로 수온 분포에 따르는 것으로 보이며, 수온이 18℃이하인 곳에서는 산호초가 형성되지 않는다. 그러나 페르시아 만의 산호초는 겨울에는 8-9℃에 노출되며, 열대 지역의 얕은 곳에 분포되어 있는 일부 산호초는 매일 45℃에 노출된다. 많은 지역이 안정적인 고온 상태를 보이므로, 온도는 산호 분포를 조절하는 유일한 요인인 것으로 과대평가되고 있지만, 일 년 내내 영양염 변동이 일어나는 곳에서는 산호류는 무리를 형성하지 않는다(Margalef 1968). 산호초가 발달되기 위해서는 해수가 빈영양염 상태이고, 투명도가 높으며, 물이 빠르게 흐르는 조건 등이 조합되어야 하는 것으로 보인다. 여러 연구자들은 산호류가 왜 열대 지역의 초에만 우점하고 온대 초에는 드물거나 아예 없는지에 대해서 조사해왔다(Miller and Hay 1996). 이들은 노스캐롤라이나 해안의 온대 산호초에 대해서 연구하여, 한 곳은 해조에 의해 우점되고(빛을 잘 받는 곳), 다른 곳은 산호에 의해 우점(탁도가 높고 수심이 깊기 때문에 조도가 낮음)되는 것을 알았다. 산호초 지역을 그물로 덮어서 관찰한 결과, 해조의 경쟁과 동물에 의한 섭식이 조도와 영양염과 더불어서 산호의 가입, 성장, 풍부도 등을 제한시켜 산호초 발달을 억제한다는 것이 밝혀졌으며 이 결과는 Margalef(1968)가 처음 제안한 견해를 뒷받침 해주었다.

산호초를 형성하는 산호들의 수심에 따른 분포는 빛과 물의 투명도에 따라 결정된다(Dubinsky 1990). 따라서 산호초를 형성하는 산호의 종수와 조도 수준 사이에는 양의 상관관계를 보여 대부분의 산호초는 빛 투과율이 10% 이상인 수심에 출현하며 20 m 이상에서 생물량이 가장 높았다. 산호초를 형성하는 산호의 일부 종들은 대기 노출에도 견딜 수 있으며, 대부분의 조간대 서식 종들은 파도에 의해 건조를 막아줄 수 있는 곳에서만 자란다. 사리 때, 대기 온도가 높을 때, 물의 흐름이 약할 때가 일치하면 산호류는 대사멸하게 된다(Yonge 1963). 사멸된 산호류들이 회복되는 데는 10년 이상이 걸린다. 산호를 손상시키는 다른 비생물적 요인들에는 낮은 염도와 침전 작용이 있다. 카리브 해에서는 오리노코Orinoco와 아마존으로부터 흘러나오는 강물로 인하여 염도가 낮아지고 침전 작용이 일어나기 때문에 산호초는 남향하여 북위 5°까지 분포역이 확장되었다.

생물기원 산호초는 지구 역사의 상당 기간부터 존재해왔으며 여전히 우점적인 산호초 구조물로서 다양화가 뚜렷하게 진행되고 있다(Hellock 1997 참조). 더구나 생물기원의 산호초는 남세균으로 이루어진 스트로마톨라이트stromatolites 구조에 의해 우점되어 왔다. 가장 오래된 스트로마톨라이트는 대략 25억년 된 것이다. 박테리아가 우점 하였던 원생대는 25억 년 전부터 5억 3천만 년 전까지 지속되었으며, 이때 스트로마톨라이트는 얕은 바다에 널리 퍼지게 되었다. 남세균 스트로마톨라이트는 바하마의 엑슈마사운드Exuma Sound(Dill et al. 1986)와 호주 서부 샤크 만Shark Bay(Longan et al. 1974)의 얕은 바다에서 지금도 발견된다. 풍부하고도 다양하게 분포하였던 스트로마톨라이트초는 대략 6억 년 전에 다세포 동물이 출현하자 급격하게 감소하였다. 고생대 초기에 다양한 종류의 석회질 동식물이 생물기원 초를 형성하는데 기여하기 시작하였다. 원시 컵해면류와 골해면류를 포함한 주요 해면류들은 생물기원 초를 형성하는 최초의 동물에 속한다. 해면류는 고생대 동안에 태형동물, 판상 및 뇌산호류, 완족동물, 유공충류, 석회 조류, 남세균 등에 의해서 결합되어 있었다. 고생대 말기에 대사멸이 일어난 후 중생대 초기까지 수백 년 동안 산호초 생물 군집은 형성되지 않았다. 그러나 트라이아스기 동안에는 현생 자포동물Cnidaria, 석회 조류 및 남세균 목들이 진화하였으며, 트라이아스 후기까지 산호류와 일부 유공충류가 와편모조류 및 다른 조류와 공생관계를 형성하여(Stanley 1992; Stanley and Swat 1995) 빠르게 생장하고 석회화할 수 있어서 생물기원인 초를 구성할 잠재력을 가지게 되었다. 쥐라기의 산호초는 현생 산호초와 유사하였으며, 조초산호류와 석회 조류가 중요한 산호초 형성 생물이었다. 대기 중의 이산화탄소 농도가 상승하고 해수면이 높아짐에 따라 백악기 동안에는 온실 조건이 극심해졌으며 원시 부족류rudistids들은 비정상적으로 결합하여 생물기원 초를 형성하는 주요 조립자로 우점하게 되었다. 다양한 종류의 산호 군집이 지속적으로 번성하였지만, 백악기에 이들은 산호초를 형성하지 않았는데, 아마 이산화탄소 농도가 올라가고 여름 기온이 높아졌기 때문으로 추정된다(온실효과; 5장).

다른 중요한 환경적인 위기는 백악기 말에 일어났다(예, 중생대말). 원시부족류는 완전히 멸종하게 되었다. 산호류와 산호초에 사는 대형 유공충류들은 종이 완전히 소멸되었다. 온실 조건은 신생대 초기까지 지속되어 산호류와 대형 유공충류는 다양성이 다시 커졌다. 유공충류는 석회 홍조류 및 태형동물류와 더불어 팔레오세와 에오세에 주요한 조초 생물이었다. 에오세 후기에 호주가 남극으로부터 떨어짐에 따라 지구는 온실 조건으로부터 현대의 빙하-간빙 조건으로 바뀌기 시작하였다. 대기의 이산화탄소 농도가 낮아지면서 지구가 냉각되어 산호류와 석호 녹조류들이 살기에 더 좋은 조건이 만들어졌는데, 이 생물들은 아라고나이트 결정 형태로 탄산칼슘을 분비한다. 아라고나이트는 방해석보다도 강하며, 광합성을 통하여 이산화탄소가 제거되면서 해수의 pH가 높아졌을 때 따뜻한 물(25℃ 이상)에서 쉽게 형성된다. 점신세까지는 온대와 극지의 기후가 냉각되어 열대 해양이 축소되었음에도 불구하고, 산호류는 쥐라기 이후 광대한 범위의 산호초를 형성하였다(Frost 1977).

중신세에 중앙아메리카 해로가 닫히면서 서대서양과 카리브 해에 사는 열대 종들, 특히 돌산호류와 대형 유공충류들이 급격하게 소멸되었다. Edinger(1991)는 대륙붕 가장자리와 경사면에 사는 산호 속들은 중신세 초기에 대서양에서 거의 소멸되었다는 것을 알았으며, Frost(1977)는 카리브 해에서 이전에 서식하였던 범세계 산호류 종과 대형 유공충류 종이 적어도 75%가 소멸되었다고 추정하였다. 반면에 인도-태평양에서 산호의 소멸 수준은 훨씬 적었다. 2백만 년 넘게 빙하-간빙 조건이 번갈아 형성되면서 산호 분류군은 원래 7,500종이었던 것이 2,500종으로 감소하였다 (Dubinsky 1990; Sorokin 1993). *Acropora*와 *Montipora*처럼 빨리 자라는 분류군들은 다양화되어 현재 인도-태평양에 서식하는 산호 종의 25%를 차지한다.

산호초의 형성과 침식

빙하기가 도래함에 따라 해수면은 100-140 m 낮아졌으며, 북반구의 빙하가 녹으면서 현재의 해수면으로 상승하였다. 따라서 산호초는 해수면이 변동될 때마다 대륙붕의 위와 아래로 이동해야만 했다. 예를 들면, 해수면은 18,000년 전에 최근 빙하가 도래한 이후 약 130 m 정도 상승하였다. 현재 얕은 바다에 형성된 산호초는 5,000년이 채 안된 것들로서 두께는 5-20 m에 불과하며(Sorokin 1993), 간빙기 홍적세 동안에 만들어진 오래된 산호초 대지 위에 형성된 것이다.

산호초와 같은 생물기원의 생태계는 겉으로는 안정되어 보이지만, 생장과 침식이 활발하게 일어난다. 산호초가 생존하고 생장하기 위해서는 침전작용과 더불어 생물기원의 탄산염이 반드시 필요하다. 안정된 해수면에서도 $CaCO_3$는 침식으로부터 보충되어야 하기 때문에 연간 생산량이 m^2당 4-5 kg를 보인다(Sorokin 1993). 전 세계적으로 현재의 $CaCO_3$ 연간 생산량은 약 2.5×10^9톤으로 20 kg $m^{-2}y^{-1}$에 이른다. 생물기원의 탄산염 생산은 일차적으로 조초 산호류("석회화" 참조) 뿐만 아니라 석회 녹조류와 홍조류 및 유공충류에 의해서 이루어진다. Sorokin(1993)에 따르면 석회화율은 대형 조류(*Galaxaura* spp., *Halimeda opuntia*, *Lithothamnion* sp.)가 각각 143, 8.9, 2.4 mg $CaCO_3$ g $dwt^{-1}h^{-1}$, 조초 산호류(*Acropora cervicornis*, *Millepora complanata*)는 3.3-0.26 mg $CaCO_3$ g $dwt^{-1}h^{-1}$로 다양하였다.

산호초에서 $CaCO_3$의 연간 생산량은 지리적으로 유사하여, 대보초 지역에 위치한 원트리아일랜드One Tree Island, 리자드아일랜드Lizard Island, 리브리이프Rib Reef 각각은 13.0, 11.0, 9.4 g $m^{-2}d^{-1}$ 범위를 보였다(Sorokin 1993). 태평양의 에니웨톡Eniwetok과 더불어 카리브 해 바베이도스Barbados의 산호초는 $CaCO_3$의 연간 생산량이 높은 것으로 알려져 있다(각각 31.0, 42.0 g $m^{-2}d^{-1}$). 생물기원 탄산염의 상당량은 침식되며 이때 침전물과 부스러기는 배후 산호초로 씻겨내려 가서 외해의 사면으로 가라앉는다. 산호초 대지 표면의 연간 침식율은 1(비키니 환초Bikini atoll)에서 3-13 kg m^{-2}(플로리다) 범위이다. 대부분의 침식은 동물, 식물, 균류 등이 산호초에 구멍을 내기 때문에 일어나지만, 파도와 마찰에 의한 기계적인 영향도 역시 심각한 요인이 된다. 특별히 관심이 가는 종들은 구멍을 내어 사는 녹조(*Ostreobium*)와 남조류(*Entophysalis*, *Hyella*, *Mastigocoleus*)들이다.

영양염 순환

식물의 생장에 필수적인 질소와 인은 다른 요소에 비해서 해수에는 적은 양이 들어 있다. 규소는 규조류와 다른 광합성 생물들에게 필수 원소이다(2장). 따라서 이와 같은 필수 원소들이 생물지화학적으로 억제되면 산호초의 생산력이 영향을 받게 된다(D'Elia and Wiebe 1990). 이미 지적한 바와 같이 산호초는 생산력과 생물량이 높지만, 이들은 식물플랑크톤의 단위 면적 당 생산력과 생물량이 낮은 빈영양 해역에 출현한다. 따라서 이와 같은 "작용"은 저서 군집에서 일어나는 것이지 군집을 덮고 있는 물에서 일어나는 것은 아니다(D'Elia and Wiebe 1990). 산호초 생태계는 총일차 생산력은 높지만, 순일차 생산력은 낮아서 영양염 순환과 보존이 중요하다는 것을 보여준다. 산호초에 필요한 영양염의 근원은 육지로부터 씻겨 내려오는 빗물과 순환되는 바닷물로부터 온 것이다.

영양염의 이용도가 산호초 발달과 분포를 조절하는 요인이 된다. 더구나 부영양화는 산호초를 감소시키는 주요 요인으로 간주되고 있다("인위적인 환경 스트레스"와 Hallock and Schlager 1986 참조; Hallock et al. 1993; Dubinsky and Stambler 1996). 하와이의 카네오헤만Kaneohe Bay에서 하수를 방류한 후 나타난 결과가 산호초가 생존하는데 빈영양 조건이 얼마나 중요한지를 보여주고 있다. 1960년대와 1970년대 사이에 생활하수를 방류한 것(20,000 $m^3 d^{-1}$)이 저서 군집을 심각하게 변동시키는 원인이 되었다. 대형 녹조 그물공말*Dictyosphaeria cavernosa*이 너무 번성하여 산호초 지역에서 산호를 밀어내었으며, 식물플랑크톤 생산력이 증가하면서 물의 투명도가 낮아져, 탁도가 최대에 이르렀을 때에는 석회화율이 감소하였다(Maragos et al. 1985). 하수 방류를 줄인 다음에야 (1970년대 말) 상황은 반전되기 시작하였지만, 원래의 산호초 구조는 1980년대 후반까지도 여전히 회복은 뚜렷하게 일어나지 않았다.

질소는 일차 생장을 제한하는 가장 중요한 원소이며, 산호초에 녹아 있는 용존무기질소(DIN)로서 농도는 아주 낮아 0.4-1.0 μM L^{-1} 이상이다. 암모늄-N이 최대이고 다음이 질산염-N, 아질산염-N 순이다. 용존무기질소(DIN)의 수준은 퇴적물의 공극수와 산호 골격에서 높게 나타난다(D'Elia and Wiebe 1990). 질소 순환은 대부분 생물학적 과정을 거치며 모든 단계가 산호초에서 일어난다(2장, 그림 2-16). 산호초에서 질소 고정은 남세균과 세균에 의해서 활발하게 일어나기 때문에 대량의 용존 질소가 유출된다. 따라서 산호초는 폐쇄생태계라기 보다는 개방생태계로 볼 수 있다(3장). 인도-태평양과 카리브 해역의 산호초에서 질소 고정이 높게 일어나며, 주요 장소는 바람이 불어오는 앞면의 산호초, 낭떠러지와 기다랗게 홈이 패인 지역이다("대형조류의 분포대 형성" 참조). 질소는 저서 남조류와 세균뿐만 아니라 대형조류에 착생하거나 해면동물과 피낭동물에 내생하는 남세균(예, *Prochloron*)에 의해서도 고정된다.

용존무기질소(DIP) 농도는 산호초 주변 해수에서 0.1-0.6 μM L^{-1} 이상의 범위를 나타낸다. 따라서 이 농도는 연안이나 심해의 농도와 비교할 때 매우 낮은 수준이다(D'Elia and Wiebe 1990). 유기물, DIP, 미량의 인이 포함된 주요 저장소에서 인의 순환은 화학적 및 생물학적 과정을 통하여 일어난다(그림 2-17). 산호 공생체에 의해서 인이 빈틈없이 순환된다는 것은 비슷한 크기의 무척추동물보다 조초산호가 인을 적게 배출하고 DIP를 더 많이 흡수한다는 사실에서 볼 수 있다. 인 순환에서 침전, 흡수, 화학적 흡착과 같은 생리화학적 과정을 통하여 용존 입자와 침전 입자들 사이에서 규소가 분리된다.

산호초 지역에는 규산질 생물(규조류, 규편모조류, 규산질 해면류)들이 풍부하기 때문에 규소는 제한 원소가 아니다(D'Elia and Wiebe 1990). 이에 대한 자료는 많지 않지만 산호초 주변 해수의 용존 규산 농도는 약 2 μM L^{-1}인 것으로 보이며, 이 값은 2장에 언급된 바와 같이 지하수와 육상의 빗물로부터 유입되는 농도보다 높을 수 있다. 규소 순환은 화학적, 생물학적 과정을 거쳐 일어나며, 주요 저장소에는 무정형인 생물기원의 무수 규산, 용존 규산, 광물화된 결정상의 무수 규산 등이 포함되어 있다.

공생 조류와 산호초

열대 해역에서 공생 관계가 빈번하게 나타나는 것은 아마도 영양염이 낮고, 포식율이 높으며, 산호초가 진화하는데 오랜 기간이 걸린 결과라고 볼 수 있다(Lüning 1990). 산호의 석회화 수준은 팔방산호류octocorals에서 약 90%, 돌산호류scleractinians에서 98%이다. 산호 폴립은 습중량의 0.3-3.0 mg을 차지한다. 조초산호의 폴립은 표면적 cm^2 당 1-5×10^6개의 내공생 황록기생조류를 가진다. 가장 중요한 내공생자는 와편모조류이며 가장 흔한 종은 *Gymnodinium microadriaticum*이지만, 단세포 녹조류와 사상체 남조류 등도 출현한다. 산호류는 살아있는 온실로 간주되기도 한다. 내공생자는 석회화를 도우며 광합성 산물을 공급하는 반면, 동물로부터는 영양분을 얻는다. 사실상 빈영양 해역에서 산호초가 생존하고 생장할 수 있는 것은 주로 황록기생조류가 있기 때문이다(상리공생 Yonge 1963; Taylor 1983; Dubinsky 1990; Sorokin 1993 참조).

황록기생조류는 기본적으로 산호 폴립속에 사는 공생 단계라고 알려져 있다. 공생체는 주변세포질이 잘 발달되어 있거나 셀룰로오스를 가진 복잡한 막 구조를 가지고 있다(7장 "황적조식물문"). 주변세포질은 숙주의 효소에 의해 소화되는 것을 막아주지만, 대사를 교환할 수 있는 투과성 막이다. 내공생자는 10-12겹의 틸라코이드가 세 무리씩 모여 있는 큰 엽록체를 가진다. 색소의 조성은 엽록소 *a*와 *c*, 페리디닌, 디노크산틴과 다른 종류의 카로티노이드를 가지고 있어서 독립 생활하는 와편모조류의 색소와 유사하다. 내공생 단계와 더불어 실험실 내에서 황록기생조류를 와편모조류의 전형적인 형태와 편모를 가진 운동성 세포로 유도해 낼 수가 있다. 산호가 유생 단계이거나 폴립이 성숙할 때 황록기생조류에 침입 당한다. 운동성인 황록기생조류는 산호의 장간 막강으로 헤엄쳐 들어가 먹히게 된다. 보호 외피를 가진 황록기생조류는 소화되지 않고 장간 막 식세포에 먹혀 폴립 조직으로 이동한다(Sorokin 1993).

딱딱한 외피가 있는 원생동물인 유공충류는 산호초 해역에 풍부하며, 직경이 수 cm 이상 대형인 것도 여러 종이 있다. 유공충류가 매우 풍부하게 분포하기 때문에 "살아있는 모래"라고 불려왔으며, 껍데기는 태평양 일부 해역에서 환초를 구성하는 모래의 90% 이상 차지하기도 한다(Maxwell 1968). 많은 종류의 돌산호류처럼 대형 유공충류는 영양분 공급과 석회화를 도와주는 조류 공생자의 숙주가 된다(Lee and Anderson 1991). 그러나 와편모조류는 공생자로 받아들이지 않는 것으로 보이는 산호류와는 달리, 대형 유공충류는 홍조류, 녹조류, 규조류, 와편모조류 등 다양한 종류의 조류 공생자에 대해 숙주가 된다. 산호류와 유사하게 대형 Soritidae과는 *Symbodinum* spp. 내공생자의 숙주가 되며 최근 유전학적인 연구에서는 유공충류가 그 지역에 서식하는 산호류의 공생자와 같은 종류에 대해 숙주가 될 수 있다고 밝혔다. 사기질의 원시유공충류Archaiasines는 녹조 *Chlamydomonas* 공생자의 숙주가 된다. 린네에 의해 소형 앵무조개류로 분류되었던 페네로플리드peneroplids는 홍조류와 내공생 관계를 가지는 유일한 생물로 알려져 있다. Alveolinidae과, Nummulitidae과, Amphisteginidae과는 다양한 종류의 규조류 공생자에 대해 숙주가 된다. 유공충류 공생자의 유형은 외피 구조를 통한 빛 전도성과 더불어 분류군에 따라 차지할 수 있는 초와 외해성 암반 서식처 선택에 영향을 미치는 것으로 보인다(Hallock 1988).

조도와 광합성

빛은 내공생 황록기생조류가 탄소 고정을 할 때 가장 중요하게 영향을 미치는 요소이다. 따라서 황록기생조류가 공생하는 산호류는 진광대에 한하여 분포하므로(Falkowski et al. 1990), 얕은 바다에 사는 산호 개체군은 독립영양생물인 반면, 심해성 산호류는 완전한 종속영양생물이다. 산호초를 형성하는 산호류는 수심 20 m에서 가장 다양성이 높으며 이들의 수심 분포는 빛을 포획하는 전략과 황록기생조류의 풍부 정도와 서로 관련이 있다. 황록기생조류에서 산호 폴립으로 전달되는 탄소원에는 질소 화합물이 들어있지 않으므로 폴립은 동물플랑크톤과 용존 유기물이 들어있는 해수를 걸러서 질소를 얻어야 한다(Muscatine 1990). 얕은 바다에 사는 둥근 가지 산호와 비교할 때 심해 산호류들의 가지 모양이 납작하게 변하는 것은 황록기생조류들이 빛에 많이 노출되도록 형태적으로 적응한 것이다. 산호 폴립들은 낮에는 모두 펼쳐져 황록기생조류들이 빛에 노출되도록 하지만 심해 산호류는 수많은 황록기생조류가 들어있는 둥그런 촉수모양의 기포를 펼친다(Fricke and Vareschi 1981). 심해 산호류들은 폴립이 큰 것에 비하여 얕은 바다에 사는 산호류는 폴립이 작아지는 경향이 있다.

깊은 바다에 사는 산호류의 황록기생조류는 엽록소(*a*와 *b*)와 카로티노이드(페리디닌)의 농도, 즉, 광합성단위(PSU, 4장; Barnes and Chalker 1990)를 늘림으로써 낮은 조도에 순응한다. 깊은 바다에 사는 내공생자들이 가진 빛-포획 광합성단위는 더 크며 효율도 높다. 황록기생조류의 다른 광 순응 과정으로는 강한 빛을 받는 곳(얕은 산호초)에서는 β-카로틴, 디노크산틴, 디아디노크산틴(황색 크산토필)의 농도를 높여서 광 저해를 막는다. UV-흡수 화합물(마이코스포린)의 수준은 다양하며 *P-I* 유형도 변동이 일어난다(4장). 깊은 바다에 사는 산호류의 황록기생조류는 UV-흡수 색소가 적고 I_c와 I_k 값도 낮은 반면, α는 경사가 급하게 나타나 낮은 조도에서 광합성이 효율적으로 일어난다는 것을 보여주고 있다(Barnes and Chalker 1990). 얕은 수심(0.5-3 m)에 사는 조초 산호류의 황록기생조류는 포화 조도(I_k)가 400-2,100 μmol photons $m^{-2}s^{-1}$, P_{max}는 0.05-0.08 ㎎ Q h^{-1}를 보였다(Muscatine 1990). 얕은 수심에 사는 황록기생조류에서 측정된 I_k 값의 범위가 넓은 것은 계절적인 변동이 일어났음을 보여준 것이다. 그러나 이 결과를 확신하기에는 자료가 너무 빈약하다.

황록기생조류는 산호 폴립이 호흡하면서 방출되는 CO_2와 해수에 녹아 있거나 내공생자로 이동된 H_2CO_3로부터 광합성에 필요한 탄소를 얻는다. 황록기생조류는 탄소 고정 시에 C_3 경로를 이용하는 것이 분명하며 O_2 농도가 높고 CO_2 농도가 낮을 때에는 광호흡을 한다(Muscatine 1990). 따라서 다른 C_3 식물과 같이 황록기생조류의 리불로오스이인산(RuBP)은 산소화효소일 뿐만 아니라 카복시화효소이기도 하다(5장). 그러나 황록기생조류는 다른 와편모조류에 들어 있는 것과 유사한 말산/탈수소효소와 PEP 카복시화효소 등 C_4 효소 활성이 높다.

황록기생조류는 고정된 탄소를 이용하여 호흡하지만, 상당 부분의 탄소는(얕은 바다에 사는 산호류 78-95%) 산호 폴립으로 옮겨져 이용된다. 전이된 탄소는 대부분이 분자량이 적은, 특히 글리세롤, 적은 양의 지방산 또는 에스테르화된 지질 알갱이와 같은 수용성 화합물로 이루어져 있다(Muscatine 1990). 산호 폴립은 광합성 산물을 세포 에너지로, 석회화를 보강하기 위해, 생장에, 점액질 형성에 쓰며, 이 중 대부분은 입자 또는 용해된 유기탄소로 방출된다(45-50%까지).

석회화 과정

산호초 석회암의 역사에 대한 연구를 통하여 Hallock(1997)은 현재 해양에서 일어나는 석회화에 대한 세 가지 기본 기작을 설명하고 있다. 아울러 첫째 기작은 특히 대기 CO_2 농도가 상대적으로 높은 조건에서 일어나는 과정으로서 광합성에 의해 흡수된 CO_2와 반응하여 $CaCO_3$가 지화학적으로 침전된다. 둘째는 원생동물과 다른 동물 세포에 의한 생물광물화로서, CO_2 농도가 낮아져 효과적으로 외피가 발달하고 유지될 때 일어난다. 아울러 셋째 과정은 석회화를 이용하여 광합성에 필요한 CO_2를 공급하는데, 이것은 아마도 따뜻하고 얕은 바다에서 수중 광합성을 제한할 정도로 대기의 CO_2 농도가 낮아진 것과 관련이 있는 것으로 보인다. 셋째 과정은 조류 그룹(홍조류, 녹조류, 원석조류coccolithophorids)에 따라 독립적으로 일어나며, 석회동물과 원생생물에 공생하는 조류(황록기생조류)에서도 일어나는 것으로 추정된다. 현재 산호초에서 $CaCO_3$의 대부분은 생물학적으로 침전된 것이다. 돌산호, 석회 홍조 및 녹조류, 대형 유공충류 등이 산호초에서 탄산칼슘을 생성하는 주요 무리이며, 산호류와 녹조류에 의해서 형성되는 아라고나이트는 전체 산호초 탄산염의 50% 이상 차지한다. 2장에 언급된 바와 같이(식 2-12와 2-13), 산호초 해역에서 일어나는 석회화 과정은 광합성에 의한 CO_2 제거, Ca^{2+}와 CO^{2-} 이온의 과도한 포화, 이에 뒤따르는 과정인 핵화와 결정화 과정에 의해 강화된다(Barnes and Chalker 1990). 단단한 돌산호류와 석회 녹조류(예, *Halimeda*와 *Udotea*)는 세포 바깥에 아라고나이트 결정을 분비한다. 반면에 석회 홍조류는 이미 존재하는 세포벽 안쪽에 방해석 결정을 침전시킨다.

황록기생조류는 산호의 석회화에 주요한 역할을 담당한다. 총석회화율(3-6 kg $m^{-2}y^{-1}$)과 순석회화율(4±1 kg $CaCO_3$ $m^{-2}y^{-1}$)이 높으며 총생산량(7±1 g C $m^{-2}d^{-1}$)도 높은 결과 산호초가 빠르게 생장한다. 산호류에 의해 석회화율이 높아지는 것은 황록기생조류에 의한 광합성 때문이며 골격 생장에 나타난 바와 같이 석회화 과정은 밤에도 계속된다(Barnes and Chalker 1990). 산호류와 열대조류의 석회화는 낮에 증가하는데, 광합성 산물이 칼슘 수송, 골격 형성, 무기 영양염 흡수에 필요한 에너지원으로 이용되기 때문인 것으로 보인다. 광합성이 진행되어 CO_2가 감소되면 세포 내의 pH가 높아진다. 이에 더하여 12-1에 나타난 바와 같이 석회화가 일어나는 동안에는 CO_2가 제거되고 양성자가 방출된다(Barnes and Chalker 1990).

$$Ca^{2+} + H_2O + CO_2 \leftrightarrow CaCO_3 + 2H^+ \qquad (12\text{-}1)$$

CO_2가 고갈되고 양성자가 방출된 결과 광합성이 억제된다. 그러나 산호류에서는 석회화가 일어나는 부위에서 요소가 가수 분해되어 골격 형성 탄산염과 암모니아에 CO_2를 주고 양성자를 중화시킨다. 황록기생조류는 세포 내에서 탄산무수화 효소를 이용하여 HCO_3^-를 CO_2로 전환시키며, 이렇게 함으로써 pH가 올라가는 것뿐만 아니라 용존 CO_2가 감소되는 것을 막을 수 있다. pH가 높아지지 않는 이유는 HCO_3^-가 흡수되면서 동시에 양성자가 흡수되고 수산화물이 제거되거나 중화되기 때문이다(Borowitzka 1982). 원석조류coccolithophorids에서는 빛을 받아 석회화가 강화되면서 광합성으로 고정된 탄소 원자는 탄산염으로 결합된다(Borowitzka 1982). 산호류와 산호초에 붙어사는 석회 조류에서는 광합성을 통하여 고정 계수 4-8 이상으로 골격 형성에 의해 탄소가 유기화합물로 고정된다. 따라서 두 과정은 서로 연결되어 있지 않은 것으로 보인다. 그럼에도 불구하고 광합성에서 발생한 OH^-는 산호류와 석회 조류에서 이와 같은 연결 과정이 없이 석회화가 일어나는 부위에서 이용되는 것으로 보인다. 돌산호류의 석회화에서 유기물의 역할은 분명하지 않지만, 유기물이 석회화가 일어나는 부위로 이동되는 것은 $CaCO_3$ 침전에 필요하기 때문이며(Yonge 1968) 결정의 형태를 조절하는 것으로도 보인다.

석회 조류에 대한 자료는 적지만, 특히 석회 녹조 *Halimeda*는 밤에는 석회화가 억제되었는데, 이는 아마도 호흡 시에 CO_2가 방출되어 산성화가 되었기 때문인 것으로 보인다(Borowitzka 1982). 산호와 마찬가지로 낮에는 조류에서 석회화가 활발하게 일어났다. 빛을 받아 석회화가 증가하면 광합성으로 CO_2가 제거되므로 탄산염 평형에 변동이 일어난다(Borowitzka 1982). *Halimeda*의 세포 간극은 주변 해수와 격리되어 있으므로 탄산염은 평형이 변하여(CO_2 유입이 없음) 침전이 된다. 대형 조류에서 CO_2가 충분한 정도로 제거되는 광합성의 역치에 도달하게 되면 탄산염 평형은 깨지고 $CaCO_3$가 침전된다. 만약 이 사실이 맞는다면, 대형 조류는 탄산무수화효소와 유기 화합물을 이용하여 석회화를 조절한다는 것이 산호류에서 보고된 사실과 일치한다(Borowitzka 1982; Barnes and Chalker 1990).

산호초의 해조류

산호초에 사는 조류로는 황록기생조류를 포함한 내공생 미세조류와 더불어 식물플랑크톤, 무리 짓거나 구멍을 내어 사는 사상형 미세 조류, 석회화되고 다육질이며 매트을 이루어 자라는 대형 조류 등이 있다(Berner 1990; Lüning 1990). 산호초의 편편한 곳이나 돌출된 부분에서는 대형 조류를 거의 볼 수 없지만 이곳의 표면에는 각상 석회 조류들이 붙어 있다. 반면에 산호초 석호의 연성 저질에는 모래 기질을 좋아하는 녹조 옥덩굴*Caulerpa*, 홍조류 게발*Amphiroa*, 가위손말*Galaxaura*과 더불어 착생조류가 많이 붙어산다. 석호에는 다육질 조류 청각*Codium*, 부챗말*Padina*, 보들지누아리 *Halymenia* 등도 흔하게 나오지만 산호초 틈이나 소초의 그늘진 부분에만 붙는다. 석호에서 대형 조류와 해초류의 피도는 초식의 강도, 영양염 공급뿐만 아니라 수중 조도와 물의 운동에 따라서 10-100% 범위를 보인다.

미세조류

카리브 해역의 거초 지역에서 세균플랑크톤, 식물플랑크톤, 구멍에 사는 미세조류를 제외하면 내공생 조류는 일차 생산의 약 2/3를 담당한다(Wanders 1976). 여러 속의 사상 남조류(*Plectonema*, *Phormidium*), 녹조류(*Ostrebium*), 홍조류 나룻말*Auduinella* 들이 산호류를 뚫고 들어가 표면의 13 mm 속에 2 mm 두께로 층을 이룬다(Berner 1990). 구멍 속에 사는 조류들은 진광대의 낮은 조도 범위에 해당하는 2-3 μmol photons $m^{-2}s^{-1}$의 조도에 적응되어 있다(Lüning 1990). 대형 조류 무리에 붙어사는 남조 뾰족말*Calothrix*은 985 kg N $ha^{-1}y^{-10}$ 정도로 질소 고정을 한다(Berner 1990).

대형조류

원양의 산호초 군집에 출현하는 대형 해조류는 100-250종이 보고되었다. 이 출현 종수는 영양염 수준이 높은 연안 거초 지역의 두 배 또는 세 배에 해당하는 것이다. 반면에 온대 연안 지역에서는 700-1,000종의 대형 조류가 알려져 있다(Sorokin 1993). 갈조류는 몇 종만이 출현하며(30종 미만), 가장 흔한 속은 모자반*Sargassum*, 부챗말*Padina*, 그물바탕말*Dictyota* 및 왕관잎모자반*Turbinaria* 등이다. 생물량에서 녹조류는 석회 조류와 모래 기질에 사는 종들이 우세한 반면, 홍조류는 주로 각상과 유절석회조류가 우세하였다. 산호초 위에는 조식이 심하게 일어나기 때문에 다육질이면서 무리지어 사는 대형 조류들은 풍부하지 않지만 이들은 중요한 일차 생산자로 알려져 있다(Adey and Goeremiller 1987; Carpenter and Williams 1996).

Littler et al.(1983)과 3장에 언급된 기능형과 기능(FF) 모델에 지적된 바와 같이 산호초 지역에 사는 대형 조류의 일차 생산은 형태에 따라 다양하다. 각상석회조류의 생산력은 40-150 μg C $m^{-2}d^{-1}$인 반면에, 직립성 다육질 종들은 8 g C $m^{-2}d^{-1}$(40 g C $m^{-2}d^{-1}$)로서 육상 군집의 생산력과 비슷하다. 영양염이 빈약한 산호초 지역에 무리지어 사는 조류 군집의 생산력은 높은 것으로 알려져 있다(Adey and Goertemiller 1987). 생산력의 범위가 넓게 나타난 것은 측정 방법에 따라 차이를 보였기 때문이다(표 12-1). 산호초의 대사에서 광합성 대 호흡 비율(P/R)은 1에 가깝거나 높게 나타나 생태계가 균형을 이루거나 약간은 유출(손실)되고 있다는 것을 보여준다(Kinsey 1983). 저서 군집에 의해서 유출이 제한되고 재순환이 빠르게 일어나므로 식물플랑크톤은 영양염 제한에 따른 영향을 더 크게 받을 것이다.

앞에서 지적한 바와 같이 석회질 대형 조류(표12-2)들은 산호초의 형성에 막대한 역할을 한다(Littler 1976 참조). 석회질 대형 녹조류들은 탄산칼슘을 아라고나이트 형태로 생성하며 *Halimeda*, *Udotea*, *Penicillus*, *Dasycladus*, *Neomeris*, *Acetabularia* 종들이 여기에 포함된다. 태평양 환초 지역에 분포된 석호의 연성 저질 절반 이상이 *Halimeda*와 *Penicillus*로부터 생긴 것이다. 석회질 녹조류가 산호초의 기질을 형성하는 원천이 된다는 것은 놀라운 일이 아니며(Hillis-Collinvaux 1980), *Halimeda*와 같은 녹조는 15일 동안에 자신의 크기를 두 배로 늘리며 7 g dwt $m^{-2}d^{-1}$를 생산한다.

표 12-1. 산호초, 조류, 다른 군집의 생산력(g C m^{-2} d^{-1})

군 집	Berner(1990)	Wanders(1976)	Dawes(1981)
외해	-	0.2-0.3	0.1-0.4
산호초			
초 전체	8	17	5-10
황록기생조류	-	11	2.7
각상 조류	0.7-2.4	2.7	-
소형 조류 무리	1-6	-	-
다육질 조류	0.1-5.7	3.3	-
거북말 밭	-	-	11
육상 군집			
사탕수수	-	-	19
밀	-	-	5

방해석을 형성하는 유공충류에서도 이와 유사한 생산이 일어난다. 석회조류는 유절석회조류와 각상석회조류로 구성되며 탄산염의 방해석 형태를 생성한다. 각상석회조류 또는 "혹돌잎류"(예, *Porolithon*과 *Lithothamnion*)는 다양한 종류의 산호초를 결합시키는 대형 조류이다. 이들은 부드러운 석회암 초에 풍부하게 붙으며 마그네슘(18%)과 칼슘(82%)으로 구성되어 일 년에 1-5 mm y^{-1}로 자라며 월 1-2 mm 두께로 덮는다(Berner 1990; Lüning 1990). 혹돌잎류가 산호초 발달에 중요한 역할을 하는 것은 아라고나이트와 비슷한 용해도를 가진 다량의 마그네슘과 함께 방해석이 빠른 속도로 생성되기 때문이다. 각상석회조류는 빨리 자랄 뿐만 아니라 방해석 각질도 빠르게 생성되기 때문에 외해 쪽으로 노출된 산호초에 탄산염 기질을 굳히고 조간대 조류가 붙을 수 있는 기질을 만들어 준다. 예를 들면, 호주의 대보초 지역에서 채취된 코어의 17-40%가 석회조류와 *Halimeda* spp.의 퇴적물로 이루어져 있었다(Sorokin 1993).

산호초 대형조류의 생태

산호초 한 지역에 형성되는 대형 조류의 수직 분포와 수평 분포를 근거로 하여 세계의 다른 지역을 추정하는 것은 쉽지 않다. 산호초의 구조는 지질사적, 비생물적, 생물적 요인들을 포함한 많은 요소들에 따라 결정되기 때문이다(Berner 1990). 조초산호가 우점하지 않는 초 지역에서는 무절 석회조류와 사상체 조류들이 산호류를 대신한다. 예를 들면, 대보초의 원트리아일랜드One Tree Island 에서

표 12-2. 각상 조류: 여러 가지 유형의 탄산칼슘과 미세조류와 대형조류에서 침전되는 부위

분류군	속	$CaCO_3$ 유형	침전 장소
남조식물문(7)			
Nostocales	*Oscillatoria*	방해석과 아라고나이트	외피, 세포 표면
홍조식물문(7)			
Nemaliales	*Galaxaura*	아라고나이트	세포 표면
Gigartinales	*Titanophora*	아라고나이트	세포 표면
Corallinales	*Corallina*	방해석	세포벽 내부
녹조식물문(6)			
Caulerpales	*Halimeda*	아라고나이트	세포 표면
Dasycladales	*Acetabularia*	아라고나이트	세포 표면
갈조식물문(6)			
Dictyotales	*Padina*	아라고나이트	세포 표면
황갈조식물문(8)			
Coccosphaerales	*Hymenomonas*	방해석과 아라고나이트	세포 안에서 코콜리드가 형성되어 세포벽으로 이동

출처: Littler(1976)

Borowitzka(1981)는 소형 조류 180종, 다육질 조류 40종, 석회조류 25종을 보고하였다. 이에 비해 Benayau and Loya(1977)는 홍해의 엘라트 만Gulf of Eilat의 소형 조류 군집은 사상 갈조 *Sphacelaria tribuloides*와 같은 소수의 조류만으로 우점된 것을 발견하였다.

비생물적 요인

빈영양 해역의 해산식물 군집에서는 예상되는 바와 같이, 영양염류(예, P^{2+}, N^{+}, Ca^{2+}) 제한은 대형 조류의 분포에 영향을 미치는데, 질소가 가장 영향이 크다. 반면에 과도한 영양염류(부영양화)는 산호초 지역의 부착성 대형 조류를 무성하게 자라도록 한다(Berner 1990). 조간대에서는 온도와 건조가 대형 조류 생육지에 뚜렷하게 영향을 미치는 요인들이다. 썰물 때에 높은 온도에 노출되면 해조류는 생장이 제한받게 된다. 반면에 조하대에서는 온도와 염도는 계절적인 변동이 적기 때문에 제한 요인이 되지 않는다. 한 가지 예외로는 심해 종들이 냉수 용승에 노출되는 것이다. 조도

(양과 질)는 조초 산호류의 황록기생조류에서와 같이 대형 조류의 수심 분포를 조절한다. 물의 운동은 광합성(Carpenter and Williams 1996)과 산호초 형성 조류의 분포에 영향을 미치는 요인이다. 산호초 지역에서 얕은 바다에 사는 조초 산호류와 각상석회조류의 형태와 수직 분포는 바람이 불어오는 곳과 불어 가는 곳에서 물 운동의 세기에 영향을 받는다(그림 12-8).

생물적 요인

산호초에서 경쟁과 조식은 대형 조류의 생장에 중요한 역할을 한다. 조식grazing의 경우 전체 해조류 생산의 67-95%가 조식동물에 의해서 없어진다(Hay and Fenical 1988; 3장과 8장 참조). 따라서 산호초에서 대형 조류에 미치는 조식 효과는 버진아일랜드Virgin Island(van Steveninck and Bak 1986), 파나마(Hay 1981a, b), 하와이와 벨리즈(Littler and Littler 1988), 바하마(Adey and Goertemiller 1987), 대보초(Borowitzka 1981) 지역에서 연구되었다. 산호초의 주요 조식 동물은 어류, 성게, 연체동물 및 미소조식자(John et al. 1981) 등이며 이 가운데 어류는 태평양에서 가장 중요한 조식 동물인 반면, 성게류는 카리브 해의 주요 조식 동물이다. 자리돔류damselfish(예, Eupomacentrus)는 자기 세력권 내의 해조 군집을 조절하며 어떤 경우에는 불필요한 조류를 제거하는(John and Lawson 1990) 조식 동물의 예로 자주 인용된다. 열대 지역에 조식 동물이 풍부한 것은(어류의 20%; 성게류의 높은 다양성) 온대 해역(어류의 10%; 성게류의 낮은 다양성)에서 볼 수 있는 것과 대조를 이룬다. 이와 같은 차이는 산호초에서 일어나는 조식과 부스러기 먹이사슬이 대형 조류의 생물량을 소비하기 때문이라는 것을 암시해주고 있다(Lüning 1990). 3장에 요약된 반조식에 대한 적응(시간적, 공간적, 구조적, 화학적) 중에서 석회화와 화학적 방어는 산호초에 사는 대형 조류에서는 매우 중요한 역할을 하는 것으로 보인다. 석회질 대형 녹조류와 홍조류 대부분은 열대와 산호초 지역에서 발견된다. 더구나 이차 대사산물(테르펜류, 방향족 화합물, 아세토제닌, 아미노산 유도물질, 폴리페놀류) 500여 종 이상이 대부분 열대 해조류에서 분리되었다(Hay and Fenical 1988). 그러나 이들 중 몇 가지만이 연구가 되었으며(John and Lawson 1990), 대다수 열대 조류의 화학적 방어에 대해서는 알려지지 않았다(Lewis 1985).

조식의 강도에 대해서는 카리브 해역의 보초 연구에서 밝혀졌으며 이 지역은 10% 정도가 체형이 작고(2-3 mm) 무리지어 자라는 대형 조류에 의해 우점 되었다(Wanders 1976). 아울러 우리를 설치하여 조식을 막거나 포식자를 제거한 결과 조류의 다양성은 감소한 반면 생물량은 증가하였다. 산호초 일부를 우리에 가두어 보호하는 실험은 조식 동물이 착생식물을 제거할 뿐만 아니라 소형 조류 군집을 유지시키고 다육질 조류의 생장을 제한시키는데 중요한 역할을 한다는 것을 보여주고 있다. 대부분의 사상체 조류와 착생 조류는 생장과 가입이 빠르다. 따라서 단각류와 같은 미소 조식 동물이 없으면 착생 식물이 빠르게 산호류를 덮어 빛을 차단시키게 된다. 1983-1984년에 카리브 연안의 검은성게*Diadema antillarum* 개체군 95-99%를 제거한 다음 나타난 결과와 같이 산호초의 대형 조류에서도 비슷한 일이 일어났다. 과도한 어류 포획으로 조식 어류 대부분이 잡혔기 때문에, 성게가 대사멸하게 되면 산호초를 우리에 가두어 수행하는 실험과 결과는 같아진다. 일 년 이내에 세 가지 효과

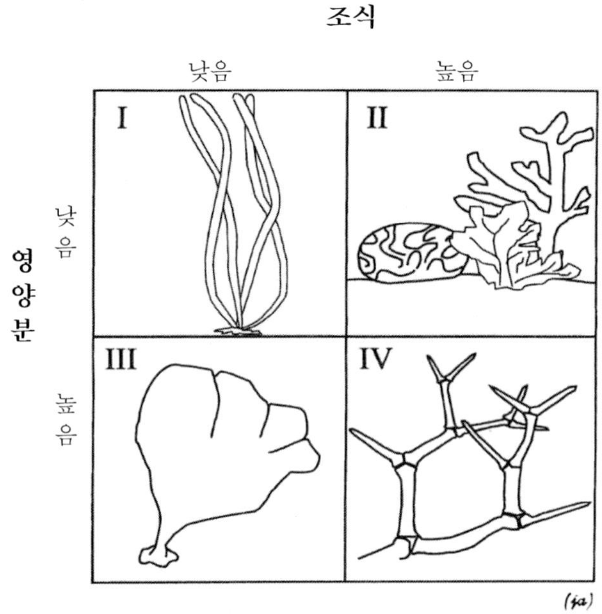

그림 12-6. 영양염, 조식, 산호초 생물 사이의 상호관계. 세 가지 조류 유형이 있으며(사상형 I; 다육질 III; 각상 IV), 산호류(II)의 생장은 부분적으로 조식의 세기와 영양염의 수준에 좌우된다(Littler and Littler 1988에서 수정 인용).

가 뚜렷하게 나타났다. 소형 조류의 생물량이 증가하였고, 생물량에 국한된 군집 생산력은 감소하였으며 대형 조류의 종 다양성이 높아졌다(Glynn 1990). 조식은 대형 조류의 생장률, 생식, 생존에 영향을 미치며, 조식과 영양염 그리고 해조상의 유형 사이에는 밀접한 관계가 있다(Littler and Littler 1988). 즉, 조식은 조류의 생물량을 조절하는 반면, 영양염은 조류 생물량의 상한선을 조절하며, 조식과 영양염은 현존하는 종의 유형에 영향을 미친다(그림 12-6). 따라서 빈영양 산호초에 영양염이 증가하고 조식이 억제되었을 때(과도한 어획으로 인하여), 사상체 조류에서 엽상체 조류로 해조상이 바뀌게 된다.

산호초에서 대형 조류와 돌산호류 사이에는 종간 경쟁이 있지만 이에 대한 상세한 연구는 이루어지지 않았다(Berner 1990; Tanner 1995). 녹조 그물공말*Dictyosphaeria cavernosa*은 하와이의 거초와 소초 지역에서 산호류와 공간 경쟁을 한다(Stimson et al. 1996). 그물공말은 자라면서 몸 안에 주머니와 공간을 형성하는데, 이 속에 주변 물 보다 높은 농도의 무기 질소와 인이 들어 있다. 영양염은 엽상체가 붙고 있는 기질로부터 얻어서 빈영양 해수역에 사는 종들이 이용할 수 있도록 한다. 대보초 지역으로부터 대형 조류들이 제거된 뒤 조류들이 남아 있는 지역과 비교했을 때 *Acropora* spp.의 피도가 뚜렷하게 증가하였다(Tanner 1995). 따라서 산호류의 생장, 생식력, 분열, 생존, 가입, 피도 등은 대형 조류로부터 부정적인 영향을 받는다. 각상 조류는 직립하는 종에 우점

당할 수 있으므로 조식이나 파도의 영향으로 착생 식물이 제거되는 곳에 잘 붙는다.

대형조류의 분포대 형성

환초와 거초 지역에 형성된 대형 조류의 분포대 세 가지는 다음과 같다. 산호초에서 조간대는 섬의 암반 해안에서 시작되어 조석류에 의해 형성된 호와 연결되며, 산호초 대지에는 조수웅덩이와 수로가 있고, 바람이 불어오는 쪽의 가장자리에는 해조류 생육대가 형성되며 이 너머 바다 쪽으로 조하대로 연결된다(그림 12-1). 특히 남조류와 같은 미세 조류는 조간대 암반과 산호 조각에 우점하는 반면, 엽상의 대형 조류는 산호초 대지의 산호류 밑이나 조간대 수로에 흔하다. 다핵 녹조류(*Udotea, Halimeda, Caulerpa*)와 해초류는 섬 가까이에 위치하여 파도의 영향이 적은 섬의 수로나 조수웅덩이에 흔한 반면, 단단한 갈조류(예, *Turbinaria, Sargassum*)는 조간대 가장자리 가까이에 자란다. 조류가 생육하는 산호초 가장자리는 파도가 크게 칠 때에는 열악한 생육지가 되며, 이곳에는 각상 산호 조류(예, 바니카Banika섬에는 *Porolithon*, 과달카날Guadalcanal에는 *Lithophyllum*)나 산호와 조류가 혼합되어 산다(글로버스리이프Glover's reef). 조하대에서 해조류는 저층의 경사가 급하지 않은 경우에는 돌출부나 홈에 군집을 형성한다. 이 저층은 산호 조각과 굵은 모래로 구성되며 모래를 좋아하는 녹조류들이 우점한다(Dahl 1973). 산호초 주변의 조식 효과에 대해서는 버진아일랜드Virgin Island의 레임셔 만Lameshur Bay, 세인트존St. John (Mathieson et al. 1975), 파나마의 갈레타리이프Galeta Reef(Hay 1981b)에서 알려져 있다. 버진아일랜드에 대한 연구에서는 대형 조류의 다양성과 생물량은 생육지 가장자리로부터 거리(10 m에서 10종; 120 m에서 38종)가 멀어지고 수심(1 m에서 11종; 20 m에서 58종)이 깊어짐에 따라 증가하였다. Hay(1981b)는 갈레타리이프에 대한 연구에서 조식이 강력하게 일어나면 자원이 풍부하고 수심이 얕은 산호초로부터 모래 평지에 사는 종들이 밀려나게 된다는 가설을 세웠다. 카리브 해 소초 지역이 "랜들존Randall zone"이라 불리는 바다 불모지로 변한 것은 낮 동안에는 산호초에 가까운 곳을 조식 어류들이 섭식을 하고, 밤에는 성게들이 원래의 서식지로부터 10 m까지 침략하였기 때문이다. 산호초로부터 떨어진 곳이 오히려 대형 조류의 다양성이 높은 것은 앞바다 포식자들에 의해 조식 동물들이 제거되었기 때문이다(Glynn 1990).

1. 태평양 환초. Womersley and Bailey(1969)는 파도의 영향을 적당히 받는 마마라Mamara섬[그림 12-7(A); 과달카날Guadalcanal환초]과 영향을 크게 받는 바니카Banika섬[그림 12-7(B)]에서와 같이 파도의 영향에 따라 산호초가 네 가지 유형으로 형성된 솔로몬Solomon군도에서 대형 조류의 분포대에 대해서 기술하였다. 바다 쪽 가장자리는 각상석회조류(*Lithophyllum* 우점)와 산호류로, 이 뒤쪽으로는 산호조 *Porolithon onkodes*가 우점하였다. 주변의 산호초 대지에는 무절석회조류 여러 종이 출현하였다. 산호초 대지는 섬쪽으로 점차 급경사를 이루어 호가 형성되었고 여기에는 다육질, 사상형인 조하대 조류들이 다양하게 출현하였다. 섬의 해안 가까이에 있는 얕은 조간대의 산호 조각 위에는 각상 조류, 바위 속에 사는 녹조류, 남조류가 우점하였다.

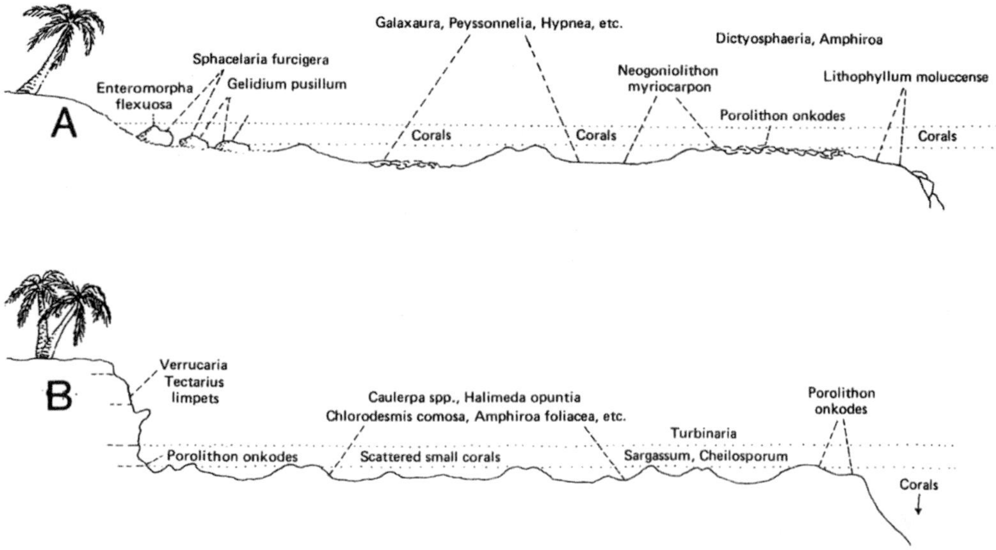

그림 12-7. 인도-태평양 두 거초 지역의 단면도. 과달카날Guadalcanal환초의 마마라Mamara섬(A)은 파도의 영향을 적당하게 받는 반면, 러셀Russell군도의 바니카Banika섬(B)은 파도의 영향을 매우 심하게 받는다. 두 지역 모두 조간대 폭이 25-30 m로서 이 산호초 대지 위에는 *Porolithon*과 *Lithophyllum*으로 구성된 각상석회조류와 다양한 종류의 대형 조류가 붙는다. 두 섬의 상부와 하부 조간대는 폭이 약 0.7 m이다(Womerlsey and Bailey 1969).

2. 카리브 해의 거초. 큐라사오Curaçao의 거초 생물 군집을 상세하게 연구한 결과(van den Hoek et al. 1975; Wanders 1976), 돌산호류와 대형 조류(그림 12-8)가 뚜렷하게 분포대를 형성하였다. 이 거초는 수심 30 m까지 연장되는데, 중앙아메리카(50 m까지; Tsuda and Dawes 1974), 벨리즈Belize 앞바다의 글로버스리이프Glover's Reef와 같은 환초와 비교하면 수심이 얕다. 거초 지역은 돌산호류와 해조류가 우점하는 7분포대로 나뉘었다. 대형 조류는 142종이 기록되어 종 풍부도가 25 cm^2에 52종에 달했다. 분포대 1은 조간대에 산호 조각이 모인 곳에 출현하여 수심 0.6 m의 심하게 노출되는 곳[그림 12-8(A)]까지 연장되었으며, 분포대 2는(0.6-1.2 m) 파도의 영향을 받는 곳이었다. 분포대 3과 4는 2.6 m까지 연장되어 얕은 바다에 사는 산호류 *Millepora*와 *Acropora*[그림 12-8(B)]가 자라고 있었으며, 분포대 5에는(수심 약 5.1 m에) 연산호류와 돌산호류*Montastrea* 모두 출현하였다

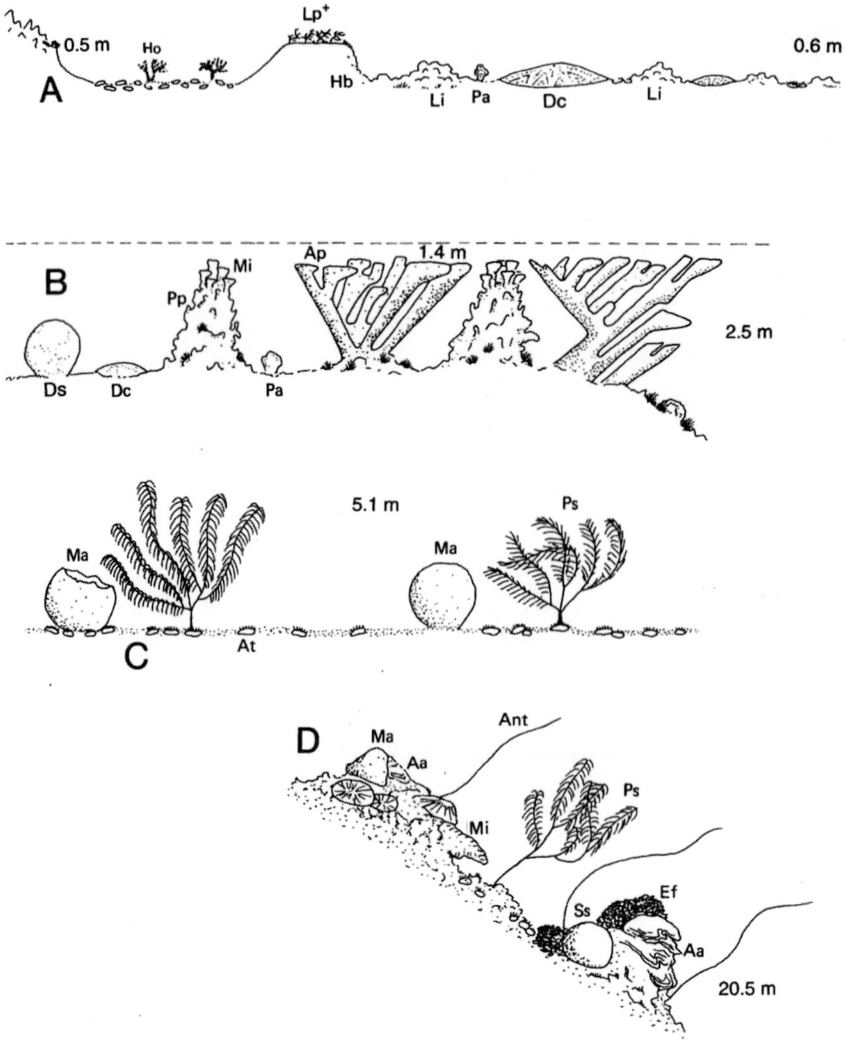

그림 12-8. 카리브 해 큐라사오Curaçao 거초의 단면도. van den Hoek et al.(1975)는 4구획으로 구분하였다. 조간대와 조하대의 0.6 m(A)까지는 *Halimeda opuntia*(Ho), *Laurencia papillosa*(Lp+), *Hydrolithon boergesenii*(Hb), *Lithophyllum intermedium*(Li) 등 다양한 해조류와 더불어 산호류 *Porites astreoides*(Pa)와 *Diploria clivosa*(Dc) 등이 분포하였다. 얕은 수심의 조하대(B: 1.2-2.5 m)에는 각상석회조류 *Porolithon pachydermum*(Pp)과 산호류 *Diplora strigosa*(Ds), *Millepora* sp.(Mi), *Acropora palmata*(Ap), *Porites astreoides*(Pa) 등이 출현하였다. 중간 수심(C: 5-5.3 m)에는 산호류 *Montastrea annularis*(Ma)와 연산호류 *Pseudopterogorgia acerosa*와 *P. americana*(Ps), 그리고 소형 조류(At)들이 있었다. 마지막 구획(D: 17-20.5 m)에는 조초 산호류인 *Agaricia agaricites*(Aa), *Antipatharian* sp.(Ant), *Siderastrea siderea*(Ss), *Eusmilia fastigiata*(Ef), *Millepora* sp.(Mi) 및 연산호류 *Pseudopterogorgia acerosa*와 *P. americana*(Ps) 등이 서식하였다.

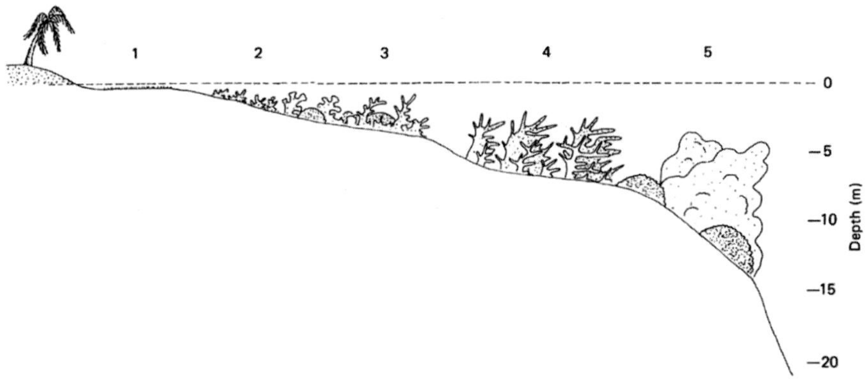

그림 12-9. 중앙아메리카 벨리즈Belize의 글로버스리이프Glover's Reef 지역 중에 한 곳인 롱캐이Long Cay 산호초의 바다 쪽 단면도. 산호초의 폭은 25 m 정도이며 5분포대로 구분되었다. (1) 산호초 대지(0.0-0.3 m)에는 석회조류 *Lithothamnion*과 *Goniolithon*, 작은 웅덩이에 자라는 거북말*Thalassia testudinum*, 소형 조초 산호류 *Millepora* 등이 분포하였다. (2) 쇄파대(0.3-1.0 m)에는 산호류 *Acropora palmata*와 *Millepora alcicornis*가 자라며, (3) 파도를 받는 지역은 상부에 *Acropora palmata*(1-3 m), 부벽 지형의 하부에는 *Agaricia, Montastrea, Siderstrea, Porites* 및 *Millepora* 등이 분포하는 두 구획으로 구분된다. (4) 이 아래로는(5-12 m) 사슴뿔산호*Acropora cervicornis*가 밀집되어 자라며, (5) 하부 가장자리(12-30 m)에는 체형이 큰 *Montastrea annularis*(5 m)를 비롯한 여러 종류의 산호류 *Diploria, Siderastrea, Porites, Agaricia*와 더불어 관상 해면류가 분포하였다. 판상 산호류(예, *Agaricia*), 연산호, 엽상 조류 등은 분포대 5 이하에 출현하였다.

[그림 12-8(C)]. 분포대 6은 심해 산호류 *Agaricia*와 *Siderastrea*가 자라는 경사가 급한 곳이었으며, 수심이 약 20 m에서 분포대 7이 끝나는데, 이곳은 퇴적물과 산호 조각들이 우점 하는 마지막 장소였다[그림 12-8(D)].

3. 카리브 해의 환초. 벨리즈의 글로버스리이프는 탁월풍을 받는 환초의 북서면 쪽으로 섬이 네 개가 위치해 있으며 면적이 약 100 km^{2}의 석호가 있다(그림 12-4). 이 지역에서는 남조류 8종, 녹조류 39종, 갈조류 19종, 홍조류 34종 등 모두 100종의 해조류와 더불어 4종의 해초류도 보고되었다(Tsuda and Dawes 1974). 이 출현 종수는 벨리즈의 캐리바우캐이Carrie Bow Cay(조류 165종; Norris and Bucher 1982)에서 밝혀진 바와 같이 실제 분포하는 분류군의 70%가 되는 것으로 추정되었다. 롱캐이Long Cay와 같이 섬의 바다 쪽은 5개의 분포대로 구분되었다. 조간대(그림 12-9, 분포대 1)는 산호 조각이 쌓인 상부 지점과 모래 해안[그림 12-10(A)]에 인접한 암반(패각암)으로부터 폭이 좁은 산호초 지대까지이다[그림 12-10(B)]. 남조류는 상부 지역에 우점하였으며 산호초 대지의 패인 곳으로 내려가면서 대마디붙이*Cladophoropsis*, 가시풀*Centroceras*, 개우무*Pterocladiella* 등 소

그림 12-10. 벨리즈Belize, 글로버스리이프Glover's Reef의 조간대. 비말대의 패각암(해안 암반)과 부서진 석회암(A) 지역은 남조류가 붙어 있어서 검은 색깔을 띠었다. 산호초 대지(B)의 바다 쪽에 형성된 작은 웅덩이와 수로에는 대형 조류가 붙어 있었다(사우스플로리다 대학의 R.A. Davis 제공).

형 조류들이 우점하였다. 왕관잎모자반*Turbinaria*, 모자반*Sargassum*, 불레기말*Colpomenia*등의 갈조류들은 산호초 대지의 조간대 하부에 출현하였다(그림 8-5 참조). 쇄파 지역(그림 12-9, 분포대 2)은 수심 0.1-0.3 m로서 *Acropora palmata*와 *Millepora alcicornis*와 같이 분지를 많이 하는 산호류에 의해 우점되었다. 파랑비늘돔parrot fish과 성게*Didema*에 의해 집중적으로 먹히는 대형 조류 대부분은 사상형(*Giffordia, Polysiphonia*) 또는 무리지어 사는 소형종(*Gelidiella, Pterocladia*)들이었다. 수심 3-5 m

그림 12-11. 글로버스리이프Glover's Reef의 *Acropora cervicornis* 서식층. 수심 6 m에는 *Millepora*의 작은 둔덕, 연산호(화살표)가 흔하며 죽은 산호 가지 위에는 사상체 조류가 얇게 덮여 있었다.

의 분포대 3에는(그림 12-9) *Acropora palmata*와 *Montastrea, Agaricia, Diploria, Porites* 및 *Millepora*를 포함한 부벽형의 산호류로 특징 지워졌다. 아울러 분포대 3에는 사상형 및 소형 조류 무리와 더불어 산호 조각 더미의 아래쪽에 자라는 녹조 *Valonia*와 유절 석회조류(애기산호말*Jania*, 게발 *Amphiroa*) 등이 발견되었다. 수심 5-15 m인 분포대 4는(그림 12-9) 급경사면에 빽빽하게 두꺼운 층을 이루는 사슴뿔산호*Acropora cervicornis*가 분포하였다(그림 12-11). 산호초 가장자리의 둔덕은 모래 홈에 의해 분리되었으며, 그 위의 퇴적물과 부스러기는 아래쪽으로 흘러내렸다. 이곳에서 관찰되는 대형 조류로는 모래에 사는 소형 녹조류(*Udotea, Penicillus, Halimeda, Caulerpa*), 홍조류(비단풀 *Ceramium*, 엇가지풀*Heterosiphonia*), 대형 갈조류(모자반*Sargassum*, 반주름말*Zonaria*, 가시그물바탕말 *Spatoglossum*) 등이었다. 분포대 5는 *Montastrea*(그림 12-9)에 의해 우점되는 경사 40°인 곳으로서, *M. annularis* 둔덕과 모래 홈이 두드러지게 형성되어 있으며(그림12-12), 이 지형은 수심 15-40 m 사이에서 경사가 급해짐에 따라 점차 사라졌다. 수심 30 m에는 체형이 납작한 조초 산호류 *Agaricia, Diploria, Siderastrea* 등이 제한 분포하였다. 이 수심에는 *Pocokiella, Zonaria*와 같은 엽상형 조류, *Halimeda, Amphiroa*와 같이 납작한 모양으로 연결된 가지를 가진 조류, 각상 비석회조류(*Hildenbrandtia, Peyssonnelia*)와 및 각상홍조석회조류(*Lithophyllum, Neogoniolithon*) 등도 흔하게 발견되었다(그림 12-13).

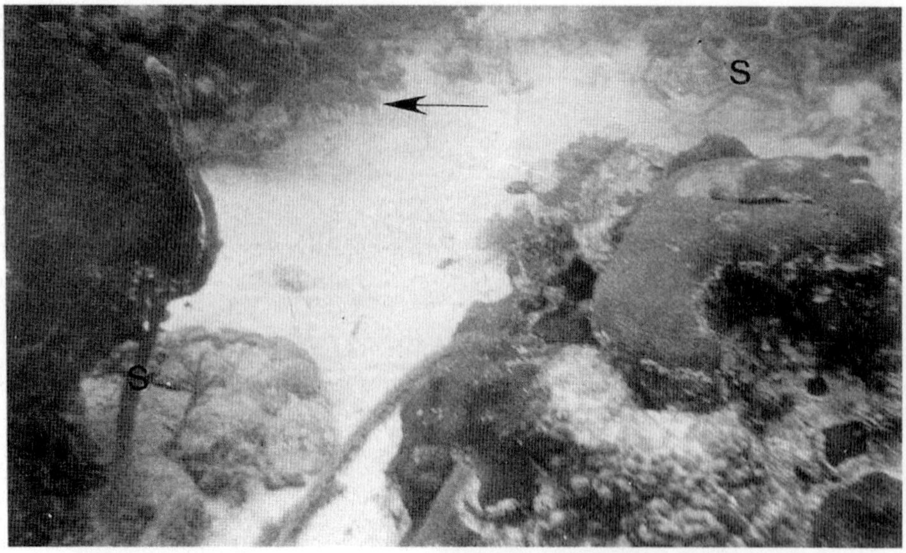

그림 12-12. 글로버스리이프Glover's Reef의 부벽형 산호초 지대. 수심 20 m에서 *Montastrea* 서식대의 돌출부는 모래 홈으로 분리되었다. 관상 해면류(s)와 모래에 사는 녹조류(*Udotea*와 *Penicillus*)가 사진의 위쪽에 보인다(화살표).

산호초의 환경 스트레스, 관리, 복원

종 다양성이 높고 독특한 생물학적 피드백을 가지고 있는 산호초가 자연과 정교하게 균형을 이루고 있다는 것은 그저 명색일 뿐이다. 산호초에 대한 보존과 관리가 국제적인 관심사가 되고 있기는 하지만 전 세계 곳곳에서 광범위하게 개발되고 있다. 일부 산호초는 자연적 또는 인위적인 스트레스나 과도한 개발로부터 회복되지 않았음에도 불구하고, 이러한 생태계는 "근원이 다양한 자연적인 스트레스" 로부터 회복되는데 순응되어 있다(Grigg and Dollar 1990). 게다가 카리브 해에서 일어난 검은성게*Diadema antillarum*의 대사멸과 같은 대규모 스트레스의 영향은 오래 지속되었다(Lessios 1988, 1995). Hallock(1997)이 지적한 바와 같이 산호초가 스트레스로부터 회복되는 능력은 수질과 관계있다. 예를 들면, 플로리다키Florida Key의 몰라사스Molassas 산호초에서 웰우드Wellwood호가 좌초된 후 회복은 경미한 정도로 일어났는데, 이는 인위적인 영향으로 인하여 수질이 악화되었기 때문이었다.

자연적인 스트레스

스트레스는 제한적(단기적)인 효과와 분열적(장기적)인 효과로 구분할 수 있다(Grigg and Dollar

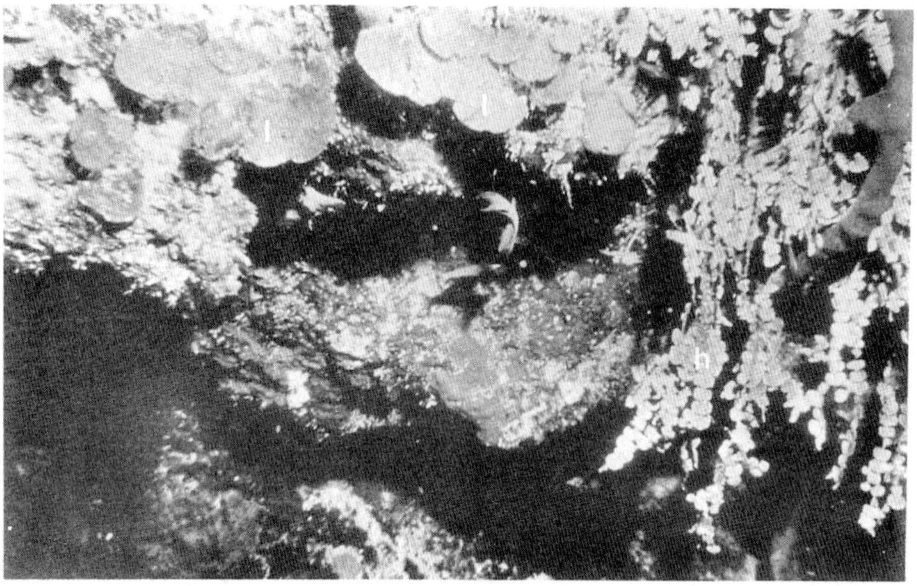

그림 12-13. 글로버스리이프Glover's Reef의 심해 조류. 갈조 *Lobophora variegata*(1)와 석회 녹조 *Halimeda*(h) 두 종이 수심 34 m에서 빛을 잘 받아들이기 위하여 엽상형을 이루고 있다. 다양한 종류의 각상 조류(예, 산호말*Corallina*, 바다표고*Peyssonnelia*, 분홍딱지*Hildenbrandtia*)와 해면류가 기질을 덮고 있다. 자리돔류damselfish(중앙부)가 세력권을 방어하고 있다.

1990). 자연적인 스트레스는 규모가 사소한 것에서부터 매우 큰 것까지 다양하며, 국지적인 폭풍, 태풍, 엘니뇨 현상, 대규모 침전작용, 개체군의 폭발적인 증가(예, 불가사리*Acanthaster planci*), 개체군의 소멸(*Diadema antillarum*의 대사멸) 등이 있다. 화산 분출(갈라파고스 군도, 하와이), 썰물 때에 내리는 폭우(하와이), 해수의 냉각(페르시아 만) 등도 두드러진 자연적인 스트레스이다. 교란에 대한 연구(Brown and Howard 1985; Grigg and Dollar 1990)에서는 사소한 변동으로부터 총체적인 파괴에 이르기까지 산호초의 반응에 대하여 관찰하였다. 자연적인 스트레스에 따른 영향은 종 다양성이 변하는 것에서 볼 수 있다. 하와이의 코나Kona해안에서는 교란의 빈도가 낮아짐에 따라 산호 *Porities* spp.가 우점하였다. 반면에 하와이의 가드너피너클스Gardener Pinnacles에서는 파도에 의하여 심하게 교란된 후 피도는 낮아지고 다양성은 증가하였다(Grigg and Dollar 1990). 그러나 *Porities* 종들은 흔히 개척자(초기) 종으로 간주되므로, 하와이의 예에서 나타난 현상은 극상 군집에 의해서라기보다 기회종인 산호류에 의해 섬이 점유되었다는 것을 보여주고 있다. 앞에서 언급한 바와 같이 자연적인 사건에 의하여 일어난 손상은 영양염을 연안수로 유출시키는 인간의 영향 때문에 한층 더 악화된다. 따라서 엄청난 양의 빗물을 해안으로 유입시키는 허리케인과 같은 "자연적 사건"은 탄화수소(도로와 건물로부터)와 영양 물질(거름, 하수; Hallock and Schlager 1986; Hallock et al. 1993)을 흘러들게 하여 부영양화를 촉발시킨다.

중추종이 불균형을 이루거나 없어졌을 때 이들이 산호초 발달을 조절하는 데에 얼마나 중요한 생물학적 과정을 수행하는지를 볼 수 있다. 괌Guam의 산호초가 포식자 불가사리 *Acanthaster planci*에 의해 과도하게 먹히자 24시간 이내에 죽은 산호*Acropora*의 가지 위에 착생 식물이 붙었다(Belk and Belk 1975). 최초로 남조류 *Microcoleus lyngbyaceus*와 *Hormothamnion solutum*이 붙었으며 나중에 이들은 갈조 *Giffordia indica*로 대체되었다. 조식 동물이 감염되어 사라지는 교란이 생기면 피식압이 줄어들고 대형 조류와 산호류 사이에 경쟁이 일어나게 된다. 예를 들면, 카리브 해에서 검은성게*Diadema antillarum*가 대사멸하였을 때, 갈조류 *Lobophora variegata*와 *Dictyota* spp.가 각상석회조류와 돌산호 *Agaricia agaricites*를 덮을 정도로 증가하였다(van Steveninck and Bak 1986). 1983년 초에 카리브 해, 멕시코만, 바하마 군도 일대에서 검은성게*Diadema antillarum*가 대사멸하여 1984년 초까지 그 면적이 350만 km^2에 이르렀다(Lessios 1988). 검은성게의 치사율이 93%에 달할 정도로 높은 것은 숙주 특이성을 가진 병원균에 의해 감염되었기 때문인 것으로 추정되며, 검은성게는 10년 후에도 회복이 되지 않았다(Lessios 1995). 검은성게가 대사멸한 직후에 나타난 반응을 보면 포획압으로 인하여 조식성 어류의 개체군이 줄어드는 곳에서는 해조류의 생물량이 증가하였다(예, 자메이카의 해조류 생물량에 비해 4배나 증가함). 해조류의 생물량이 증가함에 따라 각상석회조류와 산호류는 무성해졌다가 적어졌다. 검은성게가 대사멸한 사건이 자연적인 교란(예, 질병)에 의한 것인지, 아니면 인공적으로 건설된 파나마 운하를 통하여 바이러스가 유입되어 일어난 인위적인 것인지는 의문이다. 더구나 산호류는 자체의 몸에 공생하는 황록기생조류 덕분에 "영양염 사막"에 적응되어 있는데, 물(=영양염)이 주어지면 큰 사막 식물(=산호류)이 자라기보다는 오히려 벼과식물이나 야생 식물이 더 잘 자라는 사막 환경과 같다. 따라서 영양염이 많아지더라도 산호류는 더 이상 커지지 않으며, 오히려 조류와 해면 또는 석회석 침식 생물 들이 산호류보다 더 무성해진다. 남세균 *Phormidium corallicum*과 *Beggiatoa* 및 *Desulfovibrio*와 같은 세균 종들은 산호류의 조직을 띠 모양으로 괴사시켜 카리브 해와 대보초의 산호를 집단으로 죽게 하였다(Sorokin 1993). 다이버들이 손을 대거나, 닻에 긁혀 손상을 입거나, 부영양화된 물에 자라면서 스트레스를 받으면 질병에 잘 감염된다.

인위적인 스트레스

사람에 의해 산호초에 가해지는 스트레스 중에서 가장 흔한 4가지 유형은 침전작용, 영양염 및 유기물 오염, 열오염 및 기름 유출이다(Brown and Howard 1985; Grigg and Dollar 1990; Dubinsky and Stambler 1996; Hallock et al. 1997). 다른 종류의 인위적인 스트레스로는 핵 실험(에니웨톡Eniwetok), 고기를 잡기 위한 다이너마이트 폭파(필리핀), 닻이나 보트에 의한 손상(플로리다키), 산호 채취(인도), 조개 채취(세계 곳곳) 등이다. 아마도 침전 작용이 산호초에 가해지는 가장 심각한 인위적인 스트레스로 여겨지는데, 준설, 발파, 항구 건설 등이 세계 도처에서 일어나고 있기 때문이다(Grigg and Dollar 1990). 예를 들면, 하와이 카네오헤Kaneohe의 산호초 29% 정도가 1939년에 가해진 준설로 인하여 없어지거나 죽었다. 더구나 침전 부하는 개간을 위한 벌채, 광산 개발, 농업 등 연안이나 육지 안쪽의 활동으로부터 비롯되어 결국에는 육지 침식을 일으키게 된다(필리핀, 인도네시아, 케냐).

물기둥에 영양염 부하가 커지면 영양화가 일어나게 되며 군집 구조도 따라서 바뀌는데(5장 참조), 아마도 전 세계적으로 산호초를 소멸시키는 첫째 또는 둘째 요인일 것이다(Hallock and Schlager 1986; Hallock et al. 1997). 산호초에 대한 기계적인 손상은 국지적인 영향을 주는 반면(침전 작용은 광역이지만), 영양화는 근원지로부터 수십, 수백 km까지 영향을 미칠 수 있다. 게다가 육지의 빗물, 하수 배출, 지하수 침출 등을 통하여 일어나는 영양화는 생태계의 구조를 폭 넓게 변화시켜 산호 군집을 소멸시킨다. 이용할 수 있는 영양염이 많아지면 착생 조류들은 생장이 촉진되어 산호류와 공간과 빛에 대해 경쟁을 벌인다. 영양화의 두 번째 영향으로는 착생 조류들이 침전물을 붙잡으므로 산호류의 폴립이 질식하여 죽는다. 영양염이 과도하게 유입이 된다면, 군집은 부영양화(예, 하수 배출, 높은 유기물 오염)에 직면하고, 일차적으로 미생물 생장을 촉진시켜(Dubinsky and Stambler 1996) 결국에는 산소가 고갈된다(Pastorek and Bilyard 1985).

산호류는 부분적으로는 회복이 빨리 일어날 수 있다. 하와이의 카네오헤Kaneohe에서는 오염원이 배출되는 것을(정점 1.9×10^4 m^3d^{-1}) 원천적으로 차단하여 14년이 지난 다음 5년 후에는 살아 있는 전체 산호류의 피도가 배로 늘어났다. 그러나 산호류는 완전하게 회복되지 않았으며, 유기물 오염이 중단된 후에도 산호 군집이 인간의 수명보다도 짧은 기간 내에 회복될 수 있을지는 의문이다. 그렇다면 산호 생태계가 교란에 적응된 것을 보는 일을 기다려볼만 하다(Grigg and Dollar 1990).

물고기를 너무 많이 잡아내면 인도-태평양 해역과 카리브 해(예, 자메이카)에서 일어난 것과 같이 포식자와 경쟁자 어류가 없어지게 된다. 조식 동물이 없어지면, 사상체 조류가 산호류를 뒤덮는다. 1970년대 카리브 해에서 검은성게*Diadema antillarum*는 개체수가 증가하였는데, 이것은 어류를 너무 많이 잡아내면서 포식자 어류가 없어졌기 때문이었다. 1980년대에 일어난 검은성게의 대사멸과 더불어 카리브 해에서 산호류보다 잘 자라는 해조류를 먹어치우는 조식 동물도 없어졌다.

산호초를 파멸시키는 기름 유출은 파나마 유출 사건(Ornitz 1996)에서 나타난 바와 같이 흔하지는 않지만 일어나며, 사건 하나만으로도 국지적으로 영향을 미치는 같다(National Research Council 1985). 반면에 인근 항구로부터 유출되는 석유류 물질에 고질적으로 노출되면 맹그로브에서 설명된 바와 같이(5장), 조초 산호류의 치사율을 높일 뿐만 아니라, 대형 조류의 다양성과 초기 개척자 조류(남조류, 녹조류)의 착상률을 떨어뜨린다. 이와 같이 기름에 의한 손상은 산호초나 배후 초에서 일어나는데, 이곳의 표면은 직접적으로 기름과 접촉이 된다. 파나마 운하 지역에서 조하대 산호류는 디젤유 유출로부터 영향을 받지 않은 반면, 조간대 생물은 기름에 덮여 죽었다.

온배수로부터 받는 열 스트레스는 산호초를 심각하게 대사멸시키는데, 국지적으로는 주변 온도가 치사 온도에 가까워지기 때문이다. 비스케인만Biscayne Bay의 발전소로부터 배출되는 가열된 냉각수로 인하여 플로리다(4℃ 상승)에서는 해초류와 산호류 50 ha가 대사멸하였고, 괌에서는 10 ha의 산호초가, 하와이의 오아후Oahu(4-5℃ 상승)에서는 0.71 ha의 산호초가 죽었다(Grigg and Dollar 1990). 오아후의 온배수 배출구를 심해수로 돌려놓자 얕은 바다의 산호초가 회복되었으며(Coles 1984), 산호초 군집은 환경에 반응하는 능력을 다시 보여 주었다.

관리와 복원

산호초를 보호하고 관리하는 일은 국제적인 관심사가 되었다. 개발도상국(예, 프렌치 폴리네시아, 뉴기니, 필리핀)에서는 어류, 연체동물, 산호류와 같은 산호초의 생물자원들이 집중적으로 과도하게 포획되고 있다. 물고기를 잡기 위해 다이너마이트 또는 대형 그물을 불법적으로 사용하기 때문에 산호초는 매우 광범위하게 손상이 일어난다. 산호초 보호법이 대부분의 주변 열대 국가에서 수립되었지만, 현장에 관리자를 배치하는데 비용이 많이 들고, 주민들의 수입이 적어지며, 관습적으로 바다로부터 필요한 것을 채취해 온 지역 주민들의 반대로 인하여 법적인 구속력은 없다. 개발도상국과 선진국 다수가 보호법의 실행, 교육, 산호초의 가치 제고와 관광객 유치 등을 위하여 기금을 모으고 있다(Hallock et al. 1997). 산호초는 국립공원(대보초 해양공원)과 수렵금지구역(플로리다키 산호초 금렵구역)에 편입되어 있다. 대보초 해양공원은 지역 어민, 일반 주민, 정부(Sorokin 1993)와 연계하여 계획을 수립한 두드러진 한 가지 예이다.

인공초는 손상되어 있거나 회복 중인 산호초 지역에서 새롭게 이용할 수 있는 서식처를 만들어줄 수 있다. 인공초를 투여하면 어업 생산이 늘어날 것인지 아니면 단순히 주변의 물고기를 유인하는 효과만 있을지에 대하여 논쟁이 일고 있다. 이와는 별도로 열대 지역에 인공초를 건설하는 일은 조류와 산호류의 생장뿐만 아니라 나비고기류chaetodontids, 동갈돔류apogonids, 자리돔류pomocentrids(Sorokin 1993) 등에게 새로운 서식지를 만들어 준다. 멕시코 만에는 오일 펌핑에 이용되는 3,000여개의 수중 구조물이 있는데, 이 편편한 구조물들이 인공초 역할을 하게 되어 어획고가 약 8천 5백만 달러 이상이 되었다.

요약하면, 해산식물 군집과 더불어 산호초 생태계는 자연적인 스트레스와 더불어 발달되어 왔으며, 수질이 악화되지 않는다면 산호초는 적당하게 교란이 일어나더라도 회복이 될 수 있지만 20-100년이 걸릴 수 있다. 산호초는 빈발적 또는 고질적인 손상에 민감하므로 모든 유형의 영향이 고려되어야 한다. 더구나 인근 연안의 과도한 어획으로부터 토지 이용에 이르는 "간접 영향"을 산호초 보호를 위한 관리 계획에 포함시켜야 한다. 산호초가 회복 능력을 보인다는 것은 관리 계획이 제대로 작동되고 있다는 것을 암시해준다. 그러나 영양염 사막에서 자라는 산호초가 영양화된 환경에 놓이게 되면 회복되지 않는다. 만일 이와 같이 생산성이 높고, 다양성이 큰 생태계가 존속되기를 바란다면 산호초와 그 자원을 합리적으로 관리하고, 이용하고, 보호하는 일이 반드시 필요하다.

부록 A

해산식물 연구 방법

여기에 기술된 방법들은 문헌에서는 볼 수 없는 해산식물에 대한 야외 및 실험실 연구 방법들이다. 많은 교재들이 해조류(Hellebust and Craigie 1978; Littler and Littler 1985; Lobban et al. 1988), 식물플랑크톤(Sournia 1978), 해초류(Phillips and McRoy 1990), 맹그로브(Snedaker and Snedaker 1984) 연구에 필요한 야외 및 실험실 기법들을 상세하게 다루고 있다. 해수의 화학, 물리적 특성을 측정하는 방법들도 여러 교재에서 볼 수 있다(Strickland and Parsons 1968; Schlieper 1972; Parsons et al. 1984).

야외조사 방법

채집

스노클snorkel과 스쿠버SCUBA잠수장비를 이용하거나 걸어 다니면서 채집하더라도 여러가지 방수 장비들이 필요하다. 걸어 다니면서 채집할 때는 채집용 신발이나 장화, 장갑을 방수 배낭에 넣어 가져가야 한다. 다음 물품들은 해산식물 군집을 현장 조사할 때 필요한 것들이다; 채집통 또는 그물주머니, 채집용 칼 또는 지레, 소형 칼 또는 전정 가위, 꽃삽(해초류 조사용), 내수 라벨과 유성 펜, 비닐 주머니, 필기도구(내수성 종이를 끼운 기록 판 또는 연필이 부착된 스쿠버잠수용 기록 판). 야외 조사 장소에서 표준으로 측정해야 하는 항목들은 기질 코어(개조한 플라스틱 주사기), 수온(온도계), 염도(채수병), 투명도판Secchi disk(물의 투명도), 용존 산소(야외용 산소 키트 또는 BOD병과 고정용 시약) 등이다. 영양염과 pH(얼음에 보관)를 측정하기 위해 채수한 시료용 물은 시판되는 장비(예, Hach Co., Loveland Co.)를 이용하여 현장에서 측정할 수 있다.

선상법 조사

선상법transects조사는 조간대 군집에서 식물의 분포대를 연구할 때(그림 A-1) 또는 줄 방형구(예, 해초류 밭을 횡단하여 조사할 때)를 사용하는 곳에서 이용된다.

그림 A-1. 선상법. 메인Maine주 톰슨 섬Thomson Island에서 염습지 조간대 상부의 관목림을 가로질러 조사자들이 100 m 줄자와 고도 측정 막대를 이용하여 습지의 크기와 고도를 측정하고 있다.

눈에 잘 띄는 말뚝을 가장 높은 곳으로부터 가장 낮은 지점까지 일직선으로 배열하고 이 사이를 줄자 또는 눈금이 표시된 줄로 잇는다. 동정이 필요한 재료는 측정선을 따라 각 조사 구역 또는 매 측정 단위마다(경사와 필요한 항목에 따라 수 cm에서 수 m) 채집한다. 고도는 관측에 의하거나 줄 수평기를 이용하여 측정한다(지질학적 방법; 그림 A-5). 종의 백분율은 한 구역 안의 개체수를 전체 조사선을 따라 출현한 전체 종수로 나누어 구한다. 종의 피도 백분율은 종이 덮고 있는 조사선(구역)의 길이(cm, m)를 조사선(구역)의 전체 길이로 나누어 계산한다. 선상법을 이용하여 한 분포대를 조사할 때 입수해야 할 대표적인 비생물적 자료로는 저층 표본 또는 기질 특성에 대한 기록, 수온, 용존 산소, 염도, 조수웅덩이와 연안수의 pH 등이다. 생물학적 자료에는 종명, 위치(고도, 거리), 형태적 변이 등이 포함된다. 이에 더하여, 빈도와 풍부도는 A-1과 A-2와 같이 계산될 수 있다.

빈도 = 어떤 종이 들어있는 방형구의 수 / 전체 방형구의 수 (A-1)

풍부도 = 출현 식물의 총 수 / 조사된 방형구의 수 (A-2)

그림 A-2. 방형구의 이용. 10 cm로 세분된 1 m^2 방형구는 균일한 석회암 표면(A)에서 풍부도와 빈도를 측정하기 위해서 사용된다. 작은 방형구(25 cm^2)는 맹그로브나 염습지 군집(B)을 관통하여 설치된 조사선을 따라 놓아가며 측정한다.

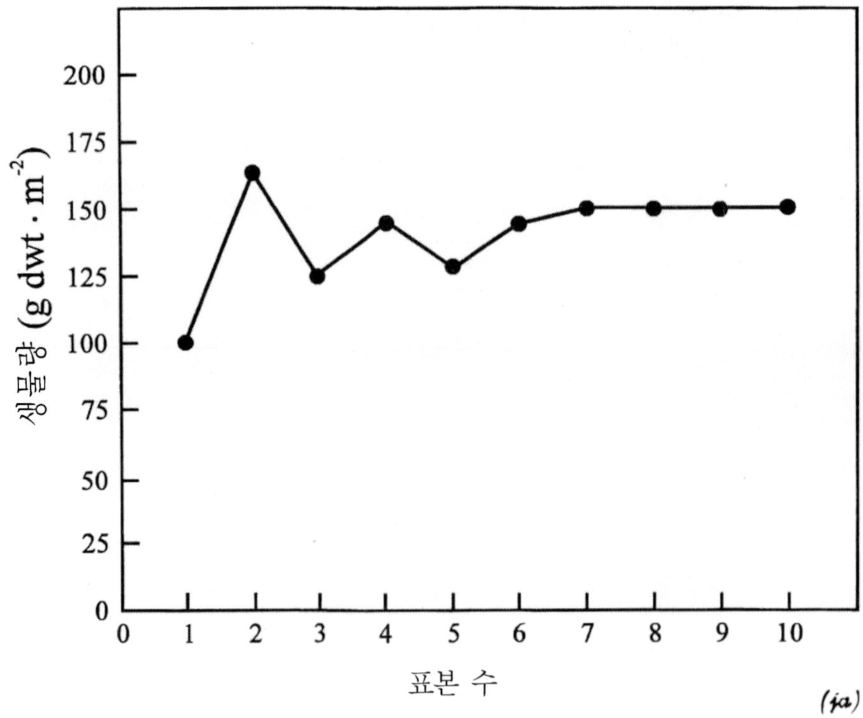

그림 A-3. 필요한 표본의 수를 결정하기 위한 실행 곡선. 곡선은 얻어진 표본의 수에 대하여 측정해야 할(예, 생물량) 누적 단위를 점으로 연결한 것이다. 자료에서 가능한 변이(예, 7)를 피하기 위해 필요한 표본의 최소수가 정해지면 더 이상의 표본 채집은 필요하지 않다.

방형구법

단위 면적을 측정할 때는 크기가 1 ㎡[그림 A-2(A)] 또는 이 보다 작은 25 cm^2[그림 A-2(B)]의 방형구나 링(예, 훌라 후프) 또는 다른 규칙적인 모양의 틀을 이용하면 된다. 단위 면적의 조사는 조하대 해조 또는 해초류 군집처럼 분포대가 뚜렷하지 않거나 비생물 요인 변동이 큰 지역에서 유용하다. 방형구는 분포대 연구에서 피도 백분율, 빈도, 풍부도를 보다 정확하게 측정하기 위해서 사용된다. 방형구는 조사 대상에 따라 세분될 수 있으며[그림 A-2(A)] 상세하게 조사할 필요가 있을 때는 작은 방형구를 이용한다[그림 A-2(B)]. 표본 조사에서 편의 되는 것을 피하기 위한 무작위 조사는 방형구를 이용하여 실시할 수 있다. 무작위 조사를 하기 위해서는 면적을 적당한 크기의 단위로 세분하고 난수표를 이용하여 어느 소단위를 측정할 것인지를 결정한다. 야외에서 줄과 말뚝을 이용하여 조사 구역을 세분하고 미리 고른 난수를 이용하여 소단위를 선택한다. 다른 방법으로는 표본 조사 장소를 우연적으로 선택하는 것으로써 조사 현장에서 군집을 가로질러 가면서 방형구나 후프를 던진다. 표본 조사를 적절하게 실행하기 위해서 측정해야 할 단위 면적의 최소수는 실행 곡선(그림 A-3)을 이용하여 결정할 수 있다.

방형구 조사에서는 보통 각각의 소단위에서 발견되는 종의 모든 개체를 센다. 피도 백분율은 우점 종에 대해서 넓은 범주(예, 100%, 75%, 25%, <5%, 0%)를 이용하여 추정할 수 있다. 빈도와 풍부도(A-1과 A-2)와 더불어, 밀도는 A-3에 따라서 측정할 수 있다.

$$\text{밀도} = \text{측정 단위 면적당 출현종의 수} / \text{측정 단위 면적의 총 수} \qquad \text{(A-3)}$$

식물 조사법

식물조사에 대한 기법은 원격 탐사(공중, 위성 촬영; Belsher et al. 1985)와 식물사회학적인 방법(Boudouresque 1971)을 통하여 조망도나 식생도를 작성하는 것들이 있다. 식물 조사법은 특히 넓은 지역(예, 수 km의 해안선)을 연구할 때 유용하며 지중해의 조류 및 해초류 군집을 연구할 때 이용된 바 있다. 방법은 간단하며 해조류, 해초류, 조간대 습지 군집에 대한 연구에서 반복적인 결과를 낸다. 표본 조사 구획(1-10 m^2)은 해안을 따라 육안으로 관찰하여 군집을 결정한 다음 선택한다. 식물 조사법은 넓은 지역을 빨리 조사해야 하므로 우점하는 식물을 쉽게 동정될 수 있어야 한다. 분포대가 형성되어 있다면 선상법을 우선적으로 이용해야 하며 통계 자료를 얻기 위해서는 단위 면적이 측정되어야 한다. 우점종 각각은 다음과 같은 기준을 이용하여 풍부도, 피도, 군도에 대하여 등급이 매겨진다.

1. 풍부도: r = 드묾, 보통 조사 구획 당 표본이 하나임; + = 성김, 조사 구획 당 표본이 몇 개 있음.
2. 피도: 1 = 구획의 25% 미만을 덮음; 2 = 구획의 25-50%를 덮음; 3 = 많음, 구획의 50-75%를 덮음; 4 = 구획의 75-100%를 덮음.
3. 군도: 1 = 단독 식물; 2 = 작은 다발; 3 = 작은 뙈기와 뚜렷한 무리; 4 = 밀집되어 매트를 이루지만 균일하지는 않고, 식생에 가까움; 5 = 균일하고 밀집된 매트를 이룸.

지질학적 방법

위치의 선정

한 조사 장소의 위도와 경도는 항해 보조 수단인 로란Loran을 이용하거나 해도에 표시하여 정할 수 있다. 로란은 무선신호를 보내는 연안 송신국에 의존한다. 로란 계기는 삼각 측량에 의해서 선박의 정확한 위치를 파악한다. 항해 보조 장비는 휴대용으로부터 선박 탑재용까지 있으며 GPS로부터 수신된 신호를 삼각측량을 통하여 위치에 대한 좌표를 구한다. NOAAU.S. National Oceanic and

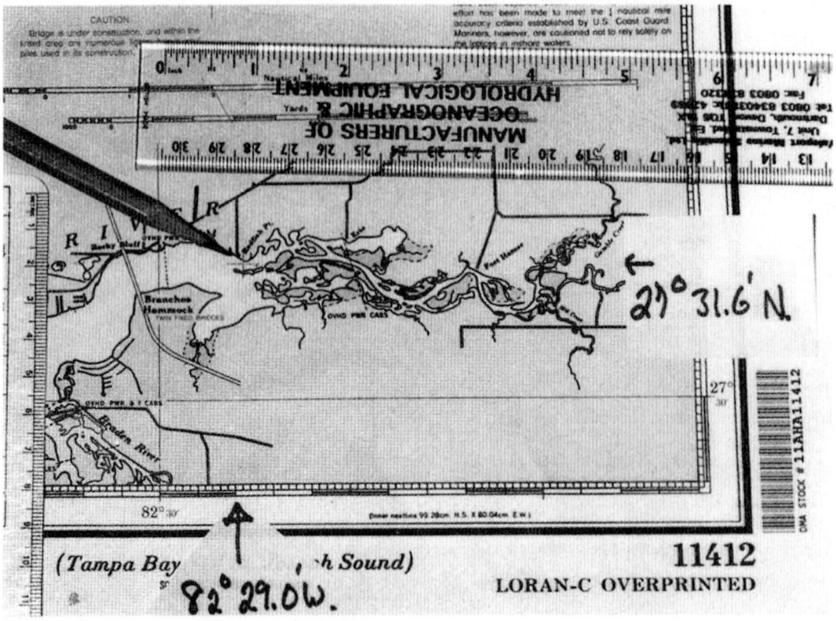

그림 A-4. 지도를 이용하여 조사 지점의 위치를 선정하는 방법. 연안 조사 지점의 위도와 경도는 자와 측지용 지도를 이용하여 측정할 수 있다. 예를 보면, 레드피쉬포인트Redfish Point(연필 끝)는 NOAA 지도번호 11412(27° 31.6 ′ N, 82° 29.0 ′ W)에 나와있다.

Atmospheric Administration가 발간한 것과 같은 해도를 이용하면 간편하고 비용도 적게 들 것이다. 대부분의 국가에서 자기 나라 연안의 해도를 발간하고 있다. 위도와 경도는 삼각측량법을 이용하여 측정할 수 있다. 조사 지점으로부터 직선을 지도 가장자리에 표시된 위도 눈금까지 수평으로 긋는다. 다음은 직선을 경도 눈금까지 연결시켜서 좌표의 두 지점을 읽는다(그림 A-4).

고도의 측정

조간대 식물 군집을 연구할 때, 매 구역마다 고도를 측정해야 한다. 고도 측정은 정확한 고도를 알려주는 표준 조사 장비Philadelphia Level and Rod를 이용하면 된다. 이 방법은 염습지와 맹그로브 군집에서 간조 시에 바닷물이 갇혀 염전과 같이 높은 염도를 나타내는 웅덩이에 작은 둔덕(±2 mm)이 있는 경우 고도를 측정할 때 이용된다(Hoffman and Dawes 1996). 일반적으로 해산식물 군집을 연구할 때는 위와 같이 정확한 방법은 필요하지 않으며 줄과 관측용 수준기만 있으면 충분

그림 A-5. 고도를 측정하는 방법. 관측용 수준기(A) 또는 줄 수준기(B, 화살표)를 이용하여 고도차를 측정할 수 있다. 위의 두 가지 방법에서 장대 사이의 두 눈금에 수평 점을 표시하고 고도의 높낮이를 측정한다.

하다(그림 A-5). 관측용 수준기를 정해진 높이의 장대에 붙이고 일정거리에 떨어져 있는 다른 장대에 초점을 맞춘다[그림 A-5(A)]. 관측용 수준기 속의 공기 방울은 초점을 맞춤에 따라 중앙으로 이동한다. 맞은 편 장대를 잡고 있는 사람이 맞추어진 초점에 위치한 지표 위의 높이를 표시

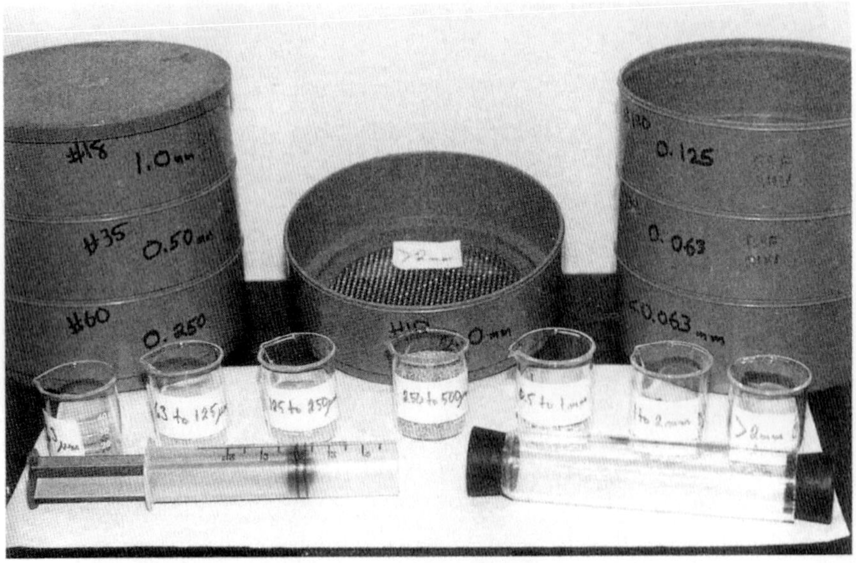

그림 A-6. 토양 입자의 측정. 눈의 크기가 2.0-0.063 mm(125 µm)인 체 세트를 이용하여 기질의 입자 크기를 측정할 수 있다. 손으로 만든 두 가지 종류의 퇴적층 샘플채취기가 보인다. 끝을 잘라낸 플라스틱 주사기(25 cc)와 고무마개가 달린 플랙시글래스 튜브. 주사기와 튜브는 끝이 퇴적층 속으로 파고 들어가기 쉽도록 비스듬히 잘려 있다.

하여 잰다. 위쪽 장대와 아래쪽 장대 사이의 고도차가 고도의 높낮이를 나타낸다. 줄 수준기(목수용)를 이용할 수도 있다. 수준기를 줄에 단단히 고정시키고 두 개의 눈금 장대 사이를 이어 팽팽하게 당기면 수준기 속의 공기 방울이 중앙으로 움직인다[그림 A-5(B)].

입자의 크기 분석

조간대 및 해초류 군집의 토양 특성은 공극수에 포함된 영양염, 퇴적층의 산화와 환원 수준, 토양 입자의 크기 분포 등에 따라 특징 지워진다. 입자의 크기를 구분하면 물의 이동 정도와 퇴적층의 유형을 동정할 수 있다. 퇴적층 표본은 바늘 부착 부분을 절단한 50 cc 주사기를 이용하여 채취할 수 있다. 주사기를 퇴적층 속으로 밀어 넣고(약 10 cm) 끝에 고무가 달린 피스톤을 끼워 진공 상태를 만든다. 주사기를 퇴적층으로부터 당겨 꺼낸 다음 피스톤 안에 채취된 샘플을 비닐 주머니 속으로 밀어 넣는다. 채취된 샘플은 원하는 정도로 잘라서 분석한다. 퇴적층 샘플을 건조시킨 다음에 눈의 크기가 표준인 체(2.0 mm - 0.063 mm)를 이용하여 친다(그림 A-6). 입자의 크기 분포는 각 크기 등급의 건중량을 채취된 샘플의 총 건조 중량으로 나누면 얻을 수 있다. 퇴적층 샘플이

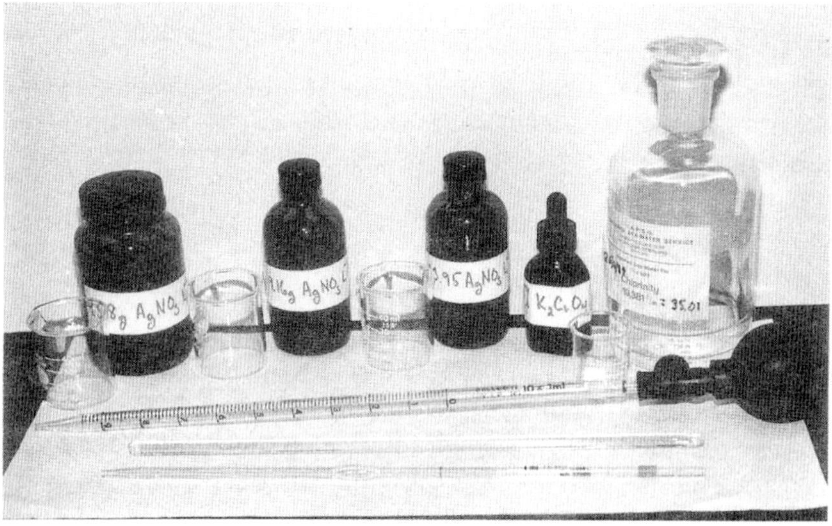

그림 A-7. 현장에서 소량의 해수 샘플을 이용한 염도 적정. 염도를 현장에서 적정하기 위해서는 $AgNO_3$(23.95, 19.16, 9.58 g L^{-1}) 용액, 5% K_2CrO_2 적정 종점 용액, 보정을 위한 표준 해수, 눈금이 있는 10 mL 피펫과 1 mL 용적 측정 피펫, 교반 유리 막대, 종류별 비이커, 피펫 벌브 등이 있어야 한다. $AgNO_3$와 K_2CrO_2 용액은 갈색병에 들어 있다.

건조되면서 생물학적으로 형성된 퇴적물 덩어리(예, 동물의 배설물)는 파괴되기 때문에 생물혼탁작용bioturbidation 또는 퇴적 효과는 알 수 없다.

해수 분석

영양염(N, P, Si), 염도, 용존 산소의 양을 측정하는 방법은 많은 해수 분석법 관련 안내서에 자세히 나와 있다(Strickland and Parsons 1968; Parsons et al. 1989). 여기에 나와 있는 기법들은 현장에서 직접 측정하는데 유용하다고 입증된 방법들을 수정한 것이다.

염도

염도salinity를 현장에서 측정하는 표준 방법에는 빛의 굴절을 측정하여 비중을 정하는 굴절계와 해수의 전기 저항을 측정하여 이온 농도를 계산하는 전도계 등이 이용된다. 실험실에서 이용되는 다른 방법으로는 질산은$AgNO_3$을 가지고 염소 이온을 적정하거나 액체비중계를 이용하여 측정하는 것이다(2장 참조). 굴절계, 전도계, 액체비중계 등을 사용할 수 없을 때가 있다. 따라서 현장이나 실험실에서 소량의 해수 샘플을 적정하는 방법이 있다. 100 mL 검은 병에 질산은을, 점적병에는 5% 크롬산칼륨K_2CrO_4 용액을, 짜서 쓰는 플라스틱 병에는 증류수를 준비한다. 유리 기구로는 0.1 mL로 눈금 매겨진 5 mL 피펫, 용적 측정용 1 mL 피펫, 교반 유리 막대, 20 mL 비이커 등을 준비한다(그림 A-7).

1. 질산은$AgNO_3$을 세 가지 농도로 녹인다.

$AgNO_3$ (g L^{-1})	몰 농도	염화물 당량(mg mL^{-1})
23.95	0.14	5(염도 25 ppt 이상)
19.16	0.11	4(염도 10-25 ppt)
9.58	0.05	2(염도 10 ppt 이하)

2. 비이커의 해수 샘플 1 mL에 증류수 5 mL을 첨가하고 5% K_2CrO_4를 한 방울 떨어뜨린다.
3. 적당량의 질산은 용액을(염도 측정치에 따라) 이용하여 적정(눈금이 있는 피펫으로 한 방울씩)한다. 계속 저어주면서 AgCl 백색 침전이 생기지 않도록 한다.
4. 적정은 $AgCrO_4$가 오렌지 색깔이 남아 있을 때 중지하며, 두 번, 세 번 반복하여 평균한다.
5. 염도는 염소(A-6), 염소도chlorosity(A-5), 염소량chlorinity(A-6)의 몰 농도를 계산하여 측정한다. 식 A-6의 20℃에서, 밀도는 A-5에 따라 계산된 염소도를 근거로 하여 삽입한 것이다. 염도 역시 염소도로부터 삽입해 넣을 수도 있으나 A-7을 사용하면 더 정확하게 측정할 수 있으며, 이것으로 염소도와의 관계를 나타낼 수 있다.

$$\text{Cl의 몰 농도} = \frac{AgNO_3\text{의 양} \times AgNO_3\text{몰 농도}}{\text{샘플의 양}(1\,mL)} \qquad \text{(A-4)}$$

$$\text{염소도} = \text{Cl의 몰 농도} \times 35.5 \qquad \text{(A-5)}$$

여기서 35.5는 염소의 원자량이다.

20℃에서 밀도	염소도	염도
1.000	0.00	0.0
1.006	5.53	9.9
1.014	11.21	19.9
1.024	17.50	30.8
1.029	22.78	39.9
1.034	28.06	49.0

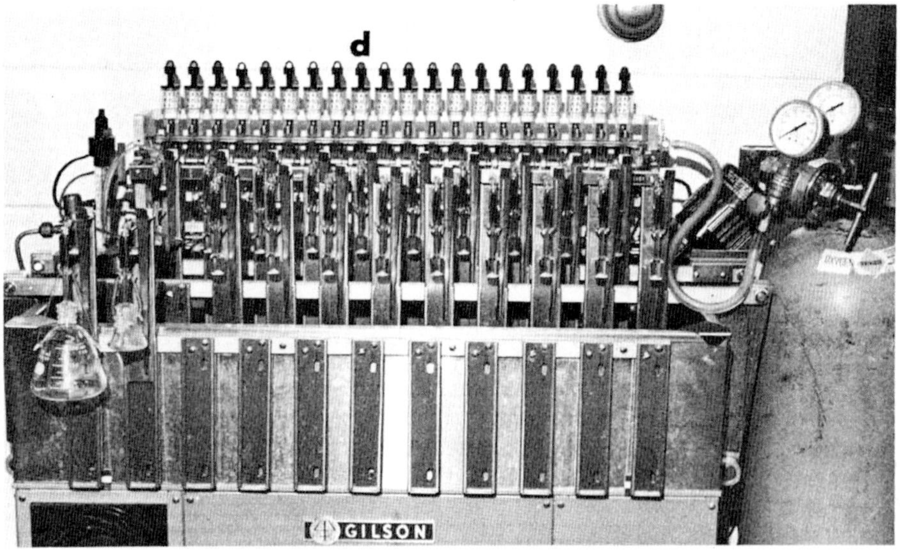

그림 A-8. 길슨호흡계Gilson Respirometer(모델 GRP-20). 유체압력계 장치는 호흡과 광합성을 측정할 때 사용할 수 있다(Dawes 1985). 기준 플라스크(218 mL, 왼쪽)는 20개의 작은 반응 플라스크(예, 20 mL)에 들어 있는 가스의 균형을 유지하는데 이용된다. 각각의 반응 플라스크에는 개별적인 유체압력계와 디지털 저울(d)이 달려있다. 모든 플라스크는 수조 안에 장착시켜 온도와 빛(아래쪽)을 조절한다. 다른 종류의 가스(예, 산소)를 이 장치에 연결시킬 수 있다.

$$\text{염소량} = \text{염소도} \;/\; 20℃\text{에서 표본 해수의 밀도} \tag{A-6}$$

$$\text{염도} = 0.03 + (1.805 \times \text{염소도}) \tag{A-7}$$

용존 산소

해수 중에서 생성되거나 소비되는 산소는 보통 유체압력계, 적정 또는 전류-흐름 기법(2장)을 이용하여 측정한다. 유체압력계는 실험실에서만 이용할 수 있으며, 적정이나 전류-흐름 기법은 현장에서도 이용할 수 있다. 유체압력계로는 산소가 흡수 되거나 방출될 때 일어나는 압력 변동을 측정한다. 차등 호흡계(그림 A-8)로는 디지털 마이크로미터가 달린 작은 유체압력계의 가스 용량 변동을 측정한다. 이 방법은 일정한 압력 상태의 호흡계 속에 들어 있는 반응 플라스크를 이용하는 것으로써 해초류와 해조류의 생산력을 연구하는데 매우 유용하다(Dawes 1985). 호흡계는 12개에서 20개까지의 독립적인 반응 플라스크를 가지고 있어서 다중 반복구를 얻을 수 있으므로 광합성과 호흡 연구에서 매우 정밀하게 측정할 수 있다.

수중 용존산소 측정기(2장; Thomas 1988)는 표준 BOD 병(그림 A-9)을 이용하여 3차 과정에서 하는 것과 같이 티오황산나트륨$Na_2S_2O_3$을 가지고 요오드I_2를 적정한다. 야외 간이 측정 장치를 이용하기 위해서는 적정 기법을 변형시키기도 한다(예, Hach Co). 야외간이 측정 장치는(보통 1 ㎎ O_2 L^{-1}까지) 표준 윙클러Winkler법에 따라 보정된 10 mL 주사기를 이용하여 정확도를 높일 수 있다(± 0.1 ㎎ O_2 L^{-1}까지).

전환법

몰을 표준(300 mL) BOD병 당 mg O_2(ppm O_2)로 전환하면 보기에 나타낸 바와 같이 40 mmol O_2 g dwt h^{-1}은 4.26 mg O_2 g dwt h^{-1} 300 mL^{-1}로 바뀐다(A-8).

$$\begin{aligned} 40 \text{ m mol } O_2 \text{ g dwt } h^{-1} &= 0.4 \times 3.2 = 1.28 \text{ mg } L^{-1} \text{ g dwt } h^{-1} \times 3.33 \\ &= 4.26 \text{ mg } O_2 \text{ g dwt } h^{-1} \text{ 300 } mL^{-1} \end{aligned} \quad \text{(A-8)}$$

여기서 3.2 mg = 1 mmol O_2 L^{-1}이며, 3.33은 1 L에서 300 mL까지의 용적을 전환한 값 또는 산소의 발생과 소비를 연구할 때 통상적으로 쓰이는 표준 BOD병의 용적이다.

µL을 ㎎ O_2로 전환할 때는 가스 용적, 온도, 압력의 상호관계를 이용하는데, 표준온도와 압력 STP(273 K; 760 mm Hg)에서 어떤 가스의 1 M은 22.4 L이다. 그러므로 O_2의 1 몰은 표준온도와 압력 하에서 32 g이며, 부피는 22,400 mL 이다(A-9).

$$1\,\mu\text{L } O_2 = \frac{32,000,000\,\mu\text{L}}{22,400,000\,\mu\text{g@STP}} = 1.4285\,\mu\text{L}/\mu\text{g} \quad \text{(A-9)}$$

다른 온도 조건(*Tx*)에서는 용적(µL)에 전환 인수를 곱하면 A-10가 된다.

$$T_x\text{에 대한 환산} = 1.4285 \times \frac{273}{℃ + 273} \quad \text{(A-10)}$$

생리학적 방법

해산 식물을 생리생태학적으로 연구할 때 유용하게 이용할 수 있는 간단한 방법들을 설명하였다. 그 이상의 다양한 방법들은 부록의 서두에 열거하였다.

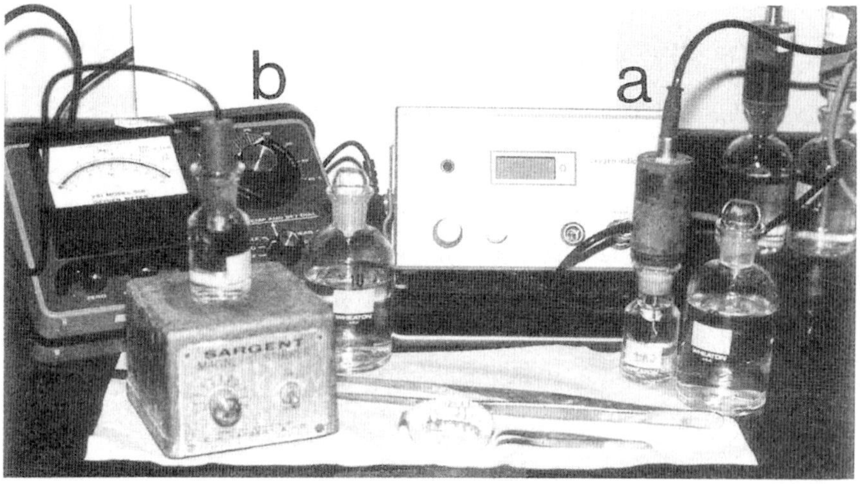

그림 A-9. 산소 측정기의 이용. 오비스피어orbisphere(a)와 YSI(b) 산소측정기가 자력 교반기, 60- 및 300-mL BOD병과 함께 보인다. 핀셋을 이용하여 조류 샘플을 교환하고 자석 막대를 병에서 꺼내며, 알미늄 접시는 조류 샘플을 측정한 후 건조시키는데 이용된다.

건중량

건중량의 백분율을 측정하는 것은 단순한 방법이지만 생물량, 우점종, 개체군뿐만 아니라 영양분이 식물체의 여러 부분으로 분배되는 것을 비교하는데 유용하다. 식물체를 채집하여 무게를 재며(습중량), 건조시킨 다음 다시 무게를 잰다(건중량). 채집된 식물체는 햇빛에 건조시키거나 백열전등 위에 매달거나(공기가 통하도록 측면에 구멍을 뚫고 윗면은 철망으로 덮은 상자), 건조기를 이용할 수 있다. 건조기를 이용할 때는 조류 샘플이 탈 수 있기 때문에 60℃를 넘지 않도록 해야 한다. 식물체에 붙은 착생식물과 불순물들을 제거하고 현장에서 깨끗한 바닷물(주변의 염도를 가진)로 씻는다. 민물로 씻게 되면 식물체 표면의 소금기가 일정하게 없어지지 않으므로 건중량이 달라진다. 건조시킨 재료는 갈아서(예, Wiley Mill; 눈금 크기 40인 체, 막자사발과 공이) 뚜껑 달린 작은 유리병에 보관해 두었다가 일반 성분을 측정한다.

색소 추출

광합성을 색소의 수준에서 비교하면 음지 식물과 양지 식물의 연구, 부영양화에서 영양염의 영향, 광합성률을 비교할 때 유용하다. 모든 색소들(엽록소, 카로티노이드, 피코빌린)의 수준은 크로마토그라피법을 이용하여 측정할 수 있다(Stewart 1974; Lobban et al. 1988). 엽록소 *a*와 *b*, 피코에리드린을 측정하기 위한 간단한 추출 방법은 다음과 같다.

1. 신선한 상태로 채집된 샘플(5-10개)의 무게를 재고(습중량; 샘플 당 0.1-0.5 g) 색소를 추출한다.
2. 신선한 재료를 막자사발에 넣어 갈거나 젖빛 유리 균질기Tissue Grinders를 이용하여 갈아낸다. 재료를 갈아 색소를 추출하는 모든 과정은 약한 빛과 10-12℃(냉장실, 얼음통)에서 이루어져야 하는데, 색소들은 빛과 열에 쉽게 분해되기 때문이다. 액체 질소를 이용하면 분쇄 효율을 더욱 높일 수 있는데 이때 장갑과 보안경은 반드시 착용하여야 한다.
3. 엽록소 *a*와 *b*는 80% 분광 분석된 아세톤에 샘플을 넣어 갈아 추출하며, 피코에리드린은 0.1-M 인산염 완충용액(pH 6.5)에서 추출된다. 대부분의 해조류와 해초류는 샘플이 소량일 경우에는 2-3 mL의 추출 용액에서 1분 이내로 갈아낼 수 있다.
4. 가루와 용매를 섞은 현탁액을 6 mL로 표시된 원심분리 튜브에 붓고 표시점에 찰 때까지 용매로 채운다. 추출물은 탁상용 원심분리기를 이용하여 차가운 곳에서 원심분리(45,000 rpm, 2-5분)시킨다.
5. 상등액은 큐벳에 따르고 보정된 분광광도계에서 적절한 파장의 흡광도를 측정한다.

피코빌린 측정

피코빌린을 계산하는데 필요한 두 개의 식이 나와 있다. Beer and Eshel (1985)은 0.1-M PO_4 완충용액(pH 6.8)을 이용하여 피코에리드린(PE: A-11)과 피코시아닌(PC: A-12)을 측정할 때 다음과 같은 계산식을 사용하였다. 측정된 흡광 정점은 455, 564, 592, 618 및 654 nm였다.

$$\text{PE}(\text{mg mL}^{-1}) = [(A_{564} - A_{592}) - (A_{455} - A_{592}) \times 0.20] \times 0.12 \qquad \text{(A-11)}$$

$$\text{PC}(\text{mg mL}^{-1}) = [(A_{618} - A_{645}) - (A_{592} - A_{645}) \times 0.51] \times 0.15 \qquad \text{(A-12)}$$

mg/g dwt^{-1}은 사용된 완충용액의 양을 샘플의 g dwt로 나누어 얻어진 것이며 이 값을 mg/mL로 곱한다. 건중량 백분율(% dwt)은 습중량을 최소한 10개 이상 샘플의 건중량으로 나누어 계산한다. 그 다음 색소 추출에 사용된 샘플의 건중량(g/dwt)은 습중량에 건중량 백분율을 곱하여 얻는다.

피코에리드린 역시 O'Carra(1955)가 비단풀*Ceramium*로부터 얻어낸 흡광 계수를 이용하여 측정할 수 있다. 피코에리드린 추출물을 화상으로 보면 495, 540, 565 nm에서 세 개의 흡광 정점이 나타난다. 흡광은 565 nm(A_{565})에서 피코에리드린의 수준(PE g dwt^{-1})을 측정하는 A-13을 이용하여 잴 수 있으며,

$$\text{PE}(\text{mg/g dwt}^{-1}) = 12.4 \times A_{565} \times \frac{\text{vol.(mL)}}{\text{g wt} \times \text{\% dwt} \times 1,000} \qquad \text{(A-13)}$$

여기서 12.4는 흡광 계수이고, vol.은 사용된 0.1-M 인산염 추출액의 총량이다.

엽록소 측정

엽록소 *a*는 663 nm(A_{663})에서, 엽록소 *b*는 645 nm(A_{645})에서 흡광 정점을 보였으며, 엽록소의 양은 A-14와 A-15를 이용하여 계산된다(Smith and Benitez 1955). 탁도에 대한 보정은 725 nm에서 얻어진 흡광을 빼면 된다.

$$\text{mg chl } a \text{ g dwt}^{-1} = 11.9A_{663} - A_{725} \times \frac{\text{vol.(mL)}}{\text{g dwt} \times 1,000} \quad \text{(A-14)}$$

$$\text{mg chl } b \text{ g dwt}^{-1} = 22.9A_{645} - A_{725} \times \frac{\text{vol.(mL)}}{\text{g dwt} \times 1,000} \quad \text{(A-15)}$$

엽록소의 흡광 계수를 구하는 다른 계산식은 Meeks(1974)에 나와 있다. Sternman(1994)은 90% 아세톤에서 추출하여 647 nm과 664 nm에서 흡광 정점을 관찰하였으며, 이때 엽록소 *a*(A-16)와 엽록소 *b*(A-17)를 구하기 위하여 다음과 같은 식을 사용하였다.

$$\text{mg chl } a \text{ g dwt}^{-1} = 11.93A_{664} - 1.93A_{647} \times \frac{\text{vol.(mL)}}{\text{g dwt} \times 1,000} \quad \text{(A-16)}$$

$$\text{mg chl } b \text{ g dwt}^{-1} = 20.36A_{647} - 5.50A_{664} \times \frac{\text{vol.(mL)}}{\text{g dwt} \times 1,000} \quad \text{(A-17)}$$

BOD 명암병의 이용

BOD병은 산소측정기 또는 윙클러Winkler적정법을 이용하여 산소를 측정할 때 대표적으로 이용되는 기구이며(Thomas 1988), 광합성과 호흡을 측정할 때 신뢰도가 높다(Patten et al. 1964). 더구나 BOD병은 야외에서 사용할 수 있으므로 현장에서 연구가 가능하다. 병은 마개를 닫았을 때 공기가 갇히는 것을 막기 위해 유리를 갈아서 만든 끝이 좁은 유리 마개를 사용하며(그림 A-9) 용량은 여러 가지가 있다. 작은 샘플이나 단시간 노출에는 60-mL 크기가 유용한 반면, 표준 크기인 300-mL은 대형 식물에 적합하다. 호흡을 연구하기 위해 투명한 병을 어두운 곳에 두어 측정하지만 불투명한 병도 이용된다. 병은 사용하기 전에 산 세척한 후 깨끗이 헹구어 말려야 한다.

식물 재료는 최소한 5반복구의 BOD병에 넣어야 하며, 이때 산소 수준의 기본적인 변동을 보정하기 위하여 두 개의 빈병을 함께 두어야 한다. 충분한 양의 대형 조류 재료(예, 습중량 0.5-1 g) 또는 해초류 잎(10-20 mm)을 각각의 BOD병(300 mL)에 넣는다. 생물량을 늘리면서 시험 가동을 하면 산소 발생과 농도에서 최저 또는 초과 수준을 탐지할 수 있다. 용존 산소(DO)의 기본적인 수준을 측정하여 샘플을 병에 넣은 다음 빈병과 함께 어두운 곳에 두어 호흡을 측정한다. 실험 시간은 호흡률에 따라 30분에서 2시간의 범위로 한다. 온도는 실험이 진행되는 동안에 일정하게 유지되어야 한다(수조에서 실온 상태로).

어두운 곳에서 실험을 끝낸 다음 병 속의 산소 수준을 측정한다. 윙클러 법에서는 산소가 고정되기 때문에 식물 재료는 시약을 첨가하기 전에 새로운 병으로 옮겨야 한다. 아울러 새로운 병의 초기 산소 수준은 매 실험마다 측정하여야 한다. 산소측정기와 함께 새로운 병과 식물 재료는 차례대로 어두운 곳과 밝은 곳에 노출시킨다. 산소측정기를 사용할 때는 BOD병을 지속적으로 흔들어주어(예, 자력교반기) 산소가 골고루 분포되도록 해야 한다. 광합성은 단일 조도에서 측정하거나 점차 증가하여 *P-I* 곡선을 이루는 조도 계열에서 측정해야 한다. 자연광 또는 인공광(예, 1,000 W 램프) 모두 이용할 수 있다. 조도 정도는 중밀도 스크린(예, 검은색 유리 섬유로 된 창문 스크린)의 수를 바꾸면서 조절하거나 광도계(예, Li-Cor Quantum meter)를 이용하여 관찰할 수 있다. 병들을 트레이 위에 눕혀 놓고 야외 또는 실험실에서 흐르는 물에서 30분에서 1시간 동안 빛에 노출시킨다. 어두운 곳에서는 낮은 광도(0-200 µmol photons m^{-2} s^{-1})로 보통 1시간 이상 노출시킬 필요가 있다.

매 실험에서 초기와 최종 산소 수준 간에 나타나는 차이는 호흡(-)과 광합성(+)을 나타내는 것이며, 그 다음에는 빈병의 산소 수준을 이용하여 보정할 수 있다. 호흡은 빈병에서 생긴 변동분을 더하거나(-O_2) 빼어(+O_2) 보정하며, 이를 거꾸로 하면 광합성에 대한 보정이 된다. 실험의 마지막 단계에서 샘플을 건조시켜 무게를 재는데, 생산과 소비는 mg O_2 g dwt^{-1}로 나타내며 무게의 변동을 건중량으로 나누어 구한다. 순광합성은 호흡에서 산소를 소비한 것을 나타내는 반면, 총광합성은 보정된 호흡과 순광합성을 합한 것이다.

일반 성분

해조류의 각 부분(칼로리)에 대한 일반 성분(단백질, 탄수화물, 지질)과 에너지 수준을 정량하면 영양물질의 분배, 생장 유형의 계절적인 변동, 영양가 등을 알아내는 데 매우 유용한 것으로 밝혀졌다. 해초류(Phillips and McRoy 1990)와 해조류(Hellebust and Craigie 1978; Littler and Littler 1985)에 대한 상세한 방법이 알려져 있다.

회분

무기물 분획은 태우기 전의 건중량과 머플로를 이용하여 500℃에서 4시간 동안 태운 후 무게의 차이로 측정한다. 고온에서 너무 오랜 시간동안 태우면 탄수화물이 타버리기 때문에 주의해야 한다. 샘플은 건조시킨 다음 도가니에서 깨끗하게 재로 만들어 작은 식물 샘플(25-100 mg)인 경우에는 ±0.01 mg까지 무게를 잰다. 최소한 5개의 반복구를 측정해야 한다.

단백질

식물 단백질에 대한 분광광도계 분석에는 로리Lowry법(Lowry et al. 1951)과 뷰렛Biuret 반응(Layne 1957)을 포함하여 브래드포드Bradford 또는 쿠마씨Coomassie염색(Bradford 1976), 단백질의 구리 반응 등이 이용된다. 로리 분석은 샘플이 소량일 경우에는(예, 10 mg) 두 단계로 이루어진다. 알칼리성 구리가 단백질과 처음 반응하며, 뒤이어 구리로 처리된 단백질에 의해 포스포몰리브덴 시약이(Folin-Ciocalteau) 환원되고, 단백질 분자와 반응하여 검푸른 색깔을 띤다. 이러한 검정은 트립토판과 티로신이 함유된 단백질에 대해서 가장 민감하다.

이와 관련된 기법으로 바이신코닌산bicinchoninic acid을 이용한다(Smith et al. 1985). 로리 법, 브래드포드 법, 바이신코닌산 분석법을 비교하면, 로리 법이 바이신코닌산 분석법과 일치하는 것으로 알려져 있으며, 브래드포드 법보다 20% 높은 수준을 보인다(Berges et al. 1993). 로리 법은 탄닌이 들어 있을 때 민감하지만(Marks et al. 1985), 가장 흔하게 이용되는 기법으로서 이 방법으로 얻어진 자료는 앞서 연구된 결과들과 비교할 수 있다. 각 샘플 마다 최소한 두개의 반복구가 분석되어야 한다.

1. 건조시킨 식물 재료의 가루 약 10 mg(± 0.01 mg)을 15-mL 시험관에 넣는다.
2. 1 N NaOH를 정확히 5 mL을 시험관에 첨가하여 대리석 마개로 막고 실온에서 24 시간 동안 단백질을 우려낸다.
3. 우려낸 추출물 0.5 mL을 피펫을 이용하여 깨끗한 10-mL 시험관에 옮기고, 여기에 알칼리성 구리 주석산염 시약 5 mL을 첨가시킨다. 용액을 섞고(보텍스 교반기 이용) 10분 동안 흔들리지 않게 둔다. 시약은 매일 다음과 같은 순서로 새로이 조제해야 하며 그렇지 않으면 침전이 생길 수 있다: 0.1 N NaOH에서 2% $CuSO_4 \cdot 5H_2O$ 2 mL, 다음 4% 나트륨 주석산염 2 mL, 다음 3% $NaCO_3$ 96 mL 순서로.
4. 1 N Folin-Ciocalteu 페놀 시약 0.5 mL을 첨가하여 혼합하고, 용액을 20분간 그대로 둔다. 폴린Folin 시약은 2 N 농도인 것을 시중에서 구입할 수 있다.
5. 혼합된 용액을 큐벳에 따라 넣고 분광광도계로 660 nm에서 흡광도를 측정한다.
6. 단백질 비율은 A-18과 같이 계산된다. 용액 0.5 mL에 대한 단백질 무게(mg)는 1 N NaOH에서 샘플의 흡광도를 소혈청알부민(시약 등급) 0.00 - 0.25 mg 농도를 이용하여 표준 곡선과 비교 측정한다.

$$\text{단백질비율} = \frac{\text{단백질 (mg)} \times 10}{\text{식물조직 (mg)}} \times 100 \qquad \text{(A-18)}$$

여기서 원래 샘플의 희석도는 0.5 mL x 10에서 단백질 무게(mg)이다.

가용성 탄수화물

Dubois et al.(1956)의 페놀-황산 방법은 환원기가 없거나 잠재적으로 환원기를 가지지 않는 용해 탄수화물을 비색 분석하는 방법이다. 당을 페놀과 농축 황산으로 처리하면 오렌지색에서 노란색이 생긴다. 불용성 탄수화물은 단백질, 지질, 회분, 가용성 탄수화물을 측정한 다음 이를 빼어 추정할 수 있다.

1. 건조시킨 탄수화물 가루 약 5 mg(± 0.01)을 15-mL 원심분리용 시험관에 넣고 5% 트리클로로아세트산(TCA) 10 mL을 첨가시킨다. 내용물의 위치를 시험관에 표시하여 가열 시킨 후에 증류수를 보충할 수 있도록 한다.

2. 하루 밤을 그대로 둔 다음에, 시험관을 80-90℃ 온수조에서 3시간 동안 가열시키고 적절하게 추출이 일어나도록 최소한 세 번 정도 부드럽게 흔들어준다.

3. 시험관을 꺼내어 식힌 다음, 표시된 원래의 높이만큼 증류수를 첨가시키고, 45,000 rev/min으로 5분 동안 원심분리 시킨다(탁상용 원심분리기).

4. 용액 0.2 mL을 피펫으로 정확하게 정량하여 거품이 생기지 않도록 10 mL 시험관으로 옮기고 여기에 5% 페놀 1 mL을 첨가시켜 시험관을 흔들어 섞는다(보텍스 교반기).

5. 그 다음에, 농축된 H_2SO_4(시약등급) 5 mL을 곧바로 첨가하여 용액을 약하게 흔들어 혼합시킨다(보텍스 교반기). 반응시에는 열이 발생하므로 주의를 요한다. 시험관은 490 nm에서 흡광도를 측정하기 전에 30분 동안 식힌다.

6. 탄수화물 비율은 5% TCA에 용해된 0.00-0.25 mg 글리코겐(시약 등급)의 표준 곡선으로부터 얻어진 흡광도를 근거로 A-19에 따라 계산된다.

$$\text{탄수화물 비율} = \frac{\text{탄수화물 (mg)}\times 50}{\text{식물 조직 (mg)}} \times 100 \qquad \text{(A-19)}$$

여기서 원래 샘플의 희석도는 0.2 mL×50에서의 탄수화물 무게(mg)이다.

지질

건조시킨 식물 재료에 들어 있는 총 지질의 비중을 측정하기 위해서는 Freeman et al.(1957)과 Sperry and Brand(1955)에서 수정된 방법을 이용한다. 식물 재료를 2:1 클로로포름-메탄올(C:M) 혼합액에서 균질화 시켜 물로 씻어낸 다음 가라 앉은 지질 부분을 분리해내어 건조시켜 무게를 잰다.

1. 건조된 샘플 가루 100 mg(± 0.1)을 30-mL 뚜껑 달린 작은 유리병에 담고 25-mL 위치에 표시한 다음 여기에 C:M 혼합액 25 mL을 2:1로 첨가한다.

2. 병뚜껑을 느슨하게 닫고 60℃에서 15분 동안 가열시킨 후 식혀서 액체를 C:M 혼합액과 함께 25-mL까지 채운다.

3. 뚜껑을 단단하게 닫고 병을 흔든 다음, 용액을 C:M 혼합액과 함께 No. 541 와트만 여과지로 걸러 새로운 30-mL 유리병에 20-mL 표시까지 채운다.

4. 증류수를 정확히 4 mL을 첨가하여 유리병의 뚜껑을 닫고 5분 동안 흔들어 준 다음에 원심

분리시켜(약 1,500 rev/min) 액상 부분과 용매 부분을 분리시킨다. 위에 뜬 액상 부분은 따라내고 용매 부분을 여과된 기류 장치에서(솜으로 채워진 진공 플라스크) 60℃로 증발시킨다.

5. 지질 추출물은 유리병의 C:M을 헹궈내고 미리 무게를 잰 얇은 유리병으로 옮긴 다음에, 용매 부분을 여과 기류 장치에서 60℃에서 증발시키고 얇은 유리병의 무게를 다시 잰다.

6. 얇은 유리병의 처음 건조 중량을 마지막 중량에서 빼면 지질 무게를 알 수 있다. 지질 비율은 A-20을 이용하여 계산된다.

$$\text{지질 비율} = \frac{\text{지질 무게 (mg)} \times 2/3}{\text{건조된 식물 무게 (mg)}} \times 100 \qquad \text{(A-20)}$$

여기서 분자 부분은 원래 샘플의 2/3이다.

셀룰로오스와 리그닌

세포벽 성분으로부터 가용성 화합물을 분리시킬 때 세제를 이용하는 방법은 해초류와 조간대 식물에서 셀룰로오스와 리그닌 수준을 효과적으로 측정할 수 있다(Goering and van Soest 1970; Dawes and Kenworthy 1990). 중성 세제를 이용하면 식물 세포벽은 중성 세제 섬유(NDF)로 분해되며, 이 섬유에는 헤미셀룰로오스, 셀룰로오스, 리그닌이 포함된다. 산성 세제를 이용하면 세포벽은 셀룰로오스(산성 세제 섬유; ADF)와 리그닌으로 분리되며, 리그닌은 셀룰로오스로부터 분리된다. 산성 세제 섬유(ADF)와 리그닌을 분리시키는 방법은 다음과 같다.

1. 약 1 g의 샘플 가루를 600-mL 비이커(Berzelius)에 넣고 100 mL의 산성 세제를 첨가한다. 산성 세제(AD)는 40.04 g 1 N H_2SO_4(시약 등급)에 20 g의 공업용 세틸트리메틸암모늄브로마이드cetyl trimethyl ammonium bromide를 첨가하여 만든다. AD 혼합액을 1 L 증류수에 넣는다.

2. 혼합된 용액을 거품이 생기지 않도록 가열하여 끓인 다음에, 역류 응축기를 이용하거나 또는 얼음으로 채운 600-mL 켈달 플라스크를 비이커 상단에 올려놓아 60분 동안 환류 시킨다. 끓을 때는 천천히 부드럽게 흔들어준다.

3. 가열된 용액은 미리 무게를 잰(± 0.01 mg) 구치Gooch 도가니를 통하여 여과시키며, 이 도가니는 500-mL 진공 플라스크에 고정된 유리 깔때기 위에 고무 도가니 어댑터가 부착된 여과 장치이다. 최소한 두 개의 직렬 물 방출관이 붙은 다섯 개의 구치Gooch 장치를 작동시키기 위해서는 두 단계의 자동 펌프로도 충분히 진공이 된다. 이 단계에서는 공극이 성긴 유리 가루 필터가 달린 고급형 30-mL 파이렉스 구치Pyrex Gooch 도가니를 사용하여야 한다.

4. 유리 필터에 걸린 여과액은 유리 막대로 파내고 진공이 되는 동안에 끓는 물로 두 번 정도 씻어준다. 매트는 색깔이 없어질 때까지 아세톤으로 씻어내고, 섬유 덩어리는 막대로 부숴내야 한다. 도가니는 진공 건조시킨 후 80℃에서 하루 밤을 건조시키고 다시 무게를 잰다.

5. ADF 무게 측정은 A-21에 따르는데, 여기서 W_o는 ADF가 들어 있는 건조된 도가니의 무게이며, W_t는 건조된 도가니의 초기 무게이고, S는 초기 샘플의 무게이다.

$$\text{ADF} = \frac{(W_o - W_t) \times 100}{S} \tag{A-21}$$

리그닌은 무게를 재고 난 다음의 건조된 ADF를 이용하여 측정할 수 있다.

1. 72% H_2SO_4를 구치 도가니 속의 ADF를 충분히 덮을 만큼 첨가시키고 반죽이 고르게 되도록 저어준다. 도가니는 고무 어댑터를 이용하여 여과 장치에 부착시킨다. 황산은 다 빠져 나가기 전에 첨가시켜주고, 빠져 나가는 속도가 느려지면 진공펌프로 조정한다. 이와 같은 과정을 실온에서 두 시간 동안 계속한다.
2. 반죽은 진공 상태에서 산이 완전히 없어질 때까지(pH 6) 뜨거운 물로 헹궈내며, 도가니는 80℃에서 하룻밤 동안 건조시키고 무게를 다시 재어 ADF 샘플의 리그닌과 무기물의 정도를 알아낸다.
3. 샘플은 도가니에 넣어 500℃에서 3시간 동안 로 안에서 가열시켜 재로 만든 다음 천천히 식혀 무게를 다시 잰다. 급하게 냉각시키거나 과열시키게 되면 구치 도가니에 유리 필터가 붙은 곳이 깨질 수 있다.
4. 리그닌의 양은 A-22를 이용하여 측정하며, 여기서 *L*은 태워서 72% H_2SO_4로 처리한 다음에 손실된 양을 나타내며, *S*는 건조된 샘플의 무게를 다시 잰 것이다.

$$\text{리그닌} = \frac{L \times 100}{S} \tag{A-22}$$

칼로리 수준

칼로리는 Broady(1964)의 계산 방법을 이용하여 전환된다. 단백질, 무게(g) × 5.65; 녹말과 가용성 탄수화물, 무게(g) × 4.1; 지질, 무게(g) × 9.45. 주울(j)로 바꾸려면 칼로리에 4.184를 곱해주면 된다.

생장

생장은 해산 식물의 반응을 생물학적으로 측정해낼 수 있는 결정적인 부분이다. 왜냐하면 생장은 모든 대사와 생리학적인 과정의 총합이기 때문이다. 생장은 보통 습중량, 건중량, 또는 경우에 따라서는 길이와 표면적을 이용하여 측정된다. 원핵 또는 진핵 생물에 따른 톡특한 생장은 영양분의 흡수와 이용 역학(Admiraal 1977) 또는 비생물 요인의 영향 등에 한정하여 측정하면 된다.

생장 역학 및 생장률

생물종에 따라 독특하게 나타나는 생장률의 동력학을 보면 모든 다른 요인이 과잉상태일 때 어떤 종류의 제한 요인이 영향을 미치는지를 알 수 있다. 더구나 생장은 Michaelis-Menten 역학(A-23)

과 호환될 수 있는데, 여기서 *S*는 기질의 농도이며, K_s는 생장률(m)이 최대 생장(m_{max})의 절반이 되는 기질의 농도를 말한다.

$$\text{생장율}(m) = m_{max} \frac{S}{S + K_S} \tag{A-23}$$

이 식은 S/m을 S로 나누어 다시 계산하여 좌표를 구하면 K_s와 m_{max}의 수치가 구해지는 그려진다. 이 방법으로 *Codium fragile* ssp. *tomentosoides* (Hanisak 1979), *Gracilaria foliifera, Neoagardhiella baileyi* (DeBoer et al. 1978)를 포함한 많은 해조류에서 생장률이 측정되었다.

생장의 측정

해조류의 일일 생장률(DGR) (m = DGR = percent growth d^{-1})은 관찰되는 생물량의 증가에 따라서 선형 생장(A-24) 또는 지수 생장(A-25)에 의하여 계산될 수 있다. 선형 생장 측정은 실험실 배양에서 흔하게 이용되는 반면, 지수 생장은 현장 연구에 더 빈번하게 이용된다(Dawes et al. 1994). 초기 무게(W_i)를 최종 무게(W_f)에서 빼거나(A-24) 나누고(A-25) 이를 생장 실험의 일수로 나눈다.

$$DGR = \frac{\frac{W_f - W_i}{W_i} \times 100}{d} \tag{A-24}$$

$$DGR = \frac{\log_n \frac{(W_f)}{(W_i)} \times 100}{d} \tag{A-25}$$

부록 B

조류의 이용

염습지, 맹그로브, 해조류 군집의 이용에 대한 내용은 9장부터 11장까지 이미 다루었으므로, 여기서는 조류의 이용, 특히 해조류에 대한 바다 양식을 간략하게 기술하였다. 대형 조류 및 미세 조류는 가정에서, 산업적으로 또는 농업에 광범위하게 이용된다. 미세 조류는 다양한 종류의 패류와 유생들에게 일차적인 먹이가 되며 아울러 양어장의 사료로도 이용된다. 그러나 이와같은 용도이외에도 미세 조류로부터 새로운 생산품들이 많이 나오고 있다. DHADocosahexaenoic acid는 종속영양생활하는 미세 조류로부터 얻어진 것이다(Kyle et al. 1992). 이 화합물은 모유에는 있지만 이유식으로부터는 쉽게 섭취할 수 없으며, 뇌와 망막의 회백질 형성에 필수적이다. 대량 배양되는 다른 종류의 미세 조류로는 남조 꼬인말*Spirulina*이 있는데(Radmer 1996), 고대로부터 아즈텍Aztec인들이 먹었다. 꼬인말*Spirulina*은 알칼리성 환경에 잘 자라며 어떤 호수에는 자연적으로 이 남조만 살기도 한다. 꼬인말은 말려서 먹으며 시가로 미화 8천만 달러 상당의 고단백질원이다. 내염성 편모녹조 *Dunalliella*는 베타카로틴 원료로 배양되며 영양 첨가제로 이용된다. 구상 녹조 *Chlorella*는 대량생산을 위해 CO_2 농도가 높은 조건에서 배양되며 극동 지역에서는 미화 1억 달러 상당의 식품으로 이용된다. *Chlorella pyrenoidosa*는 비타민 C와 L-아스코빅산의 주요 원료로 알려져 있다(Radmar 1996).

대형 조류의 전 세계 생산량은 1987년에 습중량 3,243,400톤으로서 이 중에서 갈조류는 67%, 홍조류는 30%, 기타 3%로 추산되었다(국제식량농업기구 통계). 해조류의 생산 수준은 1983년 이후 점차 증가하여 일정하게 증가하는 추세를 보이고 있는데 이는 바다 양식을 개선하는 데에 노력을 기울였기 때문이다. 따라서 초기의 자연 수확에서는 생산량이 일정하지 않고 변동이 심했던 것에 비하면 "해조류 양식장"(Ohno and Critchley 1993)은 여러 분야의 산업에 이용될 수 있는 대형 조류를 안정적으로 공급해주는 원천이 되고 있다. 해조류의 이용과 바다 양식에 대한 상세한 내용은 여러 저서에 나와 있다(Levring et al. 1969; Chapman 1970; Bird and Benson 1987; Akatsuka 1990; Guiry and Blunden 1991; Ohno and Critchley 1993).

해조의 이용

식용, 사료, 화학제품으로 이용되는 해조류 500종 가운데서 양식되는 종은 20종이 채 안된다. 미만이다(Lobban and Harrison 1994). 이들 중에서 5속이 중점적으로 양식되는데, 홍조류 3속(*Eucheuma*, 꼬시래기*Gracilaria*, 김*Porphyra*) 갈조류 2속(다시마*Laminaria*, 미역*Undaria*)이다. 해조류의 주요 용도는 직접 먹거나 가용성 탄수화물 제품(해조콜로이드)의 추출 원료로 이용되며 생산량은 건중량으로 각각 454,730톤과 50,000톤이다(Ohno and Critchley 1993). 아울러 해조류는 의약품, 동물 사료, 거름 및 연료로도 쓰인다.

바다 채소

해조류는 B.C. 600년경부터 이용되었다. 중국의 고서에는 해조류의 중요성에 대해서 설명되어 있다. 요리책에는 바다 채소를 재료로 하여 요리하는 방법과 유용한 종에 대해서 상세하게 설명되어 있다(Madlener 1977). 오늘날에는 녹조류(0.4%), 갈조류(66.5%), 홍조류(33%)가 아시아 국가들, 특히 일본, 한국, 중국 등지에서 많이 소비된다. 식용 해조류의 94%가 자연적인 수확보다는 바다 양식으로 생산되며 가격은 건중량 톤당 미화 7,500-10,000달러에 이른다. 한국에서는 해조류 소비의 75%가 미역*Undaria pinnatifida*인 반면, 일본에서는 김*Porphyra*이 모든 식용 해조류의 45%를 차지한다.

바다 채소의 영양가는 육상 작물의 영양가와 비슷하다(Madlener 1977). 해조류는 생물량의 75-90%가 물로 이루어져 있으며, 건중량의 약 75%는 유기물, 25%는 회분으로서 칼륨, 마그네슘, 칼슘 이온으로 구성되어 있다(Lüning 1990; Indergaard and Minsaas 1991). 건조 유기물은 단백질 5-15%, 지질 1-2%, 가용성 탄수화물 32-60%, 섬유 4-12%로 구성되어 있다(Chapman 1970). 요오드의 함량은 18-1,600 ppm으로 높은 반면, 비타민 함량은 육상식물과 비슷하거나 그 보다 적다(Indergaard and Minsaas 1991). 갈조 *Ascophyllum nodosum*에 함유된 비타민의 조성은 카로틴(비타민 A) 35-80 ppm, 아스코빅산(C) 550-1,650 ppm, 니아신(B) 1-30 ppm, 리보플라빈(B_2) 5-10 ppm, 티아민(B_1)이 1-5 ppm이다.

녹조류 바다 채소는 식용으로 양식되는 해조류에서 가장 적은 부분을 차지한다. 넓은홑파래 *Monostroma latissimum*는 일본 남중부 지역의 염하구에서 가장 널리 양식되는 반면, 파래 *Enteromorpha* 종은 자연 수확되거나 강이나 만의 입구에서 그물에 붙여 양식을 한다(Ohno 1993b). 넓은홑파래는 이형 생활사 특징을 이용하여 바다 양식을 한다. 4월에 반수체인 엽상체를 채취하여 하룻 밤 동안 건조시켜 배우자가 방출되도록 유도한 다음 배우자가 접합한 후 수조에 널빤지를 띄워 여기에 접합자가 붙도록 한다. 단세포성 접합자(코디올룸Codiolum 단계)는 낮은 조도와 강화해수 조건 하에서 여름 동안에 널빤지에 붙어있는다. 9월에 암처리를 하면 접합자 감수분열이 촉발되어 반수체 유주자들이 수조에 띄운 그물에 붙게 된다. 유주자가 붙은 그물을 양식장으로 옮겨 대나무 막대나 뗏목에 매달아 놓으면 여기서 넓은홑파래의 배우체인 엽상체가 발달한다.

동형 생활사를 가지는 파래*Enteromorpha* 종류는 반수체 또는 유주자로부터 발달한 이배체 식물 모두를 이용할 수 있는데 이들은 9월 중순경에 "채묘장"에 매달아 놓은 줄에 붙는다. 채묘장은 모래 바닥에 암반들이 널려 있어서 종의 자연 개체군이 풍부하고 유주자들이 무리지어 있는 지역이다. 11월 초에는 체장이 2-3 cm에 이르며 이들을 양식장으로 옮기면 최대 길이(82-132 cm)로 자란다. 녹조 옥덩굴의 일종 *Caulerpa lentillifera*는 필리핀 연안의 조수웅덩이에서 양식되며(그림 B-1)

그림 B-1. 필리핀의 수산물 시장에서 팔리는 녹조 옥덩굴의 일종 *Caulerpa lentillifera*.

오키나와에서는 내만에서 바구니에 매달아 양식한다. 이 옥덩굴은 시장에서 생체로 팔리고 샐러드를 만들어 먹으며, 매운 맛이 난다. 말린 홑파래는 간장에 설탕을 함께 넣어 끓여 잼을 만들거나 날 채로 된장국을 끓여 먹는다. 말린 파래는 구운 다음 부숴서 가루로 만들어서 여러 가지 요리 또는 수프를 만들 때 고명으로 얹거나 녹색을 내는데 쓰인다. 홑파래와 파래의 1992년 생산 건중량은 약 2,700톤으로 시가로 미화 360만 달러 상당이다(Patwary and van der Meer 1992; Ohno and Critchley 1993).

대황*Eisenia bicyclis*, 개다시마의 일종 *Kjellmaniella gyrata*, 다시마*Laminaria* 등을 포함하여 다양한 종류의 갈조류가 일본과 아시아에서 식용으로 이용된다(Madlener 1977). 그러나 가장 흔하게 바다 채소로 이용되는 갈조류는 중국과 일본에서는 다시마(*Laminaria japonica*; 생산 건중량 294,000톤, 미화 3.0×10^8 달러)이며 한국에서는 미역(*Undaria pinnatifida*, *U. undarioides*, *U. peterseniana*; 81,400톤, 미화 2.0×10^8 달러)이다.

다른 두 종의 갈조류인 모즈크(오키나와큰실말*Cladosiphon okamuranus*)와 톳(*Hizikia fusiformis*; 생산 건중량 9,600톤)은 오키나와와 한국에서 각각 양식되어 바다 채소로 이용되지만 다시마와 미역의 이용 정도에는 못미친다(Patwary and van der Meer 1992; Ohno and Critchley 1993). 갈조류 오키나와큰실말*Cladosiphon okamuranus*과 미끈가지말*Nemacystus decipiens*은 독성이 있는 것으로 알려져 있다(Yasumoto 1993). 다시마와 미역의 생활사는 대형 갈조류 생활사의 전형을 보이

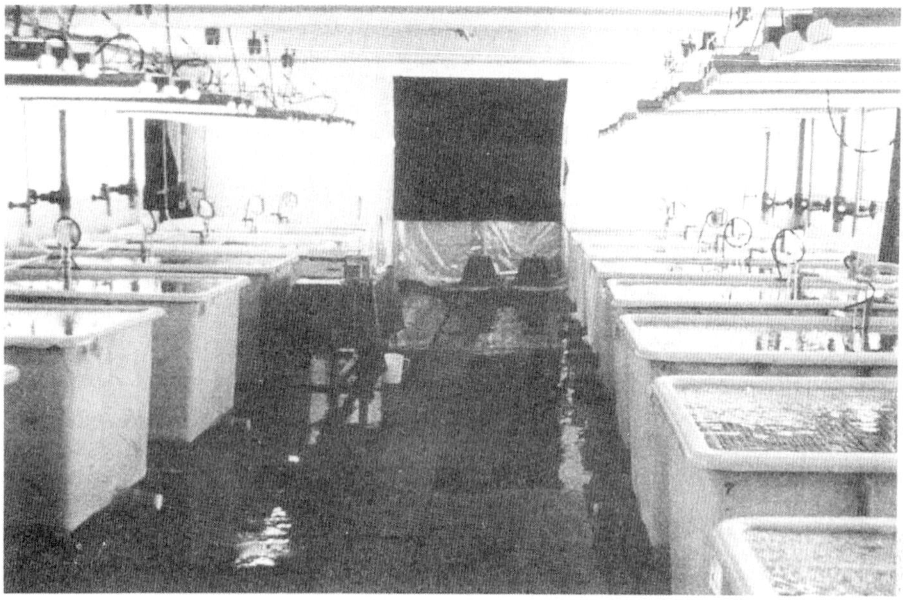

그림 B-2. 다시마*Laminaria* 포자 배양 설비(호주 멜버른 대학University of Melbourne의 John West 제공).

며 반수체 유주자가 발아하여 현미경적 크기의 사상형 배우체로 발달하여 난세포와 정자를 방출한다. 배우자 접합이 일어나면 접합자는 대형 포자체로 발달한다. 다시마는 이년생이며, 개재 생장에 의해 엽상체가 2년 동안 외줄기로 자란다. 생식 포자엽은 실험실 내에서 줄에 매달아 반수체 유주자를 방출시켜 부착되도록 하고 이어서 배우체를 발생시킬 수 있다. 유성 생식이 일어난 다음에는 실험실 내의 줄 위에서 겨울 동안에 이배체인 발아체가 자라나오면(그림 B-2) 이 줄을 이른 봄에 양식장으로 옮긴다. 마른 다시마는 케이크로 만들어 먹거나 묽은 식초나 간장에 담가 고기, 생선, 국과 함께 끓여 채소로 또는 밥을 싸서 먹는다.

미역은 일년생이다. 가을과 겨울에 "묘줄"에 붙인 다음에 유주자 방출, 배우체 발생, 포자체 형성을 조절하는 방법은 다시마 양식과 비슷하다. 포자체는 2-3 cm로 자라면 이른 봄에 양식장으로 옮겨준다. 미역은 한국과 일본에서 귀한 음식으로 여겨지고 있으며, 익히거나 말려서 팔리며 국(채소, 된장)을 끓이거나 샐러드(오이, 새우를 곁들여)를 만들어 먹는다.

홍조류 바다 채소 중에서 참김*Porphyra tenera*과 방사무늬김*P. yezoensis*은 가장 중요한 해조이며, 생산 건중량이 69,130톤(미화 2.5×10^9달러)으로서 한국, 일본, 중국에서 양식된다. 1993년에는 고급 김의 도매가격이 kg당 미화 24달러 이상에 팔렸다. 바로 먹을 수 있는 다른 대형 홍조류로는 아일랜드의 아이리쉬모스Irish moss(*Chondrus crispus*)와 필리핀의 아가아가agar-agar(*Eucheuma* spp.), 캐나다 동해안 지방의 덜스dulse(*Rhodymenia palmata*) 등이 있다. 꼬시래기*Gracilaria* 두 종과

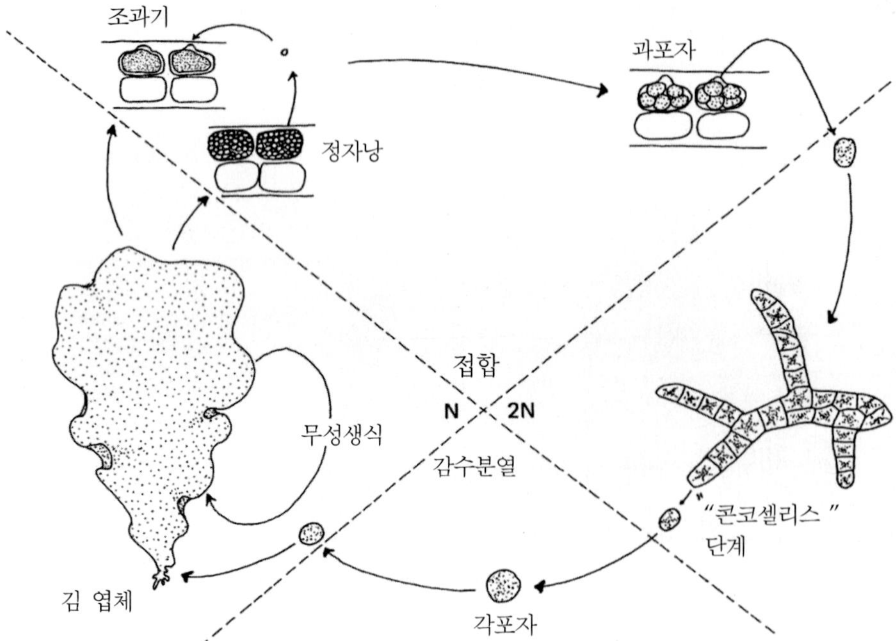

그림 B-3. 김*Porphyra*의 이형 생활사. 이배체인 콘코셀리스*Conchocelis* 사상체는 굴 껍데기 속에서 자라 반수체 포자를 방출하고 수조의 줄에 붙는다(그림 B-4). 이 줄을 양식장으로 옮겨 놓으면 엽체로 발달하고 김으로 수확할 수 있다(그림 B-5). 엽체는 수조 안에서 유성생식을 하여 조과기를 내며 정자에 의해 수정이 일어난다. 접합자는 콘코셀리스 사상체로 발달하게 되는 이배체인 과포자를 낸다.

개서실*Chondria* 한 종은 사람에게 독성을 일으키는 것으로 알려져 있다(Yasumoto 1993). 김을 양식할 때, 다시마와 미역과 마찬가지로 생식을 유도하기 위해서는 이형 생활사(그림 B-3), 수온, 광주기 등을 고려해야 한다(Oohusa 1993). 이배체인 과포자는 성숙한 김 엽체로부터 장일 고온 조건을 주어 방출을 유도할 수 있으며, 방출된 과포자는 여름 동안에 수조의 굴 껍데기 속에서 발아한다. 2주가 지나면 과포자는 콘코셀리스*Conchocelis* 사상체로 자라서 굴 껍데기 속으로 파고 들어간다. 굴 껍데기들을 실내 수조에서 막대기를 가로 걸쳐 놓고 여기에 매달아 놓는다(그림 B-4). 10월이 되어 수온이 내려가고 일장이 짧아지면, 콘코셀리스 사상체는 반수체 포자를 방출하여 굴 껍데기 아래에 쳐 놓은 그물에 붙는다. 이어서 이 그물을 이듬해 봄 일장과 수온이 김 엽체로 자랄 수 있을 정도가 되었을 때 냉장 보관한 상태로 양식장으로 옮긴다(그림 B-5).

그림 B-4. 수조 배양을 통하여 생산된 콘코셀리스*Conchocelis* 사상체로 덮인 굴 껍데기.

해조 콜로이드

해조류의 세포벽에 들어 있는 다당류는 건조 질량의 약 30-40%를 차지한다(Craigie 1990). 6장에 설명된 바와 같이 홍조류와 갈조류의 세포벽은 셀룰로오스 미세섬유 기질로 이루어져 있으며, 해조 콜로이드가 들어 있는 무정형 다당류를 함유하고 있다. 해조 콜로이드 물질은 하이드로콜로이드hydrocolloids라고 불리기도 하며, 낮은 농도(0.1-5%)에서 교질 현탁액과 겔을 형성한다. 일부 콜로이드는 실온에서 안정적인 겔을 형성한다. 해조류의 습중량 약 90만 톤(건중량 50,000 톤)이 한천, 알긴산염, 카라기난을 추출하기 위해서 수확된다(Lüning 1990). 해조 콜로이드와 그 이용에 대하여 상세히 설명이 되어 있으며(Gacesa 1988; Lewis et al. 1988; Cosson et al. 1995) 표 B-1에 가장 흔하게 이용되는 것들을 목록으로 나타내었다.

알긴산alginic acid은 C-6에 카복시기가 붙은 만뉴론산mannuronic acid과 글루크론산gluccuronic acid 잔기가 다양한 조성으로 이루어진 폴리우론polynuronic(다당) 중합체이다(그림 B-6). 만뉴론산은 베타 1,4 결합된 D-만뉴론산이며, 글루쿠론산은 알파 1,4 결합된 L-글루쿠론산이다. 알긴산 중합체는 각각 산의 블록으로 구성되어 있다. 알긴산염의 점성과 겔 강도는 Ca^{2+}결합 정도에 따라 달라진다(Gacesa 1988; Craigie 1990).

표 B-1. 해조 콜로이드의 이용 예

	한천	알긴산염	카라기난
		물을 이용한 식품 제조	
냉동식품	○	○	○
반죽 고물		○	○
당의	○	○	○
캔디	○	○	
소스와 육즙		○	○
샐러드드레싱		○	○
		우유를 이용한 식품 제조	
휘프 고명		○	○
초컬릿 밀크			○
치이즈	○	○	○
파이와 커스터드		○	○
요거트	○		○
아이스크림		○	○
		산업적인 이용	
제지 아교처리와 코팅	○	○	
접착제	○	○	
직물 인쇄와 염색	○	○	
공기 청정용 겔		○	○
광택제		○	
주조와 인쇄	○	○	
용접봉		○	
		의학 및 약학적인 이용	
완하제	○		○
캡슐과 알약	○	○	○
항응고제	○		
로션과 크림		○	○
샴푸			○
치약			○

출처: Dawes(1981); Lewis et al.(1988).

알긴산은 모든 해조 콜로이드 중에서 이용도가 가장 높으며(연간 건중량 22,000-25,000톤), 그 수요는 매년 10-30% 비율로 계속 증가하고 있다(Ohno and Critchley 1993). 알긴산염 추출을 위해 가장 흔하게 수확되는 갈조류는 감태*Ecklonia,* 대황*Eisenia,* 다시마*Laminaria, Macrocystis,*

그림 B-5. 일본의 김 양식장. 김발과 지주는 저조시에 엽체를 노출되도록 한다.

Ascophyllum, 모자반*Sargassum* 종들이다. 해조류 종류에 따라 수확하는 방법도 다양하여 *Macrocystis pyrifera*는 채취선을 이용하여 잘라내며(그림 B-7) 다른 종들은 손으로 수확한다. 알긴산염의 1년 생산액은 미화 1억 달러를 넘는다. 신선한 상태로 잘라낸 갈조류를 공장에서 갈아서 씻어낸다. 불용성 알긴산염은 알칼리성 용액이 들어있는 그릇에 담아 가열시키면 가용성 나트륨 알긴산염으로 바뀐다. 침전시킨 다음 체로 걸러내고 원심 분리시키면 액체 상태로부터 고형물을 분리해낼 수 있으며, 그 다음에는 이를 정제시켜(산성화시키거나 전기분해시킴) 말려서 백색 가루로 만든다. 알긴산염은 제지와 직물 산업에 주로 이용되는데(50%), 해조 콜로이드는 종이의 잉크 저항성을 크게 하고 면을 매끄럽게 해준다. 직물 산업에서는 선을 뚜렷하게 인쇄하고 염료를 보존시키기 위하여 섬유 반응 염료와 섞는 혼합물로 이용된다. 알긴산염은 식품 산업(30%)에서 냉동 디저트, 샐러드 드레싱, 유제품 및 제과에 이용된다. 의료 산업에서는 보호용 피복, 현탁제, 치과용 의치 틀을 만들 때 쓰인다.

한천agar은 중합체의 혼합물로서(Craigie 1990), (1) 베타 D-갈락토피라노오스galactopyranose와 3,6 연결 무수(알파 연결) L-갈락토피라노오스(3,6 AG)가 반복되어 있는 아가로오스agarose(그림 B-8); (2) 이온화된 아가로오스로서 고도로 황산염화 된 베타 D-갈락토피라노오스; (3) 3,6 AG 대부분이 6-황산염화 된 L-갈락토오스로 대체된 갈락탄 등이 있다(Cosson et al. 1995). 첫 번째 유형의 아가

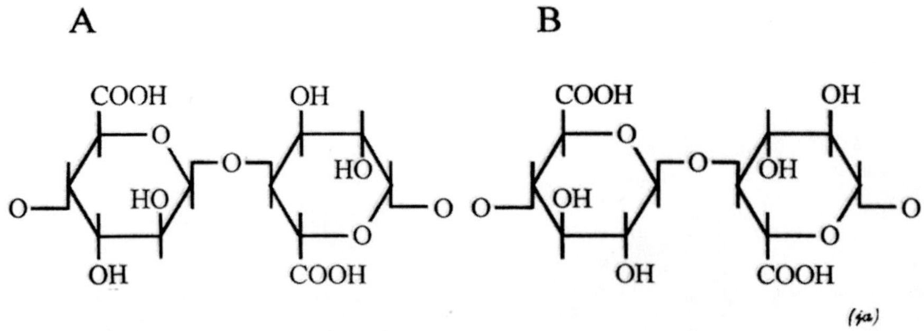

그림 B-6. 알긴산의 구조. 알긴산 화합물은 1,4 베타 연결 D-만뉴론산(A)과 1,4 알파 연결 L-글루쿠론산으로 이루어져 있다.

그림 B-7. 켈프 채취선이 캘리포니아 해안에서 *Macrocystis pyrifera* 엽상체 상부 2-3 m 부분을 잘라내고 있다(노스캐롤라이나대학University of North Carolina, Wilminton의 K. Bird 제공).

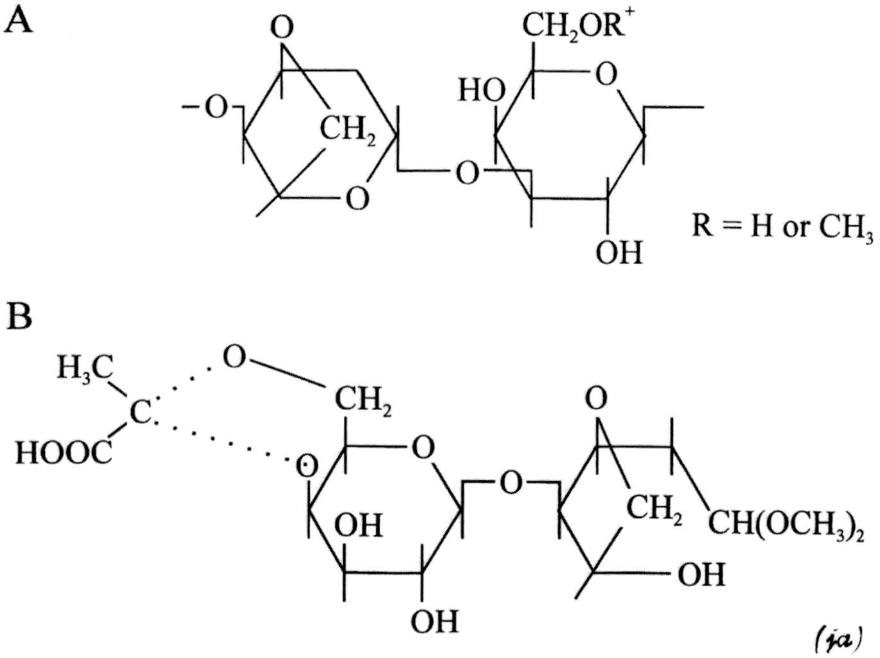

그림 B-8. 아가로오스의 구조(A)와 이온화된 한천의 아가로오스(B).

로오스는 황산염화되지 않고, 이온화 수준이 낮으며, 겔이 강하게 형성된다. 반면에 두 번째 유형의 아가로오스는 이온화, 황산염화, 하전이 강하게 형성되며 겔의 강도는 OSO_3의 수준에 반비례한다. 갈락탄은 겔이 형성되지 않는다.

우뭇가사리*Gelidium*와 꼬시래기*Gracilaria* 종들은 한천의 일차적인 원료로서 세계 시장에서 미화 2억 달러 어치가 넘는다. 아시아와 남미의 꼬시래기 종들은 지난 20여 년 동안 양식 기술이 발전한 결과 생산되는 한천의 70% 이상을 차지하게 되었다(Dawes 1987; Critchley 1993). 한천은 말린 해조 가루를 뜨거운 물에 녹여서 추출하며, 수용성 한천은 원심 분리, 여과를 통하여 분리시키고 화학적으로 처리하여 색소를 없앤다. 추출액을 식힌 다음 겔이 되면 짜내어 물, 불순물, 염분 등이 스며 어나오게 한다. 용액은 얇은 조각이나 종이 모양으로 말린 다음 흰 가루로 갈아낸다. 한천이 1-2%가 들어 있는 수용액은 실온에서 단단하게 굳거나 부서지기 쉬운 정도의 겔이 형성된다. 한천은 식품을 만들거나(비스킷류, 캔디, 쥬스, 와인, 식초), 산업적인 용도(접착제, 화장품, 공작 기계, 전기영동 겔), 다양한 의료 용도(치과용 주물, 완하제, 알약이나 캡슐의 조형물, 생물 연구용 배지 등으로 이용된다.

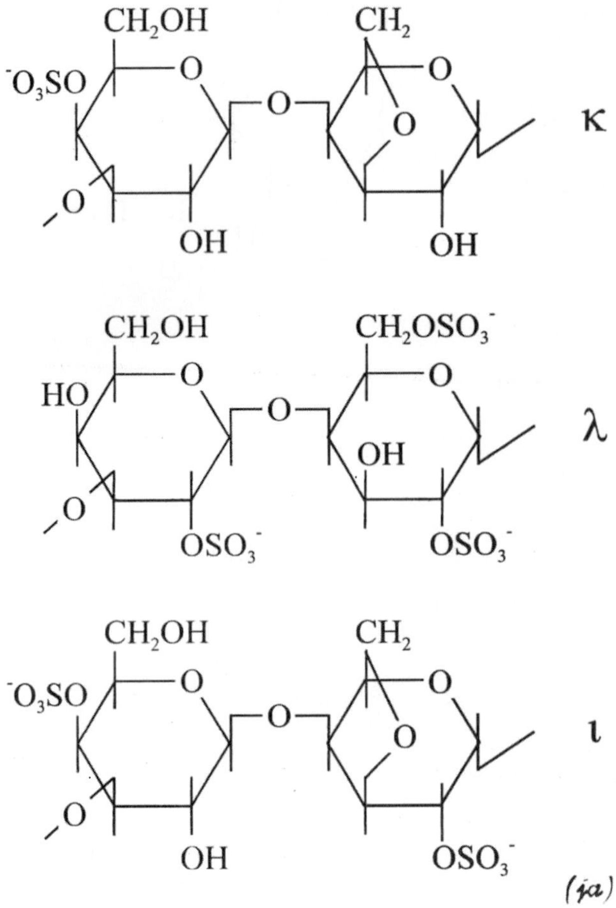

그림 B-9. 카파, 람다, 이오타 카라기난의 기본 단위. 카파와 이오타(카파형) 카라기난에는 3,6 무수갈락토오스 잔기가 있지만 람다 카라기난에는 없다.

카라기난carrageenan의 14유형 중에서, 람다lamda, 카파kappa, 이오타iota 등 세 가지 유형이 상업적으로 가장 중요하다(그림 B-9). 카라기난은 1,3 베타 연결 D-갈락토피라노실galactopyranosyl과 1,4 알파 연결 D-갈락토피라노실 단위가 엇갈려 배열되어 있고 황산염화 수준도 다양하다(Craigie 1990; Cosson et al. 1995). 카파형 카라기난(카파와 이오타)은 C-3에 결합된 갈락토피라노실을 가지고 있는 것이 특징이며 항상 C-4 위치가 황산염화 되어 있다. 람다형 카라기난은 갈락토피라노오스 단위의 C-2 위치가 항상 황산염화 되어 있다.

카라기난은 연간 매상고가 2억 달러를 넘으며 전 세계 식품 해조 콜로이드 수요의 약 15%를 차지한다(Bixler 1996). 카라기난의 일차 원료는 북대서양 연안에서는 주름진두발*Chondrus crispus*과 *Mastocarpus stellatus*이며, 필리핀에서는 *Eucheuma*와 *Kappaphycus*, 북아프리카 연안에서는 가시우무 *Hypnea*로부터 추출된다. 원래 이 해조류들 각각은 바다 채소로 먹거나, 젤리, 푸딩(블라망쥬 blancmange)를 만들거나 요리를 걸쭉하게 만들 때 쓰였다. 지금도 이와 같은 용도로 쓰이지만 주로 카라기난을 추출하기 위해 수확된다. 바다 양식이 성공적으로 이루어지면서, 필리핀에서 나오는 종들은 현재 전 세계 카라기난 수요의 약 50%의 원료가 되고 있다(40,000톤). 필리핀의 *Eucheuma*와 *Kappaphycus* 양식장은 시설이 아주 간단하지만 생산성이 높다(Bixler 1996). Trono(1993)가 설명한 바와 같이, 이들은 막대기 사이에 외줄을 치거나 통나무를 띄워 양식한다. 건조된 조체는 씻어 내어 염분과 부착된 잡물들을 없애고 알칼리(KOH, CaOH)를 풀어 넣은 뜨거운 물에 온침시킨다. 알칼리성 추출물은 엽상체를 부풀게 하고 황산염기를 제거하여 3,6-무수-D-갈락토오스 함량을 높인다. CaOH는 겔을 강화시키고 단백질의 반응을 높여주므로 카라기난 추출에 중요하게 이용되는 물질이다. 카라기난은 보통 침전시켜 정제하며 알코올로 씻은 다음 건조시켜 가루로 만든다. 반정제 카라기난은 조체를 KOH 수용액에 끓이면 추출할 수 있으며, 그 다음 민물에 담가 알칼리 찌꺼기를 빼내고 말려서 가루로 만든다. 화학적, 물리적 특성이 다르기 때문에, 카라기난은 매우 다양한 용도, 특히 유제품뿐만 아니라 의료 및 산업적인 용도에 맞추어 다양하게 이용될 수 있다 (표 B-1).

사료, 비료 및 연료

유럽에서 불리는 "캘프kelp" 라는 말은 원래 해조류를 태운 재를 말하는 것으로서 다시마목 Laminariales에 속하는 대형 갈조류에 대한 통명이 되었다. 해조를 태운 재는 나트륨염soda($NaCO_3$, NaOH), 산화칼륨potash(KCO_3, KOH), 요오드iodine를 추출하는데 이용되었다(Chapman 1970). 대형 갈조류의 나트륨염 함량은 15-22%이며 요오드 함량은 0.6-0.7% 범위이다. 해조재는 1720년경에 영국에서 생산되기 시작하어 18세기 말까지 계속되었으며, 스코틀랜드에서만 연간 400,000톤의 갈조류 생체로부터 20,000톤이 생산된 때가 있었다. 이와 같이 대형 갈조류를 대규모로 채취해낸 결과 조간대와 조하대 상부 지역에 어떠한 생태적인 변화가 일어났는지는 추정하기 어려울 정도였다. 해조로부터 추출된 나트륨염과 산화칼륨은 바릴라소다Barilla soda가 수입된 1810년까지 유럽에서 유리 산업에 주로 이용되었다. 요오드는 1850년대까지는 주로 해조재로부터 추출되었으며, 1940년대에 이르러 수입되는 무기 화합물로 대체되었다. 캘리포니아에서는 1910년과 1930년 사이에 캘프가 집중적으로 채취되어 캘리포니아에서 일차 세계 대전에 필요한 화약을 제조하는데 쓰였다 (Neushul 1987). 산화칼륨과 아세톤 역시 해조재로부터 생산되었다. 산화칼륨은 검은 화약의 주성분으로서, 아세톤은 코르다이트 폭약을 만드는데 쓰이는 아세톤의 원료로 이용되었다(Chapman 1970). 산화칼륨은 일차 대전 동안에 외국으로부터 수입하기 어려웠기 때문에 비료로 이용되었다.

해조류는 중세로부터 가축을 사육할 때 사료 첨가물로 이용하거나 직접 사료로 먹였다(Round 1981). 가축, 말, 가금류 사료에 해조류 10%까지 첨가하였을 때 성장률이 증가하였는데, 이는 해조류에 들어 있는 미네랄 함량, 특히 미량 원소에 기인된 것이 분명하다고 보았다(Chapman 1970).

일부 국가에서는 동물 사료에 첨가하는 혼합물이나 해조 첨가물이 현재 시판되고 있다(필리핀의 "Algavit L"). 일반적으로 건조된 해조류에는 건초에 비하여 단백질과 비타민 함량이 낮다(Chapman 1970). 지금까지도 아일랜드, 아이슬랜드와 노르웨이, 프랑스, 스코틀랜드의 연안 지역에서는 사료 첨가물로 이용되고 있지만, 해조 탄수화물이 동물에게 어떻게 소화가 잘되는지는 의문이다.

해조비료manure는 유럽 연안 지역에서 오래전부터(4세기) 이용되어왔다. 폭풍이 지나면 떠올라온 많은 해조류를 긁어모은 다음에 밭에 뿌려 놓거나 파종을 할 때 함께 갈아 엎었다. 해조비료를 이용할 때 장점은 값이 싸며(해안에 위치할 경우), 미량 원소가 함유되어 있고, 토질을 개선시켜주는 역할을 한다는 것이다. 시판되는 해조비료는 대부분 액상 첨가제로서 영국의 "Maxicrop"과 필리핀의 "Algafer" 등이 있다. 프랑스에서는 무절 석회조류를 멀maerl이라고 부르며, 석회($CaCO_3$)가 80% 이상 함유되어 있으므로 이들을 채취하여 산성화된 습한 이탄질 토양을 완화시키거나 중화시키는데 이용하였다. 멀은 무절석회조류인 *Lithothamnion coralloides*와 *Phymatolithon calcareum*의 죽은 조체로 이루어져 있으며 수심 1-8 m에서 진흙채로 긁어 올려 2-3 년 마다 한 번씩 토양 위에 뿌려준다.

해조연료로 쓰기 위한 메탄 원료로서 해조류를 이용하는 것도 계획되어 비용 분석이 이루어졌다(Bird 1987). 해안 지역의 캘프 또는 조간대 해조 군집을 이용한 생물량 대 에너지 시스템은 무산소 발효를 이용하여 메탄과 알코올을 생산할 수 있었다. 생물을 이용한 가스 생산은 잘 알려져 있으며 농업 폐기물과 잉여 농산물을 이용하여 시험이 이루어지고 있다. 따라서 규모가 적은 해안 군집을 이용하여 연료와 전기를 생산하는 것이 가능하게 되었다. 문제는 이용 가능한 범위 내에서 가스 생산에 드는 비용을 어떻게 충당하느냐에 있다(Biird 1987).

참고문헌

Abel K.M. and E.A. Drew. 1989. Carbon metabolism. In *Biology of Seagrasses*. A.W.D. Larkum, A.J. McComb and S.A. Shepherd (eds.), 760-796. Elsevier, New York.Aberg P.

1990. Population ecology of *Ascophyllum nodosum*: Demography and reproductive effort in stochastic environments. Ph.D. dissertation, University of Götborg, Götborg, Sweden.

Adam P. 1990. *Saltmarsh Ecology*. Cambridge University Press, Cambridge.

Adams D.A. 1963. Factors influencing vascular plant zonation in North Carolina salt marshes. *Ecology* 44: 445-456.

Adams J.B. and G.C. Bate. 1994. The ecological implications of tolerance to salinity by *Ruppia cirrhosa* (Petagna) Grande and *Zostera capensis* Setchell. *Bot. Mar.* 37: 449-456.

Abey W.H. and T. Goertemiller. 1987. Coral reef algal turfs: Master producers in nutrient poor seas. *Phycologia* 26: 374-386

Admiraal W. 1977. Influence of various concentrations of orthophosphate on the division rate of an estuarine benthic diatom, *Navicula arenaria* in culture. *Mar.Biol.* 42: 1-8.

Aikanathan S. and A. Sasekumar. 1994. The community structure of macroalgae in a low shore mangrove forest in Selangor, Malaysia. *Hydrobiologia* 285: 131-137.

Akatsuka I. (ed.). 1990. Saltmarshes: Morphodynamics, Conservation, and Engineering Significance. Cambridge University Press, Cambridge.

Allen J.R.L. and K. Pye (eds.) 1992. *Saltmarshes: Morphodynamics, Conservation, and Engineering Significance.* Cambridge University Press, Cambridge.

Alongi D.M. 1994. Zonation and seasonality of benthic primary production and community respiration in tropical mangrove forests. *Oecologia* 98: 320-327.

Alongi D.M., K.G. Boto and A.I. Robertson. 1992. Nitrogen and phosphorus cycles. In *Coastal and Estuarine Studies 41. Tropical Mangrove Ecosystems* A.I. Robertson and D.M. Alongi (eds.) 251-292. American Geophysical Union, Wasington, D.C.

Alongi D.M. and A. Sasekumar. 1992. Benthic communities. In *Coastal and Estuarine Studies* 41. Tropical Mangrove Ecosystems A.I. Robertson and D.M. Alongi (eds.) 137-171. American Geophysical Union Wasington D.C.

Almodovar L.R. and F.A. Pagan. 1971. Notes on a mangrove lagoon and mangrove channels at La Parguera, Puerto Rico. *Nova Hedwigia* 21: 2451-2459.

Al-Thukair A.A and K. Al-Hinai. 1993. Preliminary damage assessment of algal mats, sites located in the Western Fulg following the 1991 oil spill. *Mar. Pollut. Bull.* 27: 229-238.

Ancibar E. 1979. Systematic anatomy of vegetative organs of the Hydrocharitaceae. *Bot. J. Linn. Soc.* 78: 237-266

Anderson C.E. 1974. A review of structure in several North Carolina salt marsh plants. In *Ecology of Halophytes*, R.J. Reimold and W.H. Queen (eds.) 307-344. Academic Press, New York.

Andrews T.J. and G.J. Muller. 1985. Photosynthetic

gas exchange of the mangrove, *Rhizophora stylosa* Griff. in its natural environment. *Oecologia* 65: 449-455.

A.P.H.A. 1989. *Standard Methods for the Examination of Water and Wastewater,* 17th ed. American Public Health Association, New York.

Arbor A. 1920. *Water Plants a Study of Aquatic Angiosperms.* Cambridge University Press London.

Arrontes J. 1990. Composition, distribution on host and seasonality of epiphytes on three intertidal algae. *Bot. Mar.* 33: 205-211.

Asia-Pacific Symposium on Mangrove Ecosystems. 1995. *Hydrobiologia* 295: 1-355.Bach S.D. and M.N. Josselyn. 1978. Mass blooms of the alga *Cladophora* in Bermuda. *Mar. Pollut. Bull.* 9(3): 34-37.

Bachmann R.W and E.P. Odum. 1960. Uptake of Zn^{65} and primary productivity of marine benthic algae. *Limnol. Oceanogr.* 5: 349-355.

Bagnis R.J-M.Hurtel, S. Chanteau, E. Chungue, A. Inoue and Y. Yasumoto. 1979. Le dinoflagelle *Gambierdiscus toxicus* Adachi et Fukuyo; agent causal probable de la ciguatera. *C.R. Acad. Sci. Paris* 289: 671-674.

Bakker J.P. 1985. The impact of grazing on plant communities, plant populations and soil conditions in salt marshes. *Vegetatio* 38: 77-87.

Baldwin A.H., K.L. McKee and I.A. Mendelssohn. 1996. The influence of vegetation, salinity and inundation on seed banks of oligohaline coastal marshes. *Amer. J. Bot.* 83: 470-479.

Ball M.C. 1980. Patterns of secondary succession in a mangrove forest of southern Florida. *Oecologia* 11: 226-235.

Ball M.C. 1988. Salinity tolerance in the mangroves *Aegiceras corniculatum* and *Avicenia marina*. I. Water use in relation to growth, carbon partitioning and salt balance. *Austral. J. Plant Physiol.* 15: 263-276.

Ball M.C. 1996. Comparative ecophysiology of mangrove forest and tropical lowland moist rainforest. In *Tropical Forest Plant Ecophysiology,* S.S. Mulkey, R.L. Chazdon and A.P. Smith (eds.), 461-496. Chapman and Hall, New York.

Ballantine D.L. 1979. The distribution of algal epiphytes on macrophyte hosts offshore from La Parguera, Puerto Rico. *Bot. Mar.* 22: 107-111.

Balsmo R.A,, M.E. Adams and W.W. Thomson. 1995. Electrophysiology of the salt glands of *Avicennia germinans. Intern. J. Plant Sci.* 156: 658-667.

Barber H.G. and E.Y. Hayworth. 1981. *A Guide to the Morphology of the Diatom Frustule,* Science Publication 44. Freshwater Biological Association, Cumbria, England.

Barnes D.J. and B.E. Chalker. 1990. Calcification and photosynthesis in reef-building corals and algae. In *Ecosystems of the World 25. Coral Reefs,* Z. Dubinsky (ed.), 109-131. Elsevier, Amsterdam.

Barnett M.R. and D.W. Crewz (eds.). 1990. *An Introduction to Planting and Maintaining Selected Common Coastal Plants in Florida,* Report 97. Florida Sea Grant, Gainesville, Florida.

Baron J., J. Clavier and B.A. Thomassin. 1993. Structure and temporal fluctuations of two intertidal seagrass-bed communities in New Caledonia (SW Pacific Ocean). *Mar. Biol.* 117: 139-144.

Barry J.P., C.H. Baxter, R.D. Sagarin and S.E. Gilman. 1995. Climate-related, long-term faunal changes in a California rocky intertidal community. *Science* 267: 672-675.

Baydoun E.A.-H., and C.T. Brett. 1985. Comparison of cell wall compositions of the rhizomes of three seagrasses. *Aquat. Bot.* 23: 191-196.

Beanland W.R. and W.J. Woelkerling. 1982. Avicennia canopy effects on mangrove algal communities in Spencer Gulf, South Australia. *Aquat. Bot.* 17: 309-313.

Beer S. 1996. Inorganic carbon transport in

seagrasses. In *Seagrass Biology: Scientific Discussion from an International Workshop*, J. Kuo D.I. Walker and H. Kirkman (eds.) 43-47. University of Western Australia, Nedlands.

Beer S. and A. Eshel 1985. Determining phycoerythrin and phycocyanin concentration in aqueous crude extracts of red algae. *Austral. J. Mar. Freshwat. Res.* 36: 785-792

Beer S. and E. Koch. 1996. Photosynthesis of marine macroalgae and seagrasses in globally changing CO_2 environments. *Mar. Ecol. Prog. Ser.* 141: 199-204.

Beer S.A., Shomer-Ilan and Y. Waisel. 1980. Carbon metabolism in seagrasses. 2. Patterns of photosynthetic CO_2 incorporation. *J. Exp. Bot.* 31: 1019-1026.

Beer S. and Y.L. Waisel. 1979. Some photosynthetic carbon fixation properties of seagrasses. *Aquat. Bot.* 7129-7138.

Belanger T.V., D.J. Scheidt and J.R. Platko Ⅱ. 1989. Effects of nutrient enrichment on the Florida Everglades. *Lake Reserv. Mgt.* 5: 101-111.

Belk M.S. and D. Belk. 1975. An observation of algal colonization on *Acropora aspera* killed by *Acanthaster planci*. *Hydrobiologia* 46: 29-32.

Bell E.C. 1993. Photosynthetic response to temperature and desiccation of the intertidal alga *Mastocarpus papillatus*. *Mar. Biol.* 117: 337-346.

Bell E.C. 1995. Environmental and morphological influences on thallus temperature and desiccation of the intertidal alga *Mastocarpus papillatus* Kützing. *J. Exp. Mar. Biol. Ecol.* 191: 29-55.

Bellamy D.J., M.D. John and A. Whittick. 1968. The "kelp forest ecosystem" as a "phytometer" in the study of pollution of the inshore environment. In *Underwater Association Report*. 1968. 79-82. Underwater Association London.

Belsher T., L. Loubersac and G. Belbeoch. 1985. Remote sensing and mapping. In *Handbook of Phycological Methods. Ecological Field Methods: Macroalgae* M.M. Littler and D.S. Littler (eds.) 177-198. Cambridge University Press, Cambridge.

Benayahu Y. and Y. Loya 1977. Seasonal occurrence of benthic-algae communities and grazing regulation by sea urchins at the coral reefs of Eliat, Red. Sea. *Proceedings of the Third International coral Reef Symposium, Miami*: 383-389.

Benz M.C., N.J. Eiseman, and E.E. Gallaher. 1979. Seasonal occurrence and variation in standing crop of a drift algal community in the Indian River, Florida. *Bot. Mar.* 22: 413-420.

Berges J.A., A.E. Fisher and P.J. Harrison. 1993. A comparison of Lowry, Bradford and Smith protein assays using different protein standards and protein isolated from the marine diatom *Thalassiosira pseudonoana*. *Mar. Biol.* 115: 187-193.

Berner T. 1990. Coral-reef algae. In *Ecosystems of the World 25. Coral Reefs*, Z. Dubinsky (ed.), 253-264. Elsevier, Amsterdam.

Bertness M.D. 1991. Interspecific interactions among high marsh perennils in a New England salt marsh. *Ecology* 72: 125-137.

Bertness M.D and A.M. Ellison. 1987. Determinants of pattern in a New England salt marsh plant community. *Ecol. Monograf.* 57: 129-147.

Bertness M.D and S.W. Shumway. 1993. Competition and facilitation in marsh plants. *Amer. Nat.* 142: 718-724.

Bertness M.D., K. Wikler and T. Chatkupt. 1992. Flood tolerance and the distribution of *Iva frutescens* across New England salt marshes. *Oecologia* 91: 171-178.

Besada E.G., L.A. Loeblich and A.R. Loeblich Ⅲ. 1982. Observations on tropical, benthic dinoflagellates from ciguatera-endemic areas: *Coolia*, *Gambierdiscus*, and *Ostreopsis*. *Bull. Mar. Sci.* 32: 725-735.

Biebl R. 1970. Vergleichende Untersuchungen zur

Temperaturresistenz von Meeresalgen entlang der pazifischen Kuste Nordamericas. *Protoplasma* 69: 61-83.

Birch W.R. and M. Birch. 1984. Succession and pattern of tropical intertidal seagrasses in Cockle Bay, Queensland, Australia: A decade of observations. *Aquat. Bot.* 19: 343-367.

Bird K.T. 1987. Cost analysis of energy from marine biomass. In *Seaweed Cultivation for Renewable Resources*, K.T. Bird and P.H. Benson (eds.) 327-350. Elsevier, Amsterdam.

Bird K.T. and P.H. Benson (eds.). 1987. *Seaweed Cultivation for Renewable Resources*. Elsevier, Amsterdam.

Bird K.T., M.S. Brown, T.T. Henderson, C.E. O'Hara and J.M. Robbie. 1996. Culture studies of *Ruppia maritima* L. in bicarbonate- and sucrose-based media. *J. Exp. Mar. Biol. Ecol.* 199: 153-164.

Bischoff B. and C. Wiencke. 1995. Temperature adaptation in strains of the amphiequatorial green alga *Urospora penicilliformis* (Acrosiphonales): Biogeographical implications. *Mar. Biol.* 122: 681-688.

Bixler H.J. 1996. Recent developments in manufacturing and marketing carrageenan. *Hydrobiologia* 326/327: 35-57.

Blackman F.F. and A.G. Tansley. 1903. A revision of the classification of the green algae. *New Phytol.* 1: 17-224.

Blanchard J. and G. Prado. 1995. Natural regeneration of *Rhizophora mangle* in strip clearcuts in northwest Ecuador. *Biotropica* 27: 160-167.

Blanchette C.A. 1996. Seasonal patterns of disturbance influence recruitment of the sea palm, *Postelsia palmaeformis*. *J. Exp. Mar. Biol. Ecol.* 197: 1-14.

Blum J. 1968. Salt marsh Spartinas and associated algae. *Ecol. Monograf.* 38: 213-221.

Boer B. 1993. Anomalous pneumatophores and adventitous roots of *Avicennia marina* (Forssk.) Vierh. mangroves two years after the 1991 Gulf War oil spill in Saudi Arabia. *Mar. Pollut. Bull.* 27: 207-211.

Boesch D.R. and R.E. Turner. 1984. Dependence of fishery species on salt marshes: The role of food and refuge. *Estuaries* 7(4A): 460-468.

Bogorov B.G. 1958. Perspectives in the study of seasonal changes of phytoplankton and the number of generations at different latitudes. In *Perspectives in Marine Biology*, A.A. Buzzati-Traverso (ed.) 145-158. University of California Press, Berkeley.

Bolach G.T. 1993. The introduction of non-indigenous marine species in Europe: Planktonic species. In *Introduced Species in European Coastal Waters*, C.F. Boudouresque, F. Briand and C. Nolan (eds.) 28-31. European Commission for Science, Research, and Development Ecosystems Research Report 8, Paris.

Bold H.C. and M.J. Wynne. 1985. *Introduction to the Algae*, 2nd ed. Prentice-Hall, Englewood Cliffs N.J.

Bolton J.J. 1983. Ecoclinal variation in *Ectocarpus siliculosus* (Phaeophyceae) with respect to temperature growth optima and survival limits. *Mar. Biol.* 73: 131-138.

Borowitzka M.A. 1981. Algae and grazing in coral reef ecosystems. *Endeavour* 5(3): 99-106.

Borowitzka M.A. 1982. Mechanisms in algal calcification. *Prog. Phycol. Res.* 1: 137-177.

Borowitzka M.A. and R.C. Lethbridge. 1989. Seagrass epiphytes. In *Biology of Seagrasses*, A.W.D. Larkum A.J. McComb, and S.A. Shepherd (eds.), 458-499. Elsevier, Amsterdam.

Boserice D.W.J. 1991. Coralline algae: Mineralization, taxonomy, and paleoecology. In *Calcareous Algae and Stromatolites*, R. Riding (ed.) 98-113. Springer-Verlag, Berlin.

Boudouresque C.F. 1971. Contribution a l'etude

phytosociologique des peuplements algaux des cotes varoises. *Vegetatio* 22: 83-184.

Boudouresque C.F., A. Meinesz and V. Gravez. 1996. Scientific Documents Dealing with the Alga *Caulerpa taxifolia* Introduced to the Mediterranean, 5th ed. GIS Posidone Marseilles.

Boudouresque C.F., A. Meinesz, M.A. Ribera and E. Ballesteros. 1995. Spread of the green alga *Caulerpa taxifolia* (Caulerpales, Chlorophyta) in the Mediterranean: Possible consequences of a major ecological event. *Sci. Mar.* 59 (Suppl. 1): 21-29.

Bougis P. 1976. *Marine Plankton Ecology.* North-holland, Amsterdam.

Bourrelly P. 1966. *Les Algues d'Eau Douce.* Vol. I. *Les Algues vertes.* Boubee, Paris.

Bourrelly P. 1968 Les *Algues d'Eau Douce.* Vol. II. *Les Algues Bleues et Rouges.* Boubee, Paris.

Bourrelly P. 1970. *Les Algues d'Eau Douce.* Vol. III. *Les Algues Bleues et Rouges.* Boubee, Paris.

Bradford M.M. 1976. A rapid and sensitive method for the quantitation of microgram quantities of protein using the principle of protein-dye binding. *Anal. Biochem.* 72: 248-254.

Braselton J.P. and F.T. Short. 1985. Karyotpic analysis of *Plasmodiophora diplantherae. Mycologia* 77: 940-945.

Braten T. 1975. Observations on mechanism of attachment in the green alga *Ulva mutabilis* Foyn. *Protoplasma* 84: 161-173.

Brawley S.H. 1992. Mesoherbivores. In *Plant-Animal Interactions in the Marine Benthos,* D.M. John, S.J. Hawkins and J.H. Price (eds.) 235-263. Oxford Science, Oxford.

Bremmner J.W. 1965. Inorganic forms of nitrogen. In *Methods of Soil Analysis* 2. C. A. Black (ed.) 1179-1232. American Society of Agronomy, Madison, Wis.

Briens M. and F. Larher. 1982. Osmoregulation in halophytic higher plants: A comparative study of soluble carbohydrates, polyols, betaines, and proline. *Plant Cell Environ.* 5: 287-292.

Briggs J.C. 1974. *Marine Zoogeography.* McGraw-Hill, New York.

Brinkhuis B.H. 1976. The ecology of temperate salt-marsh fucoids. I. Occurrence and distribution of *Ascophyllum nodosum* ecads. *Mar. Biol.* 34: 325-338.

Brinkhuis B.H., N.R. Tempel and R.F. Jones. 1976. Photosynthesis and respiration of exposed salt-marsh fucoids. *Mar. Biol.* 34: 349-359.

Brock M.A. 1981. Accumulation of proline in a submerged aquatic halophyte, *Ruppia maritima* L. *Oecologia* 51: 217-219.

Brody S. 1964. *Bioenergetics and Growth.* Hafner, New York.

Broome S.W., E.D. Seneca, and W.W. Woodhouse Jr. 1988. Tidal salt marsh restoration. *Aquat. Bot.* 32: 1-22.

Brown B.E. and L.S. Howard. 1985. Assessing the effects of "stress" on reef corals. *Adv. Mar. Biol.* 22: 1-63.

Buggeln R.G. 1981. Morphogenesis and growth regulators. In *The Biology of Seaweeds,* C.S. Lobban and M.J. Wynne (eds.), 627-660. Blackwell, Oxford.

Bulthuis D.A. 1983. Effects of temperature on the photosynthesis irradiance curve of the Australian seagrass, *Heterozostera tasmanica. Mar. Biol. Lett.* 4: 47-57.

Bunt J.S. 1995. Continetal scale patterns in mangrove litter fall. *Hydrobiologia* 295: 135-140.

Burdick D.M. 1989. Root aerenchyma development in *Spartina patens* in response to flooding. *Amer. J. Bot.* 76: 777-780.

Burdick D.M. and I.A. Mendelssohn. 1990. Relationship between anatomical and metabolic responses to soil waterlogging in the coastal grass *Spartina patens. J. Exp. Bot.* 41: 223-228.

Burdick D.M., I.A. Mendelssohn and K.L. McKee. 1989. Live standing crop and metabolism of the marsh grass *Spartina patens* as related to edaphic factors in a brackish, mixed marsh community in Louisiana. *Estuaries* 12: 195-205.

Burger-Wiersma T., M. Veenhuis, H.J. Korthals, C.C.M. van der Weil and L.R. Mur. 1986. A new prokaryote containing chlorophylls *a* and *b*. *Nature* 320: 262-264.

Burkholder P.R. and L.R. Almodovar. 1973. Studies on mangrove algal communities in Puerto Rico. *Fla. Scient.* 36: 66-74.

Burkholder P.R, A. Repak and J.S. Sibert. 1965. Studies on some Long Island Sound littoral communities of micro-organisms and their primary productivity. *Bull. Torrey Bot. Club* 92: 378-402.

Burr F.A. and J.A. West. 1971. Protein bodies in *Bryopsis hypnoides*, their relationship to the wound healing and branch septum development. *J. Ultrast. Res.* 35: 476-498.

Butcher R.W. 1959. *An Introductory Account of the Smaller Algae of the British Coastal Waters.* I. *Introduction and Chlorophyceae.* Ministry of Agriculture, Fisheries and Food, HMS Stationery Office, London.

Butcher R.W. 1967. *An Introductory Account of the Smaller Algae of British Coastal Waters*. Part VIII. *Cryptophyceae*. Ministry of Agriculture, Fisheries and Food, HMS Stationary Office, London.

Buth G.J. and C. de Wolf. 1985. Decomposition of *Spartina anglica, Elytrigia pungens* and *Hamlimione portulacoides* in a Dutch salt marsh in association with faunal and habitat influences. *Vegetatio* 62: 337-355.

Cain M.L. 1994. Consequences of foraging in clonal plant species. *Ecology* 75: 933-944.

Callaway J.C. and M.N. Josselyn. 1992. The introduction and spread of smooth cordgrass (*Spartina alterniflora*) in south San Francisco Bay. *Estuaries* 15: 218-226.

Cambridge M.L., A.W. Chiffings, C. Brittan, L. Moore and A.J. McComb. 1986. The loss of seagrass in Cockburn Sound, Western Australia: II. Possible causes of seagrass decline. *Aquat. Bot.* 24: 269-286.

Camp D.K., S.P. Cobb and J.F. van Breedveld. 1973. Overgrazing of seagrasses by a regular urchin *Lytechinus variegatus*. *Bioscience* 23: 37-38.

Carlson P.R., L.A. Yarbro, C.F. Zimmermann and J.R. Montgomery. 1983. Pore water chemistry of an overwash mangrove island. *Fla. Scient.* 46: 239-249.

Carlton J.M. and M.D. Moffler. 1978. Propagation of mangrove by air-layering. *Envir. Conserv.* 5: 147-150.

Carlton J.T. and J.A. Scanlon. 1985. Progression and dispersal of an introduced alga: *Codium fragile* ssp. *tomentosoides* (Chlorophyta) on the Atlantic coast of North America. *Bot. Mar.* 28: 155-165.

Carpenter E.J. 1986. Partitioning herbivory and its effect on coral reef algal communities. *Ecol. Monograf.* 56: 345-363.

Carpenter R.C. and S.L. Williams. 1996. Effects of oscillatory flow on rates of photo synthesis of coral reef algal turf communities. *Abstract of the 24th Benthic Ecology Meeting*. Univ. South Carolina, 25 Columbia.

Carr N.G. and B.A. Whitton (eds.). 1973. *The Biology of Blue-Green Algae*. Blackwell, Oxford.

Cattolico R.A., J.C. Botthroyd and S.P. Gibbs. 1976. Synchronous growth and plastid replication in the naturally wall-less *Olisthodiscus luteus*. *Plant Physiol.* 57: 497-503.

Chapman A.R.O. 1974. The ecology of macroscopic marine algae. *Ann. Rev. Ecol. Syst.* 5: 65-80.

Chapman A.R.O. 1979. *Biology of Seaweeds. Levels of Organization*. University Park Press London.

Chapman V.J. 1970. *Seaweeds and Their Uses.* Methuen London.

Chapman V.J. 1974. *Salt Marshes and Salt Deserts of the World*, 2nd ed. J. Cramer, Berlin.

Chapman V.J. 1976. *Mangrove Vegetation*. J. Cramer,

Berlin.

Chapman V.J. (ed.). 1977. *Ecosystems of the World.* I. *Wet Coastal Ecosystems.* Elsevier, Amsterdam.

Chisholm J.R.M, J.M. Jaubert and G. Giaccone. 1995. Caulerpa taxifolia in the northwest Mediterranean: Introduced species or migrant from the Red Sea? *C. R. Acad. Sci. Paris,* Ser.Ⅲ 318: 1219-1226.

Chock J.S and A.C. Mathieson. 1976. Ecological studies of the salt marsh ecad *scorpiodes* (Hornemann) Hauck of *Ascophyllum nodosum* (L.). Le Jolis. *J. Exp. Mar. Biol. Ecol.* 23: 171-190.

Chock J.S and A.C. Mathieson. 1978. Physiological ecology of *Ascophyllum nodosum* (L.). Le Jolis and its detached ecad *scorpioides* (Hornemann) Hauck(Fucales, Phaeophyta). *Bot. Mar.* 22: 21-26.

Chopin T., A. Hournam, J.-Y.Floc'hs and M. Penot. 1990. Seasonal variations in the red alga *Chondrus crispus* on the Atlantic French coast. Ⅱ. Relations with phosphorus concentration in seawater and intertidal phosphorylated fractions. *Can. J. Bot.* 68: 512-517.

Cintron G.A., A.E. Lugo and R. Martinez. 1985. Structural and functional properties of mangrove forests. In *Monographs in Systematic Botany 10. The Botany and Natural History of Panama* W.G. D'Arcy and M.D. Correa (eds.), 53-66. Missouri Botanical Garden, St. Louis.

Cintron G.A and Y.S. Novelli. 1984. Methods for studying mangrove structure. In *The Mangrove Ecosystem: Research Methods,* S.C. Snedaker and J.G. Snedaker (eds.), 91-113. UNESCO, Paris.

Clirsen J. 1992. Estudio multitemporal de mangalares, camaroneras y areas salinas de la costa ecuatoriana, mediante el empleo de la informacion de senores remotos actualizado a 1991. Memoria tecnica, Guayaquil, Ecuador.

Clough B.F.(ed.). 1982. *Mangrove Systems in Australia, Structure, Function and Management.* Australian National Press, Canberra.

Cole K.M and R.G. Sheath (eds.). 1990. *Biology of the Red Algae.* Cambridge University Press, Cambridge.

Coles S.L. 1984. Colonization of Hawaiian reef corals on new and denuded substrata in the vicinity of a Hawaiian power station. *Coral Reef* 3: 123-130.

Colinveaux L.H. 1974. Productivity of the coral reef alga *Halimeda* (Order Siphonales). *Proceedings of the 2nd International Coral Reef Symposium,* Brisbane: 35-42.

Committee on Biological Diversity. 1995. *Understanding Marine Biodiversity.* National Academy Science Press, Washington, D.C.

Connell J.H. and R.O. Slayter. 1977. Mechanisms of succession in natural communities and their role in community stability and organization. *Amer. Nat.* 111: 1119-1144.

Conover J.T. 1958. Seasonal growth of benthic marine plants as related to environmental factors in an estuary. *Univ. Texas Inst. Mar. Sci.* 5:97-147.

Corlett R.T. 1986. The mangrove understory: Some additional observations. *J. Trop. Ecol.* 2: 93-94.

Cosson J., E. Deslandes, M. Zinoun and A. Mouradi-Givernaud. 1995. Carrageenans and agars, red algal polysaccharides. *Prog. Phycol. Res.* 11:270-324.

Craigie J.S. 1990. Cell Walls. In *Biology of the Red Algae,* K.M. Cole and R.G. Sheath (eds.), 221-257. Cambridge University Press, Cambridge.

Critchley A.T. 1993. *Gracilaria* (Rhodophyta, Gracilariales): An economically important agarophyte. In *Seaweed Cultivation and Marine Ranching,* M. Ohno and A.T. Critchley (eds.) 89-112. Japan International Cooperative Agency, Nagai.

Critchley A.T., W.F. Farnham, T. Yoshida and T.A. Norton. 1990. A bibliography of the invasive alga *Sargassum muticum* (Yendo) Fensholt (Fucales: Sargassaceae). *Bot. Mar.* 33: 551-562.

Croley F.C. and C.J. Dawes. 1970. Ecology of the algae of a Florida Key. I. A preliminary list of the marine algae including zonation and seasonal data. *Bull. Mar. Sci.* 20: 165-185.

Culkin F. and J. Smed. 1979. The history of standard seawater. *Oecologica* 2: 355-364.

Curtisss A.H. 1888. How the mangrove forms islands. *Garden and Forest* 1: 100.

Cushing D.H. 1959. The seasonal variation in oceanic production as a problem in population dynamics. *J. Cons. Intern. Explor. Mer.* 24: 455-464.

Czerny A.B. and K.H. Dunton. 1995. The effects of *in situ* light reduction on the growth of two subtropical seagrasses, *Thalassia testudinum* and *Halodule wrightii*. *Estuaries* 18: 418-427.

Dahl A.L. 1973. Benthic algal ecology in a deep reef and sand habitat off Puerto Rico. *Bot. Mar.* 16: 171-175.

Daiber F.C. 1977. Salt-marsh animals: Distributions related to tidal flooding, salinity and vegetation. In *Ecosystems of the World. I. Wet Coastal Ecosystem* V.J. Chapman (ed.), 79-108. Elsevier, Amsterdam.

Daiber F.C. 1982. *Animals of the Tidal Marsh*. Van Nostrand Reinhold, New York.

Daiber F.C. 1986. *Conservation of Tidal Marshes*. Van Nostrand Reinhold, New York.

Daly M.A. and A.C. Mathieson. 1977. The effects of sand movement on intertidal seaweeds and selected invertebrates at Bound Rock, New Hampshire, USA. *Mar. Biol.* 43: 45-55.

Darley W.M. 1982. *Algal Biology: A Physiological Approach*. Blackwell, Oxford.

Darley W.M., C.L. Montague, F.G. Plumley, W.W. Sage and A.T. Psalidas. 1981. Factors limiting edaphic algal biomass and productivity in a Georgia salt marsh. *J. Phycol.* 7: 122-128.

Darwin C.R. 1842. *The Structure and Distribution of Coral Reefs*. Smith Elder, London.

Davey A. and W.J. Woelkerling. 1985. Studies on Australian mangrove algae. III. Victorian communities: Structure and recolonization in western Port Bay. *J. Exp. Mar. Biol. Ecol.* 85: 177-190.

Davis J.H. 1940. *The Ecology and Geologic Role of Mangroves in Florida*, Publication No. 517. Carnegie Institute, Washington, D.C.

Davis M.A. and C.J. Dawes. 1981. Seasonal photosynthetic and respiratory responses of the interidal red alga, *Bostrychia binderi* Harvey (Rhodophyta, Ceramiales) from a mangrove swamp and a salt marsh. *Phycologia* 20: 165-173.

Davis Jr. R.A. 1986. *Oceanography. An Introduction to the Marine Environment*. W.C. Brown, Dubuque, Iowa.

Davison I.R. and J.O. Davison. 1987. The effect of growth temperature on enzyme activities in the brown alga *Laminaria saccharina*. *British Phycol. J.* 22: 77-87.

Davison I.R. and G.A. Pearson. 1996. Stress tolerance in intertidal seaweeds. *J. Phycol.* 32: 197-211.

Dawes C.J. 1966. A light and electron microscope study of algal cell walls. II. Chlorophyta. *Ohio J. Sci.* 66:317-326.

Dawes C.J. 1969. A study of the ultrastructure of the green alga *Apjohnia laetevirens* Harvey with emphasis on cell wall structure. *Phycologia* 8: 77-84.

Dawes C.J. 1974. *Marine Algae of the West Coast of Florida*. University of Miami Press, Coral Gables, Fla.

Dawes C.J. 1979. Physiological and biochemical comparisons of *Eucheuma* spp. (Florideophyceae) yielding *iota-carrgeenan*. In *Ninth International Seaweed Symposium*, A. Jensen and J.R. Stein (eds.), 188-207. Science Press, Princeton.

Dawes C.J. 1981. *Marine Botany*. John Wiley, New York.

Dawes C.J. 1985. Respirometry and manometry. In *Handbook of Phycological Methods. Ecological Field Methods: Macroalgae,* M.M. Littler and D.S. Littler (eds.), 329-348. Cambridge University Press, Cambridge.

Dawes C.J. 1986. Seasonal proximate constituents and caloric values in seagrasses and algae on the west coast of Florida. *J. Coast. Res.* 2: 25-32.

Dawes C.J. 1987 The biology of commercially important tropical marine algae. In *Seaweed Cultivation for Renewable Resources,* K.T. Bird and P.H. Benson (eds.), 155-190. Elsevier, Amsterdam.

Dawes C.J. 1988. The Winkler procedure for measurement of dissolved oxygen. In *Experimental Phycology: A Laboratory Manual,* C.S. Lobban, D.J. Chapman and B.P. Kremer (eds.), 78-82. Cambridge University Press, Cambridge.

Dawes C.J. 1996. Macroalgal diversity, standing stock and productivity in a northern mangal on the west coast of Florida. *Nova Hedwigia* 112: 525-535.

Dawes C.J., J. Andorfer, C. Rose, C. Uranowski and E. Ehringer. 1997. Regrowth of the seagrass *Thalassia testudinum* into propeller scars. *Aquat. Bot.*

Dawes C.J. and D.C. Barilotti. 1969. Cytoplasmic organization and rhythmic streaming in growing blades of *Caulerpa prolifera. J. Phycol.* 3: 117-127.

Dawes C.J., S.S. Bell, R.A. Davis Jr., E.D. McCoy, H.R. Mushinsky and J.L. Simon. 1995a. Initial effects of Hurricane Andrew on the shoreling habitats of southwestern Florida. *J. Coast. Res.*(Special Issue) 21: 103-110.

Dawes C.J., K. Bird, M. Durako, R. Goddard, W. Hoffman and R. McIntosh. 1979. Chemical fluctuations due to seasonal and cropping effects on an algal-seagrass community. *Aquat. Bot.* 6: 79-86.

Dawes C.J., M. Chan, R. Chinn, E.W. Koch, A. Lazar and D. Tomasko. 1986. Proximate composition, photosynthetic and respiratory responses of the seagrass *Halophila englemannii* from Florida. *Aquat. Bot.* 27: 195-201.

Dawes C.J. and R.H. Goddard. 1978. Chemical composition of the wound plug and entire plants for species of the coenocytic green alga, *Caulerpa. J. Exp. Mar. Biol. Ecol.* 35: 259-263.

Dawes C.J. and M.D. Guiry. 1992. Proximate constituents in the seagrasses *Zostera marina* and *Z. noltii* in Ireland: Seasonal changes and the effect of blade removal. *P.S.Z.N.I. Mar. Ecol.* 13: 307-315.

Dawes C.J., M.O. Hall and R.K. Riechert. 1985. Seasonal biomass and energy content in seagrass communities on the west coast of Florida. *J. Coast. Res.* 3: 255-262.

Dawes C.J., D. Hanisak and W.J. Kenworthy. 1995b. Seagrass biodiversity in the Indian River Lagoon. *Bull. Mar. Sci.* 57: 59-66.

Dawes C.J and W.J. Kenworthy. 1990. Organic constituents. In *Seagrass Research Methods,* R.C. Phillips and C.P. McRoy (eds.), 87-96. UNESCO, Paris.

Dawes C.J. and E.W. Koch. 1991. Branch, miropropagule and tissue culture of the red algae *Eucheuma denticulatum* and *Kappaphycus alverzii* farmed in the Philippines. *J. Appl. Phycol.* 3: 247-257.

Dawes C.J. and J.M. Lawrence. 1979. Effects of blade removal on the proximate composition of the rhizome of the seagrass *Thalassia testudinum* Banks ex Konig. *Aquat. Bot.* 7: 255-266.

Dawes C.J. and J.M. Lawrence. 1980. Seasonal changes in the proximate constituents of the seagrass *Thalassia testudinum, Halodule wrightii,* and *Syringodium filiforme. Aquat. Bot.* 8: 371-380.

Dawes 1990. Seasonal changes in limestone and sand plant communities off the Florida west coast. P.S.Z.N.I. *Mar. Ecol.* 11: 97-104.

Dawes C.J., C.S. Lobban and D.A. Tomasko. 1989. A comparison of the physiological ecology of the seagrasses *Halophila decipiens* Ostenfeld and *H. johnsonii* Eiseman from Floria. *Aquat. Bot.* 33: 149-154.

Dawes C.J., A.O. Lluisma and G.C. Trono. 1994. Laboratory and field growth studies of commercial strains of *Eucheuma denticulatum* and *Kappaphycus alvarezii* in the Philippines. *J. Appl. Phycol.* 6: 21-24.

Dawes C.J., E.D. McCoy and K.L. Heck Jr. 1991. The tropical western Atlantic including the Caribbean sea. In *Ecosystems of the World 24 Intertidal and Littoral Ecosystems*, A.C. Mathieson and P.H. Nienhuis (eds.), 215-233. Elsevier, Amsterdam.

Dawes C.J. and R.P. McIntosh. 1981. The effect of organic material and inorganic ions on the photosynthetic rate of the red alga *Bostrychia binderi* from a Florida estuary. *Mar. Biol.* 64: 213-218.

Dawes C.J., A.C. Mathieson and D.P. Cheney. 1974. Ecological studies of Floridian *Eucheuma* (Rhodophyta, Gigartinales). I. Seasonal growth and reproduction. *Bull. Mar. Sci.* 24: 235-273.

Dawes C.J., R.E. Moon and M.A. Davis. 1978. The photosynthetic and respiratory rates and tolerances of benthic algae from a mangrove and salt marsh estuary: A comparative study. *Estuar. Coast. Mar. Sci.* 6: 175-185.

Dawes C.J., R.E. Moon and J. LaClaire III. 1976. Photosynthetic responses of the red alga *Hypnea musciformis* (Wulfen) Lamouroux (Gigartinales). *Bull. Mar. Sci.* 26: 467-473.

Dawes C.J. and E.L. Rhamstine. 1976. An ultrastructural study of the giant green algal coenocyte *Caulerpa prolifera. J. Phycol.* 3: 117-127.

Dawes C.J., F.M. Scott and E. Bowler. 1961. A light-and electron-microscopic survey of algal cell walls. I. Phaeophyta and Rhodophyta. *Amer. J. Bot.* 48: 925-934.

Dawes C.J. and D.A. Tomasko. 1988. Depth distribution of *Thalassia testudinum* in two meadows on the west coast of Florida: A difference in effect of light availability. *P.S.Z.N.I. Mar. Ecol.* 9: 123-130.

Dawsn N.S. and P.L. Walne. 1994. Evolutionary trends in Euglenoids. *Arch. Protistenkd.* 144: 221-225.

Dawson E.Y. 1960. Marine red algae of Pacific Mexico. 3. Cryptonemiales, Corallinaceae subf. Melobesioideae. *Pac. Natur.* 2: 3-124.

Dawson E.Y. 1966. *Marine Botany. An Introduction.* Holt, Rinehart and Winston, New York.

Day Jr. J.W., C.A.S. Hall, W.M. Kemp and Y. Yanez-Arancibia. 1989. *Estuarine Ecology.* John Wiley, New York.

Dayton P.K. 1973. Dispersion, dispersal, and persistence of the annual intertidal alga, *Postelsia palmaeformis* Ruprecht. *Ecology* 54: 433-438.

Dayton P.K. 1975a. Experimental studies of algal canopy interactions in a sea-otter dominated kelp community at Amchitka Island, Alaska. *U.S. Dept. Comm. Fish. Bull.* 73: 230-237.

Dayton P.K. 1975b. Experimental evaluation of ecological dominance in a rocky intertidal community. *Ecol. Monograf.* 45: 137-159.

Dayton P.K., V. Currie, T. Gerrodette, B.D. Keller, R. Rosenthal and D.V. Tresca. 1984. Patch dynamics and stability of some California kelp communities. *Ecol. Monograf.* 54: 253-289.

DeBoer J.A. 1981. Nutrients. In *The Biology of Seaweeds,* C.S. Lobban and M.J. Wynne (eds.), 356-391. Blackwell Oxford.

DeBoer J.A., H.J. Guigli, T.L. Israel and C.F. D'Elia. 1978. Nutritional studies of two red algae. I. Growth rate as a function of nitrogen source and concentration. *J. Phycol.* 14: 261-266.

D'Elia C.F. and W.J. Wiebe. 1990. Biogeochemical nutrient cycles in coral-reef ecosystems. In *Ecosystems of the World 25. Coral Reefs,* Z. Dubinsky (ed.), 49-74. Elsevier, Amsterdam.

DeFraine E. 1912. The anatomy of the genus *Salicornia. J. Linn. Soc. Bot.* 41: 317-348.

de Lacerda L., D.V. José, C.E. de Rezende, M.C.F. Francisco, J.C. Wasserman and J.C. Martins. 1986. Leaf chemical characteristics affecting herbivory in a new world mangrove forest. *Biotropica* 18: 350-355.

Delgado O., C. Rodriguez-Prieto, E. Gacia and E. Ballesteros. 1996. Lack of severe nutrient limitation in *Caulerpa taxifolia* (Vahl) C. Agardh, and introduced seaweed spreading over the oligotrophic northwestern Mediterranean. *Bot. Mar.* 39: 61-67.

de Molenaar J.G. 1974. Vegetation of the Angmagssalik district in southeast Greenland. I. Littoral vegetation. *Meddelelser om Gronland* 198: 1-79.

den Hartog C. 1967. The structural aspect in the ecology of sea-grass communities. Helgol. Wiss. Meeresunter. 15: 648-659.

den Hartog C. 1970. *The Seagrasses of the World.* North Holland, Amsterdam.

Denley E.J. and P.K. Dayton. 1985. Competition among macroalgae. In *Handbook of Phycological Methods: Ecological Field Methods: Macroalgae.* M.M. Littler and D.S. Littler (eds.), 511-530. Cambridge University Press, Cambridge.

Dennison W.C., R.J. Orth, K.A. Moore, J.C. Stevenson, V. Carter, S. Koller, P.W. Bertgstrom and R.A. Batiuk. 1993. Assessing water quality with submersed aquatic vegetation. *Bioscience* 43: 86-94.

Denny M.W. 1988. *Biology and Mechanics of the Wave-Swept Environment.* Princeton University Press, Princeton.

Desikachary T.V. 1959. *Cyanophyta.* Indian Council Agricultural Research, New Delhi.

de Villele X. and M. Verlaque. 1995. Changes and deregulation in a *Posidonia oceanica* bed invaded by the introduced tropical alga *Caulerpa taxifolia* in the northwestern Mediterranean. *Bot. Mar.* 38: 79-87.

Devinny J.S. 1980. Effects of thermal effluents on communities of benthic marine macroalgae. *J. Env. Manag.* 11: 225-242.

Dill R.F., E.A. Shinn and A.T. Jones. 1986. Giant subtidal stromatolites forming in normal salinity waters. *Nature* 324: 55-58.

Dijkema K.S. 1984. Western-European salt marshes. In *Salt Marshes in Europe,* K.S. Dikema(ed.), 82-103. European Commission for Conservation of Nature and Natural Resources, Strasbourg.

Dodge J.D. 1983. Dinoflagellates: Investigation and phylogenetic speculation. *Brit. Phycol. J.* 18: 335-356.

Doty M.S. 1946. Critical tide factors that are correlated with the vertical distribution of marine algae and other organisms along the Pacific Coast. *Ecology* 27: 315-328.

Doty M.S. 1957. Rocky intertidal surfaces. *Geol. Soc. Amer. Memoir* 67, 1: 535-585.

Drew K.M. 1955. Life histories in the algae with special reference to the Chlorophyta, Phaeophyta and Rhodophyta. *Biol. Rev.* 30: 343-390.

Dring M.J. 1982. *The Biology of Marine Plants.* Edward Arnold, London.

Dring M.J. 1988. Photocontrol of development in algae. *Ann. Rev. Plant Physiol. Plant Mol. Biol.* 39: 157-174.

Drouet F. 1981. Revision of the Stigonemataceae with a summary of the classification of the blue-green algae. *Nova Hedwigia* 66: 1-221.

Duarte C.M. 1990. Seagrass nutrient content. *Mar. Ecol. Prog.,* Ser. 67: 201-207.

Duarte C.M. 1991. Seagrass depth limits. *Aquat. Bot.* 40: 363-377.

Duarte C.M. and K. Sand-Jensen. 1996. Nutrient constraints on establishment from seed and on vegetative expansion of the Mediterranean seagrass *Cymodocea nodosa*. *Aquat. Bot.* 54: 279-286.

Dubinsky Z., (ed.). 1990. *Ecosystems of the World 25. Coral Reefs.* Elsevier, Amsterdam.

Dubinsky Z. and N. Stambler. 1996. Marine pollution of coral reefs. *Global Change Biol.* 2: 511-526.

Dubois M., K.A. Gilies, J.K. Hamilton, P.A. Rebers, and F. Smith. 1956. Colorimetric methods for determination of sugars and related substances. *Anal. Chem.* 28: 350-356.

Ducker S.C. and R.B. Knox. 1984. Epiphytism at the cellular level with special references to algal epiphytes. In *Encyclopedia of Plant Physiology 17,* H.-F. Linskens and J. Heslop-Harrison (eds.), 113-133. Springer, Berlin.

Dudgeon S.R., I.R. Davison and R.L. Vadas. 1989. Effect of freezing on photosynthesis of intertidal macroalgae: Tolerance of *Chondrus crispus* and *Mastocarpus stellatus* (Rhodophyta). *Mar. Biol.* 101: 107-114.

Duffy J.E. and M.E. Hay. 1990. Seaweed adaptations to herbivory. *Bioscience* 40: 368-375.

Dugdale R.C. and J.J. Goering. 1967. Uptake of new and regenerated forms of nitrogen in primary productivity. *Limnol. Oceanogr.* 12: 196-206.

Duggins D.O. 1980. Kelp beds and sea otters : An experimental approach. *Ecology* 61: 447-453.

Duke N.C. 1992. Mangrove floristics and biogeography. In *Coastal and Estuarine Studies* 41. *Tropical Mangrove Ecosystems,* A.I. Robertson and D.M. Alongi(eds.), 63-100. American Geophysical Union, Washington, D.C.

Duke N.C. and Z.S. Pinzon. 1992. Aging *Rhizophora* seedlings from leaf scar nodes: A technique for studying recruitment. *Biotropica* 24: 173-186.

Duncan W.H. 1974. Vascular halophytes of the Atlantic and Gulf coasts of North America north of Mexico. In *Ecology of Halophytes,* R.J. Reimold and W.H. Queen (eds.), 23-50. Academic Press, New York.

Dunton K.H. and D.A. Tomasko. 1994. *In situ* photosynthesis in the seagrass *Halodule wrightii* in a hypersaline subtopical laggon. *Mar. Ecol. Prog.,* Ser. 107: 281-293.

Durako M.J. 1994. Seagrass die-off in Florida Bay (USA): Changes in shoot demographic characteristics and population dynamics in *Thalassia testudinum. Mar. Ecol. Prog.* Ser. 110: 59-66.

Durako M.J. and K.M. Kuss. 1994. Effects of *Labyrinthula* infection on the photosynthetic capacity of *Thalassia testudinum. Bull. Mar. Sci.* 54: 727-732.

Durako M.J., R.C. Phillips and R.R. Lewis Ⅲ(eds.). 1987. *Proceedings of the Symposium on Tropical and Subtropical Seagrasses of the Southeastern U.S.,* Florida Marine Research Publication 42. Florida Department of Natural Resources, St. Petersburg.

Edwards P. 1972. Cultured red alga to measure pollution. *Mar. Pollut. Bull.* 3: 184-188.

Edwards P. 1975. An assessment of possible pollution effects over a century on the benthic marine algae of Co. Durham, England. *Bot. J. Linn. Soc.* 70: 269-305.

Edinger E.N. 1991. Mass Extinction of Caribbean Coars at the Oligocene-Miocene Boundary: Paleoecology, Paleooceanography, Paleobiogeography. M.Sc. thesis, McMaster University, Hamilton, Ontario.

Eilers Ⅱ.P. 1979. Production ecology in an Oregon coastal salt marsh. *Estuar. Coast. Mar. Sci.* 8: 399-401.

Einay R., S. Breckle and S. Beer. 1995. Ecophysiological adaptative strategies of some intertidal marine macroalgae of the Israeli

Mediterranean coast. *Mar. Ecol. Prog. Ser.* 125: 219-228.

Eleutherius L.N. 1980. *An Illustrated Guide to Tidal Marsh Plants of Mississippi and Adjacent States.* Mississippi-Alabama Sea Grant Consortium, Gulf Coast Research Laboratory, Ocean Springs, Mississippi.

Ellison A.M. and E.J. Farnsworth. 1992. The ecology of Belizean mangrove-root fouling communities: Patterns of epibiont distribution and abundance, and effects on root growth. *Hydrobiologia* 247: 87-98.

Ellison A.M. and E.J. Farnsworth. 1993. Seedling survivorship, growth and response to disturbance in Belizean mangal. *Amer. J. Bot.* 80: 1137-1145.

Ellison A.M. and E.J. Farnsworth. 1996a. Anthropogenic disturbance of Caribbean mangrove ecosystems: Past impacts, present trends, and future predictions. 1996. *Biotropica* 28: 549-565.

Ellison A.M. and E.J. Farnsworth. 1996b. Spatial and temporal variability in growth of *Rhizophora mangle* saplings on coral cays: Links with variation in insolation, herbivory, and local sedimentation rate. *J. Ecol.* 84: 717-731.

Ellison J.C. and D.R. Stoddart. 1991. Mangrove ecosystem collapse during predicted sea-level rise: Holocene analogues and implications. *J. Coast. Res.* 7: 151-165.

Elmqvist T. and P.A. Cox. 1996. The evolution of vivipary in flowering plants. *Oikos* 77:3-9.

Elner R.W. and R.L. Vadas, Sr. 1990. Inference in ecology: The sea urchin phenomenon in the northwest Atlantic. *Amer. Nat.* 136:108-125.

Englemann T.W. 1884. Untersuchungen Über die Quantitativen Beziehungen Zwischen Absorption des Lichtes und Assimilation in Pflanzenzellen. *Bot. Zert.* 42: 81-93.

Eppley R.W. and B.J. Peterson. 1979. Particulate organic matter flux and planktonic new production in the deep ocean. *Nature* 282: 677-680.

Erftemeijer P.L.A. and P.M.J. Herman. 1994. Seasonal changes in environmental variables, biomass production and nutrient contents in two contrasting tropical intertidal seagrass beds in South Sulawesi, Indonesia. *Oecologia* 99: 45-49.

Eshel A. 1985. Response of *Suaeda aegyptiaca* to KCl, NaCl and Na_2SO_4 treatments. *Physiologia Plantarum* 64: 308-315.

Evans L.V. and A.O. Christie. 1970. Studies on the ship-fouling alga *Enteromorpha.* I. Aspects of the fine-structure and biochemistry of swimming and newly settled zoospores. *Ann. Bot.* 34: 451-466.

Evans L.V. and K.D. Hoagland. 1986. *Algal Biofouling.* Elservier Amsterdam.

Fagerberg W.R. and C.J. Dawes. 1976. Studies on *Sargassum.* I.A. light microscopic examination of the wound regeneration process in mature stipes of *S. filipendula. Amer. J. Bot.* 63: 110-119.

Fahn A. 1988. Secretory tissue in vascular plants. *New Phytol.* 108: 229-257.

Fahn A. and D.F. Cutler. 1992. *Handuch der Pflanzenanatomie 13 (3). Xerophytes.* Gebruder Borntraeger, Berlin.

Falkner D.J. 1977. Interesting aspects of marine natural products chemistry. *Tetiar. Lett.* 33: 1421-1443.

Falkowski P.B. and J. LaRoche. 1991. Acclimation to spectral irradiance in algae. *J. Phycol.* 27: 8-14.

Falkowski P.B., P.L. Jokiel and R.A. Kinzie III. 1990. In *Ecosystems of the World 25. Coral Reefs,* Z. Dubinsky (ed.), 89-107. Elsevier, Amsterdam.

Farnsworth E.J. and A.M. Ellison. 1993. Dynamics of herbivory in Belizean mangal. *J. Trop. Ecol.* 9: 435-453.

Farnsworth E.J. and A.M. Ellison. 1996a. Sun-shade adaptability of the red mangrove, *Rhizophora mangle* (Rhizophoraceae): Changes through ontogeny at several levels of biological organization. *Amer. J. Bot.* 83: 1131-1143.

Farnsworth E.J. and A.M. Ellison. 1996b. Scale-dependent spatial and temporal variability in biogeography of mangrove root epibiont communities. *Ecol. Monogr.* 66: 45-66.

Farrell T.M. 1991. Models and mechanisms of succession: An example from a rocky intertidal community. *Ecol. Monograf.* 61: 95-113.

Felger R. and M.B. Moser. 1973. Eelgrass (*Zostera marina* L.) in the Gulf of California: Discovery of its nutritional value by the Seri Indians. *Science* 181: 355-356.

Feller I.C. 1995. Effects of nutrient enrichment on growth and herbivory of dwarf red mangrove (*Rhizophora mangle*) *Ecol. Monograf.* 65: 477-505.

Feller I.C. 1996. Effects of nutrient enrichment on leaf anatomy of dwarf *Rhizophora mangle* L. (Red Mangrove). *Biotropica* 28: 13-22.

Femino R.J. and A.C. Mathieson. 1980. Investigations of New England algae. IV. The ecology and seasonal succession of tide pool algae at Bald Head Cliff, York Maine, USA. *Bot. Mar.* 23: 319-332.

Fisher A.E. and P.J. Harrison. 1996. Does carbohydrate content affect the sinking rates of marine diatoms? *J. Phycol.* 32: 360-365.

Fishman J.R. and R.J. Orth. 1996. Effects of predation on *Zostera marina* L. seed abundance. *J. Exp. Mar. Biol. Ecol.* 198: 11-26.

Fitzpatrick J. and H. Kirkman. 1995. Effects of prolonged shading stress on growth and survival of seagrass *Posidonia australis* in Jervis Bay, New South Wales, Australia. *Mar. Ecol. Prog. Ser.* 127: 279-289.

Fletcher R.L. 1995. Epiphytism and fouling in *Gracilaria* cultivation: An overview. *J. Appl. Phycol.* 7: 225-333.

Floc'h J.-Y. R. Pajot and V. Mouret. 1996. *Undaria pinnatifida* (Laminariales, Phaeophyta) 12 years after its introduction into the Atlantic Ocean. *Hydrobiologia* 326/327: 217-222.

Flowers T.J., M.A. Hajibagheri and M.J.W. Clipson. 1986. Halophytes. *Quat. Rev. Biol.* 61: 313-337.

Flowers T.J. and A.R. Yeo. 1986. Ion relation of plants under drought and salinity. *Austral. J. Plant physiol.* 13: 75-91.

Fogg G.E. and B. Thake. 1987. *Algal Cultures* and *Phytoplankton Ecology*. Althone Press, London.

Fonseca M.S. 1989. Regional analysis of the creation and restoration of seagrass systems. In *Wetland Creation and Restoration: The Status of the Science. I. Regional Reviews,* EPA/600/3-89/038a, J.A. Kusler and M.E. Kentula (eds.), 175-198. U.S. Environmental Protection Agency, Corvallis, Oregon.

Fonseca M.S. 1994. *A. Guide to Planting Seagrasses in the Gulf of Mexico,* TAMU-SG-94-601. Texas A&M University Sea Grant, College Station.

Fonseaca M.S., W.J. Kenworthy, F.X.Countney. 1996. Development of planted seagrass beds in Tampa Bay, Florida, USA. I. Plant components. *Mar. Ecol. Prog. Ser.* 132: 127-139.

Fonseca M.S., W.J. Kenworthy, F.X. Courtney and M.O. Hall. 1994. Seagrass planting in the sougtheastern United States: Methods for accelerating habitat development. *Restor. Ecol.* 2: 198-212.

Fonseca M.S., G.W. Thayer, A.J. Chester and C. Foltz. 1984. Impact of scallop harvesting on eelgrass *(Zostera marina)* meadows: Implication for management. *North. Amer. J. Fish. Manag.* 4: 286-293.

Fortes M.D. 1987. Structure of algal communities epiphytic on the mangroves of Puerto Galera Oriental Mindoro. *Philip. J. Sci.* 1987: 43-53.

Fortes M.D. 1988. Mangrove and seagrass beds of East Asia: Habitats under stress. *Ambio* 17: 207-213.

Fortes M.D. 1991. Seagrass-mangrove ecosystems management: A key to marine coastal conservation in the ASEAN region. *Mar. Pollut. Bull.* 22: 113-116.

Foster M., M. Neushul and R. Zingmark. 1971. The Santa Barbara oil spill. 2. Initial effects on intertidal and kelp bed organisms. *Envir. Pollut.* 2: 115-134.

Fourqurean J.W., G.V.N. Powell, W.J. Kenworthy and J.C. Zieman. 1995. The effects of long-term manipulation of nutrient supply on competition between the seagrasses *Thalassia testudinum* and *Halodule wrightii* in Florida Bay. *Oikos* 72: 349-358.

Fourqurean J.W. and J.C. Zieman. 1991. Photosynthesis, respiration and whole plant carbon budgets of *Thalassia testudinum*, *Halodule wrightii* and *Syringodium filiforme*. In *The Light Requirements of Seagrasses: Proceedings of a Workshop*, NOAA Technical Memorandum NMFS-SEFC- 287, W.J. Kenworthy and D.E. Haunert (eds.), 59-70. U.S. National Marine Fisheries Service, Beaufort, North Carolina.

Fredette T.J., R.J. Diaz, J. van Montvrans and R.J. Orth. 1990. Secondary production within a aeagrass bed *(Zostera marina* and *Ruppia maritima)* in lower Chesapeake Bay. *Estuaries* 13: 431-440.

Freeman N.K., F.T. Lindgren, Y.C. Ng, and A.V. Nichols. 1957. Infrared spectra of some lipoproteins and related lipids. *J. Bilo. Chem.* 293: 293-304.

Freshwater D.W., S. Fredericq, B.S. Butler, M.H. Hommersand and M.W. Chase. 1994. A gene phylogeny of the red algae (Rhodophyta) based on plastid rbcL. *Proc. Natl. Acad. Sci. U.S.A.* 91: 7281-7285.

Frey R.W. and P.B. Basan. 1985. Coastal salt marshes. In *Coastal Sedimentary Environments*, 2nd ed., R.A. Davis Jr. (ed.), 225-302. Springer-Verlag, New York.

Fricke H. and E. Vareschi. 1981. A scleractinian coral (*Plerogyra sinuosa*) with "photosynthetic organs." *Mar. Ecol.* 7: 273-278.

Friedlander M. 1992. *Gracilaria conferta* and its epiphytes: The effect of culture conditions on growth. *Bot. Mar.* 35: 423-428.

Friedlander M. and A. Ben-Amotz. 1991. The effect of outdoor culture conditions on growth and epiphytes of *Gracilaria conferta. Aquat. Bot.* 39: 315-333.

Friedlander M. and C.J. Dawes. 1985. *In situ* uptake kinetics of ammonium and phosphate and chemical composition of the red seaweed *Gracilaria tikvahiae. J. Phycol.* 21: 448-453.

Fritsch F.E. 1935. *Structure and Reproduction of the Algae.* Vol. I. Cambridge University Press, Cambridge.

Fritsch F.E. 1945. *Structure and Reproduction of the Algae.* Vol. II. Cambridge University Press, Cambridge.

Frost B.W. 1980. Grazing. In The Physiological Ecology of Phytoplankton, I. Morris (ed.), 465-491. University of Califonia Press, Berkeley.

Frost S.H. 1977. Cenozoic reef systems of the Caribbean-Prospects for paleoecologic synthesis. In *Reefs and Related Carbonates-Ecology and Sedimentology*, S.H. Frost and J.B. Saunders (eds.), 93-110. Amer. Assoc. Petrol. Geol., Tulsa, Oklahoma.

Fry B. 1984. 13C/12C ratios and the trophic importance of algae in Florida *Syringodium filiforme* seagrass beds. *Mar. Biol.* 79: 11-19.

Fry B. and P.L. Parker. 1979. Animal diets in Texas seagrass meadows: △13C evidence for the importance of benthic plants. *Estuar. Coastal Mar. Sci.* 8: 499-509.

Fuge R. and K.H. James. 1974. Trace metal concentrations in *Fucus* from the Bristol Channel. *Mar. Pollut. Bull.* 5: 9-12.

Fukuhara T., J.-Y. Pack, Y. Ohwaki, H. Tsujimura and T. Nitta. 1996. Tissue-specific expression of the gene for a putative plasma membrane H^+-ATPase in a seagrass. *Plant Physiol.* 110: 35-42.

Gacesa P. 1988. Alginates. *Carbo. Polym.* 8: 161-182.

Galgani F., T. Burgeot, G. Bocquene, F. Vincent, J.P. Leaute, J. Labastie, A. Forest and R. Guichet. 1995. Distribution and abundance of debris on the continental shelf of the Bay of Biscay and in Seine Bay. *Mar. Pollut. Bull.* 30: 58-62.

Gallagher J.L., W.J. Pfeiffer, and L.R. Pomeroy. 1976. Leaching and microbial utilization of dissolved organic carbon from leaves of *Spartina alterniflora*. *Estuar. Coast. Mar. Sci.* 4: 467-471.

Gallagher J.L., G.F. Somers, D.M. Grant and D.M. Seliskar. 1988. Persistent differences in two forms of *Spartina alterniflora:* A common garden experiment. *Ecology* 69: 1005-1008.

Gantt E. 1980. Photosynthetic cryptophytes. In *Phytoflagellates,* E.R. Cox (ed.), 381-406. Elsevier/North Holland, New York.

Garbary D.J., J. Burke and T. Lining. 1991. The *Asophyllum-Polysiphonia- Mycosphaerella* symbiosis. II. Aspects of the ecology and distribution of *Polysiphonia lanosa* in Nova Scotia. *Bot. Mar.* 34: 391-401.

Geitler L. 1932. Cyanophyceae. In *Kryptogamenflora von Deutschland, Osterrich under der Schweiz,* L. Rabenhorst (ed.), Vol. 14, 673-1056. Akademische Verlags Gesellschaft, Leipzig.

Gentry F. 1982. Phytogeographic patterna as evidence for a Choco refuge. In *Biological Diversification in the Tropics,* Gh. T. Prince (ed.), 112-136. Columbia University Press, New York.

Gessner F. 1970. Temperature: Plants. In *Marine Ecology,* O. Kinne (ed.), Vol. I, Pt. 1, John Wiley, New York.

Gessner F. 1971. The water economy of the sea grass. *Thalassia testudinum. Mar. Biol.* 10: 258-260.

Gibbs S.P. 1978. The chloroplasts of *Euglena* may have evolved from symbiotic green algae. *Canad. J. Bot.* 56: 2883-2889.

Giblin A.E., G.W. Luther III and I. Valiela. 1986. Trace metal solubility in salt marsh sediments contaminated with sewage sludge. *Estuar. Coast. Shelf Sci.* 23: 477-498.

Giesen W.B.J.T., M.M. van Katwijk and C. den Hartog. 1990. Eelgrass condition and turbidity in the Dutch Wadden Sea. *Aquat. Bot.* 37: 71-85.

Gillott M. 1990. Phylum Cryptophyta. In *Handbook of Protoctista.* L. Margulis, J.O. Corliss, M. Melkonian and D.J. Chapman (eds.), 139-151. Jones and Bartlett, Boston.

Gilmartin M. 1966. Ecology and morphology of *Tydemania expeditionis,* a tropical deepwater siphonous green alga. *J. Phycol.* 2: 100-105.

Glynn P.W. 1990. Feeding ecology of selected coral-reef, macroconsumers: Patterns and effects on coral community structure. In *Ecosystems of the World 25. Coral Reefs,* Z. Dubinsky (ed.), 365-400. Elsevier, Amsterdam.

Goering H.K. and P.J. van Soest. 1970. *Forage Fiber Analyses, Apparatus, Reagents, Procedures and Some Applications,* Handbook 379. U.S. Department of Agriculture. Washington D.C.

Goff L.J. (ed.). 1983. *Algal Symbiosis.* Cambridge University Press, Cambridge.

Gomez I. and C. Wiencke. 1996. Photosynthesis, dark respiration and pigment contents of gametophytes and sporophytes of the Antarctic brown alga *Desmarestia menziesii. Bot. Mar.* 39: 149-158.

Goodman J.L., K.A. Moore and W.C. Dennison. 1995. Photosynthetic responses of eelgrass (*Zostera marina* L.) to light and sediment sulfide in a shallow barrier island lagoon. *Aquat. Bot.* 50: 37-48.

Gordon D.M., K.A. Grey, S.C. Chase and S.J. Simpson. 1994. Changes to the structure and productivity of a *Posidonia sinuosa* meadow during and after imposed shading. *Aquat. Bot.* 47: 265-273.

Goreau T.F. and N.I. Goreau. 1959. The physiology of skeleton formation in corals. II. Calcium deposition by hermatypic corals under various conditions in the reef. *Biol. Bull.* 117: 239-250.

Gornitz V., S. Lebendeff and J. Hansen. 1982. Global sea level trend in the past century. *Science* 215: 1611-1614.

Gosselink J.G. 1984. *The Ecology of Delta Marshes of Coastal Louisiana: A Community Profile,* FWS/0bs-84/09. U.S. Fish and Wildlife Service, Washington D.C.

Graham A. 1995. Diversification of Gulf/Caribbean mangrove communities through cenozoic time. *Biotropica* 20: 20-27.

Graham A. 1996. Green algae to land plants: An evolutionary transition. *J. Pl. Res.* 109: 241-251.

Gray A.J. 1986. Do invading species have definable genetic characteristics? *Phil. Trans. Roy. Soc. London Series B* 314: 665-674.

Gray A.J. 1992. Saltmarsh plant ecology: Zonation and succession revisited. In *Salt marshes. Morphodynamics, Conservation and Engineering Significance,* J.R.L. Allen and K. Pye (eds.), 63-79. Cambridge University Press, Cambridge.

Gray A.J., D.F. Marshall and A.F. Raybould. 1991. A. century of evolution in *Spartina anglica. Adv. Ecol. Res.* 21: 1-54.

Gray A.J. and R. Scott. 1977. The ecology of Morecambe Bay.VII. The distribution of *Puccinellia maritima, Festuca rubra* and *Agrostis stolonifera* in the salt marshes. *J. Appl. Ecol.* 14: 229-241.

Green J.C., K. Perch-Nielsen and P. Westbroek. 1990. Phylum Pyrmnesiophyta. In *Handbook of Protoctista,* L. Margulis, J.D. Corliss, M. Melkonian and D.J. Chapman (eds.), 293-317. Jones and Bartlett, Boston.

Grigg R.W. and S.J. Dollar. 1990. Natural and anthropogenic disturbance on coral reefs. In *Ecosystems of the World 25. Coral Reefs,* Z. Dubinsky (ed.), 439-452. Elsevier, Amsterdam.

Grime J.P. 1977. Evidence for the existence of three primary strategies in plants and its relevance to ecological and evolutionary theory. *Amer. Nat.* 111: 1169-1194.

Grinnell J. 1917. The niche-relationship of the California Thrasher. *Auk* 34: 427-433.

Grobe C.W. and T.M. Murphy. 1994. Inhibition of growth of *Ulva expansa* (Chlorophyta) by ultraviolet-B radiation. *J. Phycol.* 30: 783-790.

Gronitz V., S. Lebedeff and J. Hansen. 1982. Global sea level trend in the past century. *Science* 190: 1611-1614.

Gross M.F., M.A. Hardisky, P.L. Wolf and V. Klemas. 1991. Relationship between aboveground and belowground biomass of *Spartina alterniflora* (Smooth Cordgrass). *Estuaries* 14: 180-191.

Gross-Custard S., J. Jones, J.A. Kitching and T.A. Norton. 1979. Tide pools at Carrigthorna and Barlodge creed. *Phil. Trans. R. Soc.* Ser. B. 287: 1-44.

Guenegou M.C., J. Citharel and J.E. Levasseur. 1988. The hybrid status of *Spartina anglica* (Poaceae). Enzymatic analysis of the species and of the presumed parents. *Canad. J. Bot.* 66: 1830-1833.

Guiry M.D. and G. Blunden (eds.). 1991. *Seaweed Resources in Europe: Uses and Potential* John Wiley, Chickseley, England.

Guiry M.D. and C.J. Dawes. 1992. Daylength, temperature and nutrient control of tetrasporogenesis in *Asparagopsis armata* (Rhodophyta). *J. Exp. Mar. Biol. Ecol.* 158: 197-218.

Guiry M.D. and L.M. Irvine. 1989. Sporangial form and function in the Nemaliophycidae (Rhodophyta). In *Phycotalk I,* H.D. Kumar (ed.), 155-184. Rastogi and Co. Subhash Bazar, Meerut, India.

Haberlandt G. 1914. *Physiological Plant Anatomy.* Macmillan, London.

Hackney J.M., R.C. Carpenter and W.H. Adey. 1989. Characteristic adaptations to grazing among algal turfs on a Caribbean coral reef. *Phycologia* 28: 109-119.

Hader D.-P. and E. Hoiczyk. 1992. Gliding motility. In *Algal Cell Motility*, M. Melkonian (ed.), 1-38. Chapman and Hall, New York.

Haglund K., M. Bjorklund, S. Gunnare, A. Sandberg, U. Olander and M. Pedersen. 1996. New method for toxicity assessment in marine and brackish environments using the macroalga *Gracilaria tenuistipitata* (Gracilariales, Rhodophyta). *Hydrobiologia* 326/327: 317-325.

Halle F.R., A.A. Oldeman and P.B. Tomlinson. 1978. *Tropical Trees and Forests-An Architectural Analysis*. Springer-Verlag, Berlin.

Hallock P. 1988. Diversification in algal symbiont-bearing foraminifera: A response to oligotrophy? *Revue Paleobiol.* Sp. Vol. 2. 789-797.

Hallock P. F.E. Müller-Karger and J.C. Halas. 1997. Coral reef decline. *Natl. Geogr. Res. & Explor.* 9: 358-378.

Hallock P. and W. Schlager. 1986. Nutrient excess and the demise of coral reefs and carbonate platforms. *Palaios* 1: 389-398.

Hamilton L.S. and D.H. Murphy. 1988. Use and management of Nipa Palm (*Nypa fruticans*, Arecaceae): A review. *Econ. Bot.* 42: 206-213.

Han T. and J.M. Kain. 1992. Bluelight sensitivity of UV-irradiated young sporophytes of *Laminaria hyperborea*. *J. Exp. Mar. Biol. Ecol.* 158: 219-230.

Hanisak M.D. 1979. Growth patterns of *Codium fragile* ssp. *tomentosoides* in response to temperature, irradiance, salinity and nitragen sources. *Mar. Biol.* 50:319-332.

Hanisak M.D. 1987. Cultivation of *Gracilaria* and other macroalgae in Florida for energy production. In *Seaweed Cultivation for Renewable Resources*, K.T. Bird and P.H. Benson (eds.), 191-218. Elsevier, Amsterdam.

Hanisak M.D. and S.M. Blair. 1988. The deep-water macroalgal community of the east Florida continental shelf (USA). *Helgol. Wiss. Meeresunter.* 42: 133-163.

Hardwick-Witman M.N. 1984. Ice-rafting in a northern New England salt marsh community. M.S. thesis, University of New Hampshire, Durham.

Harlin M.M. 1980. Seagrass epiphytes. In *Handbook of Seagrass Biology. An Ecosystem Perspective*, C.P. McRoy (ed.), 117-152. Garland, New York.

Harris G.P. 1986. *Phytoplankton Ecology, Structure, Function and Fluctuation.* Chapman and Hall, London.

Harris L.G. 1996. A new community state in the southwestern Gulf of Maine? In *Gulf of Maine Ecosystem Dynamics*, Presentation to the Regional Association for Research in the Gulf of Maine, University of Maine, Orono.

Harrison W.G., T. Platt and M.R. Lewis. 1987. f-ratio and its relationship to ambient nitrate concentration in coastal waters. *J. Plank. Res.* 9: 235-248.

Harvey W.H. 1841. *A Manual of the British Algae.* Reeve Brothers, London.

Harvey H.W., L.H.N. Cooper, M.V. Lebour and P.S. Russell. 1935. Plankton production and its control. *J. Mar. Biol. Assoc. U.K.* 20: 407-411.

Hawkins S.J. and R.G. Hartnoll. 1985. Factors determining the upper limits of intertidal canopy-forming algae. *Mar. Ecol. Prog.* Ser. 20: 265-271.

Hay M.E. 1981a. The functional morphology of turf-forming seaweeds: Persistence in stressful marine habitats. *Ecology* 62: 739-750.

Hay M.E. 1981b. Herbivory, algal distribution and the maintenance of between-habitat diversity on a troical fringing reef. *Amer. Nat.* 118: 520-540.

Hay M.E. 1986. Functional geometry of seaweeds: ecological consequences of thallus layering and shape in contrasting light environments. In *On the Economy of Plant Form and Function,* T.J. Givenish (ed.), 635-666. Cambridge University Press, Cambridge.

Hay M.E. and W. Fenical. 1988. Marine plant-herbivore interactions: The ecology of chemical defense. *Ann. Rev. Ecol. Syst.* 19: 111-145.

Heck K.L. and E.D. McCoy. 1978. Long distance dispersal and the reef building corals of the eastern Pacific. *Mar. Biol.* 48: 349-356.

Heck Jr. K.L. and T.A. Thoman. 1984. The nursery role of seagrass meadows in the upper and lower reaches of the Chesapeake Bay. *Estuaries* 7: 70-92.

Heck Jr. K.L. and J.F. Valentine. 1995. Sea urchin herbivory: Evidence for long-lasting effects in subtropical seagrass meadows. *J. Exp. Mar. Biol. Ecol.*189: 205-217.

Heijs F.M.L. 1985. The macroalgal component in monspecific seagrass beds from Papua New Guinea. *Aquat. Bot.* 22: 291-324.

Heimdal B.R., J.K. Egge, M.J.W. Veldhuis and P. Wesbroek. 1994. The 1992 Norwegian *Emiliania huxleyi* experiment: An overview. *Sarsia* 79: 285-290.

Hellebust J.A. 1970. Light: Plants. In *Marine Ecology,* O. Kinne (ed.), Vol. 1, 125-158. John Wiley, New York.

Hellebust J.A. and J.S. Craigie (eds.). 1978. *Handbook of phycological Methods. Physiological and Biochemical Methods.* Cambridge University Press, Cambridge.

Henriquez P., A. Candia, R. Norambuena, M. Silva and R. Zemelman. 1979.Antibiotic properties of marine alge. Ⅱ. Screening of Chilean marine algae for antimicrobial activity. *Bot. Mar.* 22: 451-453.

Herke W.H., E.E. Knudsen, P.A. Knudsen and B.D. Rogers. 1992. Effects of semiimpoundment of Louisiana marsh on fish and crustacean nursery use and export. *North Amer. J. Fish. Manag.* 12: 151-160.

Hester M.W., K. L. McKee, D.M. Burdick, M.S. Koch, K.M. Flynn, S. Patterson, and I.A. Mendelssohn. 1994. Clonal integration in *Spartina patens* across a nitrogen and salinity gradient. *Canad. J. Bot.* 72: 767-770.

Heywood P. 1990. Phylum Raphidophyta. In *Handbook of Protoctista,* L. Margulis, J.O. Corliss, M.Melkonian and D.J. Chapman (eds.) 318-325. Jones and Bartlett, Boston.

Hibberd D.J. 1980a. Prymnesiophytes. In *Phytoflagellates,* E.R. Cox (ed.), 273-318. Elsevier/North Holland, New York.

Hibberd. D.J. 1980b. Eustigmatophytes. In *Phytoflagellates,* E.R. Cox (ed.) 319-334. Elsevier/North Holland, New York.

Hibberd. D.J. 1990a. Phylum Xanthophyta. In *Handbook of Protoctista,* L. Margulis J.O. Corliss M. Melkonian and D.J. Chapman (eds.) 686-697. Jones and Bartlett, Boston.

Hibberd.D.J. 1990b. Phylum Eustigmatophyta. In *Handbook of Protoctista,* L. Margulis J.O. Corliss M. Melkonian and D.J. Chapman (eds.) 326-333. Jones and Bartlett, Boston.

Hillis-Colinveaux L. 1980. Ecology and taxonomy of *Halimeda*: Primary producer of coral reefs. *Adv. Mar. Biol.* 17: 1-327.

Hillman K., D.I. Walker, A.W.D. Larkum and A.J. McComb. 1989. Productivity and nutrient limitation. In *Biology of Seagrasses,* A.W.D. Larkum, A.J. McComb and S.A. Shepherd (eds.) 635-685. Elsevier, Amsterdam.

Hixon M.A. and W.N. Brostoff. 1996. Succession and herbivory: Effects of differential fish grazing on Hawaiian coral-reef algae. *Ecol. Monograf.* 66: 67-90.

Hodgson L.M. 1980. Control of the intertidal distribution of *Gastroclonium coulteri* in Monterey Bay, California, USA. *Mar. Biol.* 57: 121-126.

Hoffman B.A. and C.J. Dawes. 1997. Vegetational and abiotic analysis of the salterns of mangals and salt marshes of the west coast of Florida. *J. Coast. Res.* 13: 147-154.

Hoffman W.E. and C.J. Dawes. 1980. Photosynthetic rates and primary production by two Florida benthic red algal species from a salt marsh and a mangrove community. *Bull. Mar. Sci.* 30: 358-364.

Hoffman W.E. and J.A. Rodgers Jr. 1981. Cost-benefit aspects of coastal vegetation establishment in Tampa Bay, Florida. *Environ. Conserv.* 8: 39-43.

Holmes M.J., and R.J. Lewis. 1993. The origin of ciguatera. *Mem. Queensland Mus.* 34: 497-504.

Hopkins W.G. 1993. *Introduction to Plant Physiology.* John Wiley, New York.

Horn M.H. 1989. Biology of marine herviborous fishes. *Oceanogr. Mar. Biol. Ann. Rev.* 27: 167-272.

Howes B.L. J.W.H. Dacey, and D.D. Goehringer. 1986. Factors controlling the growth form of *Spartina alterniflora*: Feedbacks between above ground production. *J. Ecol.* 74: 881-898.

Huggett J. and C.L. Griffiths. 1986. Some relationships between elevation, physicochemical variables and biota of intertidal rock pools. *Mar. Ecol. Prog.*, Ser. 29: 189-197.

Humm H.J. and S.R. Wicks. 1980. *Introduction and Guide to the Marine Bluegreen Algae.* John Wiley, New York.

Huntsman S.A. and W.G. Sunda. 1980. The role of trace metals in regulating phytoplankton growth. In *The Physiological Ecology of Phytoplankton,* I. Morris (ed.), 285-328. University of California Press, Berkeley.

Hussain M.I. and T.M. Kohja. 1993. Intertidal and subtidal blue-green algal mats of open and mangrove areas in the Farasan archipelago (Saudi Arabia), Red Sea. *Bot. Mar.* 36: 377-388.

Hutchings P. and P. Saenger. 1987. *Ecology of Mangroves.* University of Queensland Press, St. Lucia.

Hutchinson G.E. 1958. Concluding remarks. *Cold Spring Harbor Symposium on Quantitative Biology.* 22: 415-427.

Indergaard M. and J. Minsaas. 1991. Animal and human nutrition. In *Seaweed Resources in Europe: Uses and Potential,* M.D. Guiry and G. Blunden (eds.), 21-64. John Wiley, Chickseley, England.

Ish-Shalom-Gordon N. and Z. Dubinsky. 1990. Possible modes of salt secretion in *Avicennia marina* in the Sinai. *Plant Cell Physiol.* 31: 27-32.

Ish-Shalom-Gordon N. and Z. Dubinsky. 1992. Ultrastructure of the pneumatophores of the mangrove *Avicennia marina. S. Afr. J. Bot.* 58: 358-362.

Iyer V. and A.D. Barnabas. 1993. Effects of varying salinity on leaves of *Zostera capensis* Setchell. I. Ultrastructural changes. *Aquat. Bot.* 46: 141-153.

Jackson E F. 1968. *Algae, Man, and the Environment.* Syracuse University Press, Syracuse.

Jackson G.A. 1980. Phytoplankton growth and zooplankton grazing in oligotrophic oceans. *Nature* 284: 439-440.

Jagels R. 1983. Further evidence for osmoregulation in epidermal leaf cells of seagrasses. *Amer. J. Bot.* 70: 327-333.

Jagels R. and A. Barnabas. 1989. Variation in leaf ultrastructure of *Ruppia maritima* L. along a salinity gradient. *Aquat. Bot.* 33: 297-221.

Janzen D.H. 1985. Mangroves: Where's the understory? *J. Trop. Ecol.* 1: 89-92.

Jerlov N.G. 1976. *Marine Optics.* Elsevier, Amsterdam.

Johansson J.O.R. 1991. Long-term trends of nitrogen loading, water quality and biological indicators in Hillsborough Bay, Florida. In *Second Tampa Bay Area Scientific Information Symposium,* S.F. Treat and P.A. Clark (eds.),

157-176. Lewis Environmental Systems, Tampa.

John D.M., S.J. Hawkins and J.H. Price. 1992. *Plant-Animal Interactions in the Marine Benthos.* Clarendon Press, Oxford.

John D.M. and G.W. Lawson. 1990. The effects of grazing animals on algal vegetation. In *Introduction to Applied Phycology*, I. Akatuska (ed.), 307-345. SPB Academic, The Hague.

Johnson D.S. and A.F. Skutch. 1928. Littoral vegetation on a headland of Mt. Desert Island. Maine. I. Submersible or strictly littoral vegetation. *Ecology* 9: 188-215.

Jones R.C. 1980. Productivity of algal epiphytes in a Georgia salt marsh: Effect of inundation frequency and implications for total marsh productivity. *Estuaries* 3: 315-317.

Jones R.F. 1960. The accumulation of nitrosyl ruthenium by fine particles and marine organisms. *Limnol. Oceanograf.* 5: 312-325.

Jones W.E. and A. Demetropolus. 1968. Exposure to wave action: Measurements of an important ecological parameter on rocky shores on Anglesey. *J. Exp. Mar. Biol. Ecol.* 2: 46-63.

Joshi G.V., S. Sontakke, I. Bhosale and A.P. Waghmode. 1984. Photosynthesis and photorespiration in mangroves. In *Physiology and Management of Mangroves*, H.J. Teas (ed.), 210-238. Dr. W. Junk, The Hague.

Josselyn M. 1983. *The Ecology of San Francisco Bay Tidal Marshes: A Community profile,* FWS/OBS-83/23. U.S. Fish and wildlife Service, Washington, D.C.

Kanwisher J.W. 1957. Freezing and drying in intertidal algae. *Biol. Bull.* 113: 275-285.

Kanwisher J.W. 1996. Photosynthesis and respiration in some seaweeds. In *Some Contemporary Studies in Marine Sciences,* H. Barnes (ed.), 407-420. Allen and Unwin, London.

Karp-Boss L., E. Boss and P.A. Jumars. 1996. Nutrient fluxes to planktonic osmotrophs in the presence of fluid motion. *Oceanogr. Mar. Biol. Ann. Rev.* 34: 71-107.

Karsten U., C. Wiencke and G.O. Kirst 1989. The β-dimethylsulphonio propionate (DMSP) content of macroalgae from Antarctica and southern Chile. *Bot. Mar.* 32: 143-146.

Keats D.W., G.R. South and D.H. Steele. 1985. Algal biomass and diversity in the upper subtidal at a pack-ice disturbed site in eastern Newfoundland. *Mar. Ecol. Prog.,* Ser. 25: 151-158.

Kemp W.M., R.R. Twilley, J.C. Stevenson, W.R. Boynton and J.C. Means. 1983. The decline of submerged vascular plants in upper Chesapeake Bay: Summary of results concerning possible causes. *Mar. Tech. Soc. J.* 17: 78-89.

Kempers A.J. and A. Zweers. 1986. Ammonium determination in soil extracts by the salicylate method. *Comm. Soli Sci. Plant Anal.* 17: 715-723.

Kennelly S.J. 1987. Inhibition of kelp recruitment by turfing algae and consequences for an Australian kelp community. *J. Exp. Mar. Biol. Ecol.* 112: 49-60.

Kenworthy W.J., M.J. Durako, S.M.R. Fatemy, H. Valavi and G.W. Thayer. 1993. Ecology of seagrasses in Northeastern Saudi Arabia one year after the Gulf War oil spill. *Mar. Pollut. Bull.* 27: 213-222.

Kenworthy W.J., and M.S. Fonseca. 1992. The use of fertilizer to enhance growth of transplanted seagrasses. *Zostera marina* L. and *Halodule wrightii* Aschers. *J. Exp. Mar. Biol. Ecol.* 163: 141-161.

Kerby N.W. and J.A. Raven. 1985. Transport and fixation of inorganic carbon by marine algae. *Adv. Bot. Res.* 11: 71-123.

Ketchum B.H. (ed.). 1983. *Ecosystems of the World 26. Estuaries and Enclosed Seas.* Elsevier, Amsterdam.

Kidman B. 1995. Cobscook Bay ecosystem study.

Gulf Maine News 3(1): 1-5.

Kiirikki M. 1996. Mechanisms affecting macroalgal zonation in the northern Baltic Sea. *European J. Phycol.* 31: 225-232.

Kiirikki M. and A. Ruuskanen. 1996. How does *Fucus vesiculosus* survive ice scraping? *Bot. Mar.* 39: 133-140.

Kim H.G., R.S. Kang and C.H. Sohn. 1992. Effects of thermal effluents on the marine algal community at the coast of Kori Nuclear Power Plant. *Korean J. Phycol.* 7: 269-279.

Kim J.H. and R.E. DeWreede. 1996. Effects of size and season of disturbance on alga patch recovery in a rocky intertidal community. *Mar. Ecol. Prog., Ser.* 133: 217-228.

King R.J. 1990. Macroalgae associated with the mangrove vegetation of Papua, New Guinea. *Bot. Mar.* 33: 55-62.

King R.J. and M.D. Wheeler. 1984. Composition and geographic distribution of mangrove macroalgal communities in New South Wales. *Proc. Linn. Soc. N.S.W.* 108: 97-117.

Kinne O. (ed.). 1970. *Marine Ecology*, Vol. 1, Pt. 1. John Wiley, New York.

Kinne O. (ed.). 1971. *Marine Ecology*, Vol. 2, Pt. 2, 3. John Wiley, New York.

Kinne O. (ed.). 1976. *Marine Ecology*, Vol. 3, Pt. 1. John Wiley, New York.

Kinsey D. W. 1983. Standards of Performance in coral reef primary production and carbon turnover. In *Perspectives on Coral Reefs*, D.J. Barnes (ed.), 209-220. Brian Clouston, Brisbane.

Kirk J.J.O. 1994. *Light & Photosynthesis in Aquatic Ecosystems*, 2nd ed. Cambridge University Press, Cambridge.

Kirst G.O. 1979. Osmotische Adaptation der marinen *Planktonalgae Platymonas subcordiformis* (Hazen). *Deutsch. Bot. Ges* (Berlin) 92: 31-42.

Kirst G.O. and M.A. Bisson. 1979. Regulation of turgor pressure in marine algae: Ions and low molecular weight organic compounds. *Austral. J. Plant Physiol.* 6: 539-556.

Kiyosawa H. and J. Ishizaka. 1995. Distribution of the prochlorophyte *Prochlorococcus* in the central Pacific Ocean as measured by HPLC. *Limnol. Oceanograf.* 40: 983-989.

Klekowski Jr., E.J., J.E. Corredor, J.M. Morell and C.A. del Castillo. 1994. Petroleum pollution and mutation in mangroves. *Mar. Pollut. Bull.* 28: 166-169.

Klinger T. 1985. Allocation of blade surface area to meiospore production in annual and perennial representatives of the genus *Laminaria*. M.Sc. thesis, University of British Columbia, Vancouver.

Kloareg B. and R.S. Quatrano. 1988. Structure of the cell walls of marine algae and ecophysiological functions of the matric polysaccharides. *Oceanograf. Mar. Biol. Ann. Rev.* 26: 259-315.

Klugh A.B. 1924. Factors controlling the biota of tide-pools. *Ecology* 5: 180-196.

Klumpp D.W., R.K. Howard and D. A. Pollard. 1989. Trophodynamics and nutritional ecology of seagrass communities. In *Biology of Seagrasses*, A.W.D. Larkum, A.J. McComb, and S.A. Shepherd (eds.), 394-457. Elsevier, Amsterdam.

Knight M. and M.W. Parke. 1931. *Manx Algae. Mem. Liverpool Mar. Biol. Comm.* 301: 1-147.

Knox G.A. 1986. *Estuarine Ecosystems: A Systems Approach*, Vols. 1 and 2. CRC Press, Boca Raton, Fla.

Koch E.W. 1993. Hydrodynamics of flow through seagrass canopies: Biological, physical, and geochemical interactions. Ph.D. dissertation, University of South Florida, St. Petersburg.

Koch E.W. 1994. Hydrodynamics, diffusion-boundary layers and photosynthesis of the seagrass *Thalassia testudinum* and *Cymodocea nodosa*. *Mar. Biol.* 118: 767-776.

Koch E.W. and C.J. Dawes. 1991. Ecotypic

differentiation in populations of *Ruppia maritima* L. germinated from seeds and cultured under algae-free laboratory conditions. *J. Exp. Mar. Biol. Ecol.* 152: 145-159.

Koch E.W. and M.J. Durako. 1991. *In vitro* studies of the submerged angiosperm *Ruppia maritima*: Auxin and cytokinin effects on plant growth and development. *Mar. Biol.* 110: 1-6.

Kockelman W.J., T.J. Conomos and A.E. Leviton (eds.). 1982. *San Francisco Bay Use and Protection*. California Academy of Science, San Francisco.

Komarek J. and K. Anagnostidis. 1986. Modern approach to the classification system of the cyanophytes. 4. Nostocales. *Algol. Stud.* 56: 247-345.

Komatsu T. 1996. Influence of a *Zostera* bed on the spatial distribution of water flow over a broad geographic area. In J.Kuo, D.I. Walker and H. Kirkman (eds.), 123-125. *Seagrass Biology: Scientific Discussion from an International Workshop.* University of Western Australia, Nedlands.

Kooistra W.H.C.F., A.M.T. Joosten and C. van den Hoek. 1989. Zonation patterns in intertidal pools and their possible causes: A multivariate approach. *Bot. Mar.* 32: 9-26.

Kristensen E., F.O. Andersen and L.H. Kofoed. 1988. Preliminary assessment of benthic community metabolism in a south-east Asian mangrove swamp. *Mar. Ecol. Prog.*, Ser. 48: 137-145.

Kristiansen J. 1982. Chrysophyceae. In *Synopsis and Classification of Living Organisms,* S.P. Parker (ed.), 81-91. McGraw-Hill, New York.

Kruczynski A. 1994. Anatomical and Cytological Adaptations to Salinity in the Leaves of Ruppia maritima. M. S. thesis, University of South Florida, Tampa.

Krugens P. and R.E. Lee. 1988. Ultrastructure of fertilization in a cryptomonad. *J. Phycol.* 24: 385-393.

Kumar H.D. 1990. *Introductory Phycology.* Affiliated East-West Press, New Delhi.

Kuo J. and A.J. McComb. 1989. Seagrass taxonomy, structure and development. In *Biology of Seagrasses,* A.W.D. Larkum, A.J. McComb and S.A. Shepherd (eds.), 6-37. Elsevier, Amsterdam.

Kou J., R.C. Phillips, D.I. Walker and H. Kirkman (eds.). 1996. *Seagrass Biology, Proceedings of an International Workshop.* University of Western Australia, Nedlands.

Kuramoto R.T. and D.E. Brest. 1979. Physiological response to salinity by four salt marsh plants. *Bot. Gaz.* 140: 295-298.

Kurtz H. and K. Wagner. 1957. Tidal marshes of the Gulf and Atlantic coasts of northern Florida and Charleston, South Carolina. *Fla. St. Univ. Stud.* 24: 1-168.

Kutkuhn J.H. 1966. The role of estuaries in the development and perpetuation of commercial shrimp resources. *Amer. Fish. Soc. Sp. Publ.* 3: 16-36.

Kyle D.J., K.D.B. Boswell, R.M. Glaude and S.E. Reeb. 1992. Designer oils from microalgae as nutritional supplements. In *Biotechnology and Nutrition,* D.D. Bills and S.-D. Kung (eds.), 451-468. Butterworth-Heinemann, Boston.

Lacerda L.D., V. Ittekkot and S.R. Patchineelam. 1995. Biogeochemistry of mangrove soil organic matter: A comparison between *Rhizophora* and *Avicennia* soils in southeastern Brazil. *Estuar. Coast. Shelf Sci.* 40: 713-720.

Lanyon J.M. and H. Marsh. 1995. Temporal changes in the abundance of some tropical intertidal seagrasses in North Queensland. *Aquat. Bot.* 49: 217-237.

Lapointe B.E. In Press. Nutrient thresholds for bottom-up control of macroalgal blooms on coral reefs in Jamaica and southeast Florida. *Limnol. Oceanograf.*

Lapointe B.E., W.R. Matzie, D.A. Tomasko and M.A. Voorhees. 1996. Deterioration of water quality in the south Florida coastal ecosystem: Hypersalinity or eutrophication? In *Proceedings of the 8th International Coral Reef Symposium,* (Unpublished Presentation).

Lapointe B.E., D.A. Tomasko and W.R. Matzie. 1994. Eutrophication and trophic state classification of seagrass communities in the Florida Keys. *Bull. Mar. Sci.* 54: 696-717.

Lapointe B.E. and J.D. O'Connell. 1989. Nutrient-enhanced growth of *Cladophora prolifera* in Harrington Sound, Bermuda: Eutrophication of a confined, phosphoruslimited ecosystem. *Estuar. Coast. Shelf. Sci.* 28: 347-360.

Larkum A.W.D. and C. den Hartog. 1989. Evolution and biogeography of seagrasses. In *Biology of Seagrasses,* A.W.D. Larkum, A.J. McComb and S.A. Shepherd (eds.), 112-156. Elsevier, Amsterdam.

Larkum A.W.D., A.J. McComb and S.A. Shepherd (eds.). 1989. *Biology of Seagrasses.* Elsevier, Amsterdam.

Larkum A.W.D., G. Roberts, J. Kuo and S. Strother. 1989. Gaseous movement in seagrasses. In *Biology of Seagrasses,* A.W.D. Larkum, A.J. McComb and S.A. Sherperd (eds.), 686-722. Elsevier, Amsterdam.

Larkum A.W.D. and R.J. West. 1990. Long-term changes of seagrass meadows in Botany Bay, Australia. *Aquat. Bot.* 37: 55-70.

Larkum A.W.D. and W.F. Wood. 1993. The effect of UV-B radiation on photosynthesis and respiration of phytoplankton, benthic macroalgae and seagrasses. *Photosyn. Res.* 36: 17-23.

Lawrence J.M. 1975. On the relationships between marine plants and sea urchins. *Oceanograf. Mar. Biol. Ann. Rev.* 13: 213-286.

Lawrence J.M., Ch.-F. Boudouresque and F. Maggiore. 1989. Proximate energy in *Posidonia oceanica* (Potomogetonaceae). *P.S.Z.N.I. Mar. Ecol.* 10: 263-270.

Layne E. 1957. Spectrographic and turbidimetric methods for measuring proteins. In *Methods in Enzymology,* Vol. 3, S.P. Kolowich and N.O. Kaplan (eds.), 447-454. Academic Press, New York.

Lazar A.C. and C.J. Dawes. 1991. A seasonal study of the seagrass *Ruppia maritima* L. in Tampa Bay, Florida. Organic constituents and tolerances to salinity and temperature. *Bot. Mar.* 34: 265-269.

Lee J.J. and O.R. Anderson. 1991. Symbiosis in foraminifera. In *Biology of Foraminifera,* J.J. Lee and O.R. Anderson (eds.), 157-220. Academic Press, New York.

Lee R.W. 1989. *Phycology,* 2nd ed. Cambridge University Press, Cambridge.

Leedale G.R. 1967. Euglenida/Euglenophyta. *Ann. Rev. Microbiol.* 21: 31-48.

Lefebvre L.W., T.J. O'Shea, G.B. Rathbun and R.C. Best. 1989. Distribution, status, and biogeography of the West Indian Manatee. *Biogeo. West Indies* 1989: 567-610.

Lembi C.A. and J.R. Waaland (eds.). 1989. *Algae and Human Affairs.* Cambridge University Press, Cambridge.

Lesser M.P. 1996. Acclimation of phytoplankton to UV-B radiation: Oxidative stress and photoinhibition of photosynthesis are not prevented by UV-absorbing compounds in the dinoflagellae *Prorocentrum micans. Mar. Ecol. Prog.,* Ser. 132: 287-297.

Lessios H.A. 1988. Mass mortality of *Diadema antillarum* in the Caribbean: What have we learned? *Ann. Rev. Ecol. Syst.* 19: 371-393.

Lessios H.A. 1995. *Diadema antillarum* 10 years after mass mortality: Still rare despite help from a competitor. *Proc. Roy. Soc. Lon. Ser. B* 259: 331-337.

Levin P.S. and A.C. Mathieson. 1991. Variation in

a host-epiphyte relationship along a wave exposure gradient. *Mar. Ecol. Prog.,* Ser. 77: 271-278.

Levine H.G. 1984. The use of seaweeds for monitoring coastal waters. In *Algae as Ecological Indicators,* L. E. Shubert (ed.), 189-210. Academic Press, New York.

Levine J.M. and M.D. Bertness. 1996. Nutrients, competition and plant segregation in a New England salt marsh. In *Proceedings of the 24th Benthic Ecology Meeting,* 53. Univ. South Carolina, Columbia.

Levring T., H.A. Hoppe and O.J. Schmid. 1969. *Marine Algae.* Cram, De Gruyter, Hamburg.

Lewin R.A. 1976. Prochlorophyta as a proposed new division of algae. *Nature* 261: 697-698.

Lewin R.A. and L. Cheng (eds.). 1989. *Prochloron A Microbial Enigma.* Chapman and Hall, New York.

Lewis J.G., N.F. Stanley and G.G. Guist. 1988. Commercial production and applications of algal hydrocolloids. In *Algae in Human Affairs,* C.A. Lembi and J.R. Waaland (eds.), 205-236. Cambridge University Press, Cambridge.

Lewis J.R. 1964. *The Ecology of Rocky Shores.* English University Press, London.

Lewis III R.R. (ed.). 1982. *Creation and Restoration of Coastal Plant Communities.* CRC Press, Boca Raton, Fla.

Lewis III R.R. and E.D. Estevez. 1988. *The Ecology of Tampa Bay. Florida: An Estuarine Profile,* Biological Report 85. U.S. Fish and Wildlife Service, Washington, D.C.

Lewis S.M. 1985. Herbivory on coral reefs: Algal susceptibility to herbivorous fishes. *Oecologia* 65: 370-375.

Levitt G.J. and J.J. Bolton. 1991. Seasonal patterns of photosynthesis and physiological parameters and the effects of emersion in littoral seaweeds. *Bot. mat.* 34: 403-410.

Libes M. 1986. Productivity-irradiance relationship of *Posidonia oceanica* and its epiphytes. *Aquat. Bot.* 26: 285-306.

Li-Cor Inc. 1985. *LI-1000 Datalogger Instruction Manual.* Li-Cor Inc., Lincoln, Nebraska.

Lin G. and L. de S.L. Sternberg. 1994. Utilization of surface water by red mangrove (*Rhizophora mangle* L.): An isotopic study. *Bull. Mar. Sci.* 54: 94-102.

Lin H.-J., S.W. Nixon, E.I. Taylor, S.L. Granger and B.A. Buckley. 1996. Responses of epiphytes on eelgrass, *Zostera marina* L., to separate and combined nitrogen and phosphorus enrichment. *Aquat. Bot.* 52: 243-258.

Linden O. and A. Jernelov. 1980. The mangrove swamp-An ecosystem in danger. *Ambio* 9: 81-88.

Linskens H.F. 1963. Beitrag zur Frage der Beziehungen zwischen Epiphyt und Basiphyt bie marinen Algen. *Publ. Staz. Zool. Napoli* 33: 274-293.

Lipkin Y., S. Beer and A. Eshel. 1993. The ability of *Porphyra linearis* (Rhodophyta) to tolerate prolonged periods of desiccation. *Bot. Mar.* 36: 517-523.

Little C. and J.A. Kitching. 1996. *The Biology of Rocky Shores.* Oxford University Press, Oxford.

Littler M.M. 1976. Calcification and its role among macroalgae. *Micronesica* 12: 27-41.

Littler M.M. and D.S. Littler. 1980. The evolution of thallus form and survival strategies in benthic marine macroalgae: Field and laboratory tests of a functional form model. *Amer. Nat.* 116: 25-44.

Littler M.M. and D.S. Littler. 1984. Deepest known plant life discovered on an uncharted seamount. *Science* 227: 57-59.

Littler M.M. and D.S. Littler.1988. Structure and role of algae in tropical reef communities. In *Algae and Human Affairs,* C.A. Lembi and J.R. Waaland (eds.), 29-56. Cambridge University Press, Cambridge.

Littler M.M. and D.S. Littler (eds.). 1985. *Handbook of Phycological Methods. Ecological Field Methods: Macroalgae.* Cambridge University Press, Cambridge.

Littler M.M., D.S. Littler and P.R. Taylor. 1983. Evolutionary strategies in a tropical barrier reef system: Functional-form groups of marine macroalgae. *J. Phycol.* 19: 229-237.

Littler M.M. and S.N. Murray. 1974. The primary productivity of marine macrophytes from a rocky intertidal community. *Mar. Biol.* 27: 131-135.

Lobban C.S., D.J. Chapman and B.P. Kremer (eds.). 1988. *Experimental Phycology, A Laboratory Manual.* Cambridge University Press, Cambridge.

Lobban C.S. and P.J. Harrison. 1994. *Seaweed Ecology and Physiology.* Cambridge University Press. Cambridge.

Loeblich A.R. III. 1977. Marine chloromonads: More widely distributed in neritic environments than previously thought. *Proc. Biol. Soc. Wash.* 90: 388-399.

Loeblich A.R. III. 1982. Dinophyceae. In *Synopsis and Classification of Living Organisms 1*, S.P. Parker (ed.), 101-115. McGraw-Hill, New York.

Logan B.W., J.F. Reed and G.M. Hagan. 1974. Evolution and diagenesis of quaternary carbonate sequences, Shark Bay, Western Australia. *Amer. Assoc. Petrol. Geol. Mem.* 22: 1-358.

Long S.P. and C.F. Mason. 1983. *Saltmarsh Ecology.* Chapman and Hall, London.

Long W.J.L., L.J. McKenzie, M.A. Rasheed and R. G. Coles. 1996. Monitoring seagrasses in tropical ports and harbors. In *Seagrass Biology: Proceedings of the International Workshop,* J. Kuo, R.C. Phillips, D.I. Walker and H. Kirkman(eds.), 345-350. University of Western Australia, Nedlands.

Long H.H. de, B.J. Wenno and E. Meelis. 1995. Seagrass distribution and seasonal biomass changes in relation to dugong grazing in Moluccas, East Indonesia. *Aquat. Bot.* 50: 1-19.

Lovett Doust J. and L. Lovett Doust. 1988. *Plant Reproductive Ecology: Patterns and Strategies.* Oxford University Press, Oxford.

Lowry, O.H. N.J. Rosebrough, A.L. Farr and R.J. Randall. 1951. Protein measurement with the folin phenol reagent. *J. Biol. Chem.* 193: 265-275.

Lovett Doust J. and L. Lovett Doust. 1988. *Plant Reproductive Ecology: Patterns and Strategies.* Oxford University Press, Oxford.

Lubchenco J. 1978. Plant species diversity in a marine intertidal community: Importance of herbivore food preference and algal competitive abilities. *Amer. Nat* 112: 23-39.

Lubchenco J. 1982. Effect of grazers and algal competitors on fucoid colonization in tide pools. *J. Phycol.* 18: 544-550.

Lubchenco J. and S.D. Gaines. 1981. A unified approach to marine plant-herbivore interactions. I. Populations and communities. *Ann. Rev. Ecol. Syst.* 12: 405-437.

Lugo A.E. 1986. Mangrove understory: An expensive luxury? *J. Trop. Ecol.* 2: 287-288

Lugo A. E. and S. C. Snedaker. 1974. The ecology of mangroves. *Ann. Rev. Ecol. Sys.* 5: 39-64

Lumbang W.A. and V.J. Paul. 1996. Chemical defenses of the tropical green seaweed *Neomeris annulata* Dickie: Effects of multiple compounds on feeding by hervivores. *J. Exp. Mar. Biol. Ecol.* 201: 185-196.

Lundberg P., R.G. Weich, P. Jensen and H.J. Vogel. 1989. Phosphorus-31 and nitrogen-14 studies of the uptake of phosphorus and nitrogen compounds in the marine macroalga *Ulva lactuca. Plant Physiol.* 89: 1380-1387.

Lüning K. 1990. *Seaweeds. Their Environment, Biogeography, and Ecophysiology,* C. Yarish and H. Kirkman (trans.). John Wiley, New York.

Lüning K. and W. Freshwater. 1988. Temperature

tolerance of northeast Pacific marine algae. *J. Phycol.* 24: 310-315.

Lüning K., M.D. Guiry and M.Masuda. 1987. Upper temperature tolerance of North Atlantic and North Pacific geographic isolates of the red alga *Chondrus. Helgol. Wiss. Meeresunter.* 41: 297-306.

Lüning K. and M. Neushul. 1978. Light and temperature demands for growth and reproduction of laminarian gametophytes in southern and central California. *Mar. Biol.* 45: 297-309.

Mackey A.P. and G. Smail. 1995. Spatial and temporal variation in litter fall of *Avicennia marina* (Forssk.) Vierh. in the Brisbane River, Queensland, Australia. *Aquat. Bot.* 52: 133-142.

MacNae W. 1968. A general account of the fauna and flora of mangrove swamps and forests in the Indo-West- Pacific region. *Adv. Mar. Biol.* 6: 73-270.

Madlener J.C. 1977. *The Seavegetable Book.* Clarkson Potter, New York.

Maegawa M., M. Kunieda and W. Kida. 1993. The influence of ultraviolet radiation on the photosynthetic activity of several red algae from different depths. *Jap. J. Phycol.* 41: 207-214.

Mahall B.E. and R.B. Park. 1976. The ecotone between *Spartina foliosa* Trin. and *Salicornia virginica* L. in salt marshes of northern San Fracisco Bay.Ⅲ. Soil aeration and tidal immersion. *J. Ecol.* 48: 811-819.

Malecki R.A., B. Blossey, S.D. Hight, D. Schroeder, L.T. Kok and J.R. Coulson. 1993. Biological control of purple loosestrife. *Bioscience* 43: 680-686.

Mann K.H. and A.R.O. Chapman. 1975. Primary production of marine macrophytes. In *Photosynthesis and Productivity in Different Environments,* J. P. Cooper(ed.), IBP 3, 207-248. Cambridge University Press, Cambridge.

Mann. K.H. and J.R.N. Laziev. 1991. *Dynamics of Marine Ecosystems: Biologicalphysical Interactions in the Ocean.* Blackwell Scientific Publications, Oxford, England.

Maragos J.E., C. Evans and P. Holthus. 1985. Reef corals in Kaneohe Bay six years before and after termination of sewage discharges (Oahu, Hawaiian Archipelago). *Proceedings of the 5th International Coral Reef Symposium,* 4: 189-194.

Marchant H.J., A.T. Davidson and G.J. Kelly. 1991. UV-B protecting compounds in the marine alga *Phaeocystis pouchetii* from Antarctica. *Mar. Biol.* 109:391-395.

Margalef R. 1963. Succession in marine populations. In *Advancing Frontiers of Plant Science,* 2nd ed., R. Vira (ed.), 137-188. Institute for the Advancement of Science and Culture, New Delhi.

Margalef, R. 1968. The pelagic ecosystem of the Caribbean Sea. In *Symposium on Investigations and Resources of the Caribbean Sea and Adjacent Regions,* 484-498. UNESCO, Paris.

Margulis L. and K.V. Schwartz. 1988. *Five Kingdoms: An Illustrated Guide to the Phyla of Life on Earth,* 2nd ed. W. H. Freeman, New York.

Marks D.L., R. Bushsbaum and T. Swain. 1985. Measurement of total protein in plant samples in the presence of tannins. *Anal. Biochem.* 147: 136-143.

Maertinez E.A. 1996. Micropopulation differentiation in phenol content and susceptibility to herbivory in the chilean kelp *Lessonia nigresceus* (Phaeophyta, Laminariales). *Hydrobiologia* 326/327: 205-211.

Matheke G.E.M. and R. Horner. 1974. Primary productivity of the benthic microalgae in the Chukchi Sea near Barrow, Alaska. *J. Fish. Res. Bd. Can.* 31: 1779-1786.

Mathieson A.C. 1979. Vertical distribution and longevity of subtidal seaweeds in northern

New England U.S.A. *Bot. Mar.* 30: 511-520.

Mathieson A.C. 1989. Phenological patterns of northern New England seaweeds. *Bot. Mar.* 32: 419-438.

Mathieson A.C., R.A. Fralick, R. Burns and W. Flashive. 1975. Phycological studies during Tektite II, at St. John, U.S. V.I. In *Results of the Tektite Program: Coral Reef Invertebrates and Plants,* Science Bulletin No. 20, S.A. Earle and R.L. Lavenberg (eds.), 77-103. Natural History Museum, Los Angeles.

Mathieson A.C. and Z. Guo. 1992. Patterns of fucoid reproductive biomass allocation. *British Phycol. J.* 271-292.

Mathieson A.C. and E.J. Hehre. 1986. A synopsis of New Hampshire seaweeds. *Rhodora* 88: 1-139.

Mathieson A.C. and E.J. Hehre. 1994. A comparison of marine algae from the Goleta Slough and adjacent open coast of Goleta/Santa Barbara, California with those in the southern Gulf of Maine. *Rhodora* 96: 207-258.

Mathieson A.C. and P.H. Nienhuis(eds.). 1991. *Ecosystems of the World 24. Intertidal and Littoral Ecosystems.* Elsevier, Amsterdam.

Mathieson A.C., C.A. Penniman, P.K. Busse and E. Tveter-Gallagher. 1982. Effects of ice on *Ascophyllum nodosum* within the Great Bay Estuary System of New Hampshire-Maine. *J. Phycol.* 18: 331-336.

Mathieson A.C., J.W. Shipman, J.R. O'Shea and R.C. Hasevlat. 1976. Seasonal growth and reproduction of estuarine fucoid algae in New England. *J. Exp. Mar. Biol. Ecol.* 25: 273-284.

Mathieson A.C., E Tveter, M. Daly and J. Howard. 1977. Marine algal ecology in a new Hampshire tidal rapid. *Bot. Mar.* 20: 277-290.

Mattox K.R. and K.D. Stewart. 1984. Classification of the green algae: A concept based on comparative cytology. In *Systematics of the Green Algae,* D.E.G. Irvine and D.M. John (eds.), 29-72. Academic Press, New York.

Maxwell W.G.H. 1968. *Atlas of the Great Barrier Reef.* Elsevier, Amsterdam.

Maze J., P. Morand and P. Potoky. 1993. Stabilization of 'Green tides' *Ulva* by a method of composting with a view to pollution limitation. *J. Appl. Phycol.* 5: 183-190.

McCarthy J.J. 1980. Nitrogen. In *The Physiological Ecology of Phytoplankton,* I. Morris (ed.), 191-233. University of California Press, Berkeley.

McConchie C.A. and R.B. Knox. 1989. Pollination and reproductive biology of seagrasses. In *Biology of Seagrasses,* A.W.D. Larkum, A.J. McComb, and S.A. Shepherd (eds.), 74-111. Elsevier, Amsterdam.

McCoy E.D. and K.L. Heck Jr. 1976. Biogeography of corals, seagrasses, and mangroves. An alternative to the center of orgin concept. *System. Zool.* 25: 201-210.

McKee K.L., I.A. Mendelssohn and M.W. Hester. 1988. Reexamination of pore water sulfide concentrations and redox potentials near the aerial roots of *Rhizophora mangle* and *Avicennia germinans. Amer. J. Bot.* 75: 1352-1359.

McMillan C. 1980. Reproductive physiology in the seagrass *Syringodium filiforme* from the Gulf of Mexico and the Caribbean. *Amer. J. Bot.* 67: 104-110.

McMillan C., S.C. Williams, L. Escobar and O. Zapata. 1981. Isozymes, secondary compounds and experimental cultures of Australian seagrasses *Halophila, Halodule, Zostera, Amphibolis* and *Posidonia. Austral. J. Bot.* 29: 247-260.

McRoy C.P. and C. Helfferich (eds.). 1977. *Seagrass Ecosystems.* Marcel Dekker, New York.

McRoy C.P. and C. McMillan. 1977. Production ecology and physiology of seagrasses. In *Seagrass Ecosystems. A Scientific Perspective,* C.P. McRoy and C. Helffrich (eds.), 53-81. Marcel

Dekker, New York.

Meeks J.C. 1974. Chlorophylls. In *Algal Physiology and Biochemistry*, W.D.P. Stewart (ed.), 161-175. University of California Press, Berkeley.

Meinesz A., L. Benichou, T. Komatsu, R. Lemee, H. Molenaar and X. Mari. 1995. Variations in the structure, morphology and biomass of *Caulerpa taxifolia* in the Mediterranean Sea. *Bot. Mar.* 38: 499-508.

Meinesz A. and C.-F. Boudouresque. 1996. Sur l'origine de *Caulerpa taxifolia* en Mediterranee. *C.R. Acad. Sci. Paris.*, Ser. III, 319: 603-613.

Meinesz A., J. de Vaugelas, B. Hesse and X. Mari. 1993. Spread of the introduced tropical green alga *Caulerpa taxifolia* in northern Mediterranean waters. *J. Appl. Phycol.* 5: 141-147.

Mendelssohn I.A. and K.L. McKee. 1988. *Spartina alterniflora* die-back in Louisiana: Time-course investigation of soil waterlogging effects. *J. Ecol.* 76: 509-521.

Mendelssohn I.A. and E.D. Seneca. 1980. The influence of soil drainage on the growth of salt marsh cordgrass *Spartina alterniflora* in North Carolina. *Estuar. Coastal Mar. Sci.* 11: 27-40.

Menge B.A., T.M. Farrell, A.M. Olson, P. van Tamelen and T. Turner. 1993. Algal recruitment and the maintenance of a plant mosaic in the low intertidal region on the Oregon coast. *J. Exp. Mar. Biol. Ecol.* 170: 91-116.

Menzel D. 1980. Plug formation and peroxydase accumulation in two orders of siphonous green algae (Caulerpales, Dasycladales) in relation to fertilization and injury. *Phycologia* 19: 37-48.

Merrill J. and R. Fletcher. 1991. Green tides cause major economic burden in Venice Lagoon, Italy. *Appl. Phycol. Forum* 8(3): 1-3.

Michanek G. 1979. Phytogeographic provinces and seaweed distribution. *Bot. Mar.* 22: 375-391.

Miller M.W. and M.E. Hay. 1996. Coral-seaweed-grazer-nutrient interactions on temperate reefs. *Ecol. Monograf.* 66: 323-344.

Miller W.R. and E.E. Egler. 1950. Vegetation of the Wequetequock-Pawactcck tidal marshes, Connecticut. *Ecol. Monograf.* 20: 141-172.

Milne D.H. 1995. *Marine Life and the Sea.* Wadsworth, Belmont, Ca.

Mitsh W.J. and J.G. Gosselink. 1993. *Wetlands,* 2nd ed., Van Nostrand Reinhold, New York.

Mobberley D.G. 1956. Taxonomy and distribution of the genus *Spartina. Iowa State Coll. J. Sci.* 30: 471-574.

Molenaar H. and A. Meinesz. 1995. Vegetative reproduction in *Posidonia oceanica*: Survival and development of transplanted cuttings according to different spacings, arrangements and substrates. *Bot. Mar.* 38: 313-322.

Molina X. and V. Montecino. 1996. Acclimation to UV irradiance in *Gracilaria chilensis* Bird, McLachlan et Oliveira (Gigartinales, Rhodophyta). *Hydrobiologia* 326/327: 415-420.

Mooney H.A. 1976. Some contributions of physiological ecology to plant population biololgy. *System. Bot.* 1: 269-283.

Moriarty D.J.W. and P.I. Boon. 1989. Interactions of seagrasses with sediment and water. In *Biology of Seagrasses*, A.W.D. Larkum, A.J. McComb and S.A. Shepherd (eds.), 500-535. Elsevier, Amsterdam.

Moriarty D.J.W., R. Iverson and P.C. Pollard. 1986. Exudation of organic carbon by the seagrass *Halodule wrightii* and its effect on bacterial growth in the sediment. *J. Exp. Mar. Biol. Ecol.* 96: 115-126.

Morris I. (ed.). 1980. *The Physiological Ecology of Phytoplankton.* University of California Press, Berkeley.

Morton J. 1991. *Shore Life Between Fundy Tides.* Canadian Scholars Press, Toronto.

Mostaert A.S., U. Karsten and R.J. King. 1995. Inorganic ions and mannitol in the red alga

Caloglossa leprieurii (Ceramiales, Rhodophyta): Response to salinity change. *Phycologia* 34: 501-507.

Muehlstein L.K. 1989. Prospectives on the wasting disease of eelgrass *Zostera marina*. *Diseases Aquat. Org.* 7: 211-221.

Muller D.G. 1972. Studies on reproduction in *Ectocarpus siliculosus*. *Soc. Bot. Fr. Mem.* 1972: 87-98.

Muller D.G. 1977. Sexual reproduction in British *Ectocarpus siliculosus* (Phaeophyta). *British Phycol. J.* 12: 131-136.

Murphy D.H. 1990. The natual history of insect herbivory on mangrove trees in and near Singapore. *Raffles Bull. Zool.* 38: 119-203.

Murren C.J. and A.M. Ellison. 1996. Effects of habitat, plant size, and floral display on male and female reproductive success of the neotropical orchid *Brassavola nodosa*. *Biotropica* 28: 30-41.

Muscatine L. 1990. The role of symbiotic algae in carbon and energy flux in reef corals. In *Ecosystems of the World 25. Coral Reefs*, Z. Dubinsky (ed.), 75-87. Elsevier, Amsterdam.

Naidoo G. 1990. Effects of nitrate, ammonium and salinity on growth of the mangrove *Bruguiera gymnorrhiza* (L.) Lam. *Aquat. Bot.* 38: 209-219.

Nalewajko C. and D.R.S. Lean. 1980. Phosphorus. In *The Physiological Ecology of Phytoplankton*, I. Morris, (ed.), 234-258. University of California Press, Berkeley.

National Research Council. 1985. *Oil in the Sea, Inputs, Fates and Effects.* National Academy Science Press, Washington, D.C.

Neushul M. 1963. Studies on the giant kelp, *Macrocystis*. Ⅱ. Reproduction. *Amer. J. Bot.* 50: 354-359.

Neushul M. 1972. Functional interpretation of benthic marine algal morphologies. In *Contributions to the Systematics of Benthic Marine Algae of the North Pacific*, I.A. Abbott and M. Kruogi (eds.), 47-73. Japanese Society of Phycology, Kobe.

Neushul P. 1987. Energy from marine biomass: The historical record. In *Seaweed Cultivation for Renewable Resources*, K.T. Bird and P.H. Benson, (eds.), 1-37. Elsevier, Amsterdam.

Newell R.I.E., N. Marshall, A Sasekumar and V.C. Chong. 1995. Relative importance of benthic microalgae, phytoplankton, and mangroves as sources of nutrition for penaeid prawns and other coastal invertebrates from Malaysia. *Mar. Biol.* 123: 595-606.

Nielsen T.G., T. Kioboe and P.K. Bjornsen. 1990. Effects of *Chrysochromulina polyplepis* subsurface bloom on the planktonic community. *Mar. Ecol. Prog.*, Ser. 62: 21-35.

Niering W.A. 1990. Vegetation dynamics in relation to wetland creation. In *Wetland Creation and Restoration. The Status of the Science*, J.A. Kusler and M.E. Kentula (eds.), 479-486. Island Press, Washington, D.C.

Niering W.A. and R.S. Warren. 1980. Vegetation patterns and processes in New England salt marshes. *Bioscience* 30: 301-307.

Niesembaum R.A. 1988. The ecology of sporulation by the macroalga *Ulva lactuca* L. (Chlorophyceae). *Aquat. Bot.* 32: 221-227.

Nixon S.W. 1982. *The Ecology of New England High Salt Marshes: A Community Profile*, FWS/OBS-81/55. U.S. Fish and Wildlife Service, Waghington, D.C.

Nixon S.W. and C.A. Oviatt. 1973. Ecology of a New England salt marsh. *Ecol. Monograf.* 43: 463-498.

Norris J.N. and K.E. Bucher. 1982. Marine algae and seagrasses from Carrie Bow Cay, Belize. In *The Atlantic Barrier Reef Ecosystem of Carrie Bow Cay, Belize. I. Structure and Communities*, K. Rutzler and I.G. MacIntyre (eds.), 167-238. Smithsonian Institution Press, Washington, D.C.

Norton T.A. and A.C. Mathieson. 1983. The

biology of unattached seaweeds. *Prog. Phycol. Res.* 2: 333-386.

Norton T.A., M. Melkonian and R.A. Anderson. 1996. Algal biodiversity. *Phycologia* 35: 308-326.

Novaczek I. 1984. Development and phenology of *Ecklonia radiata* at two depths in Goat Island Bay, New Zealand. *Mar. Biol.* 81: 189-197.

Novak R. 1984. A study in ultra-ecology: Microorganisms on the seagrass *Posidonia oceanica* (L.) Delile. *Mar. Ecol. Prog.,* Ser. 5: 143-190.

Nultsch W., J. Pfau. and U. Ruffer. 1981. Do correlations exist between chromatophore arrangement and photosynthetic activity in seaweeds? *Mar. Biol.* 62: 111-117.

Oates B.R. 1986. Components of phtosynthesis in the intertidal saccate alga *Halosaccion americanum* (Rhodophyta, Palmariales). *J. Phycol.* 22: 217-223.

Oates B.R. 1988. Water relations of the intertidal saccate alga *Colpomenia peregrina* (Phaeophyta, Scytosiphonales). *Bot. Mar.* 31: 57-63.

Oates B.R. and S.N. Murray. 1983. Photosynthesis, dark respiration, and desiccation resistance of the intertidal seaweeds *Hesperophycus harveyanus* and *Pelvetia fastigiata* f. *gracilis. J. Phycol.* 19: 371-380.

O'Carra P. 1955. Purification and N-terminal analysis of algal biliproteins. *Biochem. J.* 94: 171-174.

Odgen J.C. 1980. Faunal relationships in Caribbean seagrass beds. In *Handbook of Seagrass Biology: An ecosystem Perspective,* R.C. Phillips and C.P. McRoy (eds.), 173-198. Garland, New York.

Odum E.P. 1974. Halophytes, energetics and ecosystems. In *Ecology of Halophytes,* R.J. Reimold and W.H. Queen (eds.), 599-602. Academic Press, New York.

Odum W.E., C.C. McIvor and T.J. Smith Ⅲ. 1982. *The Ecology of the Mangroves of South Florida: A Community Profile,* FWS/OBS-81/24. U.S. Fish and Wildlife Service, Washington, D.C.

Ohno M. 1984. Observation on the floating seaweeds of near-shore waters of southern Japan. *Hydrobiologia* 116/117: 408-412.

Ohno M. 1993a. Succession of seaweed communities on artificial reefs in Ashizuri, Tosa Bay, Japan. *Korean J. Phycol.* 8: 191-198.

Ohno M. 1993b. Cultivation of the green algae, *Monostroma* and *Enteromorpha* "Aonori." In *Seaweed Cultivaion and Marine Ranching,* M. Ohno and A.T. Critchley (eds.), 7-15. Japan International Cooperative Agency, Nagai, Yokosuka.

Ohno M. and A.T. Critchley (eds.), 1993. *Seaweed Cultivation and Marine Ranching.* Japan International Cooperative Agency, Nagai, Yokosuka.

Olsen S.R. and L.E. Sommers. 1982. Phosphorus. In *Methods of Soil Analysis.* 2. *Chemical and Microbiological Properties,* A.L. Page, R.H. Miller and D.R. Keenely (eds.), 403-427. American Society of Agronomy, Madison, Wisconsin.

Oltmanns F. 1892. Ueber die Cultur- und Lebensbedingungen der Meeresalgen. *Jahr. Wiss. Bot.* 23: 349-440.

Oltmanns F. 1922a. *Morphologie und Biologie der Algen,* 2nd ed. Vol. Ⅰ. Fischer, Jena, Germany.

Oltmanns F. 1922b. *Morphologie und Biologie der Algen,* 2nd ed. Vol. Ⅱ. Fischer, Jena, Germany.

Oltmanns F. 1923. *Morphologie und Biologie der Algen,* 2nd ed. Vol. Ⅲ. Fischer, Jena, Germany.

Onuf C.P. 1991. Light requirement of *Halodule wrightii, Syringodium filiforme* and *Halophila englemanni* in a heterogeneous and variable enviroment inferred from long-term monitoring. In *The Light Requirements of Seagrasses: Proceeding of a Workshop,* NOAA Technial Memorandum NMFS-SEFC-287, W. J. Kenworthy and D.E. Hanuert (eds.), 95-105. U.S. National Marine Fisheries Service, Beaufort, North Carolina.

Onuf C.P. 1996. Seagrass responses to long-term light reduction by brown tide in upper Laguna Madre, Texas: Distribution and biomass patterns. *Mar. Ecol. Prog.,* Ser. 138: 219-231.

Oohusa T. 1993. The cultivation of *Porphyra* "Nori." In *Seaweed Cultivation and Marine Ranching,* M. ohno and A.T. Critchley, (eds.), 57-73. Japan International Cooperative Agency, Nagai, Yokosuka.

Oppenhiemer C.H. 1970. Temperature: Bacteria, Fungi and blue-green algae. In *Marine Ecology,* Vol. 1(1), O. Kinne (ed.), 347-362. John Wiley, London.

Ornitz B.E. 1996. *Oil crisis in Our Oceans.* Tageh Press, Glenwood Springs, Colorado.

Orth R.J. and K.A. Moore. 1983. Seed germination and seedling growth of *Zostera marina* (eelgrass) in Chesapeake Bay (USA). *Aquat. Bot.* 15: 117-132.

Orth R.J. and J. van Montfreans, 1984. Epiphyte-seagrass relationships with an emphasis on the role of micrograzing: A review. *Aquat. Bot.* 18: 43-69.

Paasche E. 1980. Silicon. In *The Physiologial Ecology of Phytoplankton,* I. Morris (ed.), 259-284. University of Califonia Press, Berkeley.

Paine R.T. 1979. Disaster, catastrophe, and local persistence of the sea palm, *Postelsia palmaeformis. Science* 205: 685-686.

Pakker H. and A.M. Breeman. 1996. Temperature responses of tropical to warm-temperate Atlantic seaweeds. II. Evidence for ecotypic differentiation in amphi-Atlantic tropical-Mediterranean species. *European J. Phycol.* 31: 133-141.

Pakker H. and A.M. Breeman, W.F.P.-H. van Reine, M.J.H. van Oppen, and C. van den Hoek. 1996. Temperature responses of tropical to warm-temperate Atlantic seaweeds. I. Absence of ecotypic differentiation in amphi-Atlantic tropical-Canary Island species. *European J. Phycol.* 31: 123-132.

Parks P.J. and M. Bonifaz. 1994. Nonsustainable use of renewable resources: Mangrove deforestation and mariculture in Ecuador. *Mar. Res. Econ.* 9: 1-18.

Parsons T.R. 1982. The new physical definition of salinity: Biologists beware. *Limnol. Oceanograf.* 27: 384-385.

Parsons T.R, Y. Maita and C.M. Lalli. 1989. *A. Manual of Chemical and Biological Methods for Seawater Analysis.* Pergamon Press, Oxford.

Pastorek R.A. and G.R. Bilyard. 1985. Effects of sewage pollution on coral-reef communities. *Mar. Ecol. Prog.,* Ser. 21: 175-189.

Paterson D.M. 1990. The influence of epipelic diatoms on the erodibility of an artificial sediment. In *Proceedings of the 10th International Symposium on Living and fossil Diatoms,* H. Simola (ed.), 345-355. Jenosuu, Königstein, Germany.

Paterson D.M. 1995. Biologenic structure of early sediment fabric visualized by low-temperature scanning electron microscopy. *J. Geol. Soc. London* 152: 131-140.

Patriquin D.G. 1975. "Migration" of blowouts in seagrass beds at Barbados and Carriacou, West Indies, and its ecological and geological implications. *Aquat. Bot.* 1: 163-189.

Patriquin D.G. and R. Knowles. 1972. Nitrogen fixation in the rhizosphere of marine angiosperms. *Mar. Biol.* 16: 49-58.

Patten B.C., J.J. Norcross, D.K. Young and C.L. Rutherford. 1964. Some experimental characteristics of dark and light bottles. *J. Cons. Intern. Pour L'Explor. Mer.* 28: 335-353.

Patwary M.U. and J.P. van der Meer. 1992. Genetics and breeding of cultivated seaweeds. *Korean J. Phycol.* 7: 281-318.

Pedersen M.F. and J. Borum. 1992. Nitrogen dynamics of eelgrass *Zostera marina* during a late summer period of high growth and low nutrient availability. *Mar. Ecol. Prog., Ser.* 80: 65-73.

Penhale P.A. and R.G. Wetzel. 1983. Structure and functional adaptations of eelgrass *(Zostera marina)* to the anaerobic sediment environment. *Canad. J. Bot.* 61: 1421-1428.

Pfeiffer W.J. and R.G. Weigert. 1981. Grazers on *Spartina* and their predators. In *The Ecology of a Salt Marsh,* L.R. Pomeroy and R.G. Weigert (eds.), 88-112. Springer-Verlag, New York.

Philippart C.J.M. 1995. Seasonal variation in growth and biomass of an intertidal *Zostera noltii* stand in the Dutch Wadden Sea *Nethl. J. Sea Res.* 33: 205-218.

Phillips A., G. Lambert, J.E. Granger and T.D. Steinke. 1996. Vertical zonation of epiphytic algae associated with *Avicennia marina* (Forssk.) Vierh. pneumatophores at Beachwood Mangroves Nature Reserve, Durban, South Africa. *Bot. Mar.* 39: 167-176.

Phillips R.C. 1984. *The Ecology of Eelgrass Meadows in the Pacific Northwest: A Community Profile,* FWS/OBS-84/24. U. S. Fish and Wildlife Service, Washington, D. C.

Phillips R.C. and C.P. McRoy (eds.), 1980. *Handbook of Seagrass Biology: An Ecosystem Perspective.* Garland, New York.

Phillips R.C. and C.P. McRoy. 1990. *Seagrass Resarch Methods.* UNESCO, Paris.

Pianka E.R. 1970. On r- and K-selection. *Amer. Nat.* 104: 592-597.

Pirc H. 1985. Growth dynamics in *Posidonia oceanica* (L.) Delile. 1. Seasonal changes of soluble carbohydrates, starch, free amino acids, nitrogen and organic anions in different parts of the plant. *P.S.Z.N.I. Mar. Ecol.* 6: 141-165.

Pirc H. 1989. Seasonal changes in soluble carbohydrates, starch, and energy content in Mediterranean seagrasses. *P.S.Z.N.I. Mar. Ecol.* 10: 97-105.

Platt T. 1981. *Physiological Bases of Phytoplankton Ecology.* Canadian Fisheries and Aquatic Sciences No. 210, Ottawa, Ontario.

Platt T. and D.V.S. Rao. 1975. Primary production of marine microphytes, In *Photosynthesis and Productivity in Different Environments,* J.P. Cooper (ed.), 249-275. Cambridge University Press, Cambridge.

Pomeroy L.R. 1959. Algal productivity in salt marshes of Georgia. *Limnol. Oceanograf.* 4: 386-397.

Pomeroy L.R., W.M. Darley, E.L. Dunn, J.L. Gallager, E.B. Haines and D.M. Whitney. 1981. Primary production. In *Ecology of a Salt Marsh,* L.R. Pomeroy and R.G. Wiegert (eds.), 39-67. Springer-Verlag, New York.

Pomeroy L.R. and R.C. Wiegert (eds.), 1981. *The Ecology of a Salt Marsh.* Springer-Verlag, New York.

Post A. and A.W.D. Larkum. 1993. UV-absorbing pigments, photosynthesis and UV exposure in Antarctica: Comparision of terrestrial and marine algae. *Aquat. Bot.* 45: 231-243.

Prager E.J. and R.N. Ginsburg. 1989. Carbonate nodule growth on Florida's outer shelf and its implications for fossil interpretations. *Palaios* 4: 310-317.

Preen A.R., W.J.L. Long and R.G. Coles. 1995. Flood and cyclone related loss, and partial recovery, of more than 1000 ㎢ of seagrass in Hervey Bay, Queensland, Australia. *Aquat. Bot.* 52: 3-17.

Preston M.R. 1988. Marine pollution. In *Chemical Oceanography,* J.P. Riley (ed.), 53-196. Academic Press, Orlando.

Prezelin B.B. and B.A. Boczar. 1986. Molecular basis of cell absorption and fluorescence in phytoplankton: Potential applications to studies in optical oceanography. *Prog. Phycol. Res.* 4: 351-464.

Prince J.S. and J.M. Kingsbury. 1973. The ecology of *Chondrus crispus* at Plymouth, Massachusetts.

III. Effect of elevated temperature on growth and survival. *Biol. Bull.* 145: 580-588.

Pringle J.D. and A.C. Mathieson. 1987. Case study: *Chondrus crispus* Stackhouse. In *Studies of Seven Commercial Seaweed Resources,* M.S. Doty, J. Daddy. and B. Santelices (eds.), 49-122. FAO Fish Tech. Paper 281, Rome.

Proffit C.E., D.J. Devlin and M. Lindsey. 1995. Effects of oil on mangrove seedlings grown under different environmental conditions. *Mar. Pollut. Bull.* 30: 788-793.

Provost M.W. 1973. Mean high water mark and use of tidelands in Florida. *Fla. Natural.* 37: 163-170.

Provost M.W. 1976. Tidal datum planes circumscribing salt marshes. *Bull. Mar. Sci.* 26: 558-563.

Pueschel C.M. 1989. An expanded survey of the ultrastructure of red algal pit plugs. *J. Phycol.* 25: 625-636.

Pulich Jr., W.M. 1985. Seasonal growth dynamics of *Ruppia maritima* L. and *Halodule wrightii* Aschers. in southern Texas and evaluation of sediment fertility status. *Aquat. Bot.* 23: 53-66.

Pulich Jr., W.M. 1986. Variations in leaf soluble amino acids and ammonium content in subtropical seagrasses related to salinity stress. *Plant Physiol.* 80: 283-286.

Pulich Jr., W.M. and W.A. White. 1991. Decline of submerged vegetation in the Galveston Bay system (Texas, USA): Chronology and relationships to physical processes. *J. Coast. Res.* 7: 1125-1138.

Quadir A., P.J. Harrison and R.E. DeWreede. 1979. The effects of emergence and submergence on the photosynthesis and respiration of marine macrophytes. *Phycologia* 18: 83-88.

Rabinowitz D. 1978. Early growth of mangrove seedlings in Panama, and an hypothesis concerning the relationship of dispersal and zonation. *J. Biogeogr.* 5: 113-133.

Radmer R.J. 1996. Algal diversity and commercial algal products. *Bioscience* 46: 263-270.

Ragan M.A. 1976. Physodes and the phenolic compounds of brown algae. Composition and significance of physiods "in vivo." *Bot. Mar.* 14: 145-154.

Ragan M.A. and R.R. Butell. 1995. Are red algae plants? *Bot. J. Linn. Soc.* 118: 81-105.

Ragan M.A. and K.W. Glombitza. 1986. Pholorotannins, brown algal polyphenols. *Prog. Phycol. Res.* 4: 129-241.

Rai L.C., J.P. Gaur and H.D. Kumar. 1981. Phycology and heavy-metal pollution. *Biol. Rev.* 56: 99-151.

Ralph P.J. and M.D. Burchett. 1995. Photosynthetic responses of the seagrass *Halophila ovalis* (R. Br.) Hook. f. to high irradiance stress, using chlorophyll *a* fluorescence. *Aquat. Bot.* 51: 55-66.

Ralph P.J., M.D. Burchett and A. Pulkownik. 1992. Distribution of extractable carbohydrate reserves within the rhizome of the seagrass *Posidonia australis* Hook. f. *Aquat. Bot.* 42: 385-392.

Ramus J. 1978. Seaweed anatomy and photosynthetic performance: The ecological significance of light guides, heterogenous absorption and multiple scatter. *J. Phycol.* 14: 352-362.

Ramus J. 1981. The capture and transduction of light energy. In *The Biology of Seaweeds,* C.S. Lobban and M.J. Wynne (eds.), 29-46. Blackwell, Oxford.

Raven J.A. and J.I. Sprent. 1989. Phototrophy, diazotrophy, and paleoatmospheres: Biological catalysis and the H, C, N and O cycles. *J. Geol. Soc. London* 146: 161-170.

Raven P.H., R.F. Evert and S.E. Eichhorn. 1992. *Biology of plants.* Worth publishers, New York.

Raymont J.E.G. 1980. *Plankton and Productivity in the Oceans,* 2nd ed. Pergamon, New York.

Redfield A.C. 1965. Ontogency of a salt marsh estuary. *Science* 147: 50-55.

Redeke J. 1933. Uber den jetzigen Stand unserer Kenntinisse der Flora und Fauna des Brackwasseres. *Verh. Intern, Verein. Limnol.* 6: 46-61.

Reed D. 1990. An experimental evaluation of density dependence in a subtidal algal population. *Ecology* 71: 2286-2296.

Reichert R and C.J. Dawes. 1986. Acclimation of the green alga *Caulerpa racemosa* var. *unifera* to light. *Bot. Mar.* 24: 533-537.

Reimond R.J. 1972. The movement of phosphorus through the salt marsh cord grass *Spartina alterniflora* Loisel. *Limnol. Oceanograf.* 17: 606-611.

Remane A. and C. Schlieper. 1971. *Biology of Brackish Water.* John Wiley, New York.

Ribera M.A. and C.-F. Boudouresque. 1995. Introduced marine plants with special reference to macroalgae: mechanisms and impact. *Prog. Phycol. Res.* 11: 187-268.

Richardson K., J. Beardall and J.A. Raven. 1983. Adaptation of unicellular algae to irradiance: An analysis of strategies. *New Phytol.* 93: 157-191.

Richmond R.H. 1982. Energetic considerations in the despersal of *Pocillopora damicornis* (Linnaeus) planulae. *Proceedings of the 4th International Coral Reef Symposium,* 153-156.

Ridd P., M.W. Sandstrom and E. Wolanski. 1988. Outwelling from tropical tidal salt flats. *Estuar. Coast. Shelf Sci.* 26: 243-253.

Rivandeneyra R.I. 1989. Ecology of the epibiosis on the submerged roots of *Rhizophora mangle* in Bahia de la Ascension, Quintana Roo, Mexico. *Cien. Mar.* 15: 1-20.

Rivera-Monroy V.H., J.W. Day, R.R. Twilley, F. Ver-Herrera and C. Coronado-Molina. 1995. Flux of nitrogen and sediment in a fringe mangrove forest in Terminos Lagoon, Mexico. *Estuar. Coast. Shelf Sci.* 40: 139-160.

Rivera-Monroy V.H. and R.R. Twilley. 1996. The relative role of denitrification and immobilization in the fate of inorganic nitrogen in mangrove sediments. *Limnol. Oceanograf.* 41: 284-296.

Robertson A.I. and D.M. Alongi (eds.), 1992. *Coastal and Estuarine studies 41. Tropical Mangrove Ecosystems.* American Geophysical Union, Washington, D.C.

Robertson A.I., D.M. Alongi and K.G. Boto. 1992. Food chains and carbon fluxes. In *Coastal and Estuarine Studies 41. Tropical Mangrove Ecosystems,* A.I. Robertson and D.M. Alongi (eds.), 293-326. American Geophysical Union, Washington, D.C.

Robertson A.I. and K.H. Mann. 1984. Disturbance by ice and life-history adaptations of the seagrass *Zostera marina. Mar. Biol.* 80: 131-141.

Robertson D.E. 1972. Influence of the physico-chemical forms of radionoucleides and stable trace elements in seawater in relation to uptake by the marine biosphere. In *OECD Marine Radioecology,* 21-76. Second ENEA Seminar, Washington, D.C.

Roblee M.B., T.M. Barber, P.R. Carlson, M.J. Durako, J.W. Fourqurean, L.K. Muelstein, D. Porter, L.A. Yarbro, R.T. Zieman and J.C. Zieman, 1991. Mass mortality of the tropical seagrass *Thalassia testudinum* in Florida Bay (USA). *Mar. Ecol. Prog., Ser.* 71: 297-299.

Rodriguez C. and A.W. Stoner. 1990. The epiphyte community of mangrove roots in a tropical estuary: Distribution and biomass. *Aquat. Bot.* 36: 117-126.

Rollet B. 1981. *Bibliography of Mangrove Research 1600-1975.* UNESCO, Rome.

Rosenthal R.J., W.D. Clarke and P.K. Dayton. 1974. Ecology and natural history of a giant kelp, *Macrocystis pyrifera,* off Del Mar, California. *U.S. Dept. Comm. Fish. Bull.* 72: 670-684.

Roth I. 1992. *Leaf Structure: Coastal Vegetation and Mangroves of Venezuela. Encyclopedia of Plant Anatomy,* Vol. 14, Part 2. Gebruder Borntraeger, Berlin.

Round F.E. 1981. *The Ecology of Algae.* Cambridge University Press, Cambridge.

Round F.E., R.M. Crawford and D.G. Mann. 1990. *The Diatoms, Biology and Morphology of the Genera.* Cambridge University Press, Cambridge.

Rueness J. 1989. *Sargassum multicum* and other introduced Japanese macroalgae: Biological pollution of European Coasts. *Mar. Pollut. Bull.* 20: 173-176.

Rugg D.A. and T.A. Norton. 1987. In *Plant Life in Aquatic and Amphibious Habitats,* R.M.M. Crawford (ed.), 347-358. Blackwell, Oxford.

Russell G. 1986. Variation and natural seletion in marine macroalgae. *Oceanograf. Mar. Biol. Ann. Rev.* 24: 309-377.

Russell G. 1988a. The seaweed flora of a young semi-enclosed sea: The Baltic. Salinity as a possible agent of a flora divergence. *Helgol. Wiss. Meeresunter.* 42: 243-250.

Russell G. 1988b. Distribution and development of some Manx epiphyte populations. *Helgol. Wiss. Meerersunter.* 42: 477-492.

Russell G. and J.J. Bolton. 1975. Euryhaline ecotypes of *Ectocarpus siliculosus* (Dillw.) Lyngb. *Estuar. Coastal Mar. Sci.* 3: 91-94.

Rutzler K. and I.C. Feller. 1996. Caribbean mangrove swamps. *Sci. Amer.* (March): 94-99.

Rykiel Jr., E.J. 1985. Towards a definition of ecological disturbance. *Austral. J. Ecol.* 10: 361-365.

Ryther J.H. 1969. Photosynthesis and fish production in the sea. *Science* 166: 72-76.

Saffo M.B. 1987. New light on seaweeds. *Bioscience* 37: 654-664.

Salisbury F.B. and C.W. Ross. 1978. *Plant Physiology.* Wadsworth Publishing Company, Belmont, CA.

Santelices B. 1990. Patterns of reproduction, dispersal and recruitment in seaweeds. *Oceanograf. Mar. Biol. Ann. Rev.* 28: 177-276.

Sargent F.J., T.J. Leary, D.W. Crewz and C.R. Kruer. 1994. *Scarring of Florida's Seagrasses: Assessment and Management,* Technical Report 1H/94. Florida Marine Research Institute, St. Petersburg.

Schat H. 1984. A comparative ecophysiological study on the effects of waterlogging and submergence on dune slack plants: Growth, survival, and mineral nutrition in sand culture experiments. *Oecologia* 62: 279-286.

Schiel D.R. and M.S. Foster. 1986. The stucture of subtidal algal stands in temperate waters. *Oceanograf. Mar. Biol. Ann. Rev.* 24: 265-307.

Schlieper C. 1972. *Research Methods in Marine Biology.* University of Washington Press, Seattle.

Schmid R. 1984. Blue light effects on morphogenesis and metabolism in *Acetabularia. In Blue Light Effects in Biological Systems.* H. Senger (ed.), 419-432. Springer-Verlag, Berlin.

Schmidt M.A. and S.S. Hayaska. 1985. Localization of a dinitrogen-fixing *Klebsiella* sp. isolated from root-rhizomes of the seagrass *Halodule wrightii* Aschers. *Bot. Mar.* 28: 437-442.

Schmitz K. and L.M. Srivastava. 1980. Long distance transport in *Macrocystis integrifoli.* III. Movement of THO. *Plant Physiol.* 66: 66-69.

Schneider C.W. 1981. The effect of elevated temperature and reactor shutdown on the benthic marine flora of the Millstone Thermal Quarry, Connecticut. *J. Therm. Biol.* 6: 1-6.

Scholander P.F. 1968. How mangroves desalinate seawater. *Physiol. Plant.* 21: 251-261.

Scholanedr P.F., L. van Dam and S.I. Scholander. 1955. Gas exchange in the roots of mangroves. *Amer. J. Bot.* 42: 92-98.

Scholten M. and J. Rozema. 1990. The competitive ability of *Spartina anglica* on Dutch salt marshes. In *Spartina anglica - A Research Review*, Research Publication No. 2, A.J. Gray and P.E.M. Benham(eds.), 39-47. HMS Stationery Office, Institute Terrestrial Ecology, London.

Scoffin T.P. 1970. The trapping and binding of subtidal carbonate sediments by marine vegetation in Bimini Lagoon, Bahamas. *J. Sedim. Petrol.* 40: 249-273.

Seapy R.R. and M.M. Littler. 1979. The distribution, abundance, community structure, and primary productivity of macroorganisms from two central California rocky intertidal habitats. *Pac. Sci.* 32: 293-314.

Searles R.B. 1980. The strategy of the red algal life history. *Amer. Nat.* 115: 113-120.

Searles R.B. and C.W. Schneider. 1987. Observations on the deep-water flora of Bermuda. *Hydrobiolgia* 151/152: 261-266.

Seeliger U. (ed.). 1992. *Coastal Plant Communities of Latin America.* Academic Press, New York.

Seibert R.W. 1969. Flowering patterns, germination, seed and seedling development of *Juncus roemerianus*. Ph.D. dissertation, North Carolina State University, Raleigh.

Sell M.G. 1977. Modeling the response of mangrove ecosystem to herbicide spraying, hurricanes, nutrient enrichment, and economic development. Ph.D. dissertation, University of Florida, Gainesville.

Setchell W.A. 1920a. The temperature interval in the geographical distribution of marine algae. *Science* 53: 187-190.

Setchell W.A. 1920b. Geographical distribution of the marine spermatophytes. *Bull. Torrey Bot. Club* 47: 563-579.

Shat H. 1984. Acomparative ecophysiological study on the effects of waterlogging and submergence on dune slack plant: Growth, survival and mineral nutrition in sand culture experiments *Oecologia* 62: 279-286.

Sheath R.G. 1984. The biology of freshwater red algae. *Prog. Phycol. Res.* 3: 89-157.

Shepherd S.A. and H.B.S. Womersley. 1981. The algal and seagrass ecology of Waterloo Bay, South Australia. *Aquat. Bot.* 11: 305-371.

Sheridan P.F. and R.J. Livingston. 1983. Abundance and seasonality of infauna and epipfauna inhabiting a *Halodule wrightii* meadow in Apalachicola Bay, Florida. *Estuaries* 6: 407-419.

Short F.T. (ed.). 1992. *The Ecology of the Great Bay Estuary, New Hampshire and Maine: An Estuarine Profile and Biblilography*, NOAA, Ocean Coastal Program Publication. New Hampshire Fish and Game, Durham.

Short F.T. 1985. A method for the culture of tropical seagrasses. *Aquat. Bot.* 22: 187-193.

Short F.T., D.M. Burdick and J.E. Kaldy Ⅲ. 1995. Mesocosm experiments quantify the effects of eutrophication on eelgrass, *Zostera marina. Limnol. Oceanograf.* 40:740-749.

Short F.T., J. Montgomery, C.F. Zimmermann and C.A. Short. 1993. Production and nutrient dynamics of a *Syringodium filiforme* Kuetz. seagrass bed in Indian River Lagoon, Florida. *Estuaries* 16: 323-334.

Short F.T. and S. Wyllie-Echeverria. 1996. Natural and human-induced disturbance of seagrasses. *Envir. Conserv.* 23: 17-27.

Sieburth J.M. and J.T. Conover. 1965. Sargassum tannin, an antibiotic which retards fouling. *Nature* 208: 52-53.

Sieburth J.M., V. Smetacek and J. Lenz. 1978. Pelagic ecosystem structure: Het-erotrophic compartments of the plankton and their relationship to plankton size fractions. *Limnol. Oceanograf.* 23: 1256-1263.

Silberstein K., A.W. Chiffings and A.J. McComb. 1986. The loss of seagrass in Cocburn Sound, Western Australia. Ⅲ. The effect of epiphytes on productivity of *Posidonia australis* Hook. f. *Aquat. Bot.* 24: 355-371.

Skelton N.J. and W.G. Allaway. 1996. Oxygen and pressure changes measured *in situ* during flooding in roots of the grey mangrove *Avicennia marina* (Forssk.) Vierh. *Aquat. Bot.* 54: 165-175.

Slankis T. and S.P. Gibbs. 1972. The fine structure of mitosis and cell division in the Chrysophycean alga *Ochramonas danica. J. Phycol.* 8: 243-256.

Slocum C.J. 1980. Differential susceptibility to grazers in two phases of an intertidal alga: Advantages of heteromorphic generations. *J. Exp. Mar.Biol, Ecol.* 46: 99-110.

Smayda T.J. 1970. The suspension and sinking of phytoplankton in the sea. *Oceanograf. Mar. Biol. Ann. Rev.* 8: 353-414,

Smayda T.J. 1980. Phytoplankton species succession. In *Physiological Ecology of Phytoplankton*, I. Morris (ed.), 493-570. University of California Press, Berkeley.

Smit C.J., J. den Hollander, W.K.R.E. van Wingerden, and W.J. Wolf (eds.). 1981. *Terrestrial and Freshwater Fauna of the Wadden Wea Area*, Report 10. Wadden Sea Working Group, Balkema, Rotterdam.

Smith J.H.C. and A. Benitez. 1955. Chlorophylls: Analysis in plant material. In *Modern Methods of Plant Analysis*, K. Paech and M.V. Tracey(eds.), 142-196. Springer- Verlag, Berlin.

Smith K.K., R.E. Good and N.F. Good. 1979. Production dynamics for above and below ground components of a New Jersey *Spartina alterniflora* tidal marsh. *Estuar. Coast. Mar. Sci.* 9: 189-201.

Smith P.K., R.I. Krohn, T.I. Hermanson, A.K. Mallia, F.H. Gartner, M.D. Provenzano, E.K. Fujimoto, N.M. Goeke, B.J. Olson and D.C. Klenck. 1985. Measurement of protein using bicinchoninic acid. *Anal. Biochem.* 150: 76-85.

Smith S.V. 1978. Coral reef area and contributions to processes and resources of the world's oceans. *Nature* 273: 225-226.

Smith Ⅲ T.J. 1988. The influence of seed predators on structure and succession in tropical tidal forests. *Proc. Ecol. Soc. Aust.* 15: 203-211

Smith Ⅲ T.J. 1992. Forest structure. In *Coastal and Estuarine Studies 41. Tropical Mangrove Ecosystems*, A.I. Robertson and D.M. Alongi (eds.), 101-136. American Geophysical Union, Washington, D.C.

Smith Ⅲ T.J., K.G. Boto, S.D. Frusher and R.L. Giddins. 1991. Keystone species and mangrove forest dynamics: The influence of burrowing by crabs on soil nutrient status and forest productivity. *Estuar. Coast. Shelf Sci.* 33: 419-432.

Snedaker S.C. 1995. Mangroves and climate change in the Florida and Caribbean region: Scenarios and hypotheses. *Hydrobiologia* 295: 43-49.

Snedaker S.C. and J.G. Snedaker (eds.). 1984. *The mangrove Ecosystem: Research Methods*. UNESCO, Paris.

Sokal R.R. and F.J. Rohlf. 1981. *Biometry*. The Principles and Practice of Statistics in Biological Research. W.H. Freeman, New York.

Sommer U. (ed.) 1989. *Plankton Ecology: Succession in Phytoplankton Communities.* Springer-Verlag, New York.

Sorokin Y.I. 1990a. Plankton in the reef ecosystems. In *Ecosystems of the World 25. Coral Reefs*, Z. Dubinsky (ed.), 291-327. Elsevier, Amsterdam.

Sorokin Y.I. 990b. Aspects of tropic relations, productivity and energy balance in coral-reef ecosystems. In *Ecosystems of the World 25. Coral Reefs.* Z. Dubinsky (ed.), 401-410. Elsevier, Amsterdam.

Sorokin Y.I. 1993. *Coral Reef Ecology.* Springer-Verlag, Berlin. (ed.). 1978. Phytoplankton Manual. UNESCO. Paris.

Sournia A. 1982. Form and function in marine phytoplankton. *Biol. Rev. Cambridge Philosoph. Soc.* 57: 347-394.

Sournia A. 1986. *Atlas du Phytoplankton Marin* I. Centre National Recherche Scientifique, Paris.

Sousa W.P. 1979. Experimental investigation of disturbance and ecological succession on a rocky intertidal algal community. *Ecol. Monograf.* 49: 227-254.

South, G.R. and A. Whittick. 1987. *Introduction to Phycology*. Blackwell, Oxford.

Sperry W.N. and F.C. Brand. 1995. The determination of total lipids in the blood serum. *J. Biol. Chem.* 213: 69-76.

Squires E.R. and R.E. Good. 1974. Seasonal changes in the productivity, caloric content, and chemical composition of a population of salt-marsh cord-grass (*Spartina alterniflora*). *Chesapeake Sci.* 15: 63-71.

Stanier R.Y. 1997. The position of the Cyanobacteria in the world of phototrophs. *Carlsberg Res. Comm.* 42: 77-98.

Stanley Jr. G.D. 1992. Tropical reef ecosystems and their evolution. *Encyclop. Earth Syst. Sci.* 4: 375-388.

Stanley Jr. G.D. and P.K. Swart. 1995. Evolution of the coral-zooxanthellae symbiosis during the Triassic: A geochemical approach. *Paleobiol.* 21: 179-199.

State of Florida. 1986. Manasota 88 Inc. vs Wibur Boyd Corp. Depositions of J. Carrol and G. Gilmore. Case 85-2904. Division of Administrative Hearings, Tallahassee.

Steele J.C. 1993. Guam seaweed poisoning: Common marine toxins. *Micronesica* 26: 11-18.

Steemann-Nielsen E. 1959. Primary production in tropical marine areas. *J. Mar. Biol. Assoc. India* 1: 7-12.

Steemann-Nielsen E. 1974. Light and primary production. In *Optical Aspects of Oceanography*, N.G. Jerlov (ed.), 331-388. Academic Press, New York.

Steidinger K.A. and E.R. Cox. 1980. Free-living dinoflagellates. In *Phytoflagellates*, E.R. Cox (ed.), 407-432. Elsevier/North Holland, New York.

Steidinger K.A. and G.A. Vargo. 1988. Marine dinoflagellate blooms: Dynamics and impacts. In *Algae and Human Affairs*, C.A. Lembi and J.R. Waaland (eds.), 373-402. Cambridge University Press, Cambridge.

Stein J.R. 1973 (ed.). *Handbook of Phycological Methods. Culture Methods and Growth Measurements*. Cambridge University Press, Cambridge.

Steller D.L. and M.S. Foster. 1995. Environmental factors influencing distribution and morphology of rhodoliths in Bahia Concepcion, B.C.S., Mexico. *J. Exp. Mar. Biol. Ecol.* 194: 201-212.

Steneck R.S. and L. Watling. 1982. Feeding capabilities and limitation of herivorous molluscs: A functional approach. *Mar. Biol.* 68: 299-312.

Stephenson T.A. and A. Stephenson. 1972. *Life Between Tidemarks of Rocky Shores*. W. H. Freeman, San Francisco.

Sternberg L. da S.L. and P.K. Swart. 1978. Utilization of freshwater and ocean water by coastal plants of southern Florida. *Ecology* 68: 1898-1905.

Sternman N.T. 1994. Spectrophotometric and fluorometric chlorophyll analysis. In *Experimental Phycology: A Laboratory Manual*, C.S. Lobban, D.J. Chapman and B.P. Kremer (eds.), 35-46. Cambridge University Press, Cambridge.

Stevenson J.C., L.G. Ward and M.S. Kearney. 1986. Vertical accretion in marshes with varing rates of sea level rise. In *Estuarine Variability*, D.A. Wolfe (ed.), 241-259. Academic Press, New York.

Stevenson J.C., L.G. Ward and M.S. Kearney. 1988. Sediment transport and trapping in marsh systems: Implications of tidal flux studies. *Mar. Geol.* 80: 37-59.

Stewart G.R. and T.O. Orebamjo. 1984. Studies of nitrate utilization by the dominant species of regrowth vegetation of tropical West Africa: A Nigerian example. In *Nitrogen as an Ecological Factor*, J.A. Lee, S. McNeil and I.H. Rorison (eds.), 167-188. Blackwell, Oxford.

Stewart G.R. and M. Popp. 1987. The ecophysiology of mangroves. In *Plant Life in Aquatic and Amphibious Habitats*, R.M.M. Grawford (ed.), 333-346. Blackwell, Oxford.

Stewart J.G. 1989. Maintenance of a balanced, shifting boundary between the seagrass *Phyllospadix* and algal turf. *Aquat. Bot.* 33: 223-241.

Stewart W.D.P. (ed.). 1974. *Algal Physiology and Biochemistry*. University of California Press, Berkeley.

Stimson J., S. Larned and K. McDermid. 1996. Seasonal growth of the coral reef macroalga *Dictyosphaeria cavernosa* (Forskal) Børgesen and the effects of nutrient availability, temperature and herbivory on growth rate. *J. Exp. Mar. Biol. Ecol.* 196: 53-77.

Stoddard D.R. 1962. *Three Caribbean Atolls: Turneffe Islands, Lighthouse Reef, and Glover's Reef, British Honduras*, Atoll Research Bulletin No. 87. Smithsonian Institution, Washington, D.C.

Stoddard D.R. 1973. Coral reefs of the Indian Ocean. In *Biology and Geology of Coral Reefs*, P.A. Jones and R. Endean (eds.), 51-92. Academic Press, New York.

Stoner A.W. 1984. Distribution of fishes in seagrass meadows: Role of macrophyte biomass and species composition. *U.S. Dept. Comm. Fish. Bull.* 81: 837-846.

Storey R. and R.G. Wyn Jones. 1979. Responses of *Atriplex spongiosa* and *Suaeda monoica* to salinity. *Plant Physiol.* 63: 156-162.

Stout J.P. 1984. *The Ecology of Irregularly Flooded Salt Marshes of the Northeastern Gulf of Mexico: A Community Profile*, Biological Report 85 (7.1). U.S. Fish and Wildlife Service, Washington, D.C.

Strickland J.D.H. and T.R. Parsons. 1968. *A Practical Handbook of Seawater Analysis*, Bulletin 167. Fisheries Research Board of Canada, Ottawa.

Sullivan M.J. 1977. Edaphic diatom communities associated with *Spartina alterniflora* and *S. patens* in New Jersey. *Hydrobiolgia* 52: 207-211.

Sullivan M.J. 1978. Diatom community structure, taxonomic and statistical analysis of a Mississippi salt marsh. *J. Phycol.* 14: 468-475.

Sullivan M.J. and F.C. Daiber. 1975. Light, nitrogen, and phosphorus limitation of edaphic alge in a Delawre salt marsh. *J. Exp. Mar. Biol. Ecol.* 18: 79-88.

Surif M.B. and J.A. Raven. 1989. Exogenous inorganic carbon sources for photosynthesis in seawater by members of the Fucales and the Laminariales (Phaeophyta): Ecological and taxonomic implications. *Oecologia* 78: 97-105.

Sverdrup H.U., M.W. Johnson and R.H. Fleming. 1964. *The Oceans, Their Physics, Chemistry, and General Biology*. Prentice-Hall, Englewood Cliffs, N.J.

Sweeney B.M. 1977. Chronobiology (circadian rhythms). In *The Science of Pyotobiology*, K.C. Smith (ed.), 209-226. Plenum Press, New York.

Swift D.G. 1980. Vitamins and phytoplankton growth. In *Physiological Ecology of Phytoplankton*, I. Morris (ed.), 329-368. University of California Press, Berkeley.

Sze P. 1986. *A Biology of the Algae*. W.C. Brown, Dubuque, Iowa.

Tanner J.E. 1995. Competition between scleractinian corals and macroalgae: An experimental investigation of coral growth, survival and reproduction. *J. Exp. Mar. Biol. Ecol.* 190: 151-168.

Taylor D.L. 1983. The coral-algal symbiosis. In *Algal Symbiosis*, L.J. Goff (ed.), 19-36. Cambridge University Press, Cambridge.

Taylor D.R., L.W. Aarssen and C. Loehle. 1990. On the relationship between r/K selection and environmental carrying capacity: A new habitat templet for plant life history strategies. *Oikos* 58: 239-250.

Taylor F.J.R. (ed.). 1987. *The Biology of Dinoflagellates*. Blackwell, Oxford.

Teal J.M. 1969. *Life and Death of the Salt Marsh*. Little, Brown, Boston.

Teal J.M. 1986. *The Ecology of Regularly Flooded Salt Marshes of New England: A Community Profile,* Biological Report 85 (7.4). U.S. Fish and Wildlife Service, Washington, D.C.

Teal J.M. and I. Valiela. 1973. The salt marsh as a living filter. *Mar. Tech. Soc. J.* 7: 19-21.

Tefler A., J.D.L. Rivas and J. Barber. 1991. ß-carotene wighin the isolated photosystem II reaction center: Photooxidation and irreversible bleaching of this chromophore by oxidized P680. *Biochem. Biophys. Acta* 1060: 106-114.

Tegner M. 1980. Multispecies considerations of resource management in southern California kelp beds. In *Preceedings of the Workshop on the Relationship between Sea Urchin Grazing and Commercial Plant/Animal Harvesting,* Canada Technical Report 954, J.D. Pringle, G.J. Sharp, and J.F. Caddy (eds.), 125-143. Fisheries Aquatic Science, Ottawa.

Tenor K.R. and R.B. Hanson. 1980. Availability of detritus of different types and ages to a polychaete macroconsumer, *Capitella capitata. Limnol. Oceanograf.* 25: 553-558.

Tett P. and E.D. Barton. 1995. Why are there about 5,000 species of phytoplankton in the sea? *J. Plankton Res.* 17: 1693-1704.

Thayer G.W., K.A. Bjorndal, J.C. Ogden, S.L. Williams and J.C. Zieman. 1984. Role of larger hervibores in seagrass communities. *Estuaries* 7: 351-376.

Thayer G.W. and M.S. Fonseca. 1984. *The Ecology of Eelgrass Meadows of the Atlantic Coast: A Community Profile,* FWS/OBS-84/02. U.S. Fish and Wildlife Service, Washington, D.C

Thayer G.W., D.A. Wolfe and R.B. Williams. 1975. The impact of man on seagrass systems. *Amer. Scient.* 63: 288-296.

Thibodeau F.R. and N.H. Nickerson. 1968. Differential oxidation of mangrove substrate by *Avicennia germinans* and *Rhizophora mangle. Amer. J. Bot.* 73: 512-516.

Thom B.G. 1967. Mangrove ecology and deltaic gemorphology: Tabasco, Mexico. *J. Ecol.* 55: 301-343.

Thomas M.L.H. 1988. Photosynthesis and respiration of aquatic macro-flora using the light and dark bottle oxygen method and dissolved oxygen analyzer. In *Experimental Phycology: A Laboratory Manual,* C.S. Lobban, D.J. Chapman and B.P. Kremer (eds.), 64-82. Cambridge University Press, Cambridge.

Thompson E.Q., R.I. Stuckey and E.B. Thompson. 1987. *Spread, Impact, and Control of Purple Loosestrife (Lythrum salicaria) in North American Wetlands,* Research Report 2. U.S. Fish and Wildlife Service, Washington, D.C.

Thompson J.D., T. McNeilly and A.J. Gray. 1991. Population variation in *Spartina anglica* C. E. Hubbard. *New Phytol.* 117: 115-128.

Tilden J. 1910. *Minnesota Algae.* I. The Myxophyceae of North American and Adjacent Regions Including Central America, Greenland, Bermuda, the West Indies and Hawaii, Botanical Series 8. University of Minnesota Press, Minneapolis.

Tiner Jr. R.W. 1978. *A Field Guide to Coastal Wetland Plants of the Northeastern United States.* University of Massachusetts Press, Amherst.

Titlyanov E.A., P.V. Kolmakov, V.A. Leletkin and G.M. Voskoboinikov. 1987: A new type of light adaptation in aquatic plants. *Biol. Morya Vladivostoc* 1987: 48-57 (in Russian).

Tokida J. 1960. Marine algal epiphytes on

Laminariales plants. *Bull. Fac. Fish. Hokkaido Univ.* 11: 73-105.

Tomas C.R. 1978. *Olisthodiscus luteus* (Chrysophyceae) I. Effects of salinity and temperature on growth, motility and survival. *J. Phycol.* 14: 309-313.

Tomas R.N. and E.R. Cox. 1973. Observations on the symbiosis of *Peridinum balticum* and its intracellular alga. I. Ultrastructure. *J. Phycol.* 9: 304-323.

Tomasko D.A. and C.J. Dawes. 1989. Evidence for physiological integration between shaded and unshaded short shoots of *Thalassia testudinum. Mar. Ecol. Prog., Ser.* 54: 299-305.

Tomasko D.A., C.J. Dawes and M.O. Hall. 1991. Effects of the number of short shoots and presence of the rhizome apical meristem on the survival and growth of transplanted seagrass *Thalassia testudinum. Contrib. Mar. Sci.* 32: 41-48.

Tomasko D.A., C.J. Dawes and M.O. Hall. 1996. The effects of anthropogenic nutrient enrichment on turtle grass (*Thalassia testudinum*) in Sarasota Bay, Florida (USA). *Estuaries* 19: 448-456.

Tomlinson P.B. 1974. Vegetative morphology and meristem dependence. The foundation of productivity in seagrasses. *Aquacult.* 4: 107-130.

Tomlinson P.B. 1982. Helobiae (Alismatidae). In *Anatomy of the Monocotyledons VII*, C. R. Metcalfe (ed.), Clarendon Press, Oxford.

Tomlinson P.B. 1986. *The Botany of Mangroves*. Cambridge University Press, Cambridge.

Trainor F.R. 1978. *Introductory Phycology*. John Wiley, New York.

Trenhaile A.S. 1987. *The Geomorphology of Rocky Coasts*. Clarendon Press, Oxford.

Trono Jr. G.C. 1993. *Eucheuma* and *Kappaphycus*: Taxonomy and cultivation. In *Seaweed Cultivation and Marine Ranching*, M. Ohno and A.T. Critchley (eds.), 75-88. Japan International Cooperative Agency, Nagai.

Trowbridge C.D. 1995. Establishment of the green alga *Codium fragile* ssp. *tomentosoides* on New Zealand rocky shores: Current distribution and invertebrate grazers. *J. Ecol.* 83: 949-965.

Tsuda R.R.T. and C.J. Dawes. 1974. *Preliminary Checklist of the Marine Benthic Plants from Glover's Reef. British Honduras*, Atoll Research Bulletin 173a. Smithsonian Institution, Washington, D.C.

Tubbs C.R. and J. M. Tuvvs. 1983. The distribution of *Zostera* and its exploitation by wildfowl in the Solent, Southern England. *Aquat. Bot.* 15: 223-239.

Turner R.E. 1976. Geographic variations in salt marsh macrophytic production: A review. *Contrib. Mar. Sci.* 20: 47-68.

Turner R.E. 1982. *Wetland Losses and Coastal Fisheries: An Enigmatic and Economically Significant Dependency*, FWS-OBS-82/59. U.S. Fish and Wildlife Service, Washington, D.C.

Turner T. 1985. Stability of rocky inertidal surfgrass beds: Persistence, preemption, and recovery. *Ecology* 66: 83-92.

Twilley R.R. 1995. Properties of mangrove ecosystems and their relation on the energy siganture of coastal environments. In *Maximum Power*, C.A.S. Hall (ed.), 43-62. University of Colorado Press, Boulder, Colorado.

Tyerman S.D. 1989. Solute and water relations of seagrasses. In *Biology of Seagrasses*, A.W.D. Larkum, A.J. McComb and S.A. Shepherd (eds.), 723-760. Elsevier, Amsterdam.

Urbach E., D. Robertson and S.W. Chisholm. 1992. Multiple evolutionary origins of prochlorophytes within the cyanobacterial radiation. *Nature* 355: 267-269.

U.S. Army Corps of Engineers. 1977. *Chesapeake Bay Future Conditions Report*. 12 Vols. U.S. Army Corps of Engineers, Baltimore.

Vadas R.L., M. Keser, P.C. Rusanowski and B.R.

Larson. 1976. The effects of thermal loading on the growth and ecology of a northern population of *Spartina alterniflora*. In Thermal Ecology II, G.W. Esch and R.W. MacFarlane (eds.), 54-63. ERDA Symposium Series, Augusta.

Vadas R.L. and R.S. Steneck. 1988. Zonation of deep water benthic algae in the Gulf of Maine. *J. Phycol*. 24: 338-346.

Valiela I. 1984. *Marine Ecological Processes*. Springer-Verlag, New York.

Valiella W., K. Foreman, M. LaMontagne, D. Hersh, J. Costa, P. Peckol, B. DeMeo-Anderson, C. D'Avanzo, M. Babione, C-H. Sham, J. Brawley and K. Lajhtha. 1992. Couplings of watersheds and coastal waters: Sources and consequences of nutrient enrichment in Waquoit Bay, Massachusetts. *Estuaries* 15: 443-457.

Valiela I. and C.S. Riestsma. 1995. Disturbance of salt marsh vegetation by wrack mats in Great Sippewissett Marsh. *Oecologia* 102: 106-112.

van den Hoek C. 1984. World-wide latitudinal and longitudinal seaweed distribution patterns and their possible causes as illustrated by the distribution of Rhodophytan genera. *Helgol. Wiss. Meersunter*. 38: 227-257.

van den Hoek C., F. Colijn, A.M. Cortel-Breeman, and J.B. Wanders. 1972. Algal vegetation type along the shores and inner bays and lagoons of Curaçao and the lagoon Lac (Bonaire), Netherlands Antilles. *Ver. K. Ned. Akad. Wet*. 61: 1-72.

van den Hoek C., A.M. Cortel-Breeman, and J.B. Wanders. 1975. Algal zonation in the fringing coral reef of Curaçao, Netherlands Antilles, in relation to zonation of corals and gorgonians. *Aquat. Bot*. 1: 327-335.

van den Hoek C., D.G. Mann, and H.M. Jans. 1995. *Algae. An Introduction to Phycology*. Cambridge University Press, Cambridge.

van den Hoek C., W.T. Stam, and J.S. Olsen. 1988. The emergence of a new chlorophytan system and Dr. Kornmann's contribution thereto. *Helgol. Wiss. Meeresunter*. 42: 339-383.

Van der meer J.H. 1972. Niche theory. *Ann. Rev. Ecol. Syst*. 3: 107-132.

van Diggelen J., J. Rozema and R. Broekman. 1987. Mineral composition of and proline accumulation by *Zostera marina* L. in response to environmental salinity. *Aquat. Bot*. 27: 169-176.

van Eerdt M.M.J. 1985. The influence of vegetation on erosion and accretion in salt marshes of the Oosterschelde, the Netherlands. *Vegetatio* 62: 367-373.

van Steveninck E.D. de R. and R.P.M. Bak. 1986. Changes in abundance of coral-reef bottom components related to mass mortalithy of the sea urchin *Diadema antillarum*. *Mar. Ecol. Prog., Ser*. 34: 87-94.

van Tamelen P.G. 1987. Early successional mechanisms in the rocky intertidal: The role of direct and indirect ineractions. *J. Exp. Mar. Biol. Ecol*. 112: 39-48.

van Tamelen P.G. 1996. Algal zonation in tidepools: Experimental evaluation of the roles of physical disturbance, herivory and competition. *J. Exp. Mar. Biol. Ecol*. 201: 197-231.

van Tussenbroek B.I. 1994. The impact of Hurricane Gilbert on the vegetative development of *Thalassia testudinum* in Puerto Morelos coral reef lagoon, Mexico: Arestrospective study. *Bot. Mar*. 37: 421-428.

van Tussenbroek B.I. 1996. Techniques of rapid assessment of seagrass production yield, applied to *Thalassia testudinum* in a Mexican tropical reef lagoon. In *Seagrass Biology: Proceedings of an International Workshop*, J. Kuo, R.C. Philips, D.I. Walker, and H. Kirkman(eds.), 131-138. University of Western

Australia, Nedlands.

van Valkenburg, S.D. 1980. Silicoflagellates. In *Phytoflagellates*, E.R. Cox (ed.), 335-350. Elsevier/North Holland, New York.

Vasquez J.A. and N. Guerra. 1996. The use of weaweeds as bioindicators of natural and anthropogenic contaminants in northern Chile. *Hydrobiologia* 326/327: 327-333.

Veldhuis M.J.W., R. Colijn and L.A.H. Venekamp. 1986. The spring bloom of *Phaeocystis pouchetti* (Haptophyceae) in Dutch coastal waters. *Netherl. J. Sea Res.* 20: 37-48.

Vergeer L.H.T., T.S. Aarts and J.D. deGroot. 1995. The "wasting disease" and the effect of abiotic factors (light intensity, temperature, salinity) and infection with *Labyrinthula zosterae* on the phelolic content of *Zostera marina* shoots. *Aquat. Bot.* 52: 35-44.

Vergeer L.H.T. and C. den Hartog. 1994. Omnipresence of Labyrinthulaceae in seagrasses. *Aquat. Bot.* 48: 1-20.

Verlaque M. and P. Fritayre. 1995. Mediterranean algal communities are changing in face of the invasive alga *Caulerpa taxifolia* (Vahl) C. Agardh. *Oceanol. Acta* 17: 659-672.

Vernet P. and J.L. Harper. 1980. The cost of sex in seaweeds. *Biol. J. Linnean Soc.* 13: 129-138.

Veron J.E.N. 1995. *Corals in Space and Time.* Comstock/Cornell, Ithaca, New York.

Vincent W.F. and S. Roy. 1993. Solar ultraviolet-B radiation and aquatic primary prodution: Damage, protection, and recovery. *Envir. Rev.* 1: 1-12.

Virnstein R.W. 1987. Seagrass-associated invertebrate communities of the southeastern U.S.A.:Areview. In *Proceedings of the Symposium in Subtropical-tropical Seagrasses of the Southeastern U.S.*, Publication 42, M.J. Durako, R.C. Phillips, and R.R. Lewis (eds.), 89-116. Bureau Marine Research, Florida Department of Natural Resources, St. Petersburg.

Virnstein R.W. and P.A. Carbonara. 1985. Seasonal abundance and distribution of drift algae and seagrasses in the mid-Indian River Lagoon, Florida. *Aquat. Bot.* 23:67-82.

Virnstein R.W. and P.K. Howard. 1987. Motile epifauna of marine macrophytes in the Indian River Lagoon, Florida. II. Comparisons between drift algae and three species of seagrasses. *Bull. Mar. Sci.* 41: 13-26.

Wafar S., A.G. Untawale and M. Wafar. 1997. Litter fall and energy flux in a mangrove ecosystem. *Estuar. Coast. Shelf Sci.* 44: 111-124.

Waisel Y. 1972. Biology of Halophytes. Academic Press, New York.

Walker D.I., R.J. Lukatelich, G. Bastyan and A.J. McComb. 1989. Effect of boat moorings on seagrass beds near Perth, Western Australia. *Aquat. Bot.* 36: 69-77.

Wallentinus I. 1991. The Baltic Sea gradient. In *Ecosystems of the World 24. Intertidal and Littoral Ecosystems*, A.C. Mathieson and P.H. Nienhuis (eds.), 83-108. Elsevier, Amsterdam.

Walne P.L. 1980. Euglenoid flagellates. In *Phytoflagellates*, E.R. Cox (ed.), 5-60. Elsevier/North Holland, New York.

Walne P.L. and P.A. Kivic. 1990. Phylum Euglenida. In *Handbook of Protoctista*, L. Margulis, J.O. Corliss, M. Melkonian and D.J. Chapman (eds.), 270-287. Jones and Bartlett, Boston.

Walsh G.E. 1967. An ecological study of a Hawaiian mangrove swamp. In *Estuaries*, Publication 83, G.H. Lauff(ed.), 420-431. American Association for the Advancement of Science, Washington, D.C.

Walsh G.E. 1974. Mangroves, a review. In *Ecology of Halophytes*, R.J. Reimold and W. H. Queens (eds.), 51-174. Academic Press, New York.

Walsh G.E. 1997. Exploitation of mangal. In *Ecosystems of the World. I. Wet Coastal Ecosystems*, V.J. Chapman (ed.), 347-362.

Elsevier, Amsterdam.

Walsh J.J. 1988. On the Nature of Continental Shelves. Academic Press, New York.

Wanders J.B.W. 1976. The role of benthic algae in the shallow reef of Curaçao, Netherlands Antilles. I. Primary productivity in the coral reefs. *Aquat. Bot.* 2: 235-270.

Wanders J.B.W. 1997. The role of benthic algae in the shallow reef of Curaçao, Netherlands Antilles. II. The significance of grazing. *Aquat. Bot.* 3: 357-390.

Ward L.G., W.M. Kemp and W.R. Boynton. 1984. The influence of waves and seagrass communities on suspended particulates in an estuarine embayment. *Mar. Geol.* 59: 85-103.

Warming E. 1883. Tropische Fragmente. II *Rhizophora mangle* L. *Bot. Jarb.* 4: 519-548.

Warming E. 1909. *Ecology of Plants*, P. Groom and J.B. Balfour (trans.). Clarendon Press, Oxford.

Warming E. 1925. Oecology of Plants. Oxford University Press, Oxford.

Warren R.S. and W.A. Niering. 1993. Vegetation change on a northeastern tidal marsh: Interaction of sea-level rise and marsh accretion. *Ecology* 74: 96-103.

Webb E.C., I.A. Mendelssohn and B.J. Wilsey. 1995. Causes for vegetation dieback in a Louisiana salt marsh: A bioassay approach. *Aquat. Bot.* 51: 281-289.

Webster J. and B.A. Stone. 1994. Isolation, structure and monosaccharide composition of the walls of vegetative parts of *Heterozostera tasmanica* (Martens ex Aschers.) den Hartog. Aquat. Bot. 47: 39-52.

Wells B.W. 1928. Plant communities of the coastal plain of North Carolina and their successional relations. *Ecology* 9: 230-243.

Welsh D.T., S. Bourgues, R. de Wit and R.A. Herbert. 1996. Seasonal variations in nitrogen-fixation (acetylene reduction) and sulphate-reduction rates in the rhizosphere of *Zostera noltii*: Nitrogen fixation by sulphate-reducing bacteria. *Mar. Biol.* 125: 619-628.

Werner D. (ed.). 1997. The Biology of Diatoms. University of California Press, Berkeley.

West R.J., N.E. Jacobs and D.E. Roberts. 1990. Experimental transplanting of seagrasses in Botany Bay, Australia. *Mar. Pollut. Bull.* 21: 197-203.

Wever T. 1988. Ozone destruction by algae in the Arctic atmosphere. *Nature* 335:501-502.

Wheeler P.A. 1985. Nutrients. In *Handbook of Phycological Methods: Ecological Field Methods, Macroalgae*, M.M. Littler and D.S. Littler (eds.), 493-508. Cambridge University Press, Cambridge.

Whelan P.M. and J.P. Cullinane. 1985. The algal flora of a subtidal *Zostera* bed in Ventry Bay, southwest Ireland. *Aquat. Bot.* 23: 41-51.

Whittaker R.H. 1969. New concepts of kingdoms of organisms. *Science* 163: 150-162.

Wiegert R.G., A.G. Chalmers and P.R. Randerson. 1983. Productivity gradients in salt marshes: The response of *Spartina alterniflora* to experimentally manipulated soil marshes: The response of *Spartina alterniflora* to experimentally manipulated soil water movement. *Oikos* 41: 1-6.

Wiegert R.G. and B.J. Freeman. 1990. *Tidal Salt Marshes of the Southeastern Atlantic Coast: A Community Profile*, Biological Report 85 (7.29). U.S. Fish and Widlife Service, Washington, D.C.

Wiegert R.G. and L.R. Pomeroy. 1981. The salt-marsh ecosystem: A synthesis. In *The Ecology of a Salt Marsh*, L.R. Pomeroy and R.G. Wiegert (eds.), 219-230. Springer-Verlag, New York.

Wijesinghe D.K. and S.N. Handel. 1994. Advantages of clonal growth in heterogeneous habitats: An experiment with *Potentilla simplex*.

J. Ecol. 82: 459-502.

Wilce R.T., C.W. Schneider, A.V. Quinlan and K. van den Bosch. 1982. The life history and morphology of a free living *Pyliella littorais* (L.) Kjellm. (Ectocarpaceae, Ectocarpales) in Nahant Bay, Massachusetts. *Phycologia* 21: 336-354.

Williams S.L. 1987. Competition between the seagrass *Thalassia testudinum* and *Syringodium filiforme* in a Caribbean lagoon. *Mar. Ecol. Prog., Ser.* 35: 91-98.

Williams S.L. 1988. *Thalassia testudinum* productivity and grazing by green turtles in a highly disturbed seagrass bed. *Mar. Biol.* 98: 447-455.

Williams S.L. 1990. Experimental studies of Caribbean seagrass bed development. *Ecol. Monograf.* 60: 449-469.

Wilson K.E., P.L. Hoaker and D.A. Hanan. 1997. Kelp restoration in southern California. In *The Marine Plant Biomass of the Pacific Northwest Coast*, R. Krauss (ed.), 183-202. Oregon State University Press, Corvalis.

Witman J.D. 1987. Subtidal coexistence: Storms, grazing, mutualism, and the zonation of kelps and mussels. *Ecol. Monograf.* 57: 167-187.

Witz M.J.A. and C.J. Dawes. 1995. Flowering and short shoot age in three *Thalassia testudinum* meadows of west-central Florida. *Bot. Mar.* 38: 431-436.

Woelkerling W.M. 1990. An introduction. In *Biology of the Red Algae*, K.M. Cole and R. G. Sheath (eds.), 1-6. Cambridge University Press, Cambridge.

Wolfe D.A. and B. Kjerfve. 1986. Estuarine variability: An overview. In *Estuarine Variability*, D.W. Wolfe (ed.), 3-17. Academic Press, New York.

Wolfe J.M. and M.M. Harlin. 1988. Tidepools in southern Rhode Island, U.S.A. *Bot. Mar.* 31: 537-546.

Wood W.F. 1987. Effect of solar ultra-violet radiation on the kelp *Ecklonia radiata*. *Mar. Biol.* 96: 143-150.

Womersley H.B.S. and A. Bailey. 1969. The marine algae of the Solomon Islands and their place in biotic reefs. *Phil. Trans. Roy. Soc. Lond. Series B*, 225: 433-442.

Woodroffe C.D. 1987. Pacific island mangroves: Distribution and environmental settings. *Pacific Sci.* 41: 166-185.

Woodroffe C.D. 1992. Mangrove sediments and geomorphology. In *Coastal and Estuarine Sudies 41. Tropical Mangrove Ecosystems*, A.I. Robertson and D.M. Alongi(eds.), 7-41. American Geophysical Union, Washington, D.C.

Wootton J.T. 1995. Effects of birds on sea urchins and algae: A lower-intertidal trophic cascade. *Eoscience* 2: 321-328.

Wyllie-Echeverria S. and R.M. Thom. 1994. Managing Seagrass Systems in Western North America, Alaska Sea Grant Report 94-01. University of Alaska Press, Fairbanks.

Wyn Jones T.G. and J. Gorham. 1983. Osmoregulation. In *Encyclopedia of Plant Physiology*, n.s., O.L. Lange, P.S. Nobel, C.B. Osmond, and H. Ziegler. (eds.), Vol. 12C, 35-58. Springer-Verlag, Berlin.

Yapp R.H., D. Johns and O.T. Jones. 1917. The salt marshes of the Dovbery Estuary. *J. Ecol.* 5: 65-103.

Yasumoto T. 1993. Guam seaweed poisoning: Biochemistry of the Gracilaria toxins. *Micronesica* 26: 53-57.

Yentsceh C.S. 1980. Light attenuation and phytoplankton phtosynthesis. In *The Physiological Ecology of Phytoplankton*, I. Morris(ed.), 95-127. University of California Press, Berkeley.

Yokohoma Y., A. Kageyama, T. Ikawa and S. Shimura. 1977. A carotenoid characteristic of chlorophycean seaweeds living in deep coastal water. *Bot. Mar.* 20: 433-436.

Yonge C.M. 1963. The biology of coral reefs. *Adv.*

Mar. Biol. 1:209-260

Yonge C.M. 1968. Living corals. *Proc. T. Soc. Lond.* Series B, 169:329-344.

Young B.M. and L.E. Harvey. 1996. A spatial analysis of the relationship between mangrove (*Avicennia marina* var. *australasica*) physiogomy and sediment accretion in the Hauraki Plains, New Zealand. *Estuar. Coastal Shelf Sci.* 42: 231-246.

Youssef T. and P. Saenger. 1996. Anatomical adaptive strategies to flooding and rhizosphere oxidation in mangrove seedlings. *Austral. J. Bot.* 44: 297-313.

Zedler J.B. 1997. Salt marsh structure in the Tijuana estuary, Califormia. *Estuar. Coast. Mar. Sci.* 5: 39-53.

Zedler J.B. 1982. *The Ecology of New England High Salt Marshes: A Community Profile*, FWS/OBS-81/55. U.S. Fish and Wildlife Service, Washington, D.C.

Zedler J.B. 1980. Algal mat productivity: Comparison in a salt marsh. *Estuaries* 3:122-131.

Zieman J.C. 1974. Methods for the study of the growth and production of the turtle grass, *Thalassia testudinum. Aquaculture* 4: 139-143.

Zieman J.C. 1975. Tropical seagrass ecosystems and pollution. In *Tropical Marine Pollution*, F.J.F. Wood and R.E. Johannes (eds.), 63-74. Elsevier, Amsterdam.

Zieman J.C. 1982. *The Ecology of Seagrasses of South Florida: A Communiyt Profile*, FWS/OBS-82/25. U.S. Fish and Wildlife Service, Washington, D.C.

Zieman J.C. and R.T. Zieman. 1989. *The Ecology of the Seagrass Meadows of the West Coast of Florida: A Community Profile*, Biological Report 85 (7.25). U.S. Fish and Wildlife Service, Washington, D.C.

Zimmerman R.C. and R.S. Alberte. 1996. Effect of light/dark transition on carbon translocation in eelgrass *Zostera marina* seedlings. *Mar. Ecol. Prog., Ser.* 136: 305-309.

Zimmerman R.C., D.G. Kohrs and R.S. Alberte. 1996. Top-down impact through a bottom-up mechanism: The effect of limpet grazing on growth, productivity and carbon allocation of *Zostera marina* L. (eelgrass). *Oecologia* 107: 560-567.

Zimmerman R.C., J.L. Reguzzoni, S. Wyllie-Echeverria, M. Josselyn and R.S. Alberte. 1991. Assessment of environmental suitability for growth of *Zostera marina* L. (eelgrass) in San Francisco Bay. *Aquat. Bot.* 39: 353-366.

색인

주제 색인

분류군 색인